现代建筑安全管理

姜 敏 主编

中国建筑工业出版社

图书在版编目（CIP）数据

现代建筑安全管理/姜敏主编．—北京：中国建筑工业出版社，2009
ISBN 978-7-112-10892-3

Ⅰ．现…　Ⅱ．姜…　Ⅲ．建筑工程-工程施工-安全管理
Ⅳ．TU714

中国版本图书馆 CIP 数据核字（2009）第 052511 号

本书针对建筑市场不同主体，介绍了建筑安全管理的主要内容，梳理了建筑安全管理的思路、手段和措施。全书由“行业安全管理”、“工程参与各方安全管理”和“施工现场安全管理”三篇组成。内容涵盖了建筑安全层级监督管理、安全许可管理、安全监督站管理、建设单位安全管理、施工现场安全管理、施工现场安全监理等诸多方面，是一部系统论述现代建筑安全管理的专著，可作为工程参与各方安全管理人员的学习培训用书。

*　*　*

责任编辑：周世明
责任设计：赵明霞
责任校对：王金珠　关　健

现代建筑安全管理
姜　敏　主编

*

中国建筑工业出版社出版、发行（北京西郊百万庄）
各地新华书店、建筑书店经销
北京红光制版公司制版
北京市铁成印刷厂印刷

*

开本：787×1092 毫米　1/16　印张：37　字数：923 千字
2009 年 7 月第一版　　2009 年 7 月第一次印刷
印数：1—3000 册　　定价：**76.00** 元
ISBN 978-7-112-10892-3
(18148)

《现代建筑安全管理》
编写委员会

主 编 单 位： 上海市建筑施工行业协会工程质量安全专业委员会
上海市建设工程安全质量监督总站

顾　　　问： 蒋曙杰

编委会主任： 刘　军

编委会成员： 姜　敏　刘　坚　潘延平　陆　鸣　张常庆

主　　　编： 姜　敏

副　主　编： 陶为农

编 写 成 员： 高　欣　刘巽全　赵敖齐　汤学权　张家明
姚培庆　李艳玫　冯建强　汤坤林　徐福康
唐虹冰　姚　钧　颜元和　张嘉洁　吴晓宇
刘　诚　胡炳炳　司徒伊俐　盛财荣　王正春
范凌豪　涂　磊　程史扬　王　洁　李伟君
刘　滨　邢承良　黄钟谷　郎灏川　丛　丹
曹宝林

前　言

目前我国正处于大规模的建设时期，建筑安全管理工作也由传统管理向现代管理转型。研究、探索建筑安全管理模式、总结经验教训，改变“重实物、轻管理，重表象、轻本质，重短期、轻长效”的现状；发挥建筑市场各方主体的“综合、联动、互补、渗透”的管理作用，提升整体管理水平；促进建筑安全管理向现代化、体系化、标准化发展，具有重要的现实意义。

本书针对我国建筑工程安全管理的现状，根据上海近年来工作的实践和经验体会，结合迎世博大规模建设时期安全管理的实际，运用现代安全管理理论，借鉴国外先进的管理理念，从行业监管、工程参与各方的自律机制、施工现场安全管理的三个管理层面，对建筑工程的安全管理工作作了全面、系统的分析和阐述。

本书改变了以往从工程施工实施流程来论述建筑安全管理的思路，重点论述了监督机构、建设单位、施工企业、监理企业、机械检测机构、评价认证机构、租赁单位各自应承担的安全管理责任，具体实施事项、管理特征以及相互之间的管理衔接、制衡作用和层次关系。同时，阐述了安全生产许可证管理、安全质量标准化管理、危险性较大工程监控、文明施工管理、建筑生产安全事故管理、建设工程应急管理、施工现场安全生产保证体系、建筑安全信息管理等专项安全管理的具体操作实施办法，对参与建设工程安全生产管理工作的相关单位和人员具有非常实用的参考价值，可作为安全监督工作指导，企业和项目安全管理，安全监理、专职安全管理人员的培训材料。

本书难免有不足之处，希望读者不吝提出意见和建议，以便完善和改进。

目　　录

第一篇　行业安全管理

第二篇 工程参与各方安全管理

第一篇

行业安全管理

第一章 建筑安全层级监督管理

第一节 概 述

一、政策导向

建筑业是国民经济的支柱产业。我国《建筑法》于 1997 年 11 月 1 日颁布并于 1998 年 3 月 1 日生效，其中建筑安全生产管理被单列为一章。这是国家以法律形式确立了建筑安全管理工作的地位，使我国的建筑安全生产管理从此走上了法律轨道。《建筑法》将“安全第一，预防为主”这个党和国家一贯的安全工作方针用法律形式予以肯定。《建筑法》把多年行之有效的管理办法明确为法律制度，为维护广大建筑业职工的合法权益提供了重要的法律保障。

建设部在建设系统建立了安全监督机构，开展行业安全管理工作，安全生产管理体制已有雏形。在行业安全监督机构的督促和指导下，绝大部分施工企业也建立了以企业法人为第一负责人，分级负责的安全生产责任制，形成了自上而下、干群结合的安全管理网络。

建立社会主义法制政府，进一步推进我国社会主义政治文明建设是我国新时期社会主义建设的首要目标之一。国务院《全面推进依法行政实施纲要》（以下简称《纲要》）中要求：“行政监督制度和机制基本完善，政府的层级监督和专门监督明显加强，行政监督效能显著提高”。建设部《建筑工程安全生产监督管理工作导则》（以下简称《导则》）中要求：“建立建筑工程安全生产监管责任层级监督与重点地区监督检查制度”。这就明确了对政府行政管理需要层级监督来提高管理能效。

《纲要》中同时提出：“创新层级监督新机制，强化上级行政机关对下级行政机关的监督。上级行政机关要建立健全经常性的监督制度，探索层级监督的新方式，加强对下级行政机关具体行政行为的监督”。《导则》中也指出：“上级建设行政主管部门应监督检查下级建设行政主管部门安全生产责任制的建立和落实情况，贯彻执行安全生产法规政策和制定各项监管措施情况”。这就进一步具体化了政府行政管理实施层级监督的实施模式。

正是在这样的背景下，引发了对政府建筑安全管理水平和管理能效的进一步研究。通过政府建筑安全管理的层级监督，以实现提高政府建筑安全管理水平的目的，从而有效地控制或减少建筑安全伤亡事故的发生。

二、实行层级监督的目的和意义

传统概念的建筑安全层级监督制度通常包括：

（一）请示报告制度，由下级向上级报告工作的开展情况；

（二）行政检查制度，上级定期或不定期的对下级就某一方面依法进行检查的监督活动；

（三）专项调查活动，上级行政机关就某一重大违法行为组成调查组，对下级行政机关展开调查；

（四）备案审查制度，上级行政机关对下级行政机关的相关资料备案审查；

（五）改变或撤销制度，上级行政机关对下级行政机关违法或不适当的行政行为予以改变或撤销；

（六）奖惩制度，上级行政机关对违法的下级行政机关及其人员采取惩戒措施。

总体来说，传统的建筑安全层级监督制度还是有一定的监督效果的，但这种层级监督大多依据行政命令的方式进行，监督工作规范性、稳定性不够，随意性较大，降低了监督的力度和效果。另外，因缺少对有关行政机构责任的明确规定，即缺少系统的层级监督考核指标，无法进行量化的系统的监督，造成了机构和人员享有权力，但往往不承担权力不当行使的责任，机构人员的权利和义务明显失衡。

针对当前层级监督存在的问题，按照推进依法行政，建设法治政府的要求，进一步完善建筑安全层级监督制度和机制建设，加强行政层级监督工作，并与其他外部监督相互补充，将对保障《行政许可法》的有效实施，促进建筑安全行政机关依法行政发挥独特的作用。同时，通过完善层级监督考核指标体系，促使建筑安全层级监督制度的完善，以加强对政府建筑安全管理机构的制约，确保不论是层级监督，还是外部监督，都有据可依和标准统一，增强建筑安全行政管理的公信力。

第二节　国外建筑安全层级监督管理

一、发达国家建筑安全管理组织模式

背景介绍

“层级监督”，从字面上可以理解为“层级”之间的“监督”。在英语中，“层级”可以翻译成“administrative”或者“from the superior to the subordinate”，即“行政（层级）上的”或者“上下级间的”。“监督”在英语中一般有两个单词可以表示：“inspection”或者“supervision”。目前，在英语中还没有一个公认的专门词汇来作为“层级监督”的对等翻译，所以在本课题报告中，暂时以“administrative supervision”来作为“层级监督”的英语表示。

有关“administrative supervision”在国外网络上较多的有以下几种的说明或解释，供参考：

——“近年来在许多国家，层级监督发展迅速。层级监督是一种政策制定者和政策执行者之间的联系形式，旨在完善行政责任。”

——“层级监督就是对由权威部门负责执行的普遍性的、规则的、计划进行检查与监督”。

——“层级监督的目的就是判断部门的工作是否是以一种灵活、完善、有效率的方式完成的，以及组织和管理的方式、流程是否准确地针对工作目标和相应的工作任务。”

二、美国和英国的建筑安全管理模式

（一）美国政府建筑安全管理组织模式

1. 组织结构

美国的安全生产的最高主管部门是隶属于美国国会和白宫的劳工部（U. S. Department of Labor），劳工部下属有数十个部门。

1970 年，美国议会通过了《职业安全与健康法规》，根据该法规，劳工部成立了职业安全与健康局（Occupational Safety & Health Administration）（以下简称 OSHA）。OSHA 对所有行业的职业安全与健康都负责管理。

OSHA 领导的建设处“建设安全与健康顾问委员会（Advisory Committee on Construction Safety and Health）”以及不属于该部门直接管辖的“全国建设工程联盟（Construction Alliances）”等部门负责国家建设工程安全的具体管理工作。其中建设处下设三个具体管理部门。

OSHA 及其建设处在美国“联邦——区域——州——市”的四级安全管理行政体制中，每一层级都设有相应的分支机构，如下图 1-1 所示。

2. 管理职能

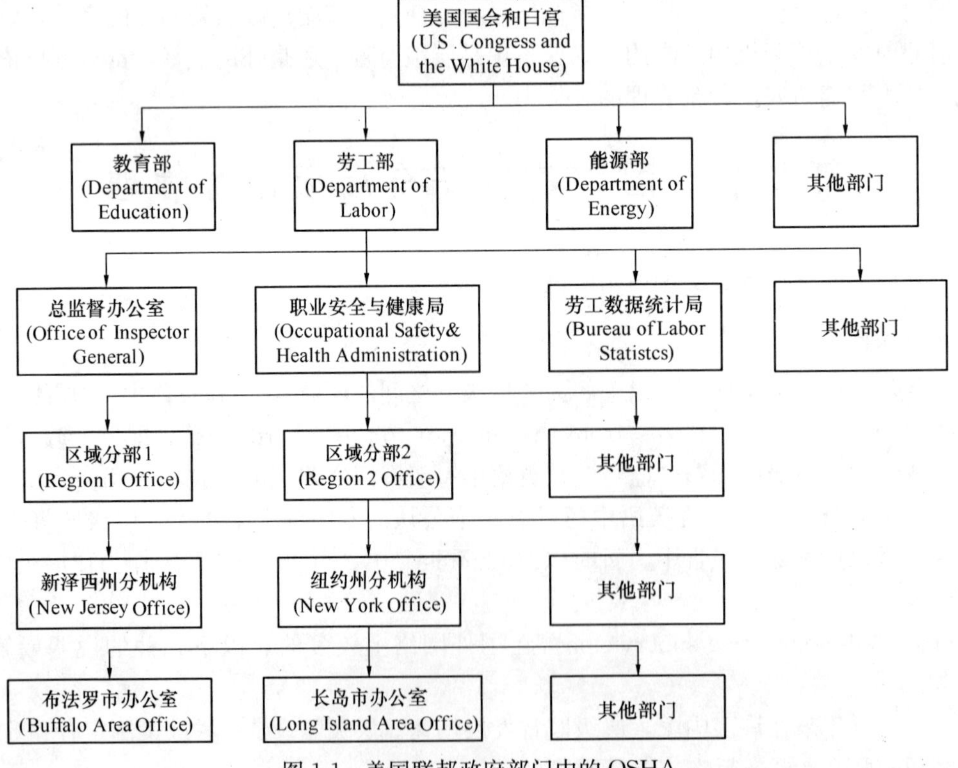

图 1-1 美国联邦政府部门中的 OSHA

OSHA 负责美国所有行业的职业健康与安全管理，OSHA 负责进行职业安全与健康的科研、分析、评估项目，负责发布并执行安全与健康标准及规程。OSHA 不定期地派出安全视察员前往各施工现场进行安全检查，监督各安全与健康标准及规程的执行情况。

OSHA 其主要职责包括：

（1）鼓励职工降低工作环境的危险；

（2）研究处理职业安全与健康的改进方法；

（3）推进在权责对等前提下的权责分离；

（4）对伤亡事故做好统计工作；

（5）建立完善的职工培训系统；

（6）发展安全与健康标准。

OSHA 的职能部门建设处（Directorate of Construction）负责美国的建筑安全管理事由，如下图 1-2 所示。对政府建筑安全管理工作的具体执行与法规的操作。建设处提供建筑安全标准和规定，保证建筑工人工作环境的安全，并为执法部门在法规执行上提供帮助与合作。其具体职责包括：

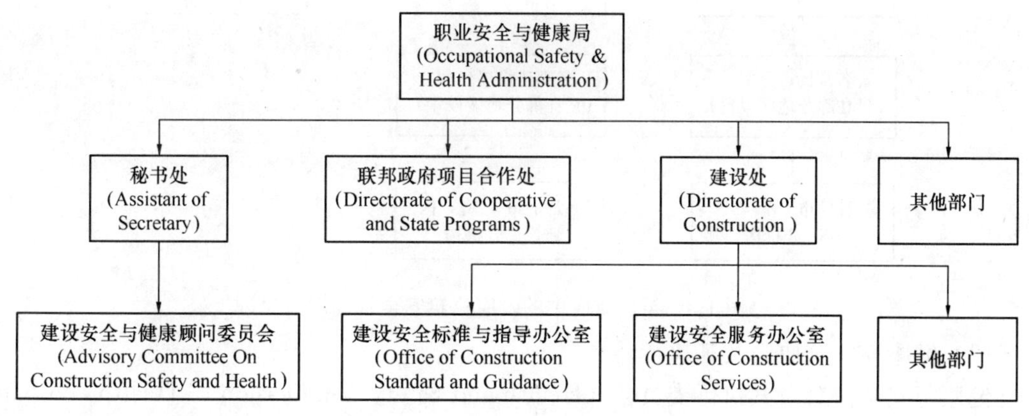

图 1-2 OSHA 内部的部门设置

（1）制定具有指导性和帮助性的建筑安全法规；

（2）对建筑安全进行监督，并具有相应的处罚权力；

（3）提供建筑安全技术服务和统计分析；

（4）分析相关部门对建筑行业的管理，并保证政府建筑安全管理法规的执行；

（5）对当前的建筑业工作环境、控制程序、计划执行成果作出报告；

（6）保证建筑单位对建筑安全法规的认识，并和建筑单位的主管人保持联系。

建设处采取的重要管理措施之一是与一些大型的公司来进行战略合作，共同推进建筑安全的管理。例如 AMEC Construction Management，Inc. 是全球第三大工程项目管理公司，在美国拥有许多的建设项目。建设处与 AMEC 的合作，不仅优化了部分管理程序，还通过该企业的模范的作用，引导全国的建设工程的安全管理。

（二）英国政府建筑安全管理组织模式

1. 组织结构

英国现行的健康与安全管理系统源于 1974 年颁布的《健康与安全工作及其相关事务

法案》(Health and Safety at Work etc. Act 1974),即 1974 年法案。英国环境交通区域部(DETR—Department of Environment, Transport and The Regions)是全国的安全生产的最高行政领导部门,其所属与安全管理职能有关的机构主要有两个,即健康与安全协会及其执行委员会(Health and Safety Commission & Health and Safety Executive)以及建设局(Local Authority Unit),如下图 1-3 所示。

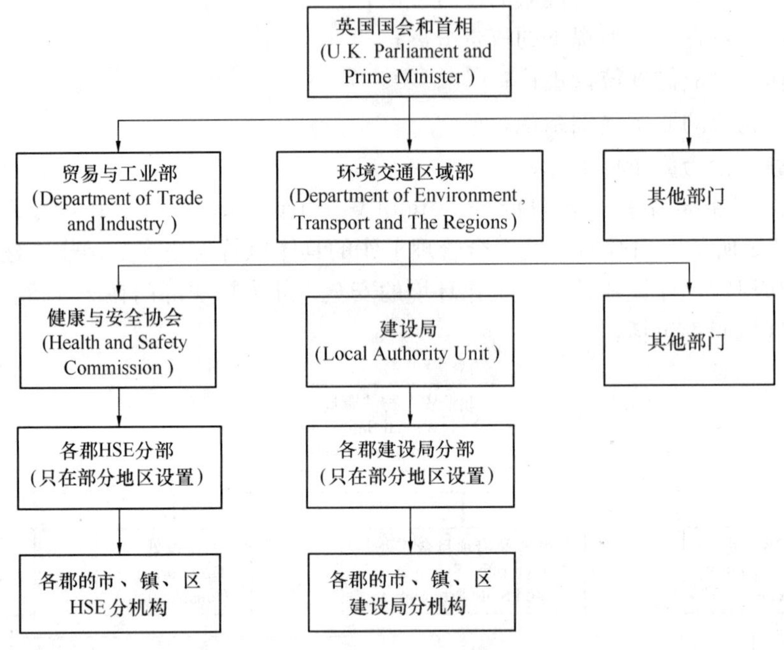

图 1-3 英国政府中的政府建筑安全管理部门

(1) 健康与安全协会及其执行委员会

健康与安全协会及其执行委员会(Health and Safety Commission & Health and Safety Executive)是负责全国职业安全与健康管理的主要职能部门,其中建设工程的职工健康与安全的监督和管理工作由下属执行委员会(HSE)的建设工程管理部负责。

(2) 建设局

建设局由 6 个司和 1 个秘书处组成,主要有建筑业司、建筑法规司、建筑革新与研究管理司,建筑业出口与材料促进司、建筑市场信息司、实施与预资格体例司,如下图 1-4 所示。建设局的重要职能是促进建设活动的质量和经济效益,提高建设生产方法和建筑生产活动的现代化水平,制定培训计划,提高建筑业从业人员素质,积极鼓励并资助对建筑生产活动的改革。

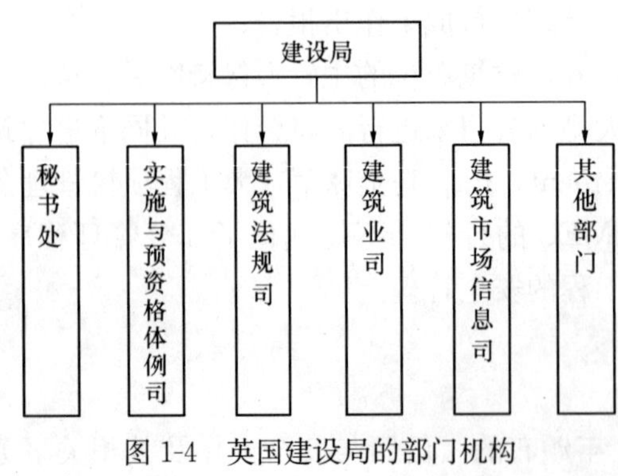

图 1-4 英国建设局的部门机构

建设局负责全国的建设工程行政管理。英国的行政管理体制分为“国会——郡——市、镇”三级,建设局以及隶属于健康与安全管理机构(HSC/E)的建设工程管理部在每一层级上都设有管理部门。

2. 管理职能

英国的健康与安全管理机构（HSC/E）倾向于用说服的手段，而不是强制手段来推行安全政策。对建设项目的管理重点也是放在有关政策和法规的制定上，通过全面地规范建设行为以达到建设活动的有序进行。

HSC作为一个"非部门公共团体"（NDPB—Non Departmental Public Body），由1名主席和6～9名委员组成。协会主席是协会的负责人，对整个协会运作的效率、经济状况、协会的不动产以及执行委员会的运作经费承担责任。另外，在得到主管部门同意的前提下，协会主席负责任命执行委员会的总监。

健康与安全协会（HSC）的法定职责包括：

（1）在与相关的政府部门及社会团体协商后，向主管部门递交计划书；

（2）为向大臣提供信息和建议做好准备；

（3）提供信息和咨询服务；

（4）进行研究计划并鼓励其他方面参与研究；

（5）提供培训与实习机会；

（6）为执行委员会的运作提供经费。

HSE由总监（DG—Director General）和2名副总监领导若干职能部门，并聘用若干工作人员去完成执行委员会的具体工作。HSE下设的建设工程管理部负责建筑行业安全的具体管理工作，如下图1-5所示。建设工程管理部的具体职能包括：

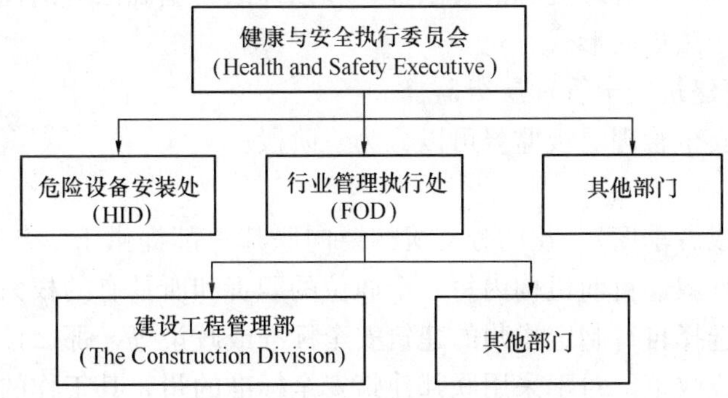

图1-5　英国HSE中的政府建筑安全管理部门

（1）负责建筑安全的监督、检查，并寻找现行标准中需要改进的地方；

（2）对违规行为具有处罚权（fine & cost）；

（3）为建筑安全监督提供指导，并协调与各相关部门的工作；

（4）为政府建筑安全管理提供具体的技术支持；

（5）负责政府建筑安全管理的立法工作。

三、发达国家政府建筑安全管理层级监督模式

（一）概述

世界上的建筑安全法规的形式大致可以分为两种。第一种是以美国的OSHA（Occupational Safety and Health Administration——职业安全与健康局）为代表的传统的规范性法规（Prescriptive Legislation）。规范性法规强调法规的强制要求和控制力，要求相关

责任者必须严格遵照实施。规范性法规主要考虑建筑材料类型、质量、建设方式和技术等方面的安全问题，对建筑过程中应采取的具体安全方法作了全面描述。我国目前的建筑安全法规从本质上讲也应该属于规范性法规。第二种是以英国 HSC/E（Health and Safety Commission & Health and Safety Executive——健康与安全协会及其执行委员会）为代表的以绩效为基础的法规（Performance－based Legislation），这些以绩效为基础的法规强调个人及他们的责任，他们识别出大范围的健康与安全目标，却并没有规定达到目标的具体细节或措施。这些法律用新的措施和责任来约束项目管理层，这种做法体现了与以前的规范性的方式间的巨大差异。

规范性法规存在两个比较大的问题。首先，为了达到规范性法规标准化工作进程的要求，需要用明确的术语和方法来说明雇主应该如何按照工地的情况实施安全管理，还需要严格、强制监督守法和处罚违法，这就意味着要消耗大量的社会资源。其次，这种法规过于保守，没有考虑技术和材料的变化，总是不能与技术革新保持一致。当然，采用规范性法规具有过程清楚、要求明确的优点，便于统一化管理。

以绩效为基础的法规体系的优点虽然还不能完全评估清楚，但是大多数人预计这种法规体系带来的模式改变对于改变建筑业的安全情况有促进作用，并且可能使建筑现场远离事故。这些法规是绩效导向的，允许使用灵活的方式处理安全和健康问题。而且，这些法规提供了一种框架体系，在这种体系内，可以协调和管理建设过程中所有参与者的所有活动，确保参与的各方能努力保证建筑业从业人员及可能受建筑影响的人员的安全和健康。鉴于我国的政府建筑安全管理资源的有限性，和以绩效为基础法规的优点，有必要把这种方式纳入我国的安全法规的形式。

（二）美国政府建筑安全管理层级监督

美国政府建筑安全管理层级监督可以分为三阶段。

1. 事前监督

在每一年度（或者季度），州的分支机构要向联邦总部提供下一年度（季度）的工作计划报告，并且详细叙述目前机构内每一个职位的职责和所具有的权力的岗位说明书。

如果一个州不选择自行制定本州的建筑安全标准或政策等，那么该州将直接采用由联邦总部制定的标准或政策。对于采用联邦建筑安全标准的州，其工作的实行情况，同样要提交计划书，并且要接受联邦总部抽查和统计比较。

2. 事中监督

主要通过对施工现场的抽查和重大事故的检查、统计。

在美国，建筑安全的伤亡指标主要是“非致命职业受伤事故率及事故数量——Incidence rate and number of nonfatal occupational injuries”以及“致命的职业伤害统计——Census of Fatal Occupational Injuries (CFOI)”。

通过研究，建筑安全主管部门得出了四种最为危险的、造成伤亡的工作情况：

（1）高空坠落（楼板、平台、屋顶等）；

（2）撞击（车辆、重物等）；

（3）陷入或被缠住（机器、设备、结构预留洞口等）；

（4）触电（高压电、电器、插座、临时电线等）。

在美国，由这四种情况造成的伤亡人数占每年建筑行业总伤亡人数的 90%。因此，针对这四种事故的伤亡指标，也是衡量行业每年的安全生产情况的主要指标。

如表 1-1 所示，在美国的行业伤害事故统计中，引入了 NAICS（North American Industry Classification System），即将各行业及其内部各工种进行了分类并编码，这样就对建筑行业内部的各种类的伤害事故能够做到科学的统计和有效的控制。

2004 年全美国各行业致命伤害事故率 **表 1-1**

行业	北美行业类别系统代码	总事故数量	事故类别					
			交通事故	暴力袭击	设备	坠落	有害环境	……
建筑行业	23	1234	287	31	267	445	170	
房屋建设类	236	226	43	6	52	105	17	
住宅房屋建设类	2361	118	13	4	24	64	12	
普通住宅房屋建设类	23611	118	13	4	24	64	12	
单个家庭新建住房建设类	236115	41	5	0	9	24	3	
多个家庭新建住房建设类	236116	6	0	0	0	6	0	
……	……	……	…	…	…	…	…	
非住宅房屋建设类	2362	81	24	0	23	29	4	
……	……	……	…	…	…	…	…	
重型土木工程建设类	237	220	90	0	73	18	27	
……	……	……	…	…	…	…	…	

不同的层级都有关于辖区范围内的统计数据，但所采用的伤害事故种类的编码是统一的，如表 1-2 所示。

2004 年美国纽约州非致命伤害事故率 **表 1-2**

行业	北美行业类别系统代码	总记录事故数量	导致离岗、换岗或工作限制的事故数量			其他记录事故数量
			总数	离岗	换岗或限制	
建筑行业	23	4.9	3.0	2.8	0.2	1.9
房屋建设类	236	4.7	2.9	2.6	0.3	1.8
住宅房屋建设类	2361	4.3	2.2	2.1	0.1	2.1
非住宅房屋建设类	2362	5.2	3.7	3.2	0.5	1.5
重型土木工程建设类	237	7.3	4.0	3.4	0.6	3.3
专业承包商类	238	4.6	2.9	2.7	0.2	1.7
基础、结构和外立面承包商类	2381	4.5	2.4	2.4	0	2.1
主体结构承包商类	23813	4.1	4.1	4.1	0	0
屋面承包商类	23816	3.2	1.5	1.5	0	1.7
……	……	……	……	……	……	……
建筑施工设备承包商类	2382	5.2	3.3	3.0	0.3	1.9
……	……	……	……	……	……	……

注：表内数值为每 100 个全职员工的记录事故发生率。

3. 事后监督

将本年度（季度）的统计数据和上一年度相比较，和提交的计划相比较，和岗位说明书上的绩效要求相比较。如下图所示，列举了美国2003～2004年建筑业安全的一些相关数据。

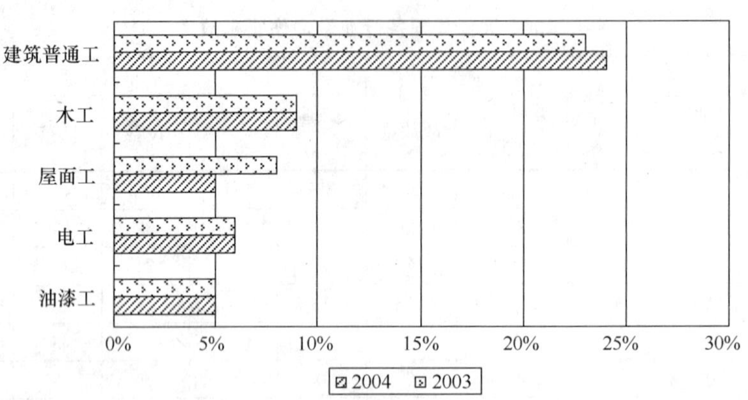

图1-6 2003年和2004年私营建筑行业内部各种职业的致命事故率

这是建设处的上下层级之间的考核的一项重要内容。在美国劳工部专门有一个部门——劳工数据统计局，该部门负责美国劳工健康与安全的每年的数据统计与发布工作，就是将每年统计数据与历年相比较，来衡量工作是否到位。

4. 外部监督

除了政府建筑安全管理部门内部上下级的监督与考核外，还有负责从外部监督的部门，即同属于劳工部的总监督办公室（Office of Inspector General）。

总监督办公室责任包括对被监督部门进行核查账目，评估工作执行成果，评价部门工作效率性与经济性和检查项目的执行是否诚实（包括相关的承包商和担保人）。这些工作主要是为了每一个项目或者工作的执行是否符合法律法规的要求，部门的资源是否被合理分配与利用了，以及目标是否已实现。

（三）英国政府建筑安全管理层级监督

1. 监督模式

政府建筑安全管理部门的内部监督主要是通过健康与安全协会（HSC）定期向环境交通区域部（DETR）递交战略计划书，经DETR以及相关部门审核批准后，方可向下推行。DETR负责对HSC计划执行情况的监督。

健康与安全执行委员会（HSE）定期向健康与安全协会（HSC）递交具体操作上的工作计划。HSC负责对HSE的工作进行监督。

从国家到郡，再到市，健康与安全执行委员会（HSE）中的每一级的建设工程管理部同样推行工作计划的制定及检查制度，主要就是在详细计划的前提下，由上级来考核下级对于计划执行的完成情况。

在协会向主管部门递交的工作战略计划中，必须说明：

（1）工作战略的主题；

（2）协会及其执行委员会所向政府承诺的要实现的健康与安全的目标；

（3）执行委员会所要实现的成果指标；

(4) 所拨给的经费是如何花费的；

(5) 关键项目的内容；

(6) 对健康与安全的数据的分析方法。

相对美国而言，英国安全管理的计划性更强，要求更为严密的计划制定和执行。健康与安全执行委员会（HSE）负责将经由 HSC 批准的计划推向全国各郡及其下级，每一级都要向上级递交详细的计划报告，该计划报告的内容就是层级之间监督的主要手段。

2. 部门之间的监督关系

健康与安全管理机构（HSC/E）与建设局两个部门之间存在着外部监督关系。健康与安全管理机构（HSC/E）对建设局有关政府建筑安全管理的事务有监督权，但是不具有相应的管理或者处罚权力，而是交由环境交通区域部（DETR）来进行行政管理。

政府建筑安全管理部门的内部考核指标有多种形式，包括纯数据、衡量系统、指数等。如下图所示，为建筑业内各类伤害事故的数量统计和年度变化统计。

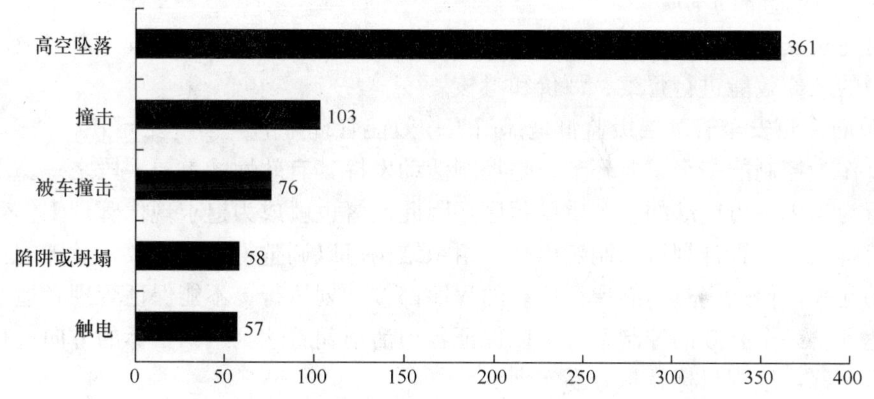

图 1-7 英国 1996～1997 年度至 2004～2005 年度建筑业各类致命事故数量

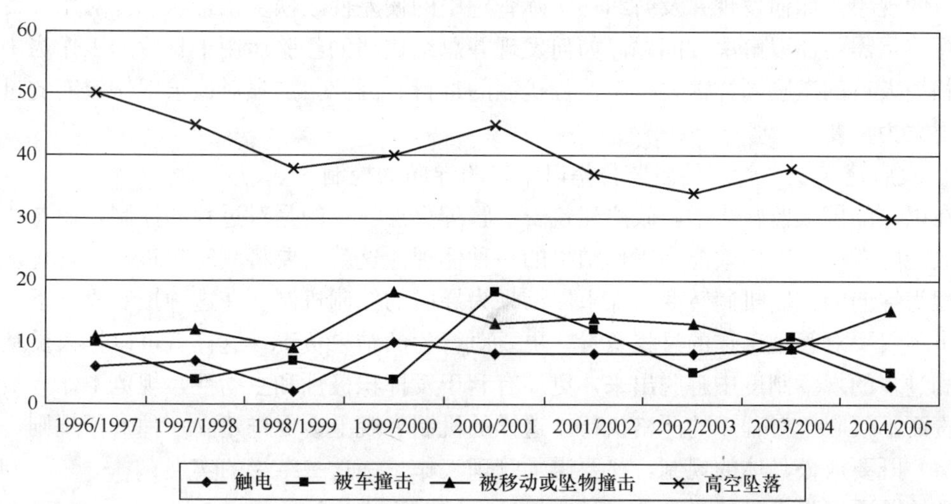

图 1-8 英国 1996～1997 年度、2004～2005 年度各类致命事故数量变化情况

第三节 层级监督体制

一、层级监督基本内涵

(一) 层级监督的定义

从狭义的角度来定义，层级监督是指负有监督职能的上级部门监督下级部门是否依法行使职权的一种监督制度体系，是预防和解决管理不作为、管理乱作为的最直接和最有效手段。然而在长期的管理实践中，各级部门的层级监督由于缺乏制度保障，往往流于形式，并没有充分发挥其应有的作用。因此，国务院《全面推进依法行政实施纲要》明确指出："创新层级监督新机制，强化上级部门对下级部门的监督"。

从广义的角度来定义，层级监督还包括行政机关对其内设机构及其直属、委托等单位的监督和行政机关对本单位、本系统工作人员的监督。

(二) 层级监督的本质

政府建筑安全管理层级监督是监督主体按照一定的标准、方法和程序对下级部门在工作过程中的工作效能进行督察、评价和考核。

1. 政府建筑安全管理层级监督是部门工作效能管理中的一个重要环节

监督作为控制的一个重要环节，是控制活动发挥其有效性的重要手段之一。由于控制是管理行为当中不可或缺的一个重要程序，因此监督也就成为追求现代管理工作效能的出发点和落脚点。尽管计划可以制定出来，组织结构可以调整得非常有效，员工的积极性也可以调动起来，但这仍然不能保证所有的程序都按计划执行，不能保证管理者追求的目标一定能达到。一个有效的控制系统可以保证各项活动朝着达到组织目标的方向进行，控制系统越是完善，组织目标就越容易实现。

从消极的方面来说，现实中总会存在各种原因使得各层部门管理行为中出现与目标不相一致的现象。如何发现并及时纠正实际管理中的偏差使之恢复正常状态并对相关责任人进行惩戒是需要加以解决的问题。如何发现并总结成功的经验运用于日后的工作当中，并给予相关人员的激励同样需要一个监督机制的运行。因此，加强对追求工作效能的过程监督显得尤为重要。

2. 政府建筑安全管理层级监督是以结果为导向的控制

在以往的层级监督当中，政府建筑安全管理更加注重的是对过程的控制，而忽略了对工作效能的考核。工作效能是工作结果的一种体现。这就需要将政府建筑安全管理从以往以过程为导向的控制机制转变为谋求以结果为导向的控制机制。在这种控制机制下，组织和人员不仅要对管理工作的过程负责，更要对行为的结果负责。这样就可以把人员从繁文缛节和过多的规章制度中解脱出来，更加有利于发挥积极性和主动性，规范工作人员对结果负责而不仅限于对程序的严格执行。这样的机制客观上会促进建立一种责任规则，即：

(1) 既要放松具体的规制，又要谋求管理工作目标这一结果的实现；

(2) 既要增强人员的自主性，又要保证人员对工作目标负责；

(3) 既要提高效率，又要切实保证效能。

3. 政府建筑安全管理层级监督是一种以人为本的机制

政府建筑安全管理层级监督作为改善具体管理部门与公众关系，加强公众对政府信任的措施，显示了政府对人民负责的管理理念。强调政府是公共产品和公共服务的提供者，作为人民意志的代表，各级部门的管理工作都要以人民的利益为中心，以人民的需要为导向，倾听民众的声音，按照民众的要求提供服务，真正做到执政为民，想人民之所想，急人民之所急，为人民之所需。为社会公众提供优质、高效的政府服务是政府责无旁贷的义务，追求民众的满意是管理工作效能层级监督的一个关键标杆。

（三）层级监督的内容

层级监督的内容包括抽象行政行为和具体行政行为。

1. 抽象行政行为

抽象行政行为，即为各级人民政府及其所属的职能部门依照法定权限和规定程序制定发布的对公民、法人和其他组织具有普遍约束力或者涉及其权利、义务的决定、规定、办法、通告等规范性文件，以及其修改、废止、备案及备案审查工作。

2. 具体行政行为

具体行政行为，即为各级人民政府及其所属的职能部门实施行政处罚、行政许可（行政审批）、行政征收、行政收费、行政确认等行政行为，以及其他国家行政机关，法律、法规授权的组织，行政机关委托的组织在行政管理活动中行使行政职权，针对特定的公民、法人或者其他组织，就特定的具体事项，做出的有关涉及公民、法人或者其他组织权利、义务的行为。

（四）层级监督的形式

层级监督的形式按照监督实施的频率可分为日常监督与专项监督相结合，按照监督实施者可分为主动监督与被动监督相结合，按照监督实施的公开性可分为明查和暗访相结合。

1. 行政复议监督

是具有行政隶属关系的上级行政机关对下级行政机关的层级监督，主要通过上级行政机关对下级行政机关行政行为的再次审查并作出维持、变更或者撤销决定来实现。但是，行政复议活动的启动者是行政相对人，没有相对人的申请行为便不会产生复议机关的复议行为，这是行政复议区别于其他行政层级监督的一个重要特征。因此，在推进依法行政的进程中，行政机关层级监督仅靠行政复议这一被动监督手段是远远不够的，还要加强行政机关内部层级的主动监督，才能保证行政机关行政过程受到全程监督。

2. 监察监督

是专门机关（监察机关）对其他部门进行的专门监督，主要通过对部门及其工作人员以及由部门任命的其他人员的行为进行监督检查、查处其违纪违法问题等活动来实现。

3. 审计监督

是专门机关（审计机关）对其他部门及其相关工作人员在特定范围内行使特定行为的专门监督，主要通过对本级各部门和下级部门预算执行情况、预算外资金的管理和使用情况进行审计并提出审计报告，以及对相关工作人员进行离任审计并提出审计报告等活动来实现。

4. 规章和规范性文件备案监督

是对部门抽象行为的监督，主要通过上级部门对有隶属关系的下一级部门的规范性文件进行备案审查来实现。

5. 执法监督

是上级部门对下级部门贯彻执行法律、法规、规章情况的督促、检查和管理，主要通过对发现的不正当行为和违法行为依法进行纠正和处理，以及对有关问题提出执法监督意见、发出执法监督督察令等活动来实现。

6. 信访监督

信访监督也属于自上而下的层级监督，主要通过受理、调处、转办、承办人民群众涉及相关行为的来信、来访、申诉等活动来实现。

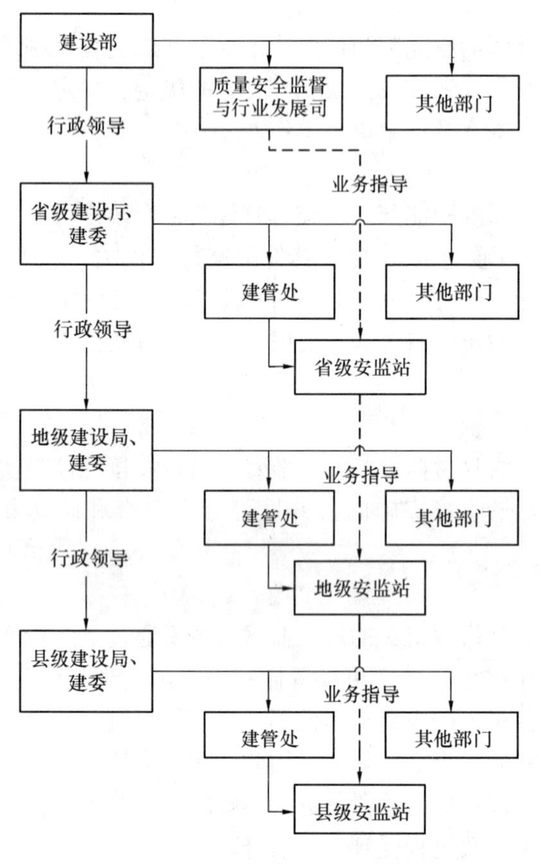

图 1-9 我国建筑安全管理行政组织结构图

二、层级监督组织结构

（一）国内政府建筑安全管理的组织结构

建设部是国务院的组成部门，负责国家的建设行政管理。县级以上地方人民政府建设行政主管部门对本行政区域内的建设工程安全生产实施监督管理。建设行政主管部门可以将施工现场的监督检查委托给建设工程安全监督机构具体实施。如图 1-9 所示。

（二）国内政府建筑安全管理层级监督关系

国务院建设行政主管部门对全国的建设工程安全生产实施监督管理。建设部下设工程质量安全监督与行业发展司，具体拟定建筑工程质量，建筑安全生产的政策，规章制度并监督执行，组织或参与工程重大质量事故、安全事故的调查处理。县级以上地方人民政府建设行政主管部门对本行政区域内的建设工程安全生产实施监督管理。

根据目前我国行政体制的特点，建筑安全层级监督是与国家的行政层级监督体系以及整个国家安全层级监督密不可分的。建筑安全层级监督、行政层级监督以及安全层级监督之间存在着相互交叉、互为补充以及相互制约的关系。建筑安全层级监督与行政层级监督关系如图 1-10 所示。

三、层级监督制度

（一）政府建筑安全管理层级监督的主体

1. 行政组织法

行政主体是行使行政权力的组织。这一领域的研究目前在行政法研究中也最显薄弱。

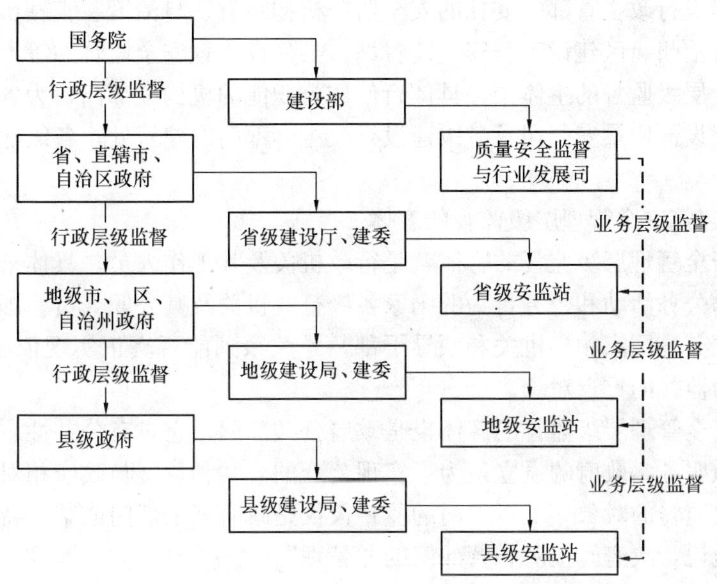

图 1-10 我国政府建筑安全管理层级监督关系图

依照宪法的规定，行政机关是权力机关的执行机关，它必须遵循职权法定的原则，而不能行使法律没有授权的权限。这部分内容在行政组织法中以性质、地位、职权、职能等表现出来。行政组织法还要对行政机关的机构设置和相互关系，行政机关的层次与规模编制和人数，行政机关的成立、变更和撤销的程序等作出规定。这些都由行政组织法加以规范，以避免主观随意性，切实解决层次过多、职能交叉、权责脱节和多重多头执法等问题。

我国目前已有两部重要的行政组织法，即《国务院组织法》和《地方各级人民代表大会和地方各级人民政府组织法》中的地方政府组织部分。这两部法律对规范国务院和地方政府的职能和组织，起到了重要的作用。

2. 各级人民政府及其所属的职能部门是行政监督的主体

层级监督制度是一种行政机关内部的监督制度。除乡、镇人民政府外，行政机关都是监督主体，凡是有下一级被领导的行政机关，作为上一级的具有领导权行政机关就具有监督主体资格。

国务院作为中央人民政府有权监督所属的部委以及其他直属机构的执法活动，同时监督地方各级人民政府的工作。地方的省级政府、市级政府、县级政府分别行使宪法和法律赋予的监督权。

因此，我国建筑安全层级监督的主体，包括各级人民政府，各级安全生产监督机构，各级建设行政主管部门以及各级建设行政主管部门委托的监督机构。

（1）各级人民政府：国务院，省、自治区、直辖市政府，市、自治州、区政府，县政府等。

（2）各级安全生产监督机构：安全生产监督总局、省、自治区、直辖市政府，市、自治州、区安全生产监督部门，县安全生产监督部门等。

（3）各级建设行政主管部门：建设部，省、自治区、直辖市建委（建设厅），市、自治州、区建委（建设局），县建委（建设局）等。

(4) 各级建设行政主管部门委托的安全监督机构：省、自治区、直辖市建设工程安全监督站，市、自治州、区建设工程安全监督站，县建设工程安全监督站等。

在建筑安全层级监督的主体中，具体行使监督职能的机构或部门，为各级政府的安全生产委员会，建设部质量安全司及各级建设行政主管部门的建管处，各级建设工程安全监督站等等。

（二）政府建筑安全管理层级监督的客体

政府建筑安全管理层级监督的客体就是行政机关及其工作人员。具体来说，行政监督的客体是进行的公务活动和公务行为的国家各级行政机关及其公职人员。国家行政机关及其公职人员，尤其是国家领导机关和领导干部，是关系到能否真正实现依法行政的关键，因此，理应成为监督的重点对象。

政府建筑安全管理层级监督的客体也是政府公共部门，它具有公共性。政府是公众的政府，要为公众服务。政府的设立是为了实现公众的公共利益。与政府相对应的私营部门则不能成为行政监督的对象，私营部门的监督仅仅是政府某个部门或某一特定组织对其的监督，更严格地说，政府间接对私营部门的"管理"。

（三）政府建筑安全管理层级监督的内容

建筑安全层级监督的内容，即建筑安全层级监督的对象，是各级政府、各级建设行政主管部门和各级监督机构的行政行为。根据各级政府、各级建设行政主管部门和各级监督机构的法定职能，具体有以下几方面的内容：

1. 各级人民政府层级监督的内容

(1) 有关法律、法规、规章的制定、贯彻和实施情况；

(2) 行政执法责任制以及有关管理制度的建立和落实情况；

(3) 机构设置情况、人员素质状况以及必要的执法和监督措施保障情况；

(4) 安全生产控制指标的完成情况；

(5) 其他任务的完成情况。

2. 各级建设行政主管部门层级监督的内容

(1) 有关建筑工程安全生产法规、规章、标准的制定、贯彻和落实情况；

(2) 行政执法责任制和安全生产监督管理制度的建立和落实情况；

(3) 机构设置情况，人员素质状况以及必要的执法和监督措施保障情况；

(4) 履行建筑安全生产监管职责情况；

(5) 行政处罚、行政许可行为的合法性和适当性；

(6) 安全生产控制指标的完成情况；

(7) 其他任务的完成情况。

3. 各级建设行政主管部门委托的安全监督机构层级监督的内容

(1) 有关建筑工程安全生产法规、规章、标准的贯彻和落实情况；

(2) 行政执法责任制和安全生产监督管理制度的建立和落实情况；

(3) 机构设置情况、人员素质状况以及必要的执法和监督措施保障情况；

(4) 履行建筑安全生产现场监督管理职责的情况；

(5) 受委托的行政处罚、行政许可行为的合法性和适当性；

(6) 安全生产控制指标的完成情况；

（7）其他任务的完成情况。

（四）政府建筑安全管理层级监督的形式

行政机关的层级监督所采取的形式应做到“三个结合”。

1. 坚持日常监督与专项监督相结合

日常监督，就是各级政府、各行政机关对其管辖范围内及业务领域的部门的日常管理。日常监督主要表现为日常工作所涉及到的行政审批、行政许可、行政处罚、文件的制发和备案审查等。专项监督主要就是本级政府对各部门及各部门对其基层单位采取的上述工作范围内的专项检查监督，以及对单一的某个领域进行集中的审查。

2. 主动监督与受理举报投诉监督相结合

定期或不定期的检查，积极主动的对下级政府或下级部门进行检查监督。同时上级政府或部门可通过设立举报电话，受理群众举报和管理相对人的投诉对下级进行监督。

3. 明查与暗访相结合

明查就是公开的进行检查，可以半年和年终进行一次规模较大的检查，也可以不定期的通知受检单位进行检查。相对于明查，暗访的检查规模较小，也不会事先通知受检单位。适当的暗访比明查更能够反映出受检单位在安全管理上的真实水平。

根据以上的“三个结合”的原则，针对不同的监督内容，建筑安全的层级监督可采取以下几种形式：

（1）定期监督检查

定期的监督检查根据时间的不同的划分可分为季度检查、半年度检查和年度检查等等。一般而言，定期监督检查规模较大，监督检查的内容可涉及下级部门的建筑安全监督管理职能的各个方面，适用于全方位地对下级部门进行检查和考核，如年度考核等。

（2）不定期的暗访

和定期检查相对应，上级部门可对下级部门开展不定期的暗访。暗访可采取不定期突击通知下级部门进行检查。检查的形式主要可以通过听取下级部门汇报、查阅下级部门资料，并结合日常掌握的情况加以验证。和定期的“明查”相比，不定期的“暗访”更能增强检查的真实性。

（3）管理性文件的制定和发放

上级部门应建立各类行政文件和管理文件的备案审查制度。上级部门要明确需向上级部门备案的各类行政审批、行政许可和行政处罚文件及管理文件的范围、内容、时限、方式等。通过日常的备案审查，上级部门可及时掌握了解下级部门行政行为和管理行为的合法性和恰当性。

（4）专项监督检查

专项监督检查根据目的的不同可分为专项检查、专题调研和个案监督等。可对指标体系中的某一项进行专项的监督检查。通过专项检查，便于上级部门深入了解下级部门开展某项工作中的成绩和问题。

（5）社会监督

在建筑安全层级监督的各种形式中，社会监督可作为一个辅助的监督手段。上级部门可通过设立举报电话，受理群众举报和管理相对人的投诉等形式，也可通过召开管理相对人参加的座谈会，向管理相对人及社会各界进行问卷调查等形式，对考核体系中社会各方比较关注的内容进行监督。

(6) 其他监督方式

除以上的几种监督形式外，上一层级可采用与其他部门如：审计、监察部门等联合监督检查，定期工作报告等其他形式，对下一层级的有关指标进行监督。

第四节 层级监督考核指标体系

一、考核指标体系制定原则

从国外的成熟经验来看，层级监督顺利开展的前提是：目标明确、职能明确、工作内容明确、外部环境畅通和指标量化细化。

依据中国国情，国内的建筑安全层级监督制度的建立应以目前的政府行政层级为基础，能够尽可能涵盖目前整个建筑领域各项安全监管职能，系统且具有可操作性，这样整个安全层级监督体系的层级监督职能才能得以充分的实现，整个建筑安全生产管理体系才能更完善，更具活力。

考虑到各地建筑安全发展水平不平衡，各级政府和建设行政主管部门及委托监督机构还是有必要根据本地区的实际情况，对各级指标体系中相应的指标适当进行再细化。

为了全面、客观、公正、准确地评价下一层级部门职责的履行情况及工作任务的完成情况，提高层级监督的有效性和针对性、加强对下一层级部门的激励与约束，需要制定相对完整的、科学的、客观的考核指标体系。

同所有的考核指标体系一样，建筑安全管理的考核指标体系的建立应遵循以下原则：

1. 系统性原则

要求指标体系中的指标具有足够的涵盖量，能够实现反映建筑安全管理状况和职责的目的。

2. 可操作性原则

要求指标体系中各项指标所指向的数据资料可获得性，数据资料可量化，指标尽可能少而精。如果选择的统计指标虽然很科学，但平时却难以取得数据资料，列在指标体系之中就不便实施，指标体系的应用范围也因此会受到极大的限制。因此，设定的指标，最好能从常规的统计年报中取得，除少数十分重要的指标需要另做专门调查外，一般到年终就可借助统计数据进行检测，这样有利于实施与检查。

3. 可比性原则

要求明确指标体系中各项指标的含义、统计口径、时间、地点和适用范围，应尽量采用相对指标，少采用绝对指标，保证具有相似工作内容的下级部门之间的考评结果可以相互比较。

4. 动态性原则

要求指标体系的各项指标中，既要有反映建筑安全管理结果的指标，又要有反映建筑安全管理过程的指标。

5. 独立性原则

要求指标体系各项指标都具有独立的信息，互相不能替代，要选择反映信息多，能最恰当地反映工作特点和完成程度的指标。反映建筑安全管理工作的指标较多，这些指标间彼此可能存在着非常密切的关系 在挑选一组指标构成指标体系时要注意所选指标间的相关性问题，所选择的指标间的独立性要强。

6. 导向性原则

要求指标体系中的各项指标既要考虑建筑安全管理目前的工作状况，又要充分体现建筑安全管理工作的发展趋势，起到良好的导向作用。

7. 客观科学性原则

要求不论主体是谁，按指标体系中的各项指标进行考评，考评结果应基本一致。

二、考核指标体系架构

考核指标体系中的各项指标由多层次，多类型的指标构成。

考核指标体系划分为三级，即一级指标、二级指标和三级指标。其中一级指标为综合评价指标，二级指标为分类评价指标，三级指标为单因素评价指标。

考核指标体系中指标类型为通用指标、专用指标；横向指标、纵向指标；定量指标、定性指标等。

（一）考核指标体系的三个层级

通过前文对我国安全管理体系和建筑安全管理体系的梳理，建筑安全层级监督的主体为各级人民政府、各级建设行政主管部门、各级委托监督机构等三个层级的管理机构。

考虑不同层级的管理部门其负有的管理职能不同，指标体系的建立应有所区别。因此，建筑安全层级监督考核指标体系可在三个管理层次建立。

1. 第一管理层次

各级政府：国务院→省、自治区、直辖市政府→市、自治州、区政府→县政府。

第一层次的考核指标体系，主要是考核各级政府的职责履行情况。

2. 第二管理层次

各级政府建设行政主管部门：建设部→省、自治区、直辖市建委→市、自治州、区建委→县建委。

第二层次的考核指标体系，主要是考核各级政府建设行政主管部门的职责履行情况。

3. 第三管理层次

各级建设工程安全监督机构：省、自治区、直辖市安全监督站→市、自治州、区安全监督站→县安全监督站。

第三层次的考核指标体系，则主要考核各级建委委托建设工程监督机构的职责履行情况。

以上三个管理层次中对应的相关管理机构，均负有建筑安全监督管理的法定职责和管理目标。但是，三个管理层级的侧重点是不同的。

建立三层次的考核指标体系，旨在确定各层次考核指标的时候能明确不同的管理层次上管理职责的侧重点。

不难看出，随着管理层次的降低，其管理目标逐步具体化，管理职能逐步细化。

（二）考核指标体系的三级分类

通过对三个层次建筑安全管理机构法定职能的梳理，对每一层次的考核指标体系均设置三级考核指标。在指标的设置上，以上三个层次的考核指标尽量统一，主要在指标权重上加以区别对待。

1. 一级指标

一级指标在三个管理层次上设置相同，均设置职能指标、绩效指标和潜力指标。

（1）职能指标

考核的是建筑安全管理机构按照法律、法规的要求履行建筑管理职能的情况，注重管理机构职能履行的规范性。

（2）绩效指标

考核的是建筑安全管理机构管理行为的结果，注重管理机构实施管理的有效性。

（3）潜力指标

考核的是建筑安全管理机构自身建设和管理创新能力，注重管理机构具备发展潜力的可能性。

2. 二级指标

二级指标是对一级指标的分解。在三个管理层次中，设置的指标内容各有所侧重点。

（1）在第一层次的考核指标中设置 5 项二级指标

1）将职能指标分解成 3 项：安全生产工作计划与目标的制订，安全生产工作计划与目标的实施，事故应急救援体系。

2）绩效指标 1 项：安全生产事故控制指标。

3）潜力指标 1 项：安全生产监管体系。

（2）在第二层次的考核指标中设置 13 项二级指标

1）将职能指标分解成 8 项：文件贯彻和制定，监督管理，行政处罚，行政许可，安全生产事故调查处理，建筑安全培训教育的实施与管理，对委托监督机构的管理，事故救援体系的建立。

2）将绩效指标分解成 2 项：安全生产事故控制指标，公众满意度。

3）将潜力指标分解成 3 项：监督管理体系建立，内部管理，工作创新。

（3）在第三层次的考核指标中设置 11 项二级指标

1）将职能指标分解成 5 项：文件贯彻和制定，受委托的行政事项，安全生产事故调查处理，监督管理，事故救援体系建立。

2）将绩效指标分解成 3 项：安全生产事故控制指标，公众满意度，安全质量达标考核管理。

3）将潜力指标分解成 3 项：监督管理体系建立，内部管理，工作创新。

3. 三级指标

三级指标是对二级指标的细化。在三个管理层次中也各有所不同的指标设置。

（1）在第一层次的考核指标中设置 13 项三级指标：职能指标 6 项，绩效指标 5 项，潜力指标 2 项。

（2）在第二层次的考核指标中设置 27 项三级指标：职能指标 16 项，绩效指标 7 项，潜力指标 4 项。

（3）在第一层次的考核指标中设置 28 项三级指标：职能指标 12 项，绩效指标 9 项，潜力指标 7 项。

三、考核指标体系考核模式

(一) 考核指标体系权重设定

对各个层级管理机构的政府建筑安全管理的状况作出综合评价，指标体系指标的建立是重要的一步。由于各个指标以及各构成要素在评价系统中的重要性和发挥作用不同，所以政府建筑安全管理考核指标体系的指标权重决定也尤为重要。如表 1-3、表 1-4 和表 1-5 所示。

第一层次考核指标体系指标权重表　　**表 1-3**

一级指标	二级指标	三级指标	指标权重
职能指标 40	安全生产工作计划与目标的制订	安全生产工作计划及目标的制定合理性	5
		安全生产工作计划可行性和完整性	5
	安全生产工作计划与目标的实施	安全生产计划与目标的实现程度	10
		安全生产计划实施的综合效果	10
	事故应急救援体系	事故应急救援体系的建立	5
		事故应急救援体系的运作	5
绩效指标 40	生产安全事故控制指标	因工死亡人数	10
		重大、恶性事故	10
		经济损失	5
		每 10 万人死亡率	10
		百亿元工程量安全生产事故死亡率	5
潜力指标 20	安全生产监管体系	安全生产管理机构建立	10
		安全生产管理机构职责制定和履行	10

第二层次考核指标体系指标权重表　　**表 1-4**

一级指标	二级指标	三级指标	指标权重
职能指标 60	文件贯彻和制订	贯彻国家法律法规及上级文件及落实情况	5
		制定细则、办法及管理性文件	5
	监督管理	建立安全监督管理制度	2
		执行安全监督管理制度	10
	行政处罚	行政处罚程序的规范性	5
		行政处罚实施的规范性	5
	行政许可	发放安全生产许可证（含三类人员考核合格证）	5
		动态管理安全生产许可证（含三类人员考核合格证）	5
	安全生产事故调查处理	安全生产事故报告	2
		安全生产事故调查处理	4
		安全生产事故统计分析	2
	建筑安全培训教育的实施与管理	安全培训教育体系的建立	2
		安全培训教育体系的运作	2
	对下级监督机构（单位）的管理	委托事项、程序规范	2
		对下级监督机构（单位）管理与考核	2
	事故救援体系建立	安全生产应急救援体系建立	2

续表

一级指标	二级指标	三级指标	指标权重
绩效指标 20	生产安全事故控制指标	因工死亡人数	2
		重大、恶性事故	2
		经济损失	2
		每10万人死亡率	2
		百亿元工程量安全生产事故死亡率	2
	公众满意度	管理及服务对象满意度	5
		外部监督满意度	5
潜力指标 20	监督管理体系建立	安全监督管理机构的设置	5
	内部管理	内部管理制度的建立	5
		内部管理制度的实施	5
	工作创新	安全监督管理、工作方法创新	5

第三层次考核指标体系指标权重表 **表1-5**

一级指标	二级指标	三级指标	指标权重
职能指标 60	文件贯彻和制订	贯彻国家法律法规及上级文件落实情况	5
		制订细则、办法及管理性文件	5
	受委托的行政事项	受委托的行政执法事项	10
		行政处罚规范性	5
		发放安全生产许可证（含三类人员考核合格证）	5
		动态管理安全生产许可证（含三类人员考核合格证）	5
	安全生产事故调查处理	安全生产事故报告	2
		安全生产事故调查处理	4
		安全生产事故统计分析	2
	监督管理	监督管理制度建立	2
		监督管理制度执行	10
	事故救援体系建立	安全生产应急救援体系建立	5
绩效指标 20	事故控制指标	因工死亡人数	2
		重大、恶性事故	2
		经济损失	2
		每10万人死亡率	2
		百亿元工程量安全生产事故死亡率	2
	公众满意度	管理及服务对象满意度	2
		外部监督及举报情况	3
	安全质量达标考核管理	企业施工达标合格率	2
		安全质量施工现场标准化合格及优良达标率	3
潜力指标 20	安全监管机构设置	机构合法设置	2
		人员配置	3
	内部管理	行政执法责任制	3
		政务公开制度	2
		举报投诉机制	2
		内部考核制度	3
	工作创新	安全监督管理、工作方法创新	5

（二）考核指标体系评分标准

尽管不同层次的管理机构均负有政府建筑安全管理的法定职能，但是其管理的侧重点是有所不同的。通过对不同层次的建筑管理机构法定职能和工作要求的梳理，对每一个层次的每一项考核指标，均制订所需达到的考核标准要求。

同时，根据每项指标达到标准要求的程度，考核结果均设置 A、B、C、D 四个评分档次。其中 A 代表的是“达到要求，无需做任何改进”；B 代表的是“基本达到要求，仅需做很少改进”；C 代表的是“需做部分改进”；D 代表的是“需做很大改进”。

（三）指标体系指标分解

根据三层三级的考核指标分解体系，制订出属于相应管理层次的考核指标标准。如表 1-6、表 1-7 和表 1-8 所示。

第一层次考核指标　　**表 1-6**

一级指标	二级指标	三级指标	主要依据	考核评价要求	考核结果				考核与检查方式
					A	B	C	D	
职能指标	安全生产工作计划与目标的制订	安全生产工作计划及目标的制订合理性	上级要求和实际情况	计划制订适时，符合当地实际安全生产状况，工作目标明确，且符合上级部门的要求					检查工作计划
		安全生产工作计划可行性和完整性		计划实施有可靠保障且覆盖总体安全生产管理要求					抽查实施计划的组织机构，人力资源等保障措施
	安全生产工作计划与目标的实施	安全生产计划与目标的实现程度		全面完成计划，实现预定的安全生产目标					核对计划及目标
		安全生产计划实施的综合效果		得以实施的安全计划使当地的安全生产形势有很大转变					比较历年的安全生产状况
	事故应急救援体系	事故应急救援体系的建立	中华人民共和国安全生产法	救援体系完善，资源配置合理					检查应急救援预案及资源配置情况
		事故应急救援体系的运作		定期组织演练，应急能力有效					检查演练记录及相关案例
绩效指标	生产安全事故控制指标	因工死亡人数	上级年度控制考核指标分解	安全生产控制指控制情况符合规定要求；增减数符合规定要求					比较历年控制指标
		重大、恶性事故		重大、恶性事故得到有效遏制					比较历年控制指标
		经济损失		安全事故造成的经济损失少					比较历年控制指标
		每 10 万人死亡率		死亡率低于全国平均水平且符合有关要求；增减数符合规定要求					与全国平均水平或上级部门的要求相比
		百亿元工程量安全生产事故死亡率		控制在全国平均水平或上级部门的要求以下；增减数符合规定要求					与全国平均水平或上级部门的要求相比

续表

一级指标	二级指标	三级指标	主要依据	考核评价要求	考核结果				考核与检查方式
					A	B	C	D	
潜力指标	安全生产监管体系	安全生产管理机构建立		按规定设置机构，人员配置数量、素质满足安全管理的需求，能全面履行机构职能					检查人员配置情况及工作记录
		安全生产管理机构职责制订和履行		各级管理机构职责明确，有考核，奖惩					检查管理职责履行情况及工作绩效考核、奖惩等记录

说明：A：无需进行任何改进，5 分；B：需要进行很少改进，4 分；
C：需要做某些改进，3 分；D：需要做很大改进，1 分。

第二层次考核指标 **表 1-7**

一级指标	二级指标	三级指标	主要依据	考核评价要求	考核结果				考核与检查方式
					A	B	C	D	
职能指标	文件贯彻和制订	贯彻国家法律法规及上级文件及落实情况	上级要求	对国家法律、法规及上级文件，按要求逐级传达，监督落实					抽查部分国家法律、法规及上级文件要求的落实情况
		制订细则、办法及管理性文件		对相关的法律、法规和上级文件制订相应的实施细则和办法及实施有效					检查当年度制订的管理细则和管理文件，并验证实施情况，
	监督管理	建立安全监督管理制度	建筑工程安全生产监督管理工作导则	安全监督管理制度健全					按照《建筑工程安全生产监督管理工作导则》关于监督管理制度建设要求核查
		执行安全监督管理制度		安全监督管理制度得到有效执行					检查各项制度对应的工作记录
	行政处罚	行政处罚程序的规范性	中华人民共和国行政处罚法	遵守法定程序；未超越职权；未滥用职权；在法定期限之内履行职责					抽查行政处罚案件档案（不少于 5 份）
		行政处罚实施的规范性		行政处罚主要证据充足，适用法律、法规正确，未显失公正；行政复议无败诉					全数检查行政复议和败诉案件

续表

一级指标	二级指标	三级指标	主要依据	考核评价要求	考核结果				考核与检查方式
					A	B	C	D	
职能指标	行政许可	发放安全生产许可证（含三类人员考核合格证）	1. 安全生产许可证条例 2. 建筑施工企业安全生产管理规定	建立施工企业安全生产许可证受理、审核制度和审核程序规范实施有效；所辖区注册施工企业领取安全生产许可证比例高					检查工作记录，抽查企业领证情况
		动态管理安全生产许可证（含三类人员考核合格证）		建立起安全许可证动态考核体系，并制订了实施办法得以有效实施					检查动态管理工作资料
	安全生产事故调查处理	安全生产事故报告	1. 中华人民共和国安全生产法 2. 建设工程安全生产管理条例 3. 国务院令第493号《生产安全事故报告和调查处理条例》	所辖行政区域内发生的安全事故上报及时准确					检查有关上报资料和事故档案
		安全生产事故调查处理	关于加强建设系统重大质量安全事故快报工作的通知	所辖行政区域内发生的事故处理严格遵照四不放过原则并结案及时					检查事故档案
		安全生产事故统计分析		事故统计分析及时，根据统计分析结果制订了管理措施且有效实施					检查工作资料
	建筑安全培训教育的实施与管理	安全培训教育体系的建立	建筑业企业职工安全培训教育暂行规定	制订本行政区域内建筑业企业职工安全培训教育规划和年度计划，并组织实施					检查培训计划
		安全培训教育体系的运作		审核确认、指导和监督有条件的大中型建筑业企业，对本企业的职工进行安全培训工作；组织其他建筑业企业职工的安全培训工作					检查培训记录

续表

一级指标	二级指标	三级指标	主要依据	考核评价要求	考核结果				考核与检查方式
					A	B	C	D	
职能指标	对下级监督机构（单位）的管理	委托事项、程序规范	建设领域安全生产行政责任规定	委托事项合法，委托程序规范，委托的条件和职责明确					检查委托事项的相关手续
		对下级监督机构（单位）管理与考核		管理有序，考核到位，效果明显					检查考核记录
	事故救援体系建立	安全生产应急救援体系建立	建设工程安全生产管理条例	救援体系完善，资源配置合理，定期组织演练，应急能力强					检查应急救援预案及运作记录
绩效指标	生产安全事故控制指标	因工死亡人数	上级年度控制考核指标分解	安全生产控制指控制情况符合规定要求增减数符合规定要求					比较历年控制指标
		重大、恶性事故		重大、恶性事故得到有效遏制					比较历年控制指标
		经济损失		安全事故造成的经济损失少					比较历年控制指标
		每10万人死亡率		死亡率低于全国平均水平且符合有关要求；增减数符合规定要求					与全国平均水平或上级部门的要求相比
		百亿元工程量安全生产事故死亡率		控制在全国平均水平或上级部门的要求以下；增减数符合规定要求					与全国平均水平或上级部门的要求相比
	公众满意度	管理及服务对象满意度		管理对象对组织机构工作提供的服务感到满意					发调查卷
		外部监督满意度		社会媒体反映良好，无不良举报					检查工作档案和综合社会媒体的有关反映
潜力指标	监督管理体系建立	安全监督管理机构的设置		按规定设置机构，人员配置满足工程监管的需求，全面履行机构职能					查机构编制，人员配置情况及工作记录
	内部管理	内部管理制度的建立	1. 国务院办公厅关于推行行政执法责任制的若干意见 2. 国务院办公厅关于进一步推行政务公开的意见	行政执法，政务公开等各级行政执法责任制建立齐全					检查制度及相关工作资料
		内部管理制度的实施		已按要求建立政务公开制度，定期公示且内容符合规定要求					检查制度及公示内容

续表

一级指标	二级指标	三级指标	主要依据	考核评价要求	考核结果				考核与检查方式
					A	B	C	D	
潜力指标	工作创新	安全监督管理、工作方法创新	关于加强安全生产监督管理工作的意见	有创新机制；在思维方式，事故防范机制，安全生产监管手段，对非公有制企业安全监管方式，安全生产科技等方面的创新成果处于本行业领先					行业横向比较

说明：A：无须进行任何改进，5 分；B：需要进行很少改进，4 分；
C：需要做某些改进，3 分；D：需要做很大改进，1 分。

第三层次考核指标　　表 1-8

一级指标	二级指标	三级指标	主要依据	考核评价要求	考核结果				考核与检查方式
					A	B	C	D	
职能指标	文件贯彻和制订	贯彻国家法律法规及上级文件及落实情况	上级要求	对国家法律、法规及上级文件，按要求逐级传达，监督落实					抽查部分国家法律、法规及上级文件要求的落实情况
		制订细则、办法及管理性文件		对相关的法律、法规和上级文件制订相应的实施细则和办法及实施有效					检查当年度制订的管理细则和管理文件，并验证实施情况
	受委托的行政事项	受委托的行政执法事项	1. 中华人民共和国行政处罚法 2. 安全生产许可证 3. 建筑施工企业安全生产管理规定	遵守法定程序，在法定期限之内履行职责					检查当年行政处罚档案及监督档案，检查行政处罚的适当性，对处罚总金额与本系统同行政级别的单位比较
		行政处罚规范性		行政处罚程序规范，处罚主要证据充足，适用法律、法规正确，未失公正，行政复议无败诉					抽查行政处罚案件档案（不少于 5 份）
		发放安全生产许可证（含三类人员考核合格证）		建立施工企业安全生产许可证受理、审核制度和审核程序规范实施有效；所辖区注册施工企业领取安全生产许可证比例高					检查工作记录，抽查企业领证情况
		动态管理安全生产许可证（含三类人员考核合格证）		建立起安全许可证动态考核体系，并制订了实施办法得以有效实施					检查动态管理工作资料

续表

一级指标	二级指标	三级指标	主要依据	考核评价要求	考核结果				考核与检查方式
					A	B	C	D	
职能指标	安全生产事故调查处理	安全生产事故报告	建筑安全生产监督管理规定（建设部令第13号）	安全事故上报及时准确					检查有关上报资料和事故档案
		安全生产事故调查处理		事故处理严格遵照四不放过原则并结案及时					检查事故档案
		安全生产事故统计分析		事故统计分析及时，根据统计分析结果制订了管理措施且有效实施					检查工作资料
	监督管理	监督管理制度建立	1. 建筑工程安全生产监督管理工作导则 2. 中华人民共和国安全生产法	各项监督管理制度齐全					检查制度档案
		监督管理制度执行		1. 监督力度（到位率、整改单开具比率、对事故单位处罚） 2. 已适时开展有针对性专项整治，记录齐全，效果明显，并根据整治结果制订了监管措施 3. 监督记录规范正确和档案完整 4. 施工现场监督综合效果明显 5. 企业安全得到有效管理					1. 查日常管理档案 2. 查专项检查资料 3. 查监督档案 4. 使用附表一：《施工现场监督检查工作质量考核表》抽查施工现场 5. 使用附表二：《安全监督管理工作质量考核表（施工企业）》
	事故救援体系建立	安全生产应急救援体系建立	建设工程安全生产管理条例	救援体系完善，资源配置合理，定期组织演练，应急能力强					检查应急救援预案及运作记录
绩效指标	事故控制指标	因工死亡人数	上级年度控制考核指标分解	安全生产控制指控制情况符合规定要求；增减数符合规定要求					比较历年控制指标
		重大、恶性事故		重大、恶性事故得到有效遏制					比较历年控制指标
		经济损失		安全事故造成的经济损失少					比较历年控制指标
		每10万人死亡率		死亡率低于全国平均水平且符合有关要求；增减数符合规定要求					与全国平均水平或上级部门的要求相比
		百亿元工程量安全生产事故死亡率		控制在全国平均水平或上级部门的要求以下；增减数符合规定要求					与全国平均水平或上级部门的要求相比

续表

一级指标	二级指标	三级指标	主要依据	考核评价要求	考核结果				考核与检查方式
					A	B	C	D	
绩效指标	公众满意度	管理及服务对象满意度		管理对象对组织机构工作提供的服务感到满意					发调查卷
		外部监督及举报情况		社会媒体反映良好，举报处理及时规范，并制订改进措施；实施有效					检查工作档案和综合社会媒体的有关反映
	安全质量达标考核管理	企业施工达标合格率	建设部关于开展建筑施工安全质量标准化工作的指导意见	企业施工达标合格率符合规定要求					检查工作资料
		安全质量标施工现场准化合格及优良达标率		施工现场达标合格率和优良率符合规定要求					检查工作资料
潜力指标	安全监管机构设置	机构合法设置		具有当地建设行政主管部门明确监督工作内容、职责、权限的行政执法委托书					检查有关委托书
		人员配置		具有一定数量，专业职称的监督人员					检查人员配备名单
	内部管理	行政执法责任制	国务院办公厅关于推行行政执法责任制的若干意见	各级行政执法责任制建立齐全，执法行为规范合法，监督考核有效					检查制度及相关工作资料
		政务公开制度	中共中央办公厅、国务院办公厅关于进一步推行政务公开的意见	已按要求建立政务公开制度，定期公示且内容符合规定要求					检查制度及公示内容
		举报投诉机制		机制完善，对举报投诉处理及时					抽查工作记录
		内部考核制度		制度齐全，考核到位，效果明显					查考核记录及整体工作质量
	工作创新	安全监督管理、工作方法创新	关于加强安全生产监督管理工作的意见	有创新机制；在思维方式，事故防范机制，安全生产监管手段，对非公有制企业安全监管方式，安全生产科技等方面的创新成果处于本行业领先					行业横向比较

注：A：无须进行任何改进，5分；B：需要进行很少改进，4分；

C：需要做某些改进，3分；D：需要做很大改进，1分。

四、政府建筑安全管理层级监督考核指标体系的运用

（一）考核指标体系的考核方式

1. 考核指标体系在不同管理层次上的运用

如前文所述，在负有建筑安全监督管理职能的三个层次的管理机构中，建立了侧重点有所不同的三个指标体系。然而，在我国目前的建筑安全监督管理体系中，除了同一层次中上级机构对下级机构实施监督考核之外，上一层次的机构也同样可对下一层次机构实施监督考核。如省、自治区、直辖市政府对其建委的监督考核；如区建委对其所委托的安全监督机构的监督考核等等。

因此，三层次上建立的考核指标体系，不仅适用于同一层次中上级机构对下级机构的考核，也适用于上一层次机构对下一层次机构的考核。如表 1-9 所示，对各层次管理机构考核指标的运用作了说明。

指标适用范围表 **表 1-9**

	1	2	3	4	5	6	7	8	9	10	11	12
1												
2	表 1-6											
3		表 1-6										
4			表 1-6									
5	表 1-7											
6		表 1-7			表 1-7							
7			表 1-7			表 1-7						
8				表 1-7			表 1-7					
9												
10						表 1-8			表 1-8			
11							表 1-8			表 1-8		
12								表 1-8			表 1-8	

说明：1—国务院，2—省、自治区、直辖市政府，3—市、自治州、区政府，4—县政府，5—建设部，6—省、自治区、直辖市建委，7—市、自治州、区建委，8—县建委，9—建设部安全质量监督司，10—省、自治区、直辖市安全监督站，11—市、自治州、区安全监督站，12—县安全监督站。

2. 考核指标体系的考核周期

动态考核与定期考核的结合运用。日常动态考核的结果，可在动态考核后即时记入相关的考核指标内。定期考核则在注重全面性的前提下，着重考核动态考核中未进行考核的内容。综合动态考核和定期考核的结果，得出考核结果。

（二）考核指标体系考核结果的形式

1. 考核指标得分的计算

根据各级考核指标体系中各项考核指标达到的考核标准，乘以各项指标的权重，相加后得到总分，即为考核结果。

计算公式为：考核结果分＝Σ（各项评分×权重）/500

考核结果为100分制。如有缺项，则可先行甩项后再进行汇总计算。

2. 对监督相对方管理效果的考核

在上级政府建筑安全管理部门对下级政府建筑安全管理部门的监督和考核中，必要的时候需要到施工现场，检查施工现场的安全状况及监督相对方（如建设单位、监理单位和施工单位等）的政府建筑安全管理行为，以此来验证下级管理部门的管理工作落实的有效性。

第二章 安全许可管理

第一节 概　　述

2004年1月7日国务院第34次常务会议通过《安全生产许可证条例》（以下简称《条例》），2004年1月13日国务院总理温家宝发布了中华人民共和国国务院第397号令，宣布《条例》自公布之日起施行。

《条例》明文规定国家对矿山企业、建筑施工企业和危险化学品、烟花爆竹、民用爆破器材生产企业（以下统称企业）实行安全生产许可制度。企业未取得安全生产许可证的，不得从事生产活动。

2004年7月5日，原建设部部长汪光焘签署发布中华人民共和国建设部第128号令，宣布《建筑施工企业安全生产许可证管理规定》（以下简称《规定》）于2004年6月29日经第37次部常务会议讨论通过，现予发布，自公布之日起施行。

《规定》明确了建筑施工企业安全生产许可证的适用对象、申请条件、受理和颁发、对取得安全生产许可证单位的监督管理、行政处罚等具体规定，自此，全国各地建设系统开始正式启动安全生产许可。

《安全生产许可证条例》严格约束了企业、三类人员市场准入、动态、清出的安全许可条件，改变了过去许可大多仅重准入，轻过程，实质性的约束效应差的现象，强化全过程监管，在许可的改革发展进程中具有里程碑的意义。

第二节 申　　领

一、适用对象

根据规定，在中华人民共和国境内从事土木工程、建筑工程、线路管道和设备安装工程及装修工程的新建、扩建、改建和拆除等有关活动，依法取得工商行政管理部门颁发的《企业法人营业执照》，符合《规定》要求的安全生产条件的建筑施工企业，在从事建筑施工活动前，应当按照分级、属地管理的原则，向企业注册地省级以上人民政府建设主管部门申请领取安全生产许可证。

二、操作原则

实际操作时应掌握四个原则：

原则一：独立法人施工企业

判断是否为施工企业，一般可以是否取得施工企业资质为标准。但在施工企业资质序列中还存在一些特殊情况，如：对预拌（商品）混凝土、混凝土预制构件、园林绿化、电梯企业等不属于建筑施工企业安全生产许可证发放范围的企业等……如果除这些主项外，还有其他副项，即同时还有其他施工活动的，则仍须申领。

原则二：须满足必要的安全生产条件

作为施工企业，须满足规定的安全生产十二项条件，具体如下：

1. 建立健全安全生产责任制，制订完备的安全生产规章制度和操作规程。

安全生产责任制度是施工企业各项安全管理制度中最基本的一项制度。安全生产责任制度作为保障安全生产的重要组织手段，通过明确规定各级领导、各职能部门和各岗位在施工生产活动中应负的安全职责，把“管生产必须管安全”的原则从制度上固定下来，把安全与生产从组织上统一起来，从而强化企业各级安全生产责任，增强所有岗位的安全生产责任意识，使安全管理纵向到底、横向到边、专管成线、群管成网，做到责任明确、协调配合，共同努力去实现安全生产。

安全生产责任制度应对施工企业安全生产的职责管理要求、职责权限和工作程序，安全管理目标的分解落实、监督检查、考核奖罚作出具体规定，形成文件并组织实施，确保每个职工在自己的岗位上，认真履行各自安全职责，实现全员安全生产。

(1) 安全生产责任制度必须覆盖以下人员、部门和单位：

——企业主要负责人（即：在日常生产经营活动中具有决策权的领导人，如：企业法定代表人，企业最高行政管理员，技术负责人等）；

——企业分支机构主要负责人；

——企业各级安全生产管理机构与专职安全生产管理人员；

——企业各级生产、技术、机械、材料、劳务、经营、财务、审计、教育、人事、卫生、后勤等职能部门与管理人员；

——项目经理与项目管理人员；

——分包单位的现场负责人、管理人员；

——作业班组长。

(2) 各层次职能机构应承担的主要安全职责：

生产：在保证安全的前提下，合理组织指挥安全生产；

安全：对安全生产各项规定的落实情况进行监督检查；

技术：从工艺、技术上确保符合安全生产和劳动的条件；

机械：确保企业设备、电气等方面的专业性安全管理；

材料：安全设施所须各类物资的采购、保管的质量管理；

劳务：对分包队伍的安全管理；

经营：负责分包方、分供方资质资格管理，合同审核管理；

财务、审计：安全生产保障资金的管理；

教育：职工的安全生产技能教育和安全知识培训；

人事劳资：各岗位的资格、权益管理；

保卫、卫生、后勤：消防、行政、生活设施的安全卫生管理；

工会：保障从业人员的权利，职业病防治等。

企业应根据自身的经营内容和施工特点，配备齐全相关的现行有效的国家、行业和地方的安全技术标准、规范，制订企业的安全生产规章制度、安全技术标准、各项安全技术操作规程，专人保管，并应将目录及时发放企业相关部门和岗位，以指导企业内部安全生产始终有章可循，有法可依，科学管理。

(3) 安全技术标准、规范一般应包含以下二类：

综合管理类（文明卫生、劳动保护、职业健康、教育培训、事故管理等）。

建筑施工类（土方工程、脚手架工程、模板工程、高处作业、临时用电、起重吊装工程、建筑机械、焊接工程、拆除与爆破工程、消防安全等）。

安全技术操作规程一般应按工种分。

规范、标准等均应为现行有效版本。

各级安全生产责任制和安全生产规章制度、操作规程应有目录及文件。

2. 保证本单位安全生产条件所需资金的投入。

安全生产条件所需资金的投入是有计划、有步骤地改善劳动条件、防止工伤事故、消除职业病和职业中毒等危害，保障从业人员生命安全和身体健康，确保正常安全生产措施的需要，促进施工生产发展的一项重要措施。

根据财政部、国家安全生产管理总局联合颁发的〈高危行业企业安全生产费用财产管理暂行办法〉（财企［2006］478号）规定，企业应制订保证安全生产投入的管理办法或规章制度、年度安全资金投入计划，并记录提取、使用的实施情况。

安全生产资金应包括完善、改造、维护安全防护的设备、设施、技术，应急救援、安全检查与评价、重大危险源或隐患的评估、整改、监控，安全教育培训等支出。

安全生产资金保障制度应对安全生产资金的计划编制、支付使用、监督管理和验收报告的管理要求、职责权限和工作程序作出具体规定，形成文件并组织实施。是施工企业财务管理制度的一个重要组成部分。

安全生产资金计划应与企业年度各级生产财务计划同步编制，由企业各级相关负责人组织，并纳入企业财务计划管理，必要时及时修订调整。安全生产资金计划内容应明确资金使用审批权限、项目、资金限额、实施单位及责任者、完成期限等内容。

3. 设置安全生产管理机构，按照国家有关规定配备专职安全生产管理人员

根据〈关于印发〈建筑施工企业安全生产管理机构设置及专职安全生产管理人员配备办法〉的通知（建质［2008］91号文），企业应独立设置安全生产管理机构。专职安全生产管理人员的配备应满足下列要求，并应根据企业经营规模，设备管理和生产需要予以增加：

(1) 总承包资质序列企业：特级资质不少于6人；一级资质不少于4人；二级和二级以下资质企业不少于3人。

(2) 专业承包资质序列企业：一级资质不少于3人；二级和二级以下资质企业不少于2人。

(3) 劳务分包资质序列企业：不少于 2 人。

(4) 企业的分公司、区域公司等较大的分支机构（以下简称分支机构）应依据实际生产情况配备不少于 2 人的专职安全生产管理人员。

施工项目部配备专职安全管理人员的数量应符合下列要求：

总承包单位配备项目专职安全生产管理人员应当满足下列要求：

1) 建筑工程、装修工程按照建筑面积配备：

①1 万 m^2 及以下的工程不少于 1 人；

②1 万～5 万 m^2 的工程不少于 2 人；

③5 万 m^2 以上的工程不少于 3 人，应当按专业配备专职安全生产管理人员。

2) 土木工程、线路管道、设备安装工程按照工程合同价配备：

①5000 万元以下的工程不少于 1 人；

②5000 万～1 亿元的工程不少于 2 人；

③1 亿元以上的工程不少于 3 人，应当按专业配备专职安全生产管理人员。

分包单位配备项目专职安全生产管理人员应当满足下列要求：

1) 专业承包单位应当配置至少 1 人，并根据所承担的分部分项工程的工程量和施工危险程度增配。

2) 劳务分包单位施工人员在 50 人以下的，应当配备 1 名专职安全生产管理人员；50～200 人的，应当配备 2 名专职安全生产管理人员；200 人以上的，应当配备 3 名以上专职安全生产管理人员，并根据所承担的分部分项工程施工危险实际情况增加，不得少于工程施工人员总人数的 5‰。

采用新技术、新工艺、新材料或致害因素多、施工作业难度大的工程项目，项目专职安全生产管理人员的数量应当根据施工实际情况，再适当增加。

企业应有设置安全管理机构的文件、安全管理机构的工作职责、安全机构负责人的任命文件、安全管理机构组成人员明细表。

此项条件是安全生产条件中最具体、量化，最有可操作性的一项条款，各执行单位均可据此严格把关。

4. 主要负责人、项目负责人、专职安全生产管理人员经建设主管部门或者其他有关部门考核

主要负责人、项目负主要负责人、项目负责人、专职安全生产管理人员责任人、专职安全生产管理人员应有安全生产考核合格证书，企业应有名单汇总表。

此项条件也是具体且有可操作性的一项条款，各相关单位可据资质审批条件规定的项目负责人数量，来确定企业配备的有考核证书的项目负责人最低数量，并严格把关。

5. 特种作业人员经有关业务主管部门考核合格，取得特种作业操作资格证书

《本企业特种作业人员名单及操作资格证书》（复印件）；根据《建设工程安全生产管理条例》（国务院第 393 号令），《关于建设行业生产操作人员实行职业资格证书制度有关问题的通知》（建人教［2002］73 号），《特种作业人员安全技术培训考核管理办法》（国家经济贸易委员会令第 13 号）的规定；《建筑施工特种作业人员管理规定》（建质［2008］75 号）

特种作业人员必须经政府建设行政主管部门认可的机构培训考核，并取得本岗位的上

岗证或操作证书，具备相应的安全生产知识和技能，在规定的范围内持证上岗；还应按法律法规规定定期复审，复查不合格不得继续上岗。

此条款比较难操作的是企业特种作业人员的配备数量难以确定，重点应在日常动态监管时，对施工现场相关人员配备严格把关。

6. 管理人员和作业人员每年至少进行一次安全生产教育培训并考核合格

应根据建设部《建筑业企业职工安全培训教育暂行规定》（建教［1997］83号）规定，施工企业从业人员每年应接受一次专门的安全培训，其中企业法定代表人、生产经营负责人、项目经理不少于30学时，专职安全管理人员不少于40学时，其他管理人员和技术人员不少于20学时，特殊工种作业人员不少于20学时；其他从业人员不少于15学时，待岗复工、转岗、换岗人员重新上岗前不少于20学时，新进场工人三级安全教育培训（公司、项目、班组）分别不少于15学时、15学时、20学时。

企业安全教育培训制度应明确各级各类从业人员教育培训的类型、对象、时间和内容，对安全教育培训的计划编制、实施和记录、证书的管理要求、职责权限和工作程序作出具体规定，形成文件并组织实施。

安全教育培训的内容应根据不同类型和对象，按照政府主管部门有关规定和实际需要分别作出明确规定，一般包括：

——安全生产意识，如安全生产方针、法律法规、劳动纪律、遵纪守法等；

——安全基础知识，如企业施工生产概况，企业安全规章制度，施工流程、工艺，施工危险区域及安全防护基本知识、注意事项，机械设备、场内运输有关安全知识，电气设备、动力照明基本安全知识，高处作业安全知识，施工过程中使用有毒有害材料及接触有毒有害物质安全防护基本知识，消防及灭火器材应用基本知识，个人防护用品的正确使用知识等；

——工种与岗位安全技能，如安全技术，劳动卫生，安全操作规程等。

7. 依法参加工伤保险，依法为施工现场从事危险作业的人员办理意外伤害保险，为从业人员交纳保险费

意外伤害保险目前属强制性保险，企业须依法为符合行业标准的从事危险作业的现场施工人员办理意外伤害保险，支付保险费。

实行工程总承包的意外伤害保险费，应由总承包单位支付。企业应根据工程承包性质，作相应规定。

企业应保存从业人员参加工伤保险以及施工现场从事危险作业人员参加意外伤害保险有关证明。

8. 施工现场的办公、生活区及作业场所和安全防护用具、机械设备、施工机具及配件符合有关安全生产法律、法规、标准和规程的要求。

此条款是与施工现场关系最密切的一条，大多内容须紧密结合对现场实物状况、管理行为的检查、检测、论证等日常安全监督，通过动态监管进行判断。

但施工企业应对防护用具、设备、机具建立健全安全管理制度和岗位安全责任制度，明确相应管理的要求、职责和权限，确定监督检查、考核的方法，形成文件并组织实施。

应有效落实对施工企业、工程项目的防护用具、设备、机具（包括安全检测设备和工具。常用的有，检查几何尺寸的：卷尺、经纬仪、水准仪、卡尺、塞尺；检查受力状态

的：传感器、拉力器、力矩扳手；检查电器的：接地电阻测试仪、绝缘电阻测试仪、电压电流表、漏电测试仪等），按有关规定定期检测，建立防护用具、设备、机具等固定资产管理档案（项目应建立项目所有设备、机具管理档案），应有设备状况明细表，包括设备机具（自有、出租、承租）的数量、设备型号及规格、日常检查记录等管理记录和目前状况的简要情况说明。

9. 有职业危害防治措施，并为作业人员配备符合国家标准或者行业标准的安全防护用具和安全防护服装。

企业应要针对本企业业务特点可能会导致的职业病种类制订相应的预防措施，包括防止有毒有害气体，防止食物中毒等，及时传达并有效落实相关文件要求，从方案到现场实施，均要控制，严禁企业内部各个场所使用国家、行业和地方明文规定的落后或不安全的施工工艺、淘汰的施工生产设备。

企业应根据《建筑施工人员个人劳动保护用品使用管理暂行规定》的通知（建质［2007］255号）规定，建立完善劳动保护用品的采购、验收、保管、发放、使用、更换、报废等规章制度。同时应建立相应的管理台账，管理台账保存期限不得少于两年，以保证劳动保护用品的质量具有可追溯性。

10. 有对危险性较大的分部分项工程及施工现场易发生重大事故的部位、环节的预防、监控措施和应急预案

各施工企业应根据本企业的施工特点，依据承包工程的类型、特征、规模及自身管理水平等情况，辨识出危险性较大的分部分项工程和事故易发部位、环节等，列出清单，同一个企业随承包工程性质的改变，或管理水平的变化，也会引起清单的数量和内容的改变，应及时更新。

根据《建设工程安全生产管理条例》，对可能出现伤害的专业性强、危险性大的施工项目，如工具类脚手架、高支模、基坑支护与降水工程、土方开挖工程、起重吊装、临时用电、垂直运输设备的拆装，爆破、水下、拆除以及国务院建设行政主管部门或其他有关部门规定的工程，单独编制专项安全技术方案，按规定进行专家论证。专项安全技术方案应力求细致、全面、具体。并根据需要进行必要的设计计算，对所引用的计算方法和数据，必须注明其来源和依据。所选用的力学模型，必须与实际构造或实际情况相符。为了便于方案的实施，方案中除应有详尽的文字说明外，还应有必要的构造详图。图示应清晰明了，标注齐全。

施工企业必须对危险性较大的分部分项工程及施工现场易发生重大事故的部位、环节进行监控和管理。监控管理的主要内容应包括：

——专项施工方案及安全技术措施审批手续是否完整；

——施工企业资质是否相符；

——施工作业人员资格是否具备；

——相关隐蔽工程是否经验收；

——施工的程序和过程控制是否按照方案进行，安全技术交底是否执行；

——监控人员是否到位；

——施工完毕后检查验收工作是否进行。

监控内容必须要有书面记录。

企业应根据本企业业务特点，详细列出及有针对性和可操作性的控制措施和应急预案。预案必须包括：有针对性的安全技术措施，监控措施，检测方法，应急人员的组织、应急材料、器具、设备的配备等。预案应有较强的针对性和实用性，力求细致全面，操作简单易行。且纳入企业安全管理制度、员工安全教育培训、安全操作规程或安全技术措施中。

11. 有生产安全事故应急救援预案、应急救援组织或者应急救援人员，配备必要的应急救援器材、设备

企业应对可能发生的生产安全事故编制应急救援预案，以便发生事故后能根据预案及时进行救援和处理，防止事故进一步扩大和蔓延。

生产安全事故应急救援预案应本着事故发生后有效救援原则，确定应急救援的组织和人员安排、应急救援器材与设备的配备、事故发生的现场保护和抢救及疏散方案、内外联系方法和渠道、演练及修订方法。

12. 法律、法规规定的其他条件

原则三：从事市场活动前的必备条件

企业注册成立后，不可参与招投标活动，必须具备安全许可条件，并申领安全生产许可证，依法取得证书后，方可从事安全生产经营活动。

在实际操作中对新成立的企业确实存在比较矛盾的地方，一方面，企业必须具备安全生产条件依法取得许可证，方可从事安全生产经营活动——及工程建设；但另一方面，因企业尚未从事工程建设，因此安全生产条件基本只能先依据书面资料判断，与企业实际安全生产运行管理状况可能存在较大误差，这一点，需要通过动态监管的严格把关和控制来弥补。

原则四：属地化管理

国务院建设主管部门负责中央管理的建筑施工企业（集团公司、总公司）安全生产许可证书管理；其他建筑施工企业，包括中央管理的建筑施工企业（集团公司、总公司）下属的建筑施工企业，由企业的注册地所在地省、自治区、直辖市人民政府建设主管部门负责安全生产许可证书管理；涉及铁路、交通、水利等有关专业工程施工企业时，建设主管部门可以征求铁路、交通、水利等有关部门的意见。

安全生产许可证书管理包括核发、暂扣、收回、注销、吊销、延期等。

跨省从事建筑施工活动的建筑施工企业涉及许可证相关违规事宜，由工程所在地的省级人民政府建设主管部门将建筑施工企业在本地区的违法事实、处理结果和处理建议抄告原安全生产许可证颁发管理机关。

由建设部以及各省、自治区、直辖市人民政府建设主管部门颁发的安全生产许可证均在全国范围内有效。

三、申领程序

（一）申报

施工企业存在下列5种情况时，均需申报安全生产许可证。

1. 成立后申报。企业注册成立后，应先申领安全生产许可证，取得证书后，方可从事生产经营活动。

建筑施工企业成立后申报安全生产许可证时，至少应向建设主管部门提供下列材料：

(1) 建筑施工企业安全生产许可证申请表；

(2) 企业法人营业执照；

(3) 证明已具备规定的安全生产条件的相关文件、材料。

2. 变更申报。建筑施工企业变更名称、地址、法定代表人等，应当自工商营业执照变更之日起10个工作日内，到原安全生产许可证颁发管理机关办理安全生产许可证变更手续。安全生产许可证颁发管理机关在对申请人提交的相关文件、资料审查后，及时办理安全生产许可证变更手续。

3. 注销申报。建筑施工企业破产、倒闭、撤销的，应当将安全生产许可证交回原安全生产许可证颁发管理机关予以注销。

4. 遗失申报。建筑施工企业遗失安全生产许可证，应当立即向原安全生产许可证颁发管理机关报告，并在公众媒体上刊登遗失作废声明后，方可申请补办。

5. 延期申报。安全生产许可证的有效期为3年。安全生产许可证有效期满需要延期的，企业应当于期满前3个月向原安全生产许可证颁发管理机关申请办理延期手续。

(二) 受理（应有标准格式文书反馈）

安全生产许可证颁发管理机关对申请人提交的申请，应当按照下列规定分别处理：

1. 对申请事项不属于本机关职权范围的申请，应当及时做出不予受理的决定，并告知申请人向有关安全生产许可证颁发管理机关申请；

2. 对申请材料存在可以当场更正的错误的，应当允许申请人当场更正；

3. 申请材料不齐全或者不符合要求的，应当当场或者在5个工作日内书面一次告知申请人需要补正的全部内容，逾期不告知的，自收到申请材料之日起即为受理；

4. 申请材料齐全、符合要求或者按照要求全部补正的，自收到申请材料或者全部补正之日起为受理。

对于隐瞒有关情况或者提供虚假材料申请安全生产许可证的，安全生产许可证颁发管理机关不予受理或者不予颁发安全生产许可证，并给予警告，1年之内不予再次受理该企业安全生产许可申请。

建筑施工企业以欺骗、贿赂等不正当手段取得安全生产许可证的，撤销安全生产许可证，构成犯罪的，依法追究刑事责任。3年之内不予再次受理该企业安全生产许可申请。

(三) 审核

对已经受理的申请，安全生产许可证颁发管理机关对申请材料进行审查，主要审查是否具备安全生产条件，其中又以三类人员的配备为前提条件。审查应当自受理建筑施工企业的申请之日起45日内审查完毕。涉及铁路、交通、水利等有关专业工程时，可以征求铁道、交通、水利等部门的意见。

延期审核：企业在安全生产许可证有效期内，严格遵守有关安全生产的法律法规和规章，未发生死亡事故的，安全生产许可证有效期届满时，经原安全生产许可证颁发管理机关同意，不再审查，安全生产许可证有效期直接延期3年。除此以外的建筑施工企业，安全生产许可证颁发管理机关应当对其安全生产条件重新进行审查，审查合格的，办理延期手续。

（四）审批发证

安全生产许可证颁发管理机关在受理申请之日起45个工作日内经审查符合安全生产条件的，作出准予颁发申请人安全生产许可证决定的，并应当自决定之日起10个工作日内向申请人颁发、送达安全生产许可证；对不符合安全生产条件的，作出不予颁发安全生产许可证决定，并应当在10个工作日内书面通知申请人并说明理由。企业自接到通知之日起应当进行整改，整改合格后方可再次提出申请。

建筑施工企业安全生产许可证采用国家安全生产监督管理局规定的统一样式。证书分为正本和副本，正本为悬挂式，副本为折页式，正、副本具有同等法律效力。

建筑施工企业安全生产许可证证书由建设部统一印制，实行全国统一编码。编码的规则为：

1. 由建设部颁发的安全生产许可证编码为：

（建）+JZ+安许证字+［颁发年份］+当年流水次序号（6位）

2. 由各省、自治区、直辖市建设主管部门颁发的安全生产许可证编码为：

（省、自治区、直辖市简称）+JZ +安许证字+［颁发年份］+当年流水次序号（6位）

根据国家安全生产监督管理局安监管司办字〔2004〕91号文件精神，建筑施工安全生产许可证正副本各项内容填写如下：

1. 单位名称：填写领取许可证的建筑施工企业名称。

2. 主要负责人：填写领证企业的法定代表人。

3. 单位地址：填写领证企业所在的省（自治区、直辖市）、市（地区、州、盟）、县（市、区、旗）、乡（镇、街道）、村。所在地为城镇的，应当写明单位所在的街道和门牌号码。

4. 经济类型：按照企业在工商行政管理部门登记注册的类型填写，如“国有企业”、“集体企业”、“有限责任公司”。

5. 许可范围：填写“建筑施工”。

6. 有效期：从颁发许可证的当年当月当日至三年后的当月当日。

7. 发证机关：加盖省级以上人民政府建设主管部门公章。

8. 许可证正本和副本中需要填写的文字、数字，一律使用规范的铅印体，不得手工填写。填写错误的，应当销毁，不得涂改。

中央管理的建筑施工企业（集团公司、总公司）的安全生产许可证加盖建设部公章有效。中央管理的建筑施工企业（集团公司、总公司）下属的建筑施工企业，以及其他建筑施工企业的安全生产许可证加盖省、自治区、直辖市人民政府建设主管部门公章有效。使用复印件应加盖公司章方可。

每个具有独立企业法人资格的建筑施工企业只能取得一套安全生产许可证，包括一个正本，两个副本。企业需要增加副本的，经原安全生产许可证颁发管理机关根据企业资质等级及工作量、施工涉及区域范围等综合考虑，适当增加。

第三节 许可的动态监管

一、动态监管的主要内容

动态监管目前主要依据《建筑施工企业安全生产许可证动态监管暂行办法》（以下简称《暂行办法》（建质［2008］121号）执行。

（一）证书审核

证书审核要点：一是时效性。要把握关键时间节点：如中标通知书发放时间、承发包合同签订时间。二是真实性。转让、冒用、或者使用伪造的安全生产许可证。

1. 随机核查。安全生产许可证颁发管理机关应当建立健全安全生产许可证档案管理制度，定期向社会公布企业取得安全生产许可证的情况，每年向同级安全生产监督管理部门通报建筑施工企业安全生产许可证颁发和管理情况，以便社会各方可根据需要随时随地自行核查。

2. 开工前核查。建设单位或其委托的工程招标代理机构在编制资格预审文件和招标文件时，应当明确要求建筑施工企业提供安全生产许可证，以及企业主要负责人、拟担任该项目负责人和专职安全生产管理人员（以下简称“三类人员”）相应的安全生产考核合格证书。

各级建设主管部门在审核发放施工许可证时，应当对已经确定的建筑施工企业是否具有安全生产许可证、是否在有效期内以及是否处于暂扣期内进行审查，对未取得安全生产许可证、未在有效期内及安全生产许可证处于暂扣期内的，不得颁发施工许可证。

3. 工程监督核查。建设工程实行施工总承包的，总承包单位必须取得安全生产许可证，项目负责人、专职安全管理人员必须取得安全考核合格证，专职安全管理人员的配备必须符合规定要求；总承包单位对分包单位要严格审查其是否具有安全生产许可证、是否在有效期内以及是否处于暂扣期内进行审查，不得违规将工程分包给未取得合法有效安全生产许可证的专业承包企业或劳务分包企业。

施工企业应及时掌握安全生产许可证管理的动态公示信息，对于未取得合法有效安全生产许可证的企业，不得列入本企业的合格分包方名录中。

监理单位要加强对工地现场项目承包企业安全生产许可证的审查，尤其是专业承包和劳务分包企业的安全生产许可证是否合法有效；审核总承包、专业承包企业的项目负责人、专职安全管理人员和劳务分包企业专职安全管理人员是否取得安全考核合格证并且符合规定要求；发现问题应要求施工企业进行整改；对于拒不整改的，工程监理单位应当向建设单位报告。

建设单位接到工程监理单位报告后，应当责令施工企业立即整改。

监督机构要将安全生产许可证的动态监管融入工程项目的日常监督中。在日常监督时，应抽查总包、监理单位相关检查、审核记录，并进行核验。发现有未取得安全生产许可证擅自进行施工活动的施工企业，要严格按照《建筑施工企业安全生产许可证管理规定》要求，予以处罚，并通报施工许可证颁发机关和招投标管理部门。

（二）安全生产条件审核

安全生产条件审查的难点在于：对于同一个企业，多少施工现场，在多长时间内，发生了多少、什么程度的不良业绩，才可判定企业降低了安全生产条件，这个指标如何量化，才能即科学又有可操作性。

《暂行办法》规定了有被处以停工的不良业绩的判定条件，规定符合下列情形之一的，市、县级人民政府建设主管部门可视企业降低了安全生产条件，可于作出最后一次停止施工决定之日起提出暂扣企业安全生产许可证。

①在 12 个月内，同一企业同一项目被两次责令停止施工的；

②在 12 个月内，同一企业在同一市、县内三个项目被责令停止施工的；

③施工企业承建工程经责令停止施工后，整改仍达不到要求或拒不停工整改的。

建筑施工企业应当加强对本企业和承建工程安全生产条件的日常动态自我检查，对照十二项条件以及上述规定，发现在“三类人员”配备、安全生产管理机构设置及其他安全生产条件不符合法定安全生产条件的，应当立即进行整改，并做好自查和整改记录。

监理单位在日常监理过程中要加强对工地现场安全生产条件的审查，发现问题应要求施工企业进行整改；对于拒不整改的，降低安全生产条件的，工程监理单位应当向建设单位报告。

建设单位接到工程监理单位报告后，应当责令施工企业立即整改。

颁发管理机关应当建立建筑施工企业安全生产条件的动态监督检查制度，根据监管情况、群众举报投诉和企业安全生产条件变化报告，对相关建筑施工企业及其承建工程项目的安全生产条件进行核查，并将安全生产管理薄弱、事故频发的企业作为监督检查的重点。市、县级人民政府建设主管部门或其委托的建筑安全监督机构在日常安全生产监督检查中，发现企业降低施工现场安全生产条件的或存在事故隐患的，应立即提出整改要求；情节严重的，应责令工程项目停止施工并限期整改。

安全生产许可证颁发管理机关发现企业降低安全生产条件的，应当视其安全生产条件降低情况对其依法实施暂扣或吊销安全生产许可证的处罚。

二、动态监管的方法

（一）定期抽查

建立定期抽查机制，安全生产许可证颁发机构可委托或自行组织，定期核查已取得安全生产许可证的企业及其在建工程的安全生产条件，抽查率不应低于取得许可证企业数的5%，抽查周期不应少于每年度 2 次。

（二）网上核查

根据安全生产许可证网上公告，根据企业资质的变化情况，定期核查企业安全生产条件变化情况，如人员配备等。

（三）跟踪核查

根据日常监督（包括各类大检查、专项检查）情况，对施工现场管理状况差的企业，对发生事故的企业，对安全质量标准化达标、隐患排查工作开展不力的企业，跟踪核查企业安全生产条件。

三、动态监管的处理

（一）证书处理

1. 无证：违反规定，建筑施工企业未取得安全生产许可证便擅自从事建筑施工活动的，责令其在建项目停止施工，没收违法所得，并处10万元以上50万元以下的罚款；造成重大安全事故或者其他严重后果，构成犯罪的，依法追究刑事责任。

2. 暂扣：企业安全生产许可证被暂扣期间，不得承揽新的工程项目，发生问题的在建项目停工整改，整改合格后方可继续施工。

3. 延期：违反规定，安全生产许可证有效期满未办理延期手续，继续从事建筑施工活动的，责令其在建项目停止施工，限期补办延期手续，没收违法所得，并处5万元以上10万元以下的罚款；逾期仍不办理延期手续，继续从事建筑施工活动的，责令其在建项目停止施工，没收违法所得，并处10万元以上50万元以下的罚款；造成重大安全事故或者其他严重后果，构成犯罪的，依法追究刑事责任。

4. 吊销：企业安全生产许可证被吊销后，该企业不得进行任何施工活动，且1年之内不得重新申请安全生产许可证。

5. 转让：违反规定，建筑施工企业转让安全生产许可证的，没收违法所得，处10万元以上50万元以下的罚款，并吊销安全生产许可证；构成犯罪的，依法追究刑事责任；接受转让的，没收违法所得，并处10万元以上50万元以下的罚款；造成重大安全事故或者其他严重后果，构成犯罪的，依法追究刑事责任。

6. 冒用或伪造：冒用安全生产许可证或者使用伪造的安全生产许可证的，没收违法所得，并处10万元以上50万元以下的罚款；造成重大安全事故或者其他严重后果，构成犯罪的，依法追究刑事责任。

（二）降低安全生产条件处理

安全生产许可证颁发管理机关或市、县级人民政府建设主管部门发现取得安全生产许可证的建筑施工企业降低规定安全生产条件的，根据情节轻重依法给予企业暂扣安全生产许可证30～60日的处罚。

企业发生死亡事故的，安全生产许可证颁发管理机关应当立即组织对企业（含施工总承包企业和与发生事故直接相关的分包企业）安全生产条件进行复查（于接到报告或通报之日起20日内复核完毕），对企业降低安全生产条件的，颁发管理机关应当依法给予企业暂扣安全生产许可证的处罚；情节特别严重的或者发生特别重大事故的，依法吊销安全生产许可证。

暂扣安全生产许可证处罚视事故发生级别和安全生产条件降低情况，按下列标准执行：

①发生一般事故的，暂扣安全生产许可证30～60日。

②发生较大事故的，暂扣安全生产许可证60～90日。

③发生重大事故的，暂扣安全生产许可证90～120日。

建筑施工企业在12个月内第二次发生生产安全事故的，视事故级别和安全生产条件降低情况，分别按下列标准进行处罚：

①发生一般事故的，暂扣时限为在上一次暂扣时限的基础上再增加30日。

②发生较大事故的，暂扣时限为在上一次暂扣时限的基础上再增加 60 日。

③发生重大事故的，或按本条（一）、（二）处罚暂扣时限超过 120 日的，吊销安全生产许可证。

12 个月内同一企业连续发生三次生产安全事故的，吊销安全生产许可证。

建筑施工企业瞒报、谎报、迟报或漏报事故的，在原暂扣证处罚的基础上，再处延长暂扣期 30 日至 60 日的处罚。暂扣时限超过 120 日的，吊销安全生产许可证。

安全生产许可证暂扣期间，拒不整改或经整改仍未达到规定安全生产条件的，处以延长暂扣期 30 日至 60 日直至吊销安全生产许可证的处罚。

建筑施工企业安全生产许可证被暂扣期间，企业在全国范围内不得承揽新的工程项目。发生问题或事故的工程项目停工整改，经工程所在地有关建设主管部门核查合格后方可继续施工。

建筑施工企业安全生产许可证暂扣期满前 10 个工作日，企业需向颁发管理机关提出发还安全生产许可证申请。颁发管理机关接到申请后，应当对被暂扣企业安全生产条件进行复查，复查合格的，应当在暂扣期满时发还安全生产许可证；复查不合格的，增加暂扣期限直至吊销安全生产许可证。

建筑施工企业安全生产许可证被吊销后，自吊销决定作出之日起一年内不得重新申请安全生产许可证。

四、动态监管结果处理的原则

（一）系统的原则

《暂行规定》目前仅对处以停工、事故的情况，给予了降低安全生产条件的判定依据，而以一工程、一时、一事、一人去判定，会与实际情况有很大差距，当然，为了减少偏差，可再辅以安全生产条件复核，但一次复核还是存在大量主观的、偶然的因素，仍不尽真实，却大大增加了管理成本，事半功倍。因此科学的判定一个施工企业是否降低安全生产条件，应制订综合周期长短，不良业绩占工程总量的大小，不良业绩的程度，发生频次等因素的系统性的判断标准。

（二）本地和外地企业的区别处理原则

根据规定：本地企业如果出现违反动态监管规定，降低安全生产条件的，可直接进入暂扣证程序；如果存在工程承建企业跨省施工的，工程所在地省级建设主管部门应当在事故发生之日起 15 日内或于作出最后一次停止施工决定之日起将企业及有关项目违法违规事实和证明安全生产条件降低的相关询问笔录或其他证据材料，书面通报颁发管理机关，提出暂扣企业安全生产许可证，考虑到时效性，因此在通报的同时，工程所在地应同步实施相应的处罚，如：拟定的暂扣证期限内，停止招投标等生产经营活动或经济处罚等。

（三）多发事故和单一事故区别处理，事故大小区别处理原则

安全生产许可证处理的暂扣证的期限，处理的力度完全不同，处罚的时候应不予考虑事故责任的大小，而应根据安全生产条件的核查情况来判断。

（四）企业和个人连带责任追究的原则

对于三类人员，应同时进行动态监管，将企业日常的业绩，同三类人员的履行责任的情况对应起来，企业受到处罚时，三类人员可能同时受到行政处理直至处罚。如：上海市制订

了三类人员动态考核记分标准，根据日常考核记分情况，对三类人员实施暂扣证等处理。

（五）处罚力度要根据处罚事项重复率和严重程度评判原则。

（六）动态考核情况尽可能与市场监管联动。如：招投标不良信息提示、影响资质升级、影响评优、影响三年延期等。

第四节 许可的延期

根据《安全生产许可证条例》和《建筑施工企业安全生产许可证管理规定》，建筑施工企业安全生产许可证有效期为三年。

如果说，新成立企业申领许可证时，安全生产条件许多还只能是纸上谈兵，多为资料，不能充分体现企业真实的安全管理，那么三年延期，是个契机，可弥补对企业动态监管的把关。通过企业静态的管理资料、动态的行为业绩等全面判断是否符合安全生产条件。企业申领三年延期的过程，能促使企业进一步建立起自我约束、持续改进的安全生产长效机制。这是三年延期的意义。

一、延期企业审查范围

（一）属于下列范围的建筑施工企业，安全生产许可证颁发管理机关（以下简称颁发管理机关）应当重新对其安全生产条件进行审查：

1. 在安全生产许可证有效期内，发生生产安全事故且对事故发生负有责任的；

2. 在安全生产许可证有效期内，曾被暂扣过安全生产许可证的；

3. 在安全生产许可证有效期内，受到各级建设主管部门 3 次以上（含 3 次）处罚、通报批评或安全生产诚信不良记录的；

4. 未在原颁发管理机关规定时间内提出延期申请的；

5. 原颁发管理机关因其他原因认为有必要重新审查的。

（二）在安全生产许可证有效期内，严格遵守有关安全生产的法律、法规、规章和工程建设强制性标准，不属于第（一）项规定的应当重新审查范围的建筑施工企业，经原颁发管理机关同意，可以不再对其进行审查。但此类企业仍需进行必要的备案手续。

二、延期工作内容、程序

（一）申请

安全生产许可证有效期满前三个月，企业应当向原颁发管理机关提出延期申请。

1. 需要进行重新审查的企业，与初次申领提供的材料基本一致，关键是要提交安全生产条件证明材料。

2. 不需要进行重新审查的企业，可不提交安全生产条件证明材料。

（二）受理、审查、发证程序

与初次申领基本一致。

区别在于审查安全生产条件时，必须抽查一定数量的工程。

（三）监督管理

对于安全生产许可证有效期满未办理延期手续继续进行生产的，按照《安全生产许可证条例》第二十条规定进行处罚：责令停止生产，限期补办延期手续，没收违法所得，并处5万元以上10万元以下的罚款；逾期仍不办理延期手续，继续进行生产的，按照未取得安全生产许可证擅自进行生产行为进行处罚：责令停止生产，没收违法所得，并处10万元以上，50万元以下的罚款；造成重大事故或者其他严重后果，构成犯罪的，依法追究刑事责任。

第五节 管 理 分 工

本着服务企业，提高效率和充分发挥基层建设主管部门积极性、发挥市场机制的原则，安全生产许可证颁发管理机关可划分权限，委托基层建设主管部门及中介服务机构实施受理、审核、发证等具体事务，安全生产许可证颁发管理机关负责审批。

安全生产许可证颁发管理机关可根据企业资质等级，企业资质注册地区或营业执照注册地等，分别委托市、区（县）建设行政主管部门负责实施。

安全生产许可证颁发管理机关也可发挥中介机构的市场作用，承担对企业具备安全生产条件的指导、审核等。

例：上海市自2004年开始实施安全生产许可证以来，规定：市建委负责特级、一级、二级和专业级施工企业的安全生产许可证颁发及管理工作。日常具体工作委托市安质监总站实施；区、县建委负责提出本行政区域范围内注册的三级及劳务施工企业安全生产许可证的初步意见，报市建委审核、发证；市市政、水务、绿化、房地资源局分别负责提出公路、市政养护、燃气、水务、绿化、拆房等施工企业安全生产许可证的初步意见，报市建委审核、发证。

另外，明文规定，全面实施安全生产条件第三方评价，委托中介机构，对因安全生产业绩差、管理力量薄弱的、新成立的、企业资质需升级的以及企业资质降低后需恢复原资质的建筑施工企业需委托安全评价机构进行安全生产条件评价。

动态监管时，各级监督机构对施工现场的监督情况，作为企业日常业绩的积累，需要对企业安全生产条件进行审查时，也可借助中介机构的管理资源。

对委托的安全生产评价机构和评价人员资格人员提出具体要求，明确了安全生产条件评价的具体要求和流程，规定评价组人员数量不得少于3人，评价时间1～3个工作日不等，需要时抽查1～3个在建工程项目。评价报告须经评价组全体成员签字，评价机构负责人确认，委托人签收后方可生效。

通过第三方评价，使企业的法人得到充分的服务指导，认识到了自身的安全责任，初步了解到安全生产管理的系统性，科学性，重要性，有效的促进企业完善安全生产基本条件，落实责任，加大企业内部安全管理的力量和投入，提高安全管理人员的基本素质。促进企业提高内部安全管理水平，以及自我评价，自我约束，自我完善的能力。

第六节 信 息 管 理

为了一方面便于企业快捷、方便的申领，随时了解相关政策和规定，一方面便于通告社会相关各方，确保需要时可即时查询，同时更为了科学的管理，分析统计，对企业申报原始材料的追溯，对企业日常监管情况跟踪延续，企业安全生产条件数字档案化，促进动态监管系统化，全国较多省市建立了企业安全生产许可证网络管理系统。

一、数据库的建立

（一）申领系统

将许可证的申领程序，即申报、受理、审核、审批、发证通知等内容，建立相应的管理系统。采用网上申报，网上受理，网上审核，网上回复结果，批准通过的企业名单在网上按批予以公示。正常情况下，企业除了领证以外，不需要带着大量书面资料，一次一次的上报管理部门，只需上网进行简单操作即可。

上海市专门设置了安全生产许可证申领网页，内容包括办事指南，法律法规汇编，许可证相关管理机构设置介绍，工作动态，申报、更新等网上办事，许可证查询，扣证、吊证公示等，围绕安全生产许可证的各项管理内容，通过网页，一并告知给企业及相关各方。

（二）动态管理系统

为便于对取得许可证的企业的安全生产条件有系统的了解，可设立动态管理系统，各监管单位可将日常工程监管情况包括整改单开具、通报批评、事故，标准化达标信息等随时录入到网上，逐步生成企业日常业绩档案。

二、管理系统的应用

（一）告知

通过管理系统，企业可了解相关的政策、法规规定，了解整个申领程序；了解相关管理机构的管理职能，联系方式；了解相关工作动向，引以为戒。

（二）申领操作

企业可随时随地在网上申报，根据提示，填写简单的内容，节约时间和纸张，同时，可方便的查询审核情况，审批情况，何时到何地取证。

（三）查询

建设单位选用施工单位，总包单位选用分包单位时，资质升级审核时，均可网上查询企业的许可情况，是否正常持有或无效、暂扣，是否为真实的等。

（四）日常监管情况录入

各监督机构可随时录入管辖区域内工程监督情况，管理系统自行汇总，生成各企业最终的日常安全业绩情况。

（五）汇总查询

某一企业日常动态监管情况，某一区域内各企业安全生产动态监管情况，某一资质等级企业安全生产动态监管情况等均可汇总查询，并为下一步重点监管工地、企业、区域等监管措施的制定提供依据。

（六）形成管理链

通过动态管理系统，可形成企业日常业绩与企业安全质量标准化达标挂钩，安全质量标准化与安全生产许可证动态考核结果挂钩的管理链，为动态监管的客观性，系统性，促进企业建立长效管理机制打下良好基础。

通过管理系统，政府对管理对象的基本情况有了更进一步的了解。原先的管理监督均以抓两头为主，对好的企业和差的企业的情况比较了解。通过安全生产许可证的申领工作，对所有企业的安全生产管理情况建立了档案，有了基本的数据资料，为政府制订安全生产管理政策，调整安全生产管理方向，加大安全生产管理力度奠定了扎实的基础。

第七节 许 可 的 深 化

一、目前建筑安全生产许可制度的弊端

从实施建筑施工企业安全生产许可制度以来的情况看，施工企业安全生产许可制度在规范施工企业安全生产行为，约束企业违规行为等方面，取得了一定的成就。但是也还存在一些弊端，如：

（一）建设单位的作用没有发挥，不利发挥建设单位的作用

根据国务院《安全生产许可证条例》规定，国家对矿山企业、建筑施工企业和危险化学品、烟花爆竹、民用爆破器材生产企业实行安全生产许可制度，危险化学品等行业安全生产许可证是直接发给生产企业（业主单位）的，且明确指出煤矿企业以矿（井）为单位。《建设工程安全生产条例》也明确了建设单位的安全管理责任，但在具体实施过程中，很多方面却没有体现这一安全管理要求，难以督促建设单位将安全管理责任落到实处。而目前建设单位（业主）作为建设项目的法人，其优越、特殊的地位，以及市场行为的不规范，造成了建设单位在很多方面凌驾于工程参与各方之上，从而使其对施工进度、质量及分包单位的选择等方面涉足越来越深。

（二）企业与现场联系不密切

施工现场作为施工企业安全管理的落脚点，是企业安全管理水平的直接体现，企业与现场的关系犹如面与点的关系，施工企业的安全生产业绩全部来自于施工现场。目前建筑施工企业安全生产许可证仅发放到企业层面，十二项条件也无法充分反映出企业对施工现场安全管理的控制能力，施工现场应具备的安全生产条件也不具体，比较难操作。和建筑施工企业的管理特征不匹配，使得建筑施工安全许可制度难以真正落到实处。

（三）动态监管难以实施

处罚扣证有难度；（大企业、外省市企业）大企业扣证难以实施，施工企业的资质等级不一样，承接任务量的差距很大，只有一、两个项目的企业与有上百个项目的企业其发生事故的概率是不同的。对特级与三级企业扣证的影响不可同日而语，对大企业的扣证难以实施。

对于外省市企业的安全生产许可证由于实施“谁发证、谁负责”的原则，对违规企业无法实施扣证的处理；同时存在通报程序繁琐，时效差的弊端，使违规行为无法及时转告其主管部门进行查处，对外省市企业市场准入的约束力不够。

对不需进行投标的分包单位，同样存在市场准入环节监管漏洞，监管约束力不够。

动态监管不成体系，以至三年延期的门槛仍然很低，与企业日常安全生产情况和业绩没有直接的、真正的挂钩，约束力效应未显现。

二、项目设立安全许可的可行性

实践证明，目前安全生产许可证对规范企业的安全生产条件，加强对企业安全监督管理确实有一定的成效。由于安全生产许可证的动态监管是一个系统工程，如果能充分发挥建设单位的作用、进一步与建筑市场的管理结合起来、使“企业、现场”的管理更加密切地挂起钩来，那么安全生产许可证就能发挥更大效应。

因此安全生产许可证宜实施对施工企业和建设项目同时颁发安全生产许可证（双证）制度。由建设单位申请办理项目安全许可证，使得现场的安全状况切实关系到建设单位的利益。项目安全生产许可证的实施可与施工现场安全质量标准化管理相结合，可作为企业安全生产许可证动态监管的主要依据，这样项目安全许可的实施就有了强有力的基础。通过建设单位的参与，进一步明确并落实工程参与各方安全生产责任，特别是突出并发挥建设单位在项目建设中的安全管理作用，才能使得施工现场的安全生产工作真正落到实处。

三、项目实施安全许可的设想

项目安全许可的实施以建设项目为主体，由施工现场建设单位申请办理，可与施工现场安全质量标准化考核和企业安全许可证动态监管相结合，建立日常监管机制。

1. 发放对象

项目安全许可证以建设项目为主体，由建设单位申请办理。

2. 发放单位

项目安全许可证可由建设行政主管部门或其委托的工程监督机构进行发放。

3. 发放条件

项目安全许可证的发放应具备如下条件：

（1）建设项目已报监；

（2）进入施工现场施工企业的安全生产许可证合法有效；

（3）进入施工现场施工企业具备开工条件（总包、分包）；

（4）其他条件。

4. 监督管理

（1）现场准入。对于没有取得项目安全许可证的施工现场，不得开始施工。

（2）过程监管。对于存在安全隐患等情况的施工现场，可以根据现场安全管理实际情况，对建设单位及相应施工单位进行处理（暂扣、吊销项目安全许可证），并结合安全质量标准化的考核记分。

（3）退出机制。对于存在较多安全隐患、或多次被暂扣项目安全许可证、或项目安全许可证被吊销等情况的施工现场的施工企业，应责成其退出施工现场，并要求建设单位调换相应的施工企业。

（4）清退机制。设定标准，如果企业超过一定数量或比例的项目曾被暂扣过许可证，则可认定企业降低安全生产条件，实施暂扣直至吊销。

（5）二场联动。项目安全许可证的动态监管，同时应与企业安全许可证的动态监管进行联动。对于存在多个项目（现场）安全许可证被暂扣或吊销的施工企业，其企业安全许可证也应作相应处理，限制其招投标行为（市场），同时可以对建设单位建立相应的安全诚信记录。

第三章 建筑安全监理

第一节 概　　述

上海市建设和交通委员会印发的《关于实行建设工程安全监理制度的通知》要求全市建设工程于2003年10月1日开始实施安全监理制度，初步明确了安全监理职责。上海市建筑业管理办公室于2003年12月印发了《关于实施建设工程安全监理的指导意见》，明确了安全监理业务应由建设单位委托，组织机构和人员的职责和要求，安全监理文件的编制，施工准备阶段安全监理的主要工作，施工过程中安全监理的主要工作，安全监理的资料管理等几方面内容。

自2004年2月1日起施行的国务院《建设工程安全生产管理条例》第十四条规定"工程监理单位应当审查施工组织设计中的安全技术措施或者专项施工方案是否符合工程建设强制性标准。工程监理单位在实施监理过程中，发现存在安全事故隐患的，应当要求施工单位整改；情况严重的，应当要求施工单位暂时停止施工，并及时报告建设单位。施工单位拒不整改或者不停止施工的，工程监理单位应当及时向有关主管部门报告。工程监理单位和监理工程师应当按照法律、法规和工程建设强制性标准实施监理，并对建设工程安全生产承担监理责任。"同时第二十六条规定：对施工单位在施工组织设计中编制的安全技术措施和施工现场临时用电方案，以及达到一定规模的危险性较大的分部分项工程编制专项施工方案，经施工单位技术负责人、总监理工程师签字后方可实施。第五十七条规定：存在未对施工组织设计中的安全技术措施或者专项施工方案进行审查的，发现安全事故隐患未及时要求施工单位整改或者暂时停止施工的，施工单位拒不整改或者不停止施工，未及时向有关主管部门报告的，未依照法律、法规和工程建设强制性标准实施监理的情况，责令限期改正；逾期未改正的，责令停业整顿，并处10万元以上30万元以下的罚款；情节严重的，降低资质等级，直至吊销资质证书；造成重大安全事故，构成犯罪的，对直接责任人员，依照刑法有关规定追究刑事责任；造成损失的，依法承担赔偿责任。

为进一步贯彻《建设工程安全生产管理条例》中关于安全监理的管理要求，建设部于2005年10月建设部印发了《建筑工程安全生产监督管理工作导则》明确了"建设行政主管部门对工程监理单位安全生产监督检查的主要内容"。建设部于2006年10月又印发了《关于落实建设工程安全生产监理责任的若干意见》，进一步从"建设工程安全监理的主要工作内容，建设工程安全监理的工作程序，建设工程安全生产的监理责任，落实安全生产监理责任的主要工作"等四个方面对安全监理工作进行了要求。

为进一步提高上海市建设工程施工安全监理水平，上海市建设工程咨询行业协会同上海市建设工程安全质量监督总站，在深入学习法规，调查研究，总结实践经验，并多方征求意见的基础上编制了《建设工程施工安全监理规程》，作为上海市工程建设地方标准规范于 2008 年 4 月份开始实施。

《建设工程施工安全监理规程》的主要内容：

现在，安全监理工作已全面开展，并取得了一定成效，但还是存在一些不足。调研显示，安全监理人员的年龄偏大、待遇不高，监理企业对监理项目机构的管理不到位，项目总监理工程师对安全监理工作不够重视，各级监督机构对安全监理在现场应起的作用不够明确。

目前安全监理工作还需要一个培育过程，工作职责的定位需进一步明确，工作内容、深度以及方式方法需进一步确定，现场实际操作需进一步规范。

监理单位作为施工现场的参与方之一，为保证施工现场的安全生产起到了重要的作用，但是必须明确施工现场监理单位的安全监理工作不能替代施工单位的安全管理。监理单位履行了规定的职责，施工单位未执行监理指令继续施工或发生安全事故的，应依法追究监理单位以外的其他相关单位和人员的法律责任。

第二节　安全监理主要工作内容

一、施工准备阶段

为更好地做好安全监理工作，项目监理机构的安全监理人员要督促施工单位调查了解施工现场及周边环境情况，例如周边是否有高压线，以免施工设备碰触导致触电事故；周围居民距离施工现场距离，制订针对性的防止施工扰民的措施等。告知建设单位的安全责任，并尽可能地协助其及时办理工程项目安全监督手续。

（一）安全监理方案的编制

监理规划中的安全监理方案的编制应根据法规、委托安全监理约定的要求，以及工程项目特点、施工现场的实际情况，明确项目监理机构的安全监理工作目标，确定安全监理工作制度、方法和措施，应具有对安全监理工作的指导性，并应根据情况的变化予以补充、修改和完善。

1. 安全监理方案的编制要求

安全监理方案应与监理规划同时编制完成，它是监理规划的重要组成部分。分阶段出图时，安全监理方案要动态跟进调整；编制工作由总监理工程师主持，专职安全监理人员和专业监理工程师参加，工程监理单位技术负责人审批；在第一次工地会议召开前主送建设单位。

2. 安全监理方案应包括以下主要内容

安全监理工作依据，安全监理工作目标，安全监理工作内容，项目监理机构安全监理岗位、人员及工作任务，安全监理工作制度，初步认定的危险性较大的分部分项工程一览表，初步认定须经监理复核安全许可验收手续的大中型施工机械和安全设施一览表，初步确定需编制的专项安全监理实施细则一览表，初步选定的新材料、新技术、新工艺及特殊结构防止安全事故的监督控制措施，必要的安全防护用品。

（二）安全监理实施细则的编制

安全监理实施细则应符合“安全第一，预防为主”的方针，要具有可操作性，并应根据情况的变化予以补充、修改和完善。对危险性较大的分部分项工程必须在施工开始前编制专项安全监理实施细则。需编制监理实施细则的三等及以下项目可在监理实施细则中增添安全监理的内容。

1. 安全监理实施细则的编制

安全监理实施细则由专业监理工程师为主编制，专职安全监理人员参与，并经总监理工程师批准。

编制安全监理实施细则的依据：已批准的包含安全监理方案的监理规划，相关的法律、法规、工程建设强制性标准和设计文件，施工组织设计，其他规范性文件等。

2. 安全监理实施细则应包括以下主要内容

危险性较大的分部分项工程安全监理工作的特点和施工现场环境状况，安全监理人员安排与分工，安全监理工作的方法及措施，针对性的安全监理检查、控制点，相关过程的检查记录（表）和资料目录。

（三）施工单位资质、人员资格审查

项目监理机构要认真审查施工现场总包单位、分包单位的安全生产许可证以及相互间的安全生产协议，现场项目负责人、安全管理人员的安全生产考核合格证，特种作业人员证书。

1. 安全生产许可证审查

总包单位作为正规的中标单位安全生产许可证应该不会出现问题，关键是不走招投标环节的，监理人员要认真审查其安全生产许可证的有效性，可能的话可以登陆建设行政主管部门网站进一步核实。分包单位作为建筑施工二级市场的主体，游离在建设行政主管部门的监督视线以外，需认真核实；首先要理清楚进入施工现场的分包单位数目，什么时间进场、什么时间退场，然后审查其安全生产许可证的有效性，总分包之间安全生产协议的签订情况。

2. 安全生产考核合格证审查

项目监理机构要认真审查施工现场项目负责人、专职安全生产管理人员数量与资格。建设部印发的《建筑施工企业安全生产管理机构设置及专职安全生产管理人员配备办法》[建质（2008）91号] 规定，建筑施工企业应当在建设工程项目组建立安全生产领导小组。建设工程实行施工总承包的，安全生产领导小组由总承包企业、专业承包企业和劳务分包企业项目经理、技术负责人和专职安全生产管理人员组成。

总承包单位配备项目专职安全生产管理人员应当满足下列要求：

（1）建筑工程、装修工程按照建筑面积配备：

1）1万 m^2 以下的工程不少于1人；

2）1万～5万 m^2 的工程不少于2人；

3）5万 m^2 及以上的工程不少于3人，且按专业配备专职安全生产管理人员。

（2）土木工程、线路管道、设备安装工程按照工程合同价配备：

1）5000万元以下的工程不少于1人；

2）5000 万～1 亿元的工程不少于 2 人；

3）1 亿元及以上的工程不少于 3 人，且按专业配备专职安全生产管理人员。

分包单位配备项目专职安全生产管理人员应当满足下列要求：

专业承包单位应当配置至少 1 人，并根据所承担的分部分项工程的工程量和施工危险程度增加。

劳务分包单位施工人员在 50 人以下的，应当配备 1 名专职安全生产管理人员；50 人～200 人的，应当配备 2 名专职安全生产管理人员；200 人及以上的，应当配备 3 名及以上专职安全生产管理人员，并根据所承担的分部分项工程施工危险实际情况增加，不得少于工程施工人员总人数的 5‰。

3. 特种作业人员证书审查

对于特种作业人员证书的审查必须针对施工现场的实际情况，应当包括证书的书面审查和人证对照抽查。书面审查主要审查证书的有效性，人证抽查主要抽查进入施工现场的特种作业人员与证书是否相符，例如现场的电工、架子工及大型机械安装拆除作业人员等。

（四）审查危险性较大的分部分项工程安全专项施工方案

项目监理机构首先要审核施工单位提出的危险性较大的分部分项工程一览表（包括须经专家论证、审查的项目）和须经监理复核安全许可验收手续的大中型施工机械和安全设施一览表。施工单位应当分别编写各危险性较大的分部分项工程的安全专项施工方案，并在施工前办理监理报审。

1. 总监理工程师应按下列方法主持审查

程序性审查——安全专项施工方案按规定须经专家认证、审查的，是否执行；安全专项施工方案是否经施工单位技术负责人签认，不符合程序的应退回。

符合性审查——安全专项施工方案必须符合强制性标准的规定，并附有安全验算的结果。须经专家论证、审查的项目应附有专家审查的书面报告，安全专项施工方案应有紧急救护措施等应急救援预案。

针对性审查——安全专项施工方案应针对本工程特点以及所处环境、管理模式，具有可操作性。

2. 安全专项施工方案经专职安全监理人员、专业监理工程师进行审查后，应在报审表上填写监理意见，并由总监理工程师签认。特别复杂的安全专项施工方案，项目监理机构应报请工程监理单位技术负责人主持审查。

（五）其他方面

项目监理机构还应认真审核施工企业应急救援预案和安全防护、文明施工措施费用使用计划情况、审核施工现场安全防护是否符合投标时的承诺和《建筑施工现场环境与卫生标准》等标准要求。

对监理人员进行岗前安全教育，并配备必要的安全防护用品。在第一次工地会议上介绍安全监理目标、工作要求及安全监理人员等。

二、施工阶段

项目监理机构在施工开始以后，要认真监督施工单位施工现场安全生产保证体系的运行及其专职安全生产管理人员的到岗与工作情况。监督以危险性较大的分部分项工程为重点的安全专项施工方案或安全技术措施的实施。复核施工单位大中型施工机械、安全设施的安全许可验收手续。核查施工单位安全生产事故应急救援预案。参与施工单位组织的专项安全检查（包括异常气候和节假日施工的安全检查）。参加安全监督部门对项目安全检查后的项目安全生产状况讲评会。配合工程安全事故调查、分析和处理。对施工现场存在的安全事故隐患以及安全设施不符合安全标准强制性条文要求的情况，应书面通知施工单位及时予以整改。

（一）检查施工单位安全生产保证体系

检查施工单位总、分包现场专职安全生产管理人员配备的实际情况是否符合规定。检查施工单位的安全生产责任制，安全生产教育培训制度，安全检查制度，消防安全责任制度，安全生产事故应急救援预案，安全施工技术交底制度以及设备的租赁、安装拆卸、运行维护保养、验收管理制度、操作规程等执行情况。检查特种作业人员资格，包括电工、焊工、架子工、起重机械工、塔吊司机及指挥、垂直运输机械操作工、安装拆卸工、爆破工等特种作业人员的名册、岗位证书和身份证复印件。检查（或协助签订）建设单位与施工单位以及施工总、分包单位间的施工安全生产协议书。

对施工单位安全生产保证体系的检查项目由项目监理机构在第一次工地会议上书面向施工单位告知，由施工单位报检，总监理工程师主持检查，凡有不符合要求的应开具限期整改书面通知，拒不整改的应向建设单位及安全监督部门报告。

（二）监督危险性较大的分部分项工程安全专项施工方案的实施

安全专项施工方案实施时，首先应查清施工单位专职安全生产管理人员是否到岗。对安全专项施工方案的执行情况每天至少监督检查一次；其次，对安全监理的监督检查控制点实施必要的监视和测量。

发现不符合安全专项施工方案要求或发现安全事故隐患，应向总监理工程师报告，采取发监理通知单、暂停施工令或向建设单位及经其授意向有关主管部门报告的手段及时处理，并首先从施工单位安全生产保证体系上查找原因。

（三）施工现场安全质量标准化督促核准工作

督促施工总包单位每周进行自检，每月网上填报月度自查评分。督促施工总包单位网上对施工分包单位进行月度评价，督促施工总包单位上网填报危险性较大工程上报记录。

项目监理机构应动态考核施工现场安全质量标准化达标工地实施情况，每月的考核情况应填写施工现场安全质量标准化达标工地考核评分检查记录，并以此为依据，对施工总包单位的每次自查评分和施工总包单位对施工分包单位的月度评价进行审查并核准，由安全监理人员汇总后网上填报月度核准结果。

项目监理机构应对施工总包单位网上填报的危险性较大工程上报记录进行初审，并在网上填报监理初审记录。

工程竣工后，项目监理机构应核准施工总包单位对施工分包单位的考核评定。

（四）安全防护文明施工措施费执行情况核查

项目监理机构应审核施工单位安全防护、文明施工措施费用使用计划报审表，应重点检查施工单位以下两个方面的安全防护、文明施工措施费用使用情况，并填写安全监理巡视检查记录：

1. 施工现场易发生伤亡事故处或危险场所应设置明显的、符合标准要求的安全警示标志牌；

2. 施工现场的材料堆放、防火、急救器材、临时用电、临边洞口、高处交叉作业防护应与安全防护、文明施工措施费用使用计划相一致，应符合工程建设强制性标准要求。

项目监理机构应督促施工单位建立安全防护、文明施工措施费用使用账册，保留支付费用原始凭证。根据对施工单位填报的安全防护、文明施工措施费用支付申请表，经检查已落实安全防护、文明施工的，由项目监理机构签认已发生的费用。

项目监理机构认为有必要时，可检查施工总包单位向施工分包单位支付安全防护、文明施工措施费用情况，并填写安全监理巡视检查记录。

三、安全监理资料

施工现场的主体单位是施工单位，监理单位作为工程参与方、作为技术咨询单位，在施工现场所做的所有工作，只有通过安全监理资料才能够体现，特别是安全监理资料是证明项目监理机构安全监理职责落实的有利证据。

（一）施工现场安全监理资料应包括下列内容：

1. 委托监理合同关于安全监理的约定；

2. 监理规划中的安全监理方案；

3. 安全监理实施细则；

4. 第一次工地会议纪要的安全监理内容；

5. 安全监理告知书；

6. 安全监理通知单；

7. 安全监理整改回复单；

8. 相关的工程暂停令及复工令；

9. 安全专项施工方案报审表；

10. 施工单位资质、安全生产许可证报审表；

11. 施工单位的主要负责人、项目负责人、专职安全生产管理人员、特种作业人员资格报审表；

12. 工程例会纪要的安全监理内容；

13. 安全监理日记；

14. 监理月报中的安全监理内容；

15. 安全生产事故及其分析处理报告；

16. 监理工作总结的安全监理内容。

（二）安全监理日记

三等及以下工程可在监理日记上增加安全监理的内容，其他工程宜单独设立安全监理日记。

安全监理日记应包括以下内容：

1. 施工现场的安全状况；

2. 当日安全监理的主要工作；

3. 有关安全生产方面各类问题的处理情况；

4. 施工单位现场人员变动，以及材料和施工机械运转等情况；
5. 其他。

（三）安全监理月报

三等及以下工程可在监理月报上增加安全监理的内容，其他工程宜单独设立安全监理月报。

安全监理月报应包括以下内容：

1. 当月工程施工安全生产形势简要介绍；
2. 当月安全监理的主要工作及效果；
3. 施工单位安全生产保证体系运行状况及文明施工状况评价；
4. 危险性较大的分部分项工程施工安全状况分析；
5. 安全生产问题及安全生产事故的分析处理情况；
6. 当月安全监理签发的监理文件；
7. 存在问题及打算（必要时附照片）；
8. 其他。

安全监理月报主要由专职安全监理人员编写，经总监理工程师签发报送。

（四）安全监理工作总结

施工安全监理工作结束时，工程监理单位应向建设单位提交安全监理工作总结。该总结也可视情况与监理工作总结合并为一个文件。

安全监理工作总结应包括以下内容：

1. 工程施工安全生产概况；
2. 委托安全监理约定履行情况；
3. 安全监理人员组织保障；
4. 安全目标实现情况及安全监理工作效果；
5. 施工过程中重大安全生产问题、安全事故隐患及安全事故的处理情况和结论；
6. 必要的相关影像资料等。

（五）施工安全监理资料的管理

专职安全监理人员具体负责安全监理资料工作，项目监理机构资料员配合。

第三节　安全监理主要工作手段

项目监理机构要合理地、充分地利用好安全监理手段，只有这样才能保证安全监理责任的有效落实，切实履行安全监理职责。

一、监理通知

安全监理人员在巡视检查中发现安全事故隐患，或有违反施工方案、法规和工程建设强制性标准的，应立即开具监理通知单，要求限时整改。

二、暂停施工

安全监理人员在巡视检查中发现有严重安全事故隐患或有严重违反施工方案、法规和工程建设强制性标准的，应立即要求施工单位暂停施工，并及时报告建设单位。

三、报告

月度报告——项目监理机构应根据情况将月度安全监理工作情况在监理月报中或单独向建设单位和有关安全监督部门报告。

专题报告——针对某项具体安全生产问题，总监理工程师认为有必要，可作专题报告。

四、告知

对建设单位的告知——建设单位安全生产方面的义务和责任及相关事宜，项目监理机构宜以书面形式告知。

对施工单位的告知——凡在安全监理工作中需施工单位配合的，应将安全监理工作的内容、方式及其他具体要求及时以书面形式告知。

五、第一次工地会议

安全监理人员应参加第一次工地会议。总监理工程师应在会议上介绍安全监理的有关要求及具体内容，并向建设单位、施工单位递交书面告知。项目监理机构接受施工单位有关安全监理工作的询问。

六、工地例会

安全监理工作需要工程建设参与各方协调的事项，应通过工地例会及时解决。会上专职安全监理人员对施工现场安全生产工作情况进行分析，提出当前存在的问题，要求施工单位及有关各方予以改进。

七、现场巡视

安全专项施工方案实施时的巡视——对危险性较大的分部分项工程的全部作业面，每天应巡视到位，发现问题要求改正的，应跟踪到改正为止，对暂停施工的，应注意施工方的动向。

其他作业部位巡视——根据现场施工作业情况确立巡视部位。

巡视检查应按专项安全监理实施细则的要求进行，并作好相应的记录。

第四节　安全监理的动态考核

为督促监理单位落实安全监理责任，提高施工现场安全监理水平，有效遏制重大安全生产事故的发生，必须对从事建设工程安全监理业务的监理单位及总监理工程师、安全监理员的实施动态考核管理。上海市建筑业管理办公室于 2006 年 11 月印发了《上海市建设工程安全监理动态考核管理试行办法》，明确了动态考核范围、要求及记分标准。

一、监理单位的动态考核

（一）动态考核的内容

监理单位安全监理动态考核记分标准由优良记录和不良记录两部分组成。优良记录考核上一年度行为与业绩，不良记录考核当年度的行为与业绩，具体内容如表3-1所示。

监理单位动态考核计分标准 **表3-1**

序号	记分内容	记分值
第一部分：不良记录		
1	发生因工死亡事故承担连带责任50%以内的	10分/起
	发生因工死亡事故承担连带责任50%～100%的	20分/起
2	受到各类经济处罚	1分/10000元
3	市级通报批评	5分/次
4	区县级通报批评	3分/次
5	被开具安全隐患整改通知单	2分/次
6	新闻媒体曝光查实承担连带责任	5分/次
7	有险肇事故或引起社会不良影响事件承担连带责任	5分/次
8	总监理工程师年度被评价为“不合格”	10分/人·次
9	安全监理员年度被评价为“不合格”	5分/人·次
第二部分：优良记录		
序号	记分内容	记分值
1	安全质量标准化达标优良工地	2分/只
2	市级通报表扬	5分/次
3	区县级通报表扬	2分/次
4	安全监理工作市级观摩	7分/只
5	安全监理工作区级观摩	5分/只

注：同一事项以最高分计算，不重复记分。

（二）动态考核的要求

如果监理单位有以下情形之一的，安全监理动态考核结论为“不合格”：

1. 优良记录总分值小于20，且不良记录总分值大于等于10；

2. 优良记录总分值大于等于20小于50，且不良记录总分值大于20；

3. 优良记录总分值大于等于50，且不良记录总分值大于30。

对安全监理动态考核结论为“不合格”的监理单位将定期公布。“不合格”单位法人接受约谈，接受约谈以后三个月为整改期。整改期满，经复查合格，注销其“不合格”记录。同时各建设工程招投标、资质资格管理等建筑业管理部门会及时将监理企业的不良业绩记录告知市场参与方。

二、监理人员的动态考核

（一）动态考核的内容

总监理工程师和安全监理人员的记分主要针对安全监理责任的落实情况，总监理工程师主要包括：人员保障、管理制度及责任制、文件编制与审查、过程控制检查、安全事故等方面，安全监理员主要包括：人员保障、文件编制与审查、过程控制检查、安全事故等方面，具体内容如表 3-2、表 3-3 所示。

总监理工程师安全监理动态考核记分标准 **表 3-2**

序号	类别	记分内容	记分值
1	人员保障	1-1 未按规定和委托合同约定配备专职安全监理人员	3～5
		1-2 专职安全监理人员无相应上岗资格证书	3～5
		1-3 安全监理人员的考勤记录不全	1～3
		1-4 无故不在岗	1～3
2	管理制度及责任制	2-1 未建立项目部的安全管理制度	1～3
		2-2 未确定项目监理人员的安全监理责任	1～3
		2-3 未有效考核有关人员职责	1～3
3	文件编制与审查	3-1 未按规定主持编写安全监理方案	3～5
		3-2 未按规定审批危险性较大工程安全监理实施细则	3～5
		3-3 未按规定组织审查施工组织设计中安全技术措施	3～5
		3-4 未按规定组织审查危险性较大工程专项施工方案	5～8
		3-5 未按规定组织审查安全防护、文明施工措施费用使用计划	3～5
		3-6 未按规定定期组织编制监理月报	1～3
4	过程控制检查	4-1 发现安全事故隐患，未按规定发出要求整改或暂停施工的监理指令，发生死亡事故	5～10
		4-2 未对安全事故隐患的整改进行复查，缺少整改复查资料，发生死亡事故	5～10
		4-3 对于施工单位拒不整改的情况，未及时上报，发生死亡事故	5～10
		4-4 发现无安全生产许可证企业，未及时上报，发生死亡事故	5～10
		4-5 未按规定督促或参加工地安全检查	1～3
		4-6 未按规定组织对施工现场落实安全防护、文明施工措施费用情况进行监理	1～3
5	安全事故	5-1 发生伤亡事故后未按规定程序进行处理	3～5
		5-2 发生较大工伤亡事故	5～10
6	其 他	6-1 其他违反国家、上海市法律、法规、规章、规范性文件规定行为	1～3

注：同一事项以最高分计算，不重复记分。

安全监理员动态考核记分标准 表3-3

序号	类别	记分内容	记分值
1	人员保障	1-1 无故不在岗	1～3
2	文件编制与审查	2-1 未按规定编写安全监理方案	3～5
		2-2 缺少对施工总包单位识别出的危险性较大工程清单的审查确认	1～3
		2-3 未按规定编写危险性较大工程安全监理实施细则	3～5
		2-4 未按规定审查施工组织设计中安全技术措施	3～5
		2-5 未按规定审查危险性较大工程专项施工方案	3～5
		2-6 未按规定审查安全防护、文明施工措施费用使用计划	3～5
		2-7 未按规定定期编制监理月报	3～5
		2-8 未按规定审查分包单位安全生产许可证、三类人员证书	1～3
		2-9 未按规定审查特种作业人员上岗证、登高作业人员健康证	1～3
3	过程控制检查	3-1 未按规定对危险性较大工程的施工安全自控行为进行追踪巡视检查	1～3
		3-2 发现安全事故隐患，未按规定发出要求整改或暂停施工的监理指令	3～5
		3-3 未对施工单位安全事故隐患整改的复查情况及资料进行检查	3～5
		3-4 对于施工单位拒不整改的情况，未及时上报	3～5
		3-5 发现无安全生产许可证企业，未及时上报	3～5
		3-6 未按规定及时督促施工单位签订安全协议	1～3
		3-7 未按规定组织对施工现场落实安全防护、文明施工措施费用情况进行监理	1～3
		3-8 未按规定对登高作业人员岗前安全教育、安全交底进行检查	1～3
		3-9 未按规定定期参加工地安全检查	3～5
		3-10 施工现场无安全监理日记	1～3
		3-11 安全监理日记与施工现场实际状况不相符	3～5
4	安全事故	4-1 发生伤亡事故前后未按规定程序进行处理	3～5
		4-2 发生三级及以上因工伤亡事故	5～10
5	其 他	5-1 其他违反国家、上海市法律、法规、规章、规范性文件规定的行为	1～3

注：同一事项以最高分计算，不重复记分。

（二）动态考核的要求

当总监理工程师或安全监理员动态考核记分年度累计达到以下分数时，各级建筑业安全监督机构将情况会及时通报其监理单位，并督促监理单位采取相应的处理措施：

1. 累计分数满5分的，监理企业应当组织其参加安全知识强化培训；
2. 累计分数满10分的，监理企业应当半年内不聘用其担任原监理岗位工作；
3. 累计分数满15分的，监理企业应当一年内不聘用其担任原监理岗位工作。

总监理工程师或安全监理员有以下情形之一者，其安全监理动态考核将被评价为“不合格”：

1. 安全监理动态考核累计记分满 15 分的；

2. 未按规定参加安全知识强化培训或培训考核不合格。

监理工程师、安全监理员安全监理动态考核结论，由相关部门在其岗位证书上予以记录。总监理工程师、安全监理员安全监理动态考核记录是监理工程师岗位证书的重要附件，是监理工程师注册、复审等的主要依据之一。

连续二次安全监理动态考核评价结论为“不合格”的，本市注册的监理工程师停止其监理资格一年；外省市注册的监理工程师，一年内不得在本市从事监理工作。

第四章　建筑安全中介管理

第一节　概　　述

建筑安全生产评价认证机构作为建筑施工安全生产中介服务机构，向委托人就建筑施工活动及其他相关活动涉及生产安全、人身健康及安全管理等提供安全生产法律、法规、政策、信息、技术、宣传、标准、咨询、技术服务、教育培训、科研和管理、安全评价、体系认证与咨询、检测检验等技术服务；为小企业提供安全生产管理服务；协助事故隐患治理；接受委托，参与有关事故调查、分析以及其他与安全生产有关的服务活动。

目前上海的建筑施工安全生产评价认证机构包括：施工企业安全生产条件评价机构和施工现场安保体系审核认证机构。

施工企业安全生产条件评价机构主要结合《建筑施工企业安全生产许可证管理规定》的施工企业办理安全生产许可证的十二项安全生产条件、建设部行业标准《施工企业安全生产条件评价标准》及其他有关安全生产的法律法规要求，对施工企业安全生产条件具备情况开展评价。目前评价的对象主要集中在：新成立企业、发生事故企业、资质升级企业及存在其他安全不良业绩的企业。

施工现场安保体系审核认证机构主要结合上海市地方标准《施工现场安全生产保证体系》，针对施工现场安全生产保证体系的建立、运转情况，进行审核认证。目前审核认证的对象主要集中在：施工现场存在危险性较大工程施工的及发生死亡事故的施工现场。

通过近几年安全生产评价认证机构的工作，使施工企业基本具备安全生产条件的要求，施工现场的安全管理责任得到落实，对降低建筑施工安全生产死亡事故起到很大的作用。

上海市施工企业安全生产许可证管理领导小组办公室和上海市施工现场安全生产保证体系管理委员会办公室对评价认证机构的建设、评价认证业务的管理及人员的管理都制定了管理要求；同时定期对评价认证机构进行考核，督促评价认证机构加强机构建设、规范业务管理和人员管理；同时对评价认证人员实施培训注册制，培训通过取得注册证书后方可上岗，每年组织继续教育培训，存在严重违规行为的人员将取消其资格。

第二节　评价认证机构管理

一、基本要求

（一）机构成立的基本条件

评价认证机构作为从事安全生产服务的机构，必须经工商行政管理部门登记注册，具有法人资格；有专门从事相应安全生产中介服务的办公机构、固定的工作场所和工作条件以及所需的资金、设备与技术能力；配备一定数目，具有中级职称或取得注册安全工程师执业资格（并且不同时受聘于另一安全生产中介机构）的专职安全生产咨询、技术管理人员；机构的主要负责人具有从事安全生产管理工作的经历，技术负责人应取得注册安全工程师执业资格；完善的机构章程及相关的管理制度和质量保证体系，有完整的工作程序和档案管理；法律、法规规定的其他条件。

（二）机构运转的基本要求

评价认证机构在从事安全生产中介服务时，必须遵循公正、公平、公开、诚实信用原则和公平竞争、自愿有偿原则，保守施工单位的技术和商业秘密。开展安全生产管理、技术服务、咨询、教育培训、安全评价、体系认证、咨询等工作，应当需与委托人签订合同或委托协议书，明确双方的权利、义务及责任。开展安全生产中介服务时，严格按照规定的收费标准，并在委托协议书中约定。必须向委托方提交有效的机构资质和人员资格证明。因安全生产中介管理、技术服务、工作质量等因素造成施工单位重大事故或重大经济损失的，按照国家有关的法律规定，承担相应的法律责任。

评价认证机构应严格把关，不应为迎合企业的既得利益而放松要求，降低工作质量，对出具的报告应承担法律责任。应加强对新的相关法律法规、政策文件的学习，并在评价认证过程中加以贯彻，积极宣传告知服务对象。

评价认证机构应对不合格项进行月度分析，为考核评价认证人员的工作质量，明确下一阶段评价认证重点提供参考依据。

评价认证机构应强化对评价认证人员的管理，制定考核实施细则，建立优胜劣汰机制。

（三）结合体系管理进行评价

施工企业安全生产条件评价应结合企业生产经营特点，评价各个管理职能部门的相关安全管理职责的合理分配及落实情况，评价范围不得局限于安全管理部门。

对于新成立企业，评价重点应围绕其安全基础管理体系的有效性，使其具备基本的安全系统管理意识；对于资质升级企业，评价重点应围绕其安全管理体系是否完善，其安全管理水平是否与资质等级相适应；对于事故企业，评价重点应围绕其是否查明安全管理体系的薄弱环节，并有效落实了纠正预防措施。

评价机构对评价过的企业必须进行回访。企业第一次评价结论为暂定结论，回访结论为正式结论。回访宜在第一次评价后的半年左右，企业已开展生产经营活动时。回访应围绕第一次评价后整改落实情况，管理运行情况等方面开展。回访时，若发现企业降低安全生产条件的，则结论应判定为“不合格”，“不合格”企业将依据有关规定实施暂扣安全生产许可证，直至整改合格。回访人员不应为原评价人员。

（四）贯彻体系管理理念进行认证

施工现场安全生产保证体系认证的关键是体系运作的有效性，审核重点应围绕安全生产责任制落实核施工现场危险性较大工程展开；应审核施工现场安全管理岗位职责的合理分配以及落实情况，确保每个管理要素均能有效落实，不得局限于审核安全员及安全管理资料。

应通过对现场实物的检查，追根溯源，切实帮助项目找到管理体系的薄弱环节，促使施工现场的安全管理形成持续改进的局面。不得简单地进行实物检查，就事论事。

认证机构对认证过的工地必须进行监审。工地第一次认证结论为暂定结论，监审结论为正式结论。监审应围绕认证整改的落实情况，安保体系保持的有效性等方面开展。监审人员不应为原认证人员。

（五）监督考核

1. 日常监督

各安全监督机构在日常监督过程中，应加强对认证评价工作质量的抽查复核，在调查事故工地的同时，应复核认证资料，对于已取得安全生产许可证的企业进行安全生产条件复查时，应同时复核评价资料。

2. 实施定期考核

评价认证机构的上级管理机构每年将组织二次对评价认证机构的考核，评价认证过的企业或工地的业绩，评价认证服务对象反馈的意见、安全监督机构日常监督情况的反映将作为机构人员考核的重要依据。考核结果将实行全行业通报。

3. 责任追究

评价认证机构有下列行为之一的，考核结果为不合格，并依照有关法律、法规和规定予以处理：

（1）设置分支机构，转借机构资质，转包项目和利用不正当手段迫使施工企业委托项目的；

（2）以承包或转包等形式委托其他机构或个人开展安全生产咨询活动的，或对同一服务对象同时开展收费咨询和评价（认证）业务的；

（3）不能保证规定的工作质量，违反规定的评价、认证工作程序；

（4）因自身管理、技术服务、工作质量等因素造成施工企业、现场重大事故或重大经济损失的，因工作质量低劣造成委托方重大经济损失或重大事故的；

（5）索取、收受委托协议以外的酬金或其他财物，或者利用工作之便，谋取其他不正当利益的；

（6）对评价认证人员管理不力，引起社会较大反响的；

（7）其他法律、法规禁止行为的。

评价认证机构应强化自身工作质量，不断提高自身管理水平，通过深层次的管理服务，使评价认证过的施工企业真正得到有效帮助和提高，切实完善企业、现场的安全管理体系，提高安全管理水平。真正成为企业需要的帮手、政府信任的助手。

二、评价认证业务管理

（一）评价业务管理

规范建筑施工企业安全生产评价行为，必须加强评价业务管理。

1. 签订委托合同

（1）签订评价合同时应审核委托单位的三类人员安全考核是否满足规定的基本要求。

（2）评价机构不得接受对同一施工企业同时进行咨询、评价活动的委托。

（3）在签订合同的同时明确告知委托单位评价的全程。

1）评价包括评价（预评、评价、现场验证）和回访二个阶段，并根据企业不同性质说明评价和回访的要求。

2）强调回访的作用和后果。安全评价通过，可取得初次评价通过报告，回访通过后，评价才真正结束。回访不合格企业，评价机构将向市安质监总站报告，由各级安监站进行重点监控。

3）签合同时除了约定预评、评价、现场验证时间以外，必须明确回访的时间段，约定初评通过后半年中的某个月，届时新办企业无项目可再延期，但不超过一年。

2. 组成评价小组

（1）安全评价机构接受委托单位安全生产评价委托后，应组成评价小组，并指派一名评价小组长。

（2）评价小组人员数量可视评价工作量而定，但不得少于 3 人。

（3）评价小组成员应与委托单位无直接经济或隶属关系。

（4）评价机构可视委托单位的评价原因和施工特点、技术难易程度等酌情聘请相应的专家参加评价小组工作。

3. 制订评价计划

（1）评价小组长应组织评价人员查阅委托单位的信息，根据委托单位的施工资质和委托评价的原因，确定评价重点，形成有针对性的评价计划。

（2）评价人员应将计划中评价重点细化到分项评分表中，以便在评价过程中重点审核。

4. 预先评价

（1）评价小组长组织评价人员认真查阅委托单位提供的安全管理资料。

1）发生事故的委托单位必须提供：事故调查报告（事故快报）、“四不放过”的证明资料、防止发生同类事故的预防措施。

2）存在安全不良业绩的委托单位必须提供：针对安全管理体系的薄弱环节（或缺失）制订的针对性预防措施。

（2）评价人员要对委托单位提供资料的针对性、有效性进行预先评价，并明确正式评价前整改到位的具体要求和建议。

5. 整改补充

委托单位根据预评的整改意见在规定的时间内补充整改。

6. 实施评价

（1）评价小组通过首次会议、分项评分、现场验证、业绩评价、沟通、末次会议等活动实施评价。

（2）分项评分过程中必须严格执行评价计划，评价人员应在分项评分时，对评价计划中的重点进行审核。

（3）现场验证应根据委托单位不良业绩的具体情况选择《建筑施工安全检查标准》（JGJ 59—1999）中有关表格，对施工现场的安全状况进行核查；从而验证施工企业依据《施工企业安全生产评价标准》（JGJ/T 77—2003）制定的规章制度在施工现场的延伸和覆盖情况，重点检查不良业绩单位的预防措施在现场是否持续有效执行。

（4）对评价过程中发现有悖标准和评价目的的主要问题，在与企业领导充分沟通的基础上单独列出，明确整改的时效，以便委托单位进行有效的整改。

（5）确认回访日期和回访内容（强调回访的重点是：制度落实、责任到位、现场安全状况受控，预防措施持续有效），明确告知回访结果将直接影响企业的安全生产许可证的有效性。

（6）评价过程中注意要点

1）评价过程中必须注意克服就事论事的思维方式，应结合实物状况检查岗位责任人落实安全职责的情况，针对企业管理体系的缺陷开具不符合项，督促企业从管理源头上采取纠正预防，落实岗位职责。

2）评价小组在进行实事求是的评价同时，对进一步整改要求提出适当的建议。

7. 评价推荐结论

（1）在与委托单位领导充分沟通基础上，对评价合格和基本合格的企业存在的主要问题提出书面改进意见和建议。

（2）评价小组向委托单位宣布安全评价推荐结论，并向评价机构技术委员会推荐评价结论。

（3）对评价不合格的企业，要求按规定重新进行评价。

8. 整改补充完善

委托单位根据评价小组提出的书面改进意见和建议，按要求以书面形式回复评价机构，并附相应的证明材料。

9. 复核与编制报告

（1）评价小组对企业整改的书面回复资料进行复核，完善后，编制评价报告。

（2）评价人员根据评价的实际情况，结合评价报告范本要求内容进行整理编制、签名后报评价机构技术委员会审批。

（3）评价机构技术委员会根据评价小组上报的材料，进行审核，将符合要求的评价报告递交评价机构负责人，不符合要求的，退回评价小组整改。

10. 批准签发报告

评价机构负责人对评价报告（一式三份，二份交付委托单位，一份由评价机构存档）进行最终审核，批准签发后出具给委托单位。

11. 回访

（1）回访内容

1）企业安全管理体系运行情况（是否符合现行的管理文件要求）。

2）主要问题整改落实情况，以及预防不良业绩或同类事故发生的预防措施是否持续有效地执行。

3）宣传政府、行业新的规定和要求。

4）评价人员的行为是否规范。

（2）回访时间

一般安排在初评通过后半年中的某个月，届时新办企业无项目可再延期，但不超过一年。

（3）回访注意要点

1）回访时发现企业不具备安全生产条件的，应及时报告市、区安全监督站；

2）评价人员应主动回避对原评价单位的回访；

3）事先与回访单位联系，确定时间、地点、内容，以争取企业的支持；

4）回访结束后应对评价回访的结论进行处理，归档。

12. 归档

（1）要求

1）组长在评价报告出具当天完成归档工作。

2）应对归档资料的完整性进行检查，并及时更正、补齐。

3）归档后交接人员应签字确认。

（2）归档目录

1）委托合同书（企业资质证书）；

2）委托单位自我评价报告；

3）评价机构出具的评价报告；

4）评价报告签收单；

5）工作底稿（评价工作计划、预评记录、评分记录、首次会议记录、沟通记录、末次会议记录）；

6）评价小结；

7）回访记录。

（二）认证业务管理

为规范施工现场安全生产保证体系认证审核工作，结合施工现场贯标工作实际，要制定安保体系认证程序。

1. 申请条件

申请认证审核的工程项目，必须同时具备以下条件：

（1）施工面积 3000m^2 及以上或建安工作量 1000 万元及以上，且工期在 90 天及以上；

（2）由贯标工程项目部提出书面申请（并经具有法人资格的上级单位认可盖章）；

（3）工程承发包合同（协议）合法有效；

（4）工程项目安全报监及相关手续齐全；

（5）按“规范”要求建立了完善的体系文件，有充分的运行记录；已作过一次以上的内审并且基本达到“标准”的要求；

（6）贯标工程项目第一个危险性较大工程实施之前；

（7）有工程受监安监站签署的相关证明单。

2. 申请受理

(1) 认证机构收到申请材料后，应对其申请条件的相符性和体系文件的完整性进行审核，作出是否受理的决定。

(2) 在决定受理后，认证机构应与申请认证审核的工程项目（须有法人资格的上级单位委托）签订《施工现场安全生产保证体系认证审核合同书》，规定各自的权利与义务。

3. 审核准备

合同生效后，认证机构应做好以下审核准备工作：

(1) 认证机构应根据申请受审工程的规模和特点，确定审核组长及审核组成员。每个审核组人员不得少于2人（不包括实习审核员）；审核组长应具有主任审核员资格；对专业性强、情况特殊的工程，可聘请技术专家担任审核组顾问。

(2) 审核组收到认证审核资料后，应在一周内提出对受审工程项目体系文件的初步审核意见并安排初访（必要时需在体系文件修改通过后再进行初访）。

(3) 审核组根据对受审工程项目体系文件的初步审核意见和初访信息，编制审核计划，经认证机构确认后，送受审工程项目。

(4) 审核组长应对审核组成员进行分工；审核组成员根据审核计划和分工，编制审核检查表，经审核组长认定后实施。

4. 现场审核和跟踪验证

认证审核是在上述审核准备的基础上，由认证机构指定的审核组，对工程项目施工现场安全生产保证体系文件的相符性和体系运作的有效性，作出评价。

(1) 召开首次会议。审核组向受审工程项目说明审核目的、范围、方法和安排以及需要配合的其他工作要求。

(2) 审核组依据审核计划和审核检查表对受审过程项目施工现场安全生产保证体系进行审核，收集客观证据；对审核过程中发现的问题应进行分析和整理，确定不合格项；对开具的不合格报告，应交受审过程项目代表签字认可。

(3) 召开末次会议。审核组应对受审工程项目施工现场的安全生产保证体系的整体运行情况作出客观、公正的评价，提出纠正、预防措施的要求，并表明向认证机构推荐的意见。

(4) 受审工程项目对审核组开具的不合格报告须采取纠正、预防措施。审核组要对受审工程项目的纠正、预防措施完成情况进行跟踪验证并作相应的记录，形成认证审核环节的封闭。

(5) 审核组应在跟踪验证完成后的一周内完成审核报告的编写，报送认证机构并分送受审工程项目。

5. 批准与注册

(1) 认证机构收到审核组的审核报告后，应在二周内（特殊情况不超过三周）召集技术委员会审定认证审核报告的客观性、公正性，作出是否准予注册的决定。

(2) 认证机构负责人应对准予注册的工程项目签发《上海市施工现场安全生产保证体系认证书》。认证机构应将注册发证工程项目按月上报上海市施工现场安全生产保证体系管理委员会办公室备案。

(3) 对技术委员会审定不予通过安全生产保证体系注册的工程项目，认证机构不予批准注册，并应及时通知受审方。

（4）认证机构应将审核组认证审核情况以及是否予以注册的结论，以反馈单形式向工程受监安监站通报。

6. 认证审核后的监督管理

（1）认证机构对施工现场安全生产保证体系认证审核准予注册的工程项目，应实施定期的监督审核，以验证其是否持续满足标准要求并有效运行，促使受审工程项目的安全生产保证体系有效保持和不断改进提高。

（2）认证机构对施工现场安全生产保证体系认证审核准予注册的工程项目，一般每隔四至六个月进行一次例行监督审核，并对可能产生较大安全风险的特殊阶段进行不定期监督审核。

（3）监督审核程序同认证审核程序基本一致，审核内容应覆盖到每个要素和审核范围。

（4）认证机构根据对受审工程项目监督审核或日常有关信息中发现的问题，应作出撤出认证、暂停认证、撤销注册或收回认证证书等相应的决定。

（5）各级安监站对已进入认证审核阶段的工程项目，如发现施工现场安全生产保证体系不能保持和有效运作的，除采用责令整改等常规安全生产监督手段外，可向认证机构提出暂停认证、撤销注册或收回认证证书的建议，并抄送上海市施工现场安全生产保证体系管理委员会办公室备案。

（6）认证机构在接到“建议”后应及时指派审核组对“建议”涉及的工程项目实施监督审核，并将监督审核情况或处理决定向提出“建议”的安监机构反馈，同时报送上海市施工现场安全生产保证体系管理委员会办公室。

（7）各级安监站对认证机构的认证质量有异议时，可根据事实对贯标的工程项目或认证机构提出相应的处理意见或建议，报上海市施工现场安全生产保证体系管理委员会办公室，由其作出相应的处理。

（8）上海市施工现场安全生产保证体系管理委员会办公室可视贯标工程项目的实际情况，向认证机构提出：对该工程项目暂停认证、撤销注册或收回认证证书的建议；对认证机构的不规范行为作出限期整改、警告、通报批评的决定；情节严重的，经上海市施工现场安全生产保证体系管理委员会认可，作出暂停甚至注销其认证资格的决定。

7. 简易认证审核程序

（1）达不到本程序第一条第一款申请条件的施工项目，应适用简易认证审核程序。实施简易认证审核程序的工程项目其他要求仍应符合本程序的规定。

（2）对实施简易认证审核程序的工程项目，认证机构应对认证审核的重点、内容和程序提出方案，经上海市施工现场安全生产保证体系管理委员会办公室认定后实施。

（3）对实施简易认证审核程序的工程项目，认证机构可视工程实际状况，确定认证后的监督管理环节。

三、评价认证人员管理

要提高施工企业安全生产条件评价和施工现场安全生产保证体系认证的水平，提高评价和认证人员的素质与能力，必须规范评价认证人员的管理。

（一）评价和认证人员资格条件

1. 实习评价和审核人员

（1）建筑类、安全管理类大专及以上学历；

（2）技术员及以上建筑类、安全管理类专业技术职称；

（3）具有3年以上建筑业企业相关工作经历，其中至少有1年以上从事与安全管理相关的工作。

2. 评价和审核人员

（1）建筑类、安全管理类大专及以上学历；

（2）助理工程师及以上建筑类、安全管理类专业技术职称；

（3）具有4年以上建筑业企业相关工作经历，其中至少有2年以上从事与安全管理相关的工作。

3. 主任评价和审核人员

（1）国家注册安全工程师；

（2）建筑类、安全管理类大专及以上学历；

（3）工程师及以上建筑类、安全管理类专业技术职称；

（4）具有6年以上建筑业企业相关工作经历，其中至少有3年以上从事与安全管理相关的工作。

（二）评价和认证人员任职条件

1. 拟参加施工企业安全生产条件评价或施工现场安全生产保证体系认证的人员必须由注册机构推荐，通过《施工企业安全生产评价标准》或《施工现场安全生产保证体系》培训，并考试合格。

2. 实习评价员或实习审核员（新注册的评价员或认证员）：在实习期内，须在审核员的指导和带领下，才能从事对施工企业安全生产条件部分要求进行评价或施工现场安全生产保证体系部分要素进行审核。

3. 评价员或审核员：担任实习评价员或实习审核员1年以上，有10次以上评价或审核经历，具备能独立从事对施工企业安全生产条件要求进行评价或施工现场安全生产保证体系要素进行审核能力的人员。

4. 主任评价员或主任审核员：具备国家注册安全工程师资格，且具备评价员或审核员注册条件2年以上，有不少于20次担任评价组长或审核组长的经历，有相当的评价或审核实践经验，并具备管理评价组或审核组和较强的协调、控制评价或审核过程能力的人员。

（三）评价和认证人员年度资格确认

1. 持有各级别资格证书的评价员或认证员，从取得资格证书的第二年起，每年必须进行资格年度确认，合格后方可保持资格。

2. 年度确认内容包括：

（1）完成规定的工作量：评价员或认证员年度评价或认证每人不得少于5次，其中有组长资格的年度担任评价或认证组长不得少于10次；

（2）业绩良好；

（3）按规定参加年度继续教育培训；

(4) 业务能力考核合格。

(四) 评价和认证人员晋级考核

1. 晋级考核每年度一次，经考核合格，换发相应级别的资格证书。对拟担任主任评价员或主任审核员的晋级考核，将采取考试和面试的形式。

2. 申请晋级的评价、认证人员，必须按规定参加年度继续教育培训，并通过考试，同时评价的企业或认证的项目满足规定数目要求；评价认证机构对需晋级的评价、认证人员进行资料汇总，并提出晋级推荐意见，向管委会办公室提出申请，并根据资格和任职条件具体需提交一下相关资料：

(1) 评价、认证人员资格认定申请表；

(2) 原有资格证书复印件、原件；

(3) 评价、认证经历记录表；

(4) 身份证复印件；

(5) 学历证书复印件 (注册机构审定、盖章)；

(6) 国家注册安全工程师执业证书复印件。

(五) 评价和认证人员行为管理

1. 评价员或认证员应持有效注册资格证书上岗；遵纪守法，廉洁奉公，恪守职业道德；坚持客观、公正、公平原则，全面正当地获取和客观评价各类证据，对工作质量负责；严格正确履行职责，为施工企业、施工现场提高安全生产管理、安全工程技术水平提供服务；保守委托人提供的技术和商业秘密。

2. 评价员或认证员有下列情形之一者，将依照有关规定给予降级或暂停直至取消其资格的处理：

(1) 允许他人以本人名义从事认证或评价相关工作的；

(2) 因工作质量低劣造成委托方重大经济损失或重大事故的；

(3) 索取、收受委托协议以外的酬金或其他财物，或者利用工作方便，牟取其他不正当利益的；

(4) 有悖法律法规和管理性文件规定的其他行为的。

3. 评价、认证人员无正当理由，未按规定参加年度继续教育培训、并通过考试的，将被降级或暂停直至取消其评价、认证资格。

4. 被降级或暂停资格的评价、认证人员的资格恢复，必须由本人提出申请，由注册的评价认证机构进行初步审定，报管委会办公室审查通过后，方可恢复资格。

5. 在职的安全监督人员不得从事施工企业安全生产条件评价和施工现场安全生产保证体系认证认证，其评价员或认证员资格将予以保留。

第三节　建筑起重机械检测机构管理

一、机械检测业务管理

为保证建设工程起重机械装拆及检测水平，防范施工现场机械及起重伤害事故，可以结合《建设工程安全生产管理条例》、《特种设备安全监察条例》及《建筑起重机械监督管理条例》，制定规范的程序。

1. 起重机械装拆基本要求

(1) 装拆企业应当具备与所装拆起重机械相匹配的资质条件；

(2) 装拆企业应取得安全生产许可证；

(3) 装拆企业的主要负责人、项目负责人、专职安全生产管理人员（以下简称“三类人员”）应持有安全生产考核合格证书；

(4) 装拆工程应签订书面合同、安全协议；

(5) 有经过总承包、监理单位审批的专项施工方案；

(6) 现场作业人员应具备相应的资格条件；

(7) 起重机械部件应保持完好，安全装置应齐全有效。

2. 起重机械安装

(1) 安装前，施工总承包单位应审查有关资料，组织交底，并做好相关协调、管理工作；监理单位应审查安装企业资质和安全生产许可证、三类人员及特种作业人员资格（操作）证书；监理和相关施工单位应按合同、施工方案规定对建筑物的机械附着部位、设备基础进行验收，并制作书面验收记录。

(2) 安装（加节、拆卸）作业过程中，相关施工单位的专业技术人员、专职安全生产管理人员，以及安全监理人员应按各自职责进行现场监督。

(3) 安装完毕后，安装企业对安装质量、机构运行情况和安全装置的有效性进行自检，并填写自检合格证明材料。

3. 安装质量检测

(1) 检测申报

安装单位、使用单位自检合格后，应凭该起重机械的IC卡和《安装质量检测（验收）资料汇总表》，向检测机构申报安装质量检测。

(2) 现场检测

1) 检测机构应进行实物检测，检查相关资料原件，并制作检测原始记录；

2) 检测发现问题的，应出具《整改通知书》。

(3) 检测结果及处理

1) 检测结果合格的，检测机构出具“检测合格证”及检测报告；

2) 有整改项目的，安装企业整改完毕后，经分包（使用）、施工总承包单位复核后，书面回复检测机构。检测机构审查确认已整改合格的（保证项目整改情况须现场确认），出具“检测合格证”及检测报告；

3) 检测结果不合格的，出具不合格报告，并报有关部门；

4) 检测机将相关情况录入市建筑建材业管理信息系统；

5) 安装单位在领取检测报告、“检测合格证”时，须出具该起重机械的IC卡。

4. 现场验收及复核

安装单位领取“检测合格证”后，施工总承包单位应组织分包单位、出租单位和安装单位共同进行验收，并听取安装单位的起重机械安全使用说明。验收合格，经监理单位复核认可后，方可使用。

验收及复核内容包括：

(1) 各种资料是否齐全、正确;

(2) 检测报告和“检测合格证”是否齐全;

(3) 整改项目是否已整改合格;

(4) 警示及机械性能牌是否齐全醒目。

5. 中间检测

(1) 检测频次与申报

1) 每台起重机械至少进行一次中间检测(不加节且使用周期小于3个月的除外);

2) 需要加节的起重机械使用后第一次加节附着前5天,不需要加节的使用3个月后,向检测机构申请中间检测。

(2) 现场检测

1) 检测机构应按规定进行实物检测,并制作检测原始记录;

2) 安装质量检测时出具《整改通知书》的,检测机构应复核整改情况;

3) 中间检测发现问题的,出具《整改通知书》,由施工总承包单位组织整改,并将整改情况书面报告监理单位核查。

(3) 检测结果及处理

1) 中间检测合格的或整改合格的,检测机构出具合格或整改合格报告;

2) 中间检测不合格的,检测机构出具检测不合格报告,并报有关部门;

3) 检测机构将相关情况录入市建筑建材业管理信息系统;

4) 安装企业领取中间检测报告时,须出具该起重机械的IC卡。

6. 起重机械拆卸

(1) 拆卸单位、施工总承包单位在起重机械拆卸前,填写《建设工程起重机械拆卸备案登记表》报原检测机构备案;

(2) 起重机械拆卸后,检测机构将相关情况录入市建筑建材业管理信息系统。

二、机械检测机构管理

为加强对建设工程施工现场建设机械检测机构的管理,保障建设工程施工现场建设机械检测工作顺利实施,提高建设工程施工现场建设机械检测技术水平,应制定有关规定。

(一) 主管部门

建设行政主管部门应作为各地区建设工程施工现场建设机械检测机构管理工作的主管部门,明确具体负责建设工程施工现场建设机械检测机构的组织和管理部门,落实具体实施对建设工程施工现场建设机械检测机构的日常业务归口管理。

管理部门应当加强对检测机构的管理,确定工作内容,加强印章管理、合格证发放管理、检测报告管理,确保检测工作顺利开展。同时应当建立动态检查管理、统计分析、统计报表汇总上报等工作制度。加强对各建设工程施工现场建设机械检测机构的监督管理,对发生不履行职责或者机械检测工作违反有关法律、法规、规章、标准、规程等规定的,或者提供虚假检测报告等行为的,责令其限期改正。情节严重的,收回相关资质证书。

(二) 资质要求

从事建设工程施工现场建设机械检测的机构,必须取得建设主管部门核发的资质证书,方可在规定的业务范围内开展建设机械安装质量的检测工作。

从事建设工程施工现场建设机械检测机构，应当符合下列基本条件：

1）建设机械检测机构或其所在组织具有承担法律责任的能力；

2）应当具有相关管理部门核发的计量认证合格证书；

3）应当具备满足建设工程建设机械安装质量检测的实验设备；

4）应当配备从事建设工程建设机械安装质量检测的专职检测、技术和管理人员；

5）必须建立完整的质量、管理和技术体系，制定完成能控制其运行的质量手册。

第五章 安全质量标准化

第一节 概 述

2004年1月9日，国务院颁发了《关于进一步加强安全生产工作的决定》（国发［2004］2号），明确要求重点行业、领域要制定和颁布安全生产技术规范和安全生产质量工作标准，在全国所有工矿、商贸、交通、建筑施工等企业普遍开展安全质量标准化活动。为在建设领域有效贯彻落实此项工作，建设部颁布了《关于开展建筑施工安全质量标准化工作的指导意见》（建质［2005］232号），要求将安全质量标准化作为建筑施工的一项基础管理工作，充分显示了安全质量标准化在安全管理中的重要地位和作用，是新形势下安全生产工作方式方法的创新和发展。

一、建筑施工安全质量标准化工作的概念

（一）何谓建筑施工安全质量标准化工作

建筑施工安全质量标准化工作是指建筑施工企业及其施工现场，以安全生产有关法律、法规和规范、标准为依据，通过安全生产保证体系的策划、建立、实施、检查和改进活动的有效开展，形成制度不断完善、工作不断细化、程序不断优化的持续改进机制，促进市场行为规范化、管理流程程序化、场容场貌秩序化和安全防护标准化，形成安全生产的长效机制，不断降低或消除安全风险，最终实现安全生产目标的活动。

（二）建筑施工安全质量标准化工作的涵义

建筑施工安全质量标准化是一个独立性的概念，与创建文明工地等活动相比有着更为丰富的外延和内涵。在20世纪90年代，建筑行业已形成了安全标准化达标活动，制定了《建筑施工安全检查标准》（JGJ 59—99）作为安全标准化达标的依据。获得安全标准化达标工地称号，既是工地的安全创优目标，也是施工企业安全创优的成果。通过安全标准化达标活动，确实使建筑施工现场的实物安全状态有了很大的进步，但对人、特别是对安全管理的标准化涉及不多，难以保持长效常态管理，对建筑业安全管理整体水平和建筑施工企业安全自控能力的提高，推动力不大。因此新形势下建设行政主管部门对建筑行业的安全质量标准化工作外延应扩大，内涵应提升。

通过长期的建筑施工安全管理的经验总结和分析，我们认为建筑施工安全质量标准化包括施工现场设施设备标准化、相关人员行为标准化及施工安全生产管理标准化三个方面。

1. 施工现场设施设备标准化

以建筑业施工现场实物安全标准化为主的“物的标准化”。它是以《建筑施工安全检查标准》（JGJ59－99）为基础，规范建筑施工现场实物状态，涉及各种机械设备、安全防护设施和各类生活、办公设施等三个方面。

2. 相关人员行为标准化

以建筑施工现场作业人员操作安全行为为主的“人的标准化”。它是以施工现场各个工种人员安全操作规程为指导，规范施工现场各类作业人员安全行为，涉及各种岗位职责、履责规则和安全绩效等三个要素。

3. 施工安全生产管理标准化

以建筑业各层面安全管理为主的“管理的标准化”。它是我们建筑业现代安全管理最需要完善和进一步发展的，涉及建设行政主管部门、施工企业和工程项目部的相关施工主体，以及安全管理体制、安全管理制度和安全管理体系运行情况等要素。建筑施工安全管理包括四个层面：

（1）行业管理部门的安全管理层面：即行业主管部门根据有关的法律、法规、安全技术标准或各项管理要求，对建筑业各项管理活动设置有利于安全管理的行为考核要点、管理框架。例如，对施工企业及其三类人员的安全生产许可实施动态考核，实施安全质量标准化达标率考核；对监理单位及其相关人员实施安全管理能力的动态考核；对建设单位实施安全文明措施费用保障的考核；对中介企业的培育和考核；对施工现场设置安全质量标准化的管理流程；对工程项目设置“物”的准入、“人”的准入、“队伍”的准入标准等。

（2）企业安全管理层面：以《施工企业安全生产评价标准》（JGJ/T77－2003）为依据，规范企业的安全管理行为，建立长效管理制度，加强企业对现场的控制力，形成体系化的安全管理模式。

（3）施工现场（工地）安全管理层面：以《施工现场安全生产保证体系》DGJ 08－903—2003 为依据，使得参与现场施工的相关各方形成各负其责，自我约束，持续改进的安全管理格局，提高现场的安全防范能力。

（4）班组安全管理层面：班组是企业（施工现场）安全管理最小的管理单元，它是安全管理中各项措施的落脚点。班组安全管理以民工维权为重点，在操作工人的生存权、健康权、教育权上设置管理标准，将班组安全管理的各项措施落到实处。

（三）实施建筑施工安全质量标准化工作的目的

1. 实施建筑施工安全质量标准化的指导思想是以“三个代表”重要思想为指导，以科学发展观统领安全生产工作，坚持安全第一、预防为主的方针，加强领导，大力推进建筑施工安全生产法规、标准的贯彻实施。

2. 推进建筑施工安全质量标准化工作的目的是使建筑行业和企业具有健全、科学的安全生产责任制、管理体系、管理制度、操作规程、各施工生产环节和相关岗位的安全工作符合有关的规定，施工现场的实物安全状态达到和保持一定的标准，使建筑行业始终处于良好的安全生产状态。

（1）以对企业和施工现场的综合评价为基本手段，规范企业安全生产行为，落实企业安全主体责任，全面实现建筑施工企业及施工现场的安全生产工作标准化。

（2）与以往的工地安全达标和创建文明工地活动相比，除重视施工现场的安全防护和场容场貌外，建筑施工安全质量标准化活动更加关注安全生产管理模式，更加关注各个岗位人员安全行为的标准化。是新形势下建筑施工安全生产工作方式、方法的创新和发展。

（3）建筑施工安全质量标准化工作是实现建筑施工安全的标准化、规范化，促使建筑施工企业建立起自我约束、持续改进的安全生产长效机制，推动建筑行业安全生产状况的根本好转，强化建筑施工企业和现场安全监管的重大举措，是加强建筑施工安全生产工作的一项基础性、长期性、艰巨性的工作。

二、建筑施工安全质量标准化工作的目标

按照建设部《关于开展建筑施工安全质量标准化工作的指导意见》（建质［2005］232号）要求，建筑施工安全质量标准化工作目标：通过在建筑施工企业及其施工现场推行标准化管理，实现企业市场行为的规范化、安全管理流程的程序化、场容场貌的秩序化和施工现场安全防护的标准化，促进企业建立运转有效的自我保障体系。目标实施分2006年—2008年和2009年—2010年两个阶段。

（一）建筑施工企业的安全生产工作按照《施工企业安全生产评价标准》（JGJ/T 77—2003）及有关规定进行评定。

1.2008年底，建筑施工企业的安全生产工作要全部达到基本合格。特、一级企业的合格率应达到100%；二级企业的合格率应达到70%以上；三级企业及其他施工企业的合格率应达到50%以上。

2.2010年底，建筑施工企业的合格率应达到100%。

（二）建筑施工企业的施工现场按照《建筑施工安全检查标准》（JGJ 59—99）及有关规定进行评定。

1.2008年底，建筑施工企业的施工现场要全部达到合格。特级企业施工现场的优良率应达到90%；一级企业施工现场的优良率应达到70%；二级企业施工现场的优良率应达到50%；三级企业及其他各类企业施工现场的优良率应达到30%。

2.2010年底，特级、一级企业施工现场的优良率应达到100%；二级企业施工现场的优良率应达到80%；三级企业及其他施工企业施工现场的优良率应达到60%。

三、建筑施工安全质量标准化的总体工作要求

（一）提高认识，加强领导

建筑施工安全质量标准化工作是一项基础性、长期性的工作，是新形势下安全生产工作方式方法的创新和发展。建设行政主管部门要督促建设参与各方在各环节、各岗位建立健全安全生产责任制，规范建筑市场和现场行为，使安全生产各项法律、法规和强制性标准落到实处，提升企业安全管理水平。

（二）采取措施，确保实效

各级建设行政主管部门通过制定《建筑施工安全质量标准化实施办法》，细化工作目标，指导建筑施工企业及其施工现场开展安全质量标准化工作。改进监管方式，从工程实体的安全检查，向对企业安全生产保证体系建立和运行情况的检查拓展，促进企业不断查找管理缺陷，堵塞安全管理漏洞，形成持续改进机制，提高企业自我防范意识和防范能力。

（三）建立机制，典型示范

各级行业主管部门加强监督检查，定期对施工企业开展安全质量标准化工作情况进行通报，对成绩突出的施工企业和施工现场给予表彰，树立安全质量标准化示范工程，带动本地区建筑施工安全质量标准化工作的全面开展。

（四）同步实施、整体推进

1. 要与深入贯彻建筑安全法律法规相结合。通过开展安全质量标准化工作，全面落实《建筑法》、《安全生产法》、《建设工程安全生产管理条例》等法律法规。建立健全安全生产责任制，健全完善各项规章制度和操作规程，将建筑施工企业的安全质量行为纳入法律化、制度化、标准化管理的轨道。

2. 要与改善农民工作业、生活环境相结合。牢固树立以人为本的理念，将安全质量标准化工作转化为企业和项目管理方式和行为，逐步改善农民工的生产作业、生活环境。

3. 要与安全科技创新和加大对安全技术改造的投入相结合。积极推广应用先进的安全科学技术，在施工中积极采用新技术、新设备、新工艺和新材料，逐步淘汰落后的、危及安全的设施、设备和施工技术。

4. 要与提高农民工职业技能素质相结合。引导企业实施作业人员培训，加强农民工的安全技术知识教育，提高从业人员的整体素质，把对从业人员的职业技能、职业素养、行为规范等要求贯穿于建筑施工安全质量标准化的全过程，不断增强农民工的安全生产意识。

第二节 建设行政主管部门安全质量标准化工作

建筑施工安全质量标准化工作是落实企业安全主体责任，促使企业建立运转有效的安全自我约束、自我保障、持续改进的安全生产长效机制，促进建筑业健康有序发展的重要契机。同时对各级建设行政主管部门提出了新的工作要求，应针对建筑业的特点，充分体现安全质量标准化重基础管理、重过程管理、以人为本的真正含义，应涵盖所有建筑安全管理资源、贯穿整个施工过程、建立制约治衡机制、充分利用网络辅助管理，有效开展。

一、如何开展建筑施工安全质量标准化工作

为充分体现安全质量标准化工作重基础和过程管理、以人为本的理念，建设行政主管部门应针对本地建筑业的特点，从以下几方面着手开展：

（一）建设行政主管部门主管

因为安全质量标准化达标考核工作是一项行业安全管理的基础性、长期性的工作，而非企业自主、自愿行为，因此必须由建设行政主管部门负责，制定相关的规定，设计管理流程，明确各相关方的职责，不断完善相应的配套管理措施，通过宣传、考核、管理，为全面推行安全质量标准化达标考核工作提供有力的保障。

（二）涵盖所有建筑安全管理资源

要突破建设工程施工现场安全生产只由总承包单位管理，而总承包单位又负不了全责的局面。使建筑安全管理延伸到各方主体，各方既有管理的权限，又有接受管理的义务。因此，从事各类建设工程施工活动的建筑施工企业（包括专业承包及劳务分包）、监理以

及行业管理各个管理部门，均应纳入安全质量标准化的参与范围，使建筑安全管理形成各负其责，资源互补，一环扣一环的安全管理链。

（三）贯穿整个施工过程

建筑施工作为高危行业，整个施工过程都存在安全风险，因此安全质量标准化工作应贯穿于施工全过程，从基础施工到竣工收尾，对现场安全管理、安全状况形成定期检查、落实整改的常态管理。改变以往一次检查结果作为判定结论的传统习惯，杜绝施工单位采用突击的方法来应付检查的局面。对施工现场安全质量标准化的考核结论，应是施工全过程安全管理状况的反映。

（四）建立制约治衡机制

要改变传统的重实物、轻安全管理行为的监管模式，提高各相关方的责任意识，发挥参与管理的主观能动性，充分利用安全生产许可证、招投标、资质管理等监管手段，建立制约治衡机制。各相关方的安全质量标准化工作质量，直接与企业和个人的业绩考核挂钩，促使建设参与各方形成安全管理体系、规范其安全管理行为。

（五）应用计算机信息管理系统

对所有建设参与方、所有工程建设全过程的考核，有数以万计的信息采集量，人为的信息采集很难完全做到，更谈不上统计分析，制订针对性的措施。如果没有统计分析，安全质量标准化的实施也将流于形式，无法取得实质性的效果。因此管理过程中应充分使用计算机信息管理系统的支持，将原始数据输入、统计、分析、处理，找出安全管理工作的薄弱环节，进一步提升了建筑行业的安全管理水平。

二、建筑施工安全质量标准化工作的考核对象和依据

（一）施工现场

达标考核的内容以《建设工程安全生产管理条例》等法律法规为指导，以《建筑施工安全检查标准》（JGJ 59—99）为主要评分依据，以《施工现场安全生产保证体系》DGJ 08—903 贯标为基础。达标考核评定与建筑行业各项重点、热点工作紧密结合，即：落实安全生产法律法规的具体情况；重大危险源监控措施的执行情况；施工现场对务工人员的职业安全技能、职业素养方面的培训及考核情况；现场改善民工作业、生活环境的文明卫生情况；施工生产过程中安全技术改造和创新资金的投入情况。施工不同阶段的不同要求均及时融入达标考核的内容中去，体现安全质量标准化工作与安全生产各项工作同步实施，整体推进的管理理念。

（二）建筑施工企业

按照《施工企业安全生产评价标准》（JGJ/T 77—2003）及有关标准进行评定，并须完成规定的施工现场安全质量标准化达标率。

三、建筑施工安全质量标准化工作管理机构与考核职责分工

（一）管理机构

本地区建设工程安全质量标准化工作由本地区建筑业管理部门（建管办）负责。日常管理等具体工作由本地区建设工程安全质量监督机构（安质监总站）负责。

（二）考核职责分工

建筑施工企业和施工现场的安全质量标准化是依据安全生产有关法律、法规和技术规范、标准，通过安全生产保证体系运行（策划、实施、检查和改进），不断完善的改进机制，使得市场行为规范化、管理流程程序化，最终形成施工安全生产管理的标准化、施工现场设备设施标准化、相关人员行为的标准化。

1. 对施工现场的考核

施工现场的安全质量标准化工作贯穿整个施工过程，从开工到整个工程竣工。受监安全监督机构负责对所有受监工程（包括在建和竣工）的安全质量标准化工作达标考核；总包单位项目部每周自查、每月评分，并负责对施工现场的所有分包单位安全质量标准化达工作标考核评定；现场监理复核。专业工程或整个工程竣工后均要形成评定结论。

2. 对施工企业的考核

本地区建设工程安全质量监督机构负责本地区注册的特级、一级、二级、三级、专业级及劳务施工企业和外省市进本地区施工企业的安全质量标准化达标考核。根据本地区的实际，各区（县）及专业安监机构考核职责进一步分工细化。

四、建筑施工安全质量标准化工作的适用范围

（一）施工现场

根据本地区的实际，确定考核工程范围。如建筑面积在 3000m^2 及以上的建设工程施工现场（工地），工作量大于 100 万元的装潢工程，其他工程造价大于 500 万元或工期超过 90 天的工程。

（二）建筑施工企业

适用于在行政区域内各类从事建设工程施工活动的建筑施工企业（包括专业承包及劳务分包）。

五、施工现场安全质量标准化达标考核内容

达标考核程序采用：相关单位提供指导服务，企业自评，现场监理复核，受监安监机构实施考核评定。

（一）总承包单位考核内容

总承包单位应对施工现场每周自检，每月进行自查评分，形成《建筑施工安全检查评分汇总表（月度）》（表 5-1），同时总包单位对施工现场的所有分包单位安全质量标准化达标自评进行考核评定。每次检查资料报现场监理审核，每季度汇总后形成《建设工程安全质量标准化达标工地考核评分表（季度）》（表 5-2）报受监安监机构，并上网填报。

（二）监理单位复核内容

对施工现场每周检查，在总承包单位每月自评，并且对所有分包单位评分的基础上，现场监理对每次检查资料进行审核，上网确认。

（三）监督机构考核内容

安全监督机构要将安全质量标准化考核工作贯穿到整个工程监督全过程。在日常监督及抽、巡查基础上，每季度复核一次施工现场施工单位自评情况。工程竣工（包括分项工程）后，总包对工程参建各方（分包）进行考核评定，评定结果由监理核准后，报受监监督机构确认。受监安监机构根据日常监督情况，提出确认意见。

1. 明确考核责任

受监安监机构建立本地区建设工程安全质量标准化达标考核确认的工作制度，加强日常监督管理，实施具体受监工程安全质量标准化达标检查和考核。由安监机构负责，监督部门具体操作，组织监督员对建筑工地的安全质量标准化达标工作的申报、检查和考核开展一系列活动。监督组在对工地首次安全监督交底时，把施工现场安全质量标准化达标的工作内容编入安全监督交底书内，同时把有关文件、表格发放到施工现场。在日常监督工作中，监督组把施工现场安全质量标准化达标考核作为监督工作的核心内容，建立日常监督数据库，为季度复核、竣工确认提供有关信息资料。由安监机构领导对监督工作质量进行抽查，对监督部门复核确认提出审批意见。

2. 检查和考核内容

(1) 总（分）包单位季度复核确认

1) 对总包单位复核季度

对各建筑工地总承包单位每季度填报的《建设工程安全质量标准化达标工地考核评分表（季度)》（表 5-2)，受监安监机构要由专人负责受理、登记、归档。监督员进行初步复核，填写《建设工程安全质量标准化达标工地（总承包单位）复核表》（表 5-3)，报监督部门负责人审核和安监机构领导审批。用《建设工程安全质量标准化达标工地复核确认单（季度)》（表 5-4）并上网向其反馈季度复核确认结果。

2) 对分包单位复核确认

在施工总承包单位对分包单位（专业分包和劳务分包）初评、监理单位审核基础上，监督机构每季度对该工地分包单位安全质量标准化达标工作进行阶段性复核，并填写《××工程安全质量标准化达标工地（专业分包）复核表》（表 5-5)、《××工程安全质量标准化达标工地（劳务分包）复核表》（表 5-6)，报监督机构领导审核确认。用复核确认单（表 5-4）并上网向其反馈季度复核确认结果。

(2) 工程竣工复核确认

在施工总承包单位自评、监理单位审核基础上，监督机构结合日常安全监督巡查、抽查的工作记录及数据库的有关信息，依据每季度对该工地安全质量标准化达标工作的复核结果，监督员填写《××工程安全质量标准化达标工作考核评审报告》（表 5-7)，报监督机构领导审核，盖章确认《建设工程安全质量标准化达标工地考核评审表（总承包单位)》（表 5-8)、《建设工程安全质量标准化达标竣工评审表（分包单位)》（表 5-9）并上网公布。

六、对施工企业安全质量标准化达标考核

对施工企业的安全质量标准化达标考核工作实施年度考核，考核工作于次年一季度内完成。

(一) 年度自评

施工企业对所属施工现场安全质量标准化达标资料进行收集，做好年度统计，形成《××年度××市建筑施工企业安全质量标准化达标考核汇总表》（表 5-10)，并按照《施工企业安全生产评价标准》（JGJ/T 77）及有关标准进行年度自评，按照企业备查资料目录，将安全生产条件有关资料整理成册，于次年 2 月前按管理分工报有关责任考核部门

备查。

（二）按比例抽查

有关责任考核部门（监督机构）对管理范围内企业上报的材料进行审核；对工地达标率符合要求的企业，按总数10%并不得少于15家的比例，组织实施安全生产条件评价。

（三）审核和审批

有关责任考核部门结合企业所属施工现场安全质量标准化达标率及安全生产条件评价结果，对企业进行考核评定，于次年2月底前上报本地区建设工程安全质量监督机构（安质监总站）审核；本地区安质监总站审核后，形成《××年度××市建筑施工企业安全质量标准化达标考核汇表》（表5-11），上报本地区建筑业管理部门（建管办）审批。

建筑施工安全检查评分汇总表（月度） **表5-1**

企业名称： 经济类型： 资质等级：

单位工程（施工现场）名称	建筑面积（m^2）	结构类型	总计得分（满分分值100分）	项目名称及分值									
				安全管理（满分分值为10分）	文明施工（满分分值为20分）	脚手架（满分分值为10分）	基坑支护与模板工程（满分分值为10分）	“三宝”“四口”防护（满分分值为10分）	施工用电（满分分值为10分）	物料提升与外用电梯（满分分值为10分）	塔吊（满分分值为10分）	起重吊装（满分分值为5分）	施工机具（满分分值为5分）
项目部自查评分													
施工企业检查													
监理单位核准													

注：按满分40分折算。 年 月 日

建设工程安全质量标准化达标工地考核评分表（季度）　　表 5-2

<table>
<tr><td>总承包单位</td><td></td><td>单位编号</td><td></td><td colspan="2">安全生产许可证编号</td><td></td></tr>
<tr><td>工程名称</td><td></td><td>编号</td><td></td><td>开工日期</td><td></td><td>竣工日期</td><td></td></tr>
<tr><td>监理单位</td><td></td><td>总监</td><td></td><td>证书编号</td><td colspan="2"></td></tr>
<tr><td>序号</td><td>项目</td><td>考核内容</td><td>应得分</td><td>扣减分</td><td>实得分值</td></tr>
<tr><td>1</td><td colspan="2">按照 JGJ59－99 进行检查评分后，满分按 40 分折算</td><td>40 分</td><td></td><td></td></tr>
<tr><td rowspan="3">2</td><td rowspan="3">《施工现场安全生产保证体系》运行</td><td>运行有缺陷，须整改，扣 10 分</td><td rowspan="3">30 分</td><td></td><td rowspan="3"></td></tr>
<tr><td>有很严重的缺陷，扣 20 分</td><td></td></tr>
<tr><td>未运行，扣 30 分</td><td></td></tr>
<tr><td rowspan="8">3</td><td rowspan="8">重大危险源监控</td><td>未制订监控方案，扣 20 分</td><td rowspan="8">20 分</td><td></td><td rowspan="8"></td></tr>
<tr><td>未根据监控方案实施有效监控；扣 8 分</td><td></td></tr>
<tr><td>根据监控方案实施，但有缺陷扣 6 分</td><td></td></tr>
<tr><td>未制订应急救援预案扣 20 分</td><td></td></tr>
<tr><td>应急救援预案操作性不强扣 8 分</td><td></td></tr>
<tr><td>应急救援预案未交底；扣 6 分</td><td></td></tr>
<tr><td>使用未经验收临时建（构）筑物扣 20 分</td><td></td></tr>
<tr><td>临时建（构）筑物的验收未按照相关规定执行扣 6 分</td><td></td></tr>
<tr><td rowspan="4">4</td><td rowspan="4">民工权益保护</td><td>工人权益未得到有效保护扣 5 分</td><td rowspan="4">5 分</td><td></td><td rowspan="4"></td></tr>
<tr><td>综合保险办理不符合规定扣 3 分</td><td></td></tr>
<tr><td>劳动用工管理不规范扣 3 分</td><td></td></tr>
<tr><td>《建筑工人维权告知牌》未公示扣 1 分</td><td></td></tr>
<tr><td rowspan="2">5</td><td rowspan="2">安全资金投入</td><td>使用落后的、危及安全的设施，设备和安全技术扣 5 分</td><td rowspan="2">5 分</td><td></td><td rowspan="2"></td></tr>
<tr><td>安全资金投入管理不规范扣 3 分</td><td></td></tr>
<tr><td colspan="3">总　计</td><td>100 分</td><td colspan="2"></td></tr>
<tr><td rowspan="7">6</td><td rowspan="7">一票否决项</td><td colspan="3">①发生 2 起以上（含 2 起）1 人因工死亡事故的</td><td></td></tr>
<tr><td colspan="3">②发生 1 起 2 人以上（含 2 人）因工死亡事故的</td><td></td></tr>
<tr><td colspan="3">③被责令全面停工 2 次及以上的</td><td></td></tr>
<tr><td colspan="3">④将工程分包给无安全生产许可证企业的</td><td></td></tr>
<tr><td colspan="3">⑤市安质监督总站抽巡查评定为不合格，复查仍不合格的</td><td></td></tr>
<tr><td colspan="3">发生因工死亡事故的施工现场</td><td></td></tr>
<tr><td colspan="3">受到投诉、举报或被新闻媒体曝光并经查实的施工现场</td><td></td></tr>
<tr><td>评分单位</td><td>（盖章）</td><td>评分日期</td><td></td><td>监理单位审核意见</td><td></td></tr>
</table>

注：1. 70 分为合格，80 分为优良。2. 申报工程如存在一票否决内容，或任一评分项目得分为 0，或按 JGJ 59—99 打分为不合格，则评为不合格。3. 有否决项的，在相应格子中打勾。4. 企业自评的，应有监理审核意见，并盖章。

建设工程安全质量标准化达标工地（总承包单位）复核表 表 5-3

工程名称		报监编号		工程类型	
开工日期		计划竣工日期		建筑面积	
建设单位		项目负责人		工程造价	
总承包单位		企业编码		安全生产许可证编号	
项目经理		资格证书编号		合格证书编号	
安全员		资格证书编号		合格证书编号	
监理单位		总　监		证书编号	
序 号	项 目	考 核 内 容	应得分值	扣减分	实得分值
1	JGJ 59—99标准检查	评分按满分 40 分折算	40 分		
		未按规定落实扬尘控制、工地外环境整治的扣 5～10 分			
		《每月安全自查表》上报不及时或与现场不相符的扣 5～10 分			
2	《施工现场安全保证体系》运行	未按规定组织内审、外审的扣 5～10 分	30 分		
		运行有缺陷，须整改扣 5～10 分			
		有很严重的缺陷扣 5～20 分			
		未运行扣 30 分			
3	重大危险源监控	未制订监控方案扣 20 分	20 分		
		未根据监控方案，实施有效监控扣 8 分			
		根据监控方案实施，但有缺陷扣 6 分			
		未制订应急救援预案扣 20 分			
		应急救援预案操作性不强扣 8 分			
		应急救援预案未交底扣 6 分			
		使用未经验收的临时建（构）筑物扣 20 分			
		临时建（构）筑物的验收未按照相关规定执行扣 6 分			
		未按有关规定办理备案登记手续的扣 10 分			
		《重大危险源情况表》未按月上报的，扣 8 分			
4	民工权益保护	工人权益未得到有效保护扣 5 分	5 分		
		综合保险办理不符合规定扣 3 分			
		劳动用工管理不规范扣 3 分			
		《建筑工人维权告知牌》未公示扣 1 分			
5	安全资金投入	使用落后的，危及安全的设施、设备和安全技术扣 5 分	5 分		
		安全资金投入管理不规范扣 3 分			
		未按规定配备劳动安全保护用品的扣 3 分			
总　计			100 分		
复核意见	监督员意见：		日期	年　月　日	
	监督室主任意见：		日期	年　月　日	
	分管副站长意见：		日期	年　月　日	
	站长意见：		日期	年　月　日	

建设工程安全质量标准化达标工地复核确认单（季度） **表 5-4**

安质标［200 ］第 号

________________单位：

你单位施工的________________工地（分包单位有：________________）______年第______季度《建设工程安全质量标准化达标工地考核评分表》，我站收悉。经复核，确认该工地______年第______季度安全质量标准化达标考核等级为：______。

××建设工程安全监督站

年 月 日

签 收 人：________________

签收日期： 年 月 日

注：本确认单一式三份，施工总承包单位、分包单位各一份，安监站留存一份。

________工程安全质量标准化达标工地（专业分包）复核表 表 5-5

分包单位		单位编号		安全生产许可证编号	
承包范围		工作量		施工工期	
项目经理		资格证书编号		合格证书编号	
安全员		资格证书编号		合格证书编号	

序号	项　　目	考 核 内 容	应得分	扣减分	实得分值
1	JGJ 59—99 标准检查	按照 JGJ 59—99 分项工程检查评分	30 分		
2	危险源控制	深基坑工程（基坑支护、降水工程、土方开挖）施工的安全控制	20 分		
		模板工程施工的安全控制			
		起重吊装工程施工的安全控制			
		脚手架工程施工的安全控制			
		拆除、爆破工程施工的安全控制			
		大型机械安装、拆卸的安全控制			
		其他危险性较大的工程施工的安全控制			
3	安全管理	工程合同安全责任明确	30 分		
		安全生产责任制的落实			
		三类人员安全生产合格证			
		特殊工种持证上岗			
		安全技术专项施工方案编制			
		应急救援预案编制			
		施工人员的安全教育和交底			
		劳防用品的正确使用			
		现场设备、设施的检测和验收			
4	文明施工	材料堆放整齐	10 分		
		安全警示牌设置合理			
		扬尘控制符合要求			
		场容场貌符合要求			
5	民工权益保护	工人权益得到保障	10 分		
		综合保险办理符合规定			
总　　计			100 分		
复核意见	监督员意见：		日期	年　月　日	
	监督室主任意见：		日期	年　月　日	
	分管副站长意见：		日期	年　月　日	
	站长意见：		日期	年　月　日	

________工程安全质量标准化达标工地（劳务分包）复核表　　　　表 5-6

分包单位		企业编码		安全生产许可证编号	
承包范围		工作量		施工工期	
项目负责人		安全员		合格证书编号	

序号	项　目	考 核 内 容	应得分	扣减分	实得分值
1	JGJ 59—99 标准检查	在施工总承包单位检查评分基础上评定	30 分		
2	危险作业控制	脚手架搭设、拆除	20 分		
		模板支撑搭设、拆除			
		2m 以上高处作业			
		其他特殊施工作业			
3	安全管理	劳务合同的安全责任明确	30 分		
		三类人员安全生产合格证			
		特殊工种持证上岗			
		人员配置符合要求			
		劳防用品的正确使用			
		设施设备的验收			
		安全教育和安全交底的落实			
		应急预案措施落实			
4	文明施工	材料堆放整齐	10 分		
		安全警示牌设置合理			
		扬尘控制符合要求			
		场容场貌符合要求			
5	民工权益保护	工人权益得到保障	10 分		
		综合保险办理符合规定			
总　计			100 分		

复核意见			
	监督员意见：	日期	年　月　日
	监督室主任意见：	日期	年　月　日
	分管副站长意见：	日期	年　月　日
	站长意见：	日期	年　月　日

______工程安全质量标准化达标工作考核评审报告　　表 5-7

一、工程概况

序号	单位工程名称	结构形式	地下层数基坑开挖深度（m）	地上层数总高度（m）	建筑面积（m^2）	工程造价（万元）
合计	工程个数：　　个，建筑面积：　　m^2，建安工作量　　万元					

二、建设参与各方

工程名称		报监编号		工程类型	
开工日期		竣工日期		建筑面积	
建设单位		项目负责人		工程造价	
总承包单位		单位编号		安全生产许可证编号	
项目经理		资格证书编号		合格证书编号	
安全员		资格证书编号		合格证书编号	
监理单位		总　监		证书编号	
专业承包及劳务分包单位复核意见					

序号	分包单位名称	分包范围	工作量	复核意见

三、监督分析与评价

1. 施工过程中巡查、抽查

序号	项　目	复核结果
1	JGJ 59—99 标准检查	
2	《施工现场安全生产保证体系》DGJ 08—903 运行	
3	重大危险源监控	
4	民工权益保护	
5	安全资金投入	

2. 监督情况统计

各类奖励				行　政　措　施						
通报表扬（次）	区文明工地（次）	市文明工地（次）	安保体系外审	通报批评（次）	三类人员安全管理能力考核记分（分）	整改通知书（份）	局部暂缓施工指令书（份）	停止施工指令书（份）	警告（起）	暂扣安全生产许可证（次）
行政处罚		伤亡事故		标化复核结果			其他			
罚款次数（起）	罚款金额（万元）	死亡（人）	重伤（人）	不合格（次）	合格（次）	优良（次）	新闻媒体曝光（次）	投诉（起）		

3. 建设工程施工安全质量标准化工作考核评价综合意见

在该工地施工过程中，我站监督人员巡（抽）查累计　　次，安全质量标准化复核累计　　次，其中：不合格　　次；合格　　次；优良　　次。 综合评定确认等级为： （安全监督机构公章）			
考核评审意见	监督员		年　月　日
	安监室主任		年　月　日
	分管副站长		年　月　日
	站　　长		年　月　日

________建设工程安全质量标准化达标工地考核评审表（总承包单位）　　表 5-8

<table>
<tr><td>总承包单位</td><td></td><td>单位编号</td><td></td><td>安全生产
许可证编号</td><td></td><td>受监安监站</td><td></td></tr>
<tr><td>工程名称</td><td></td><td>编号</td><td></td><td>开工日期</td><td></td><td>竣工日期</td><td></td></tr>
<tr><td>建设单位</td><td></td><td>项目负责人</td><td></td><td>工程规模</td><td></td><td>工程类型</td><td></td></tr>
<tr><td>监理单位</td><td></td><td>总监</td><td></td><td>证书编号</td><td colspan="3"></td></tr>
<tr><td colspan="8">专业承包及劳务分包单位初评</td></tr>
<tr><td>单位名称</td><td colspan="2"></td><td colspan="3">总包单位意见</td><td colspan="2"></td></tr>
<tr><td>单位名称</td><td colspan="2"></td><td colspan="3">总包单位意见</td><td colspan="2"></td></tr>
<tr><td>单位名称</td><td colspan="2"></td><td colspan="3">总包单位意见</td><td colspan="2"></td></tr>
<tr><td>单位名称</td><td colspan="2"></td><td colspan="3">总包单位意见</td><td colspan="2"></td></tr>
<tr><td>单位名称</td><td colspan="2"></td><td colspan="3">总包单位意见</td><td colspan="2"></td></tr>
<tr><td>单位名称</td><td colspan="2"></td><td colspan="3">总包单位意见</td><td colspan="2"></td></tr>
<tr><td>单位名称</td><td colspan="2"></td><td colspan="3">总包单位意见</td><td colspan="2"></td></tr>
<tr><td>单位名称</td><td colspan="2"></td><td colspan="3">总包单位意见</td><td colspan="2"></td></tr>
<tr><td>单位名称</td><td colspan="2"></td><td colspan="3">总包单位意见</td><td colspan="2"></td></tr>
<tr><td>单位名称</td><td colspan="2"></td><td colspan="3">总包单位意见</td><td colspan="2"></td></tr>
<tr><td colspan="8">工程自评情况介绍

项目部盖章</td></tr>
<tr><td>申报企业意见</td><td colspan="7">
申报企业（盖章）</td></tr>
<tr><td>监理单位意见</td><td colspan="7">
监理单位（盖章）</td></tr>
<tr><td>受监安监站
确认意见</td><td colspan="7">
受监安监站（盖章）</td></tr>
</table>

______建设工程安全质量标准化达标竣工评审表（分包单位）　　　　表 5-9

<table>
<tr><td>分包单位名称</td><td></td><td>安全生产许可证号</td><td></td></tr>
<tr><td>施工工程名称</td><td></td><td>承包内容</td><td></td></tr>
<tr><td>开工日期</td><td></td><td>竣工日期</td><td></td></tr>
<tr><td>分包项目经理</td><td></td><td>安全考核证号</td><td></td></tr>
<tr><td>总包单位名称</td><td></td><td>监理单位名称</td><td></td></tr>
<tr><td colspan="4">分包单位自评记录
（对自己所分包的工程范围内的施工期间的安全工作质量进行自我评定）
分包单位盖章
日期</td></tr>
<tr><td colspan="4">总包单位确认意见
（对分包单位的安全生产、文明施工，与本单位及其他分包单位的协调配合等情况进行评定，并初步确定评定等级）
总包单位盖章
日期</td></tr>
<tr><td colspan="4">监理单位确认意见
（在审核总、分包单位的意见基础上，提出自己的意见，并出具评定等级）
监理单位盖章
日期</td></tr>
<tr><td colspan="4">受监安监站确认意见
（确定最终评定等级）
安监站盖章
日期</td></tr>
</table>

＿＿＿年度＿＿＿市建筑施工企业安全质量标准化达标考核汇总表　　表 5-10

施工企业名称		企业性质：□总承包□专业承包□劳务分包					
资质等级		所属考核部门		联系人		联系电话	
工程达标情况							
在建工程总数		优良工程数		合格工程数			
竣工工程总数		优良率		合格率			

施工现场安全质量标准化达标情况明细

序号	竣工工程名称	工程承包性质	分包单位增报数（个）	重大危险源网上申报		竣工确认结论	受监站
				次数	个数		
1							
2							
3							
4							
5							
6							
7							
8							
9							
10							
11							
12							
13							
14							
15							

填表单位（盖章）：　　　　填表日期：

备注：

1. "工程承包性质"一栏填写"总包"或"分包"；
2. 总包性质的工程，必须填写"分包单位增报数"和"重大危险源网上申报次数、个数"；
3. "竣工确认结论"一栏填写监督站的竣工确认结论，分为"优良"、"合格"或"不合格"；
4. 每一竣工工程均须附有受监站对安全达标的确认单。

______年度______市建筑施工企业安全质量标准化达标考核汇表　　表 5-11

序号	企业情况				工程情况				网上申报情况	考核结论	企业上报日期	企业联系人	企业联系电话	备注
	企业名称	企业编码	企业性质	资质等级	工程情况			在建工程总数						
					总数	优良率	合格率							
1														
2														
3														
4														
5														
6														
7														
8														
9														
10														
11														
12														
13														
14														
15														

备注：

1. “企业性质”一栏，A. 总承包；B. 专业承包；C. 劳务分包。
2. “网上申报情况”是指工程分包单位增报、重大危险源申报的全面性、真实性情况，“好”——所有工程网上申报情况均符合要求；“较好”——80％以上工程网上申报情况符合要求；“一般”——50％以上工程网上申报情况符合要求；差“—”不足 50％工程网上申报情况符合要求。

第三节 建筑施工安全质量标准化工作的推进机制

施工企业和施工现场安全质量标准化考核工作的开展，标志着原来安全标准化管理达标工地作为创优目标，转化为创建活动的日常化。对贯彻落实安全生产各项法律法规和强制性标准，规范企业安全生产行为、提升安全管理水平，有效地推动地区建筑安全生产状况的好转，将发挥重大的推动作用。为了使企业和施工现场建立安全自我约束、自我保障、持续改进的长效机制，建筑施工安全质量标准化工作在进行日常达标考核的基础上，还要实施动态考核，以加强后续管理和增加激励机制。通过企业和施工现场的安全管理、工程现场安保体系贯标、文明工地评优、安全生产许可证管理等与安全质量标准化有机结合，形成安全管理的新格局。

一、建筑施工安全质量标准化的动态考核

建筑施工安全质量标准化动态考核要与企业业绩、施工现场重大危险源的监控、安全生产保证体系的认证，安全事故、安全生产许可证考核，投诉、举报、被新闻媒体曝光挂钩，并设定否决项，促使企业建立持续改进的长效机制。

（一）施工现场

1. 有下列情况之一的施工现场应通过外审认证：企业新成立一年内承接的工程；包含有建设部建质［2004］213号文件规定的危险性较大分部分项的工程。

2. 有下列情况之一的施工现场，必须通过施工现场安全生产保证体系的外审认证，整改合格后方可重新申报达标：发生1起1人因工死亡事故；有1次全面停工；有两次局部暂缓施工记录；被开具安全隐患整改单3次。

3. 有下列情况之一的施工现场，不得列入安全质量标准化达标优良工地范围：发生因工死亡事故的；受到投诉、举报或被新闻媒体曝光并经查实的。

4. 有下列情况之一的施工现场，不得列入安全质量标准化达标合格工地范围：发生2起以上（含2起）1人因工死亡事故的；发生1起2人以上（含2人）因工死亡事故的；被责令全面停工2次以上（含2次）的；将工程分包给无安全生产许可证企业的；抽、巡查评定为不合格，复查仍不合格的。

（二）施工企业

当年度有下列情况之一的企业，必须通过第三方安全生产条件评价，评价合格后重新申报当年度安全质量标准化达标企业：

1. 发生2起1人因工死亡事故；

2. 发生1起2人因工死亡事故；

3. 施工现场被责令全面停工3次（不包括事故）。

（三）设定否决项

有下列情况之一的企业，不得列入当年度安全质量标准化达标企业范围：

1. 发生1起3人或累计发生一次死亡1～2人因工死亡事故2起以上；

2. 《安全生产许可证》年度暂扣证一次大于60天或累计大于90天；

3. 工地达标率不符合要求。

二、建筑施工安全质量标准化达标考核的后续管理

安全质量标准化达标考核质量将作为考核各相关单位工作质量的重要依据。将同文明工地的创建，施工企业安全生产许可证的动态考核，经营行为、安全日常监管等工作挂钩。

（一）与文明工地创建挂钩

施工现场安全质量标准化达标考核未达到优良的工地，不能参加文明工地的评比，并且文明工地的安全质量标准化达标考核月、季考核必须始终为优良。

（二）与安全生产许可证的动态考核及延期考核挂钩

对施工现场安全质量标准化达标率不符合要求的企业，由本地区建设工程安全质量监督机构组织安全生产条件复查；经复查不合格，将由本地区建筑业管理部门依据安全生产许可证管理规定，给予暂扣直至吊销安全生产许可证的处罚。

（三）与工程招投标挂钩

安全质量标准化达标考核不合格企业实行媒体公布，并实施次年度招投标不良业绩提示。

（四）与企业资质挂钩

对于无安全质量标准化达标考核施工业绩的企业，将由本地区建设工程安全质量监督机构告知招投标、资质管理部门，按规定降低直至注销相应的资质。

（五）与日常安全监管挂钩

对于安全质量标准化季度复核不合格，或未按规定及时上报有关信息的施工现场，受监安监机构以项目负责人、法人代表约谈，企业黄牌警告等手段告知相应施工企业进行整改，同时该施工企业将作为管理部门日常安全监管的重点。

三、建筑施工安全质量标准化达标考核的激励机制

（一）绿色通道

对安全质量标准化达标考核业绩良好的施工企业，本地区建筑业管理部门依据安全生产许可证管理规定，在企业安全生产许可证的考核时可作为绿色通道条件之一，并在工程招投标中可作为优先企业条件。

（二）典型示范

对安全质量标准化达标考核业绩良好的施工企业给予通报表扬，并结合建设部“十一五”期间安全质量标准化工作先进地区要求，本地区开展“安全质量标准化示范工地”、“安全质量标准化示范企业”的年度评选工作，全面推进安全质量标准化工作，充分发挥典型示范引路作用。

第六章 危险性较大工程监控

第一节　危险性较大工程的范围

危险性较大工程是指依据国务院第 393 号令《建设工程安全生产管理条例》和建设部《危险性较大工程安全专项方案编制及专家论证审查办法》（建质［2004］213 号）所指的七大类分部分项工程，具体如下：

一、基坑工程

基坑工程包括基坑支护、降水、土方开挖等内容。

（一）基坑支护与降水工程

基坑支护工程是指开挖深度超过 5m（含 5m）的基坑（槽）并采取支护结构施工的工程；或基坑虽未超过 5m，但地质条件和周围环境复杂的支护工程，如杂土达 3m 米以上、有流沙层、地下水位在坑底以上、基坑边界外 3m 以内有地下管线等建（构）筑物；采用井点降水工艺的工程。

（二）土方开挖工程

土方开挖工程是指开挖深度超过 5m（含 5m）的基坑、槽的土方开挖。

二、模板工程

模板工程是指各类工具式模板，包括滑模、爬模、大模板等；支撑高度达 4m 的水平混凝土构件模板支撑系统；特殊结构模板工程如转换层模板、网架支撑体系等。

三、起重吊装工程

起重量达 30t，或起重高度达 10m 的吊装工程。

四、脚手架工程

1. 高度超过 24m 的落地式钢管脚手架；
2. 附着式升降脚手架，包括整体提升与分片式提升；
3. 悬挑式脚手架；
4. 门型脚手架；
5. 挂脚手架；

6. 吊篮脚手架；
7. 卸料平台；
8. 高度达 5m 的室内装饰脚手架或移动操作平台。

五、拆除、爆破工程

指采用人工、机械拆除或爆破拆除的工程。

六、大型建筑施工机械装拆工程

指各种塔吊、施工升降机和打桩机械的装拆工程。

七、其他危险性较大的工程

1. 地铁、隧道工程。包括承压水、盾构进出洞、盾构转场、盾构推进﹑旁通道工程；
2. 密闭空间内施工作业；
3. 雨（污）水管道（沟、池）内施工作业；
4. 高处作业；
5. 活动房搭拆；
6. 建筑幕墙的安装施工；
7. 预应力结构张拉施工；
8. 桥梁工程施工（含架桥）；
9. 特种设备施工；
10. 网架和索膜结构施工；
11. 6m 以上的边坡施工；
12. 港口工程、航道工程；
13. 大江、大河的导流、截流施工（含水面、水下作业）；
14. 采用新技术、新工艺、新材料，可能影响建设工程质量安全，已经行政许可，尚无国家、行业或地方技术标准的施工。

第二节 安全专项施工方案的编制、审核和专家论证审查

一、编制范围

施工单位对涉及本章第一节所列范围内的危险性较大工程均应单独编制安全专项施工方案。

二、编制人员

安全专项施工方案由施工企业的专业技术人员编制，并需附具安全验算结果。

三、危险性较大工程安全专项施工方案编制要求

(一) 深基坑支护工程安全专项施工方案编制要求

1. 主要标准规范

(1)《建筑地基基础工程施工质量验收规范》GB 50202—2002;

(2)《建筑地基处理技术规范》JGJ 79—2002;

(3)《建筑基坑支护技术规程》JGJ 120—99;

(4)《建筑桩基技术规范》JGJ 94—94;

(5)《钢筋焊接及验收规程》JGJ 18—2003;

(6)《地基处理技术规范》DGJ 08—40—94;

(7)《型钢水泥土搅拌墙技术规程(试行)》DGJ 08—116—2005;

(8)《钻孔灌注桩施工规程》DG/TJ 08—202—2007。

2. 方案编制要求

(1) 工程概况、地层特性;

(2) 编制依据;

(3) 支护结构形式选定;

(4) 支护结构设计、支护结构主要技术参数;

(5) 支护结构施工流程(包括工序搭接);

(6) 支护结构施工工艺、质量保证措施、质量检验方法;

(7) 安全生产技术措施;

(8) 设计计算书;

(9) 应急救援预案;

(10) 附图:支护结构平面布置图、支护结构剖面图、细部(节点)详图。

3. 提示

地下连续墙、钻孔灌注桩、深层搅拌桩、SMW 工法柱、钢或混凝土支撑等基坑支护工程和土体加固工程的设计方案和工程施工质量直接影响基坑及周边环境的安全性。

(二) 深基坑降水工程安全专项施工方案编制要求

1. 主要标准规范

(1)《建筑地基基础工程施工质量验收规范》GB 50202—2002;

(2)《降水井管技术规范》GB 50296—99;

(3)《建筑与市政降水工程技术规范》JGJ/T 111—98。

2. 方案编制要求

(1) 工程概况、地层特性、水文地质;

(2) 编制依据;

(3) 降水目标和效果、抽水量估算、底板稳定性验算;

(4) 降水井及观测井布置和数量、降水井结构、降水井工作结果分析,包括降水时间计算;

(5) 抽水方法、降水试运行方法、正式降水前成井的临时维护方法、正式降水运行方法、水位监测方法;

(6) 降水注意事项和安全措施；

(7) 降水所需的施工机具（如工程钻具）、主要材料（如井管）配置、临时用电和用水配置；

(8) 应急救援预案；

(9) 附图：成井阶段平面布置图；阶段降水平面布置图；降水井剖面图；阶段降水剖面图；临时用电和用水平面布置图；

(10) 设计计算书。

3. 提示

降水安全专项施工方案应明确降水目标和效果以及对地下水位的控制方法，防止地下承压水抽取过少，基坑开挖后产生管涌，抽取过多时造成周边地面下沉。

(三) 深基坑土方开挖工程安全专项施工方案编制要求

1. 主要标准规范

(1)《建筑地基基础工程施工质量验收规范》GB 50202—2002；

(2)《建筑边坡工程技术规范》GB 50330—2002；

(3)《建筑基坑支护技术规程》JGJ 120—99。

2. 方案编制要求

(1) 工程概况、地层特性、周边环境；

(2) 编制依据；

(3) 土方开挖阶段平面布置及行车路线、施工道路设计（包括支撑部位的道路设计）；

(4) 挖土机械和运输车辆选择（包括机型、载重量和最大重量）；

(5) 挖土机械和运输车辆配置、卸土地点选择；

(6) 土方开挖工艺流程、土方开挖形式（如抽槽、分区开挖等）、分层分阶段土方量统计、阶段性工期安排；

(7) 地下管线和周边环境保护措施；

(8) 基坑周边荷载控制措施；

(9) 支护结构防渗漏措施；

(10) 安全技术措施（如临边防护、防止上下立体交叉作业、夜间施工）；

(11) 施工进度保证措施；

(12) 应急救援预案；

(13) 附图：施工现场平面布置图、土方开挖道路、挖机位置及行车路线图、开挖平面分区图。

3. 提示

深基坑土方开挖工程安全专项施工方案应明确分层、分段开挖和支撑形式等工艺和流程以及时间节点等。确保基坑支护结构稳定性和周边环境的安全性。

(四) 深基坑施工监测安全专项施工方案编制要求

1. 主要标准规范

(1)《工程测量规范》GB 50026—93；

(2)《基坑工程施工监测规程》DG/TJ 08—2001—2006。

2. 方案编制要求

（1）工程概况、周边环境；

（2）编制依据；

（3）监测范围、监测内容、监测点布置；

（4）观测仪器、观测方法、观测精度、观测频率、监测资料反馈频率和时间；

（5）警戒值的确定、报警值的确定、变形预测方法；

（6）监测技术保证措施；

（7）应急救援预案；

（8）附图：监测点位示意图（布置图）。

3. 提示

深基坑施工监测安全专项施工方案应明确监测内容、方法及报警值确定、变形预测，通过合理的观测方法，及时发现、分析、解决问题，避免不必要的安全事故。

（五）水平混凝土构件模板支撑系统安全专项施工方案编制要求

1. 主要标准规范

（1）《混凝土结构工程施工质量验收规范》GB 50204—2002；

（2）《建筑施工模板安全技术规范》JGJ 162—2008；

（3）《建筑施工扣件式钢管脚手架安全技术规范》JGJ 130—2001；

（4）《钢管扣件水平模板的支撑系统安全技术规程》DG/TJ 08—20016—2004。

2. 方案编制要求

（1）工程概况；

（2）编制依据；

（3）搭设材料的选用（包括立杆底部垫板、立杆、扫地杆、纵横向水平杆、垂直剪刀撑、水平剪刀撑、扣件、梁板底支撑方木和板材等）；

（4）搭设尺寸（包括立杆纵横向间距、纵横向水平杆步距、垂直剪刀撑或水平剪刀撑的设置位置、立杆底部垫板长度等）；

（5）搭设工艺要求（包括立杆垂直度、杆件接长方式、杆件接长位置、立杆搭接长度、杆件的连接方式、扣件拧紧力矩等）；

（6）拆模时的混凝土强度、混凝土强度值的确定方法；

（7）安全技术措施；

（8）设计计算书、梁板等荷载计算（包括施工荷载、地基承载力计算、立杆稳定性计算、纵横向水平杆受力计算（包括抗弯和挠度等）；

（9）应急救援预案；

（10）附图：模板支撑系统平面布置图、模板支撑系统剖面图、模板施工节点图。

3. 提示

水平混凝土构件模板支撑系统安全专项施工方案应明确施工荷载、模板支撑系统承重结构和构造形式，确保模板支撑系统有足够的承载能力、刚度和稳定性。

（六）起重吊装工程安全专项施工方案编制要求

1. 主要标准规范

（1）《起重吊运指挥信号》GB 5082—85；

（2）《建筑机械使用安全技术规程》JGJ 33—2001。

2. 方案编制要求

(1) 工程概况；

(2) 编制依据；

(3) 主要构件工况（包括构件规格、重量、起吊高度、作业半径等）；

(4) 主要起重机械选用（包括机械名称、型号规格、起重性能、用途、台数等）；

(5) 吊装工艺流程（吊装工序）；

(6) 构件吊点设置、绑扎要求、试吊方法、起吊构件稳定措施、构件就位后临时固定措施；

(7) 起重机械安全使用措施（包括地面道路承载力和平整度的确定方法和要求等）；

(8) 吊索具安全使用措施（如吊索具的规格、使用部位等）；

(9) 警戒区设置和管理（如设置全封闭警戒区、专人监护等）；

(10) 吊装作业安全措施（如指挥信号传递方式、预防物体坠落措施等）；

(11) 高处作业人员安全设施和措施（如安全绳设置和安全带使用、作业通道设置、操作平台等）；

(12) 防火措施（如焊接时接火盘的设置等）；

(13) 安全用电措施（如高处作业时线路架设、用电设施安放等）；

(14) 应急救援预案；

(15) 附图：吊装施工平面布置图、构件临时固定布置图、安全设施布置图。

3. 提示

起重吊装安全专项施工方案应明确吊装工序，吊装控制，吊装安全措施，防止高处坠人、坠物事故。

（七）落地式钢管脚手架安全专项施工方案编制要求

1. 主要标准规范

(1)《建筑施工扣件式钢管脚手架安全技术规范》JGJ 130—2001（2002 版）；

(2)《建筑施工高处作业安全技术规范》JGJ 80—91。

2. 方案编制要求

(1) 工程概况；

(2) 编制依据；

(3) 搭设材料的选用［包括立杆底部垫板、立杆、扫地杆、剪刀撑、扣件、与墙面的拉结材料、脚手板（笆）、挡脚板、密目网等］；

(4) 搭设尺寸（包括立杆底部垫板长度、立杆纵距与横距、步距、内立杆距外墙面的距离、剪刀撑设置位置与要求、拉结点设置和间距等）；

(5) 搭设要求（脚手架基础处理、立杆垂直度、杆件接长方式、杆件接长位置、采用搭接方式时的搭接长度、杆件连接方式、脚手板（笆）铺设和固定、防护栏杆和挡脚板设置、立网设置位置和固定方、上下通道设置位置与数量、水平隔离措施、接地措施等）；

(6) 搭设顺序；

(7) 搭设质量保证措施；

(8) 脚手架搭拆和使用安全技术措施；

(9) 应急救援预案；

(10) 附图：脚手架立杆布置图、脚手架立面图、拉结点与杆件搭接接长细部节点图；

(11) 设计计算书。

3. 提示

落地式钢管脚手架安全专项施工方案应明确脚手架的形式、构造要求、搭设顺序（工艺），搭拆时的安全技术措施，确保搭拆和使用人员的安全。

（八）附着式升降脚手架安全专项施工方案编制要求

1. 主要标准规范

(1)《建筑施工扣件式钢管脚手架安全技术规范》JGJ 130—2001（2002 版）；

(2)《建筑施工附着式脚手架安全技术规程》DGJ 08—905—99。

2. 方案编制要求

(1) 工程概况；

(2) 编制依据；

(3) 架体型号选用和架体性能指标（如架体高度指标、最大施工荷载指标等）；

(4) 架体使用位置和楼层范围、机位布置、架体使用设计指标（如架体高度、最大施工荷载等）、特殊部位处理方法（如转角处、卸料平台处的处理）；

(5) 架体在墙面上的附着方法和杆件以及附着墙面的受力验算；

(6) 架体安装工艺流程（总流程和分流程）、架体升降工艺流程、架体拆除工艺流程；

(7) 架体安装作业要求、提升机械安装要点、架体升降作业要点、架体拆除作业要点、架体使用要点；

(8) 安全管理措施（如附着式脚手架的日常维护保养等）；

(9) 应急救援预案；

(10) 设计计算书；

(11) 附图：附着式脚手架平面布置图（包括提升机位布置）、防倾覆示意图。

3. 提示：

附着式升降脚手架安全专项施工方案应明确脚手架的型号、布置设计（包括特殊部位的处理、安装与升降及拆除工艺，确保架体搭设和使用人员的安全。

（九）悬挑式脚手架安全专项施工方案编制要求

1. 主要标准规范

(1)《建筑施工扣件式钢管脚手架安全技术规范》JGJ 130—2001；

(2)《钢结构工程施工质量验收规范》GB 50205—2001；

(3)《建筑钢结构焊接技术规程》JGJ 81—2002；

(4)《悬挑式脚手架安全技术规程》DB/TJ 08—2002—2006。

2. 方案编制要求

(1) 工程概况；

(2) 编制依据；

(3) 悬挑方式的选定、上部脚手架搭设高度的选定；

(4) 悬挑构件尺寸的选定（包括型钢规格、型钢悬挑长度和锚固长度、悬挑杆件布置间距等）；

(5) 悬挑构件锚固方法选项；

(6) 搭设要求（锚固预埋件安放、对混凝土强度要求、悬挑构件焊接和锚固）；

(7) 搭设顺序；

(8) 搭设质量保证措施；

(9) 搭拆和使用的安全技术措施；

(10) 设计计算书；

(11) 应急救援预案；

(12) 附图：悬挑式脚手架平面布置图、立面布置图、细部（节点）详图（如锚固方法详图）。

3. 提示

悬挑式脚手架安全专项施工方案编制要求应明确悬挑结构构造形式、材料规格型号的选用、锚固方法，确保悬挑式脚手架架体安全和操作人员的安全。

（十）吊篮脚手架安全专项施工方案编制要求

1. 主要标准规范

(1)《高处作业吊篮》GB 19155—2003；

(2)《高处作业吊篮安全规则》JG 5027—92。

2. 方案编制要求

(1) 工程概况；

(2) 编制依据；

(3) 吊篮型号、数量、设置位置选定；

(4) 吊篮架设、移位和拆卸流程；

(5) 架设前的准备工作、悬挂机构安装与调试方法、作业吊篮安装与调试方法、提升机构、安全锁、电箱安装方法、钢丝绳安装方法、安全绳和安全带设置方法；

(6) 试运转前的检查和调试方法、试运转方法；

(7) 吊篮移位方法；

(8) 吊篮使用时的安全要求（对吊篮设施的安全要求和对作业人员的安全要求）；

(9) 吊篮使用时发生紧急情况时的应急措施；

(10) 应急救援预案；

(11) 附图：吊篮平面布置图、悬挂机构安装详图。

3. 提示

吊篮脚手架安全专项施工方案应明确吊篮脚手架的形式、组装和试运转以及移位和拆卸的流程及工艺、使用要求，确保吊篮脚手架安全和操作人员的安全。

（十一）悬挑式卸料钢平台安全专项施工方案编制要求

1. 主要标准规范

《建筑施工高处作业安全技术规范》JGJ 80—91。

2. 方案编制要求

(1) 工程概况；

(2) 编制依据；

(3) 平台验收使用部位；

(4) 平台设计额定载荷、平台平面尺寸；

(5) 平台主梁和次梁采用的材料、规格，布置位置和连接方式、底板采用的材料、规格和连接方式、栏杆采用的材料、规格和布置位置，支撑立杆的间距和连接方式、吊环采用的材料、规格和布置位置及连接方法、钢丝绳规格、数量、端部锚固方法、绳夹规格、数量、夹放位置、钢丝绳同平台和建筑物的连接方式和角度、平台同建筑物的连接方式；

(6) 平台安装要求；

(7) 平台使用要求；

(8) 应急救援预案；

(9) 附图：悬挑式钢平台安装示意图。

3. 提示

悬挑式卸料钢平台安全专项施工方案应明确设计额定荷载、平台构造、锚固方法，确保悬挑式钢平台的安全使用。

(十二) 人工、机械、爆破拆除安全专项施工方案编制要求

1. 主要标准规范

(1)《建筑拆除工程安全技术规范》JGJ 147—2004；

(2)《建筑物、构筑物拆除规程》DGJ 08—70—2006。

2. 方案编制要求

(1) 工程概况；

(2) 编制依据；

(3) 拆除范围、拆除方法（采用人工或机械或爆破拆除）；

(4) 拆除顺序；

1) 人工拆除顺序、安全技术措施（如防护措施、文明施工措施等）；

2) 机械拆除顺序、拆除机械和起重吊装机械选择、安全技术措施（如重物起吊措施等）；

3) 爆破拆除等级、爆破器材选定、爆破点布置、起爆网路选择、安全技术措施（如爆破影响区域安全距离，警戒措施等）；

(5) 应急救援预案。

3. 提示

人工、机械、爆破拆除安全专项施工方案应明确拆除方法，拆除顺序，拆除安全措施，确保周边环境安全，避免人身伤害事故。

(十三) 建筑幕墙安装安全专项施工方案编制要求

1. 主要标准规范

(1)《玻璃幕墙工程技术规范》JGJ 102—2003；

(2)《金属与石材幕墙工程技术规范》JGJ 133—2001。

2. 方案编制要求

(1) 工程概况；

(2) 编制依据；

(3) 作业人员操作平台选择（采用脚手架或吊篮脚手架）；

(4) 材料存放措施（如单元式玻璃存放在存放架中）；

(5) 人工搬运工具的选择（如手动玻璃吸盘）、工具维修保养措施；

(6) 水平运输机具的选择、防止材料移位、倾覆等措施；

(7) 垂直吊运机械的选择、防止吊运材料摆动、坠落等措施；

(8) 作业层上材料存放要求（如防止玻璃倾覆，确保存放处有足够的承载能力等）；

(9) 材料安装后固定要求（如单元式玻璃固定后方可拆除吊具等）；

(10) 特殊工序安全技术措施；

(11) 立体交叉作业时的安全防护措施（如在施工层下方设置防护隔离等）；

(12) 防火措施；

(13) 应急救援预案。

3. 提示

建筑幕墙安装安全专项施工方案应明确操作平台形式（脚手架或吊篮）、垂直和水平运输方法、立体交叉作业安全措施，防止材料倾覆伤人事故和高处坠物坠人事故。

（十四）预应力结构张拉安全专项施工方案编制要求

1. 主要标准规范

(1)《无粘结预应力混凝土结构技术规程》JGJ 92—2004；

(2)《后张预应力施工规程》DGJ 08—235—99。

2. 方案编制要求

(1) 工程概况；

(2) 编制依据；

(3) 混凝土构件拆模时间和张拉前混凝土强度确定；

(4) 涉及施工安全的张拉工艺的操作要求；

(5) 作业人员操作要点（如千斤顶后不得站人，预应力筋两端不得站人，张拉时发现意外情况的处置等）；

(6) 安全技术措施（如作业人员高处作业措施，预应力筋断裂弹出后的防护措施，孔道灌浆时操作人员防止水泥浆喷伤眼睛等）；

(7) 应急救援预案。

3. 提示

预应力结构张拉安全专项施工方案应明确张拉工艺、操作要点、安全措施、防止预应力筋弹出造成人身伤害。

（十五）塔式起重机安装、拆除安全专项施工方案编制要求

1. 主要标准规范

(1)《塔式起重机安全规程》GB 5144—2006；

(2)《起重机械安全规程》GB 6067—85；

(3)《起重机械使用安全技术规程》JGJ 33—2001；

(4)《塔式起重机操作使用规程》JG/T 100—99。

2. 方案编编制要求

(1) 工程概况；

(2) 编制依据；

(3) 塔式起重机型号、数量、设置位置选定；

(4) 基础设计计算；

(5) 安装准备工作、安装流程和安装工艺（包括底架、基础节或标准节、标准节、爬升架、回转机构和平台、塔帽、平衡臂、第一次平衡重、驾驶室、组装吊臂和吊臂拉杆，吊臂、第二次平衡重、接线、穿钢丝绳等）；

(6) 顶升前注意事项、顶升流程和顶升工艺（包括标准节引进至规定位置、顶升横梁进入规定位置、开动液压系统、再次开动液压系统、标准节就位、标准节连接）、顶升中注意事项、顶升后注意事项；

(7) 附着设计计算、附着方法、附着拆除工艺和注意事项；

(8) 拆卸准备工作、拆卸流程和拆卸工艺；

(9) 安全技术措施（如与架空输电线路的安全距离和防护措施，多台塔机使用时的安全距离和防撞措施等）；

(10) 应急救援预案；

(11) 附图：塔式起重机平面布置图、基础平面布置图、基础详图、附着节点详图；

(12) 设计计算书。

3. 提示

塔式起重机安装拆除安全专项施工方案应明确塔式起重机的型号和安装、升（降）节、拆卸及附着工艺，防止塔式起重机在安装和拆卸（包括升降节）过程中发生机毁人亡事故。

（十六）施工升降机（物料提升机）安装拆除安全专项施工方案编制要求

1. 主要标准规范

(1)《施工升降机安全规程》GB 10055—2007；

(2)《施工升降机》GB 10054—2005；

(3)《建筑机械使用安全技术规程》JGJ 33—2001；

(4)《龙门架及井架物料提升机安全技术规范》JGJ 88—92。

2. 方案编制要求

(1) 工程概况；

(2) 编制依据；

(3) 施工升降机型号、数量、设置位置选定；

(4) 基础设计计算；

(5) 安装准备工作、安装流程和安装工艺（包括底座、吊笼、架体、天梁及滑轮、地锚及缆风绳、附墙、驱动机构、钢丝绳和对重、安全防护装置、控制电箱等）；

(6) 调试方法（包括停靠装置、上下限位装置、极限开关、防坠器、钢丝绳张力、各种传动机构等）；

(7) 保护装置试验时间和方法（包括停层保护、断松绳保护、限载（超载）保护等）；

(8) 拆卸准备工作、拆卸流程和拆卸工艺；

(9) 安全技术措施（如安全管理、装拆时对天气条件的要求等）；

(10) 应急救援预案；

(11) 附图：施工升降机（物料提升机）平面布置图、基础平面布置图、基础详图、附着节点详图；

(12) 设计计算书。

3. 提示

施工升降机(物料提升机)安装拆除安全专项施工方案应明确其型号和安装、加节、拆卸及附着工艺、安全技术措施,防止在安装、加节拆卸过程中发生安全事故。

(十七) 安全专项施工方案中的应急救援预案编制要求

1. 应急组织和职责

(1) 应急救援领导小组成员和人员具体分工;

(2) 应急工作小组成员和人员具体分工。

2. 应急措施

(1) 针对危险性较大工程中的重大危险源的类别和可能产生的后果制订相应的应急措施;

(2) 应急措施应努力抑制事态的进一步发展,把事故造成的人员伤亡、经济损失及对社会、环境影响降低到最低程度。

3. 应急资源

(1) 常用物资和药品;

(2) 针对应急措施配备专用设备、器材等物资;

(3) 针对应急措施配备人力资源并明确分工。

4. 事故报告程序、时间和内容

(1) 按事故的损失和影响程度制订级报告或直接告程序以及上报的有关部门;

(2) 按事故的损失和影响程度制订上报时限;

(3) 事故报告内容,包括事故发生的时间、地点、经过、损失程度和影响程度、人员伤亡情况、事故现有状态、事故发生的初步原因分析,已(拟)采取的措施。

5. 通信保障

(1) 医院、火警等电话;

(2) 应急救援领导小组和工作小组成员联系电话(包括手机和宅电)及通信方式。

6. 应急演练

(1) 制订应急演练时间;

(2) 制订应急演练内容;

(3) 改进演练中发现的问题。

四、方案审核

施工企业技术部门的专业技术人员及监理单位专业监理工程师进行审核,审核合格,由施工企业技术负责人和监理单位总监理工程师签字。

五、审核程序

建筑施工企业对安全专项施工方案的自审查程序(图 6-1)

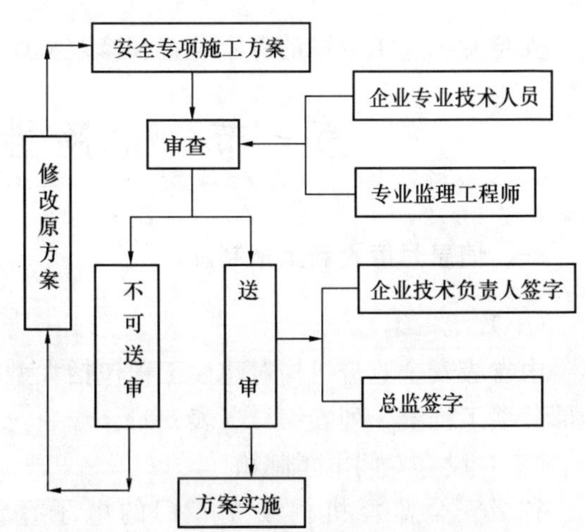

图 6-1 安全专项施工方案的自审查程序

六、专家论证审查的工程范围

1. 深基坑工程：

开挖深度超过5m（含5m）或地下室二层以上（含二层），或深度虽未超过5m（含5m），但地质条件和周围环境及地下管线极其复杂的工程。

2. 地下暗挖工程：

隧道工程；土体冻结法施工工艺；逆作法施工工艺等地下暗挖及遇有溶洞、暗河、瓦斯、岩爆、涌泥、断层等地质复杂的隧道工程。

3. 高大模板工程：

水平混凝土构件模板支撑系统高度超过8m，或跨度超过18m，施工总荷载大于$10kN/m^2$，或集中线荷载大于15kN/m的模板支撑系统。

4. 30m及以上高空作业的工程。

5. 大江、大河中的深水作业工程。

6. 城市房屋拆除爆破工程。

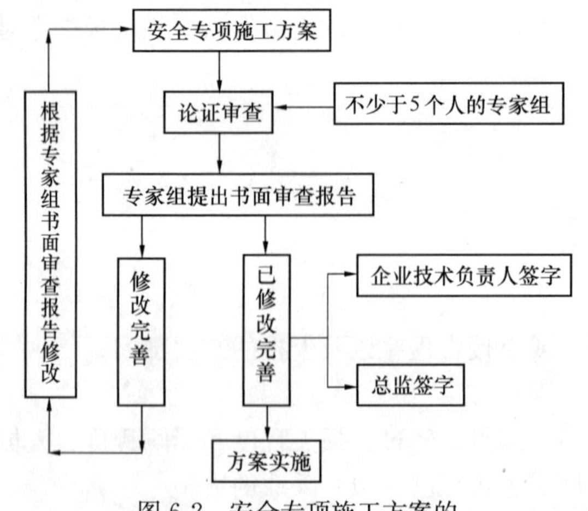

图6-2 安全专项施工方案的专家审查和修改程序

七、专家论证审查

1. 建筑施工企业应当组织不少于5人的专家组，对已编制的安全专项施工方案进行论证审查。

2. 安全专项施工方案专家组必须提出书面论证审查报告，施工企业应根据论证审查报告进行完善，施工企业技术负责人、总监理工程师签字后，方可实施。

3. 专家组书面论证审查报告应作为安全专项施工方案的附件，在实施过程中，施工企业应严格按照安全专项方案组织施工。

八、安全专项施工方案的专家审查和修改程序

安全专项施工方案的专家审查和修改程序（如图6-2）

第三节 危险性较大工程监控

一、信息月度更新上报制度

（一）统一编号

由省级安全监督机构对建设工程包括大型机械、轨道交通等工程施工中危险性较大的分部分项工程统一列表编号（表6-1）。

（二）设立专门电子邮箱

省级安全监督机构设立专门的电子登记平台，统一接受危险性较大工程信息登记。

危险性较大工程（重大危险源）编号　　表 6-1

序	危险性较大工程（重大危险源）		编号
1	深基坑工程	内环线以内深度超过 5m（含 5m）	1—1
		内环线以外开挖深度超过 7m（含 7m）	1—2
		地下室二层以上（含二层）	1—3
		深度未超过 7m（含 7m）但地质条件和周围环境及地下管线复杂	1—4
2	模板工程	水平混凝土构件模板支撑系统：1. 高度超过 8m；2. 跨度超过 18m；3. 施工总荷载大于 10kN/m²；4. 集中线荷载大于 15kN/m	2—1—1　2—1—2 2—1—3　2—1—4
		工具式模板工程	2—2
		特殊结构模板工程	2—3
		其他	2—4
3	起重吊装工程	结构吊装：1. 钢结构；2. 结构吊装；3. 其他	3—1
		设备吊装	3—2
		其他	3—3
4	拆除工程	人工拆除	4—1
		机械拆除	4—2
		爆破拆除	4—3
		其他	4—4
5	脚手架工程	高度超过 24m 的落地式钢管脚手架	5—1
		附着式升降脚手架	5—2
		悬挑式脚手架	5—3
		门型脚手架	5—4
		挂脚手架	5—5
		吊篮脚手架	5—6
		卸料平台	5—7
		其他	5—8
6	大型机械装拆工程	施工升降机	6—1
		塔吊	6—2
		打桩机械	6—3
		其他	6—4
7	其他危险性较大的工程	建筑幕墙安装施工	7—1
		预应力张拉施工	7—2
		隧道工程施工	7—3
		桥梁工程施工	7—4
		特种设备施工	7—5
		网架和索膜施工	7—6
		6m 以上边坡施工	7—7
		大江、大河的导流、截流施工	7—8
		港口工程、航道工程	7—9
		采用新技术、新工艺、新材料，可能影响建设工程质量安全，已经行政许可，尚无技术标准的施工	7—10
		其他	7—11

注：深基坑工程涉及轨道交通工程的，请在标号后打＊。

（三）实行月度信息审报更新

1. 施工单位：将工地危险性较大的分部分项工程月度基本信息，报经安全监理核实后，于施工前报受监安监站。

2. 监理单位：认真审核施工单位呈报的危险性较大的分部分项工程，并督促施工单位月报安监站。

3. 安监站：在每月上旬将重大危险源工地的信息发往省级安全监督机构的专门电子邮箱。

二、施工过程的安全监控

（一）施工单位

1. 制定危险性较大的分部分项工程的管理制度，并安排专职安全管理人员和技术人员进行现场监督实施。

2. 除了专职安全管理人员和技术人员现场监督实施外，工程项目部每周开展对危险性较大的工程检查。

3. 危险较大的分部分项工程施工前，施工单位负责项目管理的技术人员，应按规定将专项施工方案的要求，向施工作业班组、作业人员作详细说明，并由双方签字确认。

4. 对作业人员进行遵章守纪、自我保护、防范事故、应急处理等知识和技能的培训。特种作业人员必须经过专门的安全培训，持有效资格证上岗作业。

5. 保证和落实危险性较大的分部分项工程实施所必需的安全资金投入。

（二）监理单位

1. 监理细则：对危险性较大的分部分项工程，监理单位编制监理实施细则，实施细则应当明确安全监理的内容、方法、频率、措施和控制要点、记录表式，以及对施工单位安全技术措施的检查方案。

2. 方案审核：总监理工程师应组织专业监理工程师、安全监理员，认真审核危险性较大的分部分项工程安全专项施工方案。必要时，项目监理机构应报请监理企业技术负责人主持审核。审核内容应包括：

（1）方案内容是否齐全，是否具有安全技术措施、监控措施、安全验算结果和应急救援预案，是否具有针对性、可操作性，是否符合工程强制标准要求。

（2）施工单位审批手续是否齐全；按规定需要专家论证审查的专项方案，是否附有专家组最终确认签字的审查报告，是否按规定进行修改完善。

3. 每日巡视：监理单位每日不少于一次安全巡视检查，检查的重点包括：

（1）施工单位是否落实专人监护；

（2）作业人员是否按批准的专项方案进行施工；

（3）是否有违反强制性标准的现象；

（4）特种作业人员持证上岗情况；

（5）抽查安全设施，特种设备等与方案的相符性。

4. 及时处理：监理人员发现存在的安全隐患，要求施工单位整改，情况严重的，要求施工单位暂时停止施工，并及时向建设单位报告。施工单位拒不整改或者不停止施工的，及时向有关主管部门报告；

5. 核查施工现场危险性较大的分部分项工程和安全设施的验收手续；

6. 检查安全费用的使用情况；

7. 核评施工单位安全质量标准化达标成果，督促项目进行安全生产保证体系外审；

8. 按每一项危险性较大工程单独建立台账，台账包括：

（1）危险性较大工程安全监理实施细则；

（2）专项施工方案报审表及附件；

（3）施工单位报审的危险性较大工程安全管理资料；

（4）危险性较大工程巡视检查记录；

（5）危险性较大工程告知、整改指令及回复、复查记录。

（三）安全监督站

1. 对危险性较大的分部分项工程进行分析，落实责任人，实施重点监控。

2. 对深基坑、地下暗挖工程、高大模板工程等危险性较大的工程每月不少于一次监督检查，重点是危险性较大的分部分项工程管理制度的建立和实施情况，专项方案的编制、专家论证审查、交底和过程监控情况、监理单位旁站情况等。

三、开展安全质量标准化

安全质量标准化工作围绕以建筑行业、企业、施工现场、班组各层面安全管理为主的“管理标准化”；以建筑施工现场作业人员操作安全为主的“人的标准化”；以建筑施工现场实物安全标准化为主的“物的标准化”等三个方面的内容全面开展。（具体见第五章）

四、开展安全隐患排查统计上报

建设工程安全生产隐患排查统计上报包括三个层面，即工地（总包单位）、施工企业、监督站，分别结合安全质量标准化的周、月、季的查评，隐患排查治理等工作，按时统计上报。

（一）工地（总包单位）

工地（总包单位）针对本工地的施工特点，组织有关人员，排查安全隐患，并及时采取针对性的整改措施．每季度末（即3、6、9、12月的月底）前向所属施工企业和工程受监的安监站上报。

（二）施工企业

1. 施工企业在每年的年初按照在建工程的情况，制定本企业安全隐患排查治理年度工作计划，指导并督促所属工程项目部开展隐患排查工作，并定期统计分析，发现多发或可能产生严重后果的重大隐患应及时制订治理措施；

2. 施工企业将所属总承包工地的隐患排查治理情况，在每季度末（即3、6、9、12月的30日前）向相关部门报送。

（三）监理单位

督促工地（总包单位）落实隐患排查及统计上报工作。施工密切监控重大危险源的动态情况，及时制止违规违章行为。

（四）监督机构

建设工程安全生产监督站督促受监工地和辖区企业认真开展隐患排查工作，及时汇总上报，并结合日常监督检查情况，分析区域内隐患的状况，制订专项整治的具体措施，开展针对性的专项整治活动。

省级安全监督机构适时开展对安全隐患排查治理工作落实情况的专项督查，结合日常抽巡查，监督建设参与各方相关工作实施。

五、开展安全保证体系的贯标和认证

1. 包含有危险性较大的分部分项工程的工地应通过第三方认证机构进行施工现场安全生产保证体系认证审核；

2. 包含有危险性较大的分部分项工程的工地未通过施工现场安全生产保证体系认证审该的工地，不能参与安全质量标准化达标工作，不得进行文明工地等创优活动的申报。

六、轨道交通建设质量安全效能监察

效能监察是行政监察机关依法对国家行政机关及公务员和国家行政机关任命的其他人员行政管理中依法履行职责的能力、效率、效果、效益问题的监督检查，及对行政管理工作中违法失职行为的查处。

（一）组织形式

1. 效能监察工作协调小组：

组成：监察部门、建设行政主管部门监察室、建筑管理部门、安全质量监督机构等单位组成。

职责：负责对轨道交通工程建设期间工程质量安全效能监察工作的指导、协调、情况分析和重大问题的决策、调处。

2. 效能监察协调办公室：

职责：负责具体工作方案的制订、组织检查、情况分析反馈，协调区县活动等。

（二）工作原则

1. 上下联动层层抓落实，构建横向到边、纵向到底的责任体系。以工程质量安全责任为核心，按照“谁投资谁负责、谁建设谁落实、谁管理谁把关”的思路，落实投资、建设、管理、监督各方安全质量工作责任。

2. 突出重点抓全过程，构建全覆盖、同步化的监控体系。坚持监管工作有分有合，在行政主管正常监管的前提下，依法加强行政效能监察，通过建立监察部门抽查机制，夯实行政主管部门日常检查，管理成果；通过健全行政主管部门与监察部门联合检查机制，进一步突出关键环节、关键节点、关键项目抓监管，确保轨道交通建设的安全生产。

3. 坚持抓制度规范，构建工程质量安全长效机制。通对总结经验和工作规律，树立项目典型，加强体制机制和制度建设，形成建设与管理工程质量安全联建联动机制，投资、建设、管理、监督四位一体的质量安全工作定期联系制度，项目安全质量教育机制，推动工程质量安全监督管理长效机制的不断完善。

（三）工作任务

轨道交通工程质量安全效能监察的范围为轨道交通工程建设项目及参与项目建设各方，主要任务为：

1. 督促和推进落实工程安全质量责任制。关键是落实好基本建设程序、工程安全质量责任、现场强制性标准执行三个责任。确保基本建设程序，配合各行政主管部门依法规范审批程序；推动政府投资部门与建设单位（代建单位），项目管理公司与总承包单位，总承包单位与施工分包单位，管理公司与监理公司等层层签订工程安全质量责任书，夯实轨道交通工程质量安全的监督管理网络，贯彻执行有关法律、法规、强制性标准及政府有关文件。

2. 开展监督检查。

（1）监督检查轨道交通工程施工招投标活动，加强招投标活动公正度评价工作。

（2）监督检查施工建设过程，重点是配合行政主管部门加强深基坑（承压水）、旁通道、盾构进出洞与推进及转场这五大环节的质量安全监督。及对轨道交通工程参建各方的工作监督。

（3）及时介入工程质量安全隐患的调查整改。建立健全安全隐患摸排机制、安全隐患定期汇报研究机制、安全措施落实情况责任追究机制。

（4）按照科学规范高效的要求，对工程进度控制情况进行监督。

3. 参与项目竣工验收。重点是加强各责任方对工程质量安全管理履责情况和安全质量监督保障制度运行质量的评估。

4. 依法查处和追究责任。对工程质量安全责任落实不力的，对重大质量安全事故隐患整改不力的，对发生重大质量安全事故的单位和个人，通过下发监察建议书等进行督促整改，直至依法开展调查，组织查处，并追究相关领导的责任。

（四）激励机制

1. 树立样板，引领先进。开展以“技术管理有突破、风险管理有成效、过程管理标准化、效能监察常效化”为核心的质量安全效能监察样板工程评选工作，使轨道交通建设过程成为一个促进技术进步、管理规范、同时有效降低工程风险的过程。

2. 联合效能监察监管力量，实施黄牌督办制。黄牌督办制是对风险控制不力、质量安全管理严重混乱工程的一项处罚制度。在综合检查、专项检查、或者日常巡查中，只要发现质量安全管理严重混乱、工程风险控制不力的工程，由质量安全效能监察办公室签发黄色警示牌，限期督办，促使责任单位加强管理，不断提高工程风险的控制水平。

七、基坑工程监督管理

基坑工程监督管理内容包括支护结构（含边坡）、基底加固、支撑体系、地下水控制（降水、排水、止水、回灌）、土方开挖和监测等。

（一）基坑监督方案

基坑工程报监后，监督机构应根据基坑工程的规模和等级确定符合条件的主监员负责监督工作。主监员应根据国家和地方的有关法律、法规和工程建设强制性标准，针对基坑工程的规模和特点，编制基坑工程监督方案，将基坑工程的重要部位和关键工序作为监督要点，明确监督内容、监督方法，使基坑工程处于受控状态。基坑工程监督方案应在首次监督工作会议上向工程建设参与各方公布。

（二）基坑监督方式

基坑工程的监督采用节点验收监督和随机抽查相结合的方式。在以下节点应到现场监督：

1. 基坑开工前；
2. 基坑开挖前；
3. 基坑开挖过程中；
4. 基坑工程发生险情和质量事故；
5. 基础施工至±0.000及支撑结构已拆除；
6. 逆作法施工时底板全部完成。

在基坑监督过程中，应注重对责任主体和基坑实体质量的检查，掌握施工动态，落实整改选项，消除事故隐患。

八、实施远程监控系统

远程监控系统是指采用视（音）频和数据信息等监控手段，通过软件进行数据分析、处理并实现网络远程数据交互，为现场的质量、安全及综合管理提供辅助监管的系统。

（一）远程监控的使用范围

在重大工程、成片开发的住宅小区、周边环境复杂或存在重大危险源的建设工程应按规定实施远程监控系统。

远程监控系统的要求：

1. 应由工程现场监控平台和综合应用管理平台组成；
2. 应具备现场视（音）频监控和工程数据监测功能；
3. 可在工程建设参与各方及管理部门运用；
4. 可运用视（音）频、数据监控等手段，对工程建设信息进行汇总、分析、处理；
5. 应满足稳定可靠、安全、易维护的要求。

（二）远程监控的策划与方案编制

建设、施工、监理、监测等单位在工程开工前应对本工程远程监控进行策划，委托有技术能力的单位按要求实施工程建设全过程远程监控，并履行各处相关职责。

远程监控系统的设计安装单位应依据需求信息编制远程监控实施方案，制订远程监控计划，并报委托方审批。

远程监控实施方案包括下列内容：

1. 参与建设各方需求表；
2. 工程概况、监控内容、监控方法、监控流程和监控设施、软件配置；
3. 参与建设各方应用远程监控系统的人员权限划分及责任设定；
4. 监控效果保证措施及制度；
5. 数据采集、录入要求及终端方对信息的使用要求；
6. 有关信息汇总的格式要求。

（三）远程监控内容

远程监控应根据不同需求和工程特点确定监控内容，并满足质量、安全及综合管理等要求。

1. 质理监控内容：

(1) 重要节点施工过程监控；

(2) 依据施工方案执行的重要施工工序监控；

(3) 不同工种施工搭接工序监控；

(4) 检验批、分项、分部等验收节点监控；

(5) 设备、材料进出场监控。

2. 安全监控内容：

(1) 深基坑施工过程监控；

(2) 大型设备安装、拆卸监控；

(3) 重大危险源监控；

(4) 安全设施监控。

3. 综合管理监控内容：

(1) 管理人员、施工作业人员行业监控；

(2) 场容场貌监控；

(3) 工程环境保护措施监控；

(4) 安防系统监控；

(5) 其他监控。

九、部分危险性较大工程检查表

1. 建设工程建筑起重机械重大危险源专项检查表（表 6-2）；

2. 基坑工程专项监督检查表（表 6-3）；

3. 高大模板支架安全要点检查表（表 6-4）；

4. 轨道交通工程（盾构隧道）安全专项检查表（表 6-5）；

5. 盾构设备进退场安全专项检查表（表 6-6）；

6. 建设工程安全专项检查表（表 6-7）；

7. 安全生产隐患排查专项检查表（表 6-8）；

8. 建设工程安全防护与文明施工措施费用执行情况检查表（表 6-9）。

建设工程建筑起重机械重大危险源专项检查表（1） **表 6-2**

<table>
<tr><td colspan="2">总包单位</td><td></td><td>起重设备类型</td><td colspan="3"></td></tr>
<tr><td colspan="2">专业分包单位</td><td></td><td>租赁单位</td><td colspan="3"></td></tr>
<tr><td colspan="2">形象进度</td><td></td><td>监督站</td><td></td><td>设备编号</td><td></td></tr>
<tr><td colspan="2">检测机构</td><td></td><td>是否外审</td><td>□是□否</td><td>外审机构</td><td></td></tr>
<tr><td colspan="5">检　查　要　求</td><td>结论</td><td>情况说明</td></tr>
<tr><td rowspan="11">总包单位</td><td rowspan="8">机械管理</td><td colspan="3">安装（拆卸）专项施工方案编制、审批程序是否正确</td><td>□是□否</td><td></td></tr>
<tr><td colspan="3">是否实施建筑起重机械日常检查记录</td><td>□是□否</td><td></td></tr>
<tr><td colspan="3">是否对专业分包单位资质、资格、人员进行审核</td><td>□是□否</td><td></td></tr>
<tr><td colspan="3">是否有安装（拆卸）等重大危险源监管记录</td><td>□是□否</td><td></td></tr>
<tr><td colspan="3">施工过程中是否监控到位（监控记录）</td><td>□是□否</td><td></td></tr>
<tr><td colspan="3">安装（拆卸）使用安全技术交底记录（编制人员是否参加交底）</td><td>□是□否</td><td></td></tr>
<tr><td colspan="3">是否实施建筑起重机械日常维护保养记录</td><td>□是□否</td><td></td></tr>
<tr><td colspan="3">是否有检查验收记录，是否符合程序要求</td><td>□是□否</td><td></td></tr>
<tr><td rowspan="3">人员管理</td><td colspan="3">是否配备机管员</td><td>□是□否</td><td></td></tr>
<tr><td colspan="3">是否对驾驶员、指挥等人员实施安全技术交底记录</td><td>□是□否</td><td></td></tr>
<tr><td colspan="3">有违规建筑起重机械操作人员操作和制止违章违规行为的奖惩制度及记录</td><td>□是□否</td><td></td></tr>
<tr><td colspan="2" rowspan="5">起重设备安装专业承包单位（装拆单位）</td><td colspan="3">安装（拆卸）等专项施工方案审批程序是否规范</td><td>□是□否</td><td></td></tr>
<tr><td colspan="3">是否对作业人员按专项施工方案实施分部分项安全技术交底并记录</td><td>□是□否</td><td></td></tr>
<tr><td colspan="3">特种作业人员是否持有效证上岗</td><td>□是□否</td><td></td></tr>
<tr><td colspan="3">是否对已装起重机械按合同等约定进行例检维护保养并记录</td><td>□是□否</td><td></td></tr>
<tr><td colspan="3">相关资质及安全生产许可证有效性</td><td>□是□否</td><td></td></tr>
<tr><td colspan="2" rowspan="3">租赁单位（产权单位）</td><td colspan="3">对出租机械设备质量情况，特别是安全装置进行专项自检并有记录</td><td>□是□否</td><td></td></tr>
<tr><td colspan="3">对在用建筑起重机械按合同等约定进行例行检查，维护保养并有记录</td><td>□是□否</td><td></td></tr>
<tr><td colspan="3">相关资质及安全生产许可证有效性</td><td>□是□否</td><td></td></tr>
<tr><td colspan="2" rowspan="4">监理单位</td><td colspan="3">对机械安装专业承包的施工组织设计、起重作业专项施工方案审核情况</td><td>□是□否</td><td></td></tr>
<tr><td colspan="3">对机械安装专业承包企业作业人员持证上岗的核查情况</td><td>□是□否</td><td></td></tr>
<tr><td colspan="3">对驾驶、指挥等人员实施的安全技术交底核查情况</td><td>□是□否</td><td></td></tr>
<tr><td colspan="3">参与并督促工地施工单位、装拆单位、租赁单位进行检查整改情况</td><td>□是□否</td><td></td></tr>
</table>

填表人：　　　　　　　　　　　　　　　　填写日期：

建设工程建筑起重机械重大危险源专项检查表（2）　　表 6-2

<table>
<tr><td colspan="3">总包单位</td><td></td><td>起重设备类型</td><td colspan="3"></td></tr>
<tr><td colspan="3">专业分包单位</td><td></td><td>租赁单位</td><td colspan="3"></td></tr>
<tr><td colspan="3">形象进度</td><td></td><td>监督站</td><td></td><td>设备编号</td><td></td></tr>
<tr><td colspan="3">检测机构</td><td></td><td>是否外审</td><td>□是□否</td><td>外审机构</td><td></td></tr>
<tr><td colspan="6">检查要求</td><td>结论</td><td>情况说明</td></tr>
<tr><td rowspan="17">施工单位</td><td rowspan="17">项目部</td><td rowspan="14">机械管理</td><td colspan="3">是否建立重大危险源管理制度和现场隐患排查制度</td><td>□是□否</td><td></td></tr>
<tr><td colspan="3">是否开展工地自查自纠工作</td><td>□是□否</td><td></td></tr>
<tr><td colspan="3">是否定期对在建工地进行检查（结合安全质量标准化）</td><td>□是□否</td><td></td></tr>
<tr><td colspan="3">是否将重大危险源列入隐患排查内容</td><td>□是□否</td><td></td></tr>
<tr><td colspan="3">工地每月上报重大危险源数量与实际情况相符性</td><td>□是□否</td><td></td></tr>
<tr><td colspan="3">是否定期向监督站按时上报隐患排查统计、分析</td><td>□是□否</td><td></td></tr>
<tr><td colspan="3">网上危险源信息填报</td><td>□是□否</td><td></td></tr>
<tr><td colspan="3">安装（拆卸）专项施工方案编制、审批程序是否正确</td><td>□是□否</td><td></td></tr>
<tr><td colspan="3">对工地建筑起重机械实施日常检查记录</td><td>□是□否</td><td></td></tr>
<tr><td colspan="3">专业分包单位资质、资格、人员是否符合要求</td><td>□是□否</td><td></td></tr>
<tr><td colspan="3">安装（拆卸）等重大危险源监管记录</td><td>□是□否</td><td></td></tr>
<tr><td colspan="3">施工过程中是否监控到位（监控记录）</td><td>□是□否</td><td></td></tr>
<tr><td colspan="3">安装（拆卸）使用安全技术交底（编制人是否参加交底）</td><td>□是□否</td><td></td></tr>
<tr><td colspan="3">对重大危险源监控措施和应急预案</td><td>□是□否</td><td></td></tr>
<tr><td rowspan="3">人员管理</td><td colspan="3">配备机管员</td><td>□是□否</td><td></td></tr>
<tr><td colspan="3">对驾驶、指挥等人员实施安全技术交底并记录</td><td>□是□否</td><td></td></tr>
<tr><td colspan="3">有违规建筑起重机械操作人员操作和制止违章违规行为的规章制度或记录</td><td>□是□否</td><td></td></tr>
<tr><td colspan="2" rowspan="7">监理单位</td><td colspan="4">审核安装（拆卸）专项施工方案</td><td>□是□否</td><td></td></tr>
<tr><td colspan="4">编制专项监理细则</td><td>□是□否</td><td></td></tr>
<tr><td colspan="4">审查专业分包单位资质、资格、人员、技术交底情况</td><td>□是□否</td><td></td></tr>
<tr><td colspan="4">巡视检查安装（拆卸）施工作业情况</td><td>□是□否</td><td></td></tr>
<tr><td colspan="4">参与安装（拆卸）验收工作</td><td>□是□否</td><td></td></tr>
<tr><td colspan="4">发现存在安全隐患签发整改通知单，并对整改情况进行复查</td><td>□是□否</td><td></td></tr>
<tr><td colspan="4">网上危险源信息复查</td><td>□是□否</td><td></td></tr>
<tr><td colspan="2" rowspan="2">认证机构</td><td colspan="4">是否在第一个重大危险源发生前进行外审认证</td><td>□是□否</td><td></td></tr>
<tr><td colspan="4">认证是否以重大危险源监控为重点</td><td>□是□否</td><td></td></tr>
<tr><td colspan="2" rowspan="3">检测机构</td><td colspan="4">是否按规定进行起重机械检测</td><td>□是□否</td><td></td></tr>
<tr><td colspan="4">整改项是否跟踪闭合</td><td>□是□否</td><td></td></tr>
<tr><td colspan="4">是否按规定对起重机械进行中间检测</td><td>□是□否</td><td></td></tr>
</table>

填表人：　　　　　　　　　　　　　　　　　　填写日期：

基坑工程专项监督检查表（1）

（开工前） **表 6-3**

<table>
<tr><td>工程名称</td><td></td><td>监理单位</td><td colspan="3"></td></tr>
<tr><td>总包单位</td><td></td><td>资质等级</td><td></td><td>监督站</td><td></td></tr>
<tr><td>分包单位</td><td></td><td>基坑深度</td><td>m</td><td>支护形式</td><td></td></tr>
<tr><td colspan="4">检　查　内　容</td><td>结论</td><td>情况说明</td></tr>
<tr><td rowspan="5">建设单位</td><td colspan="3">施工许可证（开工报告）等有关手续</td><td>□是□否</td><td></td></tr>
<tr><td colspan="3">对基坑工程的现状、相邻设施、相邻工程及管网的情况调查、处理和移交交底</td><td>□是□否
□是□否</td><td></td></tr>
<tr><td colspan="3">基坑工程的勘察、设计、施工、监理、检测、监测等的发包是否合法</td><td>□是□否</td><td></td></tr>
<tr><td colspan="3">图纸会审、勘察设计交底、设计变更等</td><td>□是□否</td><td></td></tr>
<tr><td colspan="3">深基坑工程事故（险情）的应急处置预案</td><td>□是□否</td><td></td></tr>
<tr><td rowspan="2">勘察设计单位</td><td colspan="3">单位资质、人员资格</td><td>□是□否</td><td></td></tr>
<tr><td colspan="3">勘察设计交底及变更</td><td>□是□否</td><td></td></tr>
<tr><td rowspan="8">施工单位</td><td colspan="3">单位资质、人员资格（项目管理人员的资格、特殊工种上岗证等）</td><td>□是□否</td><td></td></tr>
<tr><td colspan="3">分包单位资质及总包对分包单位的质量、安全管理</td><td>□是□否</td><td></td></tr>
<tr><td colspan="3">施工组织设计及专项方案的制订与审批</td><td>□是□否</td><td></td></tr>
<tr><td colspan="3">施工规范和技术标准的执行</td><td>□是□否</td><td></td></tr>
<tr><td colspan="3">建筑材料、构配件、（大型）设备和预拌混凝土等的检验</td><td>□是□否</td><td></td></tr>
<tr><td colspan="3">安全专项资金的使用情况</td><td>□是□否</td><td></td></tr>
<tr><td colspan="3">场地布置和安全设施的落实情况</td><td>□是□否</td><td></td></tr>
<tr><td colspan="3">对工程潜在风险的辨识和分析，应急预案的编制</td><td>□是□否</td><td></td></tr>
<tr><td rowspan="4">监理单位</td><td colspan="3">单位资质、人员资格</td><td>□是□否</td><td></td></tr>
<tr><td colspan="3">监理单位对总监出具的授权委托书、监理人员配备及总监变更手续</td><td>□是□否</td><td></td></tr>
<tr><td colspan="3">监理规划、监理细则及监理巡视、旁站方案</td><td>□是□否</td><td></td></tr>
<tr><td colspan="3">建筑材料、构配件、设备和预拌混凝土进场时的验收</td><td>□是□否</td><td></td></tr>
<tr><td rowspan="2">检测监测单位</td><td colspan="3">单位资质、人员资格</td><td>□是□否</td><td></td></tr>
<tr><td colspan="3">检测、监测方案</td><td>□是□否</td><td></td></tr>
<tr><td colspan="6">其他问题（备注）</td></tr>
</table>

检查日期：　　　　　　　　　　　　　　　　检查人员：

基坑工程专项监督检查表（2）
（开挖前）

表 6-3

工程名称		监理单位			
总包单位		资质等级		监督站	
分包单位		基坑深度	m	支护形式	

序	检查内容	结论	情况说明
1	勘察设计交底、设计变更的落实情况	□是□否	
2	设计、施工方案的审批意见和专家评审意见的落实情况	□是□否	
3	开挖、堵漏方案的讨论和向下交底的情况	□是□否	
4	各分包单位资质和人员资质的审查情况	□是□否	
5	人员、机械、支撑的到位情况	□是□否	
6	卸土点的落实及途径手续的办理情况	□是□否	
7	挖土、支撑协同的现场管理制度的建立情况	□是□否	
8	应急预案的落实，现场抢险设备、材料、人员的落实	□是□否	
9	监测点的布置和初始值的测取	□是□否	
10	远程监控管理系统的建立和信息上传情况	□是□否	
11	围护结构施工阶段遗留问题的解决情况	□是□否	
12	围护结构和圈梁完成情况，是否已达到设计强度	□是□否	
13	地基处理完成情况，是否符合设计要求	□是□否	
14	立柱桩的完成情况，检测情况是否满足设计要求	□是□否	
15	降水、降压是否已满足设计施工工况	□是□否	
16	施工现场排水措施的落实情况	□是□否	
17	坑边堆土堆物和额外荷载情况	□是□否	
18	周边建构筑物、道路、管线保护措施的落实情况	□是□否	
19	相关质量保证资料齐全	□是□否	
20	设计及规范规定的其他要求	□是□否	
其他问题（备注）			

检查日期：　　　　　　　　　　　　　　　　　　检查人员：

基坑工程专项监督检查表（3）
（开挖中）

表 6-3

工程名称		监理单位			
总包单位		资质等级		监督站	
分包单位		基坑深度	m	支护形式	

序	检 查 内 容	结论	情况说明
1	土方开挖是否符合施工方案，放坡、作业平台设置是否规范	□是□否	
2	土方开挖与排水、降水之间的协作、协调工作	□是□否	
3	土方施工中的测量记录，测量点位的保护措施	□是□否	
4	围护结构的渗漏情况，堵漏处理措施到位情况	□是□否	
5	围护结构变形情况，防止过大变形的措施	□是□否	
6	支撑的布置位置和时机是否符合设计和规范要求	□是□否	
7	支撑与围檩、围护之间节点的处理	□是□否	
8	支撑的偏差、系杆的布置情况	□是□否	
9	逆作板的实体质量和节点处理情况	□是□否	
10	排水、降水措施是否到位，降压是否满足设计施工需要	□是□否	
11	降水监测是否到位，降水的现场管理制度是否落实	□是□否	
12	监测点的布置和保护措施是否到位	□是□否	
13	监测报表、监测报警制度的落实情况	□是□否	
14	上下通道符合规范要求	□是□否	
15	临时用电情况	□是□否	
16	临边防护措施的到位情况	□是□否	
17	坑边堆土堆物和额外荷载情况	□是□否	
18	基坑作业环境，立足点、隔离防护措施、通风照明设施	□是□否	
19	现场落手清、周边围挡牢固、整洁、美观	□是□否	
20	现场道路平整、无积水、无污泥及便民措施	□是□否	
21	污泥排放符合环保要求	□是□否	
22	监理单位履行规定的义务情况	□是□否	
其他问题（备注）			

检查日期： 检查人员：

注：在基坑开挖过程中，监督机构应进行每月不少于1次的巡查。

基坑工程专项监督检查表(4)
(工程验收)

表6-3

<table>
<tr><td colspan="2">工程名称</td><td>监理单位</td><td colspan="3"></td></tr>
<tr><td colspan="2">总包单位</td><td>资质等级</td><td></td><td>监督站</td><td></td></tr>
<tr><td colspan="2">分包单位</td><td>基坑深度</td><td>m</td><td>支护形式</td><td></td></tr>
<tr><td colspan="4">检 查 内 容</td><td>结论</td><td>情况说明</td></tr>
<tr><td rowspan="5">验收条件</td><td colspan="3">已完成设计及合同约定的内容</td><td>□是□否</td><td></td></tr>
<tr><td colspan="3">施工技术资料及验收资料完整</td><td>□是□否</td><td></td></tr>
<tr><td colspan="3">基础施工至±0.000或全部支撑结构拆除</td><td>□是□否</td><td></td></tr>
<tr><td colspan="3">检测、监测结果符合要求、资料完整</td><td>□是□否</td><td></td></tr>
<tr><td colspan="3">基坑出现的质量事故、周边受影响的投诉纠纷已处理完毕</td><td>□是□否</td><td></td></tr>
<tr><td rowspan="2">验收单位</td><td colspan="3">由建设单位组织，监理、勘察、设计、施工、监测、检测等单位参加，应形成验收记录</td><td>□是□否</td><td></td></tr>
<tr><td colspan="3">基坑工程验收3个工作日前，应将验收的时间、地点、工程资料核查意见、参加验收人员的名单书面通知质量监督机构</td><td>□是□否</td><td></td></tr>
<tr><td rowspan="2">监督机构</td><td colspan="3">对验收的条件、组织形式、验收程序、执行标准、事故及投诉处理等情况进行监督</td><td>□是□否</td><td></td></tr>
<tr><td colspan="3">发现有违规行为的，责令改正</td><td>□是□否</td><td></td></tr>
<tr><td colspan="6">其他问题（备注）</td></tr>
</table>

检查日期：　　　　　　　　　　　　　　　　　　　　　　　　检查人员：

基坑工程专项监督检查表（5）

（险情和事故处理）

表 6-3

工程名称			监理单位			
总包单位			资质等级		监督站	
分包单位			基坑深度	m	支护形式	
检 查 内 容					结论	情况说明
监理单位	在 8 小时内向监督机构报告				□是□否	
监督机构	第一时间派遣相关人员现场				□是□否	
	险情信息的收集				□是□否	
	发生险情的原因初步判断				□是□否	
	督促有关单位实施抢险，防止险情故进一步扩大				□是□否	
	参与抢险措施技术方案的讨论，督促抢险措施的落实				□是□否	
	传达或提出有关的要求，制止冒险行为				□是□否	
	掌握险情的发展动态并及时向上级监督机构汇报险情具体情况				□是□否	
建设单位	在事故发生后 2 小时内通知所报监的监督站和省级监督机构				□是□否	
其他问题（备注）						

检查日期：　　　　　　　　　　　　　　　　　　　　　　　　检查人员：

注：基坑发生险情是指基坑发生了局部的轻微损坏，若不处理将导致质量事故发生的事件，或造成了基坑周边环境所不允许的影响但尚未达到质量事故标准的事件。

高大模板支架安全要点检查表

表 6-4

________市（设区市）________县区　　　　（施工、监理、监督、层级监督通用）

<table>
<tr><td>工程名称</td><td colspan="5"></td><td>支架材质</td><td>钢管□</td></tr>
<tr><td>施工单位</td><td colspan="4"></td><td>监理单位</td><td colspan="2"></td></tr>
<tr><td colspan="8">资　料　检　查</td></tr>
<tr><td>有专项方案</td><td>□</td><td rowspan="4">由施工单位组织不少于5人的专家组论证专项方案并出具论证意见</td><td rowspan="4">□</td><td rowspan="2">论证后经修改的方案</td><td colspan="2">经施工单位技术负责人审批</td><td>□</td></tr>
<tr><td rowspan="3">有计算书（纵横双向步距、跨距取值，立杆稳定计算）</td><td rowspan="3">□</td><td colspan="2">经总监理工程师审批</td><td>□</td></tr>
<tr><td colspan="3">杆件、扣件进场按品牌抽样检测合格</td><td>□</td></tr>
<tr><td colspan="3">有施工、监理整架验收合格记录</td><td>□</td></tr>
</table>

<table>
<tr><td colspan="8">现　场　检　查</td></tr>
<tr><td rowspan="6">整架稳定</td><td colspan="3">设置纵横双向扫地杆</td><td>□</td><td rowspan="6">连墙件（刚性）</td><td rowspan="3">竖直方向每2个步高或每层楼层或沿柱高每4米设置</td><td rowspan="3">□</td></tr>
<tr><td colspan="3">沿立杆每步均设置纵横水平杆且纵横两向均无缺杆</td><td>□</td></tr>
<tr><td colspan="3">立杆顶端必须设置纵横双向水平杆和水平剪刀撑</td><td>□</td></tr>
<tr><td>竖直方向沿纵向全高全长从两端开始每隔4排立杆设一道剪刀撑</td><td rowspan="3">剪刀撑宽≥6m且最少4跨</td><td rowspan="3">剪刀撑最多跨越杆数：
45°时7根
50°时6根
60°时5根</td><td>□</td><td>水平方向至少每3跨设置</td><td>□</td></tr>
<tr><td>竖直方向沿横向全高全长从两端开始每隔4排立杆设一道剪刀撑</td><td>□</td><td rowspan="2">如周边无既有建筑物，应采取其他有效措施</td><td rowspan="2">□</td></tr>
<tr><td>水平方向沿全平面每隔2步且不高于4.5米设一道剪刀撑</td><td>□</td></tr>
<tr><td rowspan="3">立杆支承</td><td>支于地面时，须在混凝土地面上支立杆</td><td>□</td><td rowspan="3">建筑物悬挑部分的模板支架</td><td colspan="3">立杆支在坚实的地面上</td><td>□</td></tr>
<tr><td>支于楼面时，加支顶，楼面下不少于两层时至少支顶两层</td><td>□</td><td colspan="3" rowspan="2">从楼面挑出型钢梁作上层悬挑模板的立杆支座，型钢梁搁置在楼板上的长度与挑出长度之比≥2，型钢梁的末端，前端均与楼板有可靠锚固</td><td rowspan="2">□</td></tr>
<tr><td>底座和顶托螺栓的伸出长度不大于300mm</td><td>□</td></tr>
<tr><td rowspan="5">禁止事项</td><td>钢立杆必须对接，禁止搭接</td><td>□</td><td rowspan="5">其他问题</td><td colspan="4" rowspan="5"></td></tr>
<tr><td>禁止用钢管代替型钢梁从楼层挑出作为立杆支座</td><td>□</td></tr>
<tr><td>禁止用钢管从外脚手架上伸出斜支悬挑模板</td><td>□</td></tr>
<tr><td>禁止用木杆接长作立杆</td><td>□</td></tr>
<tr><td>禁止使用分层搭设的支撑体系</td><td>□</td></tr>
<tr><td rowspan="3">检查结论</td><td colspan="3" rowspan="3">□1. 通过　□2. 改进　□3. 停用改进或停用范围如下：</td><td colspan="4">检查单位：施工□　监理□
监督□　层级监督□</td></tr>
<tr><td colspan="4">检查人签名：</td></tr>
<tr><td colspan="4">检查日期：
年　月　日</td></tr>
</table>

注：1. 高大模板：支撑系统高度超过8m，或跨度超过18m，施工面荷载大于10kN/m^2，或线荷载大于15kN/m。

2. 本表参照《建筑施工扣件式钢管脚手架安全技术规范》（JGJ 130—2001）制定，有关模板的技术标准颁布后，按新标准修订。

3. 不属于高大模板的模板支撑体系，除无须专家组论证专项方案外，其余内容可参照本表检查（但高度超过4m须设置水平剪刀撑）。

轨道交通工程（盾构隧道）安全专项检查表（1） 表6-5

工程名称		监理单位			
总包单位		资质等级		监督站	
检 查 内 容				结论	情况说明
施工组织设计	盾构施工是否编制施工组织设计，是否经审批、专家论证			□是□否	
	施工组织设计中是否有针对性的安全技术措施			□是□否	
	是否编制起重吊运方案，并经审批			□是□否	
	专业性较强的分项工程和特殊情况下的施工作业是否编制专项方案			□是□否	
轨道	轨道压板是否齐全，紧固螺栓是否松动			□是□否	
	轨道间距、端头间距、二轨接头错开是否符合有关规定			□是□否	
	是否有专人负责，并记录			□是□否	
	轨道两端是否有限位措施			□是□否	
电机车运行	是否设置探头设备，并正常使用			□是□否	
	是否有报警装置，并正常使用			□是□否	
	制动装置是否可靠			□是□否	
	是否有检修记录			□是□否	
	平板车前后连接是否可靠，是否有保险链			□是□否	
	动行速度是否超过10公里			□是□否	
	平板车装载是否符合要求			□是□否	
	司机是否持证操作			□是□否	
	电机车运行是否有交接班记录			□是□否	
人行通道分隔措施	人行通道走道板宽度是否符合要求			□是□否	
	走道板铺设是否符合标准			□是□否	
	人行通道与轨道之间是否有分隔措施，分隔是否规范			□是□否	
	人行通道是否畅通，上下是否有小梯			□是□否	
	隧道内是否有醒目的安全警示标志			□是□否	
车架段施工通道	车架段是否设置拖拉型走道板			□是□否	
	车架段人行走道板是否符合要求			□是□否	
	走道板是否畅通，是否堆杂物和积泥			□是□否	
其他问题（备注）					

检查日期： 检查人员：

轨道交通工程（盾构隧道）安全专项检查表（2）　　表 6-5

<table>
<tr><td>工程名称</td><td></td><td>监理单位</td><td colspan="3"></td></tr>
<tr><td>总包单位</td><td></td><td>资质等级</td><td></td><td>监督站</td><td></td></tr>
<tr><td colspan="4">检　查　内　容</td><td>结论</td><td>情况说明</td></tr>
<tr><td rowspan="4">管片堆场</td><td colspan="3">管片堆场地基是否坚实平整</td><td>□是□否</td><td></td></tr>
<tr><td colspan="3">管片堆放是否规范</td><td>□是□否</td><td></td></tr>
<tr><td colspan="3">堆场是否有排水措施</td><td>□是□否</td><td></td></tr>
<tr><td colspan="3">管片堆场通道是否畅通</td><td>□是□否</td><td></td></tr>
<tr><td rowspan="3">管片拼装</td><td colspan="3">管片拼装过程中，举重臂回转半径内是否站人，是否有其他违章行为</td><td>□是□否</td><td></td></tr>
<tr><td colspan="3">拼装头子与管片是否紧固</td><td>□是□否</td><td></td></tr>
<tr><td colspan="3">举重臂与管片连接是否使用专用连接销子</td><td>□是□否</td><td></td></tr>
<tr><td rowspan="2">隧道内
作业环境</td><td colspan="3">是否有空气及含氧量测试仪</td><td>□是□否</td><td></td></tr>
<tr><td colspan="3">空气指标是否达到标准</td><td>□是□否</td><td></td></tr>
<tr><td rowspan="4">井口临边</td><td colspan="3">井口临边围护是否按规定设置</td><td>□是□否</td><td></td></tr>
<tr><td colspan="3">下部是否设置封闭式踢脚板</td><td>□是□否</td><td></td></tr>
<tr><td colspan="3">井口设置是否采用黄黑相间的安全色</td><td>□是□否</td><td></td></tr>
<tr><td colspan="3">是否设置安全警示标志</td><td>□是□否</td><td></td></tr>
<tr><td rowspan="4">地面现场
辅助设施</td><td colspan="3">地面现场辅助设施布局是否合理</td><td>□是□否</td><td></td></tr>
<tr><td colspan="3">辅助设施是否有安全通道</td><td>□是□否</td><td></td></tr>
<tr><td colspan="3">辅助设施是否有专人负责</td><td>□是□否</td><td></td></tr>
<tr><td colspan="3">是否有安全措施</td><td>□是□否</td><td></td></tr>
<tr><td colspan="6">其他问题（备注）</td></tr>
</table>

检查日期：　　　　　　　　　　　　　　检查人员：

盾构设备进退场安全专项检查表（1） 表 6-6

工程名称			监理单位		
总包单位			资质等级	监督站	
检 查 内 容				结论	情况说明
作业方案	是否编制可行性运输方案，并经审批			□是□否	
	是否编制可行性吊装方案，并经审批			□是□否	
	是否编制可行性盾构设备安装（拆卸）方案，并经审批			□是□否	
盾构运输	是否经过交通管理部门批准			□是□否	
	是否对司机进行安全教育及交底			□是□否	
	车辆承载力是否满足要求			□是□否	
	盾构设备是否捆扎牢固，所用绳索是否符合强度要求			□是□否	
	设备重要部位（如仪器仪表）是否采取了保护措施			□是□否	
	防雨措施是否落实到位			□是□否	
	是否设置了超宽警示标志			□是□否	
盾构堆放	搁腿的是否满足强度要求			□是□否	
	搁置点的地基强度是否满足承载力的要求			□是□否	
	搁置点设置是否合理，是否保持在同一水平面上			□是□否	
设备吊装（吊装前）	指挥、挂钩工、塔吊司机是否持相关有效证上岗			□是□否	
	是否安排专人监控，监控员是否经专门培训并有上岗证			□是□否	
	作业人员是否经过教育培训和安全技术交底			□是□否	
	作业人员是否按规定穿戴劳保用品			□是□否	
	起重机停施的地面是否铺垫			□是□否	
	地基是否经过勘测，并符合要求			□是□否	
	吊装半径内架空电线是否符合安全距离			□是□否	
	起重机规格、型号是否与方案一致，并经检测合格			□是□否	
	起重机保险装置是否齐全灵敏有效			□是□否	
	吊耳焊接是否经控伤检测合格，吊点是否符合方案规定			□是□否	
	吊钩、绳索、卸克等是否完好可靠			□是□否	
	吊装作业区是否设置警戒线，并设置警示标志			□是□否	
	应急救援措施是否制订			□是□否	
其他问题（注）					

检查日期： 检查人员：

盾构设备进退场安全专项检查表（2）　表6-6

工程名称		监理单位			
总包单位		资质等级		监督站	
检查内容				结论	情况说明
设备吊装（吊装中）	是否有吊装令			□是□否	
	正式起吊前是否进行试吊检验			□是□否	
	是否遵守“十不吊”规定，是否二级指挥			□是□否	
	是否经过专用的梯道上下盾构设备			□是□否	
	起重机停放位置、行走路线是否符合方案要求			□是□否	
	起吊盾构设备时是否有长时间悬停、停滞			□是□否	
	指挥、挂钩工作业时是否有可靠的立足点			□是□否	
	气象条件是否符合设备吊装			□是□否	
盾构安装	是否在吊物上行走或站在吊物上作业			□是□否	
	是否在吊物下安装作业			□是□否	
	作业时是否缓起、缓移、缓转，并用控制绳保持吊物稳定			□是□否	
	电焊作业是否安全，消防措施是否落实			□是□否	
	监控员是否到位			□是□否	
	手拉葫芦使用是否安全正确			□是□否	
盾构调试	临边、上下通道等危险部位的防护设施是否经验收合格			□是□否	
	盾构设备是否做接地保护			□是□否	
	是否对高压电缆、电柜验收合格			□是□否	
	电工是否持“高压电工”证，操作是否在2人以上			□是□否	
	因故断电或跳闸是否做到放电			□是□否	
	断电超过24小时后，再送电前是否重新测试			□是□否	
	临时用电设施是否符合规范规定			□是□否	
	作业人员是否正确使用劳防用品			□是□否	
	是否有交叉作业现象			□是□否	
盾构平移或调头	盾构与基座是否焊接牢固			□是□否	
	千斤顶是否步调一致，缓慢有序操作			□是□否	
	牵引点是否合理布置，各点承拉强度是否满足要求			□是□否	
	卷扬机是否经安装调试检验合格			□是□否	
	钢丝绳周边是否站人			□是□否	
退场	盾构解体时是否考虑重心重新分布，并对解体的各个部件做好固定措施			□是□否 □是□否	
	是否有盾构未完全解体起吊现象			□是□否	
其他问题（注）					

检查日期：　　　　检查人员：

建设工程安全专项检查表 **表 6-7**

监督站：

<table>
<tr><td>工程名称</td><td colspan="5"></td><td>建筑面积</td><td></td></tr>
<tr><td>总包单位</td><td colspan="5"></td><td>项目经理</td><td></td></tr>
<tr><td>监理单位</td><td colspan="5"></td><td>总监</td><td></td></tr>
<tr><td>是否外审</td><td>□是□否</td><td>外审机构</td><td colspan="3"></td><td>检测机构</td><td></td></tr>
<tr><td>现场重大危险源项目</td><td></td><td>网上填报项目</td><td></td><td>监理单位复核</td><td>□是
□否</td><td>监督站复核</td><td>□是
□否</td></tr>
<tr><td>安全质量标准化网上申报</td><td>□是
□否</td><td>增报分包单位</td><td>□是
□否</td><td>监理单位复核</td><td>□是
□否</td><td>监督站季度复核</td><td>□及时
□不及时
□无</td></tr>
<tr><td colspan="6">检 查 要 求</td><td>结论</td><td>情况说明</td></tr>
<tr><td rowspan="13">施工单位</td><td colspan="5">对重大危险源的识别、分析</td><td>□是□否</td><td></td></tr>
<tr><td colspan="5">专项施工方案编制、审批程序是否正确</td><td>□是□否</td><td></td></tr>
<tr><td colspan="5">是否按规定经过专家认证</td><td>□是□否</td><td></td></tr>
<tr><td colspan="5">专业分包单位资质、资格、人员是否符合要求</td><td>□是□否</td><td></td></tr>
<tr><td colspan="5">是否进行安全技术交底（编制人员是否参加交底）</td><td>□是□否</td><td></td></tr>
<tr><td colspan="5">重大危险源项目施工过程中是否监控到位并有记录</td><td>□是□否</td><td></td></tr>
<tr><td colspan="5">是否按规定进行验收（编制人员应参加首次验收）</td><td>□是□否</td><td></td></tr>
<tr><td colspan="5">是否定期进行检查并落实整改</td><td>□是□否</td><td></td></tr>
<tr><td colspan="5">对重大危险源监控措施和应急预案</td><td>□是□否</td><td></td></tr>
<tr><td colspan="5">总包按要求进行安全质量标准化月度考核、打分</td><td>□是□否</td><td></td></tr>
<tr><td colspan="5">总分对分包进行月度考核，竣工评定</td><td>□是□否</td><td></td></tr>
<tr><td colspan="5">是否有措施费清单，使用情况记录，执行情况记录</td><td>□是□否</td><td></td></tr>
<tr><td colspan="5">是否按要求落实隐患排查工作</td><td>□是□否</td><td></td></tr>
<tr><td rowspan="9">监理单位</td><td colspan="5">审核危险性较大工程专项施工方案</td><td>□是□否</td><td></td></tr>
<tr><td colspan="5">编制专项监理实施细则</td><td>□是□否</td><td></td></tr>
<tr><td colspan="5">审查专业分包单位资质、资格、人员、技术交底情况</td><td>□是□否</td><td></td></tr>
<tr><td colspan="5">巡视检查危险性较大工程施工作业情况</td><td>□是□否</td><td></td></tr>
<tr><td colspan="5">参与重大危险源工程验收工作</td><td>□是□否</td><td></td></tr>
<tr><td colspan="5">发现安全隐患签发整改通知单，并复查整改情况</td><td>□是□否</td><td></td></tr>
<tr><td colspan="5">对总包、总包对分包安全质量标准化月度考核进行复核</td><td>□是□否</td><td></td></tr>
<tr><td colspan="5">对措施费支付情况进行审查</td><td>□是□否</td><td></td></tr>
<tr><td colspan="5">有督促总包落实措施费使用的签证件</td><td>□是□否</td><td></td></tr>
<tr><td rowspan="2">认证机构</td><td colspan="5">是否在第一个重大危险源发生前进行外审</td><td>□是□否</td><td></td></tr>
<tr><td colspan="5">认证是否以重大危险源监控为重点</td><td>□是□否</td><td></td></tr>
<tr><td rowspan="3">检测机构</td><td colspan="5">是否按规定进行检测</td><td>□是□否</td><td></td></tr>
<tr><td colspan="5">整改项是否跟踪闭合</td><td>□是□否</td><td></td></tr>
<tr><td colspan="5">是否按规定对起重机械进行中间检测</td><td>□是□否</td><td></td></tr>
</table>

填表人： 填表日期：

安全生产隐患排查专项检查表　　　　**表 6-8**

<table>
<tr><td colspan="2">工程名称</td><td></td><td>监理单位</td><td colspan="3"></td></tr>
<tr><td colspan="2">总包单位</td><td></td><td>资质等级</td><td></td><td>监督站</td><td></td></tr>
<tr><td colspan="5">检　查　要　求</td><td>结论</td><td>情况说明</td></tr>
<tr><td rowspan="16">施工单位</td><td rowspan="7">企业</td><td colspan="3">是否建立重大危险源管理制度和现场隐患排查制度</td><td>□是□否</td><td></td></tr>
<tr><td colspan="3">是否开展对在建工程工地自查自纠工作</td><td>□是□否</td><td></td></tr>
<tr><td colspan="3">是否定期对在建工地进行检查（结合安全质量标准化）</td><td>□是□否</td><td></td></tr>
<tr><td colspan="3">是否将重大危险源项列入隐患排查内容</td><td>□是□否</td><td></td></tr>
<tr><td colspan="3">工地每月上报数量与现场实际情况相符性</td><td>□是□否</td><td></td></tr>
<tr><td colspan="3">是否定期向监督站按时上报隐患排查统计、分析</td><td>□是□否</td><td></td></tr>
<tr><td colspan="3">网上危险源信息填报</td><td>□是□否</td><td></td></tr>
<tr><td rowspan="9">项目部</td><td colspan="3">专项施工方案编制、审批程序是否正确</td><td>□是□否</td><td></td></tr>
<tr><td colspan="3">对重大危险源的识别、分析</td><td>□是□否</td><td></td></tr>
<tr><td colspan="3">专业分包单位资质、资格、人员是否符合要求</td><td>□是□否</td><td></td></tr>
<tr><td colspan="3">是否进行安全技术交底（编制人员是否参加交底）</td><td>□是□否</td><td></td></tr>
<tr><td colspan="3">施工过程中是否监控到位并有监控记录</td><td>□是□否</td><td></td></tr>
<tr><td colspan="3">是否定期检查并落实整改</td><td>□是□否</td><td></td></tr>
<tr><td colspan="3">对重大危险源监控措施和应急预案</td><td>□是□否</td><td></td></tr>
<tr><td colspan="3">重大危险源信息公示</td><td>□是□否</td><td></td></tr>
<tr><td colspan="3">是否经过安保体系外审、专家认证</td><td>□是□否</td><td></td></tr>
<tr><td colspan="2"></td><td colspan="3">安全文明措施费落实情况</td><td>□是□否</td><td></td></tr>
<tr><td colspan="2" rowspan="7">监理单位</td><td colspan="3">审核危险性较大工程专项施工方案</td><td>□是□否</td><td></td></tr>
<tr><td colspan="3">编制专项监理实施细则</td><td>□是□否</td><td></td></tr>
<tr><td colspan="3">审查专业分包单位资质、资格、人员、技术交底情况</td><td>□是□否</td><td></td></tr>
<tr><td colspan="3">巡视检查危险性较大工程施工作业情况</td><td>□是□否</td><td></td></tr>
<tr><td colspan="3">参与重大危险源工程验收工作</td><td>□是□否</td><td></td></tr>
<tr><td colspan="3">发现安全隐患签发整改通知单，并复查整改情况</td><td>□是□否</td><td></td></tr>
<tr><td colspan="3">网上危险源信息复查</td><td>□是□否</td><td></td></tr>
<tr><td colspan="7">其他问题（备注）：</td></tr>
</table>

检查日期：　　　　　　　　　　　　　　　　　　　　　　　　检查人员：

建设工程安全防护与文明施工措施费用执行情况检查表 **表 6-9**

工程名称：

<table>
<tr><td>开工日期</td><td colspan="2"></td><td>工程造价</td><td></td><td colspan="2">报建编号</td><td></td></tr>
<tr><td>承发包类型</td><td colspan="4">□公开招标□邀请招标□直接发</td><td colspan="2">招标代理单位</td><td></td></tr>
<tr><td colspan="3">中标通知书备案单位</td><td colspan="2"></td><td colspan="2">备案日期</td><td></td></tr>
<tr><td>序号</td><td colspan="4">检查内容</td><td>单位</td><td>结论</td><td>情况说明</td></tr>
<tr><td>1</td><td colspan="4">直接发包的工程是否按规定向招投标部门进行《安全防护和文明施工措施费用》和备案与见证</td><td rowspan="3">建设单位</td><td>□是□否
□是□否</td><td></td></tr>
<tr><td>2</td><td colspan="4">是否按规定时间节点预付安全防护和文明施工费用</td><td>□是□否</td><td></td></tr>
<tr><td>3</td><td colspan="4">安全防护和文明施工措施费用支付是否规范，有无支付凭证</td><td>□是□否
□是□否</td><td></td></tr>
<tr><td>4</td><td colspan="4">安全防护和文明施工措施费用是否单列，是否留存现场</td><td rowspan="4">总包单位</td><td>单列：
□是□否
留存：
□是□否</td><td></td></tr>
<tr><td>5</td><td colspan="4">直接发包的工程在施工现场是否留有备案表</td><td>□是□否</td><td></td></tr>
<tr><td>6</td><td colspan="4">总包单位是否有《安全防护和文明施工措施费用》计划</td><td>□是□否</td><td></td></tr>
<tr><td>7</td><td colspan="4">《安全防护和文明施工措施费用》的拨付、使用情况（查台账、单据、折算、凭证等）</td><td>□是□否</td><td></td></tr>
<tr><td>8</td><td colspan="4">监理单位是否按规定对《安全防护和文明施工措施费用》进行审查</td><td rowspan="2">监理单位</td><td>□是□否</td><td></td></tr>
<tr><td>9</td><td colspan="4">监理单位是否督促总包单位落实费用并进行签证</td><td>□是□否</td><td></td></tr>
</table>

填表人： 填表日期：

第七章 文明施工管理

第一节 文明施工管理的要求

一、文明施工的重要意义

文明施工主要是指工程建设实施阶段中，有序、规范、标准、整洁、科学的工程建设施工生产活动。施工现场的文明施工是以安全生产为突破口，以质量为基础，以科学进步为重点，以节能为动力，狠抓“窗口”达标，把静态的工地和动态的管理有机结合起来，随着建设形势的发展，不断注入新的内容，使工程施工现场按科学发展观的要求进行管理。

文明施工管理是改善人的劳动条件，适应新的环境，提高施工效益，消除城市环境污染，确保节能措施落实到位，不断提高人的文明程度和自身素质，确保安全生产，提高工程质量。文明施工管理是促进创建和谐工地的有效途径。文明施工对施工现场贯彻“安全第一、预防为主、综合治理”的指导方针，坚持“管生产必须管安全”的原则起到保证作用，它对企业增加效益，提高在社会的知名度，促进施工生产发展，增强市场竞争能力起到积极的推动作用，文明施工已经成为企业的一个有效的无形资产，已被广大建设者认可，对建筑业的发展发挥其应有的作用。

二、文明施工在建设工程施工中的重要地位

实践证明，文明施工在建设工程施工中的重要地位，得到了建设系统各级领导机关的充分肯定。《建筑施工安全检查标准》JGJ 59—99 中增加了文明施工检查评分这一内容。它对文明施工检查的标准、规范提出了要求，施工现场文明施工必须做好现场围挡、封闭管理、施工场地、材料堆放、现场宿舍、现场防火、治安综合治理、现场标牌、生活设施、保健急救、社区服务等十一项内容，把文明施工为考核安全目标的重要内容之一。这是对文明施工经验的总结归纳，按照 167 号国际劳工公约《施工安全与卫生公约》的要求，新制定的文明施工标准，施工现场不但应该做到安全生产不发生事故，同时还应做到文明施工、整齐有序，把过去建筑施工以“脏、乱、差”等主要特征的工地，改变为城市文明的“窗口”。针对我们建筑工地存在的管理问题，诸如工地围挡不规范，现场布局不执行总平面布置，垃圾乱堆乱倒，污水横流，施工人员住宿在施工的建筑物内，既混乱又不安全以及高层建筑施工中的消防问题等。为此，文明施工检查评分表将现场围挡、封闭

管理、施工场地、材料堆放、现场宿舍、现场防水列为保证项目作为检查重点。对必要的生活卫生设施如食堂、厕所、饮水、保健急救和施工现场标牌、治安综合治理、社区服务等项也是文明施工的重要工作，作为检查表的一般项目。因此，国家对建设单位的文明施工非常重视，在建设工程施工现场中占据重要的地位。

自改革开放以来，建设工程在文明施工过程中积累了不少经验，为了更好地推动这项工作，以科学发展观为指导，从创建和谐社会为出发点提升文明施工的质量水平。各建设施工企业不断完善创建文明工地的实施细则，使文明施工更加规范化、标准化、科学化管理。从组织管理机构、职责申报与推荐程序检查与评选，检查评选的条件和标准、表彰与奖励，附则等详尽地表达了创文明工地中的有关文明施工情况，对文明施工提出了高标准、严要求，把建设施工企业的文明施工推向更高的层次，为整个建设系统构建和谐社会作出新的贡献。

自改革开放以来，建设工程文明施工有了突破性的进展。各建设施工企业做了大量行之有效的工作，对文明施工提出了许多切合实际的要求和措施，使整个建设系统的文明施工上了一个新台阶。各地建设系统对建设工程文明施工出台了不少文件。这些文件，使建设系统在文明施工上针对性强、容易操作、效果明显，更加规范化、标准化、科学化。

各施工企业把文明施工放到工作的议事日程上，作为企业施工的一项重要工作来抓，企业内部对文明施工管理有组织、有制度、有目标、有具体计划和措施，责任明确，职责清楚，党、政、工形成合力，齐抓共管，主管部门牵头，各职能部门都有考核目标，上下一致，形成了企业文明施工总体的网络系统，使施工现场的文明施工落到实处。

三、文明施工管理的组织领导

文明施工管理的组织领导一般来说应成立建设工程文明施工管理领导小组负责该地区的文明工地评选领导工作，这项工作的具体实施是由建设工程文明施工管理领导小组办公室，下面可按实际情况分块开展评选文明工地的检查和推荐工作：比如重大工程文明施工管理块，土建装饰安装专业文明施工管理块，市政工程文明施工管理块，市道路工程文明施工管理块，后方场、站基地文明生产管理块。

各施工企业都有文明施工管理领导小组，具体负责本企业工程建设项目工地的文明施工具体事项，抓好各工程项目（场、站）的施工现场文明施工。

从组织体系来看，文明施工在建设系统从上到下都有行政主要负责人或主管领导挂帅，党、政、工齐抓共管，各职能部门按照各自在文明施工中的职责，分工负责，各守其职，并有具体的考核工作实绩的要求以及直至贯彻到每个施工现场的项目班子，使施工班组的操作人员在各工种、各岗位上得到落实。从整个建筑市场来看，不管是总承包、分包，还有专业承包，对文明施工基本上做到组织落实。建设工程的文明施工得到社会各界的关心和支持，其约束机制向社会公布，接受社会各界和新闻媒体的监督。

由于，文明施工管理的组织领导实行社会公开化、透明度比较高，使建设系统条块结合抓文明施工，上下一致注重建设系统的“窗口”建设。并且发挥各级建设系统安监站和相关协会的主观能动性，使这项工作逐步深入，更好地适应城市建设发展的需要，也是确保建设交通系统构建和谐社会的有效途径。

四、文明施工已纳入对企业考评内容之一

各地建设行政主管部门把文明施工纳入对施工企业的综合业绩考评、安全资质考核、文明单位评选内容之一。从而测试出该施工企业的综合能力、管理水准，员工的总体素质。建设系统各级主管部门，基本上形成了文明施工管理的网络体系，逐步完善了组织保证机制，各建设工程安全质量监督总站，重大工程办公室、市政协会、道管办、建设安全协会等，组织一批有一定工作经验、专业技术强、业务管理水准高、办事公道、为人正派的人员为文明施工检查小组成员，检查施工现场的文明施工状况，进行打分考评。凡文明施工达到标准的工地（场、站），由各施工企业申报，各专业文明施工管理块检查、推荐，省市建设工程文明施工管理领导小组办公室审核，省市建设工程文明施工管理领导小组讨论批准，授予省市文明工地（场、站）荣誉称号。凡取得文明工地（场、站）荣誉称号的工地，在施工企业综合考评，安全资质考核中加分奖励。同时，各施T企业也评选出自己单位的文明工地。在评选各文明单位时，施工现场必须达到文明施工标准，必须有文明工地的工程项目。从而推动建设系统文明施工管理工作，使创建文明工地活动健康持续的发展。

第二节　文明施工的主要内容

文明施工是现代化施工的重要标志，也是安全生产的重要组成部分，其涉及面之广、范围之大、内容之实，对加强现场管理，确保安全生产，提高企业效益，增强企业社会知名度起到积极的推动作用。

一、工地形象建设

（一）围挡

工地是建筑企业向社会展示的一个主要窗口，目前上海的建设工地大致可分为二类，一是建筑工地（后方场、站、车间等）属于封闭式的；二是市政工地属于开放式的。这两类工地按其特点进行文明施工。建筑工地必须实行封闭式管理，将施工现场与外界隔离，防止“扰民”和“民扰”问题，同时保护环境、美化市容。关于施工现场围挡应沿工地四周连续设置，不得留有缺口，并根据地质、气候，围挡材料进行设计与计算，确保围挡的稳定性、安全性；围挡的用材应坚固、稳定、整洁、美观，宜采用砌体，金属材板等硬质材料，不宜使用彩布条、竹篱笆或安全网等；施工现场在本市主要路段和市容景观道路及机场、码头、场站现场设置的围挡其高度不得低于 2.5m，在其他路段设置的围墙，其高度不得低于 1.8m；禁止在围挡内侧堆放泥土、砂石等散状材料以及架管、模板等，严禁将围挡做挡土墙使用；防台防汛等气候变化季节应当及时检查围挡的安全情况。市政工程项目工地，可按工程进度分段设置围挡或按规定使用统一的连续性护栏设施。在经批准临时占用的区域，应严格按批准的占地范围和使用性质存放、堆放建筑材料或机具设备，临时区域四周应设置高于 1m 的围挡。

（二）大门

施工现场应当有固定的出入口，出入口应设置大门，大门应牢固美观，大门上应有相

关标识：出入口处应当设置专职门卫保卫人员，制定文明管理制度及交接班记录制度。大门边围墙上须标明工程的建设、施工、监理等单位的全称，工地项目经理（建造师）联系电话、承诺书。告知书等，接受社会监督。

（三）旗杆、标志及图牌

工地进口处附近应设置旗杆，升挂集团、企业等单位的标志旗，工地内须有符合规范和企业的统一标准的各类标志。按照文明施工的管理规定，施工工地应设置施工标牌，其内容是：

1. 工程项目名称、工地的范围和面积，工程结构或层数、开竣工日期和监督电话。

2. 建设单位、设计单位和施工单位的名称及工程项目负责人姓名。

3. 安全和管线保护方面重大事故的统计表（安全生产计数牌）。

4. 工地总平面图（场布图）。其内容在建建筑工程的位置，平面轮廓；施工用机械设备的位置；塔式起重机轨道、运输路线及回转半径及变配电设施位置；施工临时设施位置；物料堆放位置与绿化区域位置；工地总平面图（场布图）应设在围墙与入口位置。

5. 安全六大纪律牌。

6. 防火须知牌。

7. 十项安全技术措施。

8. 卫生须知牌（图）。

各工地可根据情况再增加其他牌图，标牌是施工现场重要标志的一项内容，所以不但内容应有针对性，同时标牌制作、挂设也应规范整齐、美观、字体工整。为进一步对职工做好安全宣传工作，所以要求施工现场在明显处，应有必要的安全内容的标语。

施工现场应该设置“两栏一报”，即读报栏、宣传栏和黑板报，丰富学习内容，表扬好人好事。

二、施工现场平面布置与划分

施工现场的平面布置图是施工组织设计的重要组成部分，必须科学合理的规划，绘制出施工现场平面布置图，在施工阶段按照施工总平面图要求，设置道路、组织排水，搭建临时设施，堆放物料和设计机械设备。

（一）施工总平面图编制依据

根据工程所在地区的原始资料（包括建设、勘察、设计单位提供的资料）；原有和拟建建筑工程的位置和尺寸；施工方案、施工进度和资源需要计划；全部施工设施建造方案；建设单位可提供房屋和其他设施进行编制。

（二）施工平面布置原则

就是要满足施工要求，场内道路畅通，运输方便，各种材料能按计划分期分批进场，充分利用场地，减少二次搬运；现场布置紧凑，减少施工用地，在保证施工设立进行的条件下，尽可能减少临时设施搭设，尽可能利用施工现场附近的原有建筑物作为施工临时设施，临时设施的布置，应便于工人施工生产和生活，办公用房靠近施工现场，福利设施应在生活区范围之内，平面图布置应符合安全、消防、环境、保护的要求。

（三）施工现场功能区域划分要求

施工现场按照功能可划分为施工作业区、辅助作业区、材料堆放区和办公生活区。施工现场的办公生活区应当与作业区分开设置，并保持安全距离。办公生活应当设置于在建建筑物坠落半径之外，与作业区之间设置防护措施，进行明显的划分隔离，以免人员误入危险区域；办公生活区如果设置在建建筑物坠落半径之内时，必须采取可靠的防砸措施。功能区的规划设置时还应考虑交通、水电、消防和卫生、环保等因素。

这里的生活区是指建设工程作业人员集中居住、生活的场所，包括施工现场以内和施工现场以外独立设置的生活区。施工现场以外独立设置的生活区是指施工现场内无条件建立生活区，在施工现场以外搭设的用于作业人员居住生活的临时用房或者集中居住的生活基地。

三、硬地坪施工

施工现场的场地应当平整，消除障碍物，无坑洼和凹凸不平，雨季不积水，暖季应适当绿化。施工现场应具有良好的排水系统，设置排水沟及沉淀池，现场废水不得直接排入市政污水管网和河流；现场存放的油料、化学溶剂等应设有专门的库房，地面应进行防渗漏处理。地面应当经常洒水，对粉尘源进行覆盖遮挡，应该做到二级沉淀三级排放污水。施工现场的道路应畅通，应当有循环干道，满足运输、消防要求；主干道应当平整坚实，且有排水措施，硬化材料可以采用混凝土、预制块与用石屑、焦渣、砂头等压实整平，保证不沉陷，不扬尘，防止泥土带入市政道路；道路应当中间起拱，两侧设排水设施，主干道宽度不宜小于3.5m，载重汽车转弯半径不宜小于15m，如因条件限制，应当采取措施；道路的布置要与现场的材料、构件、仓库等堆场、吊车位置相协调、配合，施工现场主要道路应尽可能利用永久性道路，或先建好永久性道路的路基，在土建工程结束之前再铺路面。

四、文明施工对临时五小生活设施的要求

工地施工现场的临时设施较多，这里主要指施工期间临时搭建的设施，必须合理选址、正确用材，确保使用功能和安全、卫生、环保、消防要求。

（一）临时设施的种类

办公设施，包括办公室、会议室、保卫传达室；生活设施，包括宿舍、食堂、厕所、沐浴室、阅览娱乐室、卫生保健室；生产设施，包括材料仓库、防护棚、建工棚、操作棚；辅助设施，包括道路、现场排水设施、围墙、大门、供水处、吸烟处。

（二）临时设施的设计

施工现场搭建的生活设施、办公设施。两层以上、大跨度及其他临时房屋建筑物应当进行结构计算，绘制简单施工图纸，并经企业技术负责人审批方可搭建。临时建筑物设计应符合现行《建筑结构可靠度设计统一标准》（GB 50068）、现行《建筑结构荷载规范》（GB 50009）的规定。临时建筑物使用年限定为5年。临时办公用房、宿舍、食堂。厕所等建筑物结构重要性系数$\gamma_0=0.9$，工地危险品仓库按相关规定设计。临时建筑及设施设计可不考虑地震作用。

（三）临时设施的选址

办公生活临时设施的选址首先应考虑与作业区相隔离，保持安全距离，其次位置的周边环境必须具有安全性，例如不得设置在高压线下，也不得设置在沟边、崖边、河流边、

强风口处、高墙下以及滑坡、泥石流等灾害地质带上和山洪可能冲击到的区域。安全距离是指，在施工坠落半径和高压线防电距离之外。建筑物高度2～5m，坠落半径为3m；高度>5～15m时，坠落半径为4m；高>15～30m时，坠落半径为5m；高度>30m时，坠落半径为6m（如因条件限制，办公和生活区设置在坠落半径区域内，必须有防护措施）。1kV以下裸露输电线，安全距离为4m；330～550kV，安全距离为15m。

（四）临时设施的布置原则

临时设施的布置必须合理布局，协调紧凑，充分利用地形，节约用地，尽量利用建设单位在施工现场或附近能提供的现有房屋和设施；临时房屋应本着厉行节约，减少浪费的精神，充分利用当地材料，尽量采用活动式或容易拆装的房屋；临时房屋布置应方便生产和生活，符合安全、消防和环境卫生的要求。

（五）临时设施的布置方式和结构类型

五小生活设施临时房屋布置在工地现场以外的生产性临时设施按照生产的需要在工地选择适当的位置，行政管理的办公室等应靠近工地或工地现场出入口；如果五小生活设施临时房屋设在工地现场以内时，一般布置在现场的四周或集中于一侧。

临时房屋的结构类型：

一是如钢骨架活动房屋、彩钢板房；

二是固定式临时房屋，主要为砖木结构、砖石结构和砖混结构；临时房屋应优先选用钢骨架彩板房。

（六）五小生活临时设施搭设与使用管理

1. 施工现场办公室

施工现场应设置办公室，办公室内布局应合理，文件资料宜归类存放，并应保持室内清洁卫生。

2. 施工现场职工宿舍

施工现场宿舍应当选择在通风、干燥的位置，防止雨水、污水流入；不得在尚未竣工建筑物内设置员工具体宿舍；宿舍必须设置可开启式窗户；应保证有必要的生活空间，室内净高不得小于2.4m，通道宽度不得小于0.9m，每间宿舍居住人员不应超过16人；单人铺不得超过2层，严禁使用通铺，床铺应高于地面0.3m，人均床铺面积不得小于1.9m×0.9m，床铺间距不得小于0.3m；宿舍内应设置生活用品专柜，有条件的宿舍宜设置生活用品储藏室；宿舍内严禁存放施工材料、施工机具和其他杂物；宿舍周围应当搞好环境卫生，应设置垃圾桶，生活区内应为作业人员提供晾晒衣物的场地，房屋外应道路平整，晚间有充足的照明；应有保暖措施、防煤气中毒措施，炎热季节应有消暑和防蚊虫叮咬措施；应当制定宿舍管理使用责任制，轮流负责卫生和使用管理或安排专人管理。

3. 工地食堂

工地食堂应当有卫生许可、食堂员工的健康证，应当保持环境卫生，远离厕所、垃圾站、有毒有害场所等污染源的地方，装修材料必须符合环保、消防要求；应设置独立的制作间、储藏间；食堂应配备必要的排风设施和冷藏设施，安装纱门纱窗，室内不得有蚊蝇，门下方应设不低于0.2m的防鼠挡板；食堂的燃气罐应单独设施存放间，存放间应通风良好并严禁存放其他物品；食堂制作间灶台及其周边应贴瓷砖，瓷砖的高度不宜少于1.5m；地面应做硬化和防滑处理，按规定设置污水排放设施；食堂制作间的刀、盆、案板等炊具必须生熟分开，食品必须有遮盖并有留样菜，遮盖物品应有正反面标识，炊具宜存放在封闭的橱柜内；食堂内应有吃饭各种佐料和副食的密闭器皿，并应有标识，粮食存放台距墙和地面应大于 0.2m；食堂外应设置密闭式泔水桶，并应及时清运，保持清洁；应当制定并在食堂张挂食堂卫生责任制，责任落实到人，加强管理。

4. 工地厕所和浴室

工地厕所大小应根据施工现场作业人员的数量设置；高层建筑施工超过 8 层以上，每隔四层宜设置临时厕所；施工现场应设置水冲式或移动式厕所，厕所地面应硬化，门窗齐全。蹲坑间宜设置隔板，隔板高度不宜低于 0.9m。厕所应设专人负责，定时进行清扫、冲刷、消毒，防止蚊蝇孳生，化粪池应及时清掏。

工地的浴室根据施工现场实际情况来定大小，一般是简易的淋浴室，淋浴头的数量以工地的规范大小来定，开放时间以工地的实际情况来定，有专人管理，有浴室管理责任制和制度。

5. 仓库和其他临时设施

工地仓库。仓库的面积应通过计算确定，根据各个施工阶段的需要的先后进行布置。水泥（干粉商品砂浆）仓库应当选择地势较高、排水方便、靠近搅拌机的地方；易燃易爆品仓库的布置应当符合防火、防爆安全距离要求；仓库内各种工具器件物品应分类集中放置，设置标牌，标明规格型号；易燃易爆和剧毒物品不得与其他物品混放，并建立严格的进出库制度，由专人管理。

防护棚。施工现场的防护棚较多，如钢筋加工防护棚、机械操作棚、通道防护棚等。大型的防护棚可用砖混、砖木结构，应当进行结构计算，保证结构安全。小型防护棚一般钢管扣件脚手架搭设，应当严格按照《建筑施工扣件式钢管脚手架安全技术规范》要求搭设。防护棚顶应当满足承重、防雨要求，在施工坠落半径之内的，棚顶应当具有抗砸能力。可采用多层结构。最上面的材料强度应能承受 10kPa 的均布静荷载，也可采用 50mm 厚木板架设或采用两层竹笆，上下竹笆间距应不小于 600mm。

工地搅拌机。搅拌机场地四周应当设置沉淀池、排水沟。避免清洗机械时，造成场地积水；沉淀后循环使用，节约用水；避免未沉淀的污水直接排入城市管道和河流；搅拌站应当搭设防护棚和隔离措施，挂设搅拌安全操作规程和相应的警示标志、混凝土配合比牌，采取防止扬尘措施，冬期施工还应考虑保温等。

五、工地的卫生防疫

工地的卫生保健。施工现场应设置保健卫生室，配备保健药箱、常用药及绷带、止血带、颈托、担架等急救器材，小型工程可以用办公用房兼做保健卫生室；应当配备兼职或专职急救人员，处理伤员和职工保健，对生活卫生进行监督和定期检查食堂、饮食等卫生情况；要利用板报等形式向职工介绍预防疾病的知识和方法，做好对职工卫生防病的宣传教育工作，针对季节性流行病、传染病等；当施工现场作业人员发生法定传染病、食物中毒，急性职业中毒时，必须在 2 小时内向事故发生所在地建设行政主管部门以及卫生防疫部门报告，并应积极配合调查处理；患有法定的传染病或病源携带者，应及时进行隔离，并由卫生防疫部门进行处理。办公区和生活区应设专职或兼职保洁员，负责卫生清扫和保洁，应有灭鼠、蚊、蝇、蟑螂等措施，并应定期投放或喷洒药物。

工地的食堂卫生。食堂必须有卫生许可证；炊具、餐具和饮水器必须及时清洗消毒；必须加强食品。原料的进货管理，做好进货登记，严禁购买无照、无证商贩经营的食品和原料，施工现场的食堂严禁出售变质食品。

六、警示标牌布置与悬挂

施工现场应当根据工程特点及施工的不同阶段，有针对性地设置、悬挂安全标志。安全警示标志是指提醒人们注意的各种标牌、文字、符号以及灯光等。一般来说，安全警示标志包括安全色和安全标志。安全警示标志应当明显，便于作业人员识别。如果是灯管标志，要求明亮显眼；如果是文字图形标志，则要求明确易懂；根据《安全色》GB 2893—82 规定，安全色是表达安全信息含义的颜色，安全色分为红、黄、蓝、绿四种颜色，分别是禁止、警告、指令和提示。根据《安全标志》GB 2894—96 规定，安全标志是用于表达特定信息的标志，由图形符号、安全色、几何图形（边框）或文字组成。安全标志分禁止标志、警告标志、指令标志和提示标志。安全警示标志的图形、尺寸、文字说明和制作材料等，均应符合国家标准规定。

施工现场施工机械、机具种类多、高空与交叉作业多、临时设施多、不安全因素多、作业环境复杂，属于危险因素较大的作业场所，容易造成人身伤亡事故。在施工现场的危险部位和有关设备、设施上设置安全警示标志，这是为了提醒、警示进入施工现场的管理人员、作业人员和有关人员，要时刻认识到所处环境的危险性，随时保持清醒和警惕，避免事故发生。施工单位应当根据工程项目的规模、施工现场的环境、工程结构形势以及设备、机具的位置等情况，确定危险部位，有针对性地设置安全标志。施工现场应绘制安全标志布置总平面图，根据施工不同阶段的施工特点，组织人员有针对性地进行设置、悬挂或增减。安全标志设置位置的平面图，是重要的安全工作内业资料之一，当一张图不能标明时可以分层表明或分层绘制。安全标志设置位置的平面图应由绘制人员签名，项目负责人审批。

根据国家有关规定，施工现场入口处、施工起重机械、临时用电设施、脚手架。出入通道口、楼梯口、电梯井口、孔洞口、桥路口、隧道口、基坑边沿、爆破物及有害危险气体和液体存放处等属于危险部位，应当设置明显的安全警示标志。安全警示标志的类型、数量应当根据危险部位的性质不同，设置不同的安全警示标志。如：在爆破物及有害危险气体和液体存放处设置禁止烟火、禁止吸烟等禁止标志；在施工机具旁设置当心触电、当心伤手等警告标志；在施工现场入口处设置必须戴安全帽等指令标志；在通道口处设置安全通道等指示标志；在施工现场的沟、坎、深基坑等处，夜间要设红灯示警。安全标志设置后应当进行统计记录，并填写施工现场安全标志登记表。

七、工地现场材料的堆放

工地现场建筑材料的堆放应当根据用量大小、使用时间长短、供应与运输情况确定，用量大、使用时间长、供应运输方便的，应当分期分批进场，以减少堆场和仓库面积；施工现场各种工具、构件、材料的堆放必须按照总平面图规定的位置放置；位置应选择适当，便于运输和装卸，应减少二次搬运；地势较高、坚实、平坦，回填土应分层夯实，要有排水措施，符合安全、防火的要求；应当按照品种、规格堆放，并设明显标牌，标明名称、规格和产地等；各种材料物品必须堆放整齐。

有关主要材料半成品的堆放，应当做到大型工具，应当一头见齐；钢筋应当堆放整齐，用方木垫起，不宜放在潮湿处或暴露在外受雨水冲淋；砖应丁码成方垛，不准超高并距沟槽坑边不小于0.5m，防止坍塌；砂应堆成方，石子应当按不同粒径规格分别堆放成方；各种模板应当按规格分类堆放整齐，地面应平整坚实，叠放高度一般不宜超过1.6m；大模板存放应放在经专门设计的存架上，应当采用两块大模板面对面存放，当存放在施工楼层时，应当满足自稳角度并有可靠的防倾倒措施。

工地现场的作业区及建筑物楼层内，要做到工完场地清，拆模时应当随拆随清理运走，不能马上运走的应码放整齐。各楼层清理的垃圾不得长期堆放在楼层内，应当及时运走，施工现场的垃圾也应分类集中堆放。

八、社区服务与环境保护

工地的社会服务与环境保护是文明施工中重要的组成部分，因此听取他们的意见，对合理的意见应当及时采纳处理，使工地成为利民、便民、爱民工地，工地项目部应当与当地居委会、街道、派出所、交通队签订共建文明的协议、共同创建文明工地。

在环境保护方面，施工单位在施工时应当自觉遵守《环境保护法》、《大气污染防治法》、《固体废物污染环境防治法》等等。施工现场宜采取措施硬化，其中主要道路、料场、生活办公区域必须进行硬化处理，土方应集中堆放。裸露的场地和集中堆放的土方应采取覆盖、固化或绿化等措施；使用密目式安全网对在建建筑物、构筑物进行封闭，防止施工过程扬尘；拆除旧有建筑物时，应采用隔离、洒水等措施防止扬尘，并应在规定期限内将废弃物清理完毕；从事土方、渣土和施工垃圾运输应采用密闭式运输车辆或者采取覆盖措施；施工现场出入口处应采取保证车辆清洁的措施；水泥和其他易飞扬的细颗粒建筑材料应密闭存放，砂石等散料应采取覆盖措施；建筑物内施工垃圾的清运，应采用专用封闭式容器吊运或传送，严禁凌空抛撒；城区、旅游景点、疗养区、重点文物保护地及人口密集区的施工现场应使用清洁能源；施工现场的机械设备、车辆尾气排放应符合国家环保排放标准要求。

工地现场在防治水污染方面，应设置排水沟及沉淀池，现场废水不得直接排入市政污水管网和河流；现场存放的油料、化学溶剂等应设有专门的库房，地面应进行防渗漏处理；食堂应设置隔油池，并应及时清理；厕所的化粪池应进行抗渗处理；食堂、盥洗室、淋浴间的下水管线应设置隔离网，并应与市政污水管线连接，保证排水通畅。

工地现场在防治施工噪声污染上，应按照现行国家标准《建筑施工场界噪声限制》（GB 1253）及现行国家标准《建筑施工场界噪声测量方法》（GB 12524）制订降噪措施，并应对施工现场的噪声值进行监测和记录；施工现场的强噪声设备宜设置在远离居民区的一侧；对因生产工艺要求或其他特殊需要，确需在22：00至次日6：00时期间进行强噪声施工的，施工前建设单位和施工单位应到有关部门提出申请，经批准后方可进行夜间施工，并公告附近居民；夜间运输材料的车辆进入施工现场，严禁鸣笛，装卸材料应做到轻拿轻放；对产生噪声和振动的施工机械、机具的使用，应当采取消声、吸声、隔声等有效控制和降低噪声。

工地现场应防治施工照明污染。凡夜间施工严格按照建设行政主管部门和有关部门的规定执行，对施工照明器具的种类、灯光亮度就以严格控制，特别是在城市市区居民居住区内，减少施工照明对城市居民的影响。在防治施工固体废弃物污染，施工车辆运输砂石、土方、渣土和建筑垃圾，采取密闭、覆盖措施，避免泄露、遗撒，并按制订地点倾卸，防治固体废物污染环境。

九、文明施工对大型机械的设置以及有关设施的要求

文明施工对大型机械（如塔吊、吊篮等）的设置，首先应满足安装的需要，同时又要充分考虑到材料场地的位置，以及水、电管线的布置等，固定式塔式起重机设置应根据机械原性、建筑物的平面形状、大小、施工段划分，建筑物四周的施工现场条件和吊装工艺等因素决定。有轨式塔式起重机的轨道布置方式，主要取决于建筑物的平面形状、尺寸和四周施工场地条件。吊篮等应考虑上下升降的位置、稳定性，有利于操作人员，主要是确保吊篮的安全装置有效，严格执行《高处作业吊篮安全规则》JGJ 5027—92 标准。大型机械设备在使用中应注意的安全事项有：

1. 轨道式塔式起重机的塔轨中心距建筑外墙的距离应考虑到建筑物突出部分、脚手架、安全网、安全空间等因素，一般应不少于 3.5m；

2. 拟建的建筑物临近街道，塔臂可能覆盖人行道，如果现场条件允许，塔轨应尽量布置在建筑物的内侧；

3. 塔式起重机临近的高压线，应搭设防护架，并且应限制旋转的角度，以防止塔式起重机作业时造成事故；

4. 在一个现场内布置多台起重设备时，应能保证交叉作业的安全，上下左右旋转，应留有一定的空间以确保安全；

5. 轨道式塔式起重机轨道基础与固定式塔式起重机机座基础必须坚实可靠，周围设置排水措施，防止积水；

6. 塔式起重机布置时应考虑安装与拆除所需要的场地；

7. 施工现场应留出起重机进出场道路。

对有关设施的要求：如附着升降脚手架、悬挑钢平台等必须按照行业标准严格执行。一是实施监督管理，二是在安装、使用和拆卸方面，必须是经过专业培训、取得证书的人员进行操作，安全技术交底必须有针对性，严禁其他人员进行操作。所使用的附着升降脚手架必须经过国务院建设行政主管部门组织鉴定或者委托具有资格的单位进行认证。所使用的附着升降脚手架必须确保安全生产。严格执行建设部《建筑施工附着升降脚手架管理暂行规定》。有关悬挑式钢平台，应按现行的相应规范进行设计，其结构构造应能防止左右晃动，计算书及图纸应编入施工组织设计。悬挑式钢平台的搁支点与上部拉结，必须位于建筑物上，不得设置在脚手架等施工设备上，其他各项应符合《建筑施工高处作业安全技术规范》JGJ 80—91 标准，尤其是钢平台使用时，应有专人进行检查，发现钢丝绳有锈蚀损坏应及时调换，焊缝脱焊应及时修复，应配备专人加以监督。

十、文明施工过程中的具体要求

1. 在创建市文明工地时，首先必须通过安全保证体系认证。必须是建设工程安全质量标准化达标考核优良工地。

2. 文明施工过程中，必须通过节能环保型工地的各项考核要求。

3. 在文明施工过程中，要加强综合治理，做到目标管理、制度落实、责任到人。施工现场治安防范措施有力，重点要害部位防范设施要到位。施工项目部签订治安、防火协议书，加强法制教育。

4. 根据上海地区的特点、气候变化，建设工程在文明施工中应严格按照市政府有关部门防台防汛领导小组的要求和有关文件规定，及时做好防台防汛工作。一是工地须成立防台防汛领导小组；二是要组织防台防汛抢险救灾队；三是要配备足够的防台防汛物资、车辆、器材。

5. 文明施工要求建设工程竣工后，施工单位应按规定在一个月内（市政道路建设工程在通车前本个月内）拆除工地围挡、安全防护设施和其他临时设施，并将工地及四周环境清理整洁。做到工完、料尽、场地清。

6. 工地应编制“应急救援预案”。施工单位应根据建设工程施工的特点、范围，对施工现场易发生重大事故的部位、环节进行监控，制订施工现场生产安全事故应急救援预案，实行施工总承包的，由总承包单位和分包单位按照应急救援预案，各自建立应急救援组织或者配备应急救援人员，配备救援器材、设备，并定期组织演练。工程项目经理部应针对可能发生的事故制订相应的应急救援预案。准备应急救援的物资，并在事故发生时组织实施，防止事故扩大，以减少与之有关的伤害和不利环境影响。

7. 工地消防安全生产责任制。施工现场的项目部须建立防火制度，配备符合规定的消防器材。按消防要求的规定做到组织落实、内容落实、措施有力、宣传到位、责任到人，确保施工现场的安全生产。

第三节　文明施工措施的落实

一、文明施工的责任制

建设工程文明施工实行建设单位监督检查下的总承包单位负责制。总承包单位在贯彻文明施工的各项要求时，定期向地市建设行政主管部门报告有关实施情况。

文明施工对建设单位的要求，在施工方案确定前，它应会同设计、施工单位和市政、防汛、公用、房管、邮电、电力以及其他有关部门，对可能造成周围建筑物、构筑物、防汛设施、地下管线损坏或堵塞的建设工程工地，进行现场检查，并制订相应的技术措施，在施工组织设计中必须要有文明施工的内容，保证施工的安全进行。

文明施工对施工单位的要求，它应该将文明施工、环境卫生和安全措施纳入施工组织设计中，制定出切合实际的工地文明施工制度，并由项目经理（负责人）组织实施。施工单位必须采取积极的措施，降低施工中产生的噪声。要加强对建筑材料、土方、混凝土、石灰膏、砂浆等在施工生产和运输中造成扬尘、滴漏的管理，对施工中产生的泥浆、污水等必须经过沉淀后达到要求、符合标准才能排放。施工单位对在岗的操作人员明确任务，抓施工进度、质量、安全生产的同时，必须向操作人员明确文明施工的要求，严禁野蛮施工。对施工区域或危险区域，施工单位必须设立醒目的警示标志，并采取警戒措施；它还要引用各种其他有效方式，减少施工对市容、绿化和环境的不良影响。

文明施工对施工人员提出了应按照工地文明施工的要求进行作业，对施工中产生的泥浆和其他浑浊废弃物，未经沉淀不得排放，对施工中产生的各类垃圾堆放在规定的地点，不得倒入河道和居民生活垃圾容器，不得随意抛掷建筑材料、残土、废料和其他杂物。

文明施工对集团总公司一级的大型施工企业的要求，一是要有本企业文明施工的具体实施方案；二是负责督促、检查本单位所属施工企业在建项目的工地，贯彻执行省、市文明施工的规定，做好文明施工的各项工作；三是负责管理分包单位文明施工实施情况；四是指导各施工企业均应接受所在地区建设行政主管部门的文明施工监督检查。

二、文明施工的费用

建设部在 2005 年 6 月 7 日颁发的《建筑工程安全防护、文明施工措施费用及使用管理规定》[建办（2005）89 号] 文件，把文明施工的费用做了详细明确的规定下来。该文共有十九条。根据有关法律、规章和建设部文件，结合当地实际制定建设工程安全防护、文明施工、措施费用。该规定适用于当地行政区域内的各类新建、扩建、改建的土木建筑工程、管线工程及其相关的设备安装工程、装饰装修工程。

安全防护、文明施工措施费用，是指按照国家现行的建筑施工安全、施工现场与卫生标准和有关规定，用于购置和更新施工安全防护用具及实施、改善安全生产条件和作业环境所需的费用。对安全防护和文明施工有特殊措施要求，未列入安全防护、文明施工措施项目清单内容的，可结合工程实际情况，依照批准的施工组织设计方案另行立项，一并计入安全防护，文明施工措施费用。对危险性较大工程，根据经专家认证审核通过的安全专项施工方案来确定安全防护，文明施工措施项目内容。

建设单位在编制工程概预算时，应当依照安全防护、文明施工暂行规定所确定的费率，以及安全防护，文明施工措施项目清单内容，合理确定工程安全防护、文明措施费。

安全防护、文明措施费在招投标中，也作了明确规定报价不应低于招标文件规定最低费用的 90%，否则按废标处理。建设单位与施工单位应当在施工合同中明确安全防护、文明措施项目总费用，以及费用预付、支付计划，使用要求，调整方式等条款。

工程总承包单位对建设工程安全防护、文明施工措施费用的使用负总责，总承包单位按规定及合同约定及时向分包单位支付安全防护、文明施工措施费用，总承包单位不按规定和合同约定支付费用，造成分包单位不能及时落实安全防护措施导致发生事故的，由总承包单位负主要责任。

建设单位未提交安全防护、文明施工措施费用支付计划作为工程安全的具体措施的，建设行政主管部门不予核发施工许可证。工程监理单位应当对施工单位落实安全防护、文明施工措施情况进行现场监理。省、市、县建设行政主管部门按照职责分工，以安全防护、文明施工措施项目清单内容为依据，对施工现场安全防护、文明施工措施落实情况进行监督检查。

创建文明工地的，可以在原约定的安全防护、文明施工措施费用基础上适当提高，由施工单位与建设单位在建设工程承包合同中约定。

关于房屋建筑、市政、民防工程安全防护、文明施工措施项目内容：1. 文明施工与环境保护，即：安全警示标志牌、现场围挡、各类图版、企业标志、场容场貌、材料堆放、现场防火、垃圾清运等。2. 临时设施，即：现场办公生活设施、施工现场临时用电等。3. 安全施工，即：临边洞口、交叉高处作业防护、如楼板、层面、阳台等临边防护、通道口、预留洞口、电梯井的防护、楼梯平台交叉作业等。另外作业人员具备必要的安全帽、安全带等安全防护用品。

三、文明施工的范围与区域

凡建设系统的所有建设工程都必须实施文明施工，其中包括建筑施工企业的后方场、站、厂、车间、混凝土搅拌站，设备实施租赁站和仓库等。

按照文明工地（场、站）管理有关规定，当地重大工程办公室负责重大工程文明施工管理；当地安质监总站负责土建装饰安装专业文明施工管理；当地市政安质监总站负责市政工程文明施工管理；当地道路管线办公室负责道路管理工程文明施工管理；当地建设安全协会负责场站文明生产管理。在建设工程文明施工总体上讲是条块结合，有分有合。建设工程文明施工逐渐延伸到全系统，力争做到全覆盖。调动一切积极因素，全员投入、全方位展开，全面推进，使建设系统构建和谐社会的工作落实到最基层实体。

建设工程文明施工在当地建设行政主管的直接领导下，经过广大建设施工企业的共同努力工作，不断总结经验、适应新形势的发展需要，基本上形成了比较完整系统的文明施工体系。从市区的建设工程延伸到郊县的建设工程，从一线的施工现场延伸到后方场、站，从总承包管理延伸到分包，专业承包等管理文明施工的区域和内容有了拓展和完善。现在建设工程文明施工基本上做到网络化管理，即简便了手续，又提高了工作效率。从总体上来看，上了一个台阶，取得了明显的成效。符合建设系统提出的文明施工要做到建设系统全覆盖，全面、全员参加的要求。

四、文明施工的检查和改进

对建设工程文明施工的检查实行目标管理和全过程管理，一般情况文明施工检查，是项目部自查，上级公司随机抽查，各级安监站以及相关部门等组织采取不定期暗查等相结合的方式进行。

对评选当地文明工地的工程项目工地，根据评选文明工地五大管理块各自的特点和要求，对建设工程工地进行文明施工专业检查，重大工程文明施工管理专业块，土建、装饰、安装等文明施工管理专业块的评选。省、市级文明工地检查，由当地建设工程安全质量监督总站组织检查小组，每二个月对所申报评选的文明工地项目工地进行一次专项的文明施工检查，按照文明工地的标准检查评分，凡达到省、市级文明工地标准要求的工地，向上推荐评选为市文明工地等。市政工程文明施工管理块的评选的文明工地检查，由市政安监站组织检查小组，分上、下半年对新申报的文明工地的项目工地进行一次专项的文明施工检查，同样，经过检查、评分，凡达到省、市级文明工地标准的工地，向上推荐评选文明工地等。市道路管线工程文明施工管理块评选的文明工地检查，由当地道管办组织检查小组，根据工程具体情况和特点进行检查，一般为平时检查和年底抽查相结合。对申报的省、市级文明工地进行文明施工的检查（因为有些道路工程只需要三、四个月就竣工）。凡达到省、市级文明工地标准的工地，向上推荐评选文明工地。场、站文明生产管理块评选文明工地（场、站）检查，由当地建设安全协会组织检查小组，根据后方场、站等特点，把平时日常检查和年底专项文明施工生产检查相结合，对申报的评选文明工地（场、站）进行文明施工生产的检查，凡达到省、市级文明工地（场、站）标准的，向上推荐文明工地（场、站）。评选文明工地的五大块都实行了网上申报公布受理情况，检查要求，出示检查结果，凡达到标准的工地（场、站），向评选领导小组推荐，进行省、市级文明工地的评审。

在评选省、市级文明工地的过程中，各管理块对文明施工的检查都有具体内容和实施办法，按照各自的特点和规模制定了文明施工的检查要求，即符合工地文明施工的实际情况，又考虑到更好地服务建筑施工企业，达到进一步全面提高建设系统文明施工的综合水准。同时，日常的文明施工检查和评选文明工地结合起来，基本上形成条块相结合的格局，推进建设系统文明施工进一步发展和提高。

建设工程工地的文明施工随着形势的发展和当地建设工程的特点，不断地改进、充实、提高、完善。一是建设工程工地的文明施工增加了创建文明工地为构建和谐社会方面的内容。二是补充了“八荣八耻”教育的内容；三是规范施工现场增加科技创新和攻关的内容；四是创建标准融入了近年来发布的新的法律、法规、标准和文件的相关要求，细化了评分内容，突出重点，将重点内容设立保证项，提高了可操作性。五是进一步明确文明施工措施费用管理的内容，更好地贯彻落实建设部关于《建筑工程安全防护、文明施工措施费用及使用管理落实暂行规定》的通知；六是加强了维护民工权利的相关内容；七是增加了节约与环保型工地的内容，更好地贯彻落实建设部的《绿色施工导则》（建质［2007］223号）的文件精神。使建设工程的文明施工更加有利于各建设施工企业增强整体意识，树立全局观念，提高综合性创造能力，创造范围不断扩大，形成总承包企业、主承包企业，专业承包企业，分包企业、劳务企业等共同创建文明工地的新格局，调动了各方面的积极性，增强了创建工作的凝聚力，提高了建设工程文明施工的自身潜力和质量，更加有利于当地的城市建设。

第四节　文明施工基础管理工作

文明施工是一项系统工程，包含的内容很广，涉及到方方面面，可以说它是一项综合性的管理工作，是施工企业在生产过程中一项重要工作。因此，抓好文明施工基础管理工作尤为重要。

一、文明施工管理台账

文明施工管理的台账从大类来分，主要有基础管理、质量管理、安全管理、环境形象、宣传教育、卫生防疫、综合治理、节能管理等多个方面。从内容上来讲有文明施工管理领导小组和管理网络，文明施工各项管理制度，规划措施做到层层分解、责任到人；有日常的检查、考核记录。在质量方面必须建立质量保证体系，实施质量的目标管理，各项质量资料齐全，有日常的检查和验收记录，以及科技创新攻关方案和实施记录。在安全生产管理方面有完善的安全生产管理制度和各项责任制，安全生产领导小组和分级管理网络，按规定要求配置安全生产管理人员，建立必备的安全生产管理台账，记录清晰、及时、准确。在环境形象方面必须有施工过程中的利民、便民、爱民的具体措施，有施工的告示书和承诺书，有与有关单位或居民共建文明协议和活动记录等。在宣传教育方面，有宣传教育的制度和管理网络名单，管理人员学习计划和实施记录，职工教育培训计划和实施记录，二报一栏宣传记录档案，以及家访、谈心和文娱活动记录，为施工现场构筑和谐社会的具体实施意见。在卫生防疫方面，有这项工作的管理制度和管理网络名单，每周检查记录、食堂采购记录齐全，熟食留样记录，灭四害措施和投药记录，以及医疗急救预案等在综合治理方面有综合治理组织机构和管理制度，签订治安管理责任书，综合治理活动记录，建立防火档案，各类记录及时、齐全。动火审批符合规定要求，外来人员按规定办理各类证。节能方面有节能型工地的具体措施和实施办法，实际执行时的记录等。总之，文明施工的管理台账应按照市文明施工的有关标准、规定、具体内容来设置。管理台账应设总目录、分目录。管理台账应简便、从实，即有针对性、科学性、有操作性。

二、建立文明施工奖励和处罚机制

各施工单位必须有文明施工的奖励和处罚制度，对创建文明工地并取得经济指标的考核挂钩，对这项工作作出显著成绩和贡献的人员要重奖，进一步推进文明施工向纵深发展，使文明施工在新的形势下注入新的内容，创出新的思路，取得新的成就。对在文明施工过程中受到各类批评、通报、整改指令书等的工地，必须给予一定的处罚，使其明确文明施工的主要意义，对建设交通系统的整体形象在社会上的反映之重要性。所以，文明施工的奖励和处罚的制度、内容要实、措施要有力，责任要到人，总体和阶段性要明确，必须与施工企业相关的规章制度结合起来，进一步健全和完善文明施工奖励和处罚机制。

三、员工的素质教育

要使文明施工落到实处，提高员工的素质教育是一个重要的环节，一是要做到员工的素质教育须与教育培训计划实施意见的一致性。二是教育的内容按照市有关文明施工的标准、规定来确定。在教育时间上按企业的实际情况加以保证。三是文明施工对员工的培训教育可分层次，不同对象，进行针对性的教育。四是每年有一至二次的文明施工培训教育考核记录。五是文明施工培训教育按有关规定实行，由总承包施工单位负责制。六是文明施工培训教育是提高员工整体素质，必须同形势教育、爱国主义教育结合起来，为建筑企业构件和谐社会打下坚实的基础。

四、文明施工的监督机制

文明施工的监督机制主要有三个方面组成，一是由市建设交通系统组织的文明施工管理社会督察员和专业技术人员的日常监督检查，进行打分考评。二是接受新闻媒体对市建设交通系统施工现场文明施工的报道，其中有文明施工中的好经验总结和做法，也有对工程项目工地文明施工过程中存在的问题进行媒体曝光，接受新闻媒体的社会监督。三是施工企业单位所建立的监督机制，负责对本企业范围内的所有工地，实行检查监督工作。总之，文明施工的监督机制原则上来讲是社会、行业、企业三个方面组成，强调自我约束机制，在不断健全和完善的过程中，有所发展、有所提高。强调建设交通系统的窗口建设、树立文明施工的整体形象。

第八章 建筑安全事故管理

第一节 建筑安全事故等级划分及统计分析

一、建筑安全事故等级划分及常见安全事故类型

建筑施工中发生的造成人员伤亡或者直接经济损失的安全事故等级划分是依据国务院令第 493 号《生产安全事故报告和调查处理条例》中划分规则，即分为四个等级：

1. 特别重大事故，是指造成 30 人以上死亡，或者 100 人以上重伤（包括急性工业中毒，下同），或者 1 亿元以上的直接经济损失的事故。

2. 重大事故，是指造成 10 人以上 30 人以下死亡，或者 50 人以上 100 人以下重伤，或者 5000 万元以上 1 亿元以下的直接经济损失的事故。

3. 较大事故，是指造成 3 人以上 10 人以下死亡，或者 10 人以上 50 人以下重伤，或者 1000 万元以上 5000 万元以下的直接经济损失的事故。

4. 一般事故，是指造成 3 人以下死亡，或者 10 人以下重伤，或者 1000 万元以下的直接经济损失的事故。

建筑施工常见安全事故类型为：高空坠落、物体打击、坍塌、触电、机械伤害、起重伤害、淹溺等。

二、建筑安全事故的控制指标、考核、统计分析

（一）安全生产事故的控制指标

根据国务院对安全生产事故实施指标考核的有关规定，建筑工程因工死亡事故也实行控制指标，即各省、直辖市、自治区的建设行政主管部门根据各地区安全生产委员会下达给建设系统的安全生产事故控制指标，依据各市、区、县、专业施工工程量、安全生产业绩、建筑工程安全监督力量等因素将控制指标分解给各市、区、县、专业建筑安全管理部门，作为年度考核指标。

（二）安全生产事故的考核

各省、直辖市、自治区安全生产委员会对建设行政主管部门的安全生产事故控制指标实施年度考核；省、直辖市、自治区建设行政主管部门对各市、区、县、专业建筑安全管理部门的安全生产事故控制指标实施季度及年度考核。

（三）建筑安全生产事故的统计分析

省、直辖市、自治区建设行政主管部门对建筑安全事故实施月度上报给住房和城乡建设部，住房和城乡建设部对建筑安全进行年度统计分析；省、直辖市、自治区建设行政主管部门对建筑安全事故实施半年度及年度统计分析，统计分析的要点如下：

1. 建筑安全生产事故概况；

2. 建筑安全生产总体形势分析；

3. 建筑安全生产事故数据分析：

(1) 本（半）年度建筑安全生产事故与去年同比；

(2) 本（半）年度建筑安全生产事故类别分析与去年同比；

(3) 本（半）年度建筑安全生产事故地域分析与去年同比；

(4) 本（半）年度建筑安全生产事故部位分析与去年同比；

(5) 本（半）年度建筑安全生产事故原因分析与去年同比；

(6) 本（半）年度建筑安全生产事故死亡人员来源地、年龄、从业时间、学历、工种、用工形式、培训、保险等分析与去年同比；

(7) 本（半）年度发生建筑安全生产事故的工程类别、工程专业、投资性质、工程进度、工程规模等分析；

(8) 本（半）年度发生建筑安全生产事故的施工企业的性质、注册地域、资质等级、专职安全人员的配备等分析；

(9) 本（半）年度发生建筑安全生产事故的工地重大危险源的申报、安全质量标准化、隐患排查的开展等分析。

4. 建筑安全生产事故原因分析；

5. 建筑安全生产事故防范措施。

第二节　建筑安全生产事故报告及调查

一、建筑安全生产事故报告

（一）施工企业的事故报告

1. 工地项目部的事故报告

建筑工地发生因工死亡、重伤事故、大型建设机械事故、火灾事故、食品中毒及社会负面影响较大的事故，总承包企业工地现场负责人应立即将事故情况上报给企业的安全生产负责人，并抢救受伤人员，消除不安全因素；妥善保护事故现场以及相关证据，因抢救人员、防止事故扩大以及疏通交通等原因，需要移动事故现场物件的，应当作出标志，绘制现场简图并做出书面记录，妥善保存现场重要痕迹、物证。

情况紧急时，事故现场有关人员可以直接向事故发生地县级以上人民政府建设行政主管部门和有关部门报告。

2. 施工企业的事故报告

施工企业安全生产负责人接到工地项目部的事故报告后，应当于1小时内向事故发生地县级以上人民政府建设行政主管部门和有关部门报告。立即启动事故相应的应急预案，或者采取有效措施，组织抢救，防止事故的进一步扩大，减少人员伤亡和财产损失。自事故发生之日起 30 天内（火灾事故自发生之日起 7 天内），因事故伤亡人数变化应在 1 小时内补报。

（二）建设行政主管部门的事故报告

建设行政主管部门接到事故报告后，应当依照下列规定上报事故情况，每级上报的时间不得超过 2 小时，并通知安全生产监督管理部门、公安机关、劳动保障行政主管部门、工会和人民检察院：

1. 较大事故、重大事故及特别重大事故逐级上报至国务院建设主管部门；

2. 一般事故逐级上报至省、自治区、直辖市人民政府建设主管部门；

3. 建设行政主管部门除按本规定上报事故情况，还应同时报告本级人民政府。必要时，建设主管部门可以越级上报事故情况。

4. 自事故发生之日起 30 天内（火灾事故自发生之日起 7 天内），因事故伤亡人数变化导致事故等级发生变化的应在接到信息后 2 小时内增报。

（三）事故报告内容

1. 事故发生的时间、地点和工程项目、有关单位名称；

2. 事故的简要经过；

3. 事故已经造成或者可能造成的伤亡人数（包括下落不明的人数）和初步估计的直接经济损失；

4. 事故的初步原因；

5. 事故发生后采取的措施及事故近年情况；

6. 事故报告单位或报告人员。

7. 其他应当报告的情况。

（四）事故信息的网上登陆

工程监督部门接到事故信息后，应立即赶往事故现场，采集事故工地信息后及时输入至建设主管部门安全事故网上管理系统。

二、建筑安全事故调查

（一）事故调查小组

特别重大事故由国务院或国务院授权有关部门组织事故调查小组进行调查；重大事故由事故发生地省级人民政府组织事故调查小组进行调查；较大事故由事故发生地设区的市级人民政府组织事故调查小组进行调查；一般事故由事故发生地县级人民政府组织事故调查小组进行调查。

自事故发生之日起 30 天内（火灾事故自发生之日起 7 天内），因事故伤亡人数变化导致事故等级发生变化，依照有关规定应由上级人民政府负责调查的，上级人民政府可以另行组织事故的调查工作。

各级人民政府也可授权或者委托有关部门组织事故的调查。未造成人员伤亡的一般事故，县级人民政府也可委托事故发生单位组织事故调查组进行调查。

事故调查组由人民政府、安全生产监督管理局、负有安全生产监督管理职责的有关部门、监察机关、公安机关以及工会派人组成，并邀请人民检察院派人参加。事故调查组可以聘请有关专家参与调查。

（二）事故调查组职责

1. 核实事故项目基本情况，包括项目履行法定建设程序情况、参加项目建设活动各方主体履行职责的情况；

2. 查明事故发生的经过、原因、人员伤亡情况及直接经济损失，并依据国家有关法律法规和技术标准分析事故的直接原因和间接原因；

3. 认定事故的性质，明确事故责任单位和责任人员在事故中的责任；

4. 依据国家有关法律法规对事故的责任单位和责任人提出处理建议；

5. 总结事故教训，提出防范和整改措施；

6. 提交事故调查报告。

（三）事故调查

1. 事故调查组人员应诚信公正、恪尽职守，遵守事故调查组的纪律，保守事故调查的秘密，不得擅自发布有关事故的信息。

2. 事故调查组有权向有关单位和个人了解与事故有关的情况，并要求其提供相关文件、资料，有关单位和个人不得拒绝。

3. 事故调查中需要进行技术鉴定的，事故调查组应当委托具有国家规定资质的单位进行技术鉴定。必要时，事故调查组可以直接组织专家进行技术鉴定。技术鉴定所需时间不计入事故调查期限。

4. 事故调查组应当自事故发生之日起60天内提交事故调查报告，特殊情况下，经负责事故调查的人民政府批准，提交事故报告的期限可以延长，但延长的期限最大不超过60天。

（四）事故调查报告应当包含下列内容：

1. 事故单位的概况；

2. 事故发生经过和事故救援情况；

3. 事故造成的人员伤亡的直接经济损失；

4. 事故发生的原因和事故性质；

5. 事故责任的认定和事故责任者的处理建议；

6. 事故的防范和整改措施。

事故调查报告应当附具有关证明材料，包括技术鉴定资料；事故调查组成员应当在事故调查报告上签名。

第三节　建筑安全生产事故工地、企业的管理

一、建筑安全事故工地的管理

（一）事故工地的停工整改

建设工地发生安全事故后，工程受监站（未报监工程由所在地监督站）应立即开具工程全面停工单，工程项目部应制定整改计划，落实整改。整改计划应包含以下内容：

1. 安全人员的充实及调整；

2. 岗位责任制的划分、落实；

3. 危险性较大工程安全专项方案的疏理、修订；

4. 施工现场安全设施的整改；

5. 其他。

安全管理薄弱的工地项目部可邀请安全保证体系审核认证机构进行外审，工地全面整改完成后，施工企业安全管理部门应对整改情况进行复查，通过后提出书面的复工申请单报工地监理单位，监理单位收到复工申请单后应对事故工地的安全管理、安全设施等进行全面的检查，达到复工条件后签署复工建议，监理单位负责将复工申请单报送工程受监站。

事故工地的受监站对提交的复工申请单应安排对施工现场复工检查并签署建议。

（二）事故工地的综合检查

建设工程安全监督部门对发生安全事故的建设工地将安排进行综合检查，即安全管理、建设程序、经营行为、民工违权等，对在工程开工日至发生事故日之间存在违规违章的建设工程参与各方将作进一步的处罚。

（三）事故工地的全员安全教育

发生安全事故的工地在工地复工前应对工地全员进行一次安全教育，除对安全事故情况进行通报、分析外，还应对危险性较大的作业进行一次安全交底。

二、事故企业的管理

（一）督促施工现场的整改

施工企业安全生产负责人、责任部门有关人员应督促工地项目部对发生安全事故的施工现场进行全面整改，协助工地项目部制订整改计划，并对整改计划进行审核，监督项目部对整改计划的落实，整改验收合格后报工程监理单位验收。

（二）施工企业对事故责任人处理

按照事故处理的“四不放过”原则，施工企业应对事故责任人实施经济、行政处理，对处理结果在企业内部进行。

（三）完善施工企业安全管理体系

施工企业发生安全事故后，应根据事故的调查报告要求对企业的安全管理体系进行全面整改，并举一反三，查找企业安全管理的薄弱环节，完善施工企业安全管理体系。按建设部 JGJ/T 77—2003《施工企业安全生产评价标准》进行自我评价，自我评价合格后，应由中介机构对企业的安全生产条例进行评价。

第四节　建筑安全生产事故的处罚

县级以上安全生产监督管理部门、建设行政主管部门等有关机关根据“四不放过”和“惩防并举”的原则，依据法定权限与程序、有关法律法规、人民政府的事故结案批复等，对负有责任的事故单位、有关人员依法实施经济、行政、刑事处罚。

一、经济处罚

（一）事故企业的经济处罚

1. 县级以上安全生产监督管理局实施的经济处罚

(1) 发生一般事故的，处10万元以上20万元以下的罚款；

(2) 发生较大事故的，处20万元以上50万元以下的罚款；

(3) 发生重大事故的，处50万元以上200万元以下的罚款；

(4) 发生特别重大事故的，处200万元以上500万元以下的罚款；

(5) 事故发生单位有严重违规违章现象的，处100万元以上500万元以下的罚款。

2. 县级以上建设行政主管部门实施的经济处罚

在对事故工地的联合检查中，对存在建设程序、承发包等方面存在违规违章现场的，建设行政主管部门将对其实施的经济处罚：

(1) 建设程序违规违章

1) 应招标未招标（应投标未投标），处合同价的1%～3%罚款；

2) 中标价与合同价不一致，处合同价的0.5%～1%罚款；

3) 未报监督，处5000元至10000元的罚款；

4) 未审图，处20万元至500万元的罚款；

5) 未取得施工许可证，处5000元至50000元的罚款；

(2) 承发包违规违章

1) 无施工资质企业施工，处5000元至50000元的罚款；

2) 超资质企业施工，处合同价的1%～4%罚款；

3) 肢解工程，处合同价的0.5%～1%罚款；

4) 转包工程，处合同价的0.5%～3%罚款；

5) 接受挂靠，处10000元至30000元的罚款；

6) 挂靠施工，处合同价的1%～3%罚款。

(二) 对事故责任人的处罚

县级以上安全生产监督管理局实施的经济处罚：

1. 事故发生单位主要负责人未依法履行安全生产职责，导致事故发生的：

(1) 发生一般事故的，处上一年年收入30%的罚款；

(2) 发生较大事故的，处上一年年收入40%的罚款；

(3) 发生重大事故的，处上一年年收入60%的罚款；

(4) 发生特别重大事故的，处上一年年收入80%的罚款。

2. 事故单位有关人员有严重违规违章现象的，处上一年年收入40%～100%的罚款。

二、行政处罚

(一) 县级以上安全生产监督管理局实施的行政处罚

1. 国家工作人员在事故的报告、调查、处理等方面存在违规违章现象的，依法给予行政处罚；

2. 中介机构有关人员提供虚假证明的，暂扣或吊销其有关证照及其相关人员的执业资格；

3. 事故调查人员在事故的调查中存在违规违章现象的，依法给予行政处罚。

(二) 县级以上建设行政主管部门实施的行政处罚

1. 建设施工企业的安全生产许可证

建设施工企业发生安全事故后，建设行政主管部门将对施工企业实施暂扣安全生产许可证处罚，工程承建企业跨省施工发生生产安全事故的，工程所在地建设行政主管部门在事故发生之日起 15 日内将事故情况书面通报安全生产许可证颁发管理机关，同时附具企业及有关项目违法违规事实和证明安全生产条件降低的相关询问笔录或其他证据材料。

1）建设施工企业在 12 个月内发生第一起生产安全事故后，建设行政主管部门对施工企业的安全生产条例进行复查，发现不在具备《建筑施工企业安全生产许可证管理规定》第四条规定安全生产条例的，分别按下列标准予以处罚：

①发生一般事故的，暂扣安全生产许可证 30～60 日；

②发生较大事故的，暂扣安全生产许可证 60～90 日；

③发生重大事故的，暂扣安全生产许可证 90～120 日；

④发生特别重大事故的，吊销安全生产许可证。

安全生产许可证暂扣期间，拒不整改或经整改仍未达到规定安全生产条例的，处以延长暂扣期 30 日～60 日直至吊销安全生产许可证的处罚。

2）建设施工企业在 12 个月内发生第二起生产安全事故后，建设行政主管部门视事故级别和安全生产条例降低情况，分别按下列标准予以处罚：

①发生一般事故的，暂扣时限为在上一次暂扣时限的基础上再增加 30 日；

②发生较大事故的，暂扣时限为在上一次暂扣时限的基础上再增加 30 日；

③发生重大事故的，暂扣 30 日～60 日后与上一次暂扣时限超过 120 日的，吊销安全生产许可证。

安全生产许可证暂扣期间，拒不整改或经整改仍未达到规定安全生产条例的，处以延长暂扣期 30 日～60 日直至吊销安全生产许可证的处罚。

3）建设施工企业在 12 个月内发生第三起生产安全事故的，吊销安全生产许可证。

2. 企业执业资质

依据《中华人民共和国安全生产法》、国务院《建设工程安全生产管理条例》的有关规定，对负有安全生产事故责任的建设工程参与各方企业要依法暂扣、降低、吊销其与安全生产有关的执业资格，按照处理权限即谁发证谁处罚的原则，建设部负责特级、一级施工企业、甲级监理企业资质的处罚工作，其他企业资质由省级建设行政主管部门负责实施处罚。

3. 建设参与各方人员

发生生产安全事故后，建设行政主管部门复查建设工程参与各方有关人员的安全行为，依据检查结果及事故的调查情况对建设工程参与各方的企业主要负责人、项目负责人和专职安全生产管理人员未履行安全生产管理职责的，实施暂扣或收回各类执业资格证书（包括注册执业人员）和三类人员安全生产考核证书的行政处罚。

三、刑事处罚

为贯彻“安全第一、预防为主、综合治理”的方针，运用法律手段严惩安全生产领域犯罪行为，2006 年 6 月 29 日，十届人大第二十次会议通过了《中华人民共和国刑法修正案（6）》，进一步明确规定了有关安全生产的犯罪行为，加大了对重大事故责任人的刑事处罚力度，体现了国家惩治安全生产领域违法犯罪的坚定决心。

在建设工程发生事故后，监察机关、公安机关参与事故的调查，发现有关责任人员有下列行为构成犯罪的，依法追究刑事责任：

（一）事故发生单位主要负责人

1. 未依法履行安全生产管理职责，导致事故发生的；

2. 不立即组织事故的抢救的；

3. 迟报或漏报事故的；

4. 在事故调查处理期间擅离职守的。

（二）事故发生单位及其有关人员

1. 谎报或瞒报事故的；

2. 伪造或者故意破坏事故现场的；

3. 转移、隐匿资金、财产，或者销毁有关证据、资料的；

4. 拒绝接受调查或者拒绝提供有关情况的资料的；

5. 在事故调查中作伪证或者暗中指使他人作伪证的；

6. 事故后逃匿的。

（三）提供虚假证明的中介机构相关人员

（四）事故调查人员

1. 对事故调查工作不负责任，致使事故调查工作有重大疏漏；

2. 包庇、袒护负有事故责任的人员或者借机打击报复的。

（五）地方人民政府、安全生产监督管理部门和负有安全生产监督管理职责的有关人员

1. 不立即组织事故的抢救的；

2. 迟报、漏报、谎报或者瞒报事故的；

3. 阻碍、干扰事故调查工作的；

4. 在事故调查中作伪证或者指使他人作伪证的。

第九章 建设工程应急管理

第一节　应急救援体系

一、应急救援的基本任务及特点

（一）应急救援的基本任务

应急救援的总目标是通过有效的应急救援行动，尽可能地降低事故的后果，包括人员伤亡、财产损失和环境破坏等。应急救援的基本任务包括下述几个方面：

1. 立即组织营救受害人员，组织撤离或者采取其他措施保护危害区域内其他人员。抢救受害人员是应急救援的首要任务。

2. 迅速控制事态，并对事故造成的危害进行检测、监测，测定事故的危害区域、危害性质及危害程度。及时控制住造成事故的危险源是应急救援工作的重要任务。特别对发生在城市或人口稠密地区的建设工程事故，应尽快组织抢险队伍与事故单位技术人员一起及时控制事故继续扩展，最大限度地控制对社会的影响。

3. 消除危害后果，做好现场恢复。针对事故对施工作业人员和周围环境等造成的现实危害和可能的危害，迅速采取封闭、隔离等措施，防止对人的继续危害和对环境的影响。及时清理废墟和恢复基本设施。将事故现场恢复至相对稳定的基本状态。

4. 查清事故原因，评估危害程度。事故发生后应及时调查事故发生的原因和事故性质，评估出事故的危害范围和危险程度，查明人员伤亡情况，做好事故调查。

（二）应急救援的特点

事故往往具有发生突然、危害范围广的特点，因此，为尽可能降低重大事故的后果及影响，减少重大事故所导致的损失，要求应急救援行动必须做到迅速、准确和有效。所谓迅速，就是要求建立快速的应急响应机制，能迅速准确地传递事故信息，迅速地调集所需的大规模应急力量和设备、物资等资源，迅速地建立起统一指挥与协调系统，开展救援活动。所谓准确，要求有相应的应急决策机制，能基于事故的规模、性质、特点、现场环境等信息，正确地预测事故的发展趋势，准确地对应急救援行动和战术进行决策。所谓有效，主要指应急救援行动的有效性，很大程度它取决于应急准备的充分性与否，包括应急队伍的建设与训练、应急设备（施）、物资的配备与维护、预案的制定与落实以及有效的外部增援机制等。

二、建设工程应急管理的相关法律法规要求

改革开放以来，我国政府相继颁布的一系列法律法规，如《中华人民共和国突发事件应对法》、《中华人民共和国安全生产法》、《中华人民共和国建筑法》、《关于特大安全事故行政责任追究的规定》、《建设工程安全生产管理条例》、地方政府如上海市的《突发公共事件总体应急预案》、《上海市建设工程施工安全监督管理办法》等，对应急救援工作提出了相应的规定和要求。

《中华人民共和国安全生产法》第十七条规定："生产经营单位的主要负责人具有组织制定并实施本单位的生产安全事故应急救援预案的职责。"第三十三条规定："生产经营单位对重大危险源应当制定应急救援预案，并告知从业人员和相关人员在紧急情况下应当采取的应急措施。"第六十八条规定："县级以上地方各级人民政府应当组织有关部门制定本行政区域内特大生产安全事故应急救援预案，建立应急救援体系。"

《关于特大安全事故行政责任追究的规定》第七条规定："市（地、州）、县（市、区）人民政府必须制定本地区特大安全事故应急处理预案。"

《建设工程安全生产管理条例》（国务院令第 393 号）第四十七条规定："县级以上地方人民政府建设行政主管部门应当根据本级人民政府的要求，制定本行政区域内建设工程特大生产安全事故应急救援预案。"第四十八条规定："施工单位应当制定本单位生产安全事故应急救援预案，建立应急救援组织或者配备应急救援人员，配备必要的应急救援器材、设备，并定期组织演练。"第四十九条规定："施工单位应当根据建设工程施工的特点、范围，对施工现场易发生重大事故的部位、环节进行监控，制定施工现场生产安全事故应急救援预案。实行施工总承包的，由总承包单位统一组织编制建设工程生产安全事故应急救援预案，工程总承包单位和分包单位按照应急救援预案，各自建立应急救援组织或者配备应急救援人员，配备救援器材、设备，并定期组织演练。"

三、事故的应急管理

尽管事故的发生具有突发性和偶然性，但事故的应急管理不只限于事故发生后的应急救援行动。应急管理是对事故的全过程管理，贯穿于事故发生前、中、后的各个过程，充分体现了"预防为主，常备不懈"的应急思想。应急管理是一个动态的过程，包括预防、准备、响应和恢复 4 个阶段。尽管在实际情况中，这些阶段往往是交叉的，但每一阶段又是构筑在前一阶段的基础之上，因而预防、准备、响应和恢复的相互关联，构成了事故应急管理的循环过程。

（一）预防

在应急管理中预防有两层含义，一是事故的预防工作，即通过安全管理和安全技术等手段，尽可能地防止事故的发生，实现本质安全；二是在假定事故必然发生的前提下，通过预先采取的预防措施，达到降低或减缓事故的影响或后果的严重程度，从长远看，低成本、高效率的预防措施是减少事故损失的关键。

（二）准备

应急准备是应急管理过程中一个极其关键的过程。它是针对可能发生的事故，为迅速有效地开展应急行动而预先所做的各种准备，包括应急体系的建立、有关部门和人员职责

的落实、预案的编制、应急队伍的建设、应急设备（施）与物资的准备和维护、预案的演练、与外部应急力量的衔接等，其目标是保持各等级事故应急救援所需的应急能力。

（三）响应

应急响应是在事故发生后立即采取的应急与救援行动，包括事故的报警与通报、人员的紧急疏散、急救与医疗、消防和工程抢险措施、信息收集与应急决策和外部求援等。其目标是尽可能地抢救受害人员，保护可能受威胁的人群，尽可能控制并消除事故。

（四）恢复

恢复工作应在事故发生后立即进行。首先应使事故影响区域恢复到相对安全的基本状态，然后逐步恢复到正常状态。要求立即进行的恢复工作包括事故损失评估、原因调查、清理废墟等。在短期恢复工作中，应注意避免出现新的紧急情况。长期恢复包括重建和受影响区域的重新施工。在长期恢复工作中，应汲取事故和应急救援的经验教训，开展进一步的预防工作和减灾行动。

四、建设工程事故应急救援体系的建立

（一）建设工程事故应急救援体系的基本构成

由于在建设工程中潜在的事故风险多种多样，所以相应每一类事故灾难的应急救援措施可能千差万别，但其基本应急模式是一致的。构建应急救援体系，应贯彻顶层设计和系统论的思想，以事件为中心，以功能为基础，分析和明确应急救援工作的各项需求，在应急能力评估和应急资源统筹安排的基础上，科学地建立规范化、标准化的应急救援体系，保障各级应急救援体系的统一和协调。

不管是政府管理部门，还是施工企业，一个完整的应急救援体系应由组织体制、运作机制、法制基础和应急保障系统 4 部分组成。如图 9-1 所示。应急救援体系基本框架结构。

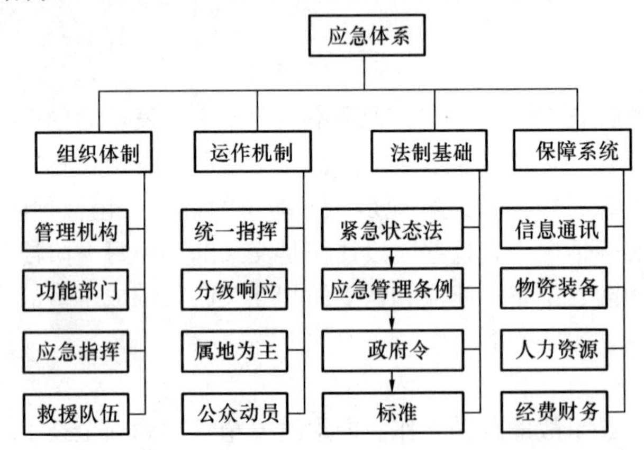

图 9-1 应急救援体系基本框架结构

1. 组织体制

在建设工程应急救援体系组织体制建设中的管理机构，是指维持应急日常管理的负责部门，如政府行政主管部门；功能部门包括与应急活动有关的各类组织机构，如消防、医疗机构等；应急指挥是在应急预案启动后，负责应急救援活动场外与场内指挥系统；而救援队伍则由专业和有关志愿人员组成。

2. 运作机制

应急救援活动一般划分为应急准备、初级反应、扩大应急和应急恢复四个阶段，应急机制与这四阶段的应急活动密切相关。应急运作机制主要由统一指挥、分级响应、属地为主和公众动员这四个基本机制组成。

统一指挥是应急活动的最基本原则。应急指挥一般可分为集中指挥与现场指挥，或场

外指挥与场内指挥等。无论采用哪一种指挥系统，都必须实行统一指挥的模式，无论应急救援活动涉及单位的行政级别高低和隶属关系不同，但都必须在应急指挥部的统一组织协调下行动，有令则行，有禁则止，统一号令，步调一致。

分级响应是指在初级响应到扩大应急的过程中实行的分级响应的机制。扩大或提高应急级别的主要依据是事故灾难的危害程度，影响范围和控制事态能力。影响范围和控制事态能力是“升级”的最基本条件。扩大应急救援主要是提高指挥级别、扩大应急范围等。

属地为主强调“第一反应”的思想和以现场应急、现场指挥为主的原则。

施工人员动员机制是应急机制的基础，也是整个应急体系的基础。

3. 法制基础

法制建设是应急体系的基础和保障，也是开展各项应急活动的依据，与应急有关的法规可分为四个层次：由立法机关通过的法律，如《中华人民共和国突发事件应对法》、公民知情权法和紧急动员法等，如：由政府颁布的规章，如应急救援管理条例等；包括预案在内的以政府令形式颁布的政府法令、规定等；与应急救援活动直接有关的标准或管理办法等。

4. 保障系统

列于应急保障系统第一位的是信息与通讯系统，构筑集中管理的信息通讯平台是应急体系最重要的基础建设。应急信息通讯系统要保证所有预警、报警、警报、报告、指挥等活动的信息交流快速、顺畅、准确，以及信息资源共享；物资与装备不但要保证有足够的资源，而且还要实现快速、及时供应到位；人力资源保障包括专业队伍的加强、志愿人员以及其他有关人员的培训教育；应急财务保障应建立专项应急科目，如应急基金等，以保障应急管理运行和应急反应中各项活动的开支。

（二）建设工程事故应急救援体系响应机制

建设工程事故应急救援体系应根据事故的性质、严重程度、事态发展趋势和控制能力实行分级响应机制，对不同的响应级别，相应明确事故的通报范围、应急中心的启动程度、应急力量的出动和设备、物资的调集规模、疏散的范围、应急总指挥的职位等。典型的响应级别通常可分为三级：

1. 一级紧急情况

建设工程发生事故，必须利用所有政府有关部门及一切资源的紧急情况，或者需要各个部门同外部机构联合起来处理的各种紧急情况，通常要宣布进入紧急状态。在该级别中，做出主要决定的职责通常是紧急事务管理部门。现场指挥部可在现场做出保护生命和财产以及控制事态所必需的各种决定。解决整个紧急事件的决定，应该由紧急事务管理部门负责。

2. 二级紧急情况

建设工程发生事故，需要两个或更多个部门响应的紧急情况。该事故的救援需要有关部门的协作，并且提供人员、设备或其他资源。该级响应需要成立现场指挥部来统一指挥现场的应急救援行动。

3. 三级紧急情况

建设工程发生事故，能被一个部门正常可利用的资源处理的紧急情况。正常可利用的资源指在政府行政部门权力范围内通常可以利用的应急资源，包括人力和物力等。必要时，该部门可以建立一个现场指挥部，所需的后勤支持、人员或其他资源增援由本部门负责解决。

（三）建设工程事故应急救援体系响应程序

建设工程事故应急救援系统的应急响应程序按过程可分为接警、响应级别确定、应急启动、救援行动、应急恢复和应急结束等几个过程，如图 9-2 所示。重大事故应急救援体系相应程序。

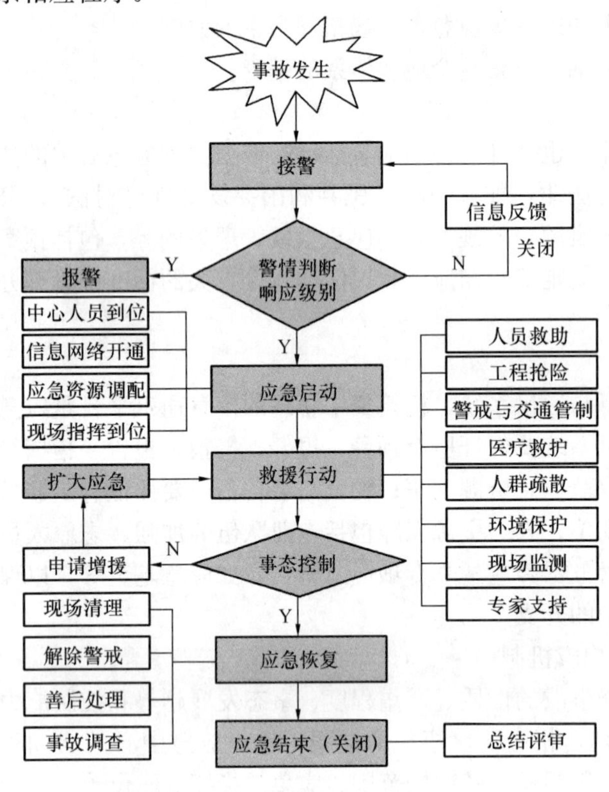

图 9-2 重大事故应急救援体系响应程度

1. 接警与响应级别确定

接到事故报警后，按照工作程序，对警情做出判断，初步确定相应的响应级别。如果事故不足以启动应急救援体系的最低响应级别，响应关闭。

2. 应急启动

应急响应启动后，按所确定的响应级别启动应急程序，如通知应急中心有关人员到位、开通信息与通信网络、通知调配救援所需的应急资源（包括应急队伍和物资、装备等）、成立现场指挥部等。

3. 救援行动

有关应急队伍进入事故现场后，迅速开展事故救援、警戒、疏散、人员救助、工程抢险等有关应急救援工作，专家组为救援决策提供建议和技术支持。当事态超出响应级别无法得到有效控制时，向应急中心请求实施更高级别的应急响应。

4. 应急恢复

救援行动结束后，进入临时应急恢复阶段。该阶段主要包括现场清理、人员清点和撤离、警戒解除和事故调查等。

5. 应急结束

执行应急关闭程序，由事故总指挥宣布应急结束。

（四）现场指挥系统的组织结构

重大事故的现场情况往往十分复杂，且汇集了各方面的应急力量与大量的资源，应急救援行动的组织、指挥和管理成为重大事故应急工作所面临的一个严峻挑战。应急过程中存在的主要问题有：1. 太多的人员向事故指挥官汇报；2. 应急响应的组织结构各异，机构间缺乏协调机制，且术语不同；3. 缺乏可靠的事故相关信息和决策机制，应急救援的整体目标不清或不明；4. 通信不兼容或不畅；5. 授权不清或机构对自身现场的任务、目标不清。

对事故势态的管理方式决定了整个应急行动的效率。为保证施工现场应急救援工作的有效实施，必须对事故现场的所有应急救援工作实施统一的指挥和管理，即建立事故指挥系统，形成清晰的指挥链，以便及时地获取事故信息、分析和评估势态，确定救援的优先目标，决定如何实施快速、有效的救援行动和保护生命的安全措施，指挥和协调各方应急力量的行动，高效地利用可获取的资源，确保应急决策的正确性和应急行动的整体性和有效性。

现场应急指挥系统的结构应当在紧急事件发生前就已建立，预先对指挥结构达成一致意见，将有助于保证应急各方明确各自的职责，并在应急救援过程中更好地履行职责。现场指挥系统模块化的结构由指挥、行动、策划、后勤以及资金/行政五个核心应急响应职能组成，如图 9-3 所示。

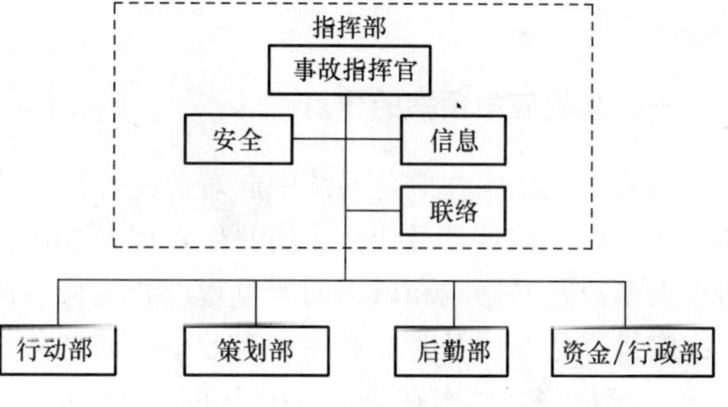

图 9-3　现场指挥系统结构

1. 事故指挥官

事故指挥官负责现场应急响应所有方面的工作，包括确定事故目标及实现目标的策略，批准实施书面或口头的事故行动计划，高效地调配现场资源，落实保障人员安全与健康的措施，管理现场所有的应急行动。事故指挥官可将应急过程中的安全问题、信息收集与发布以及与应急各方的通讯联络分别制定相应的负责人，如信息负责人、联络负责任人和安全负责人。各负责人直接向事故指挥官汇报。其中，信息负责人负责及时收集、掌握准确完整的事故信息，包括事故原因、大小、当前的形势、使用的资源和其他综合事务，并向新闻媒体、应急人员及其他相关机构和组织发布事故的有关信息；联络负责人负责与有关支持和协作机构联络，包括到达现场的上级领导、地方政府领导等；安全负责人负责对可能遭受的危险或不安全情况提供及时、完善、详细、准确的危险预测和评估，制订并向事故指挥官建议确保人员安全和健康的措施，从安全方面审查事故行动计划，制订现场安全计划等。从分级管理的角度，根据事故等级，事故指挥官可以有如下人员担任，政府分管领导、企业分管领导。

2. 行动部

行动部负责所有主要的应急行动，包括消防与抢险、人员搜救、医疗救治、疏散与安置等。所有的战术行动都依据事故行动计划来完成。

3. 策划部

策划部负责收集、评价、分析及发布事故相关的战术信息，准备和起草事故行动计划，并对有关的信息进行归档。

4. 后勤部

后勤部负责为事故的应急响应提供设备、设施、物资、人员、运输、服务等。

5. 资金/行政部

资金/行政部负责跟踪事故的所有费用并进行评估，承担其他职能未涉及的管理职责。

事故现场指挥系统的模块化结构的一个最大优点是允许根据现场的行动规模，灵活启用指挥系统相应的部分结构，因为很多的事故可能并不需要启动策划、后勤或资金/行政模块。需要注意的是，对没有启用的模块，其相应的职能由现场指挥官承担，除非明确指定给某一负责人。当事故规模进一步扩大，响应行动涉及跨部门、跨地区或上级救援机构加入时则可能需要开展联合指挥，即由各有关主要部门代表成立联合指挥部，该模块化的现场系统则可以很方便地扩展为联合指挥系统。

第二节 事故应急预案的策划与编制

一、事故应急预案的作用

事故应急预案在应急系统中起着关键作用，它明确了在突发事故发生之前、中以及刚刚结束之后，谁负责做什么、何时做，以及相应的策略和资源准备等。它是针对可能发生的重大事故及其影响和后果的严重程度，为应急准备和应急响应的各个方面所预先做出的详细安排，是开展及时、有序和有效事故应急救援工作的行动指南。

1. 事故应急预案在应急救援中的重要作用

（1）应急预案明确了应急救援的范围和体系，使应急准备和应急管理不再是无据可依、无章可循，尤其是培训和演习工作的开展。

（2）制定应急预案有利于做出及时的应急响应，降低事故的危害程度。

（3）事故应急预案成为各类突发重大事故的应急基础。通过编制基本应急预案，可保证应急预案足够灵活，对那些事先无法预料到的突发事件或事故，也可以起到基本的应急指导作用，成为开展应急救援的“底线”。在此基础上，可以针对特定危害编制专项应急预案，有针对性地制定应急措施、进行专项应急准备和演习。

（4）当发生超过应急能力的重大事故时，便于与上级应急部门的协调。

（5）有利于提高风险防范意识。

2. 策划应急预案时应考虑的因素

策划应急预案时应进行合理策划，做到重点突出，反映主要的重大事故风险，并避免预案相互孤立、交叉和矛盾。策划建设工程安全生产事故应急预案时，应充分考虑下列因素：

（1）工地重大危险分部分项工程的辨识和识别，包括重大危险源分部分项工程的数量、种类及分布情况，重大事故隐患排查情况等。

（2）本地区的地质、气象、水文等不利的自然条件（如地震、洪水、台风等）及其影响。

（3）本地区以及国家和上级机构已制定的应急预案的情况。

（4）功能区布置及相互影响情况。

（5）周边重大危险可能带来的影响。

（6）国家及地方相关法律法规的要求。

二、重大事故应急预案的层次

基于可能面临多种类型的突发重大事故或灾害，为保证各种类型预案之间的整体协调性和层次，并实现共性与个性、通用性与特殊性的结合，对应急预案合理地划分层次，是将各种类型应急预案有机组合在一起的有效方法。应急预案可分为 3 个层次，如图 9-4 所示。

（一）综合预案

综合预案相当于总体预案，从总体上阐述预案的应急方针、政策，应急组织结构及相应的职责，应急行动的总体思路等。通过综合预案，可以很清晰地了解应急的组织体系、运行机制及预案的文件体系。更重要的是，综合预案可以作为应急救援工作的基础和“底线”，对那些没有预料的紧急情况也能起到一般的应急指导作用。

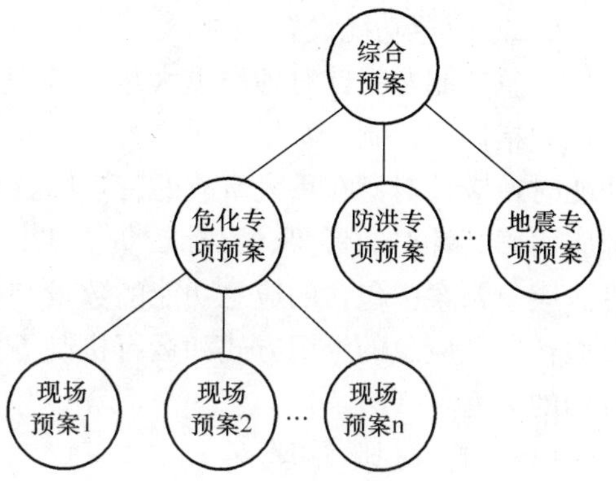

图 9-4　事故应急预案的层次

（二）专项预案

专项预案是针对某种具体的、特定类型的紧急情况，如施工现场触电施工、坍塌事故、中毒事故、火灾事故等的应急而制定的。

专项预案是在综合预案的基础上，充分考虑了某种特定危险的特点，对应急的形势、组织机构、应急活动等进行更具体的阐述，具有较强的针对性。

（三）现场预案

现场预案是在专项预案的基础上，根据具体情况而编制的。它是针对特定的具体场所（即以现场为目标），通常是该类型事故风险较大的场所或重要防护区域等所制定的预案。如坍塌事故事故专项预案下编制的某高大模板支撑体系坍塌的应急预案等。现场应急预案的特点是针对某一具体场所的该类特殊危险及周边环境情况，在详细分析的基础上，对应急救援中的各个方面做出具体、周密而细致的安排，因而现场预案具有更强的针对性和对现场具体救援活动的指导性。

现场预案的另一特殊形式为单项预案。单项预案可以是针对一高风险的建设施工或维修活动（如人口高密度区建筑物的定向爆破、生命线施工维护等活动）而制定的临时性应急行动方案。随着这些活动的结束，预案的有效性也随之终结。单项预案主要是针对临时活动中可能出现的紧急情况，预先对相关应急机构的职责、任务和预防性措施作出的安排。

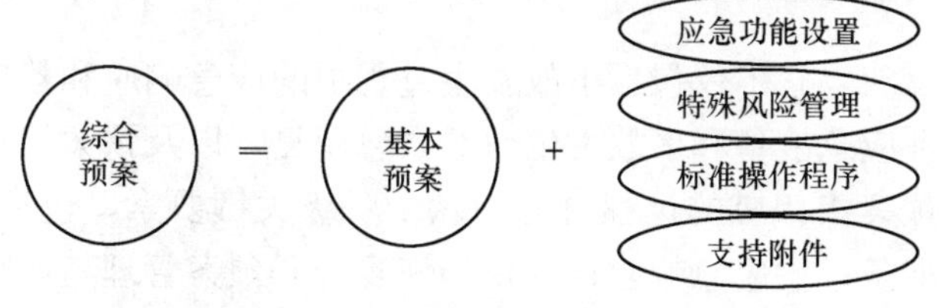

图 9-5　应急预案的基本结构

三、应急预案的基本结构

不同的应急预案由于各自所处的层次和适用的范围不同，因而在内容的详略程度和侧重点会有所不同，但都可以采用相识的基本结构。如图 9-5 所示的“1＋4”预案编制结构，是由一个基本预案加上应急功能设置、特殊风险管理、标准操作程序和支持附件构成的。

（一）基本预案

基本预案是应急预案的总体描述，主要阐述应急预案所要解决的紧急情况、应急的组织体系、方针、应急资源、应急的总体思路，并明确各应急组织在应急准备和应急行动中的职责以及应急预案的演练和管理等规定。

（二）应急功能设置

应急功能是指针对各类重大事故应急救援中通常采取的一系列的基本应急行动和任务，如指挥和控制、警报、通讯、人群疏散与安置、医疗、现场管制等。因此，设置应急功能时，应针对潜在重大事故的特点综合分析并将其分配给相关部门。对每一项应急功能都应明确其针对的形势、目标、负责机构和支持机构、任务要求、应急准备和操作程序等。应急预案中包含的应急功能的数量和类型，主要取决于所针对的潜在重大事故危险的类型，以及应急的组织方式和运行机制等具体情况。表直观地描述了应急功能与相关应急机构的关系。

（三）特殊风险管理

特殊风险指根据某类事故灾难、灾害的典型特征，需要对其应急功能做出针对性安排的风险。应说明处置此类风险应该设置的专有应急功能或有关应急功能所需的特殊要求，明确这些应急功能的责任部门、支持部门、有限介入部门以及它们的职责和任务，为制定该类风险的专项预案提出特殊要求和指导。

（四）标准操作程序

由于基本预案、应急功能设置并不说明各项应急功能的实施细节，因此各应急功能的主要责任部门必须组织制定相应的标准操作程序，为应急组织或个人提供履行应急预案中规定职责和任务的详细指导。标准操作程序应保证与应急预案的协调和一致性，其中重要的标准操作程序可作为应急预案附件或以适当方式引用。

（五）支持附件

支持附件主要包括应急救援的有关支持保障系统的描述及有关的附图表，如危险分析附件，通信联络附件，法律法规附件，机构和应急资源附件，教育、培训、训练和演习附件，技术支持附件，协议附件，其他支持附件等。

从广义上来说，应急预案是一个由各级文件构成的文件体系，它不仅是应急预案本身，也包括针对某个特定的应急任务或功能所制定的工作程序等。一个完整的应急预案的文件体系可包括预案、程序、指导书、记录等，是个四级文件体系。

四、建设工程事故应急预案核心要素及编制要求

应急预案是整个应急管理体系的反映，它不仅包括事故发生过程中的应急响应和救援措施，而且还应包括事故发生前的各种应急准备和事故发生后的紧急恢复，以及预案的管理与更新等。因此，一个完善的应急预案按相应的过程可分为六个一级关键要素，包括：①方针与原则；②应急策划；③应急准备；④应急响应；⑤现场恢复；⑥预案管理与评审改进。

六个一级要素之间既相对独立，又紧密联系，从应急的方针、策划、准备、响应、恢复到预案的管理与评审改进，形成了一个有机联系并持续改进的体系结构。根据一级要素中所包括的任务和功能，其中应急策划、应急准备和应急响应三个一级关键要素可进一步划分成若干个二级小要素。所有这些要素即构成了城市重大事故应急预案的核心要素。这些要素是重大事故应急预案编制所应当涉及的基本方面，在实际编制时，可根据职能部门

的设置和职责分配等具体情况，将要素进行合并或增加，以便于组织编写。

（一）方针与原则

应急救援体系首先应有一个明确的方针和原则来作为指导应急救援工作的纲领。方针与原则反映了应急救援工作的优先方向、政策、范围和总体目标，如保护人员安全优先，防止和控制事故蔓延优先，保护环境优先。此外，方针与原则还应体现事故损失控制、预防为主、常备不懈、统一指挥、高效协调，以及持续改进的思想。

（二）应急策划

应急预案是有针对性的，具有明确的对象，其对象可能是某一类或多类可能的重大事故类型。应急预案的制定必须基于对所针对的潜在事故类型有一个全面系统的认识和评价，识别出重要的潜在事故类型、性质、区域、分布及事故后果，同时，根据危险分析的结果，分析应急救援的应急力量和可用资源情况，并提出建设性意见。在进行应急策划时，应当列出国家、地方相关的法律法规，以作为预案的制定、应急工作的依据和授权。应急策划包括危险分析、资源分析以及法律法规要求三个二级要素。

1. 危险分析：危险分析的最终目的是要明确应急的对象（可能存在的重大事故）、事故的性质及其影响范围、后果严重程度等，为应急准备、应急响应和减灾措施提供决策和指导依据。危险分析包括危险识别、脆弱性分析和风险分析。危险分析应依据国家和地方有关的法律法规要求，根据具体情况进行。

2. 资源分析：针对危险分析确定的主要危险，明确应急救援所需的资源，列出可用的应急力量和资源，包括：①各类应急力量的组成及分布情况；②各种重要应急设备、物资的准备情况；③上级救援机构或周边可用的应急资源。

通过资源分析，可为应急资源的规划与配备、与相邻地区签订互助协议和预案编制提供指导。

3. 法律法规要求：有关应急救援的法律法规是开展应急救援工作的重要前提保障。应急策划时，应列出国家、省、地方涉及应急各部门职责要求以及应急预案、应急准备和应急救援的法律法规文件，以作为预案编制和应急救援的依据和授权。

（三）应急准备

应急预案能否在应急救援中成功地发挥作用，不仅仅取决于应急预案自身的完善程度，还取决于应急准备的充分与否。应急准备应当依据应急策划的结果开展，包括各应急组织及其职责权限的明确、应急资源的准备、公众教育、应急人员培训、预案演练和互助协议的签署等。

1. 机构与职责

为保证应急救援工作的反应迅速、协调有序，必须建立完善的应急机构组织体系，包括城市应急管理的领导机构、应急响应中心以及各有关机构部门等。对应急救援中承担任务的所有应急组织，应明确相应的职责、负责人、候补人及联络方式。

2. 应急资源

应急资源的准备是应急救援工作的重要保障，应根据潜在事故的性质和后果分析，合理组建专业和社会救援力量，配备应急救援中所需的消防手段、各种救援机械和设备、监测仪器、堵漏材料、交通工具、个体防护设备、医疗设备和药品、生活保障物资等，并定期检查、维护与更新，保证始终处于完好状态。另外，对应急资源信息应实施有效的管理与更新。

3. 教育、训练与演习

为全面提高应急能力，应急预案应对公众教育、应急训练和演习做出相应的规定，包括其内容、计划、组织与准备、效果评估等。

施工作业人员的意识和自我保护能力是减少重大事故伤亡不可忽视的一个重要方面。作为应急准备的一项内容，应对施工作业人员的日常教育做出规定，尤其是位于重大危险源周边施工的人群，使他们了解潜在危险的性质和危害，掌握必要的自救知识，了解预先指定的主要及备用疏散路线和集合地点，了解各种警报的含义和应急救援工作的有关要求。

应急训练的基本内容主要包括基础培训与训练、专业训练、战术训练及其他训练等。基础培训与训练的目的是保证应急人员具备良好的体能、战斗意志和作风，明确各自的职责，熟悉工地潜在重大危险的性质、救援的基本程序和要领，熟练掌握个人防护装备和通信装备的使用等；专业训练关系到应急队伍的实战能力，训练内容主要包括专业常识、堵源技术、抢运和现场急救等技术；战术训练是各项专业技术的综合运用，使各级指挥员和救援人员具备良好的组织指挥能力和应变能力；其他训练应根据实际情况，选择开展训练，以进一步提高救援队伍的救援水平。

预案演习是对应急能力的综合检验。应急演习包括桌面演习和实战模拟演习。组织由应急各方参加的预案训练和演习，使应急人员进入“实战”状态，熟悉各类应急处理和整个应急行动的程序，明确自身的职责，提高协同作战的能力。同时，应对演练的结果进行评估，分析应急预案存在的不足，并予以改进和完善。

4. 互助协议

当有关的应急力量与资源相对薄弱时，应事先寻求与邻近区域签订正式的互助协议，并做好相应的安排，以便在应急救援中及时得到外部救援力量和资源的援助。此外，也应与社会专业技术服务机构、物资供应企业等签署相应的互助协议。

（四）应急响应

应急响应包括应急救援过程中一系列需要明确并实施的核心应急功能和任务，这些核心功能具有一定的独立性，但相互之间又密切联系，构成了应急响应的有机整体。应急响应的核心功能和任务包括：接警与通知，指挥与控制，警报和紧急公告，事态监测与评估，警戒与治安，人群疏散与安置，医疗与卫生，公共关系，应急人员安全，消防与抢险等。

1. 接警与通知

准确了解事故的性质和规模等初始信息，是决定启动应急救援的关键。接警作为应急响应的第一步，必须对接警要求做出明确规定，保证迅速、准确地向报警人员询问事故现场的重要信息。接警人员接受报警后，应按预先确定的通报程序，迅速向有关应急机构、政府及上级部门发出事故通知，以采取相应的行动。

2. 指挥与控制

重大事故的应急救援往往涉及多个救援机构，因此，对应急行动的统一指挥和协调是应急救援有效开展的关键。因此应建立分级响应、统一指挥、协调和决策程序，以便对事故进行初始评估，确认紧急状态，迅速有效地进行应急响应决策，建立现场工作区域，确定重点保护区域和应急行动的优先原则，指挥和协调现场各救援队伍开展救援行动，合理高效地调配和使用应急资源。

3. 警报和紧急公告

当事故可能影响到周边地区，对周边地区的公众可能造成威胁时，应及时启动警报系统，向公众发出警报，同时通过各种途径向公众发出紧急公告，告知事故性质、对健康的影响、自我保护措施、注意事项等，以保证公众能够及时做出自我防护响应。决定实施疏散时，应通过紧急公告确保公众了解疏散的有关信息，如疏散时间、路线、随身携带物、交通工具及目的地等。

该部分应明确在发生重大事故时，如何向受影响的公众发出警报，包括什么时候，谁有权决定启动警报系统，各种警报信号的不同含义，警报系统的协调使用、可使用的警报装置的类型和位置，以及警报装置覆盖的地理区域。如果可能，应指定备用措施。

4. 通信

通信是应急指挥、协调和与外界联系的重要保障，在现场指挥部、应急中心、各应急救援组织、新闻媒体、医院、上级政府和外部救援机构等之间，必须建立畅通的应急通信网络。该部分应说明主要通信系统的来源、使用、维护以及应急组织通讯需要的详细情况等，并充分考虑紧急状态下的通信能力和保障，并建立备用的通信系统。

5. 事态监测与评估

事态监测与评估在应急救援和应急恢复决策中具有关键的支持作用。在应急救援过程中必须对事故的发展势态及影响及时进行动态的监测，建立对事故现场及场外进行监测和评估的程序。其中包括：由谁来负责监测与评估活动，监测仪器设备及监测方法，监测点的设置，监测点的现场工作及报告程序等。

6. 警戒与治安

为保障现场应急救援工作的顺利开展，在事故现场周围建立警戒区域，实施交通管制，维护现场治安秩序是十分必要的。其目的是防止与救援无关的人员进入事故现场，保障救援队伍、物资运输和人群疏散等的交通畅通，并避免发生不必要的伤亡。此外，警戒与治安还应该协助发出警报、现场紧急疏散、人员清点、传达紧急信息、执行指挥机构的通告、协助事故调查等。对危险物质事故，必须列出警戒人员有关个体防护的准备。

7. 人群疏散与安置

人群疏散是减少人员伤亡扩大的关键，也是最彻底的应急响应。应当对疏散的紧急情况和决策、预防性疏散准备、疏散区域、疏散距离、疏散路线、疏散运输工具、安全庇护场所以及回迁等做出细致的规定和准备，应充分考虑疏散人群的数量、所需要的时间和可利用的时间、风向等环境变化，以及老弱病残等特殊人群的疏散等问题。对已实施临时疏散的人群，要做好临时生活安置，保障必要的水、电、卫生等基本条件。

8. 医疗与卫生

对受伤人员采取及时有效的现场急救以及合理地转送医院进行治疗，是减少事故现场人员伤亡的关键。在该部分应明确针对城市可能的重大事故，为现场急救、伤员运送、治疗及健康监测等所做的准备和安排，包括：可用的急救资源列表，如急救中心和现场急救人员的数量；专科医院的列表，如数量、分布、治疗能力等。

9. 公共关系

重大事故发生后，不可避免地会引起新闻媒体和公众的关注。因此，应将有关事故的信息、影响、救援工作的进展等情况及时向媒体和公众进行统一发布，以消除公众的恐慌心理，控制谣言，避免公众的猜疑和不满。该部分应明确信息发布的审核和批准程序，保证发布信息的统一性；指定新闻发言人，适时举行新闻发布会，准确发布事故信息，澄清事故传言；为公众咨询、接待、安抚受害人员家属做出安排。

10. 应急人员安全

重大事故尤其是涉及危险物质的重大事故的应急救援工作危险性极大，必需对应急人员自身的安全问题进行周密的考虑，包括安全预防措施、个体防护等级、现场安全监测等，明确应急人员进出现场和紧急撤离的条件和程序，保证应急人员的安全。

11. 消防和抢险

消防和抢险是应急救援工作的核心内容之一，其目的是为尽快地控制事故的发展，防止事故的蔓延和进一步扩大，从而最终控制住事故，并积极营救事故现场的受害人员。尤其是涉及火灾事故，其消防和抢险工作的难度和危险性巨大。该部分应对消防和抢险工作的组织、相关消防抢险设施、器材和物资、人员的培训、行动方案以及现场指挥等做好周密的安排和准备。

（五）现场恢复

现场恢复可称为紧急恢复，是指事故被控制住后所进行的短期恢复，从应急过程来说意味着应急救援工作的结束，进入到另一个工作阶段，即将现场恢复到一个基本稳定的状态。大量的经验教训表明，在现场恢复的过程中仍存在潜在的危险，如余烬复燃、受损建筑倒塌等，所以应充分考虑现场恢复过程中可能的危险。该部分主要内容应包括：宣布应急结束的程序；撤离和交接程序；恢复正常状态的程序；现场清理和受影响区域的连续检测；事故调查与后果评价等。

（六）预案管理与评审改进

应急预案是应急救援工作的指导文件，具有法规权威性，所以应当对预案的制定、修改、更新、批准和发布做出明确的管理规定，并保证定期或在应急演习、应急救援后对应急预案进行评审，针对实际情况以及预案中所暴露出的缺陷，不断地更新、完善和改进。

第三节　应急预案的演练

应急预案的演练是检验、评价和保持应急能力的一个重要手段。其重要作用突出体现在：可在事故真正发生前暴露预案和程序的缺陷，发现应急资源的不足（包括人力和设备等），改善各应急部门、机构、人员之间的协调，增强公众应对突发重大事故救援的信心和应急意识，提高应急人员的熟练程度和技术水平，进一步明确各自的岗位与职责，提高各级预案之间的协调性，提高整体应急反应能力。

一、演练的类型

可采用不同规模的应急演练方法对应急预案的完整性和周密性进行评估，如桌面演练、功能演练和全面演练等。

（一）桌面演练

桌面演练是指由应急组织的代表或关键岗位人员参加的，按照应急预案及其标准工作程序，讨论紧急情况时应采取行动的演练活动。桌面演练的特点是对演练情景进行口头演练，一般是在会议室内举行。其主要目的是锻炼参演人员解决问题的能力，以及解决应急组织相互协作和职责划分的问题。

桌面演练一般仅限于有限的应急响应和内部协调活动，应急人员主要来自本地应急组织，事后一般采取口头评论形式收集参演人员的建议，并提交一份简短的书面报告，总结演练活动和提出有关改进应急响应工作的建议。桌面演练方法成本较低，主要为功能演练和全面演练做准备。

（二）功能演练

功能演练是针对某项应急响应功能或其中某些应急响应行动举行的演练活动，主要目的是针对应急响应功能，检验应急人员以及应急体系的策划和响应能力。例如，指挥和控制功能的演练，其目的是检测、评价多个政府部门在紧急状态下实现集权式的运行和响应能力，演练地点主要集中在若干个应急指挥中心或现场指挥部，并开展有限的现场活动，调用有限的外部资源。

功能演练比桌面演练规模要大，需动员更多的应急人员和机构，因而协调工作的难度也随着更多组织的参与而加大。演练完成后，除采取口头评论形式外，还应向地方提交有关演练活动的书面汇报，提出改进建议。

（三）全面演练

全面演练指针对应急预案中全部或大部分应急响应功能，检验、评价应急组织应急运行能力的演练活动。全面演练一般要求持续几个小时，采取交互式方式进行，演练过程要求尽量真实，调用更多的应急人员和资源，并开展人员、设备及其他资源的实战性演练，以检验相互协调的应急响应能力。与功能演练类似，演练完成后，除采取口头评论、书面汇报外，还应提交正式的书面报告。

应急演练的组织者或策划者在确定采取哪种类型的演练方法时，应考虑以下因素：

1. 应急预案和响应程序制定工作的进展情况。
2. 面临风险的性质和大小。
3. 现有应急响应能力。
4. 应急演练成本及资金筹措状况。
5. 有关政府部门对应急演练工作的态度。
6. 应急组织投入的资源状况。
7. 国家及地方政府部门颁布的有关应急演练的规定。

无论选择何种演练方法，应急演练方案必须与辖区重大事故应急管理的需求和资源条件相适应。

二、演练的参与人员

应急演练的参与人员包括参演人员、控制人员、模拟人员、评价人员和观摩人员。这五类人员在演练过程中都有着重要的作用，并且在演练过程中都应佩戴能表明其身份的识别符。

（一）参演人员

参演人员是指在应急组织中承担具体任务，并在演练过程中尽可能对演练情景或模拟事件做出真实情景下可能采取的响应行动的人员，相当于通常所说的演员。参演人员所承担的具体任务主要包括：

1. 救助伤员或被困人员。
2. 保护财产或公众健康。
3. 获取并管理各类应急资源。
4. 与其他应急人员协同处理重大事故或紧急事件。

（二）控制人员

控制人员是指根据演练情景，控制演练时间进度的人员。控制人员根据演练方案及演练计划的要求，引导参演人员按响应程序行动，并不断给出情况或消息，供参演的指挥人员进行判断、提出对策。其主要任务包括：

1. 确保规定的演练项目得到充分的演练，以利于评价工作的开展。
2. 确保演练活动的任务量和挑战性。
3. 确保演练的进度。
4. 解答参演人员的疑问，解决演练过程中出现的问题。
5. 保障演练过程的安全。

（三）模拟人员

模拟人员是指演练过程中扮演、代替某些应急组织和服务部门，或模拟紧急事件、事态发展的人员。其主要任务包括：

1. 扮演、替代正常情况或响应实际紧急事件时应与应急指挥中心、现场应急指挥所相互作用的机构或服务部门。由于各方面的原因，这些机构或服务部门并不参与此次演练。
2. 模拟事故的发生过程，如释放烟雾、模拟气象条件、模拟坍塌等。
3. 模拟受害或受影响人员。

（四）评价人员

评价人员是指负责观察演练进展情况并予以记录的人员。其主要任务包括：

1. 观察参演人员的应急行动，并记录观察结果。
2. 在不干扰参演人员工作的情况下，协助控制人员确保演练按计划进行。

（五）观摩人员

观摩人员是指来自有关部门、外部机构以及旁观演练过程的观众。

三、演练实施的基本过程

由于应急演练是由许多机构和组织共同参与的一系列行为和活动，因此，应急演练的组织与实施是一项非常复杂的任务，建立应急演练策划小组（或领导小组）是成功组织开展应急演练工作的关键。策划小组应由多种专业人员组成，包括来自消防、公安、医疗急救、应急管理等部门的人员，以及新闻媒体、企业的代表等。为确保演练的成功，参演人员不得参加策划小组，更不能参与演练方案的设计。

综合性应急演练的过程可划分为演练准备、演练实施和演练总结 3 个阶段，各阶段的基本任务如图 9-6 所示。

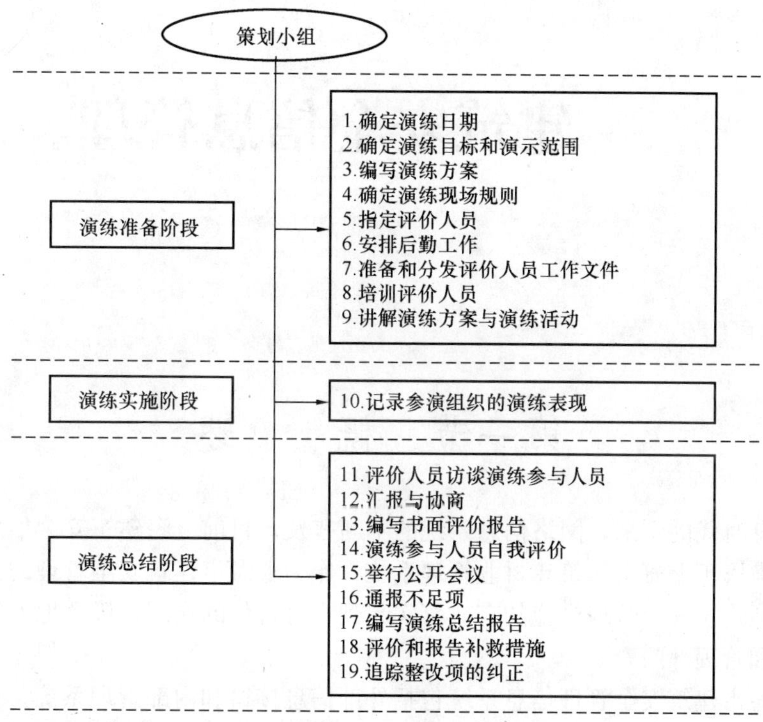

图 9-6　综合性应急演练实施的基本过程

四、演练结果的评价

应急演练结束后应对演练的效果做出评价，并提交演练报告，详细说明演练过程中发现的问题。按照对应急救援工作及时有效性的影响程度，将演练过程中发现的问题分为不足项、整改项和改进项。

（一）不足项

不足项指演练过程中观察或识别出的应急准备缺陷，可能导致在紧急事件发生时，不能确保应急组织或应急救援体系有能力采取合理应对措施，保护公众的安全与健康。不足项应在规定的时间内予以纠正。演练过程中发现的问题确定为不足项时，策划小组负责人应对该不足项进行详细说明，并给出应采取的纠正措施和完成时限。最有可能导致不足项的应急预案编制要素包括：职责分配，应急资源，警报、通报方法与程序，通信，事态评估，公众教育与公共信息，保护措施，应急人员安全和紧急医疗服务等。

（二）整改项

整改项指演练过程中观察或识别出的，单独不可能在应急救援中对公众的安全与健康造成不良影响的应急准备缺陷。整改项应在下次演练前予以纠正。在以下两种情况下，整改项可列为不足项：一是某个应急组织中存在 2 个以上整改项，共同作用可影响保护公众安全与健康能力的；二是某个应急组织在多次演练过程中，反复出现前次演练发现的整改项问题的。

（三）改进项

改进项指应急准备过程中应予改善的问题。改进项不同于不足项和整改项，它不会对人员安全与健康产生严重的影响，视情况予以改进，不必一定要求予以纠正。

第十章 建筑安全信息管理

第一节 概 述

随着信息时代的到来，网络信息系统的不断普及，目前上海建筑安全信息管理系统已初具规模，隶属于上海市建筑建材业管理系统，作为上海市建筑安全管理的主要信息网络平台，为各项建筑安全管理措施的有效落实起到不可替代的作用，极大地方便了建筑安全管理相对人和管理部门。

目前上海市建筑安全管理信息系统包括外部信息接口和内部管理系统，从信息处理的过程来看，包括信息的采集、信息的处理利用。目前外部信息的获取主要通过“上海市建筑建材业”（www. ciac. sh. cn）网站的“在线服务”栏目，由施工企业登陆；“在线服务”栏目包括企业和项目两块；企业主要为：安全生产许可证、三类人员；项目主要为：市文明工地、安全质量标准化。内部管理系统包括：市级管理部门和区县级管理部门及相关协会。内部管理系统通过不同的IKEY权限来确定不同的权限内容。内部管理系统也包括信息的采集、信息的处理利用。目前内部管理系统包括：安全生产许可证管理、安全生产许可证动态考核、三类人员管理、安全监理动态考核、文明工地管理、安全质量标准化管理、建筑起重机械管理、安全事故管理、评价认证机构管理等，还有一个信息交流平台。

经过几年的摸索上海市建筑安全管理系统已日趋完善，为及时获取建筑安全管理方面的数据提供了方便，为建筑管理决策提供了辅助作用。方便了管理相对人，同时提高了管理效率。但是也存在一些不足，如何使管理系统更加贴近施工企业及施工现场的安全管理，还需要一个不断完善和改进的过程。

建筑安全管理信息系统只能作为建筑安全管理的辅助手段，不能代替建筑安全管理。

第二节 建筑安全信息管理的实现

一、安全生产许可证管理

安全许可证管理包括：企业初次办理安全生产许可证的信息管理、企业安全生产许可证办理延期的管理及企业安全生产许可证动态考核的管理三部分。

（一）企业初次办理安全生产许可证

目前企业初次办理安全生产许可证的信息管理系统包括：企业申请信息的获取和内部管理二部分。

1. 企业申请信息的获取

企业申请信息获取是由企业通过外网登陆，填报申请信息获取的，具体为：

申报企业登录上海市建筑建材业网（www. ciac. sh. cn），点击“在线服务”，然后选择“安全生产许可证申报”栏目，进入登录界面。

利用企业 IC 卡进行网上登录，登录时需同时输入“企业编码”、“标识码”和“密码”。

根据界面提示，填写相关内容，同时网上下载相关文件资料。

目前企业申请许可证的基本信息是从企业资质信息管理系统获取的，企业必须取得建筑施工资质方可办理安全生产许可证；同时对企业三类人员的配备数目进行了硬性规定，不满足要求的企业将无法申报成功。

2. 内部管理系统

内部管理系统包括：受理、审核、审批及打印证书。根据企业的资质等级和工商注册地，将企业受理、审核的权限进行了划分：特级、一级企业由市级管理部门受理、审核，二级、三级及劳务企业由区县级管理部门受理、审核；通过 IKEY 权限的划分实现分级管理。审批由建设行政主管部门操作，证书打印由具体制证部门操作。受理、审核、审批及证书打印是一个不可逆的连锁过程，受理通过企业方可进行审核，审核通过企业方可进行审批，审批通过企业方可进行证书打印。受理、审核、审批及证书打印各环节都有信息的查询、汇总功能，能够及时掌握各管理层次、管理环节的工作情况。

（二）企业安全生产许可证的延期管理

目前企业安全生产许可证的延期管理包括：企业申请信息的获取和内部管理二部分。

1. 企业申请信息的获取

企业申请信息获取是由企业通过外网登陆，填报申请信息获取的，具体为：

申报企业登录上海市建筑建材业网（www. ciac. sh. cn），点击“在线服务”，然后选择“安全生产许可证延期申报”栏目，进入登录界面。

利用企业 IC 卡进行网上登录，登录时需同时输入“企业编码”、“标识码”和“密码”。

根据界面提示，填写相关内容，同时网上下载相关文件资料。

目前企业申请许可证延期的基本信息是从企业原有许可证信息获取，企业许可证延期申请的处理分为“程序审核”和“严格审核”两个类别，对于存在不良记录的企业将列入“严格审核”，企业不良记录的信息从“安全生产许可证动态考核”和“安全事故管理”模块获取。针对不同类别的企业，在内部管理系统将有不同要求。

2. 内部管理系统

内部管理系统包括：受理、审核、审批及打印证书。受理统一由市级受理部门进行，审核根据企业的资质等级和工商注册地，将企业审核的权限进行了划分：特级、一级企业由市级管理部门审核，二级、三级及劳务企业由区县级管理部门审核；通过 IKEY 权限的划分实现分级管理。审批由建设行政主管部门操作，证书打印由具体制证部门操作。受理、审核、审批及证书打印是一个不可逆的连锁过程，受理通过企业方可进行审核，审核通过企业方可进行审批，审批通过企业方可进行证书打印。受理、审核、审批及证书打印各环节都有信息的查询、汇总功能，能够及时掌握各管理层次、管理环节的工作情况。

对于“严格审核”企业需要由其在建工程的监督站对其在建工程的安全状况进行评定。这样许可证延期内部管理系统对“严格审核”企业的处理包括：管理部门对企业的在建项目进行确认、监督站确认评定结论、管理部门确认审核结论。一个严格审核企业涉及到企业管理部门和在建工程监督部门的双层网络审核。

（三）安全生产许可证动态考核

目前安全生产许可证动态管理系统主要包括：动态考核信息的获取和查询、动态考核信息的汇总、不合格企业的处理。

1. 动态考核信息的获取和查询

动态考核信息的获取主要由各级监督系统通过网络系统进行信息采集来获取，各级监督系统根据日常监督过程中发现的问题，结合动态考核计分标准录入管理系统。各级监督系统可以按照不同的动态计分标准进行查询。

2. 动态考核信息的汇总

登陆管理系统可以，按照某一计分标准对某一时间段的情况进行汇总，按照计分实施监督站对其在某一阶段的动态考核记录进行汇总；按照企业对其在某个时间段的动态考核记录进行汇总，通过企业的汇总，根据不合格企业评判的标准，列出不合格企业。

3. 不合格企业的处理

对不合格的处理，主要包括企业在建项目的确认、企业在建项目的复查、企业安全生产条件复查。在建项目的确认由企业安全生产许可证管理部门进行、企业在建项目的复查由工程监督部门进行、企业安全生产条件复查由企业安全生产许可证管理部门根据企业在建项目复查和安全生产评价情况进行确认。

二、安全监理动态考核管理系统

安全监理动态考核管理系统主要包括动态考核信息的获取、不合格企业人员的汇总。

（一）动态考核信息的获取

动态考核信息的获取，主要由各级安全监督机构来完成，通过“安全监理动态考核管理”，在“新增监理企业安全监理动态考核”栏中，选择相关的监理企业，进行动态考核记分包括：监理企业信息、企业总监理工程师信息、企业安全监理员信息三部分。

1. 监理企业记分

在“监理企业信息”栏中，选择“新增企业动态考核记录”，进入监理企业动态考核记分页面，选择填写被记分工地名称，选择相应的记分条款，并填写记分数。

2. 总监理工程师记分

(1) 在“企业总监理工程师信息”栏中，点击“新增总监理工程师”，进入总监理工程师动态考核记分页面，选择被记分总监理工程师（已注册在本企业）。

(2) 在“企业总监理工程师信息”栏中，点击被记分总监理工程师，再次进入总监理工程师动态考核记分页面；点击“新增总监理工程师动态考核记录”，选择填写被记分工地名称，选择相应的记分条款，并填写记分数，点击“保存总监理工程师考核记录”。

3. 安全监理员记分

（1）在“企业安全监理员信息”栏中，点击“新增安全监理员”，进入安全监理员动态考核记分页面，填写被记分安全监理员的相关信息，点击“保存安全监理员信息”，然后返回“企业安全监理员信息”页面。

（2）在“企业安全监理员信息”栏中，点击被记分安全监理员，再次进入安全监理员动态考核记分页面；点击“新增安全监理员动态考核记录”，选择填写被记分工地名称，选择相应的记分条款，并填写记分数，点击“保存安全监理员考核记录”。

（二）不合格企业人员的汇总

在“安全监理动态考核信息汇总查询区”输入企业名称，点击“提交汇总查询条件”，在“查询结果”列表中点击相应企业，进入记分查询页面。点击“监理企业信息”栏中“查询结果”列表记录，查询企业记分情况。点击“企业总监理工程师信息”栏中“查询结果”列表记录，查询总监理工程师记分情况。点击“企业安全监理员信息”栏中“查询结果”列表记录，查询安全监理员记分情况。

三、安全质量标准化管理系统

通过安全质量标准化管理系统，将符合申报条件的工程全部纳入了管理系统，提高了对在建工程信息的及时汇总和了解。

（一）施工企业申报

施工企业登录上海建筑建材业网站（www. ciac. sh. cn），选择“在线服务”中“项目”列表中的“安全质量标准化”栏目进入登录界面，利用施工企业IC卡进行网上登录，登录时需同时输入“企业编码”、“标识码”和“密码”。在申报页面的新增申报区中输入申报工地的施工许可证编号、工地编号或报建编号（三种编号中任意一种），然后点击“新增申报”按钮，进入“开工申报表”界面，填写有关信息，按“确认”按钮确认，生成申报工地用户名及密码。申报信息会在申报页面列表区自动显示。

（二）受监安监站受理

受监安监站登陆内部管理系统后，根据施工企业的申报信息进行受理。

（三）施工现场月度自评，添加分包单位、月度评分，添加重大危险源

施工现场项目部登录上海建筑建材业网站（www. ciac. sh. cn），选择“建筑施工安全质量标准化”栏目进入登录界面，利用工地用户名及密码进行网上登录，填报月度自评结果、添加新进场的分包单位（包括对分包单位的评分）、添加下一月可能进行的危险性较大工程（包括施工周期、施工单位等），直至工程竣工。

（四）监理企业核准

监理企业登录上海建筑建材业网站（www. ciac. sh. cn），选择“建筑施工安全质量标准化”栏目进入登录界面，利用监理企业IC卡进行网上登录，登录时需同时输入“企业编码”、“标识码”和“密码”，查看工地信息时，自动生成工地的用户名及密码。

工地监理项目部登录上海建筑建材业网站（www. ciac. sh. cn），选择“建筑施工安全质量标准化”栏目进入登录界面，利用生成的用户名及密码进行登录，填报月度核准结果，填报信息在申报页面列表区自动显示。

工程竣工后，监理企业网上点击核准竣工。

（五）受监安监站复核

各级安全监督机构进入“管理系统”，选择“安全质量标准化”栏目，对申报工地进行季度复核和竣工确认等。

（六）工程竣工

工程竣工后，施工企业网上点击确认竣工。

（七）总站审核

总站有关人员登录管理系统，对区、县及专业安监站竣工确认的工地进行审核。

（八）网上查询

相关企业可以登录网站按照查询区指定的条件查询企业及工地的达标状态信息，了解区、县站对该工地的处理意见和需要补充的资料及总站的审核意见。

（九）其他

1. 申报条件

(1) 施工企业具备合法、有效的《安全生产许可证》；

(2) 现场施工单位安全管理人员配置合理，项目经理、安全管理人员取得三类人员安全考核合格证书；

(3) 按规定进行内审；

(4) 按规定必须通过外审认证的施工现场。

2. 必须应通过外审认证的标准

(1) 企业新成立一年内承接的；

(2) 包含有建设部包含有（建质［2004］213号）文件《关于印发〈建筑施工企业安全生产管理机构设置及专职安全生产管理人员配备办法〉和〈危险性较大工程安全专项施工方案编制及专家论证审查办法〉的通知》中规定的的危险性较大分部分项工程的的。

3. 申报时限要求

(1) 总包单位在工程开工后30天内，向受监安监站申报（申报表附后）。

(2) 相关专业承包、劳务分包单位与总包单位签定合同后，必须在10天内，经总包单位核定同意后，向原受监安监站增报。

4. 竣工评定

“合格”排除条件：

(1) 发生2起及以上1人因工死亡事故的；

(2) 发生1起2人及以上因工死亡事故的；

(3) 被责令全面停工两次及以上的；

(4) 将工程分包给无安全生产许可证企业的；

(5) 总站抽巡查评定为不合格的。

“优良”排除条件：

(1) 发生因工死亡事故的施工现场；

(2) 受到投诉、举报或被新闻媒体曝光并经查实的施工现场。

外审认证、整改“合格”约束条件：

(1) 发生1起1人因工死亡事故；

(2) 有1次全面停工；

(3) 有两次局部暂缓施工记录；

（4）被开具安全隐患整改单3次。

四、文明工地管理系统

通过上海市文明工地管理系统的建立，进一步规范了文明工地申报、受理、推荐，检查的管理。

（一）网站登陆

企业登录上海市建设工程安全质量监督网（www. ciac. sh. cn），在“网上办事”栏目中选择市文明工地申报，进入用户手机登录页面。

首次登陆系统的企业用中国移动手机号码注册，填写单位名称和联系人等必要信息，密码即通过短消息发送到联系人的手机上，长度为6位。

联系人输入手机号码和密码就可以开始市文明工地网上申报。

通过获取手机号码，可以利用手机短息提示功能，通知企业文明工地的检查安排。

（二）网上申报

申报接口分成三个区域，新增申报区、查询区和列表区。

新增市文明工地申报时在新增申报区中输入工地编码，然后点击“新增申报”按钮，进入“上海市文明工地申报表”界面，填写有关信息，按“确认”按钮确认，申报结束。

申报信息会在列表区自动生成。

（三）网上推荐

各区、县站登陆上海市建设工程安全质量监督网（www. azj. sh. cn），进入“管理系统”，然后进入“工程创优”栏目，点击“文明工地初验”。在列表区内选择相应工地，进入“上海市文明工地初验”界面，对所监督的符合推荐资格的工程项目的网上申报记录进行审核，确认无误后，在“区、县站初验记录”中“是否推荐”栏目选择“推荐”或“不推荐”，同时选择“拟参评月份”。

（四）网上审批

总站有关人员登录管理系统，对区、县站推荐的工程进行审核，确定是否受理此工程。

（五）网上查询

申报企业可以登陆网站按照查询区指定的条件查询相应的工地，了解区、县站对该工地的处理意见和需要补充的资料及总站的审批意见。

（六）检查信息发布

管理人员通过管理系统，将检查日程安排发布到外网，同时短息提示申报单位登陆用的手机用户。

五、建筑起重机械管理系统

通过建筑起重机械管理系统的建立，规范了设备的使用流程，强化了设备使用中的安全管理，提高了建筑业的安全质量水平。

（一）特种作业人员信息管理

特种作业人员基本信息经网上登记并审核通过后，对特种作业人员进行规范管理，限定在设备安装、使用，拆卸各环节，只允许具有相关资格证书的人员进行操作，并记录特种作业人员的考核情况。

（二）企业信息管理

对产权单位、生产单位、租赁单位、维修单位等企业提供办理所需的资料进行备案登记，经审核通过后方有效，确保企业信息的真实可靠。

（三）设备信息管理

目前纳入管理的设备共有五种，分别为：施工升降机，塔式起重机，门式起重机，履带式起重机，汽车和轮胎式起重机。由自购使用单位或租赁单位提供办理所需的资料到检测单位或安全协会进行备案登记，经安全协会审核通过后方可使用。

有下列情形之一，不得出租、使用：

1. 属国家命令淘汰或禁止使用；
2. 超过安全技术标准或制造厂家规定使用年限；
3. 经检验达不到安全技术标准规定；
4. 没有完整安全技术档案；
5. 没有齐全有效的安全保护装置。

（四）业务信息管理

业务信息管理包括：设备安装登记、设备检测登记、设备拆卸登记、设备评估登记，中间检测提醒，设备评估提醒，设备事故登记，转场保养登记，设备维修登记。

（五）综合信息管理

综合信息管理整合了设备在使用过程中的各种信息，通过数据和图表的形式展现。查询包括：基本信息查询和综合信息查询。统计包括：检测项统计，在用设备统计，设备登记统计，安装台数统计，检测台数统计，拆卸台数统计，评估台数统计，检测趋势分析，设备分机龄统计，登记数据统计，综合信息统计。

六、评价认证机构管理系统

评价、认证机构的管理系统主要包括：评价认证业务管理和人员管理

（一）人员管理

通过人员管理进一步规范评价认证业务的管理，只有进入人员管理系统的人方可参加评价认证业务，人员管理中包括：人员基本信息、继续教育记录及年度考核记录等。

（二）认证业务管理

认证业务管理包括：施工现场基本信息、初审记录、审核记录、评审记录、监审记录。

施工现场基本信息通过安全质量标准化管理信息系统获取；初审记录包括初审时间、初审人员、初审结论、初审意见；审核记录包括审核时间、审核人员、审核结论、审核意见，审核过程中开具的不合格报告将登陆管理系统，不合格报告信息包括开具日期、条款、验证结论、验证日期；评审记录包括评审时间、评审人员、评审结论，监审记录包括监审时间、监审人员、监审结论、监审意见。

（三）评价业务管理

评价业务管理包括：企业基本信息，初评记录、评价记录、评审记录、回访记录。

施工企业基本信息通过施工企业资质备案信息获取；初评记录包括初评时间、初评人

员、初评结论、初评意见；评价记录包括评价时间、评价人员、评价结论、评价意见，另外还包括企业根据十二项条件的自评记录、评价机构的评价报告内容；评审记录包括评审时间、评审人员、评审结论，回访记录包括回访时间、回访人员、回访结论、回访意见。

七、安全事故管理系统

安全事故管理系统包括事故信息快报、事故处理、事故信息汇总。

（一）事故快报

建筑施工现场发生死亡事故后，各级监督系统根据掌握的事故信息，及时登陆事故管理快报系统，可以通过施工许可证信息、报监信息或安全质量标准化信息，获取工地信息，也可以自己填报工程基本信息（部分事故工地未纳入工程监督范围），获取工地基本信息后，填报事故的基本信息，死亡人员基本信息等。

（二）事故处理

根据事故调查报告的结论对施工总包单位、分包单位及相关人员进行计分考核，纳入施工企业、人员的动态考核系统中。

（三）事故信息汇总

根据施工发生的区域、类别、时间等对事故信息进行汇总分析。

八、监督站管理系统

各级监督系统的管理包括信息交流平台、动态考核计分。

（一）信息交流平台

信息交流平台包括信息发布和交流意见，针对安全监督方面的热点、难点问题进行交流，同时进行一些重要信息的发布。

（二）动态考核计分

根据动态计分标准要求，将计分的内容录入管理系统，进行定期的汇总统计，方便信息管理。

第三节 远景设想

建立统一的信息管理平台，围绕施工现场安全监督的主线，实现施工现场和建筑市场的融合，实现隐形市场和显性管理的结合，做到信息的统一、共享。

全国建筑安全管理信息的联网、共享。建筑施工企业安全生产可证信息，施工企业主要负责人、项目负责人、安全生产管理人员安全考核合格证书信息，建筑施工特种作业人员信息，建筑起重机械备案信息等等，将会极大地方便建筑安全管理，避免地方保护主义，避免管理壁垒，保证企业竞争地位的公平。

第二篇

工程参与各方安全管理

第十一章 安全监督站管理

第一节 概 述

一、安全监督站的组织机构和人员配备

（一）组织机构

建设工程安全监督站（以下简称安全监督站），是受区、县建设主管部门或有关部门委托，依据国家法律、法规和工程建设强制性标准，对工程建设实施过程中各参建责任主体和有关单位的安全生产行为及工程实体安全状况进行监督管理的具有独立法人资格的单位。

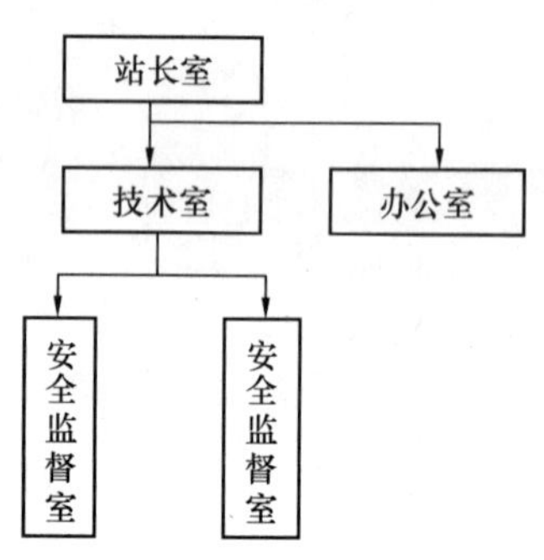

图 11-1 组织结构图

安全监督站应设站长室，负责全面指导辖区内建设工程安全监督工作的开展。下宜设技术室、安全监督室和办公室，其中技术室主要负责安全监督技术管理、工程项目管理、安全形势分析及工程创优等相关工作；安全监督室主要负责日常工程安全监督及安全生产、文明施工投诉处理等相关工作；办公室主要负责投诉受理，安全监督档案管理、文件收发等工作。

（二）人员配置及执业资格

1. 人员配置

安全监督站在人员配置方面，应根据所管辖区域工程监督的工作量配备专职的安监机构负责人及安全监督人员。其中，专职安监机构负责人不少于 1 人；安全监督人员应包括安全防护、施工机械、临时用电等类别的专职安全监督人员；同时应配置技术管理责任人和内业管理人员。

2. 执业资格

安全监督人员应具备工程类（或相关）专业大专及以上学历，或有 3 年以上从事建设工程安全管理或相关工作的实际经验，经考核认定，并持有行政执法证上岗。除此之外，还应符合如下从业条件：

（1）安监机构技术负责人应具有高级专业技术职称，或取得中级专业技术职称 8 年以上，或取得全国注册安全工程师执业资格 5 年以上；从事建设工程安全监督管理工作 10

年以上。

（2）监督组长或主监员应具有中级专业技术职称，或取得全国注册安全工程师执业资格 3 年以上；从事建设工程安全管理工作 5 年以上。

（3）具备建筑工程类专业本科及以上学历的应届毕业生，实习期不得少于 1 年，经考核合格后，方可独立上岗。

二、安全监督站的管理权限和职责内容

（一）管理权限

建设工程安全监督管理，遵循属地管理和层级管理相结合、监督安全保证体系运行与监督工程实体防护相结合、全面要求与重点监管相结合、监督执法与服务指导相结合的原则，主要依据行政区域和等级划分管理范围，确定管理权限。

安全监督站依据法律、法规和工程建设强制性标准，对建筑工程新建、改建、扩建、拆除和装饰装修工程等实施安全生产监管，督促各方主体履行安全生产责任，控制和减少建筑施工事故的发生；并对工程建设过程中的文明施工等情况进行监管。

（二）职责内容

1. 安全监督站职责

安全监督站是具体负责区域内建设工程安全监督管理的机构。其主要职责是：

（1）贯彻执行国家和本市建设工程有关安全生产和文明施工的法律、法规、规章和政策；

（2）负责辖区内建设工程安全和文明施工的指导、协调、监督、管理，负责辖区内建设工程项目的过程监管；

（3）承担对辖区内建设工程安全违法行为的具体行政执法；

（4）负责对建设工程中的参与单位实施动态管理，参与建设工程重大安全事故的调查和处理；

（5）负责建设工地涉及施工扰民、安全措施不到位等问题的信访投诉处理；

（6）完成上级交办的其他事项。

2. 安全监督站各部门职责

（1）站长室工作职责

1）组织制订和实施安全监督站各项工作计划；

2）督促安监室按计划实施安全生产、文明施工的监督管理；

3）审定、签发各类文件，定期召集会议，听取各监督组长（主监员）的工作汇报，提出工作要求；

4）负责组织实施安全事故的调查处理工作；

5）负责辖区内建设工程创市、区文明工地的初审、推荐和上报工作；

6）组织各类安全大检查、专项检查和整治活动；

7）掌握辖区工程安全动态，及时向上级建设主管部门提出建议和措施等。

（2）技术室工作职责

1）负责全站的技术管理工作，包括年度技术标准、规范、学习计划的制订及组织实施工作，监督人员技术业务培训的组织和安排工作，以及相关业务讲座及交流活动的组织

工作等；

2）协助站领导做好辖区内建设工程创文明工地的初审、推荐和上报工作；

3）了解掌握各监督组室检查情况，对组室监督工作进行业务指导、督查；

4）组织实施各类安全大检查和专项检查，做好各次检查的汇总和小结，并建立台账；

5）按时完成月度或季度建设工程信息以及安全监督数据的汇总审核和上报工作；

6）参与建设工程各类安全事故的调查处理，并做好事故资料的保存归档工作；

7）负责编制和审定重大工程项目的安全监督方案，督促安全监督室实施监督方案；

8）负责技术资料的收集及管理工作；

9）定期审核竣工工程的安全监督档案；

10）完成上级交办的其他任务。

（3）安监室工作职责

1）依据工程特点编制安全监督方案，并按照监督方案实施监督；

2）组织辖区内建设工程的日常安全巡查活动，审查施工现场建设参与各方安保体系的建立和运行状况；

3）参与本站组织的各类安全大检查和专项检查，负责对违规工程和违规的安全行为实施相应的行政措施；

4）定期报告辖区范围内的安全生产和文明施工现状，并提出相应的对策措施；

5）推动辖区内工程创优工作，实行目标管理，做好区优工程的推荐工作；

6）建立各类工作台账，按时统计并向技术室上报工程信息和监督数据，做好各类台账的登记、统计和上报工作；

7）编写竣工工程安全监督报告，整理和完成竣工工程归档资料；

8）参与辖区内建设工程安全事故的调查处理；

9）负责做好涉及建设工程安全生产和文明施工的各类投诉处理工作；

10）完成上级交办的其他任务。

（4）办公室工作职责

1）负责建设工程报监的受理工作；

2）负责建设工程各类投诉的受理、登记和结案归档工作；

3）负责建设工程安全监督档案的归档工作；

4）协助监督部门做好其他相关工作；

5）完成上级交办的其他工作。

3. 各类人员岗位职责

（1）安监机构负责人岗位职责：主要负责抓好全站安全监督工作的开展，包括：

1）贯彻执行国家和本地区有关建设工程安全的法律法规、政策和技术标准规范，及时传达和贯彻市站和上级部门的有关会议精神；

2）掌握本区建设工程安全动态，及时向上级建设主管部门提出建议和措施；

3）制订安全监督年度工作计划，组织年度安全工作目标任务的分解落实和各项工作计划的贯彻实施；

4）根据上级主管部门的安排和本区工程的实际情况，组织安排建设工程各类质量、安全大检查、抽巡查和专项整治活动；

5）坚持依法行政，公正执法，组织辖区内建设工程安全违法违规行为的查处，负责审批安全行政措施和行政处罚文书；

6）负责查处（或参与查处）建设工程重大安全事故，督促事故处理报告及事故处理的落实，并总结经验教训，建立事故预警防范机制；

7）负责开展建设工程创优达标活动，推行创优目标管理，组织各类工程创优的初审和推荐上报工作；

8）审定、签发各类文件，批转、督促、审核涉及文明施工等问题的安全信访投诉处理，确保投诉处理的及时率和结案率；

9）负责完成上级部门下达的突发性任务及其他工作。

（2）技术室主任岗位职责：主要负责有关安全监督的技术管理工作，包括：

1）贯彻执行上级有关技术指导性文件、规定，负责本站技术业务文件的制订，审定重大工程的监督方案；

2）掌握科技动态，管理技术文件，负责本站各类技术规范、标准的日常管理工作；

3）协助站长组织安排辖区内工程安全各类大检查和专项检查活动，认真做好检查总结；

4）协助分管领导做好工程安全抽巡查工作，掌握辖区内建设工程安全监督工作新的动态和信息；

5）定期分析、上报辖区建设工程安全形势，对工作中的薄弱环节，组织、确定研究课题，并推进实施；

6）参与重大安全事故的调查处理，并提出处理意见和整改措施，及时向领导汇报；

7）推进辖区内建设工程创优达标活动，提供技术咨询和服务，负责创优工程的初审和推荐上报工作，组织辖区内优质工程的观摩学习以及工程项目先进管理经验的交流推广活动；

8）完成上级交办的其他任务。

（3）技术室技术管理员岗位职责：协助主任做好技术管理和统计工作，包括：

1）负责技术资料的日常管理工作；

2）负责审核工程安全监督档案；

3）参与各类安全大检查；

4）完成站内工程项目监督信息统计工作，按时向上级部门上报月度的各类统计报表。

（4）监督组长（或主监员）岗位职责：负责辖区内建设工地的安全监督管理，包括：

1）在站长领导下负责管辖区域内建设工程安全生产及文明施工的监督管理工作，贯彻执行国家有关建设工程质量的法规、规范和技术标准；

2）根据工程实际情况负责编制安全监督方案，并认真按照监督方案做好日常的安全监督工作；

3）合理安排监督室的监督任务，认真组织本室的安全抽巡查工作，参与技术室组织的各类安全大检查、专项检查和突发整治任务；

4）坚持原则，依法行政，对违反有关安全生产的法律、法规、强制性标准的工程及时采取行政处理措施，或向站长提出行政处罚意见，确保行政执法正确率；

5）参与辖区内建设工程安全事故和媒体曝光事件的调查和处理，提出处理意见，负责事故档案的收集和整理工作；

6）负责辖区内各类关于建设工程安全生产和文明施工的投诉处理工作，（包括 12319 城建热线、网格化管理、上级批转的及本站受理的各类来信来访），确保处理及时率和结案率，并完成结案材料；

7）组织辖区内建设工程创优达标活动，实行目标管理，过程监控，做好市文明工地、区文明工地的推荐上报工作，提高创优工程推荐入选率；

8）督促监督人员做好工程安全监督档案归档资料、本室工程台账、报表以及各类记录，并负责审查，确保工作质量；

9）及时掌握辖区内安全生产、文明施工、扬尘控制及工地环境卫生动态，及时向站长报告工作情况，做好信息沟通；

10）认真完成站领导交办的各项任务。

（5）安全监督员岗位职责：协助监督组长（或主监员）做好辖区内的建设工地安全监督管理工作，包括：

1）认真贯彻执行国家有关建设工程安全监督的法规、规范和技术标准，协助监督组长（或主监员）认真开展辖区内建设工程的安全监督工作；

2）根据监督组长（或主监员）的工作安排，积极参与本室的安全抽、巡查工作以及技术室组织的各类安全大检查、专项检查和突发整治任务；

3）按照安全监督方案要求及要点，对受监工程安全保证体系的建立和运行进行监督和检查，掌握受监工程的安全生产和文明施工动态情况；

4）严格监督，依法行政，对违反有关工程质量的法律、法规、强制性标准的工程及时向监督组长（或主监员）提出采取行政措施或行政处罚的建议和主张；

5）参与辖区内建设工程安全事故和媒体曝光事件的调查和处理，配合监督组长（或主监员）做好事故档案的收集和整理工作；

6）参与辖区内各类关于建设工程安全生产和文明施工的投诉处理工作，（包括 12319 城建热线、网格化管理、上级批转的及本站受理的各类来信来访），提出处理建议，配合监督组长（或主监员）完成结案材料；

7）参与辖区内建设工程安全创优达标活动的推荐上报工作，负责收集工程创优的各类资料；

8）认真做好安全监督记录、工程台账、工程报表，及时完成竣工工程资料的收集和归档工作，做到及时记录、及时上报、及时归档；

9）按时完成站领导及监督组长（或主监员）交办的其他各项工作。

（6）档案员岗位职责：负责安全监督站的各类档案管理及相关工作：

1）负责建立健全本站各项档案管理制度，并按制度执行；

2）负责接收监督组室转交的安全监督档案，并装订成册，归档入库；

3）负责档案室的日常管理工作，定期清理档案，确保档案完好、安全和有效利用，查阅方便有记录；

4）负责各类文件的收发、运转、传阅、整理、立卷、归档工作；

5）负责电子档案的收集、整理、立卷、归档。

6）完成领导交办的其他工作。

三、安全监督管理工作制度

根据建设部《建筑工程安全生产监督管理工作导则》（建质［2005］184号）的要求，建设工程安全监督机构应建立以下制度：

（一）安全生产形势分析制度

指安全监督站定期对本区域内建筑工程安全生产状况进行多角度、全方位分析，找出事故多发类型、原因和安全生产管理薄弱环节，制定相应措施，并发布建筑工程安全生产形势分析报告。

（二）安全生产联络员制度

指建设工程相关企业设置专职安全生产联络员，安全监督站定期组织安全生产联络员召开会议，加强工作信息动态交流，研究控制事故的对策、措施，部署和安排重大工作。

（三）安全生产预警提示制度

指在重大节日、重要会议、特殊季节、恶劣天气到来和施工高峰期之前，安全监督站认真分析和查找本区域内建筑工程安全生产的薄弱环节，深刻吸取以往年度同时期曾发生事故的教训，有针对性地提早作出符合实际的安全生产工作部署。

（四）重大危险源公示和跟踪整改制度

指安全监督站通过督促建设工地开展自查、开展专项整治活动等方式，经常性地对本区域的建筑工程重大危险源进行排摸登记工作，掌握重大危险源的数量和分布状况，并向社会公布建筑工程重大危险源名录、整改措施及治理情况。

（五）安全重特大事故约谈制度

指遇重特大安全事故，安全监督站负责人要与发生事故工程的建设单位、施工单位等有关责任主体的负责人进行约谈告诫，并将约谈告诫记录向社会公示。

（六）安全生产监督执法人员培训考核制度

指定期组织安全生产监督执法人员进行安全生产法律、法规和标准、规范的培训，并进行考核，考核合格的方可上岗。

（七）监督管理档案评查制度

指对安全生产的监督检查、行政处罚、事故处理等行政执法文书、记录、证据材料等立卷归档。

（八）安全生产信用监督和失信惩戒制度

指将建筑工程安全生产各方责任主体和从业人员安全生产不良行为记录在案，并利用网络、媒体等向全社会公示，加大安全生产社会监督力度。

除此之外，安全监督站还应结合实际情况建立完善业务工作类、行政执法类、内部管理类及廉洁从政类等相关制度。其中业务工作类制度可包括监督方案编制办法、安全抽巡查工作要点、安全事故报告处理制度等；行政执法类制度可包括行政执法责任制、行政执法公开制度、行政执法过错责任追究制度、行政执法人员资格管理制度等；内部管理类制度可包括岗位责任制、技术责任制、监督人员业务能力考核制度、职工请假和考勤制度、物资采购与管理规定等；廉洁从政类制度可包括廉洁自律制度、职业道德守则、公开办事制度、“三重一大”集体决策议事制度、信访制度等。

四、监督人员考核

（一）考核实施部门及期限

安全监督站或其上级主管部门，每年（或每两年）组织一次对单位监督人员的考核测评，并将此作为评定先进、职级晋升等的重要依据。

（二）考核主要内容

1. 行为考核：主要是对监督人员的政治素质、职业道德、廉洁自律、敬业精神、服务意识、执法能力、工作业绩、健康状况、组织协调能力、沟通能力进行考核；

2. 资格考核：主要是核查学历、职称、从业资历、业务培训等情况；

3. 业务考核：分专业考试和技能考试，专业考试主要为法律、法规和专业知识等方面的笔试，技能考核主要考核监管能力。

4. 其他的相关考核内容。

（三）考核结果

结果分为合格、基本合格、不合格。

1. 凡出现下列情况之一者，监督人员考核结果认定为不合格：

（1）不具备安监人员基本条件的；

（2）未严格按照有关法律、法规、规章规定的标准和程序进行监督执法、违背职业道德、侵害管理相对人合法权益的；

（3）在履行职务行为时，有严重违反廉政工作要求的；

（4）因监督失职，所监督的工程发生重大安全事故的。

2. 对考核不合格的监督人员，责令限期培训，经重新考核合格后方能上岗；属严重监督失职者或存在严重违法行为的，应调离其监督工作岗位，并按有关规定给予相应处分。

第二节 工程建设项目安全监督管理

一、工程建设项目报监受理管理

（一）工程建设项目报监

为了加强建设工程安全生产监督管理，保障人民群众生命和财产安全，根据《中华人民共和国建筑法》、《中华人民共和国安全生产法》，在中华人民共和国境内从事建设工程的新建、扩建、改建和拆除等有关活动，企业应对承建的工程建设项目进行安全报监登记。

建设工程是指土木工程、建设工程、线路管道和设备安装工程及装饰工程。

（二）报监依据

1.《中华人民共和国建筑法》；

2.《中华人民共和国安全生产法》；

3. 国务院《建设工程安全生产管理条例》。

（三）报监方式

1. 建设单位在开工前可在行政区域的建筑建材业网上填写监督申报表；

2. 建设单位也可以通过行政区域的建筑建材业网下载相关表格或向有关的监督部门领取表格，填写后办理申报手续。

（四）报监资料审查

1. 项目报监 IC 卡（无项目报监 IC 卡则需有项目概况表）；

2. 建设工程安全监督申报表及工程明细表（一式三份）；

3. 建设工程安全人员从业资格审查表（一式二份）；

4. 建设工程项目概况表；

5. ××市建设项目防雷工程检测验收登记表；

6. 工程所在地建设工程安全生产告知承诺书：施工单位（一式二份）；

7. 工程所在地建设工程安全生产告知承诺书：监理单位（一式二份）；

8. 勘察中标通知书、合同；

9. 设计中标通知书、合同；

10. 施工中标通知书、合同；

11. 监理中标通知书、合同；

12. 工程所在地劳务市场预缴的该工程综合保险费收据；

13. ××市建设工程施工图设计文件审查合格书等。

（五）报监受理

1. 建筑建材业网管理室人员通过网上或服务窗口接受建设单位提交的材料进行审核验证，符合要求的在“建设工程安全监督申报表及工程副表”签署意见，送管理室负责人审批；不符合要求的则退回建设单位，待补齐漏缺资料后重新申报；

2. 管理室负责人对报监材料进行复审后签发《建设工程安全监督申报表》；

3. 报监时限：建设工程开工前 30 天内建设单位需办妥申报监督手续。

（六）受监项目管理

1.“建设工程安全监督申报表正表、副表及工程明细表”一式三份，管理室留存一份，发还建设单位一份，另一份转交给相应的监督组室，在站局域网上点击确认完成移交手续；

2. 管理室根据建设工程项目性质分别对土建和装饰报监受理项目进行统一编号并建立台账；

3. 安全监督室在收到管理室转发的“建设工程安全监督申报表及工程副表”后编制监督方案，实施安全监督。

二、工程建设项目的安全监督

建设工程安全监督机构（以下简称安监站）受建设行政主管部门或者其他有关部门委托对本行政区域内的建设工程安全生产实施监督管理。

（一）安全监督的基本流程

在报监受理阶段，工程项目应申报安全质量标准化达标工地，同步建立安全监督档案，并应按以下流程进行安全监督：

1. 编制安全监督方案

安全监督室（以下简称安监室）承接新的监督任务后，安监室主任（即安全主监员）应根据工程性质和特点，及时编制安全监督方案，并按工程施工进程，对现场安全生产新增的安全设施、设备和新增的重大危险源，及时补充和完善监督方案。涉及高、大、深、新等工程，应由安监站分管站长或技术负责人参与编制或审批安全监督方案。

2. 召开安全监督首次会议

安监室在接受监督任务一周内应通知建设参与各方项目负责人和相关安全管理人员，召开安全监督首次会议，公布监督方案，同时检查项目是否具备开工条件以及项目安全管理机构和人员配备情况。

3. 日常安全监督

安监室对受监项目进行日常安全监督应做到监督、执法和服务相结合。监督即指每次监督应依据安全生产法律、法规、标准和规范性文件，检查工程项目安全生产工作在制度建立、人员配备、方案审批、教育交底、措施落实、安全设施、现场监控等方面是否符合要求；执法即指对施工现场存在的安全隐患和责任单位的安全违规行为采取相应的行政执法手段予以制止并要求整改落实，并纳入企业和人员安全诚信考核体系；服务即指要做好行政告知、技术指导和安全生产工作的预警提示等工作。根据安全监督情况，安监室应及时调整监督计划和监督重点，以使管辖区域内工程项目的安全生产处于受控状态。同时，安监室对受监项目施工现场安全质量标准化工作的自评等级进行季度复核。

4. 项目竣工安全评定

工程项目竣工验收后，安监室应及时到施工现场进行末次监督检查，主要检查工完、料尽、场清以及人员撤离等情况，并根据施工过程中的现场安全生产整体状况和项目部安全管理水平作出竣工安全等级评定，即优良、合格、不合格三个等级，并填写《××市建设工程安全质量标准化达标工地考核评审表》或《××市建设工程安全施工（竣工）安全评估表》(适用不参加安全质量标准化工作的工程项目)。

5. 安全监督档案的归档

(1) 工程项目竣工安全评定作出后，应由安监室指定专人负责及时整理安全监督档案，填写目录，并移交技术室审核；

(2) 技术室应对竣工项目的安全监督档案进行规范性和完整性审核，符合要求后，移交办公室装订成册、分类编号，统一归档和保管。

(二) 安全监督的主要检查形式及要求

1. 日常抽巡查：是指对受监项目的日常监督以实施抽巡查为主，采取不预先告知的方式，通过抽巡查全面掌握施工现场安全生产的真实情况。

日常抽巡查的要求是：

(1) 各施工阶段，即桩基及基坑支护、基础施工、结构施工、装饰施工和竣工阶段，安监室至少检查到位一次；

(2) 安监室对受监项目至少每月检查到位一次；

(3) 施工现场涉及重大危险源施工阶段，安监室必须增加监督检查频次，并到现场检查各方责任落实情况和重大危险源监控情况；

(4) 每次监督检查，必须按要求做好《建设工程安全监督记录》；

(5) 根据日常抽巡查情况，安监室每季度必须对受监项目安全质量标准化的自评等级进行复核并记录。

2. 专项检查和整治活动：是指某段时期内，为落实上级行政主管部门专项整治要求，或针对区域内突出的、易发生事故的安全隐患类型，或针对季节性、节假日施工特点，结合安监站年度或季度工作安排而开展的针对安全生产某一专项内容的集中检查和整治活动。

（1）专项检查的组织和检查要求由分管站长确定；

（2）根据不同的检查目的和要求，专项检查既可以是抽查，也可以是全覆盖检查，其中抽查类的专项检查一般由技术室确定需抽查的工程项目；

（3）专项检查的组成人员可根据不同的检查要求，由站领导、技术室或安监室安全监督人员组成；

（4）技术室应根据每次专项检查情况建立台账，及时分析和汇总区域内工程项目存在的突出问题，完成检查书面小结，上报分管站长，为站领导全面了解掌握区域内建设工程安全生产状况、及时调整监管重点和工作要求以及有的放矢地部署下一阶段建设工程安全生产工作提供决策依据。

3. 综合大检查：是指为提高建设工程安全生产和文明施工水平，促进企业的安全管理，遏制各类安全事故发生，提高安监站对区域内建设工程的监管成效，而对建设工程各方责任主体安全行为、现场安全设施和文明施工等多项内容开展的综合性、全方位的大检查。

（1）综合大检查一般宜每年开展二次，上半年度和下半年度各开展一次；

（2）综合大检查一般由技术室确定抽查的工程项目；

（3）综合大检查的组成人员由站领导和技术室安全监督人员组成；

（4）技术室应根据每次综合大检查情况建立台账，及时分析和汇总大检查发现的突出问题，完成检查书面小结，并上报分管站长。

（三）安全监督的主要内容

1. 安全生产

对施工现场安全生产工作进行监督检查的主要内容是：

（1）建设参与各方安全管理制度、机构和责任制的建立和具体实施情况；

（2）施工组织设计和专项施工方案的审批手续是否符合要求，安全生产技术措施有效、可靠；

（3）项目安全管理机构人员配备和各类人员持证上岗情况；

（4）安全防护措施费用投入和使用落实情况；

（5）重大危险源的登记、公示与监控情况；

（6）作业人员岗前培训、安全教育和交底情况；

（7）现场安全防护设施齐全、完好情况；

（8）企业内部安全生产检查开展和事故隐患整改情况；

（9）生产安全事故应急救援预案的建立和落实情况；

（10）监理规划和实施细则的编制、审批和落实情况；

（11）施工现场安全质量标准化达标工作的开展情况；

（12）安全保证体系的建立、认证和日常运作情况；

(13) 其他情况。

2. 文明施工

对施工现场文明施工工作监督检查的主要内容是：

(1) 责任单位文明施工管理制度、机构和责任制的建立和具体实施情况；

(2) 文明施工组织设计或专项方案与审批手续是否符合要求；

(3) 施工现场围挡封闭、场容场貌是否符合要求；

(4) 卫生防疫工作和防治职业病工作情况；

(5) 宿舍、食堂、厕所、办公室等临时设施齐全、完好情况；

(6) 危险品管理是否符合要求；

(7) 环境污染防治措施的制定和落实情况；

(8) 预防施工扰民措施的制定和落实情况；

(9) 外来务工人员维权管理情况，包括意外伤害保险办理、民工信息卡的使用和管理情况；

(10) 文明施工措施费用投入和使用落实情况。

(四) 安全监督管理对象

(1) 建设单位及其企业法人、项目负责人；

(2) 施工单位及其企业负责人、工程项目负责人和安全管理人员等，包括总包、专业分包和劳务分包单位；

(3) 监理单位及其企业法人、总监、总监代表、安全监理人员等；

(4) 中介机构，主要指建筑机械检测机构、安保体系外审认证机构和安全生产条件评价机构等。

(五) 安全监督检查的基本方法：

(1) 听取工作汇报或情况介绍；

(2) 查阅相关文件资料和资质资格证明；

(3) 考察、问询有关人员；

(4) 抽查施工现场或勘察现场，检查履行职责情况；

(5) 反馈监督检查意见。

(六) 安全监督的结果处理

安监室和技术室在日常抽巡查、专项检查和综合大检查过程中，针对施工现场存在的安全隐患和责任方的安全违规行为，依据有关安全生产的法律、法规、标准和规范性文件规定，根据管理职责，对安全监督的结果采取相应的行政执法手段，并督促责任方实施整改。

1. 口头要求整改

针对施工现场存在的未违反强制性条文规定的一般安全隐患，且发生的范围是少部分或极个别现象，安全监督人员可采取口头要求整改的形式，告知责任单位在规定时限内落实整改措施（一般不超过7天），整改完毕后由监理单位负责复查确认（建设单位应视情况参与复查），复查资料应留工地现场备查。对需要以《书面整改回复单》形式回复安全监督站的，安全监督人员应当场告知，责任单位整改完毕后填写《书面整改回复单》，经监理单位复核盖章确认后在规定时限内及时反馈至安监室。

2. 签发《建设工程安全隐患整改通知书》

针对施工现场存在较大或较多安全隐患，以及安全管理存在疏漏且情节一般的情况，由安全主监员签发《建设工程安全隐患整改通知书》，责成责任单位在规定时限内落实整改措施，整改完毕后由责任单位填写《安全隐患整改通知回复意见书》，经监理单位复查（建设单位应视情况参与复查）盖章确认后反馈至安监室，安监室应及时到施工现场复查整改落实情况，并由安监室主任在《意见书》上签署复查意见。

3. 签发《建设工程局部暂缓施工指令书》

针对施工现场存在重大且违反强制性条文的安全隐患，以及安全管理失控、不具备安全生产条件的情况，安全主监员应在现场先口头通知责任单位暂停施工，并立即上报分管站长，由分管站长签发《建设工程安全隐患局部暂缓施工指令书》，责成责任单位在规定时限内落实整改措施，整改完毕后由监理单位负责复查，复查合格后由责任单位编写《恢复施工申请报告》（附《整改情况报告》），经监理单位盖章确认后上报安监站。安监站应及时派员到施工现场复查整改落实情况，整改符合要求的，由安监站分管站长签署复查意见，并签发《恢复施工通知书》至项目部，施工现场方可恢复施工。

4. 签发《建设工程安全事故停止施工指令书》

施工现场发生安全事故，安监室主任到达现场后应立即责令停工，并上报站领导，由站长签发《建设工程安全事故停止施工指令书》，然后按建设工程事故报告和处理的有关规定和要求进行调查处理。（详见本节“五、安全事故的报告和处理”）

5. 行政处罚

针对项目安全管理单位违反安全生产法律、法规规定，未履行安全管理职责，致使施工现场存在严重安全事故隐患，现场安全管理已处于失控状态，甚至发生事故，或对屡教不改的责任单位，安监站应根据违规情节的严重程度，按照行政处罚程序实施一定数额的经济处罚或作出责令施工现场全面停工的处罚。

此外，安监站在日常安全监督检查中发现施工企业不再具备安全生产条件的或降低施工现场安全生产条件的，经责令停工整改仍不符合要求且情节严重的，或工程项目发生重大安全事故的，安监站应及时做好调查取证，并向安全生产许可证颁发管理机关提出暂扣企业安全生产许可证的建议，并附具企业及工程项目违法违规事实和证明安全生产条件降低的相关询问笔录或其他证据材料。安全生产许可证颁发管理机关经过核查确认后，应依法作出暂扣或吊销企业安全生产许可证的处罚决定。

6. 通报表扬和批评

针对安监站在日常监督检查过程中发现的施工现场安全管理成绩突出、或对区域内安全生产和文明施工有重大贡献的工程项目和企业，经站领导班子讨论决定，安监站可以以发文形式给予区域内或一定领域内的通报表扬。

针对安监站在日常监督检查过程中发现的施工现场存在严重安全隐患，安全管理失职、失控严重的工程项目和责任单位，主监员例举事实清楚、证据确凿的，上报站领导班子讨论审批后，安监站可以以发文形式给予区域内或一定领域内的通报批评。

7. 对施工企业三类人员实施安全管理能力考核记分

安监站在日常监督检查过程中，发现管辖区域内工程项目三类人员违反安全生产法律法规，未履行安全生产管理职责，存在《××市建筑企业主要负责人、项目负责人和专职安全生产管理人员安全管理能力考核表（一）、（二）、（三）》中所列情况时，应同时做好以下三项工作：

（1）安全主监员应根据事实和相关的证明材料，对照《考核表》的记分标准，填写《建筑施工企业三类人员安全管理能力考核记分抄告审批表》，经站领导审核批准后生效，实施1～10分不等的记分。

（2）安全主监员还应填写《建筑施工企业三类人员安全管理能力考核记分抄告单》（一式三份），三份的用途，并将记分情况告知当事人，由被记分者签收确认。

（3）安监站应及时将区域内工程项目施工企业三类人员记分情况登录到市建筑建材业网站安全质量管理系统中，并生成《月度汇总表》留存。

8. 对监理企业和安全监理人员实施动态考核记分

安监站在日常监督检查过程中，发现管辖区域内工程项目监理单位、总监或安全监理存在《××市建设工程安全监理动态考核管理试行办法》附件中所列情况时，应同时做好以下三项工作：

（1）安全主监员应根据事实和相关人员的证明材料，填写《安全监理动态考核记分抄告审批表》，经站领导审核批准后生效，实施1～10分不等的记分。

（2）安全主监员还应填写《安全监理动态考核记分抄告单》（一式四份），四份的用途，并将记分情况告知当事人，由被记分者签收确认。

（3）安监站应及时将区域内工程项目监理企业和安全监理人员记分情况登录到市建筑建材业网站“安全监理动态考核”管理系统中。

三、安全监督的差别化管理

为加强对工程建设项目的安全监管，有效防止和减少建设工程安全事故的发生，促进施工现场安全生产工作，安监站应按照“全面管理与重点监督相结合”的安全生产监管原则，对区域内的受监工程项目按不同施工阶段、不同施工现场、不同施工企业，实行“新、低、差、险”的安全监督差别化管理方针，提高安全监管实效。

1. 差别化管理的内容

（1）“险”即重大危险源：是指建筑企业在施工过程中各类容易构成事故的不安全因素和隐患。《建设工程安全生产管理条例》第二十六条指出了建筑施工7类危险性较大的分部分项工程。目前，就拿上海市来说，上海市建设行政主管部门在此基础上又具体细分为7大类共39项建筑施工重大危险源。重大危险源监管是安监站实行差别化管理的重中之重。

（2）“差”即“三差”现象：是指安全业绩差、安全管理混乱的（差的）企业、和工地，以及事故多发、安全隐患难以根除的（差的）领域，例如高处坠落、施工用电、机械伤害等。

（3）“低”即资质低、安全管理水平低的企业和工地。

（4）“新”即运用新技术、新材料、新工艺的工地。

（5）事故企业和工地：是指当年发生过事故的施工企业和工程项目。

2. 差别化管理的监管要求

（1）总体要求：安监站应定期做好差别化管理对象的调查摸底，落实监督责任人，增加和确保监督频次，一般应确保每月至少一次以上的到位检查，并加大监督执法力度，及时消除重大安全事故隐患，从而确保施工安全。

（2）关于重大危险源监管：由于重大危险源监管是安监站实行差别化管理的重中之重，因此安监站对重大危险源的监管应从监督方案或监督计划的制订、调整和完善方面、从重大危险源信息的掌控方面（指从企业上报的重大危险源清单中掌握区域内各工程项目重大危险源的类别和施工周期）、从监督检查责任的落实方面（指监督责任人落实和监督频次的落实）、从到位检查工作质量方面（指监督检查应强化程序性行为的检查，即重点检查重大危险源在方案审批、信息公布、教育交底、现场实施、验收挂牌、监控检查、外审认证、应急演练等环节的落实情况）等四方面入手把关，并认真做好监督记录，建立重大危险源监控台账。

此外，对工程项目在市建筑建材业网上录入申报的重大危险源信息，安监站应根据工程实际情况及时进行网上的点击确认，并及时调整监控台账中的重大危险源信息。

四、施工现场的安全质量标准化达标考核

由于工程建设项目施工现场的安全质量标准化达标考核结果将直接影响施工企业的年度安全质量标准化达标考核，同时又与文明工地创建直接挂钩，因此安监站必须将施工现场的安全质量标准化达标考核与日常安全监督工作相结合，并将之贯穿于日常安全监督工作的始终。安监站应从以下三个环节做好该项工作：

（一）申报（增报）受理（注：2008年之后，各类建筑施工企业和符合考核相关规定的施工现场，无须申报，直接纳入考核范围。）

总包企业在工程开工后10天内申报及分包企业在签订合同10天内增报安全质量标准化达标工地，受监安监站应在企业申报后5天内登录市建筑建材业网站进行网上受理，同步受理企业的书面申报材料。

安监站在对工程项目的日常监督过程中，发现有分包单位未开展安全质量标准化达标工作的，应督促提醒分包单位及时增报，并接受总包单位的管理考核。

（二）季度复核

安监站应在日常监督及抽巡查的基础上，每季度复核一次受监项目施工现场的安全质量标准化自评情况，参照企业自评表（表一）的内容进行复核评分，提出复核确认意见反馈给工程项目部。复核结论分为优良（80分以上）、合格（70～79分）和不合格（70分以下，或发生一票否决项内容）三个等级。安监站应于次季度首月10日前在市建筑建材业网站上录入季度复核确认信息。

对于创建文明工地的施工现场，推荐月的该季度复核结论应为“优良”。

（三）竣工评定

工程项目竣工后，安监站应根据日常监督情况，对总包单位的竣工自评等级作出竣工确认的结论（分为优良、合格和不合格三个等级），并于总包单位网上竣工申报后5天内登陆市建筑建材业网站录入竣工确认信息。

安监站还应同步受理总包单位上报并经监理单位核准的《安全质量标准化达标工地考核评审表》（市建管办［2006］025号文中表四）的书面资料，督促和检查总包单位是否在该表中汇总填写对所有分包单位的考核评定等级，符合要求后安监站应书面签署竣工确

认意见并盖章。

五、安全事故的报告和处理

（一）管辖范围

根据上级文件规定以及国务院493号令对事故类别的划分规定，各类工程（包括未监工程）发生一般事故及以下事故（包括社会影响大的）由受监安监站及其主管部门实施事故调查处理。其余事故，由市总站会同受监安监站及其主管部门共同实施事故调查处理。

（二）安全事故的报告

安监站在接到事故单位情况报告后，应立即向市总站和区建委电话上报，并在事故发生后的一周内进行网上上报，上报的主要内容按照建办质［2005］24号文规定的事故相关要素进行上报。

（三）安全事故的调查取证和相关处置

安监站接到事故报告后，应立即赶赴发生事故的施工现场，进行现场的调查取证和相关处置。主要包括：

（1）对事故工地开具《建设工程安全事故停止施工指令书》，由站长签发。

（2）勘察事故现场，对事故发生的现场进行拍照或摄像。

（3）对事故基本情况进行调查，确定事故企业违规事实，做好现场检查笔录、陈述笔录和询问笔录。

（4）封存事故工地有关安全生产的文件和资料。

（5）与事故单位约定进行安全生产约谈的时间和地点，并告知相关要求。

（四）安全事故的后续处理

（1）安监站在事故现场调查取证过程中，或在事后查阅封存的事故工地安全生产资料的过程中，发现事故企业有其他违反安全生产法律法规的行为，应依法实施相应的行政处罚。

（2）安监站应在规定的时间内将事故企业违规事实、检查询问笔录、法人代表约谈笔录等相关材料的原件，填写《案件移送表》，提出移送建议，经建设行政主管部门审核后，移送市总站。经总站复核，报安全生产许可证颁发管理机关实施暂扣或吊销安全生产许可证等处罚。

（3）作为事故调查组成员之一，安监站应认真参加安监局组织的事故调查会，在全面分析和论证基础上，对事故原因的分析、事故责任的确定以及对事故责任单位和责任人员的处理提出合理的建议或意见。

（4）安监站应结合事故调查组出具的《事故调查报告》，依据沪建建管［2006］第024号和沪建建管［2005］43号文件规定，对事故责任单位和相关三类人员实施记分，并登录到市建筑建材业网站安全质量管理系统中。

（5）安监站接到事故单位的《整改情况报告》和《恢复施工申请报告》后，应对事故工地的整改情况进行全面、认真地复查，整改符合要求的，方能签发《恢复施工通知书》。

（6）事故结案后，安监站应整理事故调查处理相关资料，建立事故台账和档案。

六、文明工地创建

（一）区文明工地创建

《区文明工地的评审管理办法》和相关的检查评比标准由区建筑协会负责牵头制订，并组织实施。（区文明工地的检查评审建议执行“申报一个，检查一个，年终评审”的原则。）区安监站负责区域内受监工程项目创优工作和创建过程的指导和服务，并履行区文明工地申报阶段的初审和推荐职责。

为了更好地以文明工地创建活动推动区域内建筑工地安全生产和文明施工水平的整体提升，区安监站应在区文明工地创建和申报过程中做好以下几项工作：

(1) 宣传指导：安监室应结合日常监督工作，加强宣传和引导，提高企业的创优意识，鼓励和培育管辖区域内工程项目的创优积极性，对有创优目标且施工现场安保体系运行良好的工程项目应加强指导服务和过程跟踪，以确保区文明工地的创建水平。

(2) 初审把关：安监室在收到申报工程填交的《区文明工地申报表》后，宜在3个工作日内对申报工程的建设规模、形象进度、外审认证、有无文明施工投诉和安全事故、安全质量标准化当季度等级等申报条件和申报资料进行初审，符合要求的，由安全主监员在《申报表》上签署初审意见。

(3) 复核推荐：技术室根据安监室初审意见，宜在5个工作日内到施工现场对安全设施、文明施工、创建资料等状况是否符合区文明工地创建标准进行复核，并及时将复核情况报告分管站长，对符合创建标准和要求的申报工程，由技术室安全主监员或分管站长在《申报表》上签署推荐意见并加盖公章，向区建筑协会推荐。

（二）市文明工地推荐

市文明工地应该在区文明工地的基础上产生。因此，区安监站除了应对照《市文明工地检查表》进一步做好创建项目的宣传、指导和服务外，还应在市文明工地推荐过程中做好以下几项工作：

(1) 受监安监站在收到申报工程填交的《市文明工地推荐表》后，应及时对申报条件和书面推荐材料进行审核。审核过程中，安监站应做到：

1) 应先听取受监安监室对申报工程的总体评价和推荐意见。

2) 对安监室同意推荐的申报工程，应由分管站长和技术室到施工现场对申报条件和书面推荐材料的真实性进行现场复核确认。同时，还应对照《市文明工地检查表》的检查内容，对工程项目在安全防护设施、施工机械、临时用电、环境保护、宣传教育以及安全管理资料等情况进行检查、指导和把关，以确保市文明工地的创建成功率和创建质量。

(2) 经审核，对符合要求的申报工程，由安监站分管站长在《市文明工地推荐表》上签署审核推荐意见并加盖公章。

(3) 对符合要求的申报工程，受监安监站还应对申报工程的网上申报记录进行审核，确认无误后，在单月20日以前，进行网上点击推荐操作。

七、安全监督的内业资料

（一）安全监督的主要管理台账

1. 工程安全监督总台账或受监项目台账。

2. 施工现场安全质量标准化达标工作台账，包括：
(1) 施工企业申报（增报）台账；
(2) 季度复核台账；
(3) 竣工评定台账。
3. 重大危险源监控台账。
4. 安全伤亡事故台账。
5. 各类安全大检查、专项检查台账，包括：
(1) 各类安全大检查、专项检查汇总台账 ；
(2) 专项检查台账。
6. 安全生产许可证动态考核台账，主要包括：
(1) 三类整改单台账：
1) 安全隐患整改通知书汇总台账；
2) 安全隐患局部暂缓施工指令书汇总台账；
3) 安全事故停工施工指令书汇总台账；
(2) 行政处罚台账。
(3) 安全生产许可证动态考核不合格企业考核台账。
(4) 通报批评和通报表扬台账；
(5) 各类记分情况台账，包括：
1) 施工企业三类人员记分台账；
2) 监理单位和安全监理人员记分台账。
(6) 各类投诉、媒体曝光处理台账。
(7) 文明工地创建台账。
7. 建筑机械设备、设施台账，包括：
(1) 建筑机械设备、设施台账（静态）；
(2) 建筑机械设备、设施安装（拆卸）资料备案台账（动态）。
8. 违规工程查处台账。
9. 业务培训台账 。
(二) 工程项目的安全监督档案
1. 建设工程安全质量监督书。
2. 建设工程安全质量监督申报表（正表和副表）。
3. 工程明细表。
4. 建设工程安全监督方案。
5. 建设工程安全监督记录。
6. 建设工程安全隐患整改通知书（应附安全隐患整改通知回复意见书）。
7. 建设工程安全隐患局部暂缓施工指令书（应附整改情况报告、恢复施工申请报告、复查记录、恢复施工通知书）。
8. 建设工程安全事故停止施工指令书（应附整改情况报告、恢复施工申请报告、复查记录、恢复施工通知书）。
9. 建筑施工企业三类人员安全管理能力考核记分（审批表和抄单）。

10. 监理单位、总监理工程师、安全监理记分（审批表和抄告单）。

11. 行政处罚决定书（行政处罚相关资料另册）。

12. 安保体系外审认证合格证明。

13. 死亡事故快报，安全事故企业诚信记分（事故档案相关资料另册）。

14. 安全质量标准化达标工地考核开工申报表和分包单位增报表（表三）——即企业申报（增报）表。

15. 安全质量标准化达标工地考核评分表——即安监站季度复核评分表。

16. 安全质量标准化达标工地考核评审表。

（注：13～15 适用于开展施工现场安全质量标准化达标工作的工程项目）

17. 建设工程施工（竣工）安全评估表。（适用不开展安全质量标准化达标工作的工程项目）

18. 需归档的其他资料。

（二）安全监督文书的记录要求

1. 安全监督记录：应书写清晰、端正、文字表达明确，对记录中基本项目应逐一、如实填写（包括气象情况、形象进度、检查性质、检查部位、处理意见等），对发现的安全隐患和违规行为应尽量写清楚违规程度和违规数量，有具体违规点应在记录中写明，引用专业术语应做到用词规范、准确。

2. 行政执法文书：包括安全隐患整改通知书、局部暂缓施工指令书、安全事故停工指令书、三类人员考核记分单、安全监理单位和人员记分单、行政处罚文书等，除应符合上述第 1 点所述要求外，还必须引用和写明正确的法律、法规、标准、规范和规范性文件的名称和条款。

第三节　建筑施工企业的安全监督管理

根据国务院 397 号令《安全生产许可证条例》和建设部 128 号令《建筑施工企业安全生产许可证管理规定》等法律、法规和文件的规定和要求，各级安全监督机构对建筑施工企业的安全监督管理是通过对企业安全生产许可证的管理和考核来实现的，主要包括日常动态考核管理、年度抽查考核以及有效期满延期审核三方面内容。

一、日常动态考核管理

建筑施工企业安全生产许可证的日常动态考核管理是指各级建设行政主管部门委托的安全监督机构对施工企业在工程建设中的安全诚信行为进行全过程监督、检查、管理的记录和考核。

（一）动态考核管理分工

1. 各受监安监站负责行政区域范围内工程项目的日常检查、执法，并对建筑施工企业安全行为进行诚信记录和信息的定期上报工作。

省级（直辖市）建设工程安全监督站（以下简称“市总站”）还应建立“安全生产许可证动态考核管理信息系统”（以供各安监站进行企业日常动态考核信息的网上录入），并负责建筑施工企业诚信记录的动态汇总、分析工作以及信息公布，并对安全诚信记录差的单位提出处理意见，报本地安全生产许可证颁发管理机关审批实施。

2. 市总站负责动态考核不合格企业中的特级、一级、二级和专业级施工企业的后续处理工作；区（县）安监站负责动态考核不合格企业中注册在本行政区域范围内的三级及劳务施工企业的后续处理工作。

各受监安监站还负责外省市建筑施工企业的安全生产许可证的动态考核管理（除暂扣、吊销安全生产许可证的行政处罚外）。

（二）动态考核管理方式

1. 日常的检查执法：安监站通过日常各种形式的检查（本章第二节已述），监督并掌握建筑施工企业对承建工程项目的安全管理状况，发现企业存在安全违法违规行为，根据违法违规的严重程度，依法采取相应的行政措施或行政处罚，并督促企业实施整改。

2. 企业诚信行为的记录：安监站日常监督执法过程中所作出的行政措施或行政处罚将作为企业安全生产许可证日常动态考核的诚信记录，于每月 5 日前录入至市总站“安全生产许可证动态考核管理信息系统”，市总站依此建立建筑施工企业诚信档案。

建筑施工企业安全诚信行为记录由安全优良记录（加分）和不良记录（减分）两部分组成。（具体的评判计分标准应由企业工程所在地的安全生产许可证颁发管理机关制订）

（三）动态考核结果

建筑施工企业安全生产许可证的动态考核结果分合格和不合格二种。

（四）动态考核不合格企业的处理

动态考核不合格企业即指动态考核不良行为记录超过不合格评判标准的施工企业。各安监站根据管理职责应作出相应的处理，主要包括：

1. 信息公布：市总站应将动态考核不合格企业名单在有关媒体上公布；

2. 约谈企业法人：由市和区（县）安监站通知各自管理职责范围内的动态考核不合格企业的法人代表进行安全生产约谈，并要求企业限期整改，视整改情况决定后续管理措施；

3. 对企业安全生产条件实施复核检查：由市和区（县）安监站对各自管理职责范围内的动态考核不合格企业的安全生产条件实施复核检查；

4. 在市场准入环节中实施不良业绩提示：市总站应将有关考核信息传送至市招标投标、资质资格管理以及施工许可证审批等市场准入环节，在相关审查中，实施建筑施工企业不良业绩提示。

（五）动态考核管理流程和时间节点

1. 信息汇总：各安监站应于每月 5 日前，做好上个月度企业安全生产许可证动态考核信息的网上录入工作。市总站应于每季度第一个月 10 日前，对上一季度安全生产许可证动态考核信息进行汇总、审核，并上报本地安全生产许可证颁发管理机关审批。

2. 公示：每季度第一个月 25 日前，安全生产许可证颁发管理机关应发文通报安全生产许可证不合格企业名单，并在本地建筑建材业网站等相关媒体上公示，同时市总站还应在“安全生产许可证动态考核管理信息系统”内部发布，以供各安监站及时登录查询企业动态考核信息，并实施相应的后续处理。

3. 复查不合格企业

(1) 约谈企业法人：各区（县）安监站应于每季度第一个月底前，对本区域管理范围内的动态考核不合格企业，进行企业法人约谈，要求企业内部管理按照《施工企业安全生产评价标准》(JGJ/T77－2003)、施工现场按照安全质量标准化达标工地要求进行全面整改，并报第三方进行安全生产评价。同时登录市总站“安全生产许可证动态考核管理信息系统”的“在建项目确认”环节，对企业在建工程项目进行核对、更新、添加；对于经证实目前没有在建工程项目的情况，在网上点击“无在建项目”。

(2) 复核并确认企业整改情况：安监站应于每季度第二个月25日前，完成对动态考核不合格企业书面整改情况的初步审核。

对初步审核合格、并通过第三方安全生产评价的企业，各区（县）安监站应登录市总站“安全生产许可证动态考核管理信息系统”的“企业整改情况确认”环节，在“企业书面整改初审情况”点击“整改通过”，在“安全生产评价情况”点击“通过”，即可进入“施工现场检查”环节。如果没有在建工程项目，则直接进入“安全生产条件复核”环节，点击“合格”复核结论。

对于初步审核不合格或未通过第三方安全生产条件评价的企业，各区（县）安监站应在“企业书面整改初审情况”点击“整改不通过”或“逾期不整改”，在“安全生产评价情况”点击“不通过”，直接进入“安全生产条件复核”环节，点击“不合格”复核结论。

(3) 检查施工现场：各受监安监站应于每季度第二个月月底前，登录“安全生产许可证动态考核管理信息系统”的“施工现场检查”环节，查阅动态考核不合格企业的工地清单，对企业在本站监督范围内的工地进行全数检查，并参照安全质量标准化达标工地标准进行评分，根据现场检查情况，实施相应的处理。检查结果在信息系统“施工现场检查”环节中进行登录填报，并填写上报“动态考核不合格企业施工现场安全检查情况汇总表”。

(4) 复核企业安全生产条件：各区（县）安监站应于每季度第三个月10日前，登录“安全生产许可证动态考核管理信息系统”的“安全生产条件复核”环节，对动态考核不合企业进行安全生产条件复核，并填报复核结论；同时填写上报“动态考核不合格企业安全生产条件复核情况汇总表”。

有下列情况之一的企业，安全生产条件复核结论为“不合格”：

1) 施工现场检查合格率低于80%；

2) 有三个以上施工现场被开具整改单；

3) 有二个以上施工现场被开具暂缓施工单；

4) 整改期间发生重大伤亡事故。

4. 后续处理

对于安全生产条件复核结论为“不合格”的建筑施工企业，将按规定进入相应的安全生产许可证处罚程序。

5. 信息汇总

各安监站每季度第三个月20日前，将动态考核不合格企业施工现场检查及安全生产条件复核情况汇总表，通过书面及电子邮件上报市总站。

(六) 动态考核过程中的行政处罚

1. 暂扣或吊销安全生产许可证的行政处罚

各安监站在日常监督检查过程中，发现建筑施工企业存在下列违规行为时，应及时、逐级将企业违规事实向本地安全生产许可证颁发管理机关报告，移送相关检查和询问笔录等资料，由安全生产许可证颁发管理机关按建设部有关规定实施相应的暂扣或吊销安全生产许可证的行政处罚。

（1）发现建筑施工企业未取得安全生产许可证擅自从事建筑施工活动的；

（2）发现已取得安全生产许可证的企业不再具备建设部128号令第四条规定安全生产条件的；

（3）建筑施工企业发生重、特大安全事故的。

此外，安监站在日常监督检查过程中发现外省市建筑施工企业有上述违规行为的，应将其违规事实向上级行政主管部门报告，由工程所在地的省级人民政府建设主管部门将其在本地区的违法事实、处理建议和处理结果抄告其安全生产许可证颁发管理机关，由该颁发管理机关按建设部有关规定实施相应的暂扣或吊销安全生产许可证的行政处罚。

2. 其他行政处罚

除了暂扣或吊销安全生产许可证之外的其他行政处罚，由工程所在地县级以上建设行政主管部门或其委托的安全监督机构按建设部128号令有关规定决定并实施。

（七）动态考核管理的重点对象

安监站应将以下建筑施工企业列为日常安全监管和动态考核管理的重点对象：

（1）年内曾被动态考核为不合格的企业；

（2）年内发生安全事故的企业；

（3）年内曾被暂扣或吊销安全生产许可证的企业；

（4）施工现场安全质量标准化达标工作不符合要求的企业，主要有以下几种情况：

1）所属施工现场安全质量标准化季度复核不合格的企业；

2）对所属工地分包单位及重大危险源的申报等安全达标管理工作未有效落实的企业；

3）未按规定及时上报安全质量标准化达标工作有关信息或上报信息与现场情况不符等存在不诚信行为的企业。

（八）其他动态考核管理事项

对企业“三类人员”（即指建筑施工企业主要负责人、项目负责人和专职安全生产管理人员）的动态考核管理是安监站在日常监督检查过程中的又一项重要内容，因为“三类人员”的考核情况作为企业安全生产条件之一，其动态考核结果将直接影响企业安全生产许可证的相关行政处罚以及企业在市场准入关节的审查结果。

各地区建设行政主管部门应制订“三类人员”安全管理能力考核记分标准。各安监站在日常安全检查、执法过程中，发现“三类人员”未履行安全生产管理职责，应对照考核记分标准对企业“三类人员”安全管理能力实施日常的动态考核记分处理（详见本章第二节/二/（六）/7的相关内容）。年度扣分满10分的“三类人员”以及存在其他严重的安全违规行为的“三类人员”由市总站按照有关规定实施人员考核合格证书的收回、暂扣、吊销、注销等处理。

二、年度抽查和考核

为贯彻落实《建设部关于开展建筑施工安全质量标准化工作的指导意见》（建质[2005]232号文），落实企业安全主体责任，促使建筑施工企业建立起运转有效的安全自我约束、自我保障、持续改进的安全生产长效机制，各安监站必须认真做好企业安全生产条件的年度抽查审核和企业安全质量标准化达标年度考核工作。

（一）企业安全生产条件的年度抽查审核

1. 管理分工

市总站负责取得本地安全生产许可证的特级、一级、二级和专业级施工企业的安全生产条件年度抽查工作。

区（县）安监站负责本行政区域范围内注册的三级及劳务施工企业的安全生产条件年度抽查工作。

2. 抽查数量

抽查企业数量不应少于管理范围内企业总数的 5%，且不应少于 15 家。

（二）企业安全质量标准化达标年度考核

1. 年度考核管理分工

市总站负责本地注册的特级、一级、二级、专业级和外省市施工企业的安全质量标准化达标年度考核。

区（县）安监站负责本行政区域范围内注册的三级及劳务施工企业的安全质量标准化达标年度考核。

2. 考核内容

（1）施工企业安全质量标准化当年度达标情况，包括：

1）企业当年度竣工工程的安全达标情况；

2）企业所属所有工地安全达标日常工作情况，包括申报情况（指网上申报、分包单位增报、重大危险源申报）、检查评定情况（指对每一分包月度评分和竣工评定、总包月度自评和竣工评定）以及整改落实等情况。

（2）施工企业按照《施工企业安全生产评价标准》（JGJ/T 77—2003）及有关标准进行年度自我评定情况。

3. 考核流程和时间节点

施工企业安全质量标准化达标工作的考核工作应于次年一季度内完成。

（1）企业年度自评和资料上报：

企业对所属施工现场安全质量标准化达标资料进行收集，作好年度统计，按照《施工企业安全生产评价标准》（JGJ/T 77—2003）及有关标准进行年度自评，各项资料于次年 1 月 10 日前上报相应的安监站。

（2）安监站审核并组织实施企业安全生产条件评价：

安监站对管理范围内企业上报的材料进行审核，对工地达标率符合要求的企业，按总数 10%并不得少于 15 家的比例，组织实施安全生产条件评价，并建立当年度施工企业安全生产条件评价汇总台账，于次年 2 月底前上报上级主管部门。

（3）安监站作出考核评定结论并上报审核与审批：

安监站结合企业所属施工现场安全质量标准化达标率及安全生产评价结果，对企业进行考核评定，并重点考核企业所属工程分包单位及重大危险源信息网上申报的全面性、真实性和日常管理的有效性。安监站作出的考核评定结论于次年 2 月底前上报市总站审核；市总站审核后，上报上级建设行政主管部门审批。

4. 考核结果

（1）施工企业的安全质量标准化达标工作的考核结果，将同施工企业安全生产许可证的年度考核挂钩。

（2）对于未按规定开展安全质量标准化工作或年度考核不合格的施工企业，或存在不诚信的情况，将重新审查其安全生产条件，对于不具备安全生产条件的施工企业，将暂扣其安全生产许可证或暂停其经营活动；同时在招投标环节中实施不良业绩提示。

5．年度考核涉及的其他情况

（1）当年度有下列情况之一的企业，必须通过第三方安全生产条件评价，评价合格后再重新申报当年度安全质量标准化达标企业：

1）发生2起1人因工死亡事故；

2）发生1起2人因工死亡事故；

3）施工现场被责令全面停工3次（不包括事故）。

（2）有下列情况之一的企业，不得列入当年度安全质量标准化达标企业范围：

1）发生1起3人或累计发生1次死亡1～2人因工死亡事故2起以上；

2）安全生产许可证年度暂扣一次大于60天或累计大于90天；

3）施工现场安全达标率不符合要求的（不包括事故）。

（3）施工企业年内无在建项目或无符合安全质量标准化达标考核要求的在建项目，安监站应要求企业法人应出具书面承诺证明。

三、安全生产许可证有效期满的延期审核

根据《安全生产许可证条例》的规定，建筑施工企业安全生产许可证的有效期为三年。为了进一步规范企业安全生产行为和安全生产条件，安监站必须认真做好每三年对企业安全生产许可证的延期审核工作。同时涉及的还有企业“三类人员”安全生产考核合格证书的延期工作。

（一）管理分工

（1）市总站负责本地注册的特级、一级建筑施工企业的安全生产许可证延期审核及“三类人员”安全生产考核证书延期工作；

（2）区（县）安监站负责本行政区域范围内注册的二级、三级及劳务施工企业的安全生产许可证延期审核及“三类人员”安全生产考核证书延期工作。

（二）许可证延期审核

根据安全生产许可证颁发管理机关在网上或有关媒体上公布的严格审核企业和程序审核企业名单，安监站根据管理分工对管辖范围内施工企业的延期审核工作也相应分为严格审核和程序审核二种。

1．审核内容

（1）属于严格审核的施工企业，安监站主要审核内容如下：

1）是否已通过第三方安全生产条件评价，且整改落实到位（有须重新报第三方评价、须报第三方评价回访和不需重新评价三种情况）；

2）被抽查的在建工程是否均达到安全质量标准化合格标准；

3）企业“三类人员”是否满足规定数目要求。

（2）属于程序审核的施工企业，安监站主要复核企业“三类人员”是否满足规定数目

要求。

2. 审核方法

(1) 网上审核（针对程序审核企业和严格审核企业）

1) 属于程序审核的施工企业，安监站可直接登录审核意见。

2) 属于严格审核的施工企业，安监站应根据企业第三方评价以及在建工程抽查情况，登录审核意见。在审核过程中，安监站可登录市总站“安全生产许可证延期管理”网页查询复核三个审核要素，即：企业申请延期“三类人员”名单、企业安全质量标准化信息连接以及企业安全不良行为。

(2) 书面审核（针对严格审核企业）

属于严格审核的施工企业，安监站还必须审核该企业在延期申请受理后3天内上报的第三方评价报告、整改落实情况和在建工程一览表的书面资料。

(3) 现场检查（针对严格审核企业）

各安监站结合施工企业上报的在建工程一览表，审查担任总包的企业施工现场安全质量标准化近两个季度的复核结论；审查担任专业或劳务分包的企业近二个月总包对其月度评分或竣工确认结论。

区（县）安监站应对企业不少于15%的在建工程施工现场进行实地抽查。对企业注册地以外的现场，可报市总站落实工地受监安监站配合检查。

(4) 书面报批（针对程序审核企业和严格审核企业）

各安监站对审核通过的企业名单，书面上报市总站。

3. 审核时限

(1) 对属于严格审核的企业，安监站自收到企业报送资料之日起，20个工作日内完成审核报批工作。

(2) 对属于程序审核的企业，安监站自企业延期申请网上受理之日起，3个工作日内完成审核报批工作。

(3) 对审核不通过的企业，安监站3个工作日内，将审核不通过的原因通过网上及书面形式告知企业。

4. 不合格企业处理

(1) 审核不通过的企业，自接到通知之日起应进行整改，1个月以后方可重新申请延期。

(2) 第二次审核不通过的企业，自接到通知之日起应进行整改，3个月以后重新申请延期。

5. 其他事项

在许可证有效期内无工程建设任务的施工企业，安监站可组织对企业安全生产条件进行审查。

(三)“三类人员”安全生产考核合格证书的延期工作

1. “三类人员”延期工作将分两个阶段申请

(1) 与许可证同时申请延期

企业按规定数量配备，且无不良业绩的“三类人员”可在申请安全生产许可证延期时，同时办理延期。安监站在审核企业许可证延期时，同步进行“三类人员”程序审核。

(2) 单独申请延期

企业其余的“三类人员”的延期申请应在安全生产许可证延期申请批准以后进行。

2. “三类人员”延期申请的受理

安监站应同时在网上受理企业“三类人员”的延期申请和受理企业书面上报的《“三类人员”安全生产考核合格证书延期申请表》。

3. “三类人员”的审核

(1) 分类审核

安监站对企业单独申请延期的“三类人员”，按照分类审核的原则进行审核。

严格审核：按建设部〈建质（2004）59〉号文规定，应重新考核的“三类人员”。

程序审核：在安全生产考核合格证书有效期内，无上述情况的“三类人员”，直接审核通过。

(2) 审核时限

对于程序审核的“三类人员”，安监站自收到企业“三类人员”延期申请之日起，5个工作日内完成审核报批工作。

对于严格审核的“三类人员”，由市总站组织重新进行安全强化考核。各安监站自收到企业“三类人员”考核通过凭证之日起，5个工作日内完成审核报批工作。

经程序审核或严格审核不合格的“三类人员”，安监站在3个工作日内，将审核不合格原因通过网上及书面形式告知企业。

(3) 不合格人员的处理

企业自接到“不合格”书面告知之日起，应安排“不合格人员”作为实习人员，接受合格人员为期6个月的带教。实习期满，凭企业及相关带教人员实习合格证明材料，方可重新申请延期。

实习期间发现有违反安全生产法律法规、未履行安全生产管理职责的情况，将收回其安全生产考核合格证书，并限期整改，重新考核。

第十二章　建设单位安全管理

在日益提倡建立和谐社会和可持续发展的今天，项目建设参与各方，包括相关的监管部门都对建筑市场的安全问题投入了更多的关注，采取了各种措施改善安全现状。这些措施更多的都是从建筑施工企业的角度，或是从施工现场的安全管理角度来进行改善。这的确能够加强建筑施工企业对安全的重视程度，以及提高现场安全水平。但从建设项目总体角度来考虑，真正能够对建设项目的安全责任起到重要作用的，是项目的建设单位，是项目的投资者、开发者或最终使用者。建设单位与其他的建设项目参与各方通过合同建立关系，它在建设项目实施过程中占据主导地位，对安全问题具有巨大的影响力。

既然建设单位在建设项目实施过程中承担有不可推卸的责任。有必要对建设单位在项目实施过程中的地位及责任进行明确和研究，对现有建设单位的管理办法提出补充和建议。

第一节　建设单位安全管理概述

一、建设单位界定

（一）建设项目参与各方

建设项目的实施过程是由建设项目参与各方共同协作完成的，通常的建设项目参与各方关系如图 12-1 所示。

在该图中，上部方框内的角色即为目前包含《中华人民共和国建筑法》在内的法律法规规定的，同时在实际项目实施过程中通常被统称为的“建设单位”。在实际情况中，它往往包含有如下四种角色，即投资者、开发者、建设单位，有时还有使用者的角色。

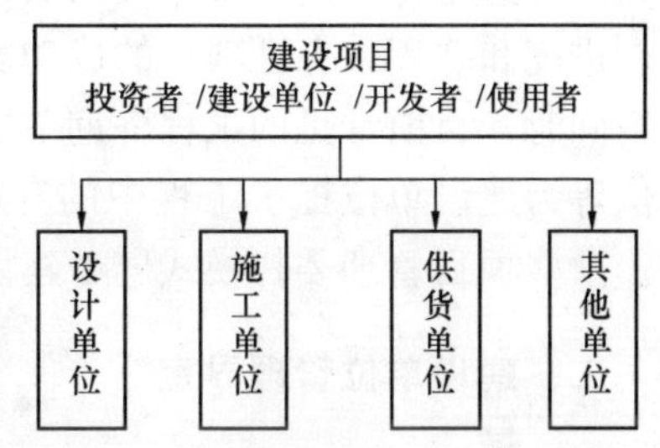

图 12-1　建设项目的参与各方

图中下部方框内的角色是建设项目中的其他参与各方，它们是同上部方框内的角色（投资者、开发者、建设者或使用者）签订合同，为它们承担项目建设的各种专业任务，如设计单位、施工单位、材料设备供货单位和其他一些单位等。

（二）建设单位的组织与管理角色

1. 建设单位的地位

建设单位是项目生产过程的总组织者，是建设工程项目实施过程（生产过程）的总集成者，集成了项目的人力资源、物质资源和知识等。同时建设单位还是建设工程项目生产过程的总组织者，它具有如下一些特点。

（1）掌握建设工程项目生产过程所需的资源

建设单位在工程建设期间履行业主、投资者的责任。而业主方是建设工程项目生产过程的总集成者——人力资源、物质资源和知识的集成者，同时也是建设工程项目生产过程的总组织者。因此建设单位在履行其责任的同时，也掌握了工程项目生产过程所需的资源。

（2）服务于业主、投资者或建设单位自身的利益

最终得到建设工程项目产品所有权或使用权的是业主、投资者或使用者。所以，建设单位服务于业主的利益，完成投资、质量与进度目标，以及满足业主其他相应的合理要求。

（3）处于项目管理的核心位置

建设单位的项目管理工作涉及项目实施阶段的全过程。即在项目实施的各个阶段分别进行各阶段的组织与管理。建设项目的各个参与单位的工作性质、工作任务和利益不同。对于一个建设项目而言，虽然有代表不同利益方的项目管理，但是建设单位的项目管理是管理的核心。

2. 建设单位的角色

目前人们对建设单位的理解往往包含了投资者、开发者、使用者和建设者等多重概念。

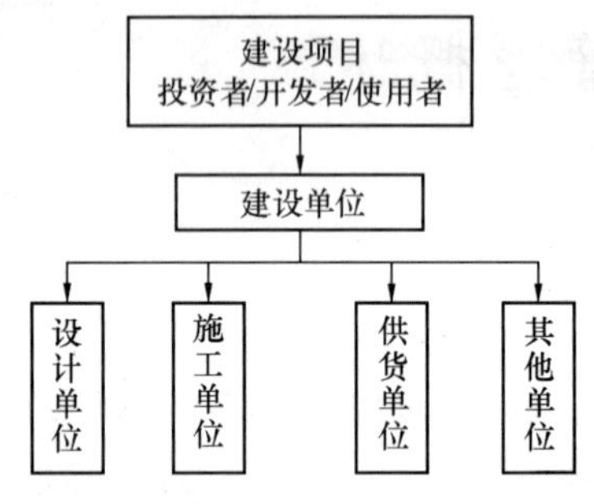

图 12-2 建设单位的角色分离

从项目组织结构的方面来说，应当突出的是建设单位在项目实施过程中同其他参与各方一起完成建设任务的职能，这更多的是一种建设过程中的组织与管理职能。对图 12-1 进行改进，将项目实施的组织与管理职能同投资者、开发者和使用者的职能分离，强调建设单位的组织与管理职能，如图 12-2 所示。

3. 建设单位的权力转移

除了由建设单位自身进行项目管理的方式之外，还存在建设单位权力转移的情况。例如项目管理委托模式，建设单位选定专业的项目管理的实施单位，帮助其在项目进行的过程中有效地控制工程质量、进度和费用，保证项目的成功实施，达到项目生命周期技术和经济指标的最优化。

同时，目前常见的工程咨询单位、工程招标代理单位、工程造价咨询单位、工程监理单位等为建设单位提供工程中的专项项目管理服务的机构，也是项目管理的委托模式之一。这些项目管理委托模式属于建设单位角色转移的形式，属于建设单位的代表和延伸。

二、建设单位管理界定

（一）建设单位管理范围

确定建设项目生产过程的范围，首先应当了解建设项目的全寿命周期概念。

建设项目的全寿命周期由项目决策阶段，项目实施阶段和项目使用（运营）阶段组成，项目实施阶段又分为设计前准备阶段、设计阶段、施工阶段、动用前准备阶段、保修期，如图 12-3 所示。建设项目全寿命周期各阶段的时间范围和工作任务如表 12-1 所示。

建设项目全寿命周期的时间范围和工作任务 **表 12-1**

项目阶段		时间范围	工 作 内 容
项目决策阶段		从有建设意图开始，到项目立项完成	进行编制项目建议书，进行项目规划、环保等相关证照办理，进行可行性研究，落实建设用地，编制项目总投资、总进度目标，确定项目质量要求，提出项目实施方案等
项目实施阶段	设计前准备阶段	设计工作开始前	组织设计竞赛或委托方案设计，落实设计标准。进行相关项目审批，为项目实施做准备，分析总投资目标，分析各项风险及风险管理方案，编制项目合同管理初步方案，建立各种管理制度等
	设计阶段	从方案设计开始，到施工图设计完成	组织方案设计、初步设计、技术设计、施工图设计，开展组织设计方案，编制设计概算及进度计划，形成项目质量控制方案，进行设计阶段合同管理等
	施工阶段	施工图设计完成，相关手续办理齐全开始，到工程完工准备移交结束	进行工程施工，实施和控制施工阶段的预算及进度计划，进行施工阶段的合同管理，施工现场的组织与协调等
	动用前准备阶段	从工程移交开始，到正式动用	进行建设单位到运营单位的移交，编制竣工决算，组织专项验收，收集竣工信息等
	保修期	工程施工完成后约定的一段时期	对工程的进一步维护完善，同使用者对项目使用情况进行信息沟通等
项目使用阶段		竣工验收完成，至项目拆除	使用单位的日常设施管理及维护工作等

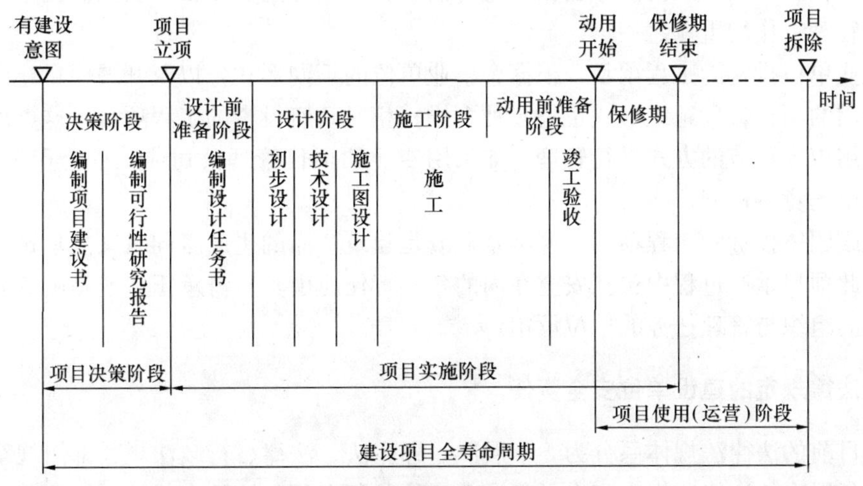

图 12-3 建设项目全寿命周期

（二）建设单位管理特点

1. 建设单位的源头管理特点

建设工程项目的实施是一个复杂的过程。专业不同的建设项目参与各方为了完成共同的建设目标而组成一个项目实体，完成从项目立项开始到正式投入使用的整个建设项目实施阶段。

建设单位作为项目的总协调人，在建设项目中发挥着巨大的作用，主要体现在：建设项目的目标由建设单位制订；建设单位是项目整体中唯一稳定不变的参与方；建设单位处于项目内外部沟通的核心地位。

从市场角色来看，建设单位是发包方，是建筑市场中的买方；在我国建筑市场目前所处的买方市场状态下，建设单位更加处于主导地位。建设单位的行为对建筑市场的秩序起着决定性的作用。在项目进行过程中，建设单位掌握着资金，进行工程发包与采购；建设单位的行为对其他参建单位同样起着决定性的影响。

更为重要的是，建设单位承担着项目的建设任务，而在这些具有一次性特征的建设项目实施过程中，建设单位承担着投资控制、进度控制、质量控制和项目协调等关键环节的任务，发挥着无比关键的作用。

总的说来，建设单位之所以在建设项目中有如此重要的作用，是同其在建设项目中的特殊地位分不开的。根据这样的特点，对建设项目的管理中就应当有效落实源头管理的原则。即从处于建设项目的核心地位的建设单位出发，制订对于项目的一系列管理措施。

2. 建设单位的分层管理特点

根据项目类型的不同，建设项目各方在项目中的组织形式也存在差异性。这些差异性是由项目自身特点，例如项目投资来源不同等因素决定的。建设工程项目管理的组织结构形式和管理方式应当同项目自身特点相适应。

对我国现有的主要项目管理组织模式进行分析，可以看出各类不同投资主体项目的各自特点：

政府投资的工程项目，由于政府本身既是投资者，同时也是项目建设的监管部门，其开展的许多项目又是大型的国家公共设施建设项目。因此这类项目的安全情况是目前建设工程安全管理工作的重点之一。

企事业单位投资的工程项目，根据企事业单位的不同形式，以及开展项目建设的不同目的，采用的项目管理组织形式也是多种多样。相对政府投资的工程项目，这类项目可以更多的采用市场调节的方式进行管理，如采用专业的项目管理公司或工程公司进行管理，同时引入市场竞争机制。

个人或团体投资的工程项目，这类企业既是建筑产品的生产者同时又是建筑产品的使用者，因此项目生产过程中包括安全在内的各种责任应由其自身承担，或是由其委托执行项目建设的组织与管理任务的单位承担。

三、法律规定的建设单位安全责任

我国目前的法律法规体系分为 5 个层次，即宪法、法律、行政法规、部门规章和地方性法规。各层次的法律法规中列出了建设单位的各种责任，按照责任的属性不同，建设单位的责任可以分为民事责任、行政责任以及刑事责任。

在我国的法律法规体系的各个层次中，对我国建设单位安全责任起到规范作用的主要法律法规如表 12-2 所示。

我国法规体系中对建设单位安全责任有规范作用的法律法规　　表 12-2

<table>
<tr><th>我国的法律层次</th><th colspan="2">对建筑市场有规范作用的法律法规</th></tr>
<tr><td>宪　法</td><td colspan="2"></td></tr>
<tr><td>法　律</td><td colspan="2">《中华人民共和国建筑法》中华人民共和国主席令第 91 号（1997）
《中华人民共和国刑法》中华人民共和国主席令第 83 号（1997）
《中华人民共和国安全生产法》中华人民共和国主席令第 70 号（2004）
《中华人民共和国民法通则》中华人民共和国主席令第 37 号（1986）
《中华人民共和国合同法》中华人民共和国主席令第 15 号（1999）</td></tr>
<tr><td>行政法规</td><td colspan="2">《建设工程勘察设计管理条例》中华人民共和国国务院令 第 293 号（2000）
《建设工程质量管理条例》中华人民共和国国务院令第 279 号（2000）
《建设工程安全生产管理条例》中华人民共和国国务院令第 393 号（2004）
《建设项目环境保护管理条例》中华人民共和国国务院令第 253 号（2001）
《城市房屋拆迁管理条例》中华人民共和国国务院令第 305 号（2001）
《国务院关于特大安全事故行政责任追究的规定》中华人民共和国国务院令第 302 号（2001）</td></tr>
<tr><td>部门规章</td><td colspan="2">《建设工程勘察质量管理办法 》建设部令第 115 号（2002）
《建筑施工企业安全生产许可证管理规定》建设部令第 128 号（2004）
《工程造价咨询企业管理办法》建设部令第 149 号（2006）
《工程建设项目招标代理机构资格认定办法》建设部令第 154 号（2007）
《外商投资建设工程服务企业管理规定》建设部、商务部令第 155 号（2007）
《建筑业企业资质管理规定》建设部令第 159 号（2007）
《建设工程项目管理试行办法》（2004）
《关于培育发展工程总承包和工程项目管理企业的指导意见》（2003）
《铁路建设单位管理暂行办法》铁道部铁建［1998］43 号
《关于实行建设项目法人责任制的暂行规定》计建设［1996］673 号
……</td></tr>
<tr><td rowspan="2">地方性法规</td><td>政府投资项目
管理办法</td><td>《浙江省政府投资项目管理办法》
《北京市政府投资建设项目代建制管理办法》
《湖南省政府投资公益性项目代建制管理办法》
……</td></tr>
<tr><td>项目安全
管理办法</td><td>《上海市安全生产条例》
《安徽省建设工程质量管理办法》
《甘肃省建设工程质量监督管理规定》
……</td></tr>
</table>

第二节　我国建设单位安全管理

根据目前我国建设单位的投资主体及管理模式等方面的不同，可以将建设单位进行分类。总的来说，建设单位可以分为三类，即政府投资的工程项目、企事业单位投资的工程项目和个人或团体投资的工程项目。其中政府投资工程项目及企事业单位投资工程项目又可细分为若干子类型。具体分类如图 12-4 所示。

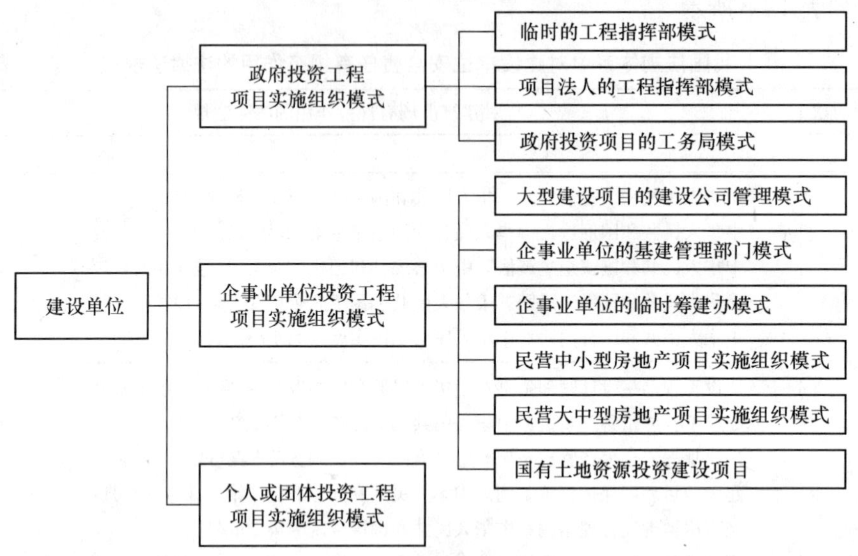

图 12-4 建设单位分类示意图

除了建设单位的分类模式研究之外，本节内容还包括建设单位的社会化管理模式，这是近年来出现的建设单位任务委托和转移的一种形式。主要的社会化管理模式有三种，即政府投资项目的代建制模式，项目管理委托模式，以及工程项目总承包模式。课题将对这些模式的组织与管理特点进行分析。

本节通过对上述各种建设单位组织与管理模式进行分析和研究，了解各种模式的运行方式和特点，得出各种模式对建设项目安全产生的影响。在对各种模式特点的研究中，主要对如下几方面的特点进行分析：

- 组织与管理机构
- 决策阶段工作
- 资金使用情况
- 承包商选择
- 材料设备采购

一、政府投资项目建设单位安全管理

（一）临时的工程指挥部模式

1. 运行模式

在政府投资的工程项目类型中，比较常见的一类是临时的工程指挥部模式，有时也被称为工程管理委员会模式或业主委员会模式。该模式一般是为了某个项目的实施而由政府成立临时的专门机构——工程指挥部，由工程指挥部负责该项目的建设管理全过程。工程指挥部通常的组织结构图如图 12-5 所示。

在该组织结构图中，政府主管部门承担的是投资者的角色，一般不参与到项目的组织与管理具体过程中。要进行项目建设时，政府主管部门从各相关部门中抽调人员，成立临时的工程指挥部。这类工程指挥部一般由政府的行政管理人员担当指挥部的机构负责人，

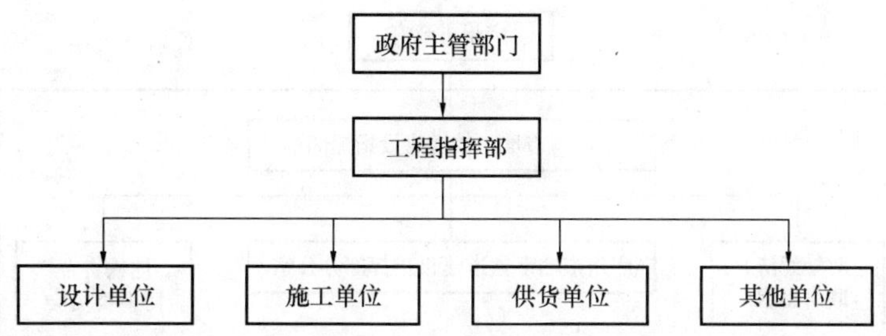

图 12-5 政府投资的临时的工程指挥部模式

进行项目的组织与管理。待项目建设完成之后即撤销该临时管理机构，管理人员回到原单位。

在项目管理的实施过程中，临时的工程指挥部更多的起到横向的协调作用，控制项目总体程序和部署，汇总建设总进度及投资计划并向主管部门报告等。

2. 安全管理特点

临时的工程指挥部模式建设单位的管理特点如表 12-3 所示。

临时的工程指挥部模式建设单位管理特点 **表 12-3**

特点描述的方面	特点的具体体现	对安全的影响
组织与管理机构	临时机构，组成成员复杂，专业化程度不高 在项目实施中起到协调作用，项目结束即解散	操作不规范带来的安全隐患 使用阶段安全责任主体不明
决策阶段工作	多由政府直接决定立项，然后成立指挥部	政府对项目立项的决定或有影响
资金使用情况	项目出资方式：由政府进行投资建设 投资控制：上级机构对投资控制或有干扰	上级部门对项目资金使用情况的干扰会影响项目产品的安全
承包商选择	施工招投标程序由非专业机构完成 建设单位在选择过程中或受各种利益干扰	非专业化的招投标实施可能会给施工安全带来隐患
材料设备采购	施工招投标程序由非专业机构完成 建设单位在选择过程中或受各种利益干扰	通过非专业化手段选择的材料设备可能会给项目安全带来隐患

（二）项目法人的工程指挥部模式

1. 运行模式

随着时代的不断发展，工程指挥部这一组织模式在实际应用中不管是其组织形式、适用范围以及管理方式，都产生了一系列的变革。在组织形式方面，最大的变化是从之前的临时机构发展成为了具有项目法人地位的工程指挥部。以广州市地铁首期工程项目的指挥部模式为例，该项目管理组织结构图如图 12-6 所示。

在进行项目建设时，成立的法人形式的项目公司也会从各相关部门中抽调人员。但该公司的机构负责人由专业的工程技术和管理人员担任而非政府的行政管理人员。工程建设指挥部同政府一样，不直接干预到项目的实施过程中，而是从更高的层面对项目起到协调作用。

当项目建设完成之后，成立的法人形式的项目公司不会撤销，可继续承担项目运营和使用过程中的一些管理事务。

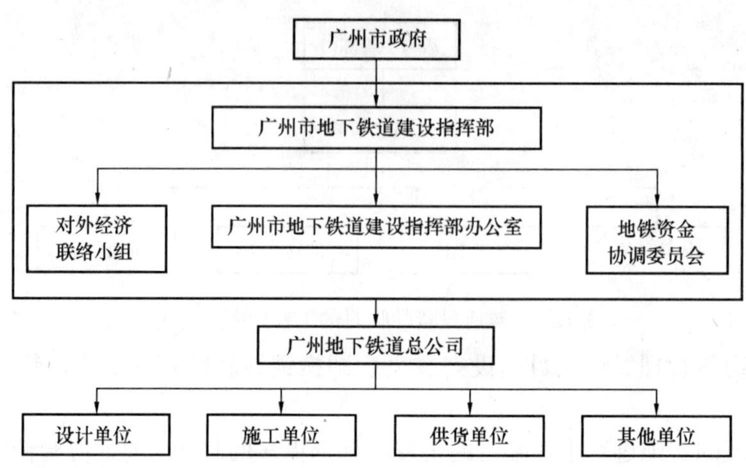

图 12-6 广州地铁首期工程项目管理组织结构图

2. 安全管理特点

项目法人的工程指挥部模式建设单位的管理特点如表 12-4 所示。

项目法人的工程指挥部模式建设单位管理特点 **表 12-4**

特点描述的方面	特点的具体体现	对安全的影响
组织与管理机构	指挥部为永久法人机构，承担运营使用阶段工作内容。有时委托工程咨询单位共同管理	操作规范，减小安全隐患 使用阶段安全责任主体明确
决策阶段工作	多由政府直接决定立项，然后成立指挥部 成立指挥部并非办理土地手续的必要条件	政府对项目立项的决定或有影响
资金使用情况	项目出资方式：由政府进行投资建设 投资控制：指挥部上级机构对投资控制或有干扰	上级部门对项目资金使用情况的干扰会影响项目产品的安全
承包商选择	主要由项目公司进行招投标	专业化项目公司进行的招投标过程规范化，减小安全隐患
材料设备采购	材料设备采购主要由项目公司完成	专业化的项目公司进行材料设备采购或招标，对安全把关

（三）政府投资项目的工务局模式

1. 运行模式

在过去几十年，指挥部的管理模式在我国基础设施建设中发挥了重要的作用。但随着社会经济的发展和市场经济程度的不断提高，这类产生于计划经济体制下的政府投资工程项目的管理方式逐渐暴露出一些弊端，例如政企不分、政事不分、高度集权等。在这样的背景情况下，出现了一些对新的政府投资工程项目管理模式的尝试，工务局模式便是其中一种。目前我国实行政府投资工程项目的工务局管理模式比较典型的有深圳市建筑工务署。

深圳市于 2002 年开始了对集中政府工程管理模式的探索，成立了工务局以管理部分重点政府工程项目。之后于 2004 年成立了深圳市建筑工务署，把过去若干个政府部门分散管理的工程，变为由工务署进行统一管理。

深圳市建筑工务署为直属市政府管理的事业单位，主要负责政府投资工程项目的统一建设管理工作。图 12-7 为工务署模式的组织结构，其主要职能包括：

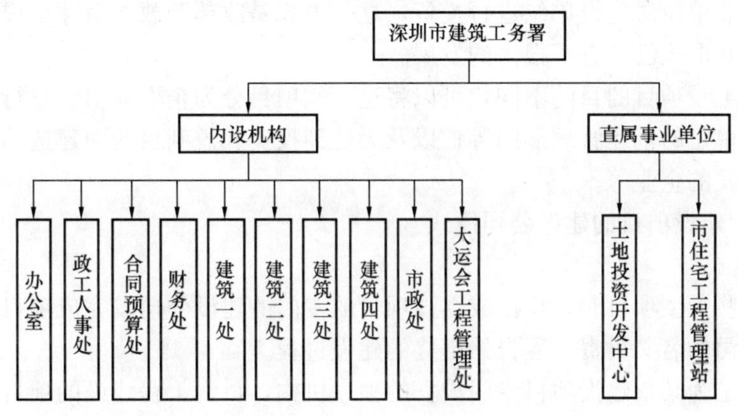

图 12-7 深圳市建筑工务署组织机构图

除水务、公路以外的市政府投资建设工程项目的组织实施和监督管理工作；市政府的经济适用房及其他政策性住房建设的组织实施和监督管理工作。

建筑工务署的职责是代表政府行使建设单位的职能，对其所管辖范围内的政府投资工程项目实行统一管理。具体的工作内容有如下几项：

负责实施政府投资的工程项目建设过程的管理与实施工作；负责项目的施工报建、委托招标投标和工程监理，并代表业主签订合同及办理涉及项目施工的工作；负责项目施工全过程的协调和监管；负责编制建设工程项目的结算、竣工决算并送审；组织有关单位进行工程施工验收，办理产权登记和资产移交手续。

2. 安全管理特点

政府投资项目的工务局模式建设单位的管理特点如表 12-5 所示。

政府投资项目的工务局模式建设单位管理特点 **表 12-5**

特点描述的方面	特点的具体体现	对安全的影响
组织与管理机构	工务局为永久法人机构，建设过程中的管理不受使用业主的影响，并承担维护阶段工作内容	操作规范，减小安全隐患 使用阶段安全责任主体明确
决策阶段工作	建设项目立项：多由政府和各个事业单位直接决定立项，然后移交给工务局 办理土地手续：由工务局进行办理	政府和事业单位对项目立项的决定或有影响
资金使用情况	项目出资方式：由政府和事业单位进行投资建设 投资控制：主要由工务局进行控制	上级部门对项目资金使用情况的干扰会影响项目产品的安全
承包商选择	主要由工务局下属专门机构进行招投标	专业化项目公司进行的招投标过程规范化，减小安全隐患
材料设备采购	材料设备采购主要由工务局下属专门机构完成	专业化的项目公司进行材料设备采购或招标，对安全把关

二、企事业单位投资项目建设单位安全管理

同政府投资的工程项目一样，企事业单位投资的工程项目在我国的建设行业中占了很大比例。企事业单位对建设单位进行投资，这一方式是改革开放之后才形成的新建设项目实施模式，但其形式已经有了很大的发展。

根据投资工程项目的目的不同，可以将这一类项目分为企事业单位自行建造使用的项目，如企事业单位的基建管理部门等；以及为达到投资和盈利目的而建造的项目，如专门从事房地产开发的企业等。

（一）大型建设项目的建设公司模式

1. 运行模式

在修建一些大型项目时，往往成立该项目的专门的建设公司以完成项目建设任务。以项目的建设公司的名义负责工程自始至终的建设过程。

项目法人是为某一建设项目专门设立的独立机构，负责工程建设的项目策划、资金筹措、建设施工、经营管理、债务偿还和资产保值增值等全过程。工程项目管理班子由项目建成后的使用或经营单位组建。工程完工后，该公司一般转为经营管理班子。这种方式产生于上世纪九十年代，主要用于具有经营性质的重要基础设施建设项目，如水利、电力、港口、高速公路、地铁工程等。以上海金茂大厦项目的建设公司模式为例，该项目的合同结构图如图 12-8 所示。

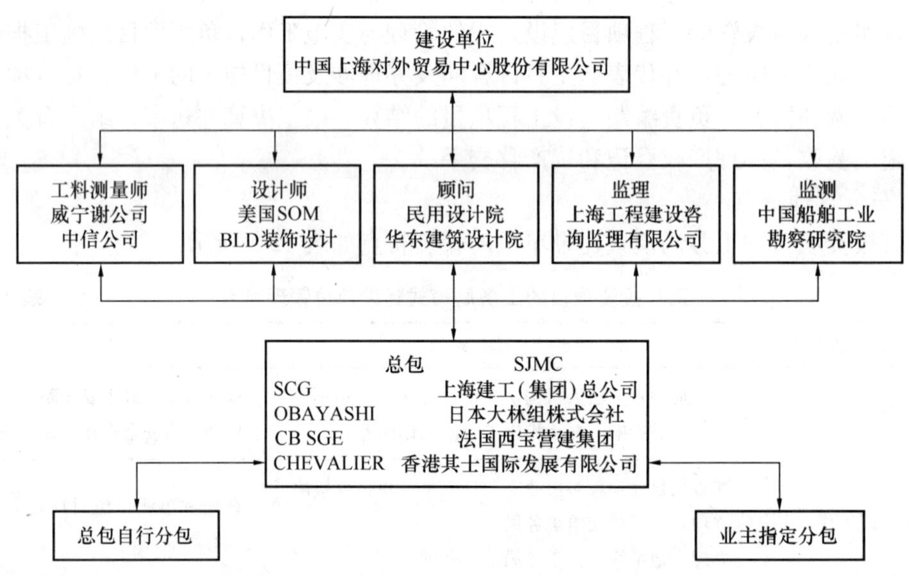

图 12-8 上海金茂大厦合同结构总图

2. 安全管理特点

大型建设项目的建设公司模式建设单位的管理特点如表 12-6 所示。

（二）企事业单位的基建管理部门模式

1. 运行模式

经常有工程建设项目的政府部门（如教育、文化、卫生、体育）和事业单位等，都设有基建处（室），专门负责本部门、本单位的工程项目建设管理。在这种模式下，政府部

门的基建处（室）主要是进行常规性的行政管理；各单位的基建处（室）负责项目的具体实施。

大型建设项目的建设公司模式建设单位管理特点　　**表 12-6**

特点描述的方面	特点的具体体现	对安全的影响
组织与管理机构	建设单位为永久法人机构，承担使用和维护阶段工作内容；有时委托工程咨询单位共同管理	操作规范，减小安全隐患 使用阶段安全责任主体明确
决策阶段工作	项目立项采取企业化的操作模式 土地等手续由企业进行办理	企业化操作模式减小安全隐患
资金使用情况	项目出资方式：主要由国有资本进行投资建设 投资控制：由建设公司进行控制	建设公司对项目资金使用情况进行控制，减小因资金使用带来的安全隐患
承包商选择	由建设公司进行专业化操作	专业化建设公司进行的招投标过程规范化，减小安全隐患
材料设备采购	由建设公司进行操作	专业化的建设公司进行材料设备采购或招标，对安全把关

经常有工程项目建设任务的企事业单位，常常有专门的基建管理部门来实施项目的建设，这种基建管理部门为企事业单位内的常设机构。当企事业单位有建设任务时，由该部门负责项目的具体实施，但不负责项目的前期立项及可行性分析等内容。

自 20 世纪 50 年代至今该模式仍然是一种常见的方式，该种模式组织结构如图 12-9 所示。

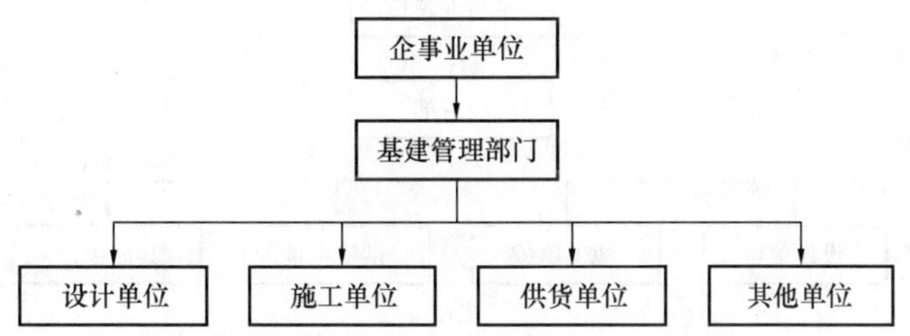

图 12-9　企事业单位的基建管理部门模式

2. 安全管理特点

企事业单位的基建管理部门模式建设单位的管理特点如表 12-7 所示。

企事业单位的基建管理部门模式建设单位管理特点　　**表 12-7**

特点描述的方面	特点的具体体现	对安全的影响
组织与管理机构	基建管理部门为永久机构，承担维护阶段工作内容；有时委托工程咨询单位共同管理	操作规范，减小安全隐患 使用阶段安全责任主体明确
决策阶段工作	项目立项由企事业单位需求决定 土地等手续由基建管理部门进行办理	决策阶段工作或受上级部门干扰，同时受到企事业单位特点影响，可能带来安全隐患

续表

特点描述的方面	特点的具体体现	对安全的影响
资金使用情况	项目出资方式：多由企事业单位自身投资建设 投资控制：由投资者及基建管理部门进行控制	项目资金情况受企事业单位影响较大，同安全状况有相应关系
承包商选择	由基建管理部门进行操作	基建管理部门的招投标过程规范化，减小安全隐患
材料设备采购	由基建管理部门进行操作	基建管理部门进行材料设备采购或招标，对安全把关

（三）企事业单位的临时筹建办模式

1. 运行模式

一些平时没有或很少有建设项目的单位，在有项目任务后，也常常组建临时的工程管理班子，一般称为项目筹建处，其职责和管理方式与工程指挥部基本相同。筹建处为根据项目成立的机构，待项目结束之后筹建处解散。

筹建办为企事业单位为了建设项目而成立的临时性项目实施机构。当企事业单位有建设任务时，由该部门负责项目的具体实施，但不负责项目的前期立项及可行性分析等内容。

对于并非经常有项目建设的企事业单位，该模式是目前较为常见的一种方式。该种模式的组织结构如图 12-10 所示。

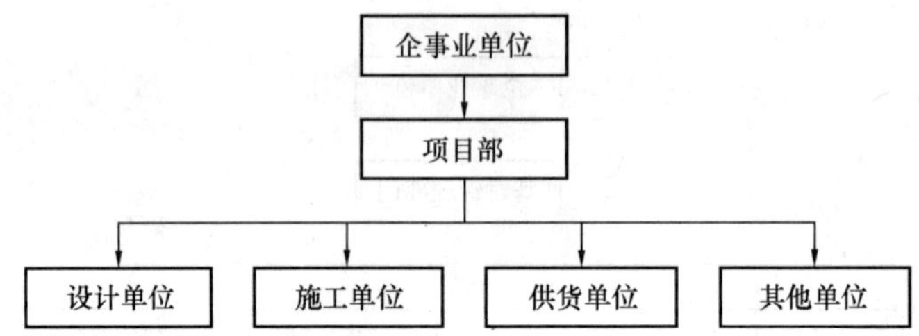

图 12-10 企事业单位的临时筹建办模式

2. 安全管理特点

企事业单位的临时筹建办模式建设单位的管理特点如表 12-8 所示。

企事业单位的临时筹建办模式建设单位管理特点 **表 12-8**

特点描述的方面	特点的具体体现	对安全的影响
组织与管理机构	筹建办为临时机构，不承担维护阶段工作内容 有时委托工程咨询单位共同管理	操作不规范带来的安全隐患 使用阶段安全责任主体不明
决策阶段工作	项目立项由企事业单位需求决定 土地等手续由临时筹建办进行办理	政府对项目立项的决定或有影响

续表

特点描述的方面	特点的具体体现	对安全的影响
资金使用情况	项目出资方式：多由企事业单位自身投资建设 投资控制：由投资者及临时筹建办进行投资控制	上级部门对项目资金使用情况的干扰会影响项目产品的安全
承包商选择	施工招标：由临时筹建办进行操作	非专业化的招投标实施可能会给施工安全带来隐患
材料设备采购	由临时筹建办进行操作	通过非专业化手段选择的材料设备可能会给项目安全带来隐患

（四）民营中小型房地产项目实施组织模式

1. 运行模式

专业进行房地产投资和开发活动的企业是我国目前建设单位的一个主要类型。这一类企业最主要的特点是，他们本身是通过以房地产建设项目的开发和建设而达到盈利目的的企业。企业所进行的建设项目投资和开发活动，都是其获取利润的手段。

现阶段房地产行业的主要竞争表现为企业数量多，规模普遍偏小，市场集中度比较低。占市场比重大多数的还是中小型的房地产企业。判定一个房地产企业的大小，不单是从员工数量方面进行衡量，同时应当考虑的还有企业的资产规模、开发资质等几个方面。中小房地产是相对于大型房地产企业而言，一般可以将企业人数在100名以下，注册资金在1000万以下，或开发资质为三、四级的企业称为中小型房地产企业。本节探讨中小型房地产项目实施的组织模式及其建设单位的安全相关责任的特点。

大量的中小型房地产开发企业开发的项目规模都不是很大，一个企业往往同时只进行一个或少量的几个项目开发，因此项目的开发模式往往是由企业内的工程部负责项目的开发过程，承担组织与管理任务。该种模式的项目实施组织模式如图12-11所示。

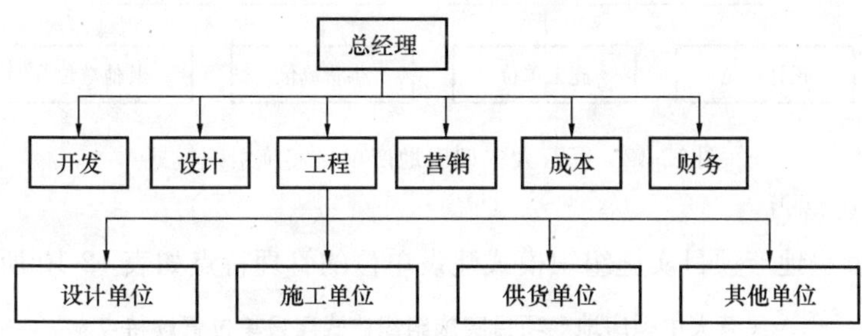

图12-11　民营中小型房地产项目实施组织模式

2. 安全管理特点

民营中小型房地产项目实施组织模式建设单位的管理特点如表12-9所示。

（五）民营大中型房地产项目实施组织模式

1. 运行模式

不同于中小型房地产项目，大中型房地产项目和房地产企业经过一段历史时期的发展，通常已经建立了较为完善的适应市场要求的经营理念，同时具有较强的品牌意识和经营战略。因此大中型房地产开发项目实施的组织模式也有别于中小型房地产开发项目。

民营中小型房地产项目实施组织模式建设单位管理特点　　表 12-9

特点描述的方面	特点的具体体现	对安全的影响
组织与管理机构	由企业内工程部进行项目建设和维护 较少委托工程咨询单位共同管理	操作规范，减小安全隐患 使用阶段安全责任主体明确
决策阶段工作	项目立项由民营房地产企业开发要求决定 土地等手续由企业内工程部进行办理	企业化操作模式，但企业处于发展初期，未形成完整战略发展战略，对安全未必足够重视
资金使用情况	项目出资方式：由民营房地产企业进行投资 投资控制：由民营房地产企业进行投资控制	房地产企业对项目资金使用情况进行控制，减小因资金使用带来的安全隐患
承包商选择	施工招标：由企业内工程部进行操作	房地产企业进行的招投标过程规范化，减小安全隐患
材料设备采购	由企业内工程部进行操作	房地产企业进行材料设备采购或招标，对安全把关

大中型房地产公司往往同时进行多个房地产项目的开发建设，如同中小房地产企业那样由工程部统一进行建设的方式已经不再能够满足项目建设的规模要求。大中型房地产公司往往对每个项目成立一个项目部或是项目公司，这些公司通常都是以法人的形式存在。

各个项目公司承担项目实施阶段的组织与管理任务，但项目一旦完成，这些项目公司便不再存在，因此导致使用阶段的安全问题发生后没有人进行承担。

该种模式的项目实施组织模式如图 12-12 所示。

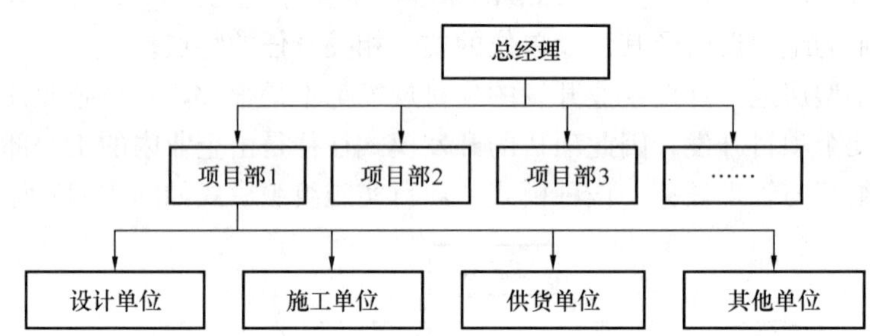

图 12-12　民营大中型房地产项目实施组织模式

2. 安全管理特点

民营大中型房地产项目实施组织模式建设单位的管理特点如表 12-10 所示。

民营大中型房地产项目实施组织模式建设单位管理特点　　表 12-10

特点描述的方面	特点的具体体现	对安全的影响
组织与管理机构	项目完成后，开发公司大多解散，不进行项目维护；较少委托专业工程咨询单位	操作规范，减小安全隐患 使用阶段安全责任主体不明
决策阶段工作	项目立项由民营房地产企业开发要求决定 土地等手续由开发公司进行操作	企业化操作模式，同时企业重视品牌效应，对安全足够重视
资金使用情况	项目出资方式：由民营房地产企业进行投资 投资控制：由民营房地产企业进行投资控制	企业对资金使用情况进行控制，减小因资金使用带来的安全隐患

续表

特点描述的方面	特点的具体体现	对安全的影响
承包商选择	施工招标：由开发公司进行操作	房地产企业进行的招投标过程规范化，减小安全隐患
材料设备采购	由开发公司进行操作	房地产企业进行材料设备采购或招标，对安全把关

（六）国有土地资源投资项目实施组织模式

1. 运行模式

一些政府开发的土地资源项目，特别是目前较为常见的园区、开发区、工业区等，往往采用成立项目开发公司进行管理的方式。

在政府进行立项之后成立专业的项目开发公司，承担建设项目实施的组织与管理职能。开发公司的领导有时由政府的领导进行兼任，招聘专业的工程项目管理人员组成项目开发公司。同时开发公司也负责项目使用阶段的运行和维护工作。该种模式的组织机构如图 12-13 所示。

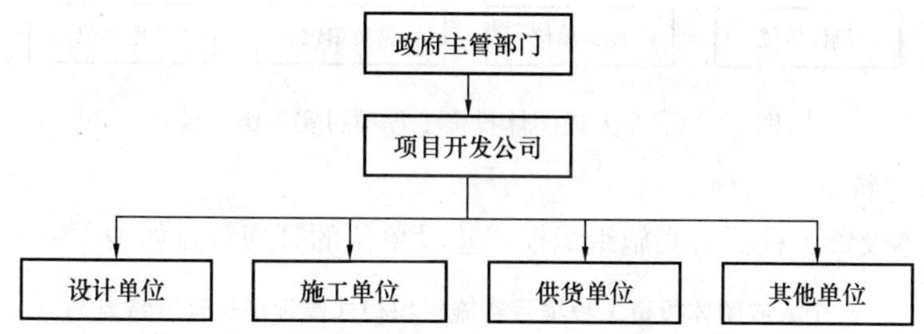

图 12-13　国有土地资源投资项目实施组织模式

2. 安全管理特点

国有土地资源投资项目实施组织模式建设单位的管理特点如表 12-11 所示。

国有土地资源投资项目实施组织模式建设单位管理特点　　表 12-11

特点描述的方面	特点的具体体现	对安全的影响
组织与管理机构	项目完成后，由开发公司进行项目维护；较少委托专业工程咨询单位	操作规范，减小安全隐患 使用阶段安全责任主体不明
决策阶段工作	多由政府直接决定立项，然后成立开发公司 土地等手续由开发公司进行操作	决策阶段工作或受上级部门干扰，可能带来安全隐患
资金使用情况	项目出资方式：由政府或国有资产进行投资 投资控制：由开发公司和政府进行投资控制	开发公司对项目资金使用情况进行控制，减小因资金使用带来的安全隐患
承包商选择	施工招标：由开发公司进行操作	开发公司进行的招投标过程规范化，减小安全隐患
材料设备采购	由开发公司进行操作	开发公司进行材料设备采购或招标，对安全把关

三、个人或团体投资项目建设单位安全管理

1. 运行模式

在我国目前的项目建设类型中，有为数众多的项目都属于个人或团体投资的工程项目。对于一些很少有建设任务的单位或团体，其内部平时并不设立有专门的筹建办或基建管理部门。当这些单位因为自身需求而有工程项目任务时，往往自行组织项目的建设过程。

此外，在我国许多地方，特别是经济不发达的地区以及乡镇，还存在个人自行建造住房等项目的现象。

在这些项目实施过程中，往往是由团体或个人直接作为建设项目的组织与管理的实施者参与到项目建设中，组织从项目建设开始到结束的整个过程。典型的项目组织结构如图12-14所示。

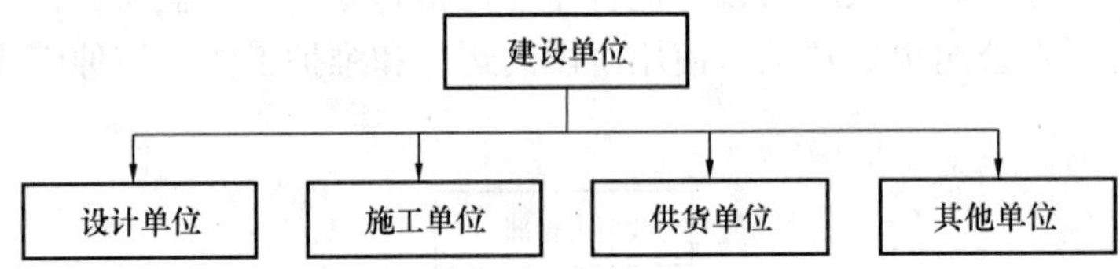

图 12-14 个人或团体投资工程项目实施组织模式

2. 安全管理特点

个人或团体投资工程项目实施组织模式建设单位的管理特点如表12-12所示。

个人或团体投资工程项目实施组织模式建设单位管理特点 **表 12-12**

特点描述的方面	特点的具体体现	对安全的影响
组织与管理机构	项目完成后，开发公司大多解散，不进行项目维护；较少委托专业工程咨询单位	非专业化的组织机构和人员给安全带来很大隐患
决策阶段工作	项目立项由个人或团体需求决定 土地等手续由个人或团体进行操作	项目立项及各种手续办理不全，易受个人意愿影响
资金使用情况	项目出资方式：由个人或团体自行投资 投资控制：由个人或团体进行投资控制	不规范操作给安全带来隐患
承包商选择	施工招标：由个人或团体进行操作	不规范操作给安全带来隐患
材料设备采购	由个人或团体进行操作	不规范操作给安全带来隐患

四、建设单位的社会化管理模式

（一）政府投资项目的代建制模式

1. 运行模式

2004年7月16日国务院在其批准的《关于投资体制改革的决定》中明确指出：加强政府投资项目管理，改进建设实施方式。规范政府投资项目的建设标准，并根据情况变化及时修订完善，按项目建设进度下达投资资金计划。加强政府投资项目的中介服务管理，

对咨询评估、招标代理等中介机构实行资质管理，提高中介服务质量。对非经营性政府投资项目加快推行“代建制”，即通过招标等方式，选择专业化的项目管理单位负责建设实施，严格控制项目投资、质量和工期，竣工验收后移交给使用单位。增强投资风险意识，建立和完善政府投资项目的风险管理机制。

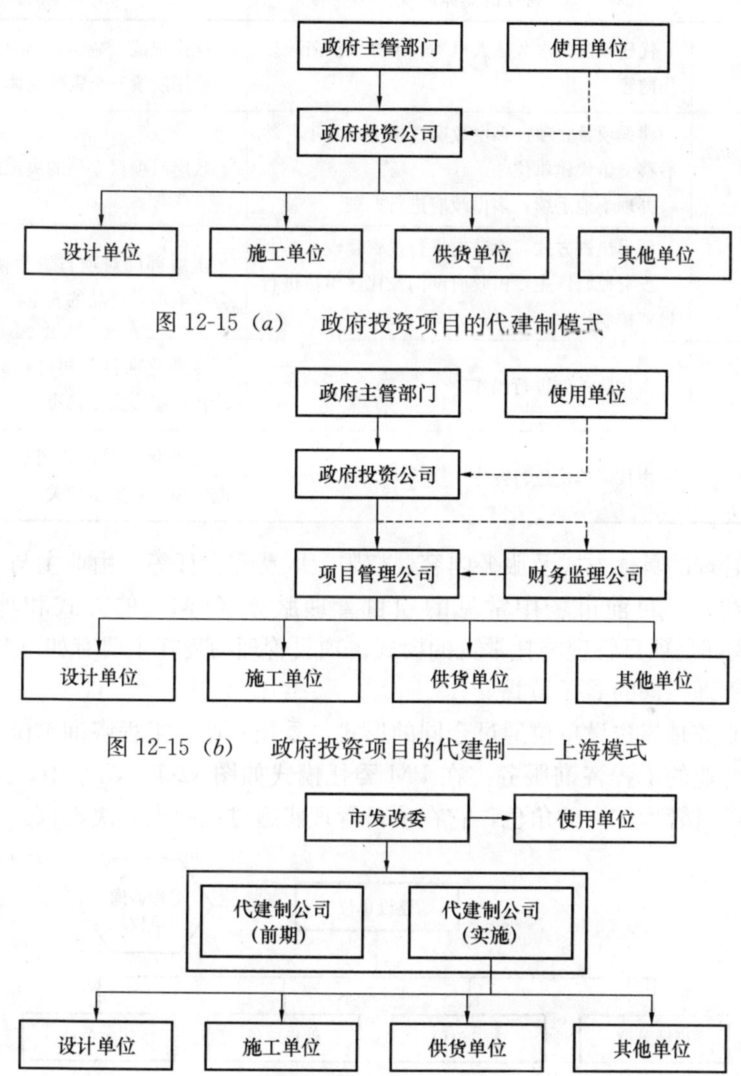

图 12-15（*a*） 政府投资项目的代建制模式

图 12-15（*b*） 政府投资项目的代建制——上海模式

图 12-15（*c*） 政府投资项目的代建制——北京模式

2. 安全管理特点

政府投资项目的代建制模式建设单位的管理特点如表 12-13 所示。

（二）项目管理委托模式

1. 运行模式

项目管理委托模式是另外一种常见的建设单位社会化管理形式。对于该种模式目前尚没有统一的定义，多数研究认为，项目管理委托模式是建设单位选定专业的项目管理的实施单位，帮助其在项目前期策划、项目定义、计划、融资方案以及设计、采购、施工、试运行等整个实施过程中有效地控制工程质量、进度和费用，保证项目的成功实施，达到项目生命周期技术和经济指标的最优化。即该种模式中，项目管理承包商是建设单位的代表和延伸。

政府投资项目的代建制模式建设单位管理特点　　表 12-13

特点描述的方面	特点的具体体现	对安全的影响
组织与管理机构	代建单位为永久法人机构，承担维护阶段工作内容	操作规范，减小安全隐患 使用阶段安全责任主体明确
决策阶段工作	建设项目立项：多由政府直接决定立项，然后移交给代建单位 办理土地手续：多由政府进行办理	政府对项目立项的决定或有影响
资金使用情况	项目出资方式：由政府进行投资建设 投资控制：主要由政府部门及代建单位进行投资控制	上级部门对项目资金使用情况的干扰会影响项目产品的安全
承包商选择	由代建单位进行操作	专业化项目公司进行的招投标过程规范化，减小安全隐患
材料设备采购	由代建单位进行操作	专业化的项目公司进行材料设备采购或招标，对安全把关

工程项目管理的具体方式及服务内容、权限、取费和责任等，由业主与工程项目管理企业在合同中约定。目前市场中常见的项目管理服务（PM）的方式和项目管理承包（PMC）的方式都是项目管理委托常见的模式。项目管理的委托主要有如下几种模式。

（1）项目管理咨询的委托模式

项目管理服务是指建设单位通过合同的形式，委托专业的工程咨询单位在项目建设过程中为其提供专业的工程咨询服务。在 PM 委托模式如图 12-16（*a*）中，工程咨询单位在项目中扮演项目管理咨询的角色，它在项目管理实施过程中没有决策权。

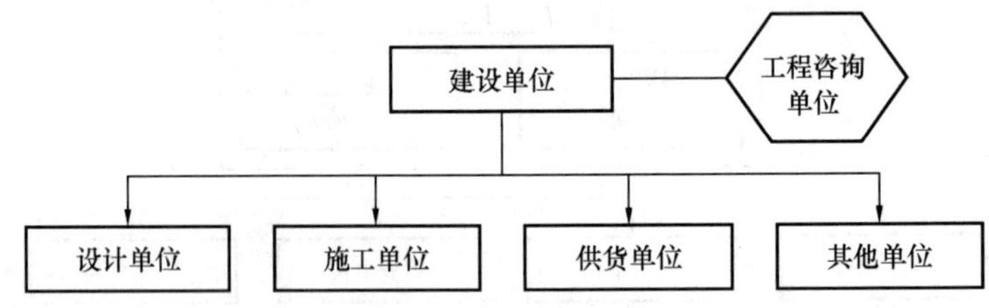

图 12-16（*a*）　项目管理委托模式组织结构图（一）

（2）项目管理承包的委托模式

项目管理承包同项目管理服务相类似，都是建设单位通过合同的形式，委托专业的工程咨询单位在项目建设过程中为其提供专业的项目管理服务。不同之处在于项目管理承包模式如图 12-16（*b*）中，承担主要管理任务的是项目管理单位，相比前一种模式它需要承担更多的项目管理任务和责任。

（3）同建设单位共同管理的模式

在这一模式如图 12-16（*c*）中，工程咨询单位同建设单位一起，组成项目实施的组织与管理机构，共同实施项目的组织与管理过程。

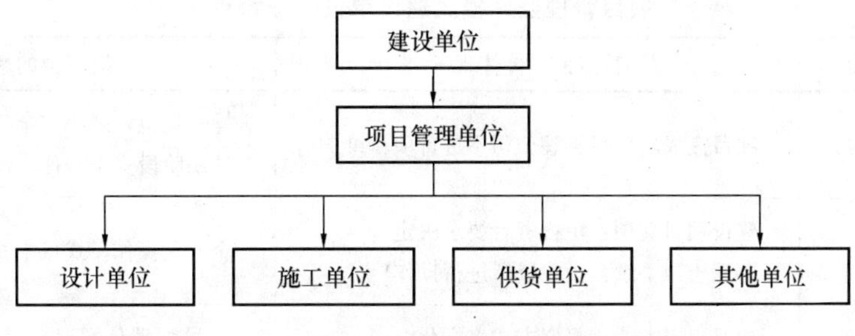

图 12-16（*b*）　项目管理委托模式组织结构图（二）

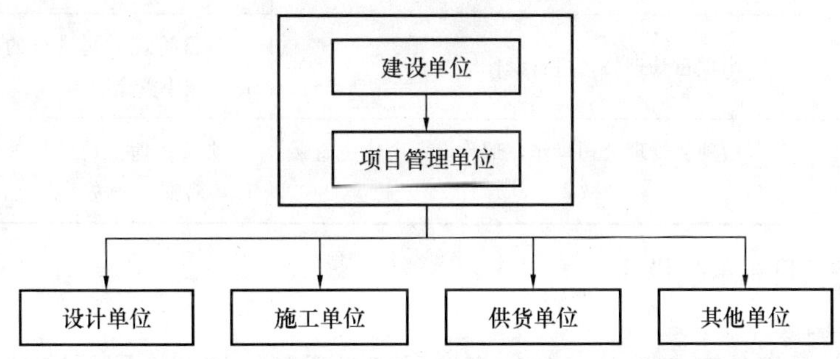

图 12-16（*c*）　项目管理委托模式组织结构图（三）

（4）项目专项管理的委托模式

如图 12-16（*d*）所示，工程咨询单位、工程招标代理单位、工程造价咨询单位、工程监理单位等为建设单位提供工程中的专项项目管理服务的机构，也是项目管理的委托模式之一。

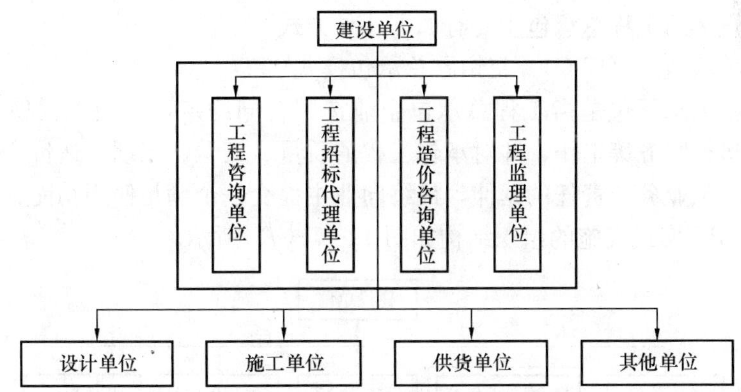

图 12-16（*d*）　项目管理委托模式组织结构图（四）

在项目管理的委托模式中，专业的工程咨询单位同建设单位签订项目管理实施或咨询的委托合同。按照合同约定，工程咨询单位在项目建设的各个阶段为业主提供项目管理服务，对项目进行质量、安全、进度、费用、合同、信息管理和控制等。对于需要完成工程初步设计（基础工程设计）工作的工程项目管理企业，应当具有相应的工程设计资质。同时按照合同约定，工程咨询单位应当承担相应的管理责任或经济责任。

2. 安全管理特点

项目管理委托模式建设单位的管理特点如表 12-14 所示。

项目管理委托模式建设单位管理特点 表 12-14

特点描述的方面	特点的具体体现	对安全的影响
组织与管理机构	项目完成后项目管理公司不进行项目维护	操作规范，减小安全隐患 使用阶段安全责任主体明确
决策阶段工作	建设项目立项：由投资者要求决定 办理土地手续：由投资者进行操作	企业化操作模式减小安全隐患
资金使用情况	项目出资方式：投资方式多样化 投资控制：由项目管理公司进行操作	项目管理公司对项目资金使用情况进行控制，减小因资金使用带来的安全隐患
承包商选择	由项目管理公司进行操作	项目管理公司进行的招投标过程规范化，减小安全隐患
材料设备采购	由项目管理公司操作，部分设备由业主直接指定	项目管理公司进行材料设备采购或招标，对安全把关

（三）工程项目总承包模式

1. 运行模式

工程总承包是指从事工程总承包的企业受建设委托，按照合同约定对工程项目的勘察、设计、采购、施工、试运行（竣工验收）等实行全过程或若干阶段的承包。工程总承包企业按照合同约定对工程项目的质量、工期、造价等向建设单位负责。工程总承包企业可依法将所承包工程中的部分工作发包给具有相应资质的分包企业；分包企业按照分包合同的约定对总承包企业负责。

工程总承包的具体方式、工作内容和责任等，由业主与工程总承包企业在合同中约定。目前实施较多的工程总承包主要有如下几种方式。

（1）设计采购施工（EPC）/交钥匙总承包模式

设计采购施工总承包是指工程总承包企业按照合同约定，承担工程项目的设计、采购、施工、试运行服务等工作，并对承包工程的质量、安全、工期、造价全面负责。是设计采购施工总承包业务和责任的延伸，最终向业主提交一个满足使用功能、具备使用条件的工程项目。EPC 模式实施的组织结构如图 12-17（a）所示。

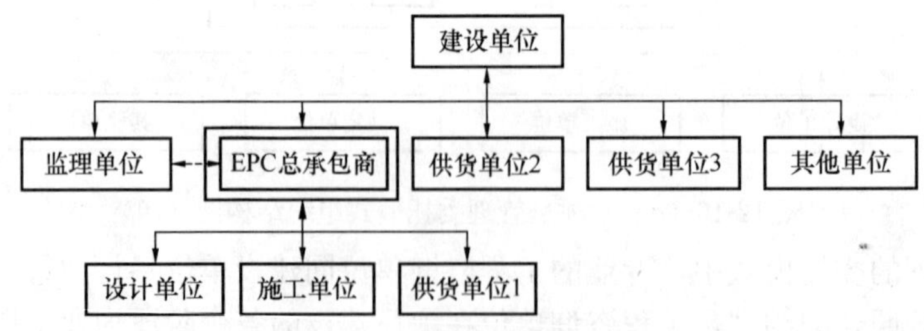

图 12-17（a） 工程项目总承包模式——EPC 模式

（2）设计—施工总承包（DB）

设计—施工总承包是指工程总承包企业按照合同约定，承担工程项目设计和施工，并对承包工程的质量、安全、工期、造价全面负责。DB 模式实施的组织结构如图 12-17（b）所示。

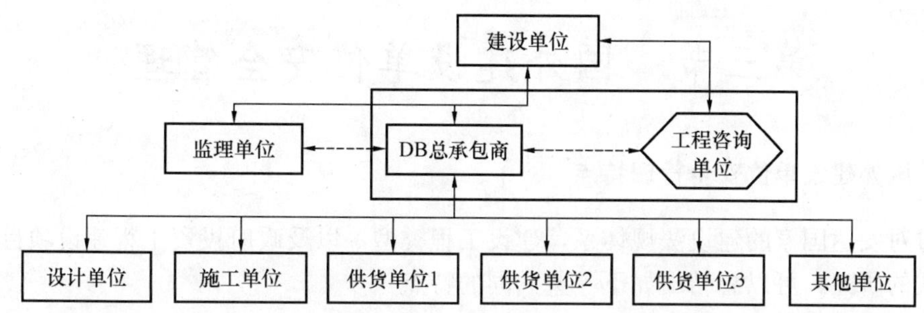

图 12-17（*b*） 工程项目总承包模式——DB模式

（3）设计—施工总承包（IPMT）

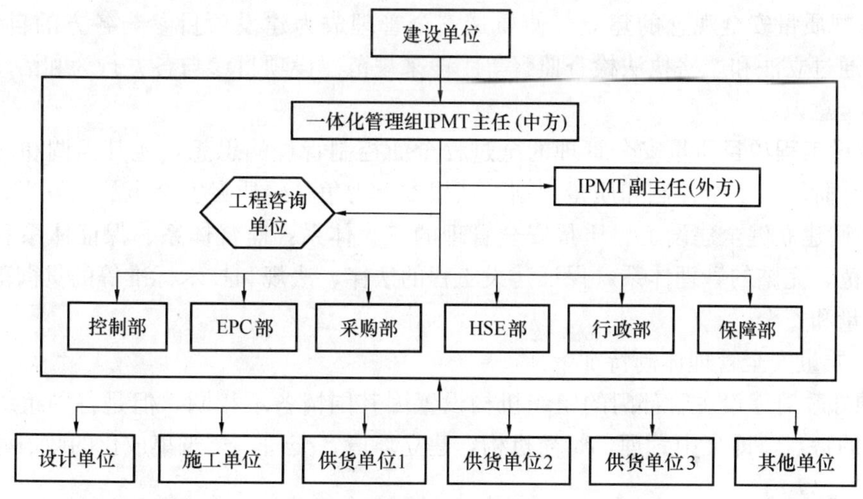

图 12-17（*c*） 工程项目总承包模式——IPMT模式

2. 安全管理特点

工程项目总承包模式建设单位的管理特点如表 12-15 所示。

工程项目总承包模式建设单位管理特点 **表 12-15**

特点描述的方面	特点的具体体现	对安全的影响
组织与管理机构	专业化的总承包企业进行管理，但项目完成后总承包企业不进行项目维护	操作规范，减小安全隐患 使用阶段安全责任主体明确
决策阶段工作	建设项目立项：由投资者要求决定 办理土地手续：由投资者进行操作	企业化操作模式减小安全隐患
资金使用情况	项目出资方式：通常由大型企业进行投资 投资控制：由总承包企业进行操作	总承包企业对项目资金使用情况进行控制，减小因资金使用带来的安全隐患
承包商选择	由总承包企业进行操作	总承包企业进行的招投标过程规范化，减小安全隐患
材料设备采购	由总承包企业进行操作，部分设备由业主直接指定	总承包企业进行材料设备采购或招标，对安全把关

第三节 国外建设单位安全管理

一、国外建设单位安全管理特点

通过对发达国家的建设法规体系，建设工程类型，以及政府投资工程建设项目的组织实施模式的研究，可以总结出如下一些共同的特点。

（一）质量安全管理总体特点

1. 建立健全有效的市场机制和法律法规体系，规范建设项目的参与各方的质量安全行为，保证建设工程质量安全。

2. 重视质量安全观念的建立，使质量安全管理成为建设项目参与各方的自觉行为。政府主要通过立法和严格执法检查监督等手段来规范建设项目参与各方行为和活动，提高其质量安全意识。

3. 建设工程项目质量安全管理的全过程全面控制管理的思想，尤其强调和注重投资前期和设计阶段的质量控制和质量规划，从根本上力争杜绝质量安全事故的发生。

4. 强调建立健全建设工程质量安全管理的三大体系：监督体系、保证体系和评价体系。以规范、完整的管理体系，保证建设工程的法律、法规和技术标准等的贯彻落实，保证工程质量和安全。

（二）质量安全管理体制特征

1. 国外政府建设主管部门的组织机构设置因其国情各不相同，但是各国组织机构设置有共同的特点，即集中管理，精简机构，建立环境、交通、建筑集成化的政府建设主管部门。

2. 从事建筑法规工作的职能部门在机构中占有相当大的比重，这是由政府重视法制建设，依法规范建筑市场的工作任务所决定的。

3. 国外许多建设主管部门通常把把保障住房，促进住宅建设、繁荣住宅市场列为建设主管部门工作的首要任务，因此其组织机构设置中都设有专门的分支机构负责住宅统一规划和管理。

4. 专业人士组织及行业协会是政府管理建筑市场的基础和得力助手。他们为政府对建设工程质量安全的控制、监督和管理做出了突出的贡献，发挥这些组织的积极性和能动性，这是国外政府建设工程质量安全监督管理体制特征之一。

（三）质量安全管理法制特征

1. 国外的建筑法律法规体系通常由法律、条例和细则、技术规范和标准构成建筑行业质量安全监督管理法规体系的三个层次。

2. 建设工程质量监督管理法规体系具有完整性、科学性和国际性的特征。

（1）法规体系的完整性。制订完善的法规体系，严格执法监督管理，规范行业市场行为，使工程建设各个环节，所有各方的建设行为都纳入法律规定的轨道，通过法制手段、经济手段、财政货币手段和政策手段依法干预市场，保证市场健康有序的良性运行和发展。

（2）法律法规的科学性。发达国家通常注重立法的科学性，注重法律、法规制订中专业组织和行业协会的积极参与作用，充分发挥专业人士在法律、法规制订中的能动性和实践性，积极采用先进技术，有计划地及时进行法律、法规的修订和调整，以适应建筑业技术进步的需要。

（3）法律法规的国际性。发达国家在制定法律、法规过程中，努力为保证国际竞争的法律环境，为开创国际市场提供法律依据，积极采纳和推进国际惯例和国际标准，促进法律法规的国际化。

（四）质量安全管理机制特征

1. 国际建筑市场运行机制的主要内容包括：围绕建筑产品生产的全过程，建筑市场各方主体之间的相互关系；建筑产品生产的设计、施工、咨询等任务的委托方式；工程合同管理及风险管理；建筑产品生产的组织管理方式；建筑产品的质量及其控制；建筑产品的投资、费用及其控制；建筑产品的安全与管理；建筑市场和建筑产品管理的信息系统等。

2. 在建筑业管理法规的约束下，围绕建筑产品的生产，建筑市场的各方主体，包括业主方、工程咨询方（含勘察、设计单位、项目管理单位、其他工程技术与管理咨询单位等）、承包商及供应商等，通过市场竞争机制的作用，构成相互制约的合同关系及监督管理关系。在这种市场机制的运作中，以专业人士为核心的工程咨询方对市场机制的有效运行及项目建设的成败起着非常重要的作用。

3. 以市场经济为主体的工业发达国家，建筑市场运行机制的建立始终遵循“统一、开放、竞争”的原则，并使这一符合市场经济运行特征要求的基本原则，以制度化法律化的形式保证确实有效地实施。建筑市场机制“统一、开放、竞争”的原则包括以下内容：统一是指统一的法规、条例、标准、规范，统一的市场竞争平台；开放是指不受地域限制，打破区域封锁，为跨区域竞争提供开放的市场；竞争是指建筑市场运行中各个委托环节，引入竞争机制，通过市场竞争，促进市场健康有序发展。

二、美国的建设单位安全管理

关于建设单位的安全责任，OSHA 规定，每个雇主都应遵守下列要求：

（1）必须为每个雇员提供没有被认为对雇员造成或可能造成死亡或严重生理伤害危险的工作和工作场所；

（2）必须遵守根据本法令颁布的职业安全卫生标准。可知，按照美国《职业安全与健康法》的规定，业主和总承包商要承担相当大的安全责任风险。从近一二十年涉及建筑安全的法律诉讼案例看，建筑伤亡事故的最终法律责任和经济损失，有相当大的部分落到了业主身上。因此在美国，安全责任已经超出了传统的“雇主”—“雇员”关系。从 20 世纪 90 年代初期开始，业主和总承包商对安全问题已越来越重视。为避免日后的法律纠纷，业主在工程项目招标时，一般都将承包商良好的安全施工记录列为取得投标资格的必备条件之一；在工程施工阶段，业主还积极参与承包商的安全管理，通常都会采取以下安全措施：

1）在每一个项目中委派业主安全代表，与承包商共同召开安全会议；

2）要求承包商坚决执行由业主制订的安全标准；

3）为承包商的安全培训提供便利条件；

4）要求所有的承包商接受安全指导，审查其安全计划；

5）对承包商的安全状况进行定期检查；

6）在所有的建设项目中实行安全激励计划。

三、英国的建设单位安全管理

在1984年修订的《建筑施工安全条例》中，特别突出了工程业主在保证施工健康与安全方面的作用和责任，规定业主必须聘请健康安全协调员，负责协调现场承包商与政府安全检查员之间的关系，统筹规划现场健康安全工作。其中对建设单位的责任描述为：

（1）在组织方面作出安全的规定；

（2）选择合格设计、承包商；

（3）遵循健康、安全法规。

四、德国的建设单位安全管理

1998年10月，联邦劳动局颁布的《建筑工地劳动保护条例》规定，业主必须负责工地所有人员的安全与健康，采取措施以符合《劳动保护法》的规定，开工前要聘请称职的建筑师和协调员，以及能胜任该项目的各类专业顾问咨询工程师（如结构、消防、勘察、节能、空调通风等），组成一个完整的项目规划、设计班子。

业主委托协调员筹划建设项目的安全措施，参与项目的总体规划和设计，协调施工全过程（即前期准备阶段到施工阶段）的安全事宜。

对于一个小的建设项目，业主可以聘请一名协调员，但对机场建设项目等大型项目，业主必须聘请一个20～30人的协调组来负责《劳动保护法》等法规、标准的贯彻实施。

第四节 建设单位安全管理的深化

一、建设单位安全管理任务

建设单位在项目实施过程中主要承担三方面的任务：项目立项阶段的决策任务，项目实施阶段的组织管理任务，以及项目投入使用之后的设施管理任务。要实现良好运行的安全机制，就应当对建设单位这三个方面的任务进行规范化，集成化的管理：

在项目决策阶段，建设单位主要扮演的是投资者角色，承担项目立项的决策任务。这一阶段的管理任务可以由建设单位自身的管理人员完成，这些管理人员和建设单位本身可以并非是建设项目的专业人员。

在项目实施阶段，由于建设项目的复杂性，导致该阶段是项目全寿命周期中对安全影响因素最大的阶段。建设单位在该阶段承担项目建设的组织与管理任务，必须注意的是，这一阶段的组织与管理任务应当由专业的项目管理人员和机构完成。这些人员和机构可以是建设单位本身，也可以是建设单位委托的专业机构和人员。

在项目运行和使用阶段，建设单位扮演使用者的角色，在这一阶段的任务主要是项目的日常维护工作。这一阶段的管理任务可以由建设单位自身承担，不必实行专业化的管理。

二、建设单位安全管理制度设想

建设单位质量安全管理制度的改进过程中，首先应当明确定义什么是项目投资者，什么是建设管理单位。

项目投资者：是项目的出资人，建设项目产品的所有者或最终使用者，可以不参与到建设过程中。如果项目投资者不参与到项目的组织与管理过程，而是委托其他的机构负责该过程，则项目投资者不属于建设单位质量安全管理制度规范的主要对象，它不承担项目建设的质量安全责任。

建设管理单位：是项目实施过程中承担主要建设任务的单位，负责建设过程中的组织与管理工作。它可以由项目投资者本身担当，也可以是项目投资者委托的其他机构。不管是投资者自身，或是投资者委托的其他机构，这样的建设管理单位应当是法人的形式，这样能够保证其能够承担项目建设的质量安全责任。

法人形式的建设管理单位是建设单位质量安全管理制度规范的主要对象。

（一）法制改进设想

相关法制的改进是进行建设单位安全管理制度改进的基础。在法制改进时，按照我国现有的法律法规体系层次进行操作。

如表 12-16 所示为建设单位安全相关法制的改进设想，其中涉及到需要改进的法律法规层次，以及各层次法律法规改进的主要原则性设想。

建设单位安全相关法制的改进设想 **表 12-16**

改进的法律层次	代表性法律法规	法制改进设想
法　律	《中华人民共和国建筑法》	完善建设单位的定义：明确投资者、建设管理单位定义 完善建设单位分类：根据投资主体不同，分别定义政府投资的以及非政府投资的建设管理单位
行政法规	《建设工程勘察设计管理条例》 《建设工程质量管理条例》 《建设工程安全生产管理条例》	行政法规的修改：形成完整体系 完善依据： 《建筑法》对建设管理单位的新定义 形成完整的建设安全新体系 明确实施、监督手段及罚则
部门规章	包括建设部，发改委，财政部等在内的各部门的同建设行业安全有关的规章制度	建设部：规范建设项目管理模式 发改委：规范行业内部专业资格认证机制 财政部：规范建设项目投资模式及实施阶段的财务模式
地方性法规		地方政府制订适合各自地方特色的规章制度，进一步完善和加强国家的法律体系

（二）体制改进设想

在体制改进和创新方面，建议针对目前我国不同的建设单位类型的各自特点，对建设单位的组织与管理模式进行调整，达到优化建设项目组织模式、加强建设单位安全管理的目的。

1. 政府投资工程项目调整

对政府投资的建设项目，总体说来可以借鉴深圳建筑工务署模式，在其基础上进行更加专业化的项目实施的组织与管理。

成立专业的项目管理机构，负责包括招投标等施工前准备工作在内的所有项目实施阶段的组织与管理。具体各种类型的政府投资工程项目管理模式调整如下表 12-17 所示。

政府投资工程项目的调整 **表 12-17**

建设单位的种类	建设单位调整方式
临时的工程指挥部模式	建议取消该种非专业化的组织与管理模式
项目法人的工程指挥部模式	可以继续推行该种模式，同时进一步加强作为项目的组织与管理者的项目法人的专业化建设
政府投资项目的工务局模式	可以成为今后大力推广的模式，但应调整工务局的工作内容，使其负责包括招投标等施工前准备工作在内的所有项目实施阶段的组织与管理 同时进一步加强工务局的专业化组织与管理的建设，完善其作为专业的项目管理机构的职能和运行方式

2. 企事业单位投资工程项目

对非政府投资的建设项目，应当采用建设管理单位的形式实施专业化管理，由建设管理单位实施项目建设的组织与管理人物，并承担相应的安全责任。

这类非政府投资项目的建设管理单位可以根据项目规模和特点的不同划分为不同的类型。区分不同建设管理单位类型的指标主要有：建设管理单位中具备专业技术和管理人员的人数、建设管理单位实施过的项目情况等。

对不同规模的非政府投资项目，根据自身项目情况，其采用的建设管理单位应当满足相应类型的要求。

建设管理单位可以通过保险等经济手段进行管理过程中的风险调节。最终通过市场自由竞争，实现由成熟的建设管理单位进行建设项目管理的市场机制。具体各种类型的企事业单位投资工程项目管理模式调整如下表 12-18 所示。

企事业单位投资工程项目的调整 **表 12-18**

建设单位的种类	建设单位调整方式
大型建设项目的建设公司管理模式	大型项目的建设公司应当实施专业化管理机构和人员
企事业单位的基建管理部门模式	企事业单位中的基建管理部门应当实施专业化管理机构和人员
企事业单位的临时筹建办模式	建议取消该种非专业化的组织与管理模式
民营中小型房地产项目实施组织模式	建议在企业内部实行管理机构和人员的专业化，并能切实落实项目使用阶段的安全责任
民营大中型房地产项目实施组织模式	建议在企业内部实行管理机构和人员的专业化，并能切实落实项目使用阶段的安全责任
国有土地资源投资建设项目	国有土地资源投资建设项目应当实施专业化管理机构和人员

3. 个人或团体投资工程项目

个人或团体投资工程项目的调整方式如下表 12-19 所示。

个人或团体投资工程项目的调整　表 12-19

建设单位的种类	建设单位调整方式
个人或团体投资工程项目实施组织模式	取消临时筹建机构的模式，建议推行建设管理单位实现专业化管理的方式

（三）机制改进设想

1. 对管理办法中所规定的管理对象，即建设管理单位进行具体定义，限定建设管理单位的范围。比如，定义建设单位为“建设项目的总集成者，建设过程的组织与管理者，实现建设目标的直接责任者”。

2. 对建设管理单位的管理范围和管理任务进行规范。明确指出建设管理单位在项目实施过程中应当在哪些过程中承担组织与管理任务。

3. 对建设管理单位的具体管理办法，应当根据我国目前建设单位管理现状中存在的问题，有针对性地提出管理办法的内容。

（1）明确建设管理单位的职责权益；

（2）注意对建设管理单位的资质管理；

（3）注意对建设管理单位的合同管理。

4. 专业化的资格认证机制：

（1）专业化的建设管理单位资格认证机制

1）总体设想

将该制度作为对实施建设项目组织与管理任务的建设管理单位的评价与认证基本制度。

凡承担建设项目组织与管理任务的单位，即规定为建设管理单位，无论该单位是建设单位本身，或是受建设单位委托的专业项目管理机构，都应该满足该认证条件方可进行项目的实施。

2）实施设想

对建设管理单位的人员专业化资质进行考核，根据项目的不同规模，对建设管理单位中的人数进行不同规定。

明确建设项目实施机构在项目建设中应当履行的义务和应当具有的能力。

制订对该认证制度的相关监管机制，对建设项目实施机构进行有效管理。

（2）专业化的管理人员资格认证机制

我国长期以来对建设单位工程项目管理人员没有明确的评价标准，更没有专门的资格认证和注册管理机制。因此通常建设单位对项目建设过程中的管理人员使用的随意性比较大，对管理人员的资格没有规定。相比较而言，建设项目中的其他参与方，比如设计单位、施工单位的工程师和项目经理都是经过国家相关考核和认证的专业技术或管理人员。因此在建设项目中，由于对建设单位的没有强制的资格认证，很有可能出现外行人管理内行人的情况。考虑到建设单位在项目中的重要作用和影响力，其做出的各种决定会对工程的各个方面产生极为关键的影响。如此重要的管理任务如果交给非专业的人员完成，会形成建设管理中的一个薄弱环节，更是给项目的安全埋下极大隐患。因此作为我国建设单位安全管理制度的具体措施之一，建议设立针对建设单位的专业化管理人才的资格认证机制。

在设立建设管理单位专业化管理人才资格认证机制设立方面，可以参考的做法是目前已经开始运行的投资建设项目管理师资格认证机制。

根据以上对投资建设项目管理师的职业水平认证制度，课题建议对建设管理单位的组成人员实施建设管理单位专业管理人员职业水平认证制度（暂定名），设想如下：

1）总体设想

将该制度纳入全国专业技术人员职业资格证书制度统一规划，为社会和用人单位提供职业水平评价的服务。

通过全国统一考试取得《中华人民共和国建设管理单位专业管理人员职业水平证书》的人员，方可受聘承担投资建设项目高层专业管理工作。

2）实施设想

对建设管理单位专业管理人员应当具备的职业水平，教育背景，工作经历等条件进行规定。

明确建设管理单位专业管理人员在项目建设中应当履行的义务和应当具有的能力。

制订对该认证制度的相关监管机制，对建设管理单位专业管理人员进行有效管理。

5. 建设项目安全生产许可证制度：

通过此次研究，课题建议实施建设项目安全生产许可制度，以项目为单位颁发安全生产许可证并进行动态控制。

具体管理方法为，为了能够体现对项目实施监管的思想，同时强化建设单位的安全责任，在向建筑施工企业发放安全生产许可证（A 证）的同时，以建设项目为单位，向建设单位发放建设项目安全生产许可证（B 证）。制订相应的项目安全生产条件，以项目为对象进行监管，当建设项目安全生产条件出现问题时，吊销建设单位的 B 证。当建筑施工企业有若干个安全生产条件不符合时，吊销建筑施工企业的 A 证，如图 12-18 所示。

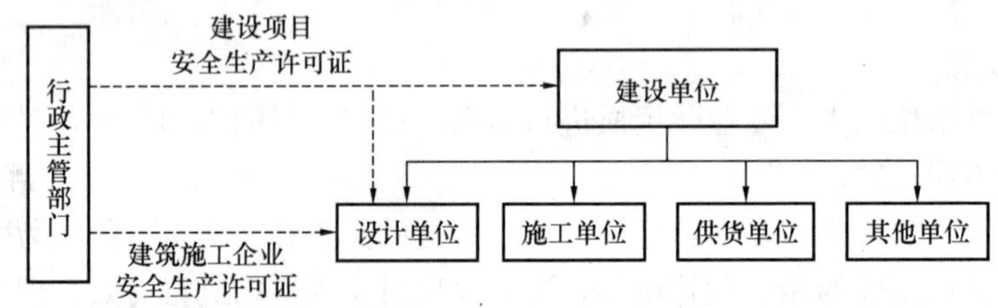

图 12-18 项目安全生产许可证制度设想

通过项目安全生产许可证制度的实行，可以起到督促建设单位加强项目安全管理工作的作用。但是，设立该制度的目的绝不仅仅是通过改变许可证的颁发对象而改变项目安全责任的承担者。而是希望通过推广和实行这样的制度，能够普遍激发建设单位对其自身安全责任的意识，提高建设单位在项目实施过程中安全管理的积极性，使建设单位在项目中的安全方面的组织与管理作用能够发挥。

第五节 建设单位安全管理实例

安全管理的好坏，是现代企业管理的一个重要标志，也是企业素质和管理水平的综合反映，它既关系到国家和广大从业人员的生命健康和财产安全，又直接影响着社会的稳定和企业的经济效益。安全管理是人类进行生产活动的客观需要，它不仅是一项重要的经济工作，也是一项重要的政治任务。因此，搞好安全生产工作就显得十分重要和紧迫，它是贯彻执行国家有关安全生产方针、政策、法律法规的重要手段，是提高广大干部职工安全知识水平和安全意识、实现安全生产的基础，是企业安全生产管理的核心，它对保障施工企业安全生产具有极其重要的意义。

企业的发展离不开人的因素，人是管理的动力，也是管理的对象。“以人为本”是各单位安全工作的关键，是减少和避免事故的根本保证。当前，上海轨道交通建设存在着点多、线长、面广、施工环境恶劣、危险作业场所较多的施工特点。针对当前轨道交通建设形势，我们进行了深入的研究和探讨，采取了一系列的措施，开展了多种形式安全生产活动，通过长期的实践总结出一些有益的经验和可行的方法供大家参考。

首先是“领导高度重视”。搞好安全生产，领导重视是关键。各单位领导既是国家安全生产方针、政策、法律、法规的执行者，又是企业安全生产的决策者，拥有对安全生产的组织、指挥、计划、决策、控制等权力。领导的安全意识，其实质是企业的安全体系意识，它决定着企业的安全行为和发展，并直接影响职工的安全意识和稳定。安全管理的成效在很大程度上取决于各级领导对此项工作的重视和支持。

其次是“两个保障”。坚持把“两个保障”即安全工作要以“保障国家和广大从业人员的生命财产安全，保障工程建设持续、稳定、健康发展为目标”，始终贯彻“安全第一，预防为主”的方针，作为安全工作的出发点，从思想上使广大干部职工深刻认识到搞好安全生产的重要性和紧迫性，自始至终地抓好安全生产工作。

最后是突出“三个重点”。突出抓好“安全认识、安全意识、安全知识”三个重点问题，把安全生产工作纳入企业管理的总体战略部署，与企业的生产经营活动有机地结合起来，同时研究、规划、布置、检查、总结、考核和奖惩，把开展各种内容和形式的安全生产活动作为与生产工作结合的联结点，使其既成为安全生产宣传的载体，又直接作用于安全生产活动中，做到整体推进。围绕解决好“认识、意识、知识”三个问题，开展了全员、全过程、全方位的各类安全生产活动，使安全生产的意识渗透到每一个从业人员的心灵，切实提高了企业安全生产的整体水平和综合治理应对能力，为集团实现安全生产奠定了坚实的基础。

一、工程施工前期安全管理

工程建设安全生产管理必须坚持“以人为本”理念，依靠科学管理和技术进步，全面加强工程建设的安全生产、文明施工管理，规范并落实施工过程中各行为主体的安全生产、文明施工管理行为和管理措施，监督安全生产保证体系运行与监督工程实体防护相结合，充分发挥总承包单位在建设过程中的作用，使安全管理工作能准确定位，全面落实安全生产责任。工程开工前，需做以下几项工作：

（一）安全资质的审查

在建设中，承包方将承包工程的特殊工种进行转包，在施工中使用各类专业分包单位和临时工的现象已日益增多，这增加了搞好安全管理工作的难度，也给建设单位的安全管理提出了更高的要求。为了防止承包方在工程转包以及使用专业分包单位和临时工时发生

“以包代管”等现象，建设单位必须对承包方的安全资质进行静态与动态相结合的审查。不但在工程招投标期间要审查承包方的“一照三证”及近3年的安全施工记录；施工人员的安全素质；保证安全施工的机构安全、防护设施及安全器具的配备情况；审查两级机构以上承包方管理机构的安全人员配备情况，并进行必要的安全施工管理制度的静态评审。而且在施工期间要分阶段进行动态复检。对“复检”不合格方发出黄牌警告，限期整改，当达不到要求时，可以终止合同，并按合同条款进行责任追究。

（二）签订安全、文明施工协议

签订安全协议是建设单位对发包工程进行安全管理和经济制约的重要手段。当投标单位中标后，建设单位应与承包方签订安全生产、文明施工协议，明确双方的责任和义务；明确发生事故后各自应承担的责任和经济责任；

(1) 签订工程安全风险抵押金协议，明确安全风险抵押金的提取数量、安全责任违约类型和奖惩规定。当承包方发生安全责任违约时，建设单位将按责任违约类型进行必要的经济扣款处理。

(2) 制订安全生产、文明施工管理制度以及相应的奖惩措施制度；在编制工程概算时，落实各项安全防护、文明施工措施所需费用。

(3) 签订安全生产、文明施工责任书，明确第一责任人。明确要求承包方按要求建立、健全安全生产、文明施工管理体系；监理单位健全并完善安全监理职责与责任。

（三）安全交底

在工程开工前，为使总承包、监理单位了解建设工地现场安全管理、监督和检查方面的程序以及安全管理人员的职责、权限和范围等，应正式在开工前召开第一次工地现场安全交底会议，会议内容如下：

(1) 明确安全管理目标、工作要求及安全管理人员的资质与要求。

(2) 将本工程所执行的国家、地方、行业及建设单位有关文件要求和规定向总承包、监理单位作一次总交底。

(3) 介绍建设单位安全管理工作流程及具体的安全管理措施。

(4) 对采用的施工现场安全管理统一规范的表式向总承包、监理单位进行书面交底。

（四）办理相关手续

(1) 办理建设工程施工许可证等相关证照。

(2) 协助总承包单位及时办理工程项目质量、安全监督手续。

(3) 办理建筑工程一切保险及第三者责任险；督促、检查总承包单位交纳意外人身伤害综合保险。

(4) 督促施工总承包单位按合同约定缴付“安全风险抵押金”。

(5) 协助总承包单位开展形式多样的安全生产、文明施工的创建活动。

（五）严把开工关

1. 审查安全生产责任制

按照“总承包单位对施工现场的安全生产负总责”的原则，督促总承包、监理单位必须按要求建立、健全施工现场安全生产保证体系，落实各级安全责任制，完善各项安全生产制度（包括奖惩制度和有针对性的安全技术交底制度）和操作规程，做到层层签约，落实各级安全责任。

2. 审查总承包、监理单位安全管理人员的数量与资格

(1) 审查总承包、监理单位现场安全生产管理机构是否与投标相符合。

(2) 审查总承包单位现场安全管理网络及“三类人员”(企业负责人、项目经理、专职安全生产管理人员)的资格、每年安全教育培训记录、持证上岗、人员配置情况(包括分包单位)。

(3) 审查特种工种持证上岗情况,如:电工、焊工、架子工、起重机械工、塔吊、起重司机及指挥人员、爆破工等特种作业人员、岗位证书和身份证复印件是否一致,是否在有效期限内,并建立上述人员的名册。

(4) 审查监理单位专职安全监理人员资质、配备数量是否符合要求,总监是否完成监理继续教育记录。

3. 审查施工组织设计、危险性较大的专项安全方案审批程序

(1) 审查总承包单位编制的施工组织设计中的安全技术措施和危险性较大的分部分项工程《专项施工方案》是否符合审批流程;《专项施工方案》中是否具有《安全技术措施》、《安全监控措施和应急预案》等内容,并附具《安全验算结果》。

(2) 明确要求监理单位对总承包单位制订的施工组织设计和危险性较大专项施工方案进行审核,具体审核要求如下:

1) 施工组织设计和危险性较大专项施工方案必须由项目专业工程技术人员编制,项目主任工程师审核后报总承包单位(与各项目公司签订合同,具有法人资格的单位)技术、安全、生产等主管部门进行审核,经总承包企业总工程师(总工程师不得授权下属单位)批准后报现场项目专业监理工程师审核,由项目总监理工程师签字同意后方可施工,施工组织设计和危险性较大专项施工方案未按规定程序审核、审批、签字的项目不得施工。

2) 由专业分包单位编制的,应经总承包企业审核并批准,审批人员流程与权限同前。专业分包单位所编制的《专项施工方案》按(建设部第124号令第十七条)报总承包单位备案,不可直接向监理报审。

3)《施工现场临时用电施工组织设计》必须由项目总承包单位电气专业工程技术人员编制后由项目电气工程师审核,施工总承包企业分管机电技术负责人或总工程师批准,审批程序与权限同前;

4) 施工过程中,当项目总承包单位对经过审批的《专项施工方案》进行重大调整或者变更时,项目监理应督促、检查总承包单位按原程序重新办理编制、审核、批准和报审手续;

5) 当《专项施工方案》涉及工艺特别复杂、技术难度极大或者采用“四新”技术可能影响工程安全质量,已经行政许可但尚无技术标准的危险性较大的分部分项工程时,项目监理应报请所在监理公司组织相关专业技术人员共同会审;

6) 项目监理审核《专项施工方案》时,对编制、审核、批准手续不符合规定和相关资料不齐全、以及违反强制性标准、或缺少针对性、其中缺少《安全技术措施》或缺少可操作性的《专项施工方案》,项目监理应在施工总承包填报的《施工组织设计(方案)报审表》的审查(审核)意见栏中提出意见,一份留底,一份退回。并督促总承包单位修改、补充完善后按原程序再次办理编制、审核、批准和报审手续。对没有根据专家论证审

查报告进行完善的原《专项施工方案》应该退回，要求完善后再报。

(3) 对总承包单位违反以上报审程序或报审手续不符合要求的，项目总监仍签字认可的，一律按合同约定直接扣除监理年度考核分。

(六) 组织专家组对以下工程进行论证审查

1. 基坑工程

开挖深度超过5m（含5m）或地下室三层以上（含三层），或深度虽未超过5m（含5m），但地质条件和周围环境及地下管线极其复杂的工程。

2. 地下暗挖工程

地下暗挖及遇有溶洞、暗河、瓦斯、岩爆、涌泥、断层等地质复杂的隧道工程。

3. 高大模板工程

水平混凝土构件模板支撑系统高度超过8m，或跨度超过18m，施工总荷载大于10kN/m^2，或集中线荷载大于15kN/m的模板支撑系统。

4. 30m及以上高空作业的工程

5. 大江、大河中深水作业的工程

6. 城市房屋拆除爆破和其他土石大爆破工程

(七) 审查施工现场安全生产保证体系

审查总承包单位是否建立健全以项目经理部为单位的《施工现场安全生产保证体系》(DGJ 08—903—2003)以及是否按建设部《建筑施工安全检查标准》(JGJ 59—99)等安全技术规范进行安全管理，形成安全管理网络。对工期超过6个月的建设工地必须按要求通过施工现场安全生产保证体系认证，并按体系要求进行安全生产管理。具体审查内容如下：

(1) 审查总承包单位编制的安全保证计划和各类专项安全、文明施工中的安全技术措施。

(2) 审查总承包单位的安全生产责任制，安全生产教育培训制度，安全生产规章制度和各类安全操作规程，消防安全责任制度，安全施工技术交底制度，以及设备租赁、安装拆卸、运行维护保养、验收管理制度等。

(3) 审查各类突发事件紧急应急预案（预案必须要有针对性、有效性、可操作性，并在项目实施过程中不断演练和完善），具体内容如下：

1) 明确责任人；

2) 事故报告程序（事故上报时间、程序、流程）；

3) 组织管理网络图；

4) 人员分工、职责；

5) 通信联络系统；

6) 应急救援系统（督促施工总承包单位落实抢险救灾所需要的人员、队伍、材料、物资、器材及应急所需资金）。

(八) 开工条件核验检查

检查工地的安全防护设施、场容场貌、施工机械的配备情况以及食堂、宿舍、饮用水、厕所、围护和大门的设置及施工人员的劳动保护和作业环境等情况。检查核验合格后方可开工，对检查不合格工地必须整改到位。

（九）安全劳动防护控制

检查总承包单位在施工现场的安全劳动防护用品是否按国家和行业法规和有关文件要求实施，所有劳动防护产品必须是政府主管部门及行业协会每年公告指定推荐合格产品，（在施工企业主管部门每年制订的合格供应商名录中选取），严格控制进货渠道，防止假冒伪劣产品流入施工现场，把好劳动防护用品、安全设施、器材的质量关。不得明示或者暗示施工单位购买、租赁、使用不符合安全施工要求的安全防护用具、机械设备、施工机具及配件、消防设施和器材。

（十）审查总承包单位安全交底制度

1. 工程施工前，督促总承包单位项目经理向进场各分包单位以及全体施工人员进行安全生产总交底，内容包括机械设备、施工用电、防火防爆、高处作业、防汛防台、管线保护、环境保护、卫生防疫、季节性防护、个人劳动保护用品使用、劳动者作息时间、职工的安全健康及对特殊工种人员管理等，并对上述工作提出具体的要求。

2. 督促、检查项目技术负责人在分部分项工程施工作业前对专业分包技术负责人直至现场施工作业人员进行分部分项工程安全技术书面交底，应有交底、被交底双方人员签字，并归入项目安全生产保证体系管理台账。

3. 依据所能提供的相关地下管线资料在开工前会同总承包单位主动请工程周边相关管线主管部门配合、建立地下管线监护交底卡，并摸清所有管线的种类、数量、埋深及走向，制订切实可行的保护措施，对管线复杂，较危险的区域，应向主管部门及权属单位提出申请，要求派员到现场实施监护、交接，确保不发生人身伤亡事故和产生涉及危害社会公众利益的管线事故。

4. 督促、检查项目总承包单位对进入施工现场的所有分包队伍及其人员建立“三级安全教育”制度，落实安全生产层层交底（按照以下流程交底：项目公司→监理单位→总承包单位→专业分包→作业班组→作业人员）。

5. 督促、检查总承包单位每天上岗前对现场一线施工人员进行安全技术交底和日常的教育培训制度，并有书面记录和被交底人签字，对发现虚假交底，伪造记录、签字的进行批评并督促限时整改。

（十一）专业分包队伍的审查

1. 建设单位应对进场的专业分包单位的资质进行审查，主要检查专业分包单位的《营业执照》、《资质证书》和《安全生产许可证》等；检查企业名称、法人代表等内容应一致，年检记录应在有效期限内。《分包单位资格报审表》中分包工程名称、工程数量、拟分包工程合同额等栏目应填写齐全，并与资质证书中的承包类别、承包工程范围相符合。

2. 审查总承包单位对分包单位的选择应在企业每年颁布的合格分包方名录中选择，由于专业需要在名录外挑选的，必须对专业分包单位进行评价，并报上级公司主管部门批准后监理确认同意后方可录用。

（十二）控制工程安全技术措施费

在工程招标时，根据建设部〈建办［2005］89号文〉《建筑工程安全防护、文明施工措施费用及使用管理规定》规定，将工程的安全防护、文明施工及安全技术措施及相应的费用作为工程招标的一个内容列入招标文件中，让投标方在投标文件中明确安全技术措施及其相应的费用。在实际施工时，只有实施了投标书中的承诺才能起到了预期的效果，经建设单位确认后才能支付相应的安全措施费。上述方法与直接将“安措费”如数拨给承包方相比，既能提高承包方编制和实施安全技术措施的积极性，也能防止承包方在转包及使用包工队伍或临时工时发生“以包代管”的现象，保证“安全措费”真正用在安全技术措施上。

（十三）进行必要的安全培训

由于部分承包方是第一次进入轨道交通区域进行施工的单位，对轨道交通区域安全生产的重要性和特点往往认识不足。因此，除了承包方加强自身的安全教育外，建设单位要根据本系统工程施工的要求和工程的具体特点组织总承包主要管理人员进行针对性的安全培训。

二、施工过程中的安全管理

（一）建设单位管理职责

按照国务院第393号令《建设工程安全生产管理条例》，以及“管生产必须管安全、谁主管谁负责”的原则，建设单位全面负责所属区域内的安全生产、文明施工工作，建立、健全安全生产领导责任制并实行严格的目标管理。明确安全生产、文明施工第一责任人，全面负责施工区域内的安全生产、文明施工管理工作，行使权利和义务，并承担相应的法律责任。

建设单位在实施安全管理过程中，对人、机、料、环境及施工进行监管，审查监理单位对强制性标准、《施工组织设计》及《专项施工方案》中的安全技术措施的履行情况，对发现的安全隐患及时要求总承包、监理单位进行整改。

定期或不定期地向工程行政主管部门汇报监督情况，并以安全简报的形式向各承包方领导及被监督的施工队伍传递、交流安全监督情况。“表扬与批评”、“奖励与处罚”均反映在简报上，使企业的领导者、管理部门及时了解和掌握安全施工实际状况，从而进行必要的决策，同时对基层施工人员在施工过程中的不安全行为发出警示性信号，使其在安全施工和安全管理中起到信息交流、反馈、宣传和教育的作用。

（二）施工过程中的检查要点

安全管理是全员、全过程、全方位的管理，要加大安全管理人员巡回检查力度，发现安全问题及时解决，把可能出现的安全隐患消除在萌芽状态，真正做到“以防为主”。同时要督促各承包方加强自检、互检、专检力度，使他们相互学习、交流、竞赛，共同提高工程建设的安全管理水平。具体内容如下：

1. 现场建设单位管理代表职责

明确要求各现场业主代表必须认真执行国家有关安全生产法律、法规以及工程建设强制性标准，依法履行建设工程安全生产管理职责，监督检查轨道交通工程建设安全生产、文明施工全过程管理，对工程建设安全生产负有管理责任。

2. 监督总承包单位安全技术措施或文明施工措施费用投入

建设单位应督促、检查施工总承包单位安全设施、安全技术措施实施和落实文明施工措施费用的支付及使用情况。

3. 督查总承包、监理单位人员到位情况

严格按照建设部、市行政主管部门规定督促各参建单位设立施工现场安全管理机构，配备相应的专职安全管理人员，并对人员的到位情况进行登记、备案和监督。具体要求如下：

（1）现场安全管理人员要求

1）现场项目管理机构必须按投标承诺，按照建设部建质（2008）91号《关于印发建筑施工企业安全生产管理机构及专职安全生产管理人员配备办法的通知》配备专职安全监理人员，工程造价不足5000万元的工程，现场不少于1人；5000万元～1亿元以下的工程不少于2人；1亿元及以上的工程不少于3人，且按专业配备专职安全生产管理人员。

2）现场各级负责人应按规定进行安全生产教育培训，经建设安全生产监督管理部门考核合格后方可，做到持证上岗，其教育培训情况纳入安全管理台账，培训考核不合格的人员，不得上岗。

3）安全管理人员必须经建设安全生产监督管理部门考核合格后方可从事安全管理工作，做到持证上岗，同时应熟悉安全生产方面的法律、法规、标准、规范及规定，并能运用这些法规、标准（如《建筑施工安全检查标准》JGJ 59—99等）开展安全工作，特别是对其中的强制性条文应能熟练掌握应用。

4）现场项目管理组人员原则上人员不得调动（变更），如遇特定或不可抗力因素，可参照《上海轨道交通工程建设监理单位、施工单位管理人员调动（变更）管理办法》沪地铁［2006］139号文件办法，按程序上报，经批准后方可调换。同时调换的人员不得低于原投标资质（安全管理人员应具有一定工作经验，原则上从事同类工作经历不得少于2年）。

（2）安全管理的资源配置

1）现场项目管理机构现场必须备有安全生产、文明施工及环境保护等相关法律法规、规范标准以及相关文件资料。

2）配备用于安全检查的相关的工具、器械、检测用品，包括监理人员自身的安全防护用品。

3）施工现场安全保证体系、安全监理规划、方案应根据法律法规、标准规范及建设工程强制性条款、合同约定的安全管理要求，结合所属工程的特点及工程实际情况等在工程开工前与安保体系同步编制。

4）施工、监理日记应当及时记录每日工地安全动态情况，特别是在对施工过程危险源的监控方面，要有具体的识别和控制要求；对检查发现的问题和隐患及整改情况，制止并纠正违章违规等内容。

5）现场项目组应配备电话、传真机、电脑、对深基坑、地下暗挖工程等高危险性施工作业还应配备远程监控系统的终端。

6）现场项目管理组应配置有夜间值班室，如遇夜间施工，特别是进行危险性较大施工作业应安排好安全监理人员、专业监理人员进行巡视、旁站检查，确保24小时有人值班。

7）现场各级主要负责人、安全管理人员应保持通讯畅通，并将联系方式公示，便于工作联系和应对现场各类突发事件的处置。

8）对施工过程发现的各类安全隐患，按性质严重程度签发安全隐患整改通知单和工程停工令等，对有关责任单位按“三定要求”进行整改。

9）要求各总承包单位、监理单位每月按要求填报《安全管理工作月报》。

4. 安全监理管理职责

为提高施工现场管理水平，制止施工行为中出现的冒险性、盲目性和随意性，有效地把轨道交通建设工程安全控制在允许的风险范围内，以确保安全性。现场监理单位在组建现场监理机构时必须落实并做好以下几项工作：

（1）现场项目管理组应根据招投标文件、合同、安全协议书、上级单位和建设单位规定，签定各级安全责任书，要制订相应的经济制约制度，鼓励先进，鞭策后进。

（2）项目监理机构应根据工程特点及现场实际情况单独编制安全生产、文明施工、环境保护管理体系。

（3）确定安全监理工作管理目标，确定项目监理机构组织结构及安全监理工作管理网络（包括安全生产、文明施工、环境保护）。

（4）为不断提高安全监理管理水平，加强自我保护意识，现场监理组必须做好内业资料的收集、整理、上报工作，认真学习各项安全管理规定，严格执行安全内业资料编制方法，并要求做到外业与内业同步。凡参与工程建设的监理单位，必须按要求建立《安全监理管理资料》。

（5）现场安全监理人员不接受或执行任何单位和个人的口头传达或承诺的指示，安全监理执行的依据是设计变更单、建设单位文件、业务联系单，并设专人保管好所有图纸、设计变更单、业务联系单等有关内业资料，防止丢失。

（6）现场监理组进入施工现场必须建立安全、文明施工管理组织机构，形成安全管理网络，根据行业工作守则健全各项安全、文明施工管理制度，对重大危险源及风险点编制专项监理细则，制订监控措施，不断完善各类突发事件应急预案。

（7）现场监理组编制的应急预案必须结合建设实际情况，将工程事故发生后对报告时间限定、上报程序、事故发生后监理组成员的工作职责都应明确，督促施工单位编制应急预案和启动程序，并按预案要求实施，内容要有针对性、可操作性，同时每年制订演练计划，并组织施工单位定期演练，演练后加以评价，不断完善。

（8）督促施工总承包单位和工程项目部必须建立健全各级、各职能部门及各类人员的安全生产责任制，并装订成册。督促检查项目部管理人员安全责任制上墙张挂。

（9）督促总承包单位建立项目部各部门和各类人员安全生产责任考核制度，检查考核书面记录。做到安全生产工作的布置、交底、检查、措施、隐患整改等各项能及时到位，责任到人。

（10）对总承包单位各类进场的特殊类设备、各类安全防护装置进行检查情况；严格对施工现场内使用的塔吊、施工电梯、物料提升机等大、中型的起重机械按有关规定进行检查，取得检测机构的检验合格证后方可施工，对未取得检测报告的设备施工机械，严禁进入施工现场。

5. 加强现场安全督查

安全生产是关系国家和人民群众生命财产安全、关系经济发展和社会稳定的大事，建设单位必须把这项工作列入重要议事日程，切实抓紧抓好。并依据法律、法规和工程建设强制性标准，对所管辖区域工程安全生产实施现场动态监管，督促总承包单位履行安全生产责任，以控制和减少事故发生，保障国家财产和人民生命财产安全、维护公众利益的行为。具体做好以下几项工作：

（1）督促、检查总承包单位按照工程建设强制性标准、规范和施工组织设计及专项安全施工方案组织施工，制止违章、违规施工作业。

（2）指导参建各方开展各类安全生产活动，及时传达和部署上级的有关安全生产精神和要求。按照“安全自查，隐患自改、责任自负”的原则加强对所属施工责任区的日常安全生产、文明施工检查，经常性组织对施工过程中的安全用电、机械安全、高处作业、防火防爆、深基坑作业、民工管理、特殊工种管理、脚手架安全管理、文明施工管理、季节性安全管理等进行检查，及时制止和处理各类违法、违规行为，对发现的安全隐患要按“三定”原则及时落实整改措施，对存在严重安全隐患的要暂停施工，消除隐患。

（3）全面加强施工现场内、外环境保护的控制，对施工现场的围护、场容场貌、噪音、扬尘、排水设施、“五小”设施（食堂、厕所、宿舍、浴室、医务室）、环境卫生进行控制；督促、检查总承包单位制订各项有效控制措施；严格执行施工现场动火证审批制度，强化消防管理。

（4）在危险性较大的分部分项工程作业中，检查总承包是否按《专项施工方案》组织施工；是否在作业前履行交底签字手续。

（5）审查所有进场施工的施工设备、机具等进场报审手续，检查进场机械的型号、数量、规格、生产能力、各类安全装置是否齐全有效，是否在准用年限之内等。

（6）对起重、吊装、升降施工机械，建设单位应督促现场总承包单位填报《施工机械、安全设施验收核查表》，并附具相关的有效验收资料，起重吊装、升降施工机械必须经机械检测中心检测合格后方可使用。

（7）建设单位对施工承包单位现场的安全设施（电箱、漏电开关、安全网、五芯电缆、保险带、安全帽、钢丝绳、吊篮、各类吊机、脚手架、特殊类的脚手架、钢管、扣件、钢支撑、临边围护等）的检查和验收工作进行审查，禁止检验不合格的设施和设备进入施工现场。

（8）建设单位应对深基坑支护、降水、开挖、施工、大体积混凝土浇捣、模板支撑、塔吊、井架、升降机的安装拆卸、起重吊装和危险区域动火作业等专业性强、危险性大的施工专项施工方案中的安全措施、作业人员持证上岗、安全技术交底情况等进行审查。

（9）特种及高危险性作业前，建设单位应审核总承包单位报审程序是否符合，检查特种作业人员资格是否与现行国家规定相符合，现场是否落实监护人及配备必要的应急器材措施等。

（10）建设单位应对现场各类施工机械、安全设施、临时用电、临时用房的搭设和拆除等方案的审批情况进行审查，并对使用前的验收及过程节点进行监控。

（11）建设单位应定期组织安全生产、文明施工检查、评比和考核，对严重违法违规的单位进行通报、批评，情节严重的按“安全责任违约类型”进行经济处理；每月以“安全管理工作月报”形式向上级领导报告本月安全生产、文明施工情况。

（12）督查、参与、组织各总承包单位进行安全生产、文明施工的宣传和教育培训工作，尤其是民工的教育培训，重点加强民工队伍的安全培训和劳动保护的工作，切实全面提高从业人员的安全生产意识，增强法制观念。

(13) 督促总承包单位做好每天上岗前的安全技术交底以及"三上岗、一讲评"工作，严格执行各种安全操作规程，切实为施工作业人员提供一个良好的工作和生活环境，确保安全生产。

(14) 建设单位应对在安全生产工作中有突出贡献或成绩显著的集体、个人应给予表彰和物质奖励；对有关人员发生的违法、违规行为和存在的问题以及在安全生产、文明施工等创优达标活动中不积极配合的应及时制止、教育，并责成其限期整改，情节严重的按违约责任进行处理。

(15) 督查总承包单位文明施工五个标准的执行情况：一是封闭施工。特别是中心城区内施工区域要全封闭隔离施工，不得把道路、交通和社会运行的区域与施工区域混在一起。二是要满足交通组织的需要。要有一套科学、合理的交通组织方案，使施工对交通影响最小。三是"清洁运输"。中心城区主要干道的渣土、物料、土方运输逐步实行封闭式运输管理，车辆驶出工地前必须要冲洗，防止泥土污染环境。四是环境影响最小化。把施工对周围环境的影响降低到最低限度。五是减少对市民生活和出行的影响。施工单位要把困难留给自己，把方便留给群众，减少施工对周边的影响。

(16) 督促总承包单位以上海市市级文明工地的要求创建"文明工地"，严格按照上海市市级"文明工地"的要求进行工作布置。

(17) 督促施工总承包单位要注意节假日前后（春节、元旦、劳动节、国庆节）及政府举办的重大活动前后的安全生产与文明施工；在防台、防汛期间（6～10 月），要注意台风预报，在台风来临之前，要加强值班，加强检查，落实好各类防汛防台工具和器材；梅雨季节要特别加强对施工现场的用电管理避免用电事故的发生；高温季节要注意工人的作业安排，采取相应的措施搞好防暑降温和食堂卫生，饮水卫生工作；冬季做好施工现场防冻保暖及防滑措施，防止各类意外事故的发生。

(18) 督查总承包单位执行有关环境保护法律、法规的落实情况，在施工现场采取措施，防止或者减少粉尘、废气、废水、固体废物、噪声、振动和施工照明对人和环境的危害和污染。

第十三章 施工企业安全管理

第一节　安全管理制度

一、安全生产管理网络和组织机构

（一）安全生产管理网络图

××××××建筑公司

安全管理网络图

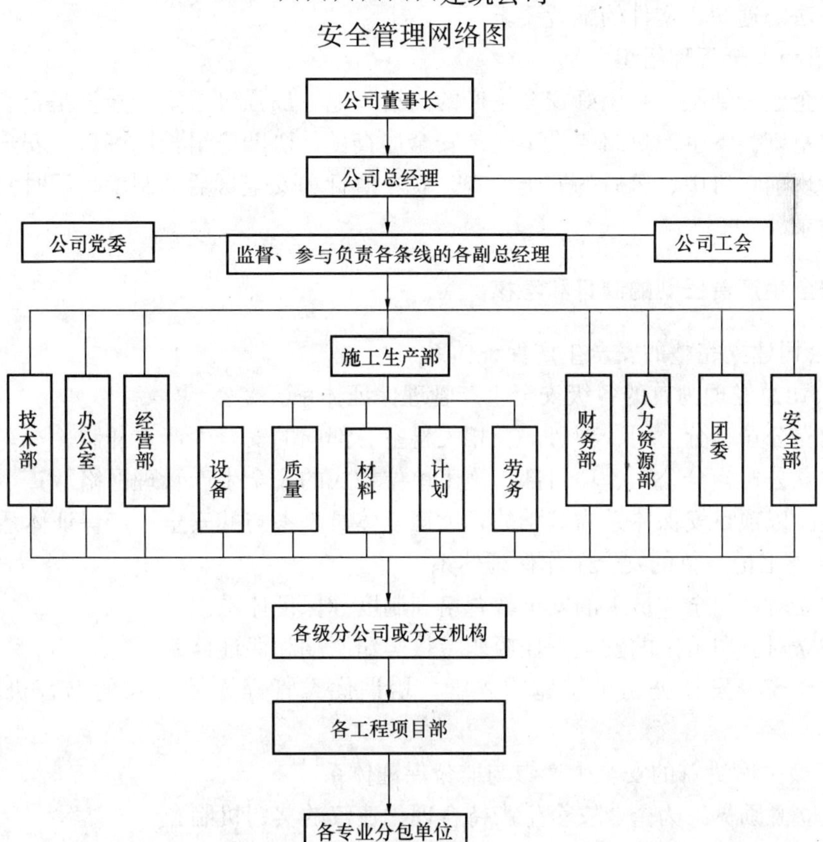

保证安全生产，领导是关键。企业的经理（厂长）是企业安全生产第一责任者，应建立健全以经理（厂长）为首的各级安全管理保证体系，形成专管成线，群管成网的安全管理组织机构。

（二）公司安全管理机构

建筑企业要依据建设部（2008）91号《关于印发建筑施工企业安全生产管理机构设置及专职安全生产管理人员配备办法的通知》文件精神，设专职安全管理部门，配齐配好专职安全人员，履行安全专职部门的管理职责。企业安全管理部门是企业的一个重要的部门，企业安全部门必须单独设置，对企业主要负责人负责。

（三）分公司（分支机构）安全管理组织

公司下属分支机构对管生产、管安全有极为重要影响。分公司经理为本单位安全生产工作第一责任者，根据本单位的施工（生产）规模及职工人数应设专职安全管理机构或配备专职安全员，实施安全管理职责。

（四）工地（项目）安全管理组织

工地（项目）应成立以工地（项目）经理为负责人的安全生产管理小组，配备专职安全管理员。同时要建立工地（项目）领导成员轮流安全生产值日制度。解决和处理生产过程中的安全隐患和进行巡回安全监督检查。项目专职安全生产管理人员的配置必须达到建设部（2008）91号《关于印发建筑施工企业安全生产管理机构设置及专职安全生产管理人员配备办法的通知》文件的配置要求。

（五）班组安全管理组织

班组是企业的细胞，是搞好安全生产的前沿阵地。加强班组安全建设是企业加强安全生产管理的基础。各生产班组要设不脱产安全巡查员，协助班组长搞好班组安全管理。各班组要坚持班前、班中、班后的安全检查、安全值日和安全日活动制度，同时要坚持做好班组安全记录。

二、安全生产责任制的制订和考核

（一）公司建立完整的安全生产保证体系

1. 以公司总经理为首的各级安全生产管理保证体系

（1）建立公司、分公司、项目部及相关科室、部门的安全生产责任制。

（2）建立公司、分公司、项目部、施工单位构成的安全生产管理网络。

（3）建立以项目安保体系为基础的，公司全体员工参与的安全生产保证体系。

2. 以党委书记为首的安全工作保证体系

（1）建立对公司全体员工的安全教育培训制度和保证体系。

（2）建立对公司员工的安全责任履职考核奖罚制度和保证体系。

（3）建立充分发挥公司员工聪明才智，培训优秀管理人才成长的培育机制和保证体系。

3. 以工会主席为首的安全生产参与监督保证体系

（1）建立激励员工为企业安全生产持合理化建议的奖罚机制。

（2）建立全体员工积极参与安全生产管理和监督的激励机制。

（3）建立维护职工利益，参与事故调查、协助行政齐抓共管的合作机制。

4. 以团委书记为首的青年职工安全生产保证体系

（1）建立青年科技攻关，安全攻难的研讨机制。

（2）建立青年参与安全管理，发挥青年安全技能的机制。

（3）建立培养青年安全管理人才，开拓安全管理水平的机制。

5. 以总工程师、总经济师、总会计师为首的安全技术、安全设施及经费落实的保证体系

（1）建立以技术为支撑，为安全作保障的技术领先、科学生产新机制。

（2）建立优化施工方案，强化安全措施的策划、实施、监控机制。

（3）建立安全技术经费，策划在前，过程控制的保证体系。

6. 以公司安全部为主的安全管理，检查保证体系

（1）建立公司安保体系的内部审核、考核保证体系。

（2）建立公司安全管理、监督、标准的责任保证体系。

（3）建立公司创建文明工地的策划、指导、检查、考核保证体系。

（二）建立企业各级领导人员的安全生产责任体系

1. 企业法人代表的安全生产责任

（1）认真贯彻执行国家和市有关安全生产的方针政策和法规、规范，掌握本企业安全生产动态，定期研究安全工作，对本企业安全生产负全面领导责任。

（2）领导编制和实施本企业中、长期整体规划及年度、特殊时期安全工作实施计划。建立健全和完善本企业的各项安全生产管理制度及奖惩办法；

（3）建立健全安全生产的保证体系，保证安全技措经费的落实；

（4）领导并支持安全管理人员或部门的监督检查工作；

（5）在事故调查组的指导下，领导、组织本企业有关部门或人员，做好特大、重大伤亡事故调查处理的具体工作，监督防范措施的制定和落实，预防事故重复发生。

2. 企业技术负责人

（1）贯彻执行国家和上级的安全生产方针、政策，协助法定代表人做好安全方面的技术领导工作，在本企业施工安全生产中负技术领导责任；

（2）领导制订年度和季节性施工计划时，要确定指导性的安全技术方案；

（3）组织编制和审批施工组织设计、特殊复杂工程项目或专业性工程项目施工方案时，应严格审查是否具备应有的安全技术措施，及其可行性，并提出决定性意见；

（4）领导安全技术攻关活动，确定劳动保护研究项目，并组织鉴定验收；

（5）对本企业使用的新材料、新技术、新工艺从技术上负责，组织审查其使用和实施过程中的安全性，组织编制或审定相应的操作规程，重大项目应组织安全技术交底工作；

（6）参加特大，重大伤亡事故的调查，从技术上分析事故原因，制定防范措施。

3. 企业主管生产副经理（负责人）

（1）对本企业安全生产工作负直接领导责任，协助法定代表人认真贯彻执行安全生产方针、政策、法规，落实本企业各项安全生产管理制度；

（2）组织实施本企业中、长期、年度、特殊时期安全工作规划、目标及实施计划，组织落实安全生产责任制；

（3）参与编制和审核施工组织设计、特殊复杂工程项目或专业性较强工程项目的安全

施工组织设计（施工方案）中的安全技术措施，制订施工生产中安全技术措施经费的使用计划；

（4）领导、组织本企业的安全生产宣传教育工作，确定安全生产考核指标。领导、组织外埠施工队长的培训、考核与审查工作；

（5）领导、组织本企业定期和不定期的安全生产检查，及时解决施工中的不安全问题；

（6）认真听取、采纳安全生产的合理化建议，保证本企业安全生产保障体系的正常运转；

（7）在事故调查组的指导下，组织死亡、重大死亡事故的调查，分析及处理中的具体工作。

4. 总会计师

（1）组织落实本企业财务工作的安全生产责任制，认真执行安全生产奖惩规定；

（2）组织编制年度财务计划的同时，审批安全技术措施经费使用计划；

（3）认真贯彻执行国家、上级有关劳动保护用品的规定和防暑降温经费的使用标准，并按规定负责审批购置的劳动保护用品经费。

5. 项目经理

（1）对承包项目工程生产经营过程中的安全生产负全面领导责任；

（2）贯彻落实安全生产方针、政策、法规和各项规章制度，结合项目工程特点及施工全过程的情况，制订本项目工程各项安全生产管理办法，或提出要求，并监督其实施；

（3）在组织项目工程业务承包，聘用业务人员时，必须本着安全工作只能加强的原则，根据工程特点确定安全工作的管理体制和人员，并明确各业务承包人的安全责任和考核指标，支持、指导安全管理人员的工作；

（4）健全和完善用工管理手续，录用外包队伍必须及时向有关部门申报，严格用工制度和管理，适时组织上岗安全教育，要对外包队伍的人员的健康与安全负责，加强劳动保护工作；

（5）组织落实施工组织设计（施工方案）中的安全技术措施，组织并监督项目工程施工中安全技术交底制度和设备、设施验收制度的实施；

（6）领导、组织施工现场定期的安全检查，发现施工生产中不安全问题，组织制定措施，及时解决。对上级提出的安全生产与管理方面的问题，要定时、定人、定措施予以解决；

（7）发生事故，要做好现场抢救与保护工作，及时上报，组织、配合事故的调查，认真落实制订的防范措施，吸取事故教训。

6. 项目工程技术负责人

（1）对项目工程生产经营中的安全生产负技术责任；

（2）贯彻落实安全生产方针、政策、严格执行安全技术规程、规范、标准。结合项目工程特点，主持项目工程的安全技术交底；

（3）参加或组织编制施工组织设计，编制、审查施工方案时，要同时制订、审查安全技术措施，保证其可行与针对性，并随时跟踪、检查、监督、落实；

（4）主持制订技术措施计划和季节性施工方案的同时，制订相应的安全技术措施，并监督执行。及时解决执行中出现的问题；

(5) 项目工程应用新材料、新技术、新工艺，要及时上报，经批准后方可实施，同时要组织上岗人员的安全技术培训、教育。认真执行相应的安全技术措施与安全操作工艺、要求，预防施工中因化学物品引起的火灾、中毒或其新工艺实施中可能造成的事故；

(6) 主持安全防护设施和设备的验收。发现设备、设施的不正常情况应及时采取措施。严格控制不符合标准要求的防护设备、设施投入使用；

(7) 参加安全生产检查，对施工中存在的不安全因素，从技术方面提出整改意见和办法予以消除；

(8) 参加、配合因工伤亡及重大未遂事故的调查，从技术上分析事故原因，提出防范措施、意见。

7. 工长、施工员

(1) 认真执行上级有关安全生产规定，对所管辖班组（特别是外包单位）的安全生产负直接领导责任；

(2) 认真执行安全技术措施及安全操作规程，针对生产任务特点，向班组（包括外施队）进行书面安全技术交底，履行签任手续，并对规程、措施、交底要跟踪落实，随时纠正违章作业，发现解决安全隐患；

(3) 经常检查所辖班组（包括外包单位）作业环境及各种设备、设施的安全状况，发现问题及各种设备设施技术状况是否符合安全要求，严格执行安全技术交底，落实安全技术措施，并监督其执行，做到不违章指挥；

(4) 定期和不定期组织所辖班组（包括外包单位）学习安全操作规程，开展安全教育活动，接受安全部门或人员的安全监督检查，及时消除现场存在的安全隐患；

(5) 对分管工程项目应用的新材料、新工艺、新技术严格执行申报、审批制度、发现问题，及时停止使用，并上报有关部门或领导；

(6) 发生因工伤亡及未遂事故要保护现场，立即上报。

8. 班组长

(1) 认真执行安全生产规章制度及安全操作规程，合理安排班组人员工作，对本班组人员在生产中的安全和健康负责；

(2) 经常组织班组人员学习安全操作规程，监督班组人员正确使用个人劳保用品，不断提高自我保护能力；

(3) 认真落实安全技术交底，做好班前讲话，不违章指挥，冒险蛮干；

(4) 经常检查班组作业现场安全生产状况，发现问题及时解决并上报有关领导；

(5) 认真做好岗前安全技术操作教育，未经教育考试合格，不准分配上岗作业；

(6) 发生因工伤亡及未遂事故，保护好现场，立即上报有关领导。

9. 工人

(1) 认真学习严格执行安全技术操作规程，模范遵守安全生产规章制度；

(2) 积极参加安全教育活动，认真执行安全技术交底，不违章作业，服从安全生产管理人员的指导；

(3) 发扬团结友爱精神，在安全生产方面做到互相帮助、互相监督，对新工人要积极传授安全生产知识，维护一切安全设施和防护用具，做到正确使用、不自行拆改；

（4）对不安全作业要积极提出意见，并有权拒绝违章指令；

（5）发生伤亡和未遂事故，要保护现场并立即上报。

10. 施工队队长（负责人）

（1）认真执行安全生产的各项法规、规定、规章制度及安全操作规程，合理安排本队人员工作，对本队人员在生产中的安全和健康负责；

（2）按制度严格履行各项劳务用工手续，做好本队人员的岗位安全培训，未经安全教育培训、考试合格的，不得分配上岗作业。经常组织学习安全操作规程，监督本队人员遵守劳动、安全纪律，做到不违章指挥，制止违章作业；

（3）必须保持本队人员的相对稳定，人员变动，须事先向有关部门申报，批准后新来人员应按规定办理各种手续，并经入场和上岗安全教育后方准上岗；

（4）根据上级的交底向本队各工种进行详细的书面安全交底，针对当天任务、作业环境等情况，做好班前安全交底活动，监督其执行情况，发现问题及时纠正、解决；

（5）坚持每日上班前对本队的作业环境、设施设备的安全状态进行认真检查，作业过程中巡视检查，发现不安全问题，及时解决；下班前对使用设施设备等进行确认检查，机电是否拉闸断电、明火是否熄灭、活完料净场地清，确认无误，方可离开现场；

（6）发生因工伤亡及未遂事故，做好伤者抢救工作，保护好现场，并立即上报有关领导。

（三）建立企业各级职能部门的安全生产责任体系

1. 生产计划部门

（1）在编制年、季、月生产计划时，必须树立“安全第一”的思想，组织均衡生产，保障安全工作与生产任务协调一致。对改善劳动条件、预防伤亡事故项目必须视同生产任务，纳入生产计划优先安排；

（2）在检查生产计划实施情况同时，要检查安全措施项目的执行情况，对施工中重要安全防护设施、设备的实施工作（如支拆脚手架、安全网等）要纳入计划，列为正式工序，给予时间保证；

（3）坚持按合理施工顺序组织生产，要充分考虑职工的劳逸结合，认真按施工组织设计组织施工；

（4）在生产任务与安全保障发生矛盾时，必须优先安排解决安全工作的实施。

2. 技术部门

（1）认真学习，贯彻执行国家和上级有关安全技术及安全操作规程规定，保障施工生产中的安全技术措施的制订与实施；

（2）在编制和审查施工组织设计和方案的过程中，要在每个环节中贯穿安全技术措施，对确定后的方案，若有变更，应及时组织修订；

（3）检查施工组织设计和施工方案中安全措施的实施情况，对施工中涉及安全方面的技术性问题，提出解决办法；

（4）对新技术、新材料、新工艺，必须制订相应的安全技术措施和安全操作规程；

（5）对改善劳动条件、减轻笨重体力劳动、消除噪声等方面的治理进行研究解决；

（6）参加重大伤亡事故和重大已、未遂事故中技术性问题的调查，分析事故原因从技术上提出防范措施。

3. 机械动力部门

(1) 对机、电、起重设备、锅炉、压力容器及自制机械设备的安全运行负责，按照安全技术规范经常进行检查；并监督各种设备的维修、保养的进行；

(2) 对新购进的机械、锅炉、受压容器及大修、维修、外租回厂后的设备必须严格检查和把关，新购进的要有出厂合格证及完整的技术资料，使用前制订安全操作规程，组织专业技术培训，向有关人员交底，并进行鉴定验收；

(3) 对设备的租赁，要建立安全管理制度，确保租赁设备完好、安全可靠；

(4) 参加施工组织设计、施工方案的会审，提出涉及安全的具体意见，同时负责督促下级落实，保证实施；

(5) 参加因工伤亡及重大未遂事故的调查，并从机械设备方面，认真分析事故原因，提出处理意见，制定防范措施。

4. 劳动、劳务部门

(1) 对职上（含外包单位）进行定期的教育考核，将安全技术知识列为工人培训、考工、评级内容之一，对招收的新工人（含外包单位）要组织入场教育和资格审查，保证提供的人员具有一定的安全生产素质；

(2) 严格执行国家、上级特种作业人员的有关规定，适时组织特种作业人员的培训工作，并向安全部门或主管领导通报情况；

(3) 认真落实国家和上级有关劳动保护的法规，严格执行有关人员的劳动保护待遇，并监督实施情况；

(4) 参加因工伤亡事故的调查，从用工方面分析事故原因，提出防范措施，并认真执行对事故责任者的处理意见。

5. 材料部门

(1) 凡购置的各种机、电设备、脚手架、具，新型建筑装饰、防水等材料或直接用于安全防护的料具及设备，必须执行国家、省、(市) 有关规定，必须有产品介绍或说明的资料（特种设备必须有有效许可证明），严格审查其生产合格证明资料，必要时做抽样试验，回收后必须检修；

(2) 采购的劳动保护用品，必须符合国家标准及行业有关规定，并向主管部门提供情况，接受对劳动保护用品质量的监督检查；

(3) 认真执行施工现场平面布置图要求，做好材料定置堆放和物品储存，对物品运输应加强管理，保证安全。

6. 财务部门

(1) 根据本企业实际情况及企业安全技术措施经费的需要，按计划及时提取安全技术措施经费、劳动保护费及其他安全生产所需经费，保证专款专用；

(2) 按照国家及上级对劳动保护用品的有关标准和规定，负责审查购置劳动保护用品的合法性，保证其符合标准；

(3) 协助安全主管部门办理安全奖、罚款的手续。

7. 人事部门

(1) 根据国家和上级有关安全生产的方针、政策及企业实际，配备具有一定文化、技术和实践经验的安全干部，保证安全干部的素质；

(2) 组织对新调入、转业的施工、技术及管理人员的安全培训、教育工作；

(3) 按照国家和上级有关规定，负责审查安全管理人员资格，有权向主管领导建议调整和补充安全检查人员；

(4) 参加因工伤亡事故的调查，认真执行对事故责任者的处理意见。

8. 保卫消防部门

(1) 贯彻执行国家及上级有关消防保卫的法规、规定，协助领导做好消防保卫工作；

(2) 制订年、季消防保卫工作计划和消防安全管理制度，参加施工组织设计、方案的审批，提出具体建议并监督实施；

(3) 严格执行动火审批制度，动火前办理动火申请，经检查批准，签发动火证，方准操作；

(4) 参加安全生产检查，督促有关部门对火灾隐患进行解决。

9. 教育部门

(1) 组织与施工生产有关的学习班时，要安排安全生产教育课程；

(2) 企业主办的各专业学校，要设置安全生产课程（课时应不少于总课时的1%～2%）。

(3) 将安全教育纳入职工培训教育计划，负责组织职工的安全技术培训和教育。

10. 行政卫生部门

(1) 配合有关部门，负责对职工进行体格检查，对特种作业人员要定期检查，提出处理意见；

(2) 监测有毒、有害作业场所的尘毒浓度，做好职业病预防工作；

(3) 正确使用防暑降温费用，保证清凉饮料的供应与卫生；

(4) 对冬季取暖火炉的安装、使用负责监督检查，防止煤气中毒事故发生；

(5) 对施工现场大型生活设施的建、拆，要严格执行有关安全规定，不违章指挥、违章作业；

(6) 发生工伤事故要及时上报并积极组织抢救、治疗、并向事故调查组提供伤势情况，负责食物中毒事故的调查与处理，提出防范措施。

11. 基建部门

(1) 在组织本企业的新建、改建、扩建工程项目的设计、施工、验收时，必须贯彻执行国家和上级有关“三同时”，即，同时设计、同时施工、同时投产的规定；

(2) 自行组织施工的，施工前应按照施工程序编制安全技术措施，审查承包单位资质等级必须符合等级施工的范围，提出施工安全要求，并进行监督检查。

12. 企业安全管理部门

安全技术机构和专职安全技术人员应做好安全生产管理和监督检查工作，其主要职责是：

(1) 贯彻执行国家、上级颁发的有关安全技术劳动保护法律、法规、规程和标准；

(2) 做好安全生产的宣传教育和管理工作，总结交流推广先进经验；

(3) 经常深入基层，指导本部门安全技术人员的工作，掌握安全生产情况，调查研究生产中的不安全问题，提出改进意见和措施；

(4) 组织安全活动和定期安全检查；

(5) 参加审查施工组织设计（施工方案）和编制安全技术措施计划，并对贯彻执行情况进行监督检查；

(6) 与有关部门共同做好新工人、特殊工种工人的安全技术训练、考核、发证工作；

(7) 进行工伤事故统计，分析和报告，参加工伤事故的调查和处理；

(8) 制止违章指挥和违章作业，遇有严重险情，有权暂停生产，并报告领导处理；

(9) 对违反有关安全技术劳动保护法规的行为经说服劝阻无效时，有权越级上报；

(10) 鉴定专控劳动保护用品，并监督其符合要求。

三、安全生产规章制度

(一) 安全生产检查制度

1. 安全检查是安全生产控制的重要手段。加强安全生产检查的目的是为了强化安全意识，严肃安全制度，落实安全责任，规范安全行为，落实安全基础建设，建立安全长效管理机制，提升施工现场的文明、标准化创建水准，确保安全生产目标的实现。依据《中华人民共和国安全生产法》《中华人民共和国建筑法》《安全生产管理条例》《安全生产许可证条例》《施工企业安全生产评价标准》及政府、行业有关规定和规范，结合企业实际制订建筑企业的安全检查制度。

2. 安全生产坚持“安全第一、预防为主”的方针；贯彻“以人为本、关爱生命”的原则；落实长效管理、常态管理的意识；全面实施各级安全生产责任制的原则。根据公司颁发的各级安全生产责任制规定，安全生产检查实施“谁主管，谁负责”、“谁施工，谁负责”和各级、各部门、各岗位的安全生产责任制原则，实行分级安全检查责任制，形成横向到边、纵向到底的安全生产检查网络。

3. 公司的安全检查职责。公司对所有项目的安全生产及安全检查进行监督和管理。公司每周至少组织一次对项目的安全生产及安全检查情况进行抽查。每季检查的覆盖率100%。督促和检查项目部安全工作状况，消除安全隐患，纠正违章行为，杜绝违章作业。建立公司有效的安全生产保证体系，进行安保体系的内审、外审工作的组织和协调。监督安全生产保证体系的良好运转。开好每月的安全例会，弘扬先进的安全检查和安全管理经验，进行形式多样的安全教育和培训。公司各部门安全生产检查的职责按《安全生产自查点检图》实施。

4. 分公司的安全检查职责。分公司对所辖项目的安全生产及安全检查负责。每周至少组织2次对项目的安全生产及安全检查进行监督和检查。每月检查的覆盖率100%。督促和检查项目部安全工作状况，消除安全隐患，纠正违章行为，杜绝违章作业。建立有效的安全生产保证体系，监督安全生产保证体系的良好运转。开好每月的安全例会，进行形式多样的安全教育和培训。分公司各部门的检查职责对照公司《安全生产自查点检图》实施。

5. 项目部的安全检查职责。项目部对本项目范围内的安全生产及安全检查负责。每天督促和检查分包单位的安全生产检查情况。对施工进行安全总交底，在确保安全的前提下安排施工作业。对现场的危险源进行识别和警示，结合项目实际开展安全生产的教育和培训，做好安全防护工作，对重大危险源、重要节点进行旁站式的安全生产监督。负责对项目的安全检查情况进行通报和纠正。

项目检查形式：

（1）由项目安全工程师负责带队检查。

（2）由项目安全工程师组织各分包单位现场负责人进行安全例行和专项检查。

6. 分包单位的安全检查职责。分包单位对分包范围的安全生产及安全检查负责。每天督促和检查班组的安全生产自查情况。对施工进行安全交底，在确保安全的前提下安排班组施工。对危险性较大的施工班组、施工作业点进行旁站式的安全生产监督。

分包单位的安全检查由分包单位的现场施工安全负责人带队检查，并将检查情况通报给总包项目部。

7. 施工班组在每天上班前负责对自己的施工环境和作业场所进行安全自查，由班组长对班组全体组员进行班前安全交底，在确保安全的前提下进行施工作业。在完工后必须对施工现场进行安全检查，在安全隐患全部消除和落手清工作完毕后才能离开现场。班组检查由班组长带队检查，及时消除安全隐患。

（二）安全教育培训制度

1. 基本原则

（1）安全教育是保障安全生产的原则。安全生产要本着“教育为本”的精神，教育先行、培训先导。要从保障企业安全生产、保障企业稳定发展的高度来做好安全教育培训。

（2）安全教育贯穿施工管理全过程的原则。安全教育是一个长期的、细致的过程，所以必须贯穿于施工管理的全过程。

（3）安全教育人人有责的原则。“安全生产，人人有责”，同样安全教育，也是人人有责。通过人人教育，使每个施工生产人员自觉地牢固地确立安全生产的意识。

2. 根本目的

（1）提高全体从业人员的安全意识。安全生产警钟长鸣，安全教育如雷贯耳。牢固树立“安全第一，以人为本”的理念。

（2）提升全体员工的安全管理知识。搞好安全生产，需要一定的安全知识和安全常识，从根本上来确保安全生产。

（3）提升员工的安全技能。务工操作人员的安全操作技能与安全生产息息相关，尤其是特殊工种的安全技能培训更要从严把关，扎实推进。

（4）增强员工遵纪守法的观念。遵纪守法、遵章守规，不违章作业、不违章指挥、不冒险施工、不伤害他人、不伤害自己、不被他人伤害。

3. 教育培训的内容

国家法律法规的法纪教育。行业规范标准的知识教育。项目危险源的识别和控制的安全告知教育。安全技能和安全知识的日常教育。操作技能和操作技术的常识教育。安全事故案例的警示教育。

4. 教育培训管理

（1）计划管理。公司人力资源部每年年初根据公司发展需要，负责编制公司安全教育培训计划，作为公司全年的指导意见，发至各部门和各单位实施。

（2）日常管理。教育培训的日常管理由公司人力资源部负责协调。公司安全部门和教育培训中心负责实施教育培训计划。做好教育档案管理工作。

（3）经费管理。公司按规定提取企业的安全教育经费，安全教育经费的管理由人力资源部负责。

（三）生产安全事故报告制度

1. 总则

根据国务院第493号令《生产安全事故报告和调查处理条例》的精神，结合公司的实际，为了及时报告、统计、调查和处理职工伤亡事故，积极采取预防措施，防止事态发展，特制订本制度；本制度所称生产安全事故，是指在公司施工（场、站、）范围内的各类人身伤害、财产损失、环境污染事故及重大事故的险兆苗子；生产安全事故的报告、统计、调查和处理工作必须坚持实事求是、尊重科学的原则。

2. 事故报告

（1）发生轻伤及一般事故由项目部应急救援工作小组组长启动项目应急预案，并在事发后半小时之内，上报分公司领导。由分公司负责调查处理和上报。

（2）发生重伤及影响较小事故由分公司应急救援工作小组组长启动应急预案，负责生产安全事故的应急救援的协调和组织工作，并在事发后1小时之内上报公司应急救援工作小组。由公司进行协调处理，并报所在地安全生产监督管理局。

（3）发生死亡、重大事故及生产事故具备扩展性、对周边居民和环境产生重大影响、有潜在危险的事故在项目自救基础上必须立即向救援机构报告事故地点、事故概况、联系人姓名、电话及需救援的内容，并在事发后十五分钟内上报公司应急救援领导小组，由公司领导小组组长启动公司应急预案，由公司应急救援领导小组负责生产安全事故的应急救援的协调和组织工作。并在1小时内上报安监局、公安、消防、环保及行业主管部门。

（4）事故快报上报程序：项目部调查草拟——分公司审核——公司审核——上报有关部门。

（5）应急人员工作程序：应急救援预案启动后，公司各相关部门、分公司各相关科室均应服从统一指挥和协调。按照工作职责和应急情况在人力、物力、财力上给予援助，在事故救援、事故调查、事故整改、后勤供应等方面给予充分保证。

3. 事故调查

（1）发生轻伤、重伤和一般财产损失事故，由公司主管领导或委托有关部门牵头，组织生产、技术、安全等有关人员及工会成员组成安全事故调查小组，进行调查。

（2）发生死亡事故和重大财产损失事故，由公司主管部门会同企业所在地区的公安、安监局、行业管理、工会和相关部门组织事故调查小组，进行调查。重大安全事故按政府的有关规定组织事故调查小组，进行调查，公司要给以积极的配合。

（3）事故调查小组人员应当符合下列条件：具有事故调查所需要的某方面的专长；与所发生事故没有直接的利害关系；

（4）事故调查小组的职责：查明事故发生原因、过程、和人员伤亡、财产损失情况；确定事故责任人；提出事故处理意见和防范措施的建议；写出事故调查报告。

（5）事故调查小组有权向发生事故的项目部、分公司和有关单位及个人了解有关情况、查阅有关资料，任何人和单位不得拒绝。

任何人和单位不得阻碍、干涉事故调查小组的正常工作。

4. 事故处理

（1）对事故调查小组提出的事故处理意见和防范措施的建议，公司各部门、各分公司、各项目部应该积极贯彻和落实。

（2）因忽视安全生产、违章指挥、违章作业、玩忽职守或者发生事故隐患、危害情况而不采取有效措施以致造成安全事故的，企业将根据有关规定给予行政警告、记过、记大过、开除留用和开除处分；在经济上按公司奖罚规定给予处罚；构成犯罪的交由司法机关依法追究刑事责任。

（3）在调查处理安全生产事故中玩忽职守、徇私舞弊或打击报复的，企业将按企业有关规定给予行政处分及经济处罚。

5. 附则

（1）伤亡事故统计办法和报表格式按国家有关规定进行统计上报。任何人和单位不得隐瞒不报、迟报或轻报。如有发现将从严处理。

（2）公司的安全事故调查工作必须接受上级部门和政府有关部门的监督、指导。

（四）生产安全事故应急救援预案

1. 前言

（1）生产安全事故应急救援预案，根据国家、政府、行业的相关法律法规及行业《生产安全事故应急救援预案》的精神，对公司生产安全事故的应急救援提出具体实施预案。

（2）生产安全事故应急救援预案本着“安全第一、预防为主”的方针，实施“保护人员安全优先、防止和控制优先、保护环境优先”的原则，做到迅速、准确、有效。体现“事故损失控制、预防为主、常备不懈、统一指挥、高效协调和持续改进”的指导思想。

（3）生产安全事故应急救援预案制订后，应组织培训、教育和应急演练。根据演练情况进行应急救援预案的修改和完善。

2. 范围

（1）生产安全事故应急救援预案适用于公司所属各单位、各项目、各部门的生产安全事故应急救援处置程序。

（2）应急救援预案适用于公司所属各单位、各项目所发生的火灾事故、工伤事故、坍塌倒塌事故、机械设备事故、管线管道事故、扰民伤民事故、交通事故、群访群聚事件及其他突发事件。根据生产安全事故具备扩展性、潜在危险性、对周边居民和环境产生重大影响的特点也必须启动相应的应急救援预案。

3. 应急预案组织机构

（1）公司成立生产安全事故应急救援领导小组：组长由公司总经理担任。副组长由公司副总经理、首席安全工程师、总工程师担任。组员由施工生产部经理、安全、设备、材料、质量科长、党委办公室、总经理办公室、总务部经理、保卫科长和工会相关人员组成。领导小组负责制订和修改、完善公司的应急救援预案；实施公司应急救援的预防、准备、响应、恢复的应急管理；规划、布置、检查应急救援的培训、教育和演练工作；组织对死亡和重大事故的应急救援工作；组织或协助相关部门展开事故调查；加强与建设行政主管部门、安全生产监督部门、国资委、公安部门、工会等部门的联系和沟通。领导小组常设机构为公司安全部门（电话：＊＊＊＊＊＊＊＊＊；FAX：＊＊＊＊＊＊＊＊＊）。

（2）事故应急救援领导小组下设三个工作小组：事故现场抢险小组、事故现场抢险保障小组、事故现场医疗抢救小组。

1）事故现场抢险小组负责了解、掌握事故情况，制订处理方案，组织指挥实施，并保持同公安、检察院、消防、民防等部门的联系。抢险小组组长由公司总经理担任，副组长由首席安全工程师担任，组员由公司技术、质量、安全、保卫科长和相关分公司经理、项目经理、项目工程师、项目安全工程师组成。

2）事故现场抢险保障小组负责实施抢险方案所需物质、设备抢险人员和现场工作人员的后勤保障工作。保障小组组长由公司副总经理担任，副组长由施工生产部经理担任，组员由公司劳动、设备、材料、总务、经理办公室和相关分公司副经理、项目副经理组成。

3）事故现场医疗抢救小组负责布置现场医疗抢救，立即向当地医疗卫生（120）电话报告，并实施现场的临时救援。医疗抢险小组由公司分管领导、医疗中心主任、相关分公司医务人员组成。

4）公司相关负责人联系电话：

部　门	姓　名	职　务	联系电话

5）各基层单位、各项目部应分别设立“分公司生产安全事故应急救援预案工作小组”，“项目部（车间）生产安全事故应急救援预案工作小组”。分公司应急救援预案工作小组名单报公司应急救援领导小组备案。项目部（车间）应急救援预案工作小组名单报分公司应急救援工作小组备案。

4. 管理职责

（1）公司应急救援预案的职责：接到事故信息后第一时间赶到现场，协调分公司、项目部履行职责；根据事故事态提出进一步应急救援方案或向上级汇报及负责部门通报方案；对事故情况作快捷了解及处置；对事故进行调查、处理及整改工作。

（2）分公司应急救援预案的职责：接到事故信息后第一时间赶达现场，协调项目部履行项目职责；根据事故事态提出进一步应完善应急救援方案或作出向上级汇报及有关部门汇报方案；负责对事故情况作快捷的了解及处理、负责对事故进行调查分析，处理及整改工作。

（3）项目部应急救援预案的职责：发生事故后需救援的，应立即向急需救援的消防、公安、医疗部门发出请求；组织人员进行现场救援工作，把事故影响、事故损失减少到最低限度；立即组织人员保护现场，维护好事故地点的秩序，对涉及的人员进行必要的保护、看护及稳定工作；立即启动“应急救援预案程序”把信息在第一时间报告给上级领导和主管部门；准备对事故概况的汇报和通报工作。

（4）生产事故应急救援工作实施首席责任制。第一个事故接报者为启动应急救援工作的首席责任人，负责履行现场应急救援、信息发布及启动应急救援程序的工作。待项目经理，分公司领导到现场后，该领导即为首席领导责任人，负责完善应急救援的步骤和方案。

5. 应急响应

（1）发生轻伤及一般事故由项目部应急救援工作小组组长启动项目应急预案，并在事发后半小时之内，上报分公司领导。

（2）发生重伤及影响较小事故由分公司应急救援工作小组组长启动应急预案，负责生产安全事故的应急救援的协调和组织工作，并在事发后1小时之内上报公司应急救援工作小组。

（3）发生死亡、重大事故及生产事故具备扩展性、对周边居民和环境产生重大影响、有潜在危险的事故在项目自救基础上必须立即向救援机构报告事故地点、事故概况、联系人姓名、电话及需救援的内容，并在事发后十五分钟内上报公司应急救援领导小组，由公司领导小组组长启动公司应急预案，由公司应急救援领导小组负责生产安全事故的应急救援的协调和组织工作。

（4）发生三级以上重、特大事故在项目自救基础上由公司应急救援领导小组负责上报集团应急救援领导小组及政府、行业的相关和机构，对项目的应急救援工作进行指导和协调。

6. 应急程序

（1）事故快报上报程序：

项目部调查草拟—分公司审核—公司审核—上报有关部门

（2）应急人员工作程序：应急救援预案启动后，公司各相关部门、分公司各相关科室均应服从统一指挥和协调。按照工作职责和应急情况在人力、物力、财力上给予援助，在事故救援、事故调查、事故整改、后勤供应等方面给予充分保证。

7. 应急救援的配置和演练

（1）各项目部要配置应急救援人员，并对这些人员进行必要的培训教育，以便万一需要时，立即调动投入救援工作。

序号	单位	抢险人数	抢险工种	联系人	联系电话
1					
2					
3					
4					
5					
6					
7					
8					

注：公司应配备一定数量的汽车吊、货运车及氧气、乙炔等应急救援设备。委托有关部门实行管理，并配备必要的工具，以备应急使用。

（2）各单位、各项目应配置必要的应急救援设备和设施，指定专人管理。加强应急救援设备和设施的维修保养，确保应急使用。

（3）公司、分公司、项目部应加强应急救援人员的管理，每年至少组织一次应急救援的演练，以提升工作人员的应急救援的业务水平和实际应急能力。

8. 分公司、项目部应急救援工作的公示：

（1）分公司、项目部的应急救援工作小组应按本预案要求分解职责、落实责任，建立定期的例会和检查制度。

（2）各基层单位、各项目的应急救援工作应按本预案样式张贴在办公室显要位置，以便使用。（样式附后）

9. 其他

（1）项目部发生的其他突发事件参照预案实施。

（2）项目部应以预案的原则精神，结合项目实际，参照公司设计的分项事故的应急救援预案示范本，制订项目的分项事故的应急救援预案（分项预案内容详见公司提供的分项事故应急救援预案示范本）。

附1 分公司生产安全事故应急救援预案

附2 项目部生产安全事故应急救援预案

附3 项目部应急救援预案示范本目录

附4 工伤事故所对应特色医院目录

（附1样式）

________分公司（分支机构）生产安全事故应急救援预案

根据公司"生产安全事故应急救援预案"的要求，特制订本预案。

<table>
<tr><td colspan="6">工作小组组长：　　　　职务：　　　　电话：
工作小组副组长：　　　职务：　　　　电话：</td></tr>
<tr><td colspan="2">组员姓名</td><td colspan="2">职务</td><td>电话</td><td>职责</td></tr>
<tr><td colspan="2">组员姓名</td><td colspan="2">职务</td><td>电话</td><td>职责</td></tr>
<tr><td colspan="2">组员姓名</td><td colspan="2">职务</td><td>电话</td><td>职责</td></tr>
<tr><td colspan="2">组员姓名</td><td colspan="2">职务</td><td>电话</td><td>职责</td></tr>
<tr><td colspan="6">应急救援措施：
（1）应急救援设备及人员：救援人员______班组；灭火机____台；救护担架____台；电话机____台；
（2）第一个接报人为首席责任人，负责现场应急救援工作。发生一般事故除组织救援外，按规定程序上报公司。发生重大事故除组织救援外，应立即启动应急救援预案，按规定程序实施应急救援。
（3）火灾事故报119，治安事故报________派出所或110，医疗救护报120（送医院见下表）公司电话＊＊＊＊＊＊＊＊其他电话见本表。
（4）设备、管线事故电话＊＊＊＊＊＊＊＊
（5）扰民伤民、群访群聚、食物中毒及其他突发事故电话＊＊＊＊＊＊＊＊。
（6）分公司每季对项目部应急救援预案各项工作进行一次检查，每年组织应急救援演练。</td></tr>
<tr><td colspan="6">应急救援机构电话：（火灾119、公安110、医疗120、公司＊＊＊＊＊＊＊＊）</td></tr>
<tr><td colspan="2">医院</td><td colspan="2">电话</td><td colspan="2">联系人</td></tr>
<tr><td colspan="2">医院</td><td colspan="2">电话</td><td colspan="2">联系人</td></tr>
<tr><td colspan="6">相关主管、领导应急救援联系电话：</td></tr>
<tr><td>姓名</td><td>电话</td><td>职务</td><td>姓名</td><td>电话</td><td>职务</td></tr>
<tr><td>姓名</td><td>电话</td><td>职务</td><td>姓名</td><td>电话</td><td>职务</td></tr>
<tr><td>姓名</td><td>电话</td><td>职务</td><td>姓名</td><td>电话</td><td>职务</td></tr>
<tr><td>姓名</td><td>电话</td><td>职务</td><td>姓名</td><td>电话</td><td>职务</td></tr>
</table>

(附2样式)

________项目部生产安全事故应急救援预案

根据公司“生产安全事故应急救援预案”的要求，特制订本预案。

<table>
<tr><td colspan="4">工作小组组长：　　　　职务：　　　　电话：
工作小组副组长：　　　职务：　　　　电话：</td></tr>
<tr><td>组员姓名</td><td>职务</td><td>电话</td><td>职责</td></tr>
<tr><td>组员姓名</td><td>职务</td><td>电话</td><td>职责</td></tr>
<tr><td>组员姓名</td><td>职务</td><td>电话</td><td>职责</td></tr>
<tr><td>组员姓名</td><td>职务</td><td>电话</td><td>职责</td></tr>
<tr><td colspan="4">应急救援措施：
（1）应急救援设备及人员：救援人员______班组；灭火机______台；救护担架____台；电话机____台；
（2）第一个接报人为首席责任人，负责现场应急救援工作。除组织救援外，按规定程序向分公司、公司报告。
（3）各项应急责任人名单。火灾事故责任人　　，电话　　；高处坠落事故责任人　　，电话　　；重伤事故责任人　　，电话　　触电事故责任人　　，电话　　；机械伤害事故责任人　　，电话　　；塔机等大型机械突发事件责任人　　，电话　　物体打击事故责任人　　，电话　　；锅炉、压力容器爆炸事故责任人　　，电话　　；灼伤、淹溺伤害事故责任人　　，电话　　；重大环境污染事故责任人　　，电话　　车辆伤害事故责任人　　，电话　　；中毒、窒息事故责任人　　电话　　防汛防台责任人　　，电话　　；施工升降机作业过程突发停电责任人　　物料提升机作业过程突发停电责任人　　电话　　混凝土施工意外事故责任人　　，电话
（4）项目部每季对应急救援预案各项工作进行一次检查，每年组织应急救援演练。</td></tr>
</table>

<table>
<tr><td colspan="3">应急救援机构电话：（火灾119、公安110、医疗120、公司********）</td></tr>
<tr><td>医院</td><td>电话</td><td>联系人</td></tr>
<tr><td>医院</td><td>电话</td><td>联系人</td></tr>
</table>

<table>
<tr><td colspan="6">相关主管、领导应急救援联系电话：</td></tr>
<tr><td>姓名</td><td>电话</td><td>职务</td><td>姓名</td><td>电话</td><td>职务</td></tr>
<tr><td>姓名</td><td>电话</td><td>职务</td><td>姓名</td><td>电话</td><td>职务</td></tr>
<tr><td>姓名</td><td>电话</td><td>职务</td><td>姓名</td><td>电话</td><td>职务</td></tr>
<tr><td>姓名</td><td>电话</td><td>职务</td><td>姓名</td><td>电话</td><td>职务</td></tr>
</table>

(附3样式)项目部应急预案示范本目录

项目部应急救援预案示范本目录

1. 坍塌倒塌事故应急处理和救援预案（具有扩展性）
2. 管线、管道事故应急处理和救援预案（具有扩展性）
3. 火灾事故应急处理和救援预案（具有扩展性）
4. 高处坠落事故应急处理和救援预案
5. 起重伤害事故应急处理和救援预案（具有扩展性）
6. 触电事故应急处理和救援预案（具有扩展性）
7. 机械伤害事故应急处理和救援预案（具有扩展性）
8. 塔机等大型机械装拆、作业中突发事件应急处理与救援预案（具有扩展性）

9. 物体打击事故应急处理和救援预案
10. 锅炉、压力容器爆炸事故应急处理和救援预案
11. 灼伤、淹溺伤害事故应急处理和救援预案
12. 重大环境污染事故应急处理和救援预案（具有扩展性）
13. 车辆伤害事故应急处理和救援预案
14. 中毒、窒息事故应急处理和救援预案
15. 防汛防台应急处理和救援预案
16. 施工升降机作业过程突发停电应急处理和救援预案
17. 物料提升机作业过程突发停电应急处理和救援预案
18. 混凝土施工意外事故应急处理和救援预案

（附4样式）工伤事故所对应特色医院目录（请根据项目实际情况选择）

医疗专长	医院名称	地　址	电　话
骨　科	＊＊医院	＊＊路＊＊＊＊号	＊＊＊＊＊＊＊＊
	＊＊医院	＊＊路＊＊＊＊号	＊＊＊＊＊＊＊＊
断肢再植	＊＊医院	＊＊路＊＊＊＊号	＊＊＊＊＊＊＊＊
	＊＊医院	＊＊路＊＊＊＊号	＊＊＊＊＊＊＊＊
伤　科	＊＊医院	＊＊路＊＊＊＊号	＊＊＊＊＊＊＊＊
	＊＊医院	＊＊路＊＊＊＊号	＊＊＊＊＊＊＊＊
手外科	＊＊医院	＊＊路＊＊＊＊号	＊＊＊＊＊＊＊＊
	＊＊医院	＊＊路＊＊＊＊号	＊＊＊＊＊＊＊＊
脑外科	＊＊医院	＊＊路＊＊＊＊号	＊＊＊＊＊＊＊＊
	＊＊医院	＊＊路＊＊＊＊号	＊＊＊＊＊＊＊＊
心内外科	＊＊医院	＊＊路＊＊＊＊号	＊＊＊＊＊＊＊＊
	＊＊医院	＊＊路＊＊＊＊号	＊＊＊＊＊＊＊＊
烧伤外科	＊＊医院	＊＊路＊＊＊＊号	＊＊＊＊＊＊＊＊
	＊＊医院	＊＊路＊＊＊＊号	＊＊＊＊＊＊＊＊
电击抢救	＊＊医院	＊＊路＊＊＊＊号	＊＊＊＊＊＊＊＊
一氧化碳中毒急救	＊＊医院	＊＊路＊＊＊＊号	＊＊＊＊＊＊＊＊
眼　科	＊＊医院	＊＊路＊＊＊＊号	＊＊＊＊＊＊＊＊
	＊＊医院	＊＊路＊＊＊＊号	＊＊＊＊＊＊＊＊
职业病科	医疗救护中心	＊＊路＊＊＊＊号	＊＊＊＊＊＊＊＊
	献血办公室	＊＊路＊＊＊＊号	＊＊＊＊＊＊＊＊
其　他	出租汽车公司	＊＊路＊＊＊＊号	＊＊＊＊＊＊＊＊
	出租汽车公司	＊＊路＊＊＊＊号	＊＊＊＊＊＊＊＊

（五）施工机械操作规程牌目录

1. 混凝土搅拌机操作规程

2. 砂浆搅拌机操作规程
3. 插入式振动器操作规程
4. 柱塞式、隔膜式灰浆泵操作规程
5. 挤压式灰浆泵操作规程
6. 混凝土泵送设备操作规程
7. 混凝土真空吸水泵操作规程
8. 喷浆机操作规程
9. 钢筋冷拉机操作规程
10. 钢筋切断机操作规程
11. 钢筋调直机操作规程
12. 钢筋弯曲机操作规程
13. 钢筋冷拔机操作规程
14. 钢筋冷镦机操作规程
15. 预应力钢筋拉伸设备操作规程
16. 钢筋冷挤压连接操作规程
17. 弯管机操作规程
18. 套丝切管机操作规程
19. 坡口机操作规程
20. 咬口机操作规程
21. 电动液压铆接钳操作规程
22. 法兰卷圆机操作规程
23. 混凝土切割机操作规程
24. 仿形切割机操作规程
25. 圆盘下料机操作规程
26. 折板机操作规程
27. 手持电动工具操作规程
28. 高压无气喷涂泵操作规程
29. 平面刨操作规程
30. 压刨床操作规程
31. 开榫机操作规程
32. 木工打眼机操作规程
33. 木工裁口机操作规程
34. 带锯机操作规程
35. 圆盘锯操作规程
36. 锉锯机操作规程
37. 磨光机操作规程
38. 木工车床操作规程
39. 卷扬机安全操作规程
40. 风动铆接工具操作规程

41. 电动液压铆接钳操作规程
42. 对焊机操作规程
43. 点焊机操作规程
44. 交流电焊机操作规程
45. 埋弧焊机操作规程
46. 二氧化碳气体保护焊操作规程
47. 氩弧焊机操作规程
48. 硅整流直流焊机操作规程
49. 旋转式直流焊机操作规程
50. 等离子切割机操作规程
51. 施工升降机（人货两用电梯）操作规程
52. 塔式起重机操作规程
53. 通风机操作规程
54. 气焊设备操作规程

（六）安全记录资料管理制度

1. 范围

本规定明确了安全记录的建立、标识、收集、整理、立卷、编目和储存、保管的要求。

2. 引用标准

《施工现场安全生产保证体系》DGJ 08－903－2003

《建筑施工安全检查标准》JGJ 59—99

3. 职责

（1）综合办公室

负责对安全资料标识立卷、编目、建立、修改、调整、指导。

（2）安全部

负责对施工过程各类安全记录的监督、检查和指导。

（3）人力资源部

负责对项目经理部各施工人员进入施工现场的三级安全教育资料的监督、检查和指导。

（4）施工生产部

1）负责和分包单位调查制定资料的记录、立卷、编目和保管的工作；

2）负责对项目经理部分包合同、安全协议和分包单位人员资料的监督、检查和指导。

（5）工会

负责对项目经理部“三上岗、一讲评”活动资料的监督、检查和指导。

（6）材料分公司

1）负责对采购的安全设施和防护用品各类记录资料的记录、立卷、编目和保管工作；

2）负责对进入施工现场的安全设施和防护用品各类记录资料的监督、检查和指导。

3）负责对经批准由项目经理部自行采购安全设施和防护用品所涉及记录资料的监督、检查和指导。

(7) 技术科

负责对项目经理部施工现场安全生产保证计划编制的及时性、完整性、符合性和可操作性进行监督、检查和指导。

(8) 分公司

负责对项目经理部所有安全记录资料的监督、检查和指导。

(9) 项目经理部

对各类安全记录资料明确相关责任人，包括安全记录资料的填写、上报、标识、收集、编目、立卷、保存和保管。

4. 操作要求

(1) 安全记录资料的建立

项目经理部应从工程项目开工之日起同步建立安全记录资料。

(2) 安全记录要求

1) 记录应采用不易褪色、保存时间长的书写工具；

2) 记录必须使用规定的表式，并具有连续性的编号；

3) 记录纸张规格一般以 A4 纸为准，特殊情况除外；

4) 各类制度、计划和做法必须打印成文；

5) 记录应字迹端正，各类表式内应以文字或数据表达；

6) 记录必须正确、清晰，不得随意涂改，不得缺页；

7) 记录应及时有效，并按规定上报；

8) 记录不允许开“天窗”，必要时应有说明；

9) 记录应与规定要记录的内容、数据相符合；

10) 记录者必须签名（盖章）并注明记录日期；

11) 需要时，应由项目经理部负责人签名（盖章）。

(3) 安全记录资料的收集和整理

1) 安全记录资料的收集和整理

①凡记录资料属记录人自行保存的，安全记录资料由记录人本人负责收集；

②凡记录资料属指定部门或专人保存的，记录人应负责应及时将安全记录，移交给指定部门或专人；

③资料收集应及时、齐全、有效。

2) 安全记录资料的管理

①安全记录资料整理人在整理资料时，应首先核验安全记录资料的内容，对符合要求的记录按类别存放；

②对不符合要求的记录应及时核对纠正或反馈给记录人纠正，然后再按类别存放；

③安全记录资料复印件大小应一致，并与安监部门《施工现场安全生产保证体系管理资料》台账的大小相应。

(4) 安全记录资料的立卷和编目

1) 安全记录资料的立卷

①安全记录资料应按类别立卷（见附录 A）；

②每册立卷都应标明立卷的名称、立卷标识（编号）、立卷单位（部门）的名称和立

卷人签名（盖章）；

③立卷完成后必须装订成册，装订应整齐，不易脱落，并标明起止日期；

④提示的立卷封面格式可参照附录B，项目经理部可根据实际情况和需要进行调整。

2）安全记录资料的编目

①每一立卷的安全记录资料，均应按发生或收到时间的先后顺序编制相应的目录；

②编制的目录应装订在立卷的首页上；

③提示的目录格式可参照附录C，项目经理部可根据实际情况和需要进行调整。

(5) 安全记录资料的储存和保管

1）安全记录资料的储存

①安全记录资料应按立卷的类别装订在文件夹内；

②安全记录资料应专门储存在便于检索的文件柜内，不得随意摆放；

③安全记录资料的储存，应保持良好的储存环境，并做好防火、防潮、防遗失工作，便于核查。

2）安全记录资料的保管

①安全记录资料应由专人保管，防止损坏和散失；

②安全记录资料应完整保管至工程项目竣工。

（七）施工现场安全管理控制程序目录

1. 施工准备阶段安全管理控制程序
2. 基础施工阶段安全管理控制程序
3. 安全物资采购安全管理控制程序
4. 分包安全管理控制程序
5. 落地式脚手架安全管理控制程序
6. 悬挑式脚手架安全管理控制程序
7. 门式脚手架安全管理控制程序
8. 挂脚手架安全管理控制程序
9. 吊篮脚手架安全管理控制程序
10. 附着式升降脚手架安全管理控制程序
11. 模板工程安全管理控制程序
12. 悬挑式钢平台安全管理控制程序
13. 塔式起重机安全管理控制程序
14. 施工升降机安全管理控制程序
15. 物料提升机安全管理控制程序
16. 施工用电安全管理控制程序
17. 施工机具安全管理控制程序
18. 防火安全管理控制程序
19. 吊装工程安全管理控制程序

说明：

1. 项目部依据《控制程序》根据施工现场实际情况选择参照。
2. 在运行过程中发现有缺陷，提出书面反馈改进意见。

3. 遇设计变更，必须再选择进行调整、补充、完善。

4. 通过内外审和安全评估，需调整、补充的，提出书面反馈意见，便于进一步完善可操作性。

（八）关于安全防护、文明施工措施费用的管理规定

1. 各基层单位应在年初（项目在工程开工前），对安全防护、文明施工措施费用进行年度（项目建设）的费用预算。财务上进行单独设账，费用进行单独核算，过程中实行有计划的使用和控制。在年终和工程结束后进行总结。

2. 安全防护、文明施工措施费用含文明施工费、环境保护费、临时设施费和安全施工费。各单位、各项目应分别设置“文明施工费、环境保护费、临时设施费和安全施工费”四个明细账进行核算。

（1）文明施工费包括：安全警示标志牌；七牌一图、企业标志等宣传费用；现场围挡、封闭及围墙宣传费用；文明工地的创建费用；

（2）环境保护费包括：现场材料堆放悬挂的标牌；材料密闭存放或覆盖等措施费用；工地地面硬化、绿化、排水、排污、防尘、防噪声等措施、设备和检测费用；保持道路畅通（含翻浇）的措施费用；垃圾清理费用；消防器材配置及维修费用；场容场貌的保持及清洁费用。砂浆机、搅拌机的密闭围挡措施费用；危险品分类存放的设施及管理等费用；其他环境保护措施费用；

（3）临时设施费包括：现场办公区、生活区的临时设施费用（珍珠岩板房按 2 次/3 年摊销，彩钢板房按 3 次/5 年摊销。其他费用按有关规定摊销）；工地“五有设施”（含饮水、休息及活动场所）的费用；施工现场临时用电的设备及配置费用（按《施工现场临时用电安全技术规范》JGJ 46—2005 规范要求设置及布局或埋设）；

（4）安全施工费包括：密目网的全封闭及 1.8m 的安全防护；“四口五临边”的防护措施；工具化、定型化的防护设施及措施费用；垂直交叉作业的防护隔离措施费用；高空作业的防护措施费用；其他用于安全施工的费用（如安全防护用品、防暑、防冻措施；工程综合保险；安全培训；安全竞赛、奖励等）；应急预案的措施费用；

3. 实行工程总承包的，总包项目部对“项目安全防护、文明施工措施费用”负总责，实行统一管理。总包项目部应当在分包合同中明确“项目安全防护、文明施工措施费用”的责任和管理要求。由分包单位实施的，应当由分包单位提出专项安全防护措施及施工方案，经总包项目部批准后及时支付所需费用（有特殊规定的除外）。

4. 职责分工

（1）公司、分公司、项目的职责分工：根据“两级经营、两级管理”的公司管理总格局，公司负责对“安全防护、文明施工措施费用”编制审核、使用监督和监控实施。

1）公司财务部负责“安全防护、文明施工措施费用”的账目设置、数据汇总、及时进行信息反馈。

2）公司经营部负责投标时“安全防护、文明施工措施费用”的报价清单的审核；过程中的调整报价及编制的预算与结果的分析。按建设部规定在承包合同中明确安全费用的收、支条款。

3）公司安全部门负责在实施过程中进行监督配置和实施检查；提出整改和增加设施或停止施工的建议；有权检查“项目安全防护、文明施工措施费用”使用情况和清单。

4）分公司负责对本单位“安全防护、文明施工措施费用”的汇总编制和上报；在实施前对项目编制的“项目安全防护、文明施工措施费用”进行审核；在实施中进行监督使用，及时分析和调整；在实施结束立即进行总结提高。

5）项目部是“安全防护、文明施工措施费用”的直接发生、使用和落实的“细胞”。必须严格贯彻上级有关精神，提高“安全防护、文明施工措施费用”编制的可行性和正确率；严格执行财务核算程序；既要确保安全投入、又要节约成本开支；在实施过程中严格编制、使用、调整、报价和立账核算的程序。

（2）管理条线的职责：

1）经营部门：在投标时编制“安全防护、文明施工措施费用”的报价清单（不得低于地方标准的90%）；在开工前要编制“项目安全防护、文明施工措施费用清单”；在施工工程中要监督实施情况或进行调整报价。在工程竣工后对“项目安全防护、文明施工措施费用使用情况”进行小结。

2）财务部门：在施工前期，对“项目安全防护、文明施工措施费用清单”进行核实和汇总；要单独设置“项目安全防护、文明施工措施费用清单”的财务科目，分四个明细科目进行核销；在实施过程中对安全防护、文明施工费用进行监督使用；在工程竣工后对“项目安全防护、文明施工措施费用清单”进行分析小结。各单位的年度费用预算在各部门测算后由财务部门汇总交公司相关部门。

3）安全部门：在开工前，对“项目安全防护、文明施工措施费用”提出设置意见和要求；在实施过程中对文明施工费、环境保护费、临时设施费和安全施工费进行监督配置和实施检查，并有权提出整改和增加设施或停止施工的建议：有权检查“项目安全防护、文明施工措施费用”使用情况和清单，向上级部门反映项目的执行情况。

4）材料设备及物质部门：在开工前，对“项目安全防护、文明施工措施费用”提出设置意见和要求；对“项目安全防护、文明施工措施费用清单”要在辅助帐上按“文明施工费、环境保护费、临时设施费和安全施工费”四个明细子目进行核算，并在递交的单据发票上注明用途及归属的明细子目，便于财务部门核算。

5）总务部门：在开工前，对“临时设施费”提出设置意见和要求；在实施过程中对临时设施费进行监督配置和实施检查。

6）宣传及教育培训部门：在开工前，对安全警示标志牌、七牌一图、企业标志等宣传费用、现场围挡、封闭及围墙宣传费用、文明工地的创建等费用提出设置意见和要求；在实施过程中对临时设施费进行监督配置和实施检查。

7）技术部门：按“安全第一、科技领先”的精神，技术部门要精心编制科学性、安全性、经济性的施工方案，按方案审核费用的合理性；大力推行安全设施的工具化、标准化进程，提高文明、安全水准；

5. 为了加强对本项工作的指导的监督，公司成立“公司安全防护、文明施工措施费用的工作指导小组”（简称安全费用指导小组），由公司首席安全工程师任组长，公司副总会计师、副总经济师任副组长，组员由各相关职能部门负责人组成。安全费用指导小组常设办公室为公司财务部。

（九）关于机械设备管理的若干规定

为了加强对项目的机械管理，贯彻建设部《建筑施工安全检查标准》JGJ 59—99《建筑机械使用安全技术规程》JGJ 33—2001 等有关法律法规、标准规定，进一步完善管理要求，确保机械设备的正常运行，保障安全生产，对施工现场的施工机械和操作人员均进行全过程、全面、全员管理。使公司机械设备管理、设备购置、机械租赁及机械报废的管理工作正常有序进行，特制定本若干规定。

1. 机械设备是生产力的重要组成因素，是企业施工生产的物质技术基础。为了发挥建筑企业技术装备在施工生产中的作用，提高经济效益，增强企业竞争力，必须加强机械设备的管理工作。

2. 机械设备管理的基本任务是：正确贯彻执行政府有关机械管理的方针、政策、建立健全管理规章制度和责任制，运用经济技术和行政手段，以及科学管理方法，进行综合管理，做到合理配置，择优选购、正确使用、精心维护、科学检修，适时更新改造，达到使用寿命长、技术状态好、消耗低，利用率和生产率高的目的。

3. 为了保证机械设备管理基本任务的实施，必须贯彻统一领导和分级管理相结合的原则，适应和健全各级设备管理机构配备专业技术和管理人员机构和人员都应保持相对稳定，不宜轻易变更。

4. 公司机械设备主管部门的职能是：

（1）贯彻执行上级部门颁发的规章制度及有关规范制定，修改公司设备管理制度及相关的企业标准，发布内部机械租赁费统一单价，落实公司有关设备管理的规定和各项要求，对制度、标准的实施予以指导监督和检查。

（2）对建筑机械分公司（简称机分公司）的起重设备、市政桩工设备启用验收及使用管理的监督检查工作。

（3）负责外来起重设备、市政桩机设备的启用验收工作。

（4）代表公司行使设备管理职能，并负责机械设备管理的检查和安全使用管理。

（5）负责机械设备的选型、购置、验收入账、设备调拨、报废更新和报废处理工作。

（6）负责机械设备固定资产账务管理和设备统计汇总。

（7）负责机械设备事故的调查，分析及上报处理工作。

5. 机械专业分公司应设机械设备科，其职能是：

（1）贯彻执行上级和公司颁发的规章制度及有关规范、标准，结合本单位情况制定实施细则，并检查执行情况。

（2）负责机械设备添置、报废及更新的申请工作。

（3）负责出租起重设备的安装启用验收和申报检测工作。

（4）负责出租起重设备的安装和拆卸方案的编制和实施。

（5）负责机械设备固定资产的账务、实物、附件管理及统计报表的上报。

（6）负责机械设备使用过程中的维护保养、安全使用和检查工作。

6. 分公司应设专职的机管员，其职能为：

（1）贯彻执行上级和公司颁发的规章制度和有关的规范标准。

（2）对各项目部机管员的业务指导、帮助，监督和检查项目部机管员的工作。

（3）组织项目部机管员的业务学习和培训工作。

（4）代表分公司与机械专业分公司机械设备租赁业务的联系

（5）汇总各项目部机械动态表上报公司施工生产部。

（6）负责外来机械的申报和检查控制。

7. 项目部应设专职或兼职的机管员，其职能为：

（1）编制项目部机械使用计划，建立机械租赁合同及安全协议台账。

（2）建立机械使用台账和机械租赁费台账。

（3）负责项目部机械设备启用验收，参与市有关部门对现场设备的检测工作。

（4）参与现场大型施工机械的安装监护工作，做好机械设备进退场的协调工作。

（5）负责项目部现场机械设备定期检查和不定期的巡回检查。

（6）编制中小型机械设备的保养计划，并予以实施。

（7）对机械操作人员上岗安全交底，建立特种作业人员名册，并督促操作人员持证上岗和执行安全操作规程。

（8）建立“文明工地”、“施工现场标准化”达标检查的有关机械管理资料台账。

8. 机械设备管理的范围

（1）固定资产中的施工机械、运输设备、生产设备、生活车辆。

（2）分包单位进入项目部的施工机械。

（3）向外单位租借的机械设备。

（4）固定资产中的试验仪器设备由公司技术部负责管理。

9. 公司委托管理的机械设备的管理原则

（1）委托管理的机械设备，其产权属公司，受委托管理单位应按公司的管理制度有序运行。

（2）委托管理的机械设备以订立协议的方式，明确委托与被委托的双方职责。

（3）受托管理单位不得擅自将委托管理的机械设备转让、出售、报废和报废处理。委托管理机械设备的处置须经公司审批通过，并由设备部门统一处理。

（4）委托管理的机械设备，折旧年限到期后，其产权属公司所有，受委托管理单位需继续使用，应由公司与受托企业重新订立协议，建立良性运作机制。

10. 机械设备的购置

（1）中小型机械中的混凝土搅拌机、砂浆搅拌机、电焊机、碰焊机、木工机械、套丝机、钢筋加工机械、卷扬机、振动器、空压机（$3m^3$以下）的购置，由分公司提出购置申请，填写《中小型机械设备购置报批表》，报公司审批，采购由公司负责或由公司相关部门委托分公司采购。

（2）公司投资控股企业需要采购机械设备应将购置申请及董事会决议报公司，经公司主管领导批准后才能实施采购，验收入账后报施工生产部备案。

11. 机械设备租赁办法

（1）公司的塔式起重机、施工升降机、混凝土输送泵等主要施工机械设备集中在机分公司，当公司内部有闲置多余的情况下，可以向社会提供出租。

（2）公司所属各分公司的项目部所需使用主要施工机械，必须由机分公司，分公司或项目部不得从社会租借。

（3）当机分公司的主要施工机械不能满足项目部使用，有缺口时应由机分公司分别负责从社会租借来，提供给项目部使用，从社会租借的租赁费用由专业分公司消化。对公司内部实行统一租费单价。

(4) 主要施工机械发生缺口，向社会租借的责任为?

(5) 当项目部需用的主要施工机械发生冲突时，可通过公司设备部门进行平衡协调。

(6) 从社会租借的塔式起重机、施工升降机、履带式起重机和项目部的专业分包进入施工现场的起重机械、以及分包的井架物料提升机，都应填写《使用外来机械申报表》(见附录二)，报施工生产部。塔式起重机、施工升降机、履带式起重机的申报工作由负责从社会租借的机械专业分公司申报，项目部专业分包的起重机械和分包的井架物料提升机，由分公司申报。

(7) 分公司或项目部应根据施工生产计划的进度向机械专业分公司提出机械需用要求，项目部应与机械专业分公司签订机械租赁合同或机械分包协议，机械租赁合同或分包协议的条款应包括机械名称、规格型号、起止日期、台班租费或月包租费、费用结算办法、经济和安全责任等项内容，经双方签章后生效。租赁合同或分包协议生效后，即具有法律约束力，双方应严格遵守租赁合同或分包协议的各项条款，任何一方违反租赁合同或分包协议的条款，都要承担相关责任。

(8) 机械设备进入施工现场后，由租用项目部负责保卫工作。

(9) 机械出租单位应按租赁合同或分包协议规定的日期提供合格的机械设备，保证生产需要。若由于机械出租单位的原因，机械不能按时进场投入使用，或提供的机械不符合规定要求，机械出租单位应承担影响施工生产的经济责任。

(10) 机械台班运转记录使记载机械使用与停闲情况的原始凭证，无论是按台班收取租费或以月包租取费，机械操作人员必须严肃认真，实事求是地填写，由租用单位指定专人或机管员在台班记录上签证，签证后的台班运转记录，既作为租费结算凭证又作为机械档案的一部分，也是机械保养计划编制的依据。

12. 机械设备的租费(略)

13. 机械设备的报废

(1) 机械设备的报废由机械设备建制单位填写《固定资产机械设备报废申请单》(见附录六)，一式五份，报公司设备部门，经公司主管领导批准后，由公司财务部通知下属财务部门和机管部门销帐，报废设备残体有施工生产部负责统一处理。

(2) 委托管理的机械设备报废，由受托管理企业填写《固定资产机械设备报废申请单》，一式五份，报公司设备部门，经公司主管领导批准后，有公司财务部通知受托管理单位的财务部门销帐。报废设备残体归公司所有，残体处理由设备部门统一负责处理。

(3) 投资控股企业机械设备的报废由投资控股企业填写《固定资产机械设备报废申请单》，一式五份，经投资控股企业董事会批准后，由财务部门和机管部门销帐，同时报公司设备部门备案。

(十) 消防安全工作管理制度

1. 目的意义

为了加强公司、施工现场(场站)和生活、办公区域的消防安全管理工作，预防火灾和减少火灾危害，以利施工场所和工作环境的作业顺利进行，维护企业正常的工作秩序，根据有关法律法规制定本制度。

2. 法律法规依据

依据《中华人民共和国消防法》、《建设工程安全生产管理条例》《机关、团体、企业、事业单位消防安全管理规定》（中华人民共和国公安部第 61 号令）《施工现场消防工作管理标准》、《建筑施工安全检查标准》（JGJ 59—99）及地方政府有关消防管理的法律法规。

3. 消防工作方针和原则

消防工作贯彻“预防为主、防消结合”的方针和“谁主管、谁负责”“谁施工、谁负责”的原则。

4. 应用范围

施工现场、办公区域、宿舍、食堂等永久性或临时性生活、生产用的建筑及场地（包括场站）。

5. 各级防火安全责任制

（1）各级领导的消防职责：防火工作实行第一领导的首席责任制。实施“谁主管，谁负责”的责任原则。公司、分公司、项目部的各级经理应当把消防工作纳入各项工作之中，实施“五同时”，建立有效的安全消防责任体系和管理网络，配备必要的安全消防设施和设备，建立安全消防专职和兼职的消防管理队伍。

（2）公司及各部门的消防职责：公司制定消防工作的规划，并督促和检查实施情况。公司各部门（条线）应根据分管业务对消防工作进行布置、检查和监督。

1）技术部门负责方案的审查和审核。

2）动力部门负责对机械设备的消防管理和检查。

3）材料部门负责材料采购、储存和使用过程的消防安全、对消防器材采购的质量控制。

4）总务部门负责办公区域、宿舍、食堂（场站）等永久性或临时性生活设施的安全消防工作。

5）办公室、档案室负责文件资料的消防管理。

6）保卫部门负责对安全消防设施的保护和保卫，加强对施工现场、办公区域、宿舍、食堂等永久性或临时性生活、生产用的建筑及场地的检查和巡查工作。对消防事故进行调查和处理。

公司消防工作由安全科负责牵头和协调。

（3）分公司的消防职责：根据公司消防工作规划，提出分公司的消防计划，并负责实施和落实。各部门（条线）应根据分管业务对消防工作进行布置、检查和监督。协助公司对消防事故进行调查和处理。

（4）总包项目经理的消防职责：项目经理是项目消防工作的第一责任人。对项目的各项工作实施统一安排、统筹兼顾、全面负责、确保安全，对消防工作做到“五同时”。要确保施工现场的安全消防设施达到规范要求。保证安全消防费用的落实，在人力、物力、财力上得到全面实施。加强对安全、消防工作的检查和考核。协助公司对消防事故进行调查和处理。

（5）项目管理人员、仓库保管员的消防职责：项目管理人员要按照各自的安全、消防责任制要求，积极、主动、富有创造性地搞好安全、消防工作。接受上级的安全、消防检查，落实整改措施。加强日常的安全、消防检查和监督，确保安全、消防工作无事故。

（6）专（兼）职消防干部及专（兼）消防员的消防职责：负责对职工和外来施工人员的宣传教育工作。确定防火重点部位，设置防火标志，实行严格管理。每日防火巡查，对火灾隐患督促责任人及时整改，重要情况应及时向项目经理汇报，同时提出整改意见和建议。加强对明火作业的管理，检查监督“两证一器一监护”制度的落实情况，动火证存根应留底存档。负责义务消防队的管理、教育和培训工作。做好消防基础资料的收集、整理工作，建立健全消防档案。

（7）班组长的消防职责：认真落实项目部各项安全、消防计划和措施。加强对工人的安全、消防教育，做好安全、消防知识的培训教育。严格执行安全、消防工作的有关规定。强化安全、消防工作的监督和检查，确保安全、消防工作无事故。

（8）班组工人的消防职责：在班组长的指挥下，认真落实项目部各项安全、消防计划和措施。严格执行安全、消防工作的有关规定。努力提高自己的安全、消防知识和意识。坚决制止各种违章行为，确保安全、消防工作无事故。

（9）警卫的消防职责：加强对安全、消防设施的保护和保卫，加强对施工现场、办公区域、宿舍、食堂等永久性或临时性生活、生产用的建筑及场地的检查和巡查工作。坚决制止各种违章行为，确保安全、消防工作无事故。

6.防火安全管理要求：

（1）项目部在施工前与分包单位签订合同的同时应当明确双方的消防安全责任，并签订消防安全责任书，明确责任人。

（2）项目在编制施工组织设计（方案）的同时，编制消防应急预案，落实项目消防安全措施，针对施工现场的实际情况，绘制消防器材布置总平面图，按图正确配置灭火器材。

（3）施工现场平面布置前，应明确划分施工区、材料堆放区、仓库区及生活区。氧气、乙炔、油漆等易燃易爆危险品仓库应分别设置在施工区、生活办公区 25m 外。

（4）氧气和乙炔存放的距离不小于 2m，使用时两瓶距离不小于 5m，距离明火点最近不得小于 10m，气瓶应有防护帽，存放或使用时不得平放。

（5）施工现场搭建的办公室、宿舍、食堂、仓库等临时设施，应当符合防火安全要求。

（6）危险品库房必须符合隔热、通风、上锁（门外开）的要求，并设有醒目的消防安全标志，配置种类合适的消防器材，落实专人加强管理。

（7）施工现场临时仓库的五金、水暖材料禁止与易燃易爆物品混放，禁止将性质相抵触的物品同放一库，库房必须保持整洁有序，不准堆放杂物。

（8）施工现场应当设有消防通道，宽度不得小于 3.5m，保证临警时消防车能够停靠施救。

（9）建筑物高度超过 24m 时，必须设置具有足够扬程的消防水泵，用 2 寸立管随层做消防水源管道，每层设有消防水源接口，当消防水源不能满足灭火需要时，应当增设临时消防水箱（存水量不得少于 $20m^3$），消防水泵电源应当单独设置。

（10）施工现场应当划定堆放可燃和易燃物品的场地，并设有消防安全标志，配置消防器材。严禁在洞口临边、管龙口、高压架空线下设置仓库及堆放易燃易爆物品。

（11）施工现场变配电间应当落实防雨雪、防风、防火、防小动物的措施，具备良好的通风条件，保持室内外整洁以及出入道路畅通，无关人员禁止入内，并设有醒目的消防安全标志，配置种类合适的消防器材及消防砂桶。

(12) 施工现场架设临时线路和电器设备的安装、维修等作业必须由电工进行，并符合安全技术规范，任何人不准私拉乱接临时线，不准架设裸导线，不准直接用导电材料帮扎在金属支架上，不准用铜丝或其他金属材料替代保险丝，防止发生电器火灾。

(13) 宿舍内严禁生活用电炉，严格控制非生产使用的电加热器，因特殊情况需要使用电加热器者，使用人应提出申请，经项目经理同意后，在指定地点集中使用，并落实安全防护措施。

(14) 施工现场使用的大功率镝灯整流器必须加装防护罩，安放部位应当安全可靠，避免与易燃物直接接触，禁止使用灯具及电加热器烘烤衣物和取暖。

(15) 宿舍、食堂内禁止使用石油液化气，因施工需要使用石油液化气，必须按规定程序办理审批手续，经有关部门批准后，方可使用，禁止无证使用和先用后审。

(16) 施工现场木工操作间必须按规定设置禁火标志，按要求配备消防器材，每天施工结束后应当及时做好落手清工作，切割机、打磨机禁止在木工间内使用。

(17) 电工、电焊工等特殊工种必须经过专业培训，持有效证件方可上岗作业。电焊工和监护人员在动火作业前，必须进行防火安全交底，明确责任，相互监督，安全作业。完工后必须清理现场，在保证安全的前提下方可离开现场。

(18) 高层建筑施工楼面应配备防火监督人员，巡视检查施工点的消防安全情况。

(19) 施工现场的焊割作业，必须严格执行“十不烧”规定和“两证一器一监护”制度，签发动火证，应当按照施工性质和部位，确定动火等级，节假日应提高一个等级，并相应落实防火措施。

(20) 严格执行动火证审批制度及使用有效期限：一级动火证 1 天（审批权在公司）；二级动火证 3 天（审批权在分公司）；三级动火证 7 天（审批权在项目部）。遇到特殊情况或重大节假日，审批权提高一级。电焊工动火作业时，必须随身携带动火证和特殊工种操作证。

(21) 开具动火证的要求：动火申请人（施工员）必须在三天前提出，并正确填写动火申请表（电焊工签名、操作证编号及监护人签名），经批准人（项目经理或生产经理）在审查手续和查看现场确保安全情况下批准后方可动火。根据实际情况填写防火措施，并在有效期限内进行动火作业。

(22) 施工现场使用砂轮切割机、砂轮机作业时，视同明火作业，应开具动火证，并落实防护措施。

(23) 施工区域动用明火作业时，应当清除周边易燃易爆物，并落实防护措施，严防火花、焊渣、切割熔块等坠落，监护人员要做好立体监护工作。

(24) 冷却塔周边 5m 以内或在冷却塔上方动火作业时，必须采取遮挡措施，防止焊渣、熔块溅落冷却塔内引发火灾。

(25) 对情况不明的地下隐蔽工程和易燃易爆等化工企业改建工程施工时，明火作业前必须做好对易燃易爆、有毒气体的检测工作，确保安全后方可动火作业。

(26) 执行建设部 JGJ 59—99《建筑施工安全检查标准》，施工现场应设置吸烟处，非吸烟处不准吸烟。

(27) 施工进入装饰阶段，现场禁止吸烟。明火作业动火证的签发相应提高一个等级，并严格落实防范措施。

(28) 油漆场所禁止明火作业，禁止吸烟，易燃易爆挥发危险物品不使用时应桶口加盖，及时进库。

(29) 针对高温、严寒等季节特点和施工过程中不同阶段的防火要求，施工项目部应当制定和落实相应的防火方案和安全措施。

7. 消防设施

(1) 施工区域按每 100m² 配置灭火器 2 只，防火重点部位按每 25m² 配置 1 只种类合适的灭火器，生活区和其他活动场所也应配备适量消防器材。

(2) 施工现场和生活区设置的消防器材要做到摆放有序，易于识别，防止随意摆放，并落实专人保养、维修和管理。

(3) 应配制有生产、经营合格许可证的消防器材，经维修后的消防器材和手提式灭火器，应当统一使用消防局印制的合格证标签，注明维修时间和有效迄止日。

(4) 现场施工人员有责任自觉维护消防设施和器材完好，任何人不准挪用、停用消防设施、器材，不准损坏消防器材和器材。不准埋压、圈占消防栓或消防水源接口，不准占用防火间距和堵塞消防通道。

8. 附则

(1) 本管理制度与政府、上级部门有关规定相抵触时，以政府、上级部门规定为准。

(2) 本管理制度由安全科负责解释。

(十一) 治安保卫工作规定

1. 治安保卫工作原则

(1) 实行公司、分公司和项目经理部三级治安管理领导责任制。

(2) 实行治安保卫工作目标管理责任制。制订治安责任目标，确定治安责任人，责任人对本单位或本项目治安责任目标的实现负责。

2. 治安保卫工作方针

预防为主，确保重点，综合治理，保障安全。

3. 治安保卫管理要求

(1) 门卫管理

根据《警卫工作暂行规定》的要求，合理设置岗点，配足警卫人员。

1) 进入本单位要严格遵守门卫制度，主动出示工作证及其他有关证明，经警卫人员同意后方可入内。

2) 骑自行车进出大门，必须下车推行。外来人员联系工作，应出具介绍信或有关证件，填写会客单后方可入内。

3) 职工亲友来访，应有职工本人陪同并填写会客单，如遇特殊情况需住宿的，应得到主管领导和保卫部门同意。

4) 携带公、私物品出门，应到主管部门开具《货物携出证明》(见附录 A)，交警卫人员验证后方可出门，警卫人员发现可疑情况有权检查并扣留可疑物品。

5) 外来单位参观工程项目，须征得本项目经理同意，并应有本项目有关人员陪同。

(2) 财会部门管理

1) 财务部门办公室应门窗坚固（门可以是公安部门认可的防盗门，亦可以是木门包铁皮、配三保险锁，窗必须装有符合防盗要求的铁栅）。有现金、支票及有价证券进出的，必须配备坚固完好、有密码装置的保险箱。

2）管理人员下班后（或因故暂时离开），现金、支票及有价证券等必须存入保险箱，拨乱密码。支票与印章必须分人保管。

3）保险箱钥匙必须由保险箱使用人随身携带，备用钥匙应妥善保管。财务部门办公室必须安装红外线报警器。办公室无人时，最后走的人应及时通知报警器管理人员开启报警器。

4）必须遵守现金库存限额规定，夜间保险箱内现金存放不得超过1000元。临时性大量现金存放过夜，必须经本单位（本项目）领导批准，并派两人以上值班看护。

5）提取、解送现金，须固定专人，万元以上须两人同行。巨额现金要有专车接送并派两人以上随车看护。

（3）宿舍、更衣室管理

1）门锁要坚固，窗户要有安全装置，未经主管部门同意，住宿人员不准自行更换门锁或自配钥匙。

2）职工亲友来单位遇特殊情况需要住宿，必须征得单位分管领导和保卫部门同意，由主管部门办理手续后按指定的要求住宿。

3）严禁使用电炉、火油炉、煤炉、酒精炉和电加热器。

4）严禁躺在床上吸烟；禁止用灯泡取暖。

5）严禁私拉电线，私接灯头或插座。

6）严禁将易燃、易爆和易腐蚀物品放置在宿舍、更衣室。

7）贵重物品应妥善保管，不得随意乱放。

8）职工离开宿舍、更衣室时，应将贵重物品和现金随身携带，并关好门窗。

（4）食堂管理

1）食堂的炊事房、锅炉房、食品库房，必须门锁坚固，窗户须装铁栅等安全装置。

2）代价券每餐回笼后，由两人以上及时清点并及时记账，代价券超过100元以上应及时交给食堂分公司门。

3）食堂的物品由个人携带出单位的，必须征得主管部门同意后，到有关部门开具《货物携出证明》方可出门。

4）食堂的食品库房应有专人保管，物品进出应及时记录，必须账物相符。

5）非食堂工作人员，未经食堂分公司门许可，不得进入食堂的炊事房、锅炉房及食品仓库。

（5）材料设备仓库管理

1）库房门锁坚固，钥匙由专人保管。窗户须装铁栅等安全防范装置。非仓库工作人员不得进入库房。

2）仓库人员应严格执行收发制度，做到收发有登记、消耗有定额，回收有记录，交接有手续。

3）仓库物资应日清日结、账物相符，定期检查有关账册、提货单据，印章有专人保管，不准乱丢乱放。

4）仓库内放置的物资价值在万元以上的或是进口物资，必须安装红外线报警装置，下班时，应及时通知报警器管理人员开启报警器。

5）电视机、录像机、摄像机、高档照相机等贵重物品或设备必须落实专人保管，责任到人，治安防范措施落实。

6）危险品仓库管理应定人定责，实行双人管理。有严密的防范设施和严格的管理措施。必须安装报警器。危险品应随用随进，不得在仓库内长期存放。

7）节假日，贵重物品要相应集中保管，建立值班守护制度，做好防火、防盗工作。

4. 治安保卫值班

（1）公司、分公司和项目经理部平时应安排管理人员夜间值班和假日值班。

（2）重大节假日期间，公司、分公司和项目经理部领导班子成员应轮流值班，并将值班表在放假前一周报公司办公室。

（3）值班人员应按时到岗，如有困难需调换值班时间的，应事先征得主管部门同意，并安排好值班替换人员。

（4）值班人员在值班时间内，应认真负责，对重点要害部位加强巡视，并做好值班记录；不得擅自离岗，不准饮酒、打牌或参加与值班无关的活动。

（5）一旦发现重大情况或发生重大事件，应立即报告公司值班室和有关领导，保护好现场，并采取措施防止事态扩大。

5. 项目经理部治安保卫管理要求

（1）项目经理部经理对施工现场内部治安保卫工作负总责，是治安第一责任人。

（2）项目经理部应当配备专职或者兼职保卫干部，具体负责项目经理部的治安保卫工作。专职或者兼职保卫干部必须身体健康，品行良好，无违法犯罪记录，并经保卫业务培训，取得上岗资格证书。

（3）项目经理部应当设立治安综合治理工作小组（以下简称综治小组），综治小组同时承担治保小组和调解小组的职能。综治小组组长由项目经理部治安责任人担任，小组成员由相关管理人员组成。重大、重点工程可以酌情由项目经理部牵头，各分包单位（队伍）参与组建联合保卫组织。

（4）综治小组应当定期召开例会研究布置工作，组织、协调有关人员完成各节点的治安保卫任务。

6. 项目经理部治安管理和防范

（1）新开工程编制施工组织设计时，应当有治安保卫工作措施，并由项目保卫人员会签；重大、重点工程必须制订专项治安保卫工作方案，报上级保卫部门备案。

（2）施工现场作业区、办公区、生活区、仓库、材料堆场以及门卫室等设置要布局合理，符合防火、防盗要求，道路保持畅通。

（3）施工现场按规定实行围挡封闭管理。围挡搭设符合规范，做到无漏洞、无脱节。敞开式施工的项目，应当随施工进度，实行局部封闭管理。

（4）有条件的项目经理部应当开展社区共建或者警民共建活动，依托社区力量，实行治安联防。

（5）钢管、扣件、五金、水暖材料、有色金属等易盗材料，应当入库存放或者集中堆放。库房、堆场应在固定警卫岗点视线内。库房结构安全牢固，需开窗的应与库门并排，有条件的应当安装报警装置。

（6）施工现场使用的电缆线必须安装报警装置，落实技防措施。暂不使用的电缆线，应当入库妥善保管。

(7) 施工现场重点要害部位，包括配电间、锅炉房、木工间、油漆间、危险品仓库以及存放重要设备的场所，必须建立治安保卫制度，落实安全防范措施，对作业区的地下管线，应当落实保护措施。

(8) 施工现场办公室不准存放个人现金、有价证券和价值1000元以上的贵重物品，电脑、传真机、复印机使用保管人员，应当落实治安责任，执行保卫保密有关规定。

(9) 项目经理部应当建立调解工作制度，定期分析内部不安定因素，做好矛盾排查调解工作；要主动预防，积极调处因施工原因与周边单位、居民引发的矛盾，避免造成社会影响。

(10) 项目经理部应当制订重大突发事件和治安灾害事故处置预案，明确管理职责，规定工作程序。一旦发生重大突发事件和治安灾害事故，均应启动工作预案，快速妥善处置。

(11) 定期组织项目经理部内部治安保卫工作检查，及时发现、整改治安隐患；对重大治安隐患，应当签发整改通知单，明确整改责任人，限期整改；由建设单位直接发包或者指定分包的分部分项工程，应当同时抄告建设单位。

(12) 工程竣工阶段，项目经理部必须落实看护人员，做好建筑产品保护工作；工程验收交付阶段，警卫、看护人员在材料、设备清场后方可撤离。

7. 外来务工人员治安管理

(1) 项目经理部与分包单位应及时签订施工合同，明确合同标的和双方权利、义务，防止因不及时签合同或者合同标的不清引发经济纠纷，影响企业内部稳定。

(2) 项目经理部必须与外来务工队伍签订《治安管理协议书》，明确治安责任人和治安管理目标。外来务工队伍履约情况应当纳入工程款考核、结算依据之一，工程款考核单应由项目经理部保卫干部会签。

(3) 根据“谁带队，谁负责”的原则，外来务工队伍应当做好自我管理工作，50人以上的外来务工队伍应当建立治保小组，50人以下的设治保员。

(4) 外来务工人员必须按规定办齐身份证、务工证、暂住证等有关证件，工地禁止使用未成年人和无证人员。

(十二) 安全技术措施计划的编制

1. 编制安全技术措施计划的原则

(1) 企业的安全技术措施计划应当在编制企业的生产财务计划的同时编制。生产财务计划是企业综合性生产活动的整体计划，安全技术措施应该和必须纳入这个整体计划中，这也是安全与生产是统一整体的具体表现。

(2) 安全技术措施计划的编制与执行应当纳入企业的议事日程，由各级负责生产、技术的领导具体负责这项工作。企业的安全技术部门（或专职人员）应成为领导的参谋和助手，与有关部门密切配合共同做好这一工作。

(3) 应考虑必要与可能，掌握花钱少、效果大的原则。要从本企业的实际出发，不要制订那些现阶段根本办不到的、花钱多的、不切合实际的计划。应充分利用本单位的有利条件，制订出科学、先进、可靠、实用的安全技术措施计划。

2. 编制安全技术措施计划的依据

（1）党和国家及产业部门、地方政府公布的劳动保护、安全生产法令、法规和各项标准、规章等。

（2）在安全生产、卫生防疫检查中所发现而尚未解决的问题。

（3）针对造成伤亡事故和职业病的主要原因应采取的措施。

（4）经济发展、施工（生产）设备及操作方法的改变所采取的防护措施。

（5）对革新项目和职工提出的合理化建议，所应采取的措施。

3. 编制安全技术措施计划的方法

（1）根据管生产必须管安全的原则，各公司经理（厂长）、总工程师、各工程处（项目处、车间）主任、主任工程师（或技术负责人）对本单位编制与执行的安全技术措施计划负主要责任。其他有关领导在各自管辖范围内分管职责。如管财务的领导，要对安全技术措施计划所需经费负责，做到专款专用、按时支付，不得挪作他用。

（2）编制程序：企业一般应在每年第四季度开始编制下年度的安全生产技术措施计划。

1）由管生产的经理（厂长）、总工程师向工程处（项目处）等下属单位的领导布置编制计划的具体要求。

2）工程处（项目处）等单位的生产主任、主任工程师（或技术负责人）组织安全、生产、计划、技术等职能部门人员，配合工会广泛吸收职工群众意见和合理化建议，编制出年度安全技术措施计划，经审查批准后上报公司（厂）。

3）由公司（厂）安全部门负责将各属下单位上报的安全技术措施计划，初步审查汇总后，送公司（厂）主管领导，由公司（厂）主管领导会同工会，组织安全、生产、计划、技术、财务、设备（机动）、材料等有关部门详细讨论，确定项目，明确设计、施工（制作）、资金限额、设备材料来源，实施单位及负责人，并确定完成期限。

4）上报主管部门审查批复。

5）各单位根据批准的安全技术措施计划，组织实施。

4. 施工安全技术措施计划的实施

（1）安全生产责任制。建立安全生产责任制是施工安全技术措施计划实施的重要保证。安全生产责任制是指企业对项目经理部各级领导、各个部门、各类人员所规定的在他们各自职责范围内对安全生产应负责任的制度。

（2）安全教育。安全教育的要求如下：

1）广泛开展安全生产的宣传教育，使全体员工真正认识到安全生产的重要性和必要性，懂得安全生产和文明施工的科学知识，牢固树立安全第一的思想，自觉地遵守各项安全生产法律法规和规章制度。

2）把安全知识、安全技能、设备性能、操作规程、安全法规等作为安全教育的主要内容。

3）建立经常性的安全教育考核制度，考核成绩要记人员工档案。

4）电工、电焊工、架子工、司炉工、爆破工、机操工，起重工、机械司机、机动车辆司机等特殊工种工人，除一般安全教育外，还要经过专业安全技能培训，经考试合格持证后，方可独立操作。

5）采用新技术、新工艺、新设备施工和调换工作岗位时，也要进行安全教育，未经安全教育培训的人员不得上岗操作。

(3) 安全技术交底

1) 安全技术交底的基本要求：

①项目经理部必须实行逐级安全技术交底制度，纵向延伸到班组全体作业人员；

②技术交底必须具体、明确，针对性强；

③技术交底的内容应针对分部分项工程施工中给作业人员带来的潜在危害和存在的问题；

④应优先采用新的安全技术措施；

⑤应将工程概况、施工方法、施工程序、安全技术措施等向工长、班组长进行详细交底；

⑥定期向由两个以上作业队和多工种进行交叉施工的作业队伍进行书面交底；

⑦保持书面安全技术交底签字记录。

2) 安全技术交底主要内容：

①本工程项目的施工作业特点和危险点；

②针对危险点的具体预防措施。

3) 应注意的安全事项：

①相应的安全操作规程和标准；

②发生事故后应及时采取的避难和急救措施。

第二节　安全教育与培训

一、安全教育的目的和意义

人的生存依赖于社会的生产和安全。显然，安全条件是重要的方面。安全条件的实现是由人的安全活动去实现的，安全教育又是安全活动的重要形式，这是由于安全教育是实现安全目标，即防范事故发生的主要对策之一。由此看来，安全教育是人类生存活动中的基本而重要的活动。

安全教育的目的、性质是社会体制所规定的。计划经济为主的体制，企业的安全教育的目的较强地表现为"要你安全"，被教育者偏重于被动的接受；在市场经济体制下，需要做到"你要安全"，变被动的接受安全教育为主动要求安全教育。安全教育的功能、效果，以及安全教育的手段都与社会经济水平有关，都受社会经济基础的制约。并且，安全教育为生产力所决定，安全教育的内容、方法、形式都受生产力发展水平的限制。由于生产力的落后，生产操作复杂，人的操作技能要求很高，相应的安全教育主体是人的技能；现代生产的发展，使生产过程对于人的操作要求越来越简单，安全对人的素质要求主体发生了变化，即强调了人的态度、文化和内在的精神素质，安全教育的主体也应发生改变。因此，安全文化的建设确实与现代社会的安全活动要求是合拍的。

企业职工培训是企业劳动管理的重要组成部分。安全教育培训是企业职工培训中的一项重要内容。安全教育是预防事故的主要途径之一，它在各种预防措施中占有极为重要的地位。安全教育之所以非常重要，首先，在于它能提高企业领导和广大职工搞好安全生产的责任感和自觉性；其次，安全技术知识的普及和提高，能使广大干部、职工掌握安全生产的客观规律，提高安全技术水平，掌握检测技术和控制技术的科学知识，学会消除工伤事故和预防职业病的技术本领，搞好安全生产，保障自身的安全和健康，提高劳动生产率以及创造更好的劳动条件。

工业发达国家把对职工的安全教育培训看作是“安全的保证”，认为“在一切隐患中，无知是最大的隐患”。因此，他们的职工都要求具有较高的科学文化知识水平和安全技术水平，并实行着相应的强制培训制度。我国对职工的安全教育一直很重视，建国以来先后制定了一系列相应的法律、法规。

二、安全教育培训的形式

（一）班前安全活动。施工班组应该在每天施工前进行班组的安全教育和施工交底。班前安全交底由班长负责进行，班前安全交底须作好记录。

（二）施工安全技术交底。在施工前，项目部安全技术人员必须对施工人员进行安全技术总交底，安全技术总交底必须采用书面形式进行。在分部分项的施工前，项目部安全技术人员必须对施工作业班组进行安全技术的交底，安全技术交底必须采用书面形式，并由施工人员签字确认。

（三）新工艺、新技术、新设备、新材料的科技讲座。在项目施工中推行新工艺、新技术、新设备、新材料的，必须由技术人员对施工人员进行安全、工艺的讲座。科技讲座必须有培训计划和培训考核。

（四）项目安全专项治理及安全案例讲座。公司每季组织安全专项治理，对项目的安全检查通过安全例会的形式进行通报，项目部要充分利用各种安全案例对施工人员进行安全教育，安全教育必须记录在案。

（五）新员工进单位、上岗位的安全教育和继续教育。新职工进单位、上岗位必须按有关规定进行“安全三级教育”，“安全三级教育”的时间必须满足规定要求。特殊工种、特殊岗位人员的安全培训按有关规定进行，并建立教育档案。安全培训工作由人力资源部负责牵头，安全部门配合。

（六）年度的安全系列培训。在岗员工的安全继续教育每年至少进行一次，并建立员工的安全教育档案。对分包单位的进入现场的施工人员每年必须进行一次安全教育培训，安全教育培训的情况必须记录在案。在岗员工的安全继续教育由人力资源部负责牵头，分包单位的安全继续教育由施工生产部负责牵头，安全部门配合。

（七）其他安全培训。根据企业的发展需要和有关方面的要求，企业要建立长效的安全教育培训机制，使安全教育落到实处。

三、安全教育的内容

安全教育的内容可概括为安全法规教育、安全知识教育与安全技能教育。安全法制教育特别是劳动卫生法规教育是安全教育的一项重要内容。应使职工对包括安全法规在内的国家的各种法律、法令、条例和规程等有所了解和掌握，以树立法制观念，增强安全生产的责任感，正确处理安全与生产的辩证统一关系，这对安全生产是一个重要保证。

安全技术知识教育，包括一般生产技术知识、一般安全技术知识和检测控制技术知识以及专业安全生产技术知识。安全技术知识是生产技术知识的组成部分，是人类在生产斗争中通过惨痛教训积累起来的。安全技术知识寓于生产技术知识之中，对职工进行教育时，必须把两者结合起来。

此外，应宣传安全生产的典型经验，从工伤事故中吸取教训。坚持事故处理“四不放过”，即事故原因和责任查不清不放过，事故责任者和群众受不到教育不放过，事故责任者未受到处罚不放过，防止同类事故重演的措施不落实不放过。

施工现场常见的教育形式有三级安全教育，三级安全教育内容是：

1. 一级教育。进行安全基本知识、法规、法制教育，主要内容：

(1) 国家的安全生产方针、政策；

(2) 安全生产法规、标准和法制观念；

(3) 本单位施工过程及安全规章制度，安全纪律；

(4) 本单位安全生产形势及历史上发生的重大事故及应吸取的教训；

(5) 发生事故后如何抢救伤员，排险，保护现场和及时进行报告。

2. 二级教育。进行现场规章制度和遵章守纪教育，主要内容是：

(1) 工程项目施工特点及现场的主要危险源分布；

(2) 本项目（包括施工、生产现场）安全生产制度、规定及安全常规知识、注意事项；

(3) 本工种的安全操作技术规程；

(4) 高处作业、防毒、防尘、防爆知识及紧急情况安全处置和安全疏散知识；

(5) 防护用品发放标准及防护用品、用具使用的基本知识。

3. 三级教育。进行本工种岗位安全操作及班组安全制度、纪律主要内容是：

(1) 本把组作业特点及安全操作规程；

(2) 班组安全活动制度及纪律；

(3) 爱护和正确使用安全防护装置（设施）及个人劳动防护用品；

(4) 本岗位易发生事故的不安全因素及防范对策；

(5) 本岗位的作业环境及使用机械设备、工具的安全要求。

四、安全教育的基本要求

为了按计划、有步骤地进行全员安全教育，为了保证教育质量，取得好的教育效果，真正有助于提高职工安全意识和安全技术素质，安全教育必须做到：

1. 建立健全职工全员安全教育制度，严格按制度进行教育对象的登记、培训、考核、发证、资料存档等工作，环环相扣，层层把关，考核时将口头与书面考试相结合。坚决做到不经培训者、考试（核）不合格者、没有安全教育部门签发的合格证者，不准上岗工作。

2. 结合企业实际情况，结合事故案例，编制企业年度安全教育计划，每个季度应当有教育的重点，每个月要有教育的内容。计划要有明确的针对性，并随企业安全生产的特点，适时修改计划，变更或补充内容。

3. 要有相对稳定的教育培训大纲、培训教材和培训师资，确保教育时间和教学质量。相应补充新内容、新专业。

4. 在教育方法上，力求生动活泼，形式多样，多媒体、动画片与口头教育相结合，寓教于乐，提高教育效果。

5. 经常监督检查，认真查处未经培训就顶岗操作和特种作业人员无证操作的责任单位和责任人员。

第三节 安 全 检 查

一、安全检查的目的和意义

建设工程安全检查的目的在于发现不安全因素（危险因素）的存在的状况，如机械、设施、工具等的潜在不安全因素状况、不安全的作业环境场所条件、不安全的作业职工行为和操作潜在危险，以采取防范措施，防止或减少伤亡建设工程事故的发生。

建设工程安全检查的意义在于通过检查减少建设工程安全事故的发生，提前发现可能发生事故的各种不安全因素（危险因素），针对这些不安全因素，制定防范措施。最终保证建设工程在安全的状态上施工，保护工作人员的安全。

二、安全检查的内容

1. 安全管理的检查。安保体系是否建立；安全责任分配是否落实；各项安全制度是否完善；安全教育、安全目标是否落实；安全技术方案是否制定和交底；各级管理人员、施工人员、分包人员的证件是否齐全；作业人员和管理人员是否有不安全行为，如作业职工是否按相关工种的安全操作规程操作，操作时的动作是否符合安全要求等。

2. 文明施工的检查。现场围挡封闭是否安全；建设部 JGJ 59—99《建筑施工安全检查标准》标准各项要求是否落实；各项防护措施是否到位；现场安全标志、标识是否齐全；施工场地、材料堆放是否整洁明了；各种消防配置、各种易燃物品保管是否达到消防要求；各级消防责任是否落实；现场治安、宿舍防范是否达到要求；现场食堂卫生管理是否达标；卫生防疫的责任是否落实；社区共建、不扰民措施是否落实；

3. 脚手架工程的检查。落地、悬挑、门型脚手架、吊篮、挂脚手架、附着式提升脚手架的方案是否经过审批；架体搭设及与建筑物拉结是否达到规范；脚手板与防护栏杆是否规范；杠杆锁件、间距、大、小横杆、斜撑、剪刀撑是否达到要求；升降操作是否达到规范要求；

4. 机械设备（提升机、外用电梯、塔吊、起重吊装）的检查。各种机械设备的施工、搭拆方案是否经过审批；各种机械的检测报告、验收手续是否齐全；各种机械的安装是否按照施工方案进行；各种机械的保险装置是否安全可靠、灵敏有效；各种机械的机况、机貌是否良好；机械的例保是否正常；各种机械配置是否达到规范要求；机械操作人员是否持证上岗；

5. 施工用电的检查。临时用电、生活用电、生产用电是否按施工组织设计实施；各种电器、电箱是否达到、(JGJ 46—2005）的规范要求；各种电器装置是否达到安全要求；

6. “三宝”“四口”防护的检查。安全帽、安全带、安全网的设置、佩带是否达到规范要求；楼梯口、电梯井口、预留洞口、通道口、阳台口、楼层口的防护是否达到规范要求；各种防护措施是否落实；各种基础台帐及记录是否齐全完整；

7. 基坑支护与模板工程的检查。基坑支护方案、模板工程施工方案是否经过审批；基坑临边防护、坑壁支护、排水措施是否达到方案要求；模板支撑部门是否稳定；操作人员是否遵守安全操作规程；模板支、拆的作业环境是否安全。

三、安全检查的形式

建筑工程安全检查的形式可分为日常性检查、专业性检查、季节性检查、节假日前后的检查和不定期的特种检查。

（一）日常安全检查

日常安全检查是指按建筑工程的检查制度每天都进行的、贯穿生产过程的安全检查。

（二）专业性安全检查

对易发生安全事故的大型机械设备、特殊场所或特殊操作工序，除综合性检查外，还应组织有关专业技术人员、管理人员、操作职工或委托有资格的相关专业技术检查评价单位，进行安全检查。

（三）季节性安全检查

根据季节特点对建筑工程安全的影响，由安全部门组织相关人员进行的检查。如春节前后以防火、防爆为主要内容，夏季以防暑降温为主要内容，雨季以防雷、防静电、防触电、防洪、防建筑物倒塌为主要内容的检查。

（四）节假日前后的安全检查

节假日前，要针对职工思想不集中、精力分散，提示注意的综合安全检查。节后要进行遵章守纪的检查，防止人的不安全行为而造成事故。

（五）不定期的特种检查

由于新、改、扩建工程的新作业环境条件、新工艺、新设备等可能会带来新的不安全因素（危险因素），在这些设备、设施投产前后的时间内进行的检查竣工验收检查。

四、安全检查重点

1. 前期准备阶段安全检查的重点。检查施工组织设计及安全技术方案的完整性、针对性和有效性；检查用电、用水的牢固性、可靠性和安全性；检查目标、措施策划的前瞻性、合理性和可行性；检查安全责任制的职责、目标、措施落实的全面性。检查施工人员的上岗资质、务工手续的周密性。

2. 基础阶段安全检查的重点。检查施工人员的教育培训资料、分包单位的安全协议、人员证件资料；检查用电用水的安全度、机械设备的状况及检测报告；检查安全围护、基坑排水、污染处理的落实；检查安保体系的运转状况和实施效果。

3. 结构阶段安全检查的重点。检查脚手架、登高设施的完整性；员工遵章守纪的自觉性、技术操作的熟练性；检查用电用水、机械设备状况的安全性；检查洞口临边的围挡、围护的可靠性 ；检查场容场貌、环境卫生、文明创建工作长效管理的有效性；危险源识别、告示及管理的针对性；检查动火程序、消防器材的管理、配置的严密性。

4. 装饰阶段安全检查的重点：检查场容场貌、环境卫生、文明创建工作常态管理的持久性；检查危险源识别、告示及管理的针对性；检查动火程序、消防器材、易燃物品管理的严密性。检查中、小型机械的安全性能和防坠落防触电措施的落实。

5. 竣工扫尾阶段安全检查的重点。检查装饰扫尾、总体施工的安全措施；检查易燃易爆物品的使用、存放管理；检查通水通电、安装调试的安全措施；检查材料设备清理撤退的安全措施；检查竣工备案、安全评估的资料汇总。

五、安全检查标准、记录与反馈

1. 安全检查标准。安全检查标准依据建设部《建筑施工安全检查标准》（JGJ 59—99）等规范、标准进行检查。结合《建设工程安全生产管理条例》、《施工企业安全生产评价标准》、《施工现场安全生产保证体系》、文明工地的评比标准和有关规范要求进行检查评分，力求达到各项规定要求的一致性。

2. 安全检查的考核。安全检查的考核评分依据《建筑施工安全检查标准》、《施工企业安全生产保证体系》、文明工地的评比标准以及公司的安全检查评分内容进行百分制考核评分。考核评分进行累计计算，作为对分公司、项目部安全工作的评比考核。

3. 安全检查记录与反馈。各级安全检查必须做好检查记录。对发现的隐患必须进行整改，整改必须有复查记录。项目部对上级检查所提出的整改要求，必须在限定时间内进行整改，并向分公司提出复查，待分公司复查后进行封闭或报公司备案。各级安全生产检查工作及资料都要实施封闭管理。

六、安全检查处理程序

1. “安全检查记录表”程序。分包单位、项目部、分公司、公司在安全检查中，对所发现的安全隐患和违章行为，除立即消除及纠正外，必须填写“安全检查记录表”（以下简称记录表）交由项目部签收，项目部在按照要求进行整改后，于签发日三日内反馈给分公司，待分公司复查后将记录表反馈给检查单开具部门。

2. “安全检查处理通知单”程序。项目部、分公司、公司在安全检查中，对所发现的安全隐患和违章行为，除立即消除及纠正外，认为必须作出罚款的，须填写“安全检查处理通知单”（以下简称通知单），实施奖罚程序。

3. “安全检查整改单”程序。项目部、分公司、公司在安全检查中，对所发现的安全隐患和违章行为，除立即消除及纠正外，认为可以作出整改通知的，必须填写“安全检查整改单”（以下简称整改单），交由项目部签收，项目部在按照要求进行整改后，于签发日五日内反馈给分公司，待分公司复查后将记录表反馈给检查单开具部门。

4. “安全检查谈话单”程序。分公司、公司在安全检查中，对所发现的安全隐患和违章行为，除立即消除及纠正外，认为有必要要求分包单位、项目部的安全生产责任人必须重视所存在的问题，可以填写“安全检查谈话单”（以下简称谈话单），交由项目部签收。被谈话人必须按谈话单的要求在指定时间和地点接受谈话。

5. “安全停工整改单”程序。分公司、公司在安全检查中，对所发现的安全隐患和违章行为，除立即阻止外，认为一定要进行停工整改的，必须填写“安全停工整改单”（以下简称整改单），交由项目部签收。项目部必须按照整改单要求进行全面的安全整改。整改完毕后，由项目部向整改单开具部门提出复查申请，待复查通过后才能组织施工。

第四节　事　故　管　理

一、伤亡事故的统计报告

企业对伤亡事故的统计，按国务院 493 号令的要求进行统计，按造成的人员伤亡或直接经济损失，分特别重大事故，重大事故，较大事故，一般事故，在这基础上细分类别，物体打击，高处堕落，机械事故，超重机械事故，触电事故类别。

企业的伤亡事故的统计程序，由企业的事故单位，在发生事故的规定时间内上报事故快报外，每月底填写事故报告《工伤事故（月）报表》，注明事故日期，地址，事故类别，主要原因分析，伤员的基本情况等，企业主管部门对企业的各基层单位上报的《工伤事故（月）报表》进行汇总，上报企业的上级部门及企业的主管领导。

企业根据对当月的伤亡事故的统计进行分析，找出发生事故的共同类，对相应的《应急预案》进行补充，以防止类似事故的再度发生。

二、安全事故处理程序

施工生产场所，发生伤亡事故后，负伤人员或最先发现事故的人应立即报告项目领导。项目安全人员、技术人员以及项目经理根据事故的严重程度及现场情况立即上报上级业务部门，并及时填写伤亡事故表上报企业。

企业发生重伤和重大伤亡事故，必须立即将事故概况（含伤亡人数，发生事故时间、地点、原因等），用最快的办法（在 1 小时内）分别报告企业主管部门、行业安全管理部门和当地安全监督部门、公安部门、检察院及工会。发生重大伤亡事故，各有关部门接到报告后应立即转告（每级上报的时间不得超过 1 小时）各自的上级管理部门。其处理程序如下：

（一）迅速抢救伤员、保护事故现场

事故发生后，现场人员切不可惊慌失措，要有组织，统一指挥。首先抢救伤亡和排除险情，尽量制止事故蔓延扩大。同时注意，为了事故调查分析的需要，应保护好事故现场。如因抢救伤亡和排除险情而必须移动现场构件时，还应准确做出标记，最好拍出不同角度的照片，为事故调查提供可靠的原始事故现场。

（二）组织调查组

企业在接到事故报告后，经理、主管经理、业务部门领导和有关人员应立即赶赴现场组织抢救，并迅速组织调查组开展调查。发生人员轻伤、重伤事故，由企业负责人或指定的人员组织施工生产、技术、安全、劳资、工会等有关人员组成事故调查组，进行调查。死亡事故由企业主管部门会同现场所在地区的市（或区，劳动部门、公安部门、人民检察院、工会）组成事故调查组进行调查。重大死亡事故应按企业的隶属关系，由省、自治区、直辖市企业主管部门或国务院有关主管部门，公安、监察、检察部门、工会组成事故调查组进行调查。也可邀请有关专家和技术人员参加。调查组成员中与发生事故有直接利害关系的人员不得参加调查工作。

（三）现场勘察

调查组成立后，应立即对事故现场进行勘察。因现场勘察是项技术性很强的工作，它涉及广泛的科学技术知识和实践经验。因此勘察时必须及时、全面、细致、准确、客观地反映原始面貌，其勘察的主要内容有：

1. 作出笔录

（1）发生事故的时间、地点、气象等；

（2）现场勘察人员的姓名、单位、职务；

（3）现场勘察起止时间、勘察过程；

（4）能量逸散所造成的破坏情况、状态、程度；

（5）设施设备损坏或异常情况及事故发生前后的位置；

（6）事故发生前的劳动组合，现场人员的具体位置和行动；

（7）重要物证的特征、位置及检验情况等。

2. 实物拍照

（1）方位拍照：反映事故现场周围环境中的位置；

（2）全面拍照：反映事故现场各部位之间的联系；

（3）中心拍照：反映事故现场的中心情况；

（4）细目拍照：揭示事故直接原因的痕迹物、致害物等；

（5）人体拍照：反映伤亡者主要受伤和造成伤害的部位。

3. 现场绘图

（1）根据事故的类别和规模以及调查工作的需要应绘制出下列示意图；

（2）建筑物平面图、剖面图；

（3）事故发生时人员位置及疏散（活动）图；

（4）破坏物立体图或展开图；

（5）涉及范围图；

（6）设备或工、器具构造图等。

4. 分析事故原因、确定事故性质

事故调查分析的目的，是为了通过认真调查研究，搞清事故原因，以便从中吸取教训，采取相应措施，防止类似事故重复发生。

5. 写出事故调查报告

事故调查组在完成上述几项工作后，应立即把事故发生的经过、原因、责任分析和处理意见及本次事故的教训、估算和实际发生的损失，对本事故提出改进安全生产工作的意见和建议写成文字报告，经全调查组同志会签后报有关部门审批。

6. 事故的审理和结案

事故的审理和处理结案，同企业的隶属关系及干部管理权限一致。建设部对事故的审理和结案的要求有以下几点：

（1）事故调查处理结论报出后，须经当地有关有审批权限的机关审批后方能结案。重大事故、较大事故、一般事故，负责事故调查的人民政府应当自收到事故调查报告之日起15日内做出批复；特别重大事故，30日内做出批复，特殊情况下，批复时间可以适当延长，但延长的时间最长不超过30日。

（2）对事故责任者的处理，应根据事故情节轻重、各种损失大小、责任轻重加以区分，予以严肃处理。

(3) 清理资料进行专案存档。事故调查和处理资料是用鲜血和教训换来的，是对职工进行教育的宝贵资料，也是伤亡人员和受到处罚人员的历史资料，因此应完整保存。

存档的主要内容有：

1) 职工伤亡事故登记表；

2) 职工重伤、死亡事故调查报告书、现场勘察资料记录、图纸、照片等；

3) 技术鉴定和试验报告；

4) 物证、人证调查材料；

5) 医疗部门对伤亡者的诊断及影印件；

6) 事故调查组的调查报告；

7) 企业或主管部门对其事故所作的结案申请报告；

8) 受理人员的检查材料；

9) 有关部门对事故的结案批复等。

如果发生轻伤、重伤事故由企业负责人或指定人员组织生产、技术、安全、劳资、工会有关部门组成事故调查组进行调查。处理程序同伤亡事故处理程序（注：处理主体有区别）。

对于有特殊技术要求的事故分析，必要时聘请专业人员参与对事故的调解分析，找到事故的原因，分析事故的直接原因、间接原因。分析的一般步骤和要求是：

①通过详细的调查、查明事故发生的经过。要弄清事故的各种产生因素，如人、物、生产和技术管理、生产和社会环境、机械设备的状态等方面的问题，经过认真、客观、全面、细致、准确地分析，确定事故的性质和责任。

②事故分析时，首先整理和仔细阅读调查材料，按国家有关标准，对受伤部位、受伤性质、起因物、致害物、伤害方法、不安全行为和不安全状态等七项内容进行分析。

③在分析事故原因时，应根据调查所确认的事实，从直接原因入手，逐步深入到间接原因。通过对原因的分析、确定出事故的直接责任者和领导责任者，根据在事故发生中的作用，找出主要责任者。

④确定事故的性质。工地发生伤亡事故的性质通常可分为责任事故，非责任事故和破坏性事故。事故的性质确定后，就可以采取不同的处理方法予以防范。

⑤根据事故发生的原因，找出防止发生类似事故的具体措施，并应定人、定时间、定标准，完成措施的全部内容。

第五节 企业安全管理的标准化

一、安全生产管理制度标准化

安全生产管理制度是明确企业安全负责人、安全管理人员和其他所有从业人员的安全职责、安全管理和施工作业方法的行为规范。

安全生产制度是企业安全管理体系的重要组成部分，是企业实施安全质量标准化工作的基础和载体，企业通过安全管理体系的建立，可以将安全质量标准化的工作真正系统地形成一个完善的、文件化的安全管理体系，同时也便于有效地实施对企业各种安全管理制度、规范和规程的管理，不断完善企业的安全管理体系。

根据《建筑法》、《安全生产法》、《安全生产许可证条件》、《建筑施工企业安全生产证可证管理规定》等与建设工程有关的法律法规和部门规章，企业应建立安全生产管理制度可包括安全生产责任制制度、安全生产资金保障制度、安全生产教育制度、安全生产检查制度、班前安全活动制度、安全奖罚制度、事故报告处理制度、设备职业健康安全与环境管理组织制度、事故应急救援预案、施工现场 HSE（安全、文明）管理基本要求、重大危险源管理办法等方面。

要做好施工项目的安全管理，首先要建立起完善的安全管理体系。工程施工现场安全生产管理体系是施工企业和施工现场整个管理体系的一个组成部分，包括为制定、实施、审核和保持“安全第一，预防为主”方针和安全管理目标所需的组织结构、计划活动、职责、程序、过程和资源。

施工现场安全生产管理体系的建立不仅是为了满足工程项目部自身安全生产的要求，同时也是为了满足相关方（政府、投资者、业主、保险公司、社会）对施工现场安全生产管理体系的持续改善和安全生产保证能力的信任。

搞好项目施工安全生产，领导是关键。建立健全以项目经理为首的分级负责安全生产管理保证体系，同时建立和健全专管成线、群管成网的安全管理组织机构，是项目施工安全管理的前提条件。根据上述原则，项目经理为安全生产的第一责任人，各项目应成立安全管理小组，配备专职安全员一人，并将班组长列为兼职安全员。

企业的安全生产管理制度要有专项的安全技术审核制度，与工程项目各相关单位共同对项目的建设进行全方位安全把关、统一协调安全管理工作，消除生产中的不安全因素，从专业技术上保证工程项目的顺利进行。提高施工技术人员的专业水平，真正做到工程安全技术交底完全，施工作业做到班前班后检查，严格持证上岗，定期安全生产教育培训，新工人上岗前培训。

建筑施工企业特定的生产经营活动，决定企业的安全生产管理必须跟从生产目标的变化而相应改变。安全生产管理深入到施工现场的每一个施工环节是建筑施工企业进行安全生产管理工作的实质。

二、安全资质、机构与人员管理标准化

1. 为了严格规范建筑施工企业安全生产条件，进一步加强安全生产监管管理，防止和减少生产安全事故，2004 年 7 月制定建设部令第 128 号《建筑施工企业安全生产许可证管理规定》。

国家对建筑施工企业实行安全生产许可制度。建筑施工企业未取得安全生产许可证的，不得从事建筑施工活动。安全生产许可证的有效期为三年，企业在安全生产许可证有效期内，严格遵守有关安全生产的法律法规，未发生死亡事故的，安全生产许可证可证有效期届满时，经原安全生产许可证颁发管理机关同意，不再审查，安全生产许可证有效期延期三年。

依据建设部《关于印发〈建筑施工企业主要负责人、项目负责人、专职安全生产管理人员安全生产考核管理暂行规定〉的通知》（建质［2004］59 号）的规定，提高建筑施工

企业主要负责人、项目负责人、专职安全生产管理人员安全生产知识水平和管理能力，保证建筑施工安全生产，对建筑施工企业三类人员进行考核认定，考核内容主要是安全生产知识和安全管理能力。

建筑施工企业主要负责人，是指对本企业日常生产经营活动和安全生产工作全面负责、有生产经营决策权的人员，包括企业法定代表人、经理、企业分管安全生产工作的副经理等。

建筑施工企业项目负责人，是指由企业法定代表人授权，负责建设工程项目管理的负责人等。

建筑施工企业专职安全生产管理人员，是指在企业专职从事安全生产管理工作的人员，包括企业安全生产管理机构的负责人及其工作人员和施工现场专职安全生产管理人员。

建筑施工企业管理人员安全生产考核合格证书有效期为三年，在安全生产考核合格证书有效期内，严格遵守安全生产法律法规，认真履行安全生产职责，按规定接受企业年度安全生产教育培训，未发生死亡事故的，安全生产考核合格证书有效期届满时，经原安全生产考核合格证书发证机关同意，不再考核，安全生产考核合格证书有效期延期三年。

2. 根据建质［2008］91号《建筑施工企业安全生产管理机构设置及专职安全生产管理人员配备办法》规定：

建筑施工企业应当依法设置安全生产管理机构，在企业主要负责人的领导下开展本企业的安全生产管理工作。

建筑施工企业安全生产管理机构专职安全生产管理人员的配备应满足下列要求，并应根据企业经营规模、设备管理和生产需要予以增加：

（1）建筑施工总承包资质序列企业：特级资质不少于6人；一级资质不少于4人；二级和二级以下资质企业不少于3人。

（2）建筑施工专业承包资质序列企业：一级资质不少于3人；二级和二级以下资质企业不少于2人。

（3）建筑施工劳务分包资质序列企业：不少于2人。

（4）建筑施工企业的分公司、区域公司等较大的分支机构（以下简称分支机构）应依据实际生产情况配备不少于2人的专职安全生产管理人员。

总承包单位配备项目专职安全生产管理人员应当满足下列要求：

（1）建筑工程、装修工程按照建筑面积配备：

1）1万平方米以下的工程不少于1人；

2）1万～5万平方米的工程不少于2人；

3）5万平方米及以上的工程不少于3人，且按专业配备专职安全生产管理人员。

（2）土木工程、线路管道、设备安装工程按照工程合同价配备：

1）5000万元以下的工程不少于1人；

2）5000万元～1亿元以下的工程不少于2人；

3）1亿元及以上的工程不少于3人，且按专业配备专职安全生产管理人员。

分包单位配备项目专职安全生产管理人员应当满足下列要求：

（1）专业承包单位应当配置至少1人，并根据所承担的分部分项工程的工程量和施工危险程度增加。

(2) 劳务分包单位施工人员在50人以下的，应当配备1名专职安全生产管理人员；50～200人的，应当配备2名专职安全生产管理人员；200人及以上的，应当配备3名及以上专职安全生产管理人员，并根据所承担的分部分项工程施工危险实际情况增加，不得少于工程施工人员总人数的5‰。

施工作业班组可以设置兼职安全巡查员，对本班组的作业场所进行安全监督检查。

安全管理不是少数人和安全机构的事，而是一切与生产有关的机构、人员共同的事，缺乏全员的参与，安全管理不会有生气、不会出现好的管理效果。当然，这并非否定安全管理第一责任人和安全监督机构的作用，在安全管理中的作用固然重要，但全员参与安全管理十分重要。安全管理涉及生产经营活动的方方面面，涉及从开工到竣工交付的全部过程，生产时间，生产要素。因此，生产经营活动中必须坚持全员、全方位的安全管理。

安全管理是在变化着的生产经营活动中的管理，是一种动态管理。其管理就意味着是不断改进发展的、不断变化的，以适应变化的生产活动，消除新的危险因素。需要不间断地摸索新的规律，总结控制的办法与经验，指导新的变化后的管理，从而不断提高安全管理水平。

三、教育培训标准化

安全生产教育培训是实现安全生产的一项重要基础工作。只有通过对广大建筑职工进行安全教育培训，才能提高职工搞好安全生产的自觉性、积极性和创造性，增强安全意识，掌握安全知识，使安全规章制度得到贯彻执行。

根据建设部建教［1997］83号文件《建筑业企业职工安全培训教育暂行规定》制定实施公司《建筑企业职工安全培训教育暂行规定》的要求如下：

1. 企业法人代表、项目经理每年不少于30学时；
2. 专职管理和技术人员每年不少于40学时；
3. 其他管理和技术人员每年不少于20学时；
4. 特殊工种每年不少于20学时；
5. 其他职工每年不少于15学时；
6. 待、转、换岗重新上岗前，接受一次不少于20学时的培训；
7. 新工人的公司、项目、班组三级培训教育时间分别不少于15学时、15学时、20学时。

教育和培训按等级、层次和工作性质分别进行，管理人员的重点是安全生产意识和安全管理水平，操作者的重点是遵章守纪、自我保护和提高防范事故的能力。安全教育和培训的形式主要有新工人三级（公司、项目、班组）安全教育、特种作业人员培训、特定情况下的适时安全教育、三类人员的安全培训教育、安全生产的经常性教育、班前安全活动等。

(1) 新人厂工人三级安全教育

新人厂工人三级安全教育是企业必须坚持的安全生产教育制度。新人厂工人应每人建立一个档案，对接受公司、项目部、班组的三级安全教育情况进行详细记录，新入厂工人考试合格者才准许进入岗位；考试不合格者必须补课、补考。

(2) 经常性教育

为了保证安全教育的良好效果，企业的安全教育培训工作必须做到经常化、制度化，把经常性的普及教育贯穿于管理全过程，并根据接受教育对象的不同特点，采取多层次、多渠道和多种活动方法，可以取得良好效果。

1) 采用新技术、新工艺、新设备、新材料和调换工作岗位时要对操作人员进行新技术操作和新岗位的安全教育，未经教育不得上岗位操作。

2) 适时安全教育。就是根据建筑施工生产特点进行"五抓紧"的安全教育。即：工程突出赶任务，往往不注意安全．要抓紧教育，工程接近收尾时，容易忽视安全，要抓紧教育；施工条件好时，容易麻痹，要抓紧教育；季节气候变化，外界不安全因素多，要抓紧教育；节假日前后，思想不稳定，要抓紧教育，使之做到警钟长鸣。

3) 违章教育。企业对由于违反安全规章制度而导致重大险情或已造成事故的职工，进行违章纠正教育，务使受教育者充分认识到自己的过失和应吸取的教训。对于情节严重的违章事件，除教育责任者本人外，还应通过适当的形式以现身说法的形式扩大教育面。

总之，建筑施工企业的安全生产教育是必须坚持的长治久策，是企业贯彻执行《安全生产法》、《建筑法》以及党和国家的安全生产方针、政策、法规、制度等的重要保证。建筑施工企业只有把安全生产教育落到实处，深入到普通工人心中，才能真正做到"安全第一、预防为主"，才能杜绝违章指挥和违章作业，杜绝和减少伤亡事故的发生，安全教育才能真正成为建筑工人的保护伞。

四、项目施工安全检查标准化

安全检查制度是构成企业安全质量标准化主体框架并体现其基本功能的核心要素，贯穿于企业的整个安全管理体系，是企业安全质量标准化持续有效运行的重要保障。

安全检查制度明确检查方式、检查周期、检查内容和整改、处罚措施等内容，特别要明确工程安全防范的重点部位和危险岗位的检查方式和方法。

(一) 安全检查的内容

主要是查思想、查管理、查制度、查现场、查隐患、查事故处理。

1. 查现场、查隐患

安全生产检查的内容，主要以查现场、查隐患为主，深入生产现场工地，检查企业的劳动条件、生产设备以及相应的安全卫生设施是否符合安全要求。

2. 查思想

在查隐患，努力发现不安全因素的同时，应注意检查企业领导的思想路线，检查他们对安全生产是否认识正确；是否把员工的安全健康放在了第一位；特别对各项安全生产法规以及安全生产方针的贯彻执行情况，更应严格检查。

3. 查管理、查制度

安全生产检查也是对企业安全管理上的大检查。检查企业领导是否把安全生产工作摆上议事日程；"五同时"的要求是否得到落实；企业各职能部门在各自业务范围内是否对安全生产负责；安全专职机构是否健全；工人群众是否参与安全生产的管理活动；改善劳动条件的安全技术措施计划是否按年度编制和执行；安全技术措施费用是否按规定提取和使用；“三同时”的要求是否得到落实等。

此外，还要检查企业的安全教育制度，如新工人入厂的“三级教育”制度，特种作业人员和调换工种工人的培训教育制度，以及各工种操作规程和岗位责任制等。

4. 查事故处理

检查企业对工伤事故是否及时报告、认真调查、严肃处理；在检查中，发现未按“四不放过”的要求草率处理的事故，要重新处理，从中找出原因，采取有效措施，防止类似事故重复发生。

（二）安全检查形式

1. 项目部每周或每旬由主要负责人带队组织定期的安全大检查。

2. 生产施工班组每天上班前由班组长和安全值班人员组织的班前安全检查。

3. 季节更换前，组织季节性劳动保护安全检查。

4. 由专业技术人员组成的电气、机械、脚手架等进行的专项安全检查。

5. 由安全管理小组成员、安全专兼职人员进行的日常安全巡查等。

五、安全生产奖罚标准化

建筑施工企业应建立和保持《安全奖罚制度》，规定安全管理先进集体和个人的奖励标准，精神奖励和物质奖励相结合；针对违反企业的安全管理规章制度、未按规定实现安全管理目标、违章指挥以及违章作业导致各种安全事故和隐患的相关单位和个人，企业应规定处罚标准，包括行政处罚和物质处罚。

1. 公司每年进行一次年度安全生产总结评比。在总结评比的基础上，评选出公司级安全生产先进集体和先进工人。

2. 凡按时完成公司下达的安全生产目标和指标，或对在施工生产过程中，发现重大隐患并采取有效控制措施避免重大事故发生，以及提出合理化建议的单位和个人，或对安全生产有重大贡献的人员均可参加安全生产先进集体和个人的评选。

3. 凡被评选为公司安全生产先进集体的单位和个人，公司给予通报表彰，并颁发“安全生产先进集体”或“安全生产先进个人”奖状或证书。

4. 在安全生产、安全检查、作业过程中，发现具体情况给予相应处罚，甚至行政处理。

企业安全管理一方面采取负激励即违章罚款，虽然有激励效果，但效果不佳；另一方面，企业要注意多运用正激励。根据各级安全责任制，对完成情况好的集体和个人进行物质和精神奖励，数额必须大或较大；同时，可以评选安全标兵，从管理层到基层都要有代表，满足个人的荣誉感，体现“全方位”管理。

5. 示例：

×××公司

安全生产、文明施工奖惩条例

为更好地贯彻党和国家颁发的安全生产方针、政策、法规，确保上级领导部门和企业的各项安全生产制度、措施的有效实施，保护职工在施工、生产过程中的生命安全和身体健康，根据上级有关精神制定本条例。

本条例适用本公司所属各基层单位（包括承包公司及各基层单位工程的各外分包单

位)，公司各施工、生产、场站和生活区等一切场所；自有职工和各外分包职工及其外来生产、施工人员。

(一) 凡在安全生产、文明施工工作中成绩突出、具备下列条件之一的单位、集体和个人，均可给予荣誉和物质的奖励。

1. 获市、区、集团总公司级文明工地称号的单位。

2. 受市、区，新闻媒体通报表扬的单位、集体或个人。

3. 被市、区、集团总公司、公司评为安全生产先进的单位、集体或个人。

4. 安全管理制度贯彻执行好，措施落实，事故频率下降，季度、全年无重大伤亡、设备、车辆、交通、火灾、管线、坍塌等事故的单位。

5. 经公司级以上的有关部门安全检查，按照《建筑施工现场安全检查标准》(JGJ 59—99) 各项工作均做得比较好，检查评定得分率达到优良的单位。

6. 在生产、施工中发现险情及时报告，主动及时采取措施，消除重大隐患，为防止和避免重大伤亡等事故或在事故抢救中有功的集体或个人。

(二) 奖励的形式、申报和审批程序

1. 荣誉奖：由各基层单位提供书面名单及情况材料交公司工作组，提出申请；由公司工作组核实转送公司行政领导或工会；由公司行政领导或工会决定授予先进集体、个人证书。

2. 物质奖由公司或基层单位工作组核实提供名单和书面材料及奖励意见，报公司或基层单位领导审批实施。

(三) 对于有下列行为之一的职工，应给予处分：

1. 违章作业或违章指挥造成事故的。

2. 玩忽职守，违反安全生产责任制造成事故的。

3. 发现有事故险情，既不采取防范措施又不及时报告而发生事故的。

4. 发生事故后，破坏现场，隐瞒不报，谎报，故意拖延报告时间或嫁祸他人的。

5. 对批评或制止违章作业、违章指挥的人员进行打击报复的。

6. 不执行上级和安全环保部门限期解决的安全隐患和治理尘毒作业的要求，造成事故或使职工继续在尘毒作业环境下从事生产，导致职业病的。

7. 由于设备超过检修期限或设备有缺陷，或没有防护装置造成事故的。

8. 发生事故后，不积极组织抢救，或事故后不吸取教训和不采取措施，致使同类事故重复发生的。

处分包括行政处分和经济罚款。凡违章情节严重的有关人员，或造成重大事故、重大险肇事故、由上级领导或安全环保部门提出的隐患而未及时整改以致酿成事故的责任者，均应给予行政纪律处分，直至追究刑事责任。

第十四章 监理企业安全管理

第一节 监理企业安全监理管理组织

一、监理企业安全监理管理层级

监理企业安全监理管理可分为领导层、管理层（职能部门）和执行层（项目监理机构）三个层级。

二、监理企业安全监理组织网络

监理企业安全监理组织网络见图 14-1 所示。

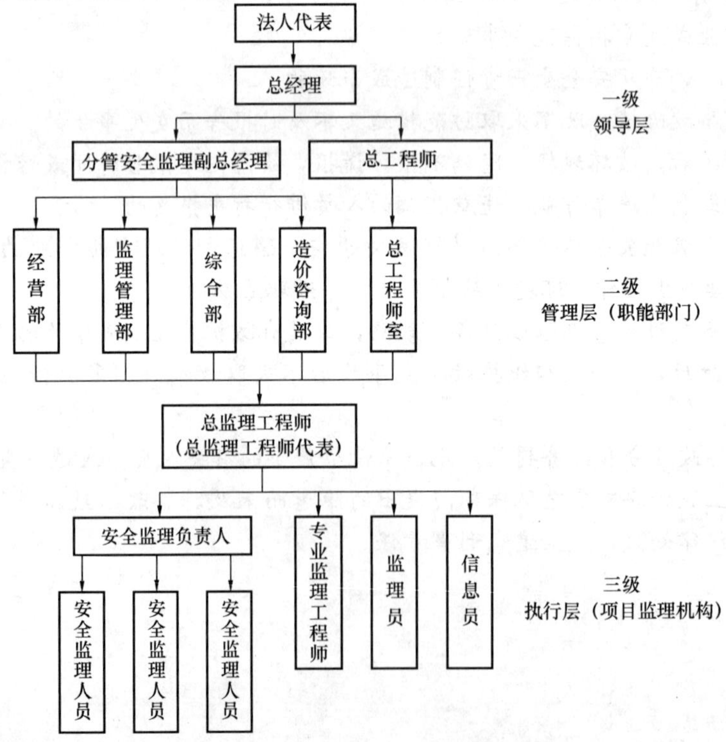

图 14-1 监理企业安全监理组织网络

第二节 监理企业领导层安全监理职责

一、法人代表安全监理职责

1. 执行国家和地方有关安全监理的法律、法规，全面负责企业的安全监理工作。

2. 督促企业安全监理责任制的建立、健全和企业安全监理管理制度的完善。

3. 自觉接受监督管理部门的监管，服从行业管理，保证企业的安全监理工作有效实施。

4. 督促、检查、考核领导层的安全监理工作，对存在的问题提出改进意见。

二、总经理安全监理职责

1. 执行国家和地方有关安全监理的法律、法规，主持企业的日常安全监理工作。

2. 决定企业安全监理管理组织机构和人员编制，审定企业安全监理责任制和企业安全监理管理制度。

3. 保证实施安全监理获得必要的资源。

4. 主持制定企业年度安全监理工作计划并组织实施。

5. 审定重大工程项目投标文件和《建设工程委托监理合同》（《建设工程安全监理合同》）中的安全监理范围和工作内容。

6. 主持召开企业安全监理工作会议，不断持续改进、提高安全监理工作效果。

三、分管安全监理副总经理安全监理职责

1. 执行国家和地方有关安全监理的法律、法规，协助总经理开展企业的日常安全监理工作。

2. 组织企业安全监理责任制和企业安全监理管理制度的建立、健全和完善。

3. 督促、检查、考核职能部门的安全监理工作，对存在问题提出改进意见。

4. 协助总经理召开企业安全监理工作会议，不断持续改进，提高安全监理工作效果。

5. 检查重大工程项目的项目监理机构安全监理工作质量。

四、总工程师安全监理职责

1. 执行国家和地方有关安全监理的法律、法规，全面负责企业的安全监理技术管理工作。

2. 主持制订企业的安全监理工作质量管理标准。

3. 主持与安全监理工作有关的新颁布法律、法规文件和涉及安全生产的新技术的推广应用。

4. 审定安全生产常用标准的有效版本，审批用于安全监理工作的检测仪器的采购和报废。

5. 审批企业年度安全监理外部培训和内部培训计划。

6. 组织部门职员协助经营部编制重大工程项目投标文件中的安全监理监控措施。

7. 组织部门职员支持总监理工程师审批工艺复杂、技术难度大的施工组织设计（方案），支持总监理工程师处理安全监理工作中的重大技术问题。

8. 组织部门职员指导项目监理机构的安全监理工作。

9. 审批安全监理方案。

10. 组织部门职员了解、或配合、或参与施工现场重大安全事故的调查和处理。

第三节 监理企业管理层(职能部门)安全监理职责

一、总工程师室安全监理职责

1. 制订企业的安全监理工作质量管理标准。

2. 制订企业年度安全监理内部培训计划。

3. 收集与安全监理有关的相关信息，做好与安全监理工作有关的新颁布法律、法规文件和涉及安全生产的新技术的应用工作。

4. 确认安全生产常用标准的有效版本并采购。

5. 协助经营部编制重大工程项目投标文件中的安全监理监控措施。

6. 支持总监理工程师审批工艺复杂、技术难度大的施工组织设计（方案），支持总监理工程师处理安全监理工作中的重大技术问题。

7. 指导项目监理机构的安全监理工作。

8. 了解、或配合、或参与施工现场重大安全事故的调查和处理。

二、经营部安全监理职责

1. 负责工程项目投标文件和《建设工程委托监理合同》（《建设工程安全监理合同》）中安全监理范围和工作内容的评审和确认。

2. 负责《建设工程委托监理合同》（《建设工程安全监理合同》）中安全监理费用的协商和确认。

3. 会同监理管理部拟定工程项目投标文件和《建设工程委托监理合同》（《建设工程安全监理合同》）中项目监理机构安全监理人员配置。

4. 与建设单位沟通，收集建设单位对项目监理机构安全监理工作的意见、建议和评价，提出处理意见。

三、监理管理部安全监理职责

1. 及时向项目监理机构传达贯彻与安全监理工作有关的新颁布法律、法规文件和企业的安全监理工作要求。

2. 检查并落实项目监理机构安全监理人员配置，为项目监理机构配备必要的安全生产常用标准和检测工具。

3. 制订月度巡视督查计划，检查项目监理机构的安全监理工作质量，对巡视督查中发现的问题督促项目监理机构限期改正。

4. 督促项目监理机构做好下情上达工作。

5. 收集项目监理机构的外部检查和内部检查信息，对存在问题汇总分析后通过各种形式进行信息通报，并提出改进意见。

6. 支持项目监理机构行使安全监理职权，加强对项目监理机构的指导帮助，配合安全监理内部培训。

7. 负责对项目监理机构安全监理责任行为的奖惩考评。

8. 了解、或配合、或参与施工现场安全事故的调查和处理，总结安全监理工作中的薄弱环节，提出改进意见。

四、综合部安全监理职责

1. 制订企业年度安全监理人员招聘计划和安全监理外部培训计划。

2. 组织实施企业年度安全监理外部培训和内部培训。

3. 配置项目监理机构全体监理人员的劳动保护用品并发放。

4. 主持对项目监理机构的半年度综合考评（包括安全监理工作），实施对项目监理机构安全责任行为的奖惩。

5. 了解、或配合、或参与施工现场重大安全事故的调查和处理。

五、造价咨询部安全监理职责

1. 会同总监理工程师、安全监理人员审查施工企业安全防护、文明施工措施费用使用计划。

2. 会同总监理工程师、安全监理人员审查施工企业安全防护、文明施工措施费用使用情况。

3. 审核已发生的施工企业安全防护、文明施工措施费用。

第四节　监理企业安全监理管理制度

一、审查核验制度

（一）职责

1. 总工程师室负责制定《安全监理作业指导书》。支持总监理工程师审批工艺复杂、技术难度大的施工组织设计（方案）。

2. 总监理工程师负责项目监理机构全体监理人员的安全监理工作分工。

3. 项目监理机构各级监理人员按照安全监理职责和总监理工程师分工负责对施工企业报送的安全生产管理资料进行审查核验。

（二）规定

1. 审查核验应包括以下主要内容：

（1）审查施工组织设计（方案）：包括审查施工组织设计中的安全技术措施、危险较大工程专项施工方案和应急救援预案，其程序性、符合性、针对性、可操作性应符合国家和地方现行法规、标准和工程实际要求。当施工组织设计（方案）涉及工艺复杂、技术难度大的内容时，由总监理工程师报请总工程师室和专家组给予支持。

（2）审查施工企业资格以及三类人员资格：包括审查施工企业资质证书和安全生产许可证的合法有效性，以及施工企业主要负责人、项目经理和专职安全生产管理人员的安全生产考核合格证书、项目经理的资格证书、专职安全生产管理人员的资格证书及人数配置的符合性。

（3）审查施工企业特种作业人员的特种作业资格证书：包括审查特种作业操作资格证书的有效期和特种作业人员人数的符合性。

（4）审核施工企业安全防护、文明施工措施费用使用计划：包括审查与施工组织设计（方案）的相符性以及单项数量、单项单价的合理性。

（5）审查施工企业上报的《危险性较大工程确认报审表》以及《大型起重机械和自升式架设设施确认报审表》：包括施工企业确认的准确性、内容的齐全性以及与施工组织设计（方案）的相符性。

2. 施工组织设计（方案）、安全防护、文明施工措施费用使用计划的审查期限为2～5天。施工企业资格以及三类人员资格，特种作业操作资格证书，《危险性较大工程确认报审表》，《大型起重机械和自升式架设设施确认报审表》的审查期限为1～2天。

3. 督促施工企业及时报送安全生产管理资料并填写相关报审核验表，项目监理机构各级监理人员应在规定期限内进行审查核验，无论同意与否均应在施工企业填报的报审核验表上签署监理意见，一分自留，一份及时发送施工企业。对施工企业报送的安全生产管理资料存在问题的应提出具体意见，并督促施工企业限期整改。

4. 施工企业未及时报送安全生产管理资料或未限期整改的按照“督促整改制度”或“请示报告制度”处理。

二、检查验收制度

（一）职责

1. 总工程师室负责制定《安全监理作业指导书》。

2. 总监理工程师负责项目监理机构全体监理人员的安全监理工作分工。

3. 项目监理机构各级监理人员按照安全监理职责和总监理工程师分工负责施工现场安全条件和安全设备、设施的检查验收。

（二）规定

1. 检查验收应包括以下主要内容：

（1）检查施工企业工程项目部的安全生产规章制度和安全管理机构的建立、健全以及专职安全生产管理人员到岗情况，抽查施工总包企业检查各施工分包企业的安全生产规章制度建立情况。

（2）检查施工企业的安全自查工作，抽查施工企业安全自查情况。

（3）抽查施工现场特种作业人员持证上岗和人证相符情况。

（4）检查施工企业对危险性较大工程监管情况和危险性较大工程作业情况，检查施工企业按照施工组织设计（方案）组织施工情况。

（5）核查大型起重机械和自升式架设设施的验收手续，检查施工企业自验结果与施工组织设计（方案）以及和施工现场实物的相符性。

(6) 检查施工现场各种安全标志和安全防护措施设置以及安全生产费用的使用情况。

(7) 核准施工现场安全质量标准化达标工地考核评分以及施工分包企业网上增报，对施工分包企业进行网上打分评分，重大危险源网上填报进行确认。

(8) 检查施工现场安全隐患整改情况，复查整改结果。

(9) 检查工程暂停的实施情况。

2. 对施工现场日常的巡视检查原则上每日一次，对危险性较大工程作业情况的巡视检查每日不少于一次，当施工现场存在较大安全隐患或遇特殊情况时应加大巡视检查频率。项目监理机构组织的定期检查可每月一次。专项检查可视具体情况而定。

3. 对检查验收中发现的安全问题按照“督促整改制度”处理。施工企业拒不整改或不停止施工的，按照“请示报告制度”立即报告并处理。

4. 施工现场日常的巡视检查应根据检查内容记录《安全监理巡视检查记录》或《监理日记》，危险性较大工程作业巡视检查应记录《危险性较大工程巡视检查记录》，大型起重机械和自升式架设设施安装、加节（升降）、拆除检查验收应记录《大型起重机械和自升式架设设施检查记录》，施工现场安全质量标准化达标工地考核评分检查应记录《施工现场安全质量标准化达标工地考核评分检查记录》，施工企业填报专项用表的检查验收后应在施工企业专项用表上签证或记录，其他检查验收情况可记录在《监理日记》的相关栏目中。所有记录中的检查验收人员应签名，并签署检查验收日期。

三、督促整改制度

（一）职责

1. 总工程师室负责制定《安全监理作业指导书》。

2. 项目监理机构各级监理人员负责对施工现场存在的安全问题督促施工企业整改并复查整改结果。

（二）规定

1. 发现施工企业有下列安全问题（不限于下列安全问题）之一后果轻微的应签发《监理工程师通知单》：

(1) 未按规定程序开展安全活动；

(2) 未办理相关手续擅自施工；

(3) 未按照施工组织设计（方案）组织施工；

(4) 施工现场存在安全隐患。

2. 发现施工企业有下列安全问题（不限于下列安全问题）之一情节严重的应签发《工程暂停令》：

(1) 对《监理工程师通知单》中指令的内容整改不力的；

(2) 施工现场发生险肇事故或安全事故的。

3.《监理工程师通知单》原则上由发现安全问题的专业监理工程师或安全监理人员签，并报告总监工程师。

4.《工程暂停令》可根据安全问题状态指令局部暂停或全面暂停，《工程暂停令》应由总监理工程师签发。签发后应及时报告建设单位。

5.《监理工程师通知单》或《工程暂停令》中指令内容应描述准确，措词得当（即问题性质的轻重程度），要用依据和数据说明存在的安全问题。当发现重复发生的安全问题时，应指令施工企业从安全生产管理制度（包括岗位责任制）的建立和落实上查找原因。

6.《监理工程师通知单》或《工程暂停令》一般只发送施工总包企业并报送建设单位，涉及施工分包企业的由施工总包企业转发。

7. 督促施工企业按《监理工程师通知单》或《工程暂停令》指令的内容限期整改（处理），并填报《监理工程师通知回复单》或《工程复工报审表》报项目监理机构复查。

8. 项目监理机构收到《监理工程师通知回复单》或《工程复工报审表》后，原则上由签发人员先复查其回复内容与指令内容的一致性和按指令内容逐条回复的完整性，再复查施工企业整改（处理）效果。符合要求时，由复查人员在《监理工程师通知回复单》或《工程复工报审表》的复查意见栏中签署同意的依据。当施工企业未按指令内容回复、或回复内容不完整、或整改（处理）效果不符合指令要求时，复查人员应在《监理工程师通知回复单》或《工程复工报审表》的复查意见栏中提出具体意见，施工企业完成后应再次填报《监理工程师通知回复单》或《工程复工报审表》，签发人员再次进行复查。

9. 有下列情况（不限于下列情况）之一的可召开安全生产专题会议：

（1）施工企业安全生产管理混乱、或施工现场存在较大（较多）安全问题、或发现重复发生的安全问题屡改屡犯而要求施工企业加大管理力度。

（2）施工现场发生重大险肇事故或安全事故，要求施工企业进行事故调查、原因分析和处理。

10. 安全生产专题会议由总监理工程师主持。参加人员为项目监理机构相关监理人员和施工企业的项目经理、专职安全生产管理人员、施工班组长等，也可邀请建设单位参加。安全生产专题会议应经与会人员签到。信息员负责记录会议内容，形成会议纪要后发送与会单位。

四、告知交底制度

（一）职责

1. 总监理工程师负责对建设单位的告知。

2. 项目监理机构各级监理人员按照安全监理职责和总监理工程师分工负责对施工企业的告知。

3. 总监理工程师负责就安全监理方案中的主要内容对项目监理机构各级监理人员进行交底。

4. 安全监理实施细则编制人负责就安全监理实施细则中的主要内容对相关监理人员进行交底。

（二）规定

1. 工程项目开工前，总监理工程师应将国家和地方现行法律、法规中有关建设单位的安全责任告知建设单位。工程项目施工过程中，总监理工程师宜将项目监理机构所需要的由建设单位提供的与工程施工安全有关的文件和资料以及需要建设单位协调和处理的事项告知建设单位。

2. 项目监理机构各级监理人员应将对施工总包企业的安全监理工作要求、对施工总包企业安全生产管理的提示、建议以及相关事项告知施工总包企业。

3. 对建设单位的告知和对施工总包企业的告知、提示、建议等宜采用《监理工作联系单》形式，《监理工作联系单》中内容应避免模棱两可或含糊不清的文字，要用依据和数据明确表达项目监理机构的意向和目的。

4. 安全监理方案中应交底的主要内容为安全监理范围和内容，安全监理工作程序，安全监理职责分工，安全监理工作制度和措施，初步认定的危险性较大工程一览表和安全监理实施细则编写计划，初步认定的需办理验收手续的大型起重机械和自升式架设设施一览表等。

5. 安全监理实施细则应交底的主要内容为强制性标准要求，主要包括安全监理监控要点、检查方法和频率、措施、人员安排和分工等。

6. 当项目监理机构的监理人员调整时，应对新进监理人员进行补充交底。

7. 交底应形成记录，记录交底时间、交底地点、交底内容、交底人姓名等，交底人、被交底人应亲笔签名。

五、工地例会制度

（一）职责

1. 工地例会原则上由总监理工程师主持，当总监理工程师因故不能主持时，可由总监理工程师代表代理主持。

2. 信息员负责工地例会纪要的记录、起草、成文和发送。

（二）规定

1. 建设单位要求单独召开安全监理工地例会时，应根据建设单位要求定时、定人、定会议内容。当建设单位无此要求时，可在工地例会中增加安全监理工作内容。

2. 工地例会应定期召开，宜为每周一次，首次工地例会应确定参加工地例会的主要人员及主要议题。

3. 工地例会应包括以下安全监理工作内容：

（1）上次工地例会中议定的安全生产事项的落实情况，未完事项原因。

（2）施工企业安全生产管理和施工现场安全现状。

（3）施工现场存在的安全问题，安全问题的分析和改进措施的研究。

（4）下阶段安全生产要求和安全监理工作打算。

4. 工地例会应形成会议纪要，经与会各方代表会签后发送与会各单位。

六、请示报告制度

（一）职责

1. 项目监理机构各级监理人员在安全监理工作中需要请示或报告的，应请示或报告总监理工程师。

2. 项目监理机构在安全监理工作中需要请示或报告建设单位、监督管理部门、本企业职能部门的，应由总监理工程师负责请示或报告。情况紧急时，可由各级监理人员直接请示或报告。

3. 职能部门接到总监理工程师请示或报告无法自行处理的，应请示或报告本企业领导。

（二）规定

1. 项目监理机构各级监理人员向总监理工程师请示、报告：

(1) 各级监理人员在安全监理工作中需要总监理工程师指导、协调、解决的事项应及时请示。

(2) 各级监理人员应经常和及时报告日常开展安全监理工作情况。

2. 总监理工程师向建设单位请示、报告：

(1) 需要建设单位协调或处理的疑难事项应及时请示。

(2) 施工企业安全生产管理和施工现场安全现状，监理措施，监理组织的安全生产检查和安全生产专题会议等应经常和及时报告。

(3) 对施工现场的安全隐患施工企业拒不整改或不停止施工的应立即报告。

(4) 签发《工程暂停令》后应立即报告。

(5) 对施工现场的安全事故或安全突发事件应根据"安全事故监控"或"应急管理监控"中规定的要求进行报告。

3. 总监理工程师向监督管理部门请示、报告：

(1) 对国家和地方现行法规、标准产生疑义或与施工企业的理解不一致时，可请示咨询。

(2) 对施工现场的安全隐患施工企业拒不整改或不停止施工的应及时报告。

(3) 当施工现场发现事故预兆或事故险情等安全突发事件，施工企业拒不采取措施时应立即报告。

4. 总监理工程师向本企业职能部门请示、报告：

(1) 对国家和地方现行法规、标准以及企业文件不理解或产生疑义时，可请示咨询相关职能部门。

(2) 监督管理部门检查安全监理工作质量时，应及时报告监理管理部。

(3) 施工现场发生安全事故或安全突发事件时，应根据"安全事故监控"或"应急管理监控"中规定的要求报告监理管理部。

(4) 企业规定的内容（如企业召开的安全监理工作会议精神的传达贯彻情况）应按时、按要求报告相关职能部门。

5. 项目监理机构或职能部门向本企业领导请示、报告。

(1) 施工现场情况紧急时，可由总监理工程师或项目监理机构各级监理人员直接立即请示或报告。

(2) 有关职能部门接到总监理工程师请示，职能部门无法处理的应及时请示。

(3) 有关职能部门接到总监理工程师报告，遇安全事故或安全突发事件中重大事项应根据"安全事故监控"或"应急管理监控"中规定的要求进行报告。

6. 请示时限和请示回复时限以不影响安全监理工作的开展为准。其中有关职能部门接到总监理工程师请示后，一般应当场答复，如需进一步了解或研究的不宜超过2天。对本制度中要求“及时”报告的其报告时限不得超过24小时，要求“立即”报告的其报告时限不得超过1小时。对报告中需要处理的事项其处理时限应根据报告内容的轻重、缓急而定，安全突发事件的处理时限不得超过2小时。

7. 一般事项的请示或报告可采用口头形式（包括电话形式），重大事项和企业规定事项的请示或报告应采用书面形式；情况紧急时，可先采用口头形式（包括电话形式）再补办书面报告。

8. 项目监理机构采用口头报告（包括电话报告）的应在《监理日记》的相关栏目中记录报告人、报告时间、报告内容、被告知人姓名和电话；采用书面报告的（如监理工程师通知单、工程暂停令、安全监理工作月报、安全生产专题报告等）应有收件人签收手续。

七、资料管理制度

（一）职责

1. 总工程师室负责项目监理机构安全监理资料分类目录和编号办法的制定。

2. 总监理工程师是项目监理机构安全监理资料的总负责人。并指定专人管理安全监理资料台账。

3. 项目监理机构各级监理人员按照安全监理职责和总监理工程师分工负责处理和编制、填写与本安全监理工作有关的安全监理资料，并对安全监理资料的及时性、完整性和真实有效性负责。

4. 由总监理工程师指定的安全监理资料管理人员（即信息员）具体负责日常安全监理资料的收发、整理、保管、移交等工作，并对安全监理资料的可追溯性负责。

（二）规定

1. 安全监理工作表式以地方现行法规性文件、标准中规定的表式为主要格式，根据管理需要，监理企业可补充部分表式。

2. 安全监理资料应做到外业与内业同步。各级监理人员应督促施工企业及时报送安全生产管理资料并按规定时限进行审查核验、检查验收或备案，提示建设单位及时向项目监理机构提供与工程施工安全有关的资料，及时编制、填写安全监理内业资料。

3. 各级监理人员处理和编制、填写相关安全监理资料时应做到严肃认真、实事求是，确保真实性、准确性、完整性。签证手续、签证日期应齐全，并及时送交信息员。

4. 项目监理机构应建立安全监理资料台账，并进行分类和编号。每项分类资料应存放于文件夹（袋）内，同一分类资料首页为卷内目录，每份资料的右上角应有唯一性编号。凡与质量、进度、投资控制相同的资料可在卷内目录的备注栏中注明该资料存放处。

5. 安全监理资料编号采用三段式，段与段之间用短划线“—”隔开。第一段为资料的大类，第二段为资料的分类，第三段为同一分类资料的顺序号。

6. 资料分类目录和编号

(1) 法规、标准、文件类

A1-1 法律、法规、部门规章和政府文件

A1-2 标准、规范

A1-3 企业文件

（2）监理资料（一）

A2-1 委托监理合同

A2-2 安全监理方案

A2-3 安全监理实施细则（说明：不包括危险性较大工程）

A2-4 总监理工程师任命书、安全监理人员证书

A2-5 监督管理部门检查记录

A2-6 工程参与各方往来文件

（3）监理资料（二）

A3-1 告知（说明：不包括危险性较大工程）

A3-2 指令及回复（说明：不包括危险性较大工程）

A3-3 会议纪要（说明：不包括危险性较大工程专题会议）

A3-4 书面报告（说明：不包括危险性较大工程）

A3-5 安全监理巡视检查记录

A3-6 监理日记

A3-7 安全监理工作月报

（4）报审、核验、备案资料

A4-1 施工企业安全生产规章制度

A4-2 施工企业资质、安全生产许可证、三类人员报审表及附件

A4-3 施工总包企业与建设单位、与施工分包企业的安全生产协议书

A4-4 施工企业特种作业人员报审表及附件

A4-5 施工组织设计（方案）报审表及附件

A4-6 危险性较大工程报审清单、大型起重机械和自升式架设设施报审清单

A4-7 安全防护、文明施工措施费用使用计划和签证

A4-8 安全质量标准化达标工地考核评分核准记录

A4-9 安全事故处理记录、资料

（5）危险性较大工程资料（说明：按每一项危险性较大工程为单独一册）

A5-1 安全监理实施细则

A5-2 专项施工方案报审表及附件

A5-3 施工企业报审的危险性较大工程安全管理资料

A5-4 危险性较大工程巡视检查记录

A5-5 危险性较大工程告知、指令及回复、复查记录

7. 工程项目竣工后一个月内，项目监理机构应将安全监理工作中的经验或教训方面的资料提交监理管理部。

八、教育培训制度

（一）职责

1. 综合部负责企业新进监理人员的安全知识教育。

2. 总工程师室负责制订企业年度安全监理内部培训计划。

3. 综合部负责制订企业年度安全监理外部培训计划，负责企业年度安全监理外部培训和内部培训计划的成文、会签、发送，并组织实施企业年度安全监理外部培训和内部培训。

4. 总工程师负责审批企业年度安全监理外部培训和内部培训计划。

5. 总监理工程师负责安排并落实项目监理机构各级监理人员按时参加企业组织的安全监理外部培训和内部培训。

（二）规定

1. 企业新进监理人员的安全知识教育内容以《员工手册》中相关规定和相关要求为主。安全知识教育可采用签订劳动（聘用）合同时发放《员工手册》并以告知方式进行。

2. 年初制订企业年度安全监理外部培训和内部培训计划，以企业文件形式发送到相关职能部门和各项目监理机构。

3. 企业年度安全监理外部培训和内部培训计划的制订应满足监督管理部门要求和企业发展需求以及提高监理人员安全监理能力的需求。

4. 安全监理外部培训包括岗位培训、继续教育、专业培训等。

5. 安全监理内部培训包括课堂学习、模型示范、现场帮带实习、知识竞赛、样板观摩、会议讲评、文章交流等形式。内部培训应注重理论学习与现场实践相结合，课堂学习与现场帮带实习相结合，以提高安全监理预控能力，发现安全隐患能力和督促施工企业处理安全问题能力。

6. 安全监理外部培训时间视具体情况而定。企业内部培训原则上每周一次，安全监理培训根据内部培训计划安排。

7. 安全监理外部培训时，由综合部办理报名、通知、取证、登记等手续。

8. 安全监理内部培训时，建立每位员工培训档案（即《专业技术人员业务培训手册》），《专业技术人员业务培训手册》中应包括项目监理机构名称、培训内容、培训老师、培训时间、考试成绩（补考成绩）等内容。

9. 安全监理内部培训教师应在一周前准备好培训教材，必要时由总工程师室审查把关。有考试要求时，培训老师应做好考题的批卷。

10. 综合部应按照企业年度安全监理内部培训计划提前一周落实培训老师和培训教材、培训人员通知等工作。培训时，收取每位培训人员的《专业技术人员业务培训手册》，做好培训内容、培训老师、培训时间的登录。有考试要求时，待培训老师批卷后，做好考试成绩（补考成绩）的登录。

11. 对企业安全监理知识竞赛和安全监理内部培训中成绩优异者给予奖励。

12. 总监理工程师应确保各级监理人员的培训时间并妥善安排该人员培训期间补岗人员，各级监理人员应按时参加企业组织的安全监理外部培训和内部培训。对未安排监理人员按时参加安全监理培训的项目监理机构和无故不参加安全监理培训的监理人员按企业有关规定予以处罚。对外部培训考试不合格者培训费用自理。

九、巡视督查制度

（一）职责

1. 总工程师室负责制定《安全监理作业指导书》。

2. 监理管理部负责项目监理机构安全监理工作实施情况的巡视督查，并对存在问题提出改进意见。

3. 项目监理机构负责对巡视督查小组签发的《项目监理机构监理工作质量检查整改通知单》限期进行改正，并回复监理管理部，同时完善自我改进机制。

（二）规定

1. 监理管理部应在年初编制企业年度项目监理机构安全监理工作巡视督查计划，根据年度计划按月编制月度项目监理机构安全监理工作质量巡视督查计划，月度计划应明确巡视督查项目和巡视督查内容。

2. 每个工程项目年度巡视督查次数不少于2次。其中新开工项目、新任总监理工程师的项目、存在问题较多项目、有重大危险性工程项目以及重大工程项目为巡视督查的重点。

3. 建立每个项目监理机构安全监理工作质量巡视督查档案，以避免重复督查相同内容，系统了解安全监理工作质量，追溯有否重复发生的问题以及上次存在问题的整改效果。

4. 对巡视督查中发现的问题严格做到指令的整改内容未得到整改不放过，存在较多安全隐患的安全现状未得到改观不放过，安全监理行为不到位的责任人不受到教育不放过，安全监理工作质量较差的未得到提高不放过。

5. 大力整治安全监理工作不力的项目监理机构，对较差的项目监理机构实行通报批评，较差的总监理工程师实行总监约谈，重复发生的问题追究责任人责任。

6. 巡视督查做到月度有汇总，季度有测量分析和奖惩。

7. 对巡视督查中发现的问题，宜通过总监会议，在有关监理的刊物如《海龙之窗》上刊登文章等方式提出改进意见。

十、考核奖惩制度

（一）职责

1. 总监理工程师负责项目监理机构全体监理人员的安全监理工作质量的检查和考核，并实施项目监理机构内部奖惩。

2. 监理管理部负责《项目监理机构安全质量监控责任行为考核奖惩办法》起草以及日常项目监理机构安全监理工作质量的检查和考核，提出奖惩意见。

3. 总工程师室负责项目监理机构质量管理体系内部审核和考核，提出奖惩意见。

4. 综合部负责《项目监理机构（半）年度综合考评办法》（包括安全监理工作）起草以及主持项目监理机构的综合考评，并实施奖惩。

5. 副总经理负责对职能部门的年度工作（包括安全监理工作）考核。

6. 总经理负责有关安全监理工作考核奖惩办法的审批以及奖惩实施的审批。

（二）规定

1. 总监理工程师对项目监理机构全体监理人员的安全监理工作质量的检查和考核可采用以下方式：

（1）口头询问各级监理人员对安全监理工作的实施情况。

（2）每天审阅各级监理人员在《监理日记》的相关栏目中对安全监理工作的实施记录。

（3）抽查各级监理人员对施工企业报送的安全生产管理资料的审查核验、检查验收和备案情况，抽查各级监理人员编制、填写安全监理内业资料情况，抽查安全监理资料台账的建立和整理情况。

（4）口头征询建设单位对各级监理人员的安全监理工作实施质量的建议和意见。

（5）收集监督管理部门对安全监理工作实施的检查信息。

（6）对各级监理人员实行两个月一次的综合考评。

2. 相关职能部门对项目监理机构安全监理工作质量的检查和考核可采用以下方式：

（1）巡视督查。

（2）质量管理体系内部审核。

（3）建设单位评价。

（4）监督管理部门检查。

（5）半年度综合考评。

3. 企业对职能部门的安全监理工作质量的检查和考核可采用以下方式：

（1）工作计划实施情况检查。

（2）质量管理体系内部审核。

（3）年度目标完成情况。

4. 总监理工程师对项目监理机构全体监理人员内部考核的奖惩条件自定。

5. 企业对项目监理机构和各级监理人员奖惩条件：

（1）推动施工企业创建文明工地、安全质量标准化优良工地，获得奖项的给予奖励。

（2）安全监理工作优秀，获得监督管理部门、建设单位书面表彰或进行安全监理工作观摩的给予奖励。

（3）企业巡视督查、质量管理体系内部审核中获书面通报表扬的给予奖励。

（4）被监督管理部门书面通报批评、行政处罚的给予处罚。

（5）监督管理部门检查开具整改通知单、书面谈话通知，经查实安全监理行为不到位的给予处罚。

（6）企业巡视督查、质量管理体系内部审核中书面通报批评的给予处罚。

（7）工程项目发生安全事故，项目监理机构有连带责任的给予处罚。

6. 企业对职能部门和部门职员奖惩条件：

（1）在安全监理工作中表现优秀的给予奖励。

（2）年度工作考核成绩优异的给予奖励。

（3）安全监理工作有重大失误的给予处罚。

7. 奖励为荣誉奖励和物质奖励两种形式，处罚为物质处罚。

第五节 监理企业安全监理工作管理

一、企业对职能部门安全监理工作管理流程

企业对职能部门安全监理工作管理流程见图 14-2 所示。

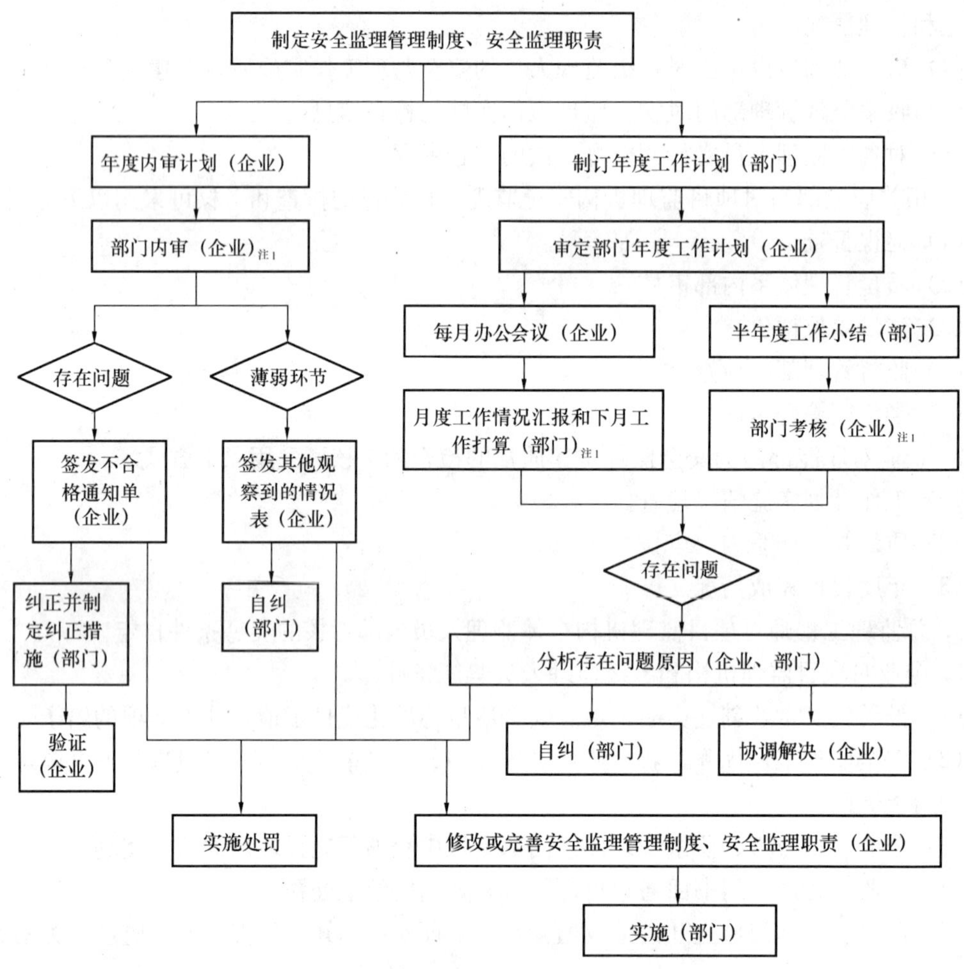

图 14-2 企业对职能部门安全监理工作管理流程

注 1：对年度内审、完成年度工作计划成绩优异的职能部门和部门职员给予奖励。

二、企业对项目监理机构安全监理工作管理流程

企业对项目监理机构安全监理工作管理流程见图 14-3 所示。

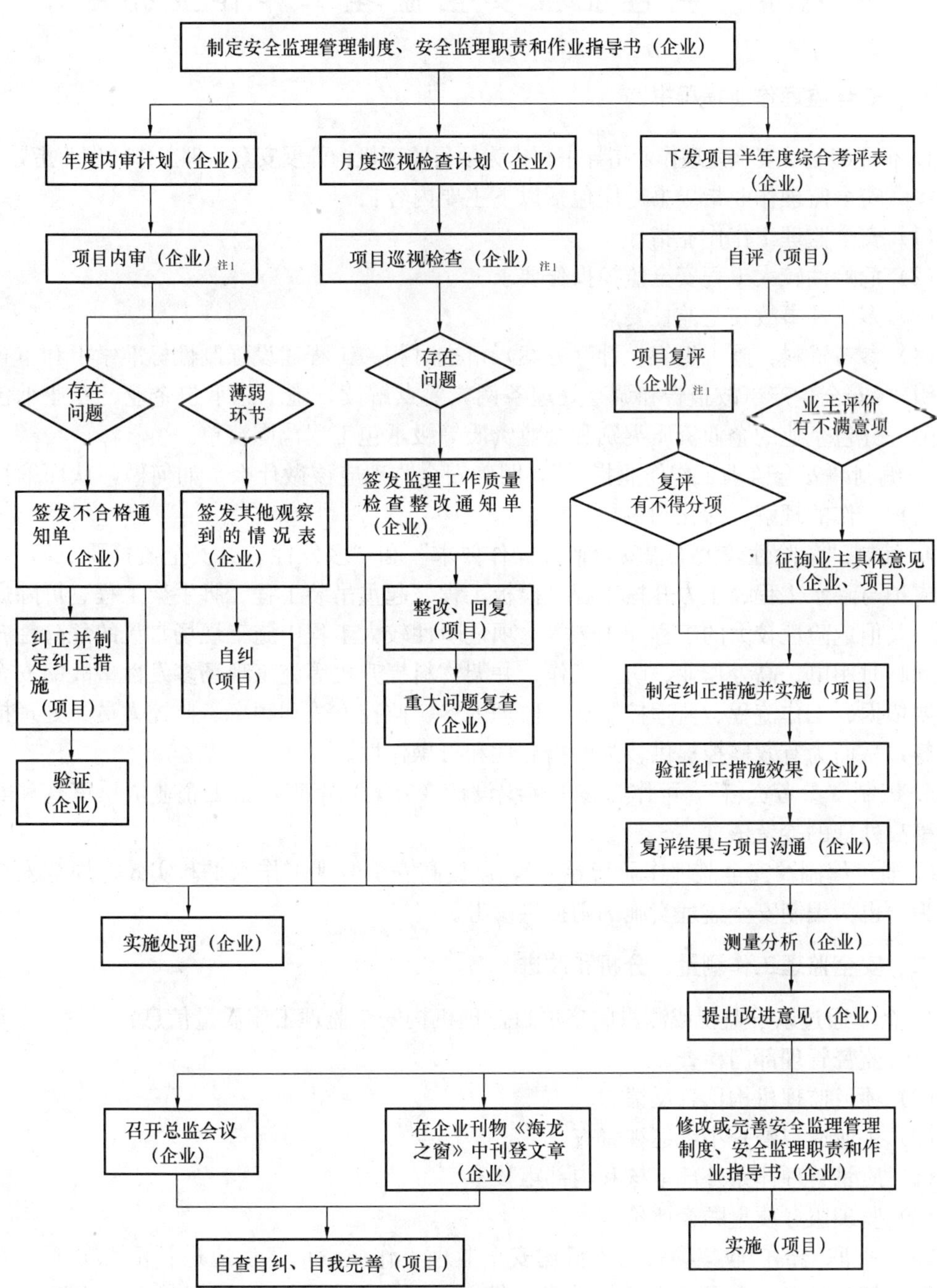

图 14-3　企业对项目监理机构安全监理工作管理流程

注 1：对年度内审、巡视检查、综合考评中成绩优异的给予奖励，

并作为年度先进项目监理机构、优秀总监理工程师、优秀员工评选依据。

第六节 监理企业安全监理工作作业指导

一、安全监理作业指导书

1. 企业编制《安全监理作业指导书》作为项目监理机构开展安全监理工作的作业指导。

2.《安全监理作业指导书》应包括以下主要内容：

（1）安全监理工作作业指导。

（2）危险性较大工程安全监控操作要求。

（3）多发性事故安全监控要点。

（4）参考资料：施工组织设计（方案）审查时相关工程建设强制性标准索引和审查要点索引，《安全生产事故报告和调查处理条例》要点解读，施工总承包企业、专业承包企业、劳务分包企业的企业资质类别和企业资质等级承包工程范围清单。

3. 编制“安全监理工作作业指导”，明确安全监理应该做什么，如何做，从而缩短对安全监理工作的理解、深化到执行过程。

4. 编制“危险性较大工程安全监控操作要求”和“多发性事故安全监控要点”，明确基坑支护与降水工程、土方开挖工程、模板工程、起重吊装工程、脚手架工程、拆除爆破工程、其他危险性较大的工程和工艺等七项危险性较大工程中施工现场常见的危险性较大工程和临时用电、高处作业、防火工作、井架物料提升机等施工现场多发性事故的安全监理主要依据、工作流程、监理控制点、监理内容、监控方法和频率、监控人员、处理措施等内容，从而为有效监控提供较强的指导性和可操作性。

5. 编制“参考资料”，可作为施工组织设计（方案）审查，施工企业资质审查和安全生产事故处理的参考依据。

6. 通过编制《安全监理作业指导书》，以提高安全监理工作水平和实效，规范安全监理行为。也为编制安全监理实施细则提供参考。

二、安全监理工作测量、分析和改进

1. 企业通过以下监视或测量收集项目监理机构安全监理工作质量信息：

（1）监督管理部门检查。

（2）项目监理机构信息反馈。

（3）企业巡视督查小组巡视督查。

（4）质量管理体系外部审核和内部审核。

（5）监理服务质量顾客评价。

2. 相关职能部门收集项目监理机构安全监理工作质量信息后应进行汇总分析。其中监督管理部门检查、项目监理机构信息反馈、企业巡视督查小组巡视督查每季度分析一次，质量管理体系内部审核和监理服务质量建设单位评价每半年分析一次。分析可采用统计技术方法（如排列图、直方图、分层法等），也可采用其他适用的方法。

3. 项目监理机构安全监理工作质量信息经汇总分析后应得出以下判定：

（1）安全监理工作质量提高或者下降。

（2）存在问题是个别的、偶然的、孤立的还是普遍的、系统的。

4. 对存在的普遍性或系统性问题应从以下几个方面进行原因分析：

(1) 安全监理管理制度和安全监理职责不明确或不完善。

(2) 安全监理作业指导书缺乏可操作性或不够具体详细。

(3) 监理人员责任心不强，实施不认真。

(4) 监理人员监控能力低，不能胜任。

5. 经原因分析后，对存在问题应制定改进措施并实施：

(1) 修改或完善安全监理管理制度和安全监理职责。

(2) 细化安全监理作业指导书。

(3) 完善项目监理机构安全质量监控责任行为考核奖惩办法并实施。

(4) 加强培训的有效性，加强过程指导帮助。

6. 对于实施效果不好或者不明显的应采取进一步分析和改进，直至监理工作质量提高。

第七节 安全监理工作要点

一、安全许可动态监控

1. 项目监理机构应动态监控施工企业安全生产许可证、三类人员安全生产考核合格证书的有效情况。

2. 动态监控可依据施工企业安全生产许可证、三类人员安全生产考核合格证书的证书编号，进行网上查询。

3. 项目监理机构无法进行网上查询时，可提请监理管理部代为网上查询。

4. 企业巡视督查小组在巡视督查时应抽查项目监理机构动态监控的实施记录。

二、安全质量标准化核准

1. 监理管理部不定期上网查询本企业监理项目的施工现场安全质量标准化达标工地申报信息。

2. 监理管理部建立施工现场安全质量标准化达标工地名录台帐。对已网上申报《建设工程安全质量标准化达标工地考核开工报审表》的工程项目及时在名录台帐中记录申请编号、工程项目名称、施工总包企业名称、受监站名称、自动生成的工地用户名及密码等信息。

3. 监理管理部对《建设工程安全质量标准化达标工地考核评分表》中所列的考核内容进行分解和细化，制定经分解和细化的考核评分表，以便项目监理机构操作。

4. 不定期抽查项目监理机构对施工现场安全质量标准化达标工地考核核准情况。抽查内容包括核准的及时性、准确性、与施工现场实际情况的相符性。

三、危险性较大工程监控

1. 危险性较大工程的识别和确定应根据《危险性较大工程安全专项施工方案编制及专家论证审查办法》（建质［2004］213号）第三条和地方现行法规性文件规定的规模标准，结合设计文件（施工图）、或施工现场地质条件和周围环境、或施工组织设计（方案）进行识别和确定。

2. 当《危险性较大工程安全专项施工方案编制及专家论证审查办法》第三条和地方现行法规性文件规定的规模标准不一致时，可遵循以下三个原则：列入的内容与未列入的内容以列入的内容为准，列入的内容中明确规模标准的与未明确规模标准的以明确规模标准的为准，明确规模标准中规模标准高的与规模标准低的以规模标准高的为准。

3. 项目监理机构应按月编制《危险性较大工程月度计划》，填写危险性较大工程名称、工程量、专项施工方案编审、专家组论证审查报告、施工机械及安全设施质量检测报告（施工企业内部验收记录）、施工分包企业资格和安全生产许可证、施工进度等内容。

4.《危险性较大工程月度计划》应随《安全监理工作月报》同时上报监理管理部，以便企业掌握第一手资料，企业巡视督查小组在安排巡视督查计划和进行巡视督查时有计划的进行监控和指导。项目监理机构应自留一份，以便全体监理人员了解当月危险性较大工程实施情况，便于动态监控。

5. 重大的、技术难度高的、工艺复杂的危险性较大工程是企业巡视督查的重点。

6. 危险性较大工程月度计划见表 14-1。

危险性较大工程月度计划 **表 14-1**

工程名称______ 施工企业______ 安全监理人员签认______ 日期____年____月____日 编号____

序号	危险性较大工程名称	工程量	专项施工方案编制	专家组论证审查报告	施工机械、安全设施合格证和质量检测报告	施工企业内部验收记录表	分包企业		施工进度
							资质证书	安全生产许可证	
1	深基坑支护、降水								
2	深基坑土方开挖								
3	较高大的水平混凝土构件模板支撑系统								
4	起重吊装								
5	较高的落地式钢管脚手架								
6	附着式升降脚手架								
7	悬挑（挂）式脚手架								
8	吊（挂）篮脚手架								
9	悬挑式卸料平台								
10	较高的室内脚手架和操作平台								
11	建筑幕墙安装								
12	桥梁（含桥架、高架道路）施工								
13	特种设备安装拆除（塔吊等）								
14	其他								

说明：1. 本汇总表内的危险性较大工程名称仅列入常见的危险性较大工程，详细内容可见建质［2004］第 213 号文件和地方现行法规性文件。

2. 未在序号 1～13 中的危险性较大工程可列入其他栏，并写明该危险性较大工程名称。

3. 工程量栏是指该工程的深度、高度、面积、重量、数量等指标（如基坑深度、模板支撑系统高度、起重吊装高度和吨位数、附着升降式脚手架使用的号房幢数等）。

4. 施工进度是指该工程拟施工的日期，已施工的部位和阶段等。

四、文明施工监控

1. 项目监理机构应根据《建设工程委托监理合同》规定的文明施工监理的工作内容实施施工现场文明施工监理。当《建设工程委托监理合同》中有文明施工监理要求但未规定文明施工监理的工作内容时，应以《建筑施工安全检查标准》(JGJ 59—99) 中“文明施工检查评分表”为文明施工监理的工作内容。

2. 项目监理机构应按照《安全防护、文明施工措施费用项目表》检查施工企业文明施工措施落实情况和费用使用情况。

3. 企业巡视督查小组在巡视督查时应抽查项目监理机构对施工现场文明施工情况的监控记录。

五、安全事故监控

1. 安全事故是指施工现场发生人员伤亡或者直接经济损失（如人员伤亡后的费用支出、固定资产或流动资产损失）以及虽然没有造成人员伤亡，但是社会影响恶劣（如造成较大国际影响、严重影响人民群众正常生活生产、对人民生命健康构成重大潜在威胁），国务院或地方人民政府认为需要处理的事故。

2. 安全事故分为一般事故、较大事故、重大事故、特别重大事故 4 个等级，具体以《安全生产事故报告和调查处理条例》（国务院第 493 号令）第三条规定的为准。

3. 强调项目监理机构不得与有关单位共同迟报、漏报、谎报、瞒报安全事故。有此情况经查实后，按照《项目监理机构安全质量监控责任行为考核奖惩办法》严肃处理。

4. 施工现场发生安全事故，施工现场监理人员应在第一时间赶到事发现场，自始至终了解现场情况，包括起始过程和现状。并立即向总监理工程师报告，情况紧急时可直接报告监理管理部经理和企业领导。

5. 总监理工程师接到安全事故报告后应立即向监理管理部经理报告，情况紧急时可同时报告企业领导。不在事发现场时应立即赶到事发现场，了解基本情况后再行补报。

6. 监理管理部经理接到安全事故报告后应立即报告企业领导并在最短时间内赶到事发现场。了解基本情况后再行补报。

7. 企业领导接到安全事故报告后，对较大事故、重大事故、特别重大事故应组织应急救援非常小组全体成员在最短时间内赶到事发现场。

8. 安全事故报告包括以下内容：

(1) 发生安全事故的工程项目名称、工程项目地址。

(2) 安全事故发生单位（包括施工总包企业、专业承包企业、劳务分包企业)。

(3) 安全事故发生时间和发生安全事故的施工区域。

(4) 安全事故简要经过。

(5) 安全事故已造成或可能造成的伤亡人数和初步估算的直接经济损失。

(6) 安全事故现场现状和已经采取的措施。

9. 安全事故报告后出现新情况的应及时补报。

10. 协助施工企业采取措施，努力抑制安全事故的进一步发展，把安全事故造成的人员伤亡、经济损失以及对社会和环境影响降低到最低程度。

11. 项目监理机构和监理管理部负责了解、或配合、或参与安全事故调查处理，总工程师室等其他职能部门负责了解、或配合、或参与较大事故、重大事故、特别重大事故调查处理工作。安全事故调查中，不得阻碍和干涉对安全事故的调查，不得作伪证或指使有关单位和个人作伪证。

12. 安全事故调查处理涉及项目监理机构连带责任的，按照负责安全事故调查的人民政府的批复，对负有责任的监理人员进行处理。

13. 督促项目监理机构认真吸取安全事故教训，查找安全监理工作中的缺陷或不足，落实整改措施，并举一反三，防止类似安全事故的再次发生。

14. 督促项目监理机构提交《安全事故调查报告》、《安全事故调查处理报告书》和《安全事故调查处理报告书批复》报送监理管理部备案。

15. 监理管理部应在总监会议上通报安全事故发生经过、原因分析、采取的措施以及安全监理工作中的缺陷、处理情况，以起到其他项目监理机构引以为戒的作用。

六、应急管理监控

1. 安全突发事件是指施工现场发生危及人员安全、施工工地安全、周边环境安全和社会公众安全的突发事件，包括人身伤害、火灾、灾难性气候影响、周边环境破坏、影响社会公众利益等情况。安全突发事件按事件状态可分为事故预兆、事故险情、险肇事故、安全事故四种情况。其中安全事故的认定以《安全生产事故报告和调查处理条例》（国务院第 493 号令）第三条规定的为准。

2. 应急组织和职责：

（1）企业成立应急领导小组，负责安全突发事件处理的领导工作。领导小组成员由企业总经理任组长，分管安全监理的副总经理任副组长，总工程师、综合部经理、监理管理部经理任组员。

（2）企业成立应急非常小组，负责重大安全突发事件处理。非常小组成员除领导小组成员外，另增加总监理工程师、安全监理人员、企业相关专家任组员。

（3）项目监理机构成立应急工作小组，负责一般安全突发事件处理。工作小组成员由总监理工程师任组长，安全监理人员任副组长，全体监理人员任组员。

3. 报告程序和时限：

（1）施工现场发生安全突发事件，施工现场监理人员应在第一时间报告总监理工程师，并随时报告事态现状。

（2）总监理工程师接到报告后应按照安全突发事件的轻重、缓急程度，对一般安全突发事件 1 小时内报告建设单位和监理管理部经理，重大安全突发事件应立即报告建设单位、本企业总经理和监理管理部经理。

（3）监理管理部经理接到重大安全突发事件报告应立即报告总经理。

（4）总经理接到重大安全突发事件报告后应立即启动企业应急非常小组机构职责，由综合部经理通报非常小组全体成员。

4. 报告内容：

（1）发生安全突发事件的工程项目名称和地址。

（2）安全突发事件的发生时间、施工区域、事件状态、事件造成的损失和影响程度、人员伤亡情况。

（3）安全突发事件现有状态。

（4）安全突发事件发生原因初步分析和已（拟）采取的措施。

5. 通信保障：

（1）企业应急领导小组（非常小组）成员的联系电话应包括手机和宅电，发放到每位成员。

（2）项目监理机构应保留本企业总经理、监理管理部经理的联系电话。

（3）项目监理机构全体监理人员的联系电话应上墙，其中总监理工程师、安全监理人员应包括手机和宅电。

（4）监理管理部经理手机应 24 小时开通。总监理工程师、安全监理人员不在施工现场监理办公室或不在家中时，手机应开通。

6. 应急响应：

（1）施工现场发生安全突发事件时，施工现场监理人员应在第一时间赶到事发现场，自始至终了解现场情况，包括起始过程和事态现状，直至总监理工程师到达事发现场。

（2）发生安全突发事件，总监理工程师应立即赶到事发现场。

（3）发生重大事故险情或安全事故，监理管理部经理应在接到报告后在最短时间内赶到事发现场。

（4）发生重大安全突发事件，企业应急非常小组全体成员应在最短时间内赶赴事发现场。

（5）施工现场发生安全突发事件，应协助施工企业采取措施，努力抑止事态的进一步发展，把安全突发事件可能造成或已经造成的人员伤亡、经济损失以及对社会和环境影响降低到最低程度。

第十五章 机械检测机构安全管理

第一节 机械检测机构的管理体系

一、机械检测机构的组织机构

机械检测机构为行使其职能和职责，必须按一定的方式组织起来，明确各部门和各岗位人员之职责、权限和相互关系，为质量管理奠定组织管理基础。

（一）检测机构独立性的保证

1. 检测机构在检测业务行文、签立检测合同、检测计划管理、检测活动安排领域里具有相对的独立性，检测任务不受任何行政干预。

2. 检测机构资金运作实行独立核算。

（二）组织机构

1. 检测机构的建制

(1) 决策层

1）最高管理者；

2）质量负责人；

3）技术负责人。

(2) 贯彻层

1）综合部主任；

2）监督员；

3）内审员；

4）报告审核员。

(3) 执行层

1）检测部主任；

2）仪器设备管理员；

3）资料管理员；

4）样品管理员；

5）检验员。

以上各类人员均应有相应的任命。

2. 组织机构图（图 15-1）

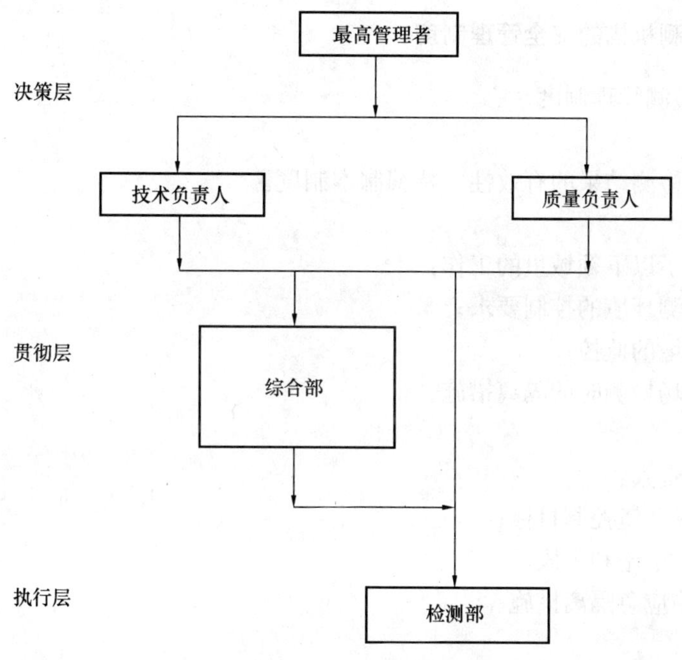

图 15-1　组织结构图

3. 部门职责和权限

（1）综合部：协助领导、质量负责人、技术负责人做好人事管理，行政管理，业务接待，计划管理，文档资料管理，样品管理，设施设备管理，发送检测报告，代收检测费用，投诉处理等项工作。负责与后勤和财务部门对口，做好后勤条件保障与财务核算工作。

（2）检测部：在技术负责人领导下做好执行检测计划，开展检测活动。进行设施和仪器设备的日常维护。

二、机械检测机构的职责与权限

1. 依据《中华人民共和国建筑法》、《中华人民共和国安全生产法》、《建设工程安全生产管理条例》、《安全生产检测检验机构管理规定》（国家安全生产监督管理总局令第 12 号）等法律法规，对进入建设工程施工现场的建筑起重机械进行安装质量检测和检验；

2. 积极宣传安全生产的方针、政策和建筑起重机械安全法规，督促有关单位贯彻执行；

3. 制定或参与审定有关建筑起重机械的安全技术规程、标准；

4. 对建筑起重机械制造、安装单位进行检查，发现违规行为时，有权通知该单位予以纠正；

5. 检查建筑起重机械的使用情况，有权制止违章指挥、违章操作的行为；

6. 检查中发现不安全的因素的，发出《整改通知书》，要求使用单位解决；逾期不解决或有发生事故的危险时，有权通知停止该设备的运行；

7. 有权制止无证操作建筑起重机械的使用；

8. 有权参加或进行建筑起重机械的事故调查，提出处理意见。

三、机械检测机构的安全管理制度

(一) 现场检测管理制度

1. 目的

为保证现场检测结果的有效性，特编制本制度。

2. 范围

本制度包括了以下领域里的工作：

(1) 现场检测环境的控制要求；

(2) 现场环境的监控；

(3) 影响现场检测时的隔离措施。

3. 职责

(1) 检验负责人：

1) 制定现场环境控制目标；

2) 建立监控措施和手段；

3) 决定实施应急隔离措施。

(2) 检验员：

负责记录检测环境的监控数据。

4. 程序

(1) 人员和设备的安全

1) 检验人员进入工程现场进行检验时必须佩带安全防护设施。如：安全防护帽、防刺鞋、工作服、防尘口罩等。

2) 进入现场的仪器设备必须配有防漏电插销板和电源电压检测仪表，以及仪器设备防水、防尘护罩及防震措施等。

(2) 现场检验的环境要求

1) 检验负责人在制定检验实施方案时，应根据所用仪器设备的使用条件和对被测对象的测量要求制定出现场检验时的极限环境条件和条件保障。如：

①人员和设备的安全保障；

②供电的条件及保障；

③吊装和运输保障；

④温湿度条件；

⑤光线干扰；

⑥噪声震动和电磁场干扰；

⑦其他特殊条件和保障。

2) 对有条件要求和限制的检验活动，到现场检验时，检验负责人应组织配带相应的监测设备。现场监测设备的使用要求应符合相关要求。

3) 开展现场检验时，检验负责人应组织携带全部检测仪器设备和环境监测设备。

4) 达到现场作业区后，检验负责人应首先安排架设环境监测设备，开展对检验环境条件是否达到要求进行定量评价。

5）在确认环境符合检验要求后，检验负责人向委托人提出配合要求，对各种条件保障进行核查。当确认各种环境和条件已满足检验要求后，即可组织实施现场检验。

6）现场仪器设备使用人必须检查仪器设备的完好性。

7）检测中应注意观测和记录环境条件的变化情况。当环境条件超出了规定的要求时，检验负责人应责令停止检测作业，直至环境条件恢复到符合检测规定的程度。

8）对难以控制的环境条件，检验活动应考虑在时间和地域上实施隔离。以保证检验结果的有效性。

9）检验活动中，检验员除了应当记录检测数据和环境检测结果，还应记录被测对象的详细情况和仪器设备的使用情况。

（3）检验环境的隔离

1）当环境监测结果显示环境条件达不到检验要求时，检验负责人应决定停止检验。对不能间断检验活动的检测数据宣布数据无效。

2）检验负责人应与委托人协商，实施时间隔离。即考虑在无干扰时段时进行检验。并希望做好必要的条件保障。

3）当现场环境持续达不到检验要求时，应停止现场检验计划的实施。可请委托人考虑可否改变检验方法。如实施在实验室中的模拟检验或其他方式。

（二）检测安全作业管理制度

1. 目的

为了规范现场检测作业的安全管理，保证安全生产，特编制本制度。

2. 范围

本制度适用于本实验室全部检测作业的安全管理。

3. 职责

（1）最高管理者对检测作业安全负最高领导责任。

（2）技术负责人负责组织检测作业人员的安全教育和技术培训工作。

（3）监督员负责检测作业安全监督工作，确保检测作业安全进行。

（4）检验员严格执行有关规程制度，保证安全生产。

4. 程序

（1）检测作业人员应具备的条件

1）从事检测作业的人员必须具有高中或相当于高中以上学历，从事检测工作一年以上，身体健康，没有妨碍从事本工种作业的疾病和生理缺陷；

2）检测作业人员应当经过专业培训，考核合格后持证上岗；

3）凡离开检测作业工作岗位半年以上的检测作业人员，必须经审查合格后方可从事检测作业。

（2）现场检测安全管理程序

1）参与现场检测的人员必须身体健康，若在开始检测前感觉身体有任何不适，不论出于何种原因，应立即向检测负责人报告，申请调换人员并及时就医，补办请假手续。检测负责人和中心任何管理人员不得以任何理由加以阻挠或刁难。

2）检测人员进入工程现场进行检测时必须佩带以下安全防护设施：安全帽、安全带、防滑鞋、工作服等，必要时还应佩戴防尘口罩。

3）进入现场的仪器设备必须配有防漏电插销板和电源电压检测仪表，以及仪器设备防水、防尘护罩及防震措施等。

4）在工程现场，检测人员及车辆应避免在现场吊运物体下方经过或停留，车辆应尽量停放在防护棚下或远离建筑物及施工区域。

5）检测人员在施工区域行走时应注意安全，避开伸出的脚手管、木板上的朝天钉及其他危险物体。经过临边、洞口、电梯口及楼梯口时应看清环境情况，在确保安全的情况下通过。

6）进行高处作业需要上下联络时，必须配置对讲装置。

7）检测作业时被检测机械设备必须停止一切作业，包括回转、起吊作业等，必要时检验负责人应与施工单位协调，切断机械设备的电源。在确认被检测机械设备停止一切运转后，检测人员方可进入机械设备内部进行检测作业。

8）登高作业时应谨慎小心，对爬梯、栏杆、钢网板、塔机变幅小车等物体，应先采用试抓或试踩的方法，确保其能承受自身重量且不致发生危险。

9）乘坐变幅小车前、登上塔机或升降机轿厢前，应与驾驶人员沟通联络方式，确保联络畅通并不致引起误解。

10）高处作业时身体不得倚靠在栏杆上。

11）应通过爬梯攀爬到高处，严禁攀爬钢结构。

12）在进行力矩限制器、重量限制器检测等需要起吊重物的作业时，必须在作业现场设置警戒线并有专人看护，无关人员一律不得进入。

13）测量绝缘电阻时，应断开总电源，必要时可采用电笔或仪表测量等方法，在确保被测物不带电的情况下方可进行测量工作。

14）遇大风、雨、雪、酷暑、严寒等恶劣天气，应暂停登高作业。

15）进入工程现场不得吸烟。

16）酒后严禁登高作业。

17）监督人员在现场监督、检查检测作业过程中，发现不安全情况时要立即纠正，必要时有权停止该工作，在不安全情况纠正后，方可继续该工作。

18）检测作业人员在作业过程中发现事故隐患或者其他不安全因素，应当立即采取有效措施或停止工作，并向监督人员和部门负责人报告。

第二节 机械检测工作的管理

一、机械检测申请受理

（一）起重机械装拆基本要求

1. 装拆企业应当具备与所装拆起重机械相匹配的资质条件；

2. 装拆企业应取得安全生产许可证；

3. 装拆企业的主要负责人、项目负责人、专职安全生产管理人员（以下简称“三类人员”）应持有安全生产考核合格证书；

4. 装拆工程应签订书面合同、安全协议；

5. 有经过总承包、监理单位审批的专项施工方案；

6. 现场作业人员应具备相应的资格条件；

7. 起重机械部件应保持完好，安全装置应齐全有效。

（二）起重机械IC卡及其申领

1. 在建设工地上安装使用的塔式起重机、施工升降机和建设用流动式起重机必须申领并取得建设机械产品监管卡（以下简称IC卡），其配套的统一编号牌必须设置在该机械的规定位置；

2. 机械检测机构负责IC卡的申领受理和发放；

3. IC卡应由机械设备的产权单位申领；

4. 申领IC卡时，设备产权单位应提交下列资料：产品制造企业对应于该产品的《工业产品生产许可证》、该产品的使用说明书、出厂合格证、购货发票以及IC卡申领书（设备产权单位盖公章，法人代表签字）；

5. 机械检测机构审验上述资料后，符合条件的发放IC卡和统一编号牌；

6. 设备产权单位应妥善保管IC卡，并将统一编号牌放置在相应设备的规定位置；

7. 建筑机械每次安装或拆卸，装拆单位均应持IC卡到机械检测机构登录机械设备动态管理网输入相关信息。

（三）初次检测的申请和受理

1. 安装完毕后，安装单位对安装质量、机构运行情况和安全装置的有效性进行自检，并填写自检合格证明材料。

2. 安装单位自检合格后，应凭该起重机械的IC卡和《安装质量检测（验收）资料汇总表》，向检测机构申报安装质量检测。

3. 检测机构在接到安装单位的申报以后，即予以登记，一般将在2个工作日内前往设备所在工地进行检测工作。

注：这里所指的工作日不包含法定节、假日，以及会影响检测工作进行的恶劣气候日。

（四）中间检测的申请和受理

1. 每台起重机械至少进行一次中间检测（不加节且使用周期小于3个月的除外）；

2. 需要加节的起重机械使用后第一次加节附着前5天，不需要加节的使用3个月后，向检测机构申请中间检测。

3. 检测机构在接到安装单位的申报以后，即予以登记，一般将在2个工作日内前往设备所在工地进行检测工作。

注：这里所指的工作日不包含法定节、假日，以及会影响检测工作进行的恶劣气候日。

（五）检测工作的实施及要求

1. 检测机构将于检测日的前1个工作日，通知被检企业。

2. 检测人员进行检测时，有关单位必须配备机械操作人员及管理人员协助工作。

3. 检测人员在对机械设备检测时，如发现隐患或存在问题，将开具整改通知书，要求安装单位在限定的整改期内作出整改，被检企业代表如对整改通知书上内容无异议，应签字认可。

（1）整改通知书必须加盖检测机构公章，并有主检人员签字方为有效，否则被检单位可以拒绝签收。

(2) 被检单位如对整改内容有异议，应立即向检测机构申请复议，但对重大隐患应先停止机械设备的使用，书面告知检测机构复检，检测机构应及时安排其他检测人员进行复检，此次检测结论即为最终结论。

(3) 被检单位在接到整改通知书以后，必须在整改通知书限定的整改期内完成整改。

(4) 对在检测中，机械设备存在重大事故隐患的，检测人员在签发的整改通知书中将注明该机须停机整改，则该设备在检测机构未复检合格前不得使用。

(5) 被检单位如在整改期内不能完成整改工作的，也需在接到整改通知单 3 日以内，以书面形式告知检测机构，要求延长整改期限，一般申请延长期不得超过原整改期 10 天。

二、机械检测工作的人员配备

一切工作都需要人的参与，检测机构管理层应确保所有操作专门设备、从事检测以及评价结果和签署检测报告的人员的能力。只有保证检测机构全体人员具有良好的技术素质、质量风险意识、法制和服务观念，才能保证检测工作的安全和质量。为满足安全质量目标，检测机构应有充足的人员，并对人员的能力进行适时的培训，对关键岗位的人员实施上岗资格考试制。检测机构一般必须配备的人员及其任职资格如下：

(一) 技术负责人

1. 具有工程师以上（含工程师）任职资格，从事本专业技术工作 10 年以上；

2. 了解国家、行业和地方机械检测工作的法律法规；

3. 具有合理配置人力、设备资源和制订中长期技术发展规划的能力；

4. 熟悉本专业技术标准，具有制定检测工作文件，解决重大技术问题的能力。

(二) 质量负责人

1. 具有工程师以上（含工程师）任职资格，从事本专业技术工作十年以上；

2. 了解国家、行业和地方机械检测工作的法律法规；

3. 熟悉质量管理标准，具有制定管理文件，实施内部管理体系审核的能力；

4. 熟悉本专业产品标准和检测能力，具有处理检测质量争议和监督检测质量的能力。

(三) 监督员

1. 具有工程师以上（含工程师）任职资格，从事本专业技术工作 8 年以上；

2. 了解国家、行业和地方机械检测工作的法律法规；

3. 熟悉本专业产品标准和检测能力，具有处理检测质量争议和监督检测质量的能力。

(四) 内审员

1. 具有工程师以上（含工程师）任职资格，从事本专业技术工作 8 年以上；

2. 了解国家、行业和地方机械检测工作的法律法规；

3. 熟悉本实验室的管理体系及其内部审核，通过内审员培训及考核。

(五) 检验员

1. 具有高中或相当于高中以上学历，从事检测工作 1 年以上并经过专业培训，考核合格后持证上岗；

2. 对承检的机械设备有一定了解，能根据试验要求正确选择使用仪器设备；

3. 能对试验中出现的异常现象作出判断。

(六) 仪器设备管理员

1. 具有大专以上学历；
2. 熟悉仪器设备性能和调试方法；
3. 熟悉仪器设备管理知识和管理程序，熟悉其使用方法和维护保养方法。

（七）资料管理员

1. 具有大专以上学历；
2. 具有管理档案的能力；
3. 了解业务范畴产品和标准知识。

（八）样品管理员

1. 具有高中以上学历；
2. 具有管理样品的能力；
3. 了解业务范畴产品和标准知识。

（九）报告审核员

1. 具有工程师以上（含工程师）任职资格，从事本专业技术工作10年以上；
2. 具有评定检测结果的能力；
3. 了解业务范畴产品和标准知识。

检测机构应制定《人员培训控制程序》，确保对各类人员进行适当及时的培训。培训可以是检测机构组织的内部培训和派往培训机构接受外部培训。

对人员培训按年度计划进行，人员的培训分为上岗培训和业务的持续培训。所有检测人员应经过培训考核取得相应的上岗证方可出具有效的检测数据。培训记录列入人员技术档案。检测机构应建立全部人员的技术档案包括人员的培训记录和资质的相关证明。应在每年的人员培训总结中对培训实施的有效性进行总结。对各个岗位人员的培训须分为近期和远期要求订立计划并按不同的岗位要求和本身状况实施培训。岗位人员应有自我的培训效果的总结。管理评审应对人员培训的效果做出评价。

检测机构在使用岗位人员和签约人员时，应确保这些人员是胜任的且受到监督，并按照实验室管理体系要求工作。

三、机械检测工作的设备配备

测量设备是检测机构开展检测工作必须具有的物质基础。检测机构应按照检测服务能力配置所需要的全部设备，并保持良好的状态。一般而言，机械检测机构应配备以下设备：

1. 应力测试仪器：包括静态应变仪和动态应变仪；
2. 无损检测设备：包括磁粉探伤仪、超声波探伤仪、钢丝绳检测仪等；
3. 钢结构垂直度测量仪器，即经纬仪等；
4. 电工仪表：包括接地电阻测试仪、绝缘电阻表、功率表、电压表等；
5. 称重装置：包括拉力计、台秤等；
6. 物理尺寸测量仪器：包括卷尺、测距仪、游标卡尺、百分表、测厚仪等；
7. 其他：如声级计、温度计、风速仪等。

以上所有仪器仪表必须可靠溯源至国家标准。

另外，机械检测机构还可考虑配备方便检测作业的一些设备，如对讲机、望远镜、照相机等，还有登高作业必备的安全带。

第三节 现场机械检测工作程序

一、机械检测工作的环境要求

环境条件是关系到检测结果有效性和准确度的重要因素之一，具备必要的设施和环境条件，并进行有效的监控是保证检测工作正常进行的先决条件。

检验环境条件要符合检验标准要求和满足仪器设备使用条件要求，对检验构成影响的参量予以控制，一般应着重控制温度、湿度等参量。在可能对人体健康造成危害的高温天气下及对仪器正常使用有影响的高湿度情况下，检测负责人应暂停检测工作，检测机构的各级负责人应将检测机构的安全和员工的健康作为首要条件考虑，技术负责人要对检测机构检测活动中的各项安全和健康要素作出明确的规定。安全教育要纳入员工培训计划，由技术负责人负责培训，由安全监督员负责安全检查。

检验场所的环境不应对检验结果的有效性或对测量结果的准确度性产生不利影响。在非固定场所进行检验时尤其应当引起注意。

检测机构对有要求的检验环境条件实施监控和记录。当监控记录表明环境条件达不到要求时，检验工作应采取相应的有效措施，以保证检验工作不发生偏离。

检验如遇到相邻区域的干扰或影响时，应采取隔离措施。在实施隔离后仍达不到要求时，则应实施暂停措施，待条件具备时再继续检验。在非固定场所进行检验时应尤其要注意。

二、现场机械检测工作内容

检测人员到现场进行机械检测时，应与委托方做好沟通工作，合理作好各项检测项目的准备工作，认真填写原始记录，依据作业指导书的要求和顺序进行检测。起重机械的具体检测内容如表 15-1～表 15-9 所示。表中带 * 号的项目系保证项目，其他为一般项目。

塔式起重机初次检测项目表 表 15-1

名称	序号	检测项目	要求	实测	备注
环境与标识	1*	统一编号牌	应设在规定位置		
	2*	塔机与周围环境关系	尾部与建筑物及外围设施距离不小于 0.6m；两台塔机水平与垂直方向距离不小于 2m；与输电线的距离应不小于 GB 5144 中 10.4 条的规定		
金属结构件	3*	主要结构件	外观无明显裂纹、变形、严重磨损与锈蚀，无使用替代件		
	4	主要连接螺栓	齐全、紧固		
	5	主要连接销轴	连接可靠		
	6	过道、平台、栏杆、踏板	无严重锈蚀，缺损，栏杆高度符合要求		

续表

名称	序号	检测项目	要　求	实测	备注
金属结构件	7	梯子、护圈、休息平台	梯子尺寸符合要求，离地高度≥2m应设护圈，超过12.5m每隔10m内设置休息平台		
	8	平衡状态塔身轴线对水平基准面垂直度误差	≤4/1000		
爬升与回转	9*	平衡阀或液压锁与油缸间连接	应设平衡阀或液压锁且与油缸用硬管联接		
	10	回转限位	无中央集电环时应设置		
吊钩	11	防脱钩保险装置	应完整、可靠		
	12	钩体（裂纹、磨损、变形、补焊）	磨损≤10%，开口变形≤15%，无裂纹、补焊		
	13	滑轮及防钢丝绳跳槽装置	应完整、可靠		
起升系统	14*	力矩限制器	应装、有效		
	15*	起升高度限位	应装、有效		
	16*	钢丝绳完好度	符合GB/T 5972第3.5条		
	17	起重量限制器	应设、有效		
	18	在绳筒上最少余留圈数	≥3圈		
	19	滑轮防钢丝绳跳槽装置	应设置并有效		
	20	绳筒两侧边缘的高度	超过外层钢丝绳两倍直径		
	21	钢丝绳端部固定	有防松和闩紧性能		
变幅系统	22*	变幅限位	有效，符合要求		
	23*	钢丝绳完好度	符合GB/T 5972第3.5条		
	24	防变幅绳断绳装置	应设		
	25	钢丝绳端部固定	有防松和闩紧性能		
	26	滑轮防跳绳装置	应有，工作可靠		
	27	小车防坠落保护	应设		
	28	小车行走端部挡架与缓冲	应设		
	29	检修挂篮	连接可靠		
	30	动臂式塔机防吊臂后翻装置	应有		
电气及保护	31*	紧急断电开关	非自动复位，且便于司机操作		
	32*	绝缘电阻	≥0.5MΩ		
	33	接地电阻	≤4Ω		
	34	塔机专用开关箱	单独设置并有警示标志		
	35	报警用电铃	完好		
	36	保护零线	不得作为载流回路		
	37	电源电缆与电缆保护	无破损，老化。与金属接触处有绝缘材料隔离，移动电缆有电缆卷筒或其他防止磨损措施		
	38	风速仪	臂架根部铰点高于50m应设		

续表

名称	序号	检测项目	要求	实测	备注
轨道及基础	39*	行走限位	制停后距挡架≥1.0m		
	40	防风夹轨器	应设，有效		
	41	大车轨道端部挡架与缓冲	应设		
	42	钢轨接头位置及误差	有支承，不得悬空；两侧错开≥1.5m；间隙≤4mm，高差≤2mm		
	43	轨距误差及轨距拉杆设置	≤1/1000且最大应≤6mm；相邻两根间距≤6m		
升降司机室或乘人电梯	44*	安全锁止装置	应设，有效		
	45*	上限位装置	应设，有效		
	46	下限位装置	应设，有效		
其他	47	钢丝绳穿绕方式，润滑与干涉	穿绕正确，润滑良好，无干涉		
	48	制动器	各机构应配备，工作正常		
	49	滑轮	外观无破损，裂纹，严重磨损		
	50	卷筒	外观无破损，裂纹，严重磨损		
	51	有可能伤人的活动零部件外露部分	设防护罩		
	52	平衡重、压重	安装准确，牢固可靠		

塔式起重机中间检测项目表 **表15-2**

名称	序号	检测项目	要求	实测	备注
环境	1*	塔机与周围环境关系	尾部与建筑物及外围设施距离不小于0.6m；两台塔机水平与垂直方向距离不小于2m；与输电线的距离应不小于GB 5144中10.4条的规定		
新增金属结构件	2*	主要结构件	外观无明显裂纹、变形、严重磨损与锈蚀，无使用替代件		
	3	主要连接螺栓	齐全、紧固		
	4	主要连接销轴	连接可靠		
	5	梯子、护圈、休息平台	梯子尺寸符合要求，离地高度≥2m应设护圈，超过12.5m每隔10m内设置休息平台		
	6	平衡状态塔身轴线对水平基准面垂直度误差	≤4/1000		
安全保护	7*	力矩限制器	应装、有效		
	8*	起升高度限位	应装、有效		

续表

名称	序号	检测项目	要　　求	实测	备注
安全保护	9*	变幅限位	有效，符合要求		
	10*	行走限位	制停后距挡架≥1.0m		
	11*	升降司机室安全锁止装置	应设，有效		
	12*	升降司机室上限位装置	应设，有效		
	13*	绝缘电阻	≥0.5MΩ		
	14	电源电缆与电缆保护	无破损，老化。与金属接触处有绝缘材料隔离，移动电缆有电缆卷筒或其他防止磨损措施		
	15	接地电阻	≤4Ω		
	16	报警用电铃	完好		
	17	回转限位	无中央集电环时应设置，工作可靠		
	18	风速仪	臂架根部铰点高于50m应设		
	19	防风夹轨器	应设，有效		
	20	防脱钩保险装置	应完整可靠		
钢丝绳、吊钩、滑轮、轨道	21*	钢丝绳	符合GB/T 5972第3.5条，无干涉，润滑良好		
	22	吊钩钩体（磨损、变形、裂纹、补焊）	磨损≤10%，开口变形≤15%，无裂纹、补焊		
	23	在绳筒上最少余留圈数	≥3圈		
	24	滑轮上防钢丝绳跳槽装置	应设置		
	25	钢轨接头位置及误差	有支承，不得悬空；两侧错开≥1.5m；间隙≤4mm，高差≤2mm		
	26	轨距误差及轨距拉杆设置	≤1/1000且最大应≤6mm；相邻两根间距≤6m		
附墙	27	附墙杆	无明显变形，焊缝无裂纹		
	28	附墙装置	结构形式正确，附墙与建筑物连接牢固，附着距离正确		
其他	29	对前次检测整改情况复查			

施工升降机初次检测项目表　　　　**表15-3**

名称	序号	检测项目	要　　求	实测	备注
标志	1*	统一编号牌	应设置在规定位置		
	2	警示标志	笼内应有安全操作规程，操纵按钮及其他危险处应有醒目的警示标志，升降机应设限载和楼层标志		

续表

名称	序号	检 测 项 目	要 求	实测	备注
基础和围护设施	3*	围栏门联锁保护	应装机电联锁装置，吊笼位于底部规定位置围栏门才能打开，围栏门开启后吊笼不能启动		
	4	防护围栏	基础上吊笼和对重升降通道周围应设置防护围栏，地面防护围栏高≥1.8m		
	5	安全防护区	当升降机基础下有施工空间或通道时，应设防对重坠落伤人的安全防护区域		
金属结构件	6*	金属结构件外观	无明显变形、脱焊、开裂和严重锈蚀		
	7*	螺栓联接	紧固件安装准确、紧固		
	8*	销轴联接	销轴联接定位可靠		
	9	导轨架垂直度	架设高度 H（m） 垂直度偏差（mm） ≤70 ≤1/1000H >70～100 ≤70 >100～150 ≤90 >150～200 ≤110 >200 ≤130		
吊笼	10	紧急出口活动门	吊笼顶应有紧急出口，装有向外开启活动板门，并配有专用扶梯。活动板门应设有安全开关，当门打开时，吊笼不能启动		
	11	吊笼顶部护栏	笼顶周围应设置，高度≥1.1m		
层门	12	停层层门	各停层点应设置，结构上能由司机开关，层门高度应不低于1.8m，层门的净宽与吊笼净出口宽度之差不得大于120mm；下面间隙不得大于50mm		
转动及导向	13	防护装置	转动零部件的外露部分应有防护罩等防护装置		
	14	制动器	制动性能良好，有手动松闸功能		
	15	导向轮及背轮	连接及润滑应良好、导向灵活、无明显倾侧现象		
附着装置	16	附着装置	应采用配套标准产品		
	17	附着间距	应符合使用说明书要求		
	18	悬臂高度	应符合使用说明书要求		
	19	与构筑物连接	应可靠		
安全装置	20*	防坠安全器	只能在有效标定期限内使用（应提供检测合格证）		
	21*	防松绳开关	对重应设置防松绳开关		
	22*	安全钩	安装位置及结构应能防止吊笼脱离导轨架或安全器输出齿轮脱离齿条		

续表

名称	序号	检测项目	要求	实测	备注
安全装置	23*	上限位	安装位置：提升速度小于0.8m/s时留有上部安全距离应≥1.8m，大于或等于0.8m/s时应满足≥1.8+0.1V^2		
	24*	上极限开关	极限开关应为非自动复位型，动作时能切断总电源，动作后须手动复位才能使吊笼启动		
	25	下限位	安装位置：应在吊笼制停时，距下极限开关一定距离		
	26	越程距离	上限位和上极限开关之间的越程距离应≥0.15m		
	27	下极限开关	在正常工作状态下，吊笼碰到缓冲器之前，下极限开关应首先动作		
电气系统	28*	急停开关	便于操纵处应装置非自行复位的急停开关		
	29*	绝缘电阻	电动机及电气元件（电子元器件部分除外）的对地绝缘电阻应≥0.5 MΩ；电气线路的对地绝缘电阻应≥1MΩ		
	30	接地保护	升降机结构、电动机和电气设备金属外壳均应接地，接地电阻应≤4 Ω		
	31	失压、零位保护	灵敏、正确		
	32	电气线路	排列整齐，接地，零线分开		
	33	相序保护装置	应设置		
	34	通讯联络装置	应设置		
	35	电缆与电缆导向	电缆完好无破损，电缆导向架按规定设置		
对重和钢丝绳	36*	钢丝绳完好度	应符合GB/T 5972中3.5条要求		
	37	对重安装	应按说明书要求设置		
	38	对重导轨	接缝应平整，导向良好		
	39	钢丝绳端部固结	应固结可靠。绳卡固结时规格应与绳径匹配，其数量不得少于3个，间距不小于绳径的6倍，滑鞍应放在受力一侧		

施工升降机中间检测项目表 **表 15-4**

名称	序号	检测项目	要求	实测	备注
围栏门	1*	围栏门联锁保护	应装机电联锁装置，吊笼位于底部规定位置围栏门才能打开，围栏门开启后吊笼不能启动		

续表

名称	序号	检测项目	要求	实测	备注
新增金属结构件	2*	主要结构件	无明显变形、脱焊、开裂和严重锈蚀		
	3*	连接件	紧固件安装准确、紧固可靠不得松动		
	4	导轨架垂直度	架设高度 H（m） 垂直度偏差（mm） ≤70 ≤1/1000H >70～100 ≤70 >100～150 ≤90 >150～200 ≤110 >200 ≤130		
新增层门	5	停层层门	各停层点应设置，结构上能由司机开关，层门高度应不低于1.8m，层门的净宽与吊笼净出口宽度之差不得大于120mm；下面间隙不得大于50mm		
传动	6	制动器	制动可靠，有手动松闸功能		
附着装置	7	附着装置	应采用配套标准产品		
	8	附着间距	导轨架的高度超过最大独立高度时应设置附着装置，附着装置间距应符合使用说明书要求		
	9	悬臂高度	应符合使用说明书要求		
	10	与构筑物连接	应可靠		
安全保护	11*	防坠安全器	只能在有效标定期限内使用（应提供检测合格证）		
	12*	防松绳开关	对重应设置防松绳开关		
	13*	上限位	安装位置：提升速度小于0.8m/s时留有上部安全距离应≥1.8m；大于或等于0.8m/s时应满足≥$1.8+0.1V^2$		
	14*	上极限开关	极限开关应为非自动复位型，动作时能切断总电源，动作后须手动复位才能使吊笼启动		
	15*	绝缘电阻	电动机及电气元件（电子元器件部分除外）的对地绝缘电阻应≥0.5MΩ；电气线路的对地绝缘电阻应≥1MΩ		
	16*	急停开关	便于操纵处应装置非自行复位的急停开关		
	17	下限位	安装位置：应在吊笼制停时，距下极限开关一定距离		
	18	接地保护	升降机结构、电动机和电气设备金属外壳均应接地，接地电阻应≤4 Ω		
	19	越程距离	上限位和上极限开关之间的越程距离应≥0.15m		

续表

名称	序号	检测项目	要求	实测	备注
对重和钢丝绳	20*	钢丝绳完好度	应符合 GB/T 5972 中 3.5 条要求		
	21	对重安装	应按说明书要求设置		
	22	对重导轨	接缝应平整，导向良好		
	23	钢丝绳端部固结	应固结可靠。绳卡固结时规格应与绳径匹配，其数量不得少于 3 个，间距不小于绳径的 6 倍，滑鞍应放在受力一侧		
其他	24	对前次检测整改情况复查			

附着升降脚手架检测项目表

资料检查　　**表 15-5**

序号	项目	要求	实测	备注
1	安装单位资质证	应有		
2	附着升降脚手架操作规程	应有，与实际相符		
3	防坠装置、提升设备和控制系统合格证	应有，与实际相符		
4	安装自验记录	应有，有签字		
5	隐蔽工程验收记录	应有，有签字		

设备检查　　**表 15-6**

名称	序号	检测项目	要求	实测	备注
架体结构	1*	架体最大跨度	不应大于设计值且不大于 8m；曲线布置时不大于 5m。单片式必须直线布置		最大跨度：m
	2*	水平支承结构	跨度大于 3m 时必须设置水平支承结构		
	3*	架体总高度	整体式不大于 4.5 倍的建筑层高；单片式不大于 4 倍的建筑层高，且不大于设计值		层高：m 总高度：m
	4*	架体悬臂高度	不得超过 6m，且不得大于架体高度的 2/5		
	5*	竖向主框架	架体与附着支承结构相连的竖向平面内必须设置定型竖向主框架，不得用扣件与附着支承结构连接		
	6	架体全高与最大支承跨度的乘积	不应大于 $110m^2$		
	7	主要承力构件	无明显变形、严重锈蚀等缺陷		
	8	悬挑长度	不大于相邻跨度的 1/4，最大值不超过 2m，超过 1/4 时须采取相应措施		

续表

名称	序号	检测项目	要求	实测	备注
架体结构	9	架体结构的加强构造	架体结构在碰到塔吊、施工升降机等设备而断开或开洞处，与附着支承结构连接处等应加强		
	10	架体步高	应符合设计要求		
	11	架体宽度	不大于1.2m		
	12	架体立杆连接	连接接头不得在同一平面		
	13	四面架体	垂直度偏差应≤4/1000		
	14	立面剪刀撑	架体外立面应设置，剪刀撑斜角为45°～60°		
穿墙螺栓	15	螺栓规格	应符合设计要求		
	16	螺栓连接	须采用双螺母连接，且丝杆露出螺母不少于3个螺距		
	17	垫 块	规格不得小于100mm×100mm×8mm		
架体的安全防护	18	外侧安全网	应用密目安全网围挡，并兜过底部		
	19	底部安全网	底部须加设小眼网		
	20	架体与建筑物之间开口处防护	架体与工程结构外表面之间、架体与架体之间必须有可靠的防止人员及物体坠落的防护措施		
	21	架体内侧与建筑物之间的距离	离墙距离不宜超过0.4m，超过时应有可靠的安全技术措施，作业层下方应封严		
防倾及防坠装置	22*	防倾装置与架体或建筑物间的连接	在任何情况下不得少于二个水平约束，且禁止用扣件连接		
	23*	防坠装置的设置	不应与架体升降设备在同一个附着支撑装置上		
	24	防倾约束的间距	约束的垂直间距，不得小于架体高度1/3		
	25	防倾方位	应能左右、前后均起作用		
	26	导轨	应保持平直，无明显变形		
	27	防坠装置的有效期	应在有效的标定周期内使用（标定周期为一个单体工程）		
电气及载荷控制	28*	对地绝缘电阻	应≥0.5MΩ		
	29*	超载保护控制	按预设要求动作，有超载报警停机功能		
	30	失载保护控制	按预设要求动作，有失载报警停机功能		
	31	控制功能	应具备点控、群控等功能		
	32	电气控制箱	应有漏电等保护装置		
	33	接地措施	应有，符合规范要求		
	34	故障及逐台显示	应有逐台工作显示、故障信号显示		

高处作业吊篮检测项目表　　表 15-7

名称	序号	检　测　项　目	规　定　要　求	实测	备注
标牌	1	标牌	应有、且字迹清楚、主要参数齐全		
钢结构	2*	主要结构件外观	不得有裂纹、严重变形和锈蚀等缺陷		
	3*	主要连接件	应齐全、连接可靠		
吊篮篮体	4	底板	应有防滑措施		
	5	安全扶栏	靠建筑物一侧≥0.8m		
	6		其他三侧≥1.1m		
	7	四周挡板	高度≥100mm		
	8		与底板间隙≤5mm		
	9	与建筑墙面间	应有导轮或缓冲装置		
	10	吊点位置	钢丝绳吊点距悬吊平台端部距离应≤1/4平台全长		
钢丝绳	11*	钢丝绳完好度	应符合 GB/T 5972 中 3.5 条		见附表二（表 15-9）
	12	端部固定	应符合 GB 5144 中 5.2.3 的规定		
	13	重锤设置	应符合设计要求		
悬挂机构	14*	抗倾覆系数	应符合说明书及 GB 19155 相关要求（不得小于 2）		见附表一（表 15-8）
	15	移动轮	应有防滑措施		
	16	配重固定	应可靠		
安全装置	17*	安全锁	应在有效的标定期限内		
	18*	上限位开关	应设，有效		
	19	安全绳	应独立设置、无破损		
	20	手动下降	应有、且有效		
	21	制动器	工作正常		
电气系统	22*	绝缘电阻	≥2MΩ		
	23	急停按钮	应采用非自行复位形式，红色，有“急停”标记		
	24	电缆线	无破损		
	25	篮体接地	应可靠接地，有接地标志并采用黄绿相间线		
	26	电　箱	应设有漏电保护，且有效；有防水、防尘性能；元件排列整齐、连接牢固		
	27	试运行	升降平稳，起制动正常，无异常噪声		
	28	操作标记	操作手柄和按钮应有明显方向指示		

附表一 抗倾覆系数 表 15-8

检测参数	实测情况	备注
吊篮前倾力臂 a (m)	左：	
	右：	
平衡力臂 b (m)	左：	
	右：	
配重重量 G (kg)	左：	
	右：	
平台、提升机构、电气系统、钢丝绳等和额定载荷总重的1/2 F (kg)		

计算公式：$k_{左}=\dfrac{G \cdot b}{F \cdot a}=$

$$k_{右}=\frac{G \cdot b}{F \cdot a}=$$

注：要求 $k_{左}$、$k_{右}$ 中的较小值≥2，否则为不合格。

附表二 钢丝绳检验表 表 15-9

序号	检验项目	报废标准			实测	备注
1	钢丝绳磨损量	钢丝绳实测直径减小7%以上				
2	常用规格钢丝绳规定长度内达到报废标准的断丝数	6×19 6W (19)	6d	10		
			30d	19		
		6×37	6d	19		
			30d	38		
		18×7	6d	8		
			30d	16		
3	钢丝绳的变形	出现波浪形时，在钢丝绳长度不超过25d范围内，若波形幅度值达到4/3d或以上，则钢丝绳应报废				
		笼状畸变或绳股挤出的钢丝绳应报废				
		钢丝绳出现严重的扭结、压扁和弯折现象应报废				
		绳径局部增大通常与绳芯畸变有关，绳径局部严重增大应报废；绳径局部减小常常与绳芯的断裂有关，绳径局部严重减小也应报废				
4	其他情况描述					

三、现场机械检测结论及处理

检测项目中带*号的项目系保证项目，其他为一般项目（表 15-10～表 15-15)。检测结论分为合格、整改合格和不合格三级，判断标准如下：

塔式起重机初次检测 **表 15-10**

级　别	保证项目	一般项目不合格项数		资料汇总表
合　格	无不合格项	固定式塔机	行走式塔机	内容完整
		不大于 4	不大于 5	
整改合格	整改后达到合格要求			
不合格	整改后未达到合格要求			

塔式起重机中间检测 **表 15-11**

级　别	保证项目不合格数	一般项目不合格数	资料汇总表
合　格	无不合格项	不大于 2 项	内容完整
整改合格	整改后达到合格要求		
不合格	整改后未达到合格要求		

施工升降机初次检测 **表 15-12**

级　别	保证项目不合格数	一般项目不合格数	资料汇总表
合　格	无不合格项	不大于 3 项	内容完整
整改合格	整改后达到合格要求		
不合格	整改后未达到合格要求		

施工升降机中间检测 **表 15-13**

级　别	保证项目不合格数	一般项目不合格数	资料汇总表
合　格	无不合格项	不大于 2 项	内容完整
整改合格	整改后达到合格要求		
不合格	整改后未达到合格要求		

附着升降脚手架 **表 15-14**

级　别	保证项目	一般项目不合格数	资　料
合　格	无不合格项	不大于 3 项	齐　全
整改合格	整改后达到合格要求		
不合格	整改后未达到合格要求		

高处作业吊篮 **表 15-15**

级　别	保证项目	一般项目不合格数
合　格	无不合格项	不大于 3 项
整改合格	整改后达到合格要求	
不合格	整改后未达到合格要求	

1. 检测结果合格的，检测机构出具“检测合格证”及检测报告；

2. 有一般项目需要整改的，安装企业整改完毕后，经分包（使用）、施工总承包单位复核后，书面回复检测机构。检测机构审查确认已整改合格的，出具“检测合格证”及检测报告；

3. 有保证项目需要整改的，安装企业整改完毕后，经分包（使用）、施工总承包单位复核后，书面回复检测机构。检测机构收到书面回复后在2个工作日内安排复检，复检确认已整改合格的，出具“检测合格证”及检测报告；

4. 检测结果不合格的，出具不合格报告，并报有关部门；

5. 检测机构将相关情况录入管理信息系统；

6. 安装单位在领取检测报告、“检测合格证”时，须出具该起重机械的IC卡。

7. 机械检测的整个流程见图15-2。

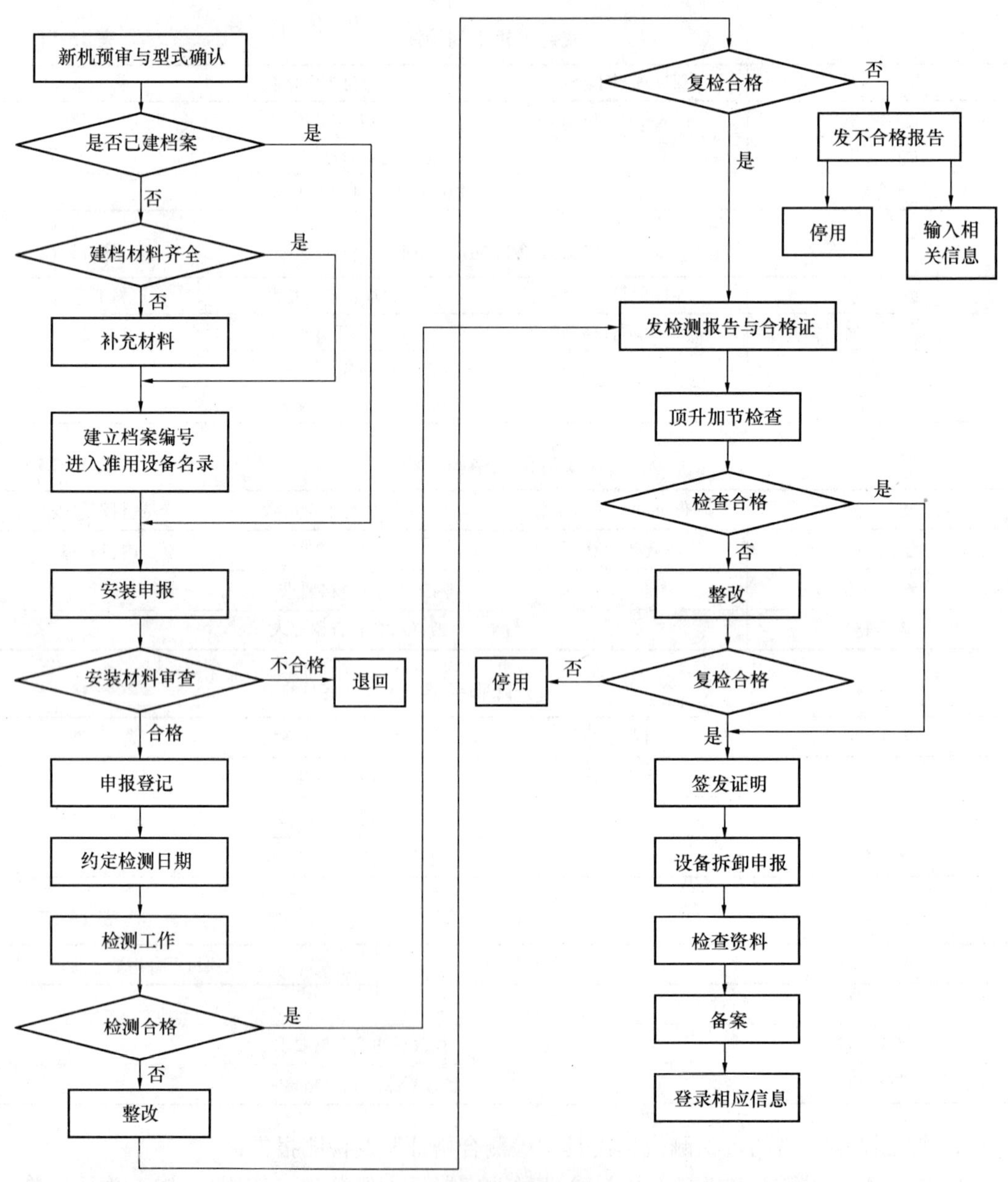

图15-2 机械检测流程图

四、机械产品的评估

（一）评估范围

符合下列条件的塔式起重机与施工升降机应经检测评估，合格后方可使用，建设用流动式起重机在需要时可以参照执行。

1. 使用年限，按沪建交［2007］600 号文件规定，建设起重机械使用年限与评估周期规定如表 15-16。

表 15-16

设计年限	使用年限	评估周期
有设计年限	≥15	一年
	≥20	半年
无设计年限	≥10	一年
	≥15	半年

2. 特殊情况评估

（1）不规范装拆或运输可能影响设备性能时或事故设备修复后均应根据自身情况安排设备性能评估。

（2）特殊、繁重工作环境对起重设备结构损伤较大，或发现有结构缺陷的建筑起重设备可以根据实际情况安排评估周期。

（3）非标准安装与拆卸方法，设备的非标准状态使用，应进行评估。

3. 超过设计使用年限或国家、地方明文规定的淘汰设备，不进行评估，使用期限超过 30 年的起重机械，原则上不接受评估。

（二）评估流程

1. 用户委托

（1）设备产权、使用单位对符合评估条件的设备，安装前应委托检测评估，并填写“评估委托单”与“委托评估设备基本信息表”。委托评估设备基本信息表需委托单位盖章，见表 15-17。

委托评估设备基本信息　　表 15-17

上海市建设机械产品监管卡编号（限本市用）			
生产厂		设备型号	
使用说明书		合格证	
工作级别		型式检验报告	
出厂日期		出厂编号	
名义起重力矩	kN·m	最大起重量	kN
起重臂长度	m	标准节数量	
独立高度	m	加强节数量	
最大高度	m	基础节数量	
使用纪录	累计使用时间：小时		
维修保养情况			
事故情况			
目前状态			
评估原因			
备　注			

委托单位（盖章）：　　　　填写日期：

（2）检测评估前，委托单位应提交以下设备资料，供评估单位参考：

①技术文件：包括生产单位、出厂日期、出厂编号、型号与主参数、制造许可证、出厂合格证、使用说明书等，必要时提供设备的型式检验报告、相关设计图样与计算书、结构与机构的工作级别与材质构成等。

②使用档案：包括使用记录，折算累计工作循环次数，载荷状态，大修、维护保养情况，近期状态，评估原因，事故记录及处理情况。

注意：委托方应如实反映设备存在的缺陷或问题，如因委托方提供信息不实，影响评估的准确性，由此带来的损失由委托方负责。

（3）对属于特殊情况范围评估的起重设备，评估单位在接受委托评估前，可以按需进行项目调查，决定评估内容与项目。

2. 评估准备

（1）评估工作分为解体检查与整机运行试验两部分，根据检查与试验结果，评估单位有权增加部分选择检查项目。

（2）约定评估时间：每次评估前，委托单位应提前3天与评估单位约定评估时间。

（3）委托单位现场配合条件

①设备解体检查与测量的现场条件

委托方应提供便于现场工作的条件，将拆卸后设备的零部件应分散放置在平整的场地，部件之间留有间隙，方便评估人员接近设备的每一部分与环节。评估前应完成对被评估部件的清理，去除油污、锈斑等工作。委托方在现场应有必要的配合人员，在需要时，对起重机结构及机构部件进行拆卸与装配，去除锈斑或油漆等工作。现场应提供必要的起重设备，用以翻动被评估部件。评估现场应有220V电源，保证评估仪器可正常工作。

②整机运行试验现场条件

现场场地符合检查要求，有试验载荷可用于载荷试验，有司机及相关配合人员。

③人员配合条件

委托单位应在评估现场提供人员配合评估工作，其中至少一人对被评估设备性能、机械构造与电气原理熟悉，能够理解与传达评估人员的意见。

3. 评估工作

（1）设备解体检查与测量

设备解体检查后，委托单位应根据评估单位的意见，对存在的问题进行整改，并将整改情况书面回复评估单位。必要时评估单位将对设备进行复审检查。整改完成后，才能进行设备的安装。

（2）整机运行试验

设备运行试验后，委托单位应根据评估单位的意见，对存在的问题进行整改，并将整改情况书面回复评估单位。必要时评估单位将对设备进行复审检查。

4. 评估报告

（1）根据检测、检查结果，结合有关技术规程及检验标准的要求，对设备存在的问题提出整改意见，修复建议。

（2）在综合设备原始状态，挡案资料，检测、检查结果的基础上，结合整改完成情况，得出设备可以正常使用、修复后使用、有条件使用、报废等结论。

5. 动态管理

在建筑工地使用的塔式起重机与施工升降机应将评估情况登录设备动态管理网，登记内容如下：

(1) 评估整改意见，评估报告结论，评估后设备状态（正常设备、需整改、限条件使用，降级使用，或报废等），对降级使用的设备在设备静态表中作出标记，防止误用，并接受社会监督。

(2) 报废处理：对评估后报废的起重机械，及时将机械的静态登录信息移动至报废设备清单中。

(3) 对评估情况及发现问题及时总结，定期（每季度）向市安质监总站汇报。

（三）注意事项

1. 检测流程管理制度：检测评估必须严格按照预定工作流程与本制度进行，违反规定的将视情况对当事人进行处理。

2. 复检：不管评估工作处于什么阶段，评估单位发现问题或疑问时都有权对设备进行复检或安排专家会诊。

3. 拒绝评估：对现场条件不符合评估要求，来源不明的设备，国家或有关规定明令淘汰设备，不符合评估条件的设备，无评估价值评估机构有权终止评估。

4. 评估结论：评估结论是在对被评估设备抽样检查的基础上得出的，有一定的局限性，委托单位在使用评估结论时，要结合设备已往的使用记录、状态与特性。

5. 关于整改：由于委托单位未按评估意见整改或整改质量缺陷造成的损失，由委托单位负责。

6. 关于评估标记：委托单位应注意保护评估抽检部件的标记。

7. 对符合评估条件但未提出评估委托就已完成安装的起重设备，原则上应该拆除，经评估合格后重新安装。特殊情况，经有关部门审批后另作处理。

8. 设备生产厂的技术或对外服务机构后补的塔机的“利用等级”、“工作级别”以及“关于塔机使用寿命的说明”。不能作为免于评估的证明。

第十六章 安全生产评价、认证机构管理

第一节　安全生产评价机构管理

一、安全生产评价机构性质

1. 安全生产评价机构是独立依法执业，并承担民事责任的中介机构。

建筑施工企业安全生产评价机构是依据《中华人民共和国公司法》的有关条款登记注册成立的享有民事权利，承担民事责任的企业法人；符合《中华人民共和国安全生产法》、我国安全监督管理总局《关于加强对安全生产中介活动监督管理的若干规定》（安监总办字［2005］98号），以及地方政府和建设行政主管部门有关文件的规定要求，经建设行政部门行政许可后对建筑施工企业安全生产进行第三方评价的中介机构。

2. 安全生产评价机构是连接政府和企业的桥梁。

安全生产评价机构应根据政府建设行政部门的要求进行严格的自身管理；在咨询、评价等服务过程中运用现行、有效的法律法规、标准规范和管理性文件，帮助建筑施工企业规范安全生产管理行为；同时对服务过程中产生的大量的安全生产管理方面的信息进行汇总、积累，以及对信息流的定期分析，为各级安全监督部门的决策提供参考。在政府和建筑企业之间发挥桥梁作用。

二、安全生产评价机构职能

安全生产评价机构是根据中华人民共和国安全生产法的第十二条“依法设立的为安全生产提供技术服务的中介机构，依照法律、行政法规和执业准则，接受生产经营单位的委托为其安全生工作提供技术服务”。其具体职能是：在建设行政主管部门，以及建设工程安全监督机构的监督、指导下，依据《施工企业安全生产评价标准》，对施工企业的安全生产条件和能力进行客观的审核与评估，从而评定其是否合格，并出具安全生产评价报告。

各级建设行政主管部门，以及建设工程安全监督机构是建筑施工企业安全生产许可证颁发、管理和监督机构；安全生产评价机构出具的安全生产评价报告是建设行政主管部门颁发建筑施工企业安全生产许可证的依据之一，因此评价机构必须主动接受建设行政主管部门和有关监督部门的监督和指导，服从、服务于安全生产监督管理工作；在评价过程中

严格执行法律法规、标准规范和有关管理要求同时为建筑施工企业提供培训、咨询、验证等服务，使安全生产评价更贴近施工企业实际需要，也使评价后出具的安全生产评价报告更具有权威性。

三、评价机构管理目标

安全生产评价的作用在于帮助建筑施工企业客观、全面、真实了解在安全生产条件方面自身存在的不足或缺失；促使其按照《施工安全生产评价标准》的要求，建立健全安全生产管理体系等多方面安全生产条件，并延伸和覆盖到施工现场；从而在获得（或重新获得）安全生产许可证之前基本具备或具备安全生产的条件，达到防止、减少生产安全事故的目的。因此，评价机构安全生产评价机构在根据政府建设行政部门的要求进行严格的系统的自身管理时，首先需要确立明确的管理目标：

1. 崇真、务实，使建筑施工企业的安全生产管理得到真正的提高，是评价机构管理的首要目标。

尽管目前的安全生产评价带有一定的强制性，然而随着社会发展，第三方安全评价一定会进入企业自主行为的阶段。第三方安全评价机构要得到社会的认可，求得稳定健康的发展，必须严格执行法律法规、标准规范，遵守职业准则，坚持服务的宗旨，与企业以诚相处。通过了解、沟通，为企业提供符合现行法律法规和管理文件要求的，深入、细致的咨询服务，取得企业信任；通过诚信、公平、实事求是的评价工作，取得企业的理解和支持，实现使建筑施工企业的安全生产管理获得真正提高的目的。

2. 严肃、认真，使安全生产评价机构的管理符合政府有关管理部门的要求是评价机构实现上述首要目标的保证目标。

安全生产评价机构在依法评价过程中，必须接受政府有关管理部门的监督和指导，严格把好质量关。

安全生产评价机构依据国务院《安全生产许可证条例》和建设部《建筑施工企业安全生产评价标准》（JGJ/T 77—2003）、《建筑施工安全检查标准》（JGJ 59—99）对建筑施工企业的安全生产进行严肃、认真的咨询、评价服务。固然评价人员不能随意改变评价标准要求，但是评价过程也是对建筑企业提供安全生产方面 5W1H（what、why、when、where、who、how）的咨询过程，因此，评价机构只有不断主动了解政府有关管理部门对安全生产管理的新要求，使自身的管理和评价活动符合政府有关管理部门的要求，才能赋予咨询、评价新的资讯，从而促使施工企业安全管理适应新形势下的要求。

四、评价机构管理主要内容

评价机构为建筑业企业提供高质量的安全专业服务的关键在于有效的组织和科学的措施。评价机构应建立科学的安全评价体系对评价的前期、过程、后续进行系统的严格管理，保证措施科学、组织有效。

（一）保证评价质量的前期管理

1. 评价人员的素质控制

评价工作是依据法律法规、标准规范利用评价人员的智慧与经验，为企业提供专业安全服务的过程，评价人员的素质控制是保证评价质量的根本。评价机构必须严格遵照有关规定，注重人才的引进和培养。

（1）评价机构可以建立以有实践经验的建筑工程专业高级工程师为主、其他高级职称为辅的安全专家库（分专业），为评价活动提供强有力的技术支撑：安全专家在各自专业范围内适时对评价人员进行专业知识培训，参加技术委员会工作，对评价报告进行审批，并指导新任组长的评价工作，确保评价质量。

（2）安全评价组长是指对施工企业进行评价过程中的负责人，负责组织安全评价的实施，包括事先了解委托单位基本情况、制订评价计划、进行预先评价和评价、组织编写安全评价报告等工作。

评价机构应安排符合有关文件规定的资格（国家注册安全工程师；建筑类、安全管理类大专及以上学历；工程师及以上建筑类、安全管理类专业职称；具有 6 年以上建筑业企业相关工作经历，其中至少有 3 年以上从事与安全管理相关的工作。）和任职条件，经有关部门审核批准，并在确认、签署评价工作规范、保密守则等书面承诺后的主任评价人员承担评价组长工作。

（3）安全生产评价人员由符合有关文件规定的评价人员资格和任职条件，并自愿对遵守评价工作规范和信守保密守则做出承诺的人员担任。

评价人员必须严格遵守国家法律法规、标准规范以及评价机构各项规章制度；尊重组长，协助组长做好评价工作；评价前熟悉委托单位情况；确定本人评价内容的重点、方法，以及对委托单位专业所涉及的相关法律法规、标准规范进行深入的学习和准备；独立进行评价的审核任务，并完成会议记录等组长分配的工作；配合组长完成评价报告的编制；根据安排参加复验（回访）工作，以及完成其他与评价相关的工作。

2. 安全评价人员的职业操守

（1）评价工作规范

安全评价人员必须遵守国家法律、行政法规，严格按照有关规定从事评价活动，并依据评价标准、遵循有关程序、尊重组长、善待同伴，共同努力提高工作质量；

恪守保密守则和承诺，对工作中涉及的委托单位的资料负有无限期的保密责任；

不得同时受聘于 2 个（含 2 个）同类机构从事咨询和评价工作；廉洁自律，在评价工作中保持个人和评价机构良好的社会形象，严禁个人以任何形式收受客户赠予（回扣、佣金、礼品等）；

以诚恳的工作态度、优质的工作质量、灵活的服务方式取信于建筑业企业，并对提供的评价资料负责。

（2）评价人员保密守则

不得将了解到的客户状况在公布结果前向任何组织透露；

不得以任何借口索取客户文件个人保存，不得将接触到的客户任何技术、管理文件、经营信息、管理体系等资料透露给第三方；

由于工作需要接触委托单位的工作程序和有关记录，工作完成后全部归还，不得以任何方式传递给第三方；

保管好评价机构提供的有关文件、记录，谨防丢失，使用后及时归还；严格遵守保密守则，履行向客户承诺的保密义务。

3. 评价人员的教育培训

（1）评价机构应加强评价人员的职业道德、文化素质、专业知识培训和继续教育工作，学习相关法律法规，掌握安全评价新方法、新知识，使评价工作有效实施，确保评价机构自身的良性发展。

（2）评价人员须注重知识积累和更新，定期参加教育培训，提高专业能力、沟通能力、组织能力，提高评价水平。

（3）评价人员在评价工作中，应认真吸取委托方有独到之处的成功经验，不断丰富充实自己，提高自身的综合素质。

（二）实施安全评价的全过程控制

1. 程序控制

（1）准备：签约→审核基本条件→确定组长→安排计划→联络

↓

（2）实施：预评→评价（现场验证）→初步结论

↓

（3）报告：编制评价报告→督促回复→审批→与相关安全监督站沟通→公示→登录管理信息网络

↓

（4）回访：确定组长→预约→回访→处理

↓

（5）归档：整理工作底稿→总结→装订、编号、归档

↓

（6）信息处理：汇总→分析→改进

2. 前期控制

（1）评价人员安排

评价机构接受评价委托后，在初步审核企业资质、三类人员安全考核情况（必须待三类人员安全生产考核考试全数合格后，方可安排评价），以及企业自我评价报告的基础上指派一名评价组长和不得少于 3 名的评价人员。

评价机构可视委托单位的施工特点、技术难度等酌情聘请相应专家参加评价小组工作。

（2）评价时间与现场抽查

评价时间应根据评价工作量大小，安排。

评价过程中应根据企业规模选择不同类型的工程项目，抽查数量不得少于规定的比例。

（3）评价准备工作

评价组长组织评价人员认真查阅委托单位的信息资料，了解该企业的评价原因、企业资质和经营范围，并根据企业评价原因（新获施工资质的企业、资质升级企业、发生安全事故企业、其他不良业绩企业）和资质，组织组员商榷评价重点和方法，形成评价计划后报批。评价计划获得批准后，组长负责组织实施。

评价计划表见表 16-1。

评价工作计划表 **表 16-1**

单位名称：__________ 资质：__________ 评价原因：__________

序号	时间安排	内容		评价重点	责任人
1		初评			
2		首次会议		目的、准则、方法、程序、纪律、承诺	
3		分项评分	安全生产管理制度		
			资质、机构与人员管理		
			安全技术管理		
			设备与设施管理		
4		现场验证			
5		过程沟通		对评价过程中发现的主要问题和扣分进行确认，就整改进行商榷	
6		末次会议		评价工作小结	

审批： 组长： 年 月 日

（4）控制检查

评价机构通过对评价前的准备工作进行事先检查，从而达到预先控制目的。

评价前准备情况检查表见表 16-2。

评价前准备情况检查表 **表 16-2**

序号	准备工作	处理或其他
检查日期：	1. 熟悉委托方情况： 咨询报告□、备查资料□、内部提示□；预审（未经咨询的单位）□ 2. 评价计划审批□ 3. 工作底稿准备□ 4. 电话联系： 评价人员、时间的沟通□ 评价计划的确认□ 出席人员的提醒□ 5. 费用结算□	
评价日期：		
委托单位		
评价组长		
专家		

注：1. 检查符号：准备工作到位为✓、经提醒补缺为△、提醒后仍缺失为×。

2. 处理标准：连续 20 个工作日中出现三次“△”作为一次“×”，三次“×”，作为重大失误，则扣除质量保证金的 5%。

3. 过程控制

过程控制是圆满完成评价任务的保证，评价机构应对评价过程的各项工作的要求和责任人做出明确规定，并使评价过程处于受控状态。

（1）预评

预评是评价人员以委托单位安全管理体系的有关资料为基础对企业进行初步评价。

评价人员事先根据《施工企业安全生产评价标准》对施工企业提供安全生产备查资料

进行系统检查，找出企业管理缺失所在，提出整改的建议，并通过充分沟通，促使施工企业在正式评价前进行补缺。

（2）评价

评价由组长负责按照获准的评价计划组织实施。评价小组通过首次会议、分项评分、组内讨论、过程沟通、末次会议等系列活动对施工企业的安全生产条件进行系统的评价。

1）首次会议

首次会议由组长主持会议，会议时间一般 30 分钟左右，首次会议主要内容如下：

①阐述评价的目的、准则和范围；

②介绍评价采取的方法和程序，说明评价采取抽样方法，告知评价的证据只是基于可获得的信息样本，评价人员对样本负责；

③宣布保密承诺和工作守则；

④确认评价人员工作时的安全事项、应急和安全程序；

⑤确认陪同人员的安排、作用和身份；

⑥告知对评价的实施和结论意见的申诉途径；

⑦进入评价程序。

2）分项评价

分项评价按照计划的人员安排进行分工，由评价人员独立完成，评价时应遵循以下规定：

①评价人员必须克服主观的随意性：严格按照《施工企业安全评价标准》规定，对委托单位的安全生产管理、安全技术管理、设备和设施管理、企业市场行为以及施工现场安全管理进行保质保量进行审核，客观、公正的评分；

②评价人员必须按照《施工企业安全评价标准》以及条文说明的要求规范评价内容、评价方法、评分方法、评价等级评价行为；

③在评价过程中评价人员应严格按照评价计划执行，对其中根据评价原因和企业资质确定的评价重点加以重点关注。

3）组内讨论

①在分项评分基础上归纳、讨论、分析委托单位存在的主要问题；分析时应注意克服就事论事的思维方法，力求去伪存真、由表及里，寻根究底地分析企业安全管理体系中薄弱环节；

②对扣分原因和分值进行讨论，并在组长的主持下，进行统计、汇总；

③当意见发生分歧时，由组长在充分听取组员意见后，做出决定。

4）与委托单位领导沟通

①对评价过程中发现的问题以及扣分情况进行沟通，认真听取公司领导的意见，充分考虑委托方辩解的可采纳性；

②对存在的表象问题，会同企业领导共同探究和分析安全管理体系薄弱环节（评价人员可提出整改建议）以及整改意见，并就限时整改达成共识。

5）末次会议

末次会议应由评价组长主持，会议时间一般 30 分钟左右，

①扣分的主要内容及整改的建议；

②评价组长向委托单位口头公布评价初步结果，说明需经审批通过后有效；

③告知回访的作用和后果，确认回访日期和回访内容（强调回访的重点是：制度落实、责任到位、现场安全状况受控状况）；

④根据企业主要问题宣传有关法律法规、规范标准，以及管理要求，提出执行建议。

6）评价过程中注意事项

①评价过程中应结合实际状况检查岗位责任人落实安全职责的情况，并针对企业管理体系的缺陷开具企业必须整改的主要问题（整改单），督促企业从管理源头上采取纠正预防措施，落实岗位职责；

②评价人员应该对曾发生四种不良业绩（在安全生产证有效期内，发生一般及以上等级安全责任事故；被市建设行政主管部门通报批评；建设行政主管部门安全生产许可证年度动态考核或安全质量标准化考核不合格；在安全生产许可证有效期内曾被暂扣安全生产许可证）的施工企业针对不同的情况单独编制整改措施（发生事故的企业应针对事故原因编制专项方案，并留有方案实施的验收记录；找出通报批评或安全质量不合格主要原因，并做出有的放矢规定；通报批评的企业应针对批评内容企业采取举一反三的措施；针对三类人员曾经缺失的原因，落实专人负责，严防再次发生的措施等），和整改状况做出实事求是的评价，并指出不足之处和进一步整改的要求和建议；

③在评价过程中应对企业如何落实业已建立健全规章制度进行辅导（如：企业如何改进管理缺陷？如何进入安全质量标准化程序？新办企业承揽的第一个项目的安全生产保证体系运行和认证事宜，怎样及时真实地记录安全管理内容等等），并结合有关管理部门近期出台的管理文件进行宣传。

4. 文本控制

评价机构根据需要制订评价的标准文本（比如，统一评价计划格式、细化分项评分表格、规范评价报告书等），充分体现建设行政主管部门的管理要求，有效避免评价人员工作的随意性，起到规范评价行为的作用。

5. 行为控制

评价管理制度落实的关键是评价人员的行为。

评价机构可以采用签署自律文件、聘请专家指导、明确组长负责制、委托被评价单位对评价人员的检测、评价机构后续的回访，以及内部的系列考核和奖惩兑现等方法规范评价人员行为。

（三）安全评价的后续管理

安全评价完成后的管理从主、客观两方面进行，主要内容包括：`评价报告审批、信息反馈、沟通与公示、回访、考核、归档、信息处理等方面。评价机构通过后续管理可以达到纠正评价过程和评价结论的偏颇、巩固评价效果，不断持续改进的目的。

1. 报告审批

评价机构的技术委员会根据“谁评价，谁负责”，“谁审批，谁负责”，“谁签字，谁负责”的原则，对评价组编制的安全生产评价报告进行审批，以纠正评价过程和评价结论的偏颇，使安全评价报告能客观地反映企业的真实情况。同时，对评价小组工作质量进行较为系统的检查、考核。

评价报告审核记录表见表16-3。

评价报告审核记录表　　**表 16-3**

日期		单位名称	评价人员	计划执行	分项评分	事实描述	综合评述	整改回复	评价结论	处理或其他
评价	审核									

2. 信息反馈

由被评价单位通过《评价员工作质量反馈表》对评价人员的 11 个方面的进行客观的评价，从中了解评价人员的表现；这不仅仅是对被评价单位的尊重，更重要的是将征集《评价员工作质量反馈表》的形式作为在每次评价前的对评价人员行为规范的一次提醒，从而加强评价人员自我约束能力。

评价员工作质量反馈表见表 16-4。

评价人员工作质量反馈表　　**表 16-4**

被评价单位名称（盖章）：

评价日期：　　　　　　评价人员姓名：

为了不断提高评价工作质量，请对评价过程中评价人员的工作能力和工作态度作出评价（在下列内容的右侧选择打✓），欢迎附纸提出其他意见和建议。

评定内容	优　良	合　格	不合格
应用评价标准，结合委托方实施实际进行评价			
对扣分项的准确性			
评价过程中的公正性			
按照评价计划实施评价			
对所评价方的安全技术要求熟悉和掌握程度			
评价准备的充分性			
语言表达能力			
态度谦虚、诚恳、平易近人			
遵守行为规范			
不在评价过程中从事与评价无关的活动			
代表评价机构实施评价服务			
其他意见或要求 填表人：　　　　日期：			

麻烦将本表直接寄或送至＿＿＿＿＿＿＿＿＿＿＿＿

地址：＿＿＿＿＿＿＿＿＿＿＿＿＿＿＿＿

邮编：＿＿＿＿＿　投诉电话：＿＿＿＿＿　联系人：＿＿＿＿＿

3. 沟通与公示

(1) 评价机构技术委员会审批通过后，在施工企业领取安全生产评价报告前，分别向企业所属的区、市建设工程安全监督机构报告，进行沟通。

(2) 在向企业所属的区、市安全监督站报告同时，将通过评价企业名单的在网上公示。

4. 回访

(1) 目的

通过事后通过对委托单位回访的形式，考核评价人员的行为是否规范、评价结论是否恰当；验证企业整改回复的真实性、持续性；复查企业安全管理体系运行情况等，以达到巩固评价效果，不断持续改进的安全生产评价工作的双重目的。

(2) 回访安排

施工企业初次评价结束二个月后进行回访，且不得少于一次，新企业不宜超过一年，事故企业不应超过半年。

(3) 回访内容

1) 查验施工企业评价以后安全生产责任制落实情况；

2) 检验整改回复的真实性和持续性；

3) 了解企业安全管理体系运行情况，以及是否符合现行的管理文件要求，比如，施工企业、施工现场、作业班组是否参与了安全质量标准化工作等；

4) 为使企业及时了解政府管理部门要求，回访时还需了解企业是否建立了文件收集、更新的渠道；

5) 听取委托单位对原来评价组意见，了解评价人员是否有违规行为。

(4) 回访的其他规定

1) 评价与回访不得为同一组长及组员；

2) 事先与回访单位联系，确定时间、地点、内容，以争取企业的支持；

3) 回访结束后应对结论、处理、归档负责。

(5) 回访结果处理

1) 回访时发现企业不具备安全生产条件的，应及时报告市、区建设工程安全监督机构；

2) 评价行为的回访结论，应及时进入内部考核程序；

3) 发现评价效果较好的情况，应及时总结、发扬。

5. 考核

评价机构应将管理过程中产生的评价人员工作质量的信息进行汇总，在对评价人员进行业绩考核的同时对评价过程中的倾向性问题及时进行统一纠正。

评价工作考核汇总表见表 16-5。

6. 归档

(1) 要求

1) 评价组长在评价结束 10 个工作日内完成归档工作；

2) 由专人对归档资料的完整性进行检查，并督促及时更正、补齐；

3) 对不同评价原因的企业可以分别以四种颜色作为色标区分类，比如，红色表示发生事故企业；黄色表示不合格企业；蓝色表示升级企业；绿色表示新办企业；

评价工作考核汇总表　　**表 16-5**

年　　月

评价人员	评价总数	重大失误	回访结论	有效建议	反馈表统计（%）			馈　赠			总评	处理
					好	中	差	形式	次数	处理		

注：“重大失误”指 1. 评价报告记录内容失真；2. 评价未按照标准扣分，导致评价结论与审批结论不一致；3. 已通过评价的企业在一年内，因为评价失误的原因产生负面安全业绩。

“回访结论”主要是指：评价行为是否违规，施工企业安全管理体系运行是否符合现行的管理文件的要求。

4）归档时交接人员应签字确认。

（2）归档目录

1）委托协议书（含营业执照、企业资质证书、诚信手册等复印件）；

2）评价报告：项目名称、评价日期、评价目的、企业概况、委托单位自我评价、评价机构分项评分表（安全业绩评分）、委托单位必须整改的主要问题、评价机构评价汇总表、评价报告审批意见等；

3）领取评价报告的签收单；

4）工作底稿：评价工作计划、预评记录、评价记录（首次会议记录、沟通记录、末次会议记录、评价总结、回访记录等）；

5）评价管理资料：与评价相关的法律法规，以及政府管理部门和有关机构的管理文件、评价人员人事教育资料、评价质量控制资料、综合信息等。

7. 信息处理

（1）汇总：将施工企业资质、评价原因、不符合项目内容等情况进行及时汇总，形成安全生产管理的信息。

（2）分析：定期对安全生产管理信息流进行分析，从中寻找规律性问题。

（3）改进：根据规律性问题，研究深层次原因和改进方法。一方面可以有助于评价机构进行实质性的改进，另一方面为建设行政主管部门的管理决策提供有力的依据。

五、评价机构的安全管理的愿景

安全评价是系统安全工程理论中的一个重要内容，是对“安全第一，预防为主”的最好诠释，是施工企业安全生产管理规范化必不可少的环节，也为降低施工企业生产经营活动的风险创造了必要的条件。相信施工企业安全生产的第三方评价的服务会得到建设行政部门认同，也会因施工企业自身发展的需要而被普遍接受。

评价机构必须充分意识到只有顺应客观形势要求（建筑业发展的需要，政府创建和谐社会的需要、企业规范管理的需要），严于律己，正确定位；在公开、公正、公平的安全生产评价过程中不断进行自我约束、持续改进才能健康发展。

安全生产评价机构还需在加强安全生产评价的科学研究工作，使安全评价工作逐步走上法制化、标准化轨道的同时积极拓展安全中介服务，为推动建设工程安全生产管理专业化的发展做出共同的努力。

随着我国中介服务的逐步开放，安全生产评价服务必将逐步与国际接轨。

第二节　认证机构管理

一、认证审核机构管理目标

1. 科学管理、坚持目标、注重目标、讲究实效、树立品牌。

2. 认真自觉地接受建设行政主管部门的监督指导，不断提高认证审核机构的管理力度和认证审核的质量。

3. 认真听取客户和有关安监站的意见、建议，最大限度满足客户的要求和期望，提高满意度。

二、认证审核机构的管理

（一）审核员技术专家管理制度

为了规范审核员、技术专家管理工作，确保审核员、技术专家所需要的基本条件和要求，特制定本制度。

本制度适用于实习审核员、审核员、主任审核员及技术专家的聘用和日常的使用管理。

（二）管理程序

1. 审核员的聘用

（1）聘用条件

凡受聘用的审核员，应通过考试，具有注册实习审核员（含实习审核员）以上的资格。凡受聘用的技术专家均应通过审查其有关专业能力（学历、工作经历）的资料，承诺遵守认证机构规定制度和工作人员行为准则。

（2）申请聘用文件

1）实习审核员、审核员或主任审核员注册证书（复印件）；

2）如实填写《审核员/技术专家申请聘用登记表》，其中包括个人工作简历（必须原件）；

3）具有国家承认的学历证书（复印件）；

4）申请人个人保密保证书（原件）；

5）专业技术职称证书（复印件）；

6）身份证（复印件）。

（3）聘用前评价

审核员/技术专家聘用前的评价，分聘用评价和专业能力评价两方面进行。聘用评价是对其中申请资料所填写经历进行资格评价，专业能力评价，由认证机构技术负责人对其专业技术、技能进行确认。

（4）审核员、技术专家的聘用

凡通过聘用评价的，由认证机构通知本人办理聘任手续，并将评审结论填入本人聘用登记表，建立个人档案。

凡聘用的专、兼职实习审核员、审核员、主任审核员和专家均应接受入门培训和继续培训。

1）入门培训

审核人员的入门培训是指拟聘用的实习审核员、审核员应具备注册资格，并接受进行了入门培训后，方可聘为正式专、兼职审核员。

2）入门培训分两个方面：

①掌握有关规定的培训。组织拟聘人员自学《施工现场安全生产保证体系》DGJ 08-903—2003的安保体系文件及有关章程和规定；拟聘人员较多时，组织举办学习班，由机构负责人授课。

②掌握安保体系认证规程的培训。由认证机构负责组织拟聘人员学习安保体系审核的上海地方规范、国家标准、工作规范，必要时组织拟聘人员学习班和进行考试。

（5）审核员的继续培训

对已聘用的审核员、技术专家资格的保持、晋升和能力的提高与发展提供培训机会，已聘人员应继续接受培训，以提高素质和认证工作水平。

1）有关安全规范更新后的学习研讨；

2）审核技能、审核质量的研讨，根据提供的培训要求，组织审核人员研讨培训班（每年1～2次）；

3）组织审核人员进行专业学习活动，可从以下几方面进行：

①组织审核员参加再培训。学习安全专业方面有关标准、规范，并结合体系规范汇总的要素的审核要点如何落实的研讨。

②组织审核员参加专业学习会议。提高审核水平一致性的研讨，案例分析与研讨（每年1～2次），以保持审核中审核水平的一致性。

（6）审核员的审核管理

为使每次特定认证审核任务所需的人员资格和专业能力都能得到适宜的保证，组建审核组时要按以下要求考虑审核组人员的配备和专业审核能力的要求：

1）审核组长

①应已是正式聘用的审核员，并参加过至少5个按照规范进行的完整体系审核；

②具有较强的组织协调能力，决策与决断能力以及保证审核实践能顺利成功的个人素质；

③要求具有良好的口头与文字表达和交流的能力。

2）审核员

①审核组使用的审核员/技术专家应是聘用的专、兼职审核员/技术专家；

②审核员应具备认证业务必要的专业能力；

③如审核组的审核成员不具备相应认证业务范围方面的专业能力，需聘请配备相应专业的技术顾问，并规定适宜的职责和权限。

（7）审核员的日常管理

本制度涉及的有关日常管理工作由认证机构专人负责，对本制度要求的管理适时作出安排，为每位聘用审核员/技术专家建立个人档案。档案主要包括各阶段原始申请，审核记录，评价记录，专业发展记录，有关的投、申诉资料及上述记录的资料。

1）按照认证机构制订的有关工作程序和管理制度，对审核人员/技术专家做好日常管理和评价、考核工作。

2）审核员/技术专家的专业能力，不满足有关要求，对专业能力实施培训。

3）审核员/技术专家的专业能力评价：

受聘于认证机构的审核人员，在聘用时应按规定接受对审核员/技术专家技能进行评价界定，其审核专业能力范围确定后方可安排审核工作。

（8）审核员/技术专家的业绩评价

认证机构根据审核反馈的《审核人员业绩评价意见反馈表》的具体内容和要求，适时对审核员/技术专家进行综合评价（每年1～2次）。

（9）审核员不合格的处理

1）不合格属工作责任心不强、疏忽、业务水平不满足工作需要的，可暂停审核工作，经过教育、培训满足要求后再继续使用，情节或后果严重的或屡次纠正仍不改进的解除聘用合同。

2）属违反审核员/技术专家行为准则和职业道德的问题，应立即解除聘用合同，严格执行审核员注册资格暂停、降级和取消的规定，情节或后果严重的提请法律制裁。

2. 审核组管理制度

为了规范审核组的管理工作，确保审核任务圆满完成。

（1）审核组应满足《审核员管理制度》中的要求，才能担任。

（2）审核组由认证机构确认，一般审核组人员，不包括实习审核员，不能少于2人。审核组长应由主任审核员担任。

（3）审核组内至少有一名熟悉受审项目施工安全特点的审核员。

（4）审核组成员必须经过注册并经上级机构所确认备案的审核员。

（5）审核组成员不得向受审方提供咨询服务，审核人员与受审方无直接的责任关系。

（6）实习审核员不能单独承担审核任务，必须在注册审核员或组长指导帮助下开展审核活动。

（7）根据审核工作管理的需要，必要时审核认证机构派遣观察员参加审核组的审核活动，验证和考察审核组长及审核员的审核能力和审核工作质量，作为今后审核员晋升或降级的考评资料存档。

(8) 审核组的人员原则上应相对固定，如遇特殊情况，由认证中心进行调整。

(9) 审核组长应服从认证机构的管理，组员服从组长分配。

(10) 审核组长对审核项目的审核质量负主要责任，组长负责对认证机构的制度和管理要求对组员进行传达，并有指导帮助审核员业务能力提高的义务。

3. 文件包预审制度

为提高审核质量，认证机构对审核文件包实行预审，确保在提交技术委员会专家审核时达到基本的审核文件归档要求：

(1) 认证机构由管理室负责审核组长提交的文件包进行预审。

(2) 文件包内容：

1) 按照审核资料清单进行清点，是否齐全完整；

2) 在对资料和不合格封闭情况预审中发现的问题应做好记录，并向技术委员会汇报；

3) 预审中有关记录质量和资料的不完整，同时应及时通知审核组长进行修补完善。

4) 技术委员会审核完成后，所有文件包由管理室移交资料室归档。

三、认证审核程序

(一) 认证审核基本程序

安全生产保证体系审核认证是一种正式的活动，一般来讲大致分为五个阶段，即认证申请与审查、审核准备、现场审核、批准与注册、认证后的监督，每个阶段还可分为若干活动，基本实施程序如图 16-1 所示。

1. 申请条件

申请认证审核的项目经理部所承建工程项目，必须具备以下基本条件：

(1) 施工面积 3000m^2 (或工作量 1000 万元) 以上，且工期在 90 天及以上；

(2) 提交施工现场安全保证体系认证申请表；

(3) 提交施工现场安全保证体系认证审核申请证明单；

(4) 提交施工现场安全生产保证计划；

(5) 提交施工现场安全生产保证体系内审资料和内审报告；

(6) 提交安全受监申请表复印件和施工合同（协议）复印件；

(7) 提交公司资质证书、营业执照、安全生产许可证等复印件；

(8) 工程项目基础工程工作量完成 90%之前，纯装饰工程或其他类型工程完成总工作量 30%之前；

(9) 有工程受监登记记录和受监安监站签署的相关证明单。

2. 申请受理

(1) 认证机构根据申请方的申报材料进行审阅，确认其条件是否符合，作出是否受理的决定，并通知申请方（项目经理部所在的上级机构）。

(2) 认证机构在决定受理登记后，与申请方签定合同，并按合约规定进行审核认证，同时收取认证审核或监督审核费。

3. 审核准备

合同生效后，认证机构做好以下审核准备工作：

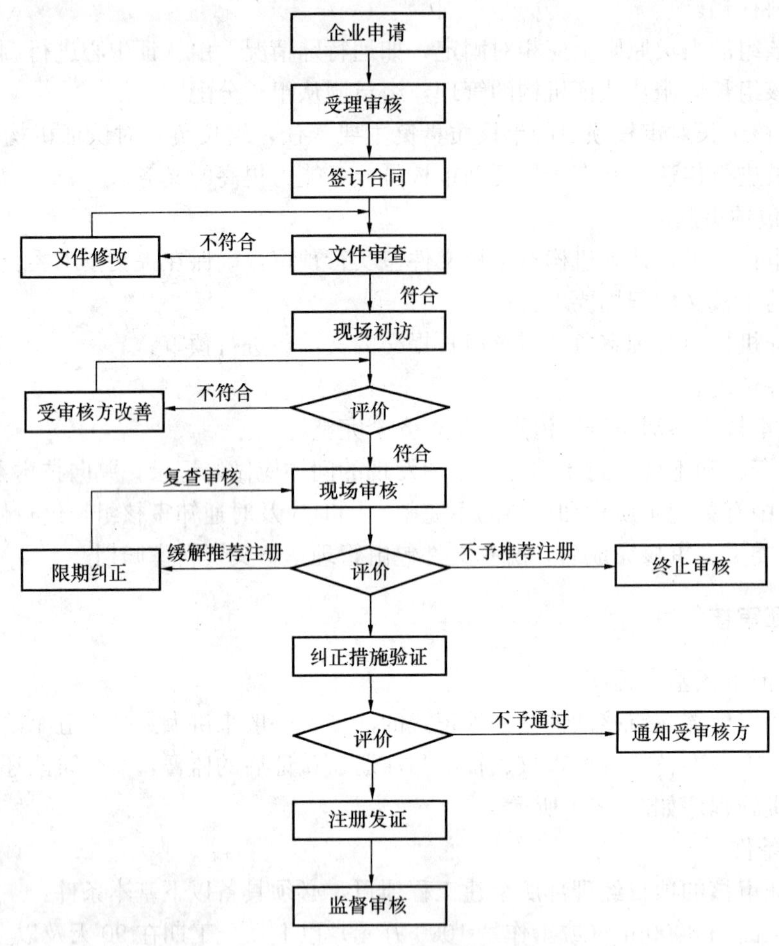

图 16-1 认证审核程序图

(1) 根据工程项目规模和特点，落实审核组长和审核人员，一般审核人员不少于 2 人(不包括实习审核员)，审核组长一般应具备主任审核员资格；3 万 m^2 以上的工程项目可适当增加一名审核员；对专业性强，情况特殊的工程，应聘请技术专家担任审核组顾问。

(2) 审核组长收到审核资料后，应在一周内完成工程项目安全生产保证体系计划和有关资料的文件审核，并作出初访安排。必要时需申请方修改体系文件并通过再次审核后，再进行初访。

(3) 审核组长根据对受审项目经理部体系文件的审核意见和初访信息反馈，编制审核计划，经认证机构确认后，送达受审工程项目确认。

(4) 审核组长对审核员作审核分工，审核组成员应服从组长安排。

4. 现场审核和跟踪验证

认证机构指定的审核组对项目经理部建立的施工现场安全生产保证体系的符合性、有效性作出科学公正的评价。

(1) 审核组长主持召开首次会议，向受审核的项目经理部阐述审核目的、范围、方法、分工和时间安排以及需要配合的有关工作要求，并向受审核方宣布审核纪律和保密承诺。

(2) 审核组依据审核计划和内容，对受审核的工程项目经理部进行施工现场安全生产保证体系审核，收集审核证据；对审核过程中发现的问题和不合格项进行分析、记录；对经审核组合议确定的不合格项，开具不合格项报告，交受审核方代表签字认可。

(3) 审核组长主持召开末次会议，对工程项目经理部建立的施工现场安全生产保证体系作出科学、客观、公正的评价，提出纠正措施的要求，并表明向认证机构推荐与否的意见。

(4) 项目经理部必须及时对审核组开具的不合格项报告采取并实施有效的纠正措施。审核组要对受审核方的纠正措施完成情况进行跟踪验证，并作出验证封闭记录。

(5) 审核组长在完成最踪验证后，一周内完成审核报告编写，报送认证机构和分送受审核方。

5. 批准和注册

(1) 认证机构每月召开技术委员会审定会议1～2次，对被推荐通过认证的项目经理部的审核报告和相关资料进行科学、客观、公正的审议，作出是否准予注册的决定。

(2) 认证机构主任对准予注册的工程项目经理部，签发《上海市施工现场安全生产保证体系认证证书》，认证机构每月向上海市安全生产保证体系管理委员会办公室报送注册发证工程项目统计表。

(3) 认证机构对技术委员会审定不予通过认证注册的工程项目经理部，应及时通知受审核方。

(4) 认证机构每月向各区安监站通报注册工程项目经理部和不予注册工程项目经理部的清单。

6. 认证审核后的监督管理

(1) 认证机构依据技术委员会工作程序、认证资格的批准和保持、认证资格的暂停和撤销的有关规定，对获证的工程项目经理部实施定期或不定期监督审核检查，促使其施工现场安全生产保证体系和安全生产处于受控状态。

(2) 认证机构对已获证的工程项目经理部，一般每隔4～6个月进行一次例行监督审核，对工程施工进入特殊安全风险阶段时，及时进行不定期巡回监督审核。凡未在规定期限内接受并通过监督审核的，所发认证证书为无效，认证机构予以撤销。

(3) 除可不进行初访外，监督审核程序与认证审核程序基本一致，即应进行文件审查和现场审核。但是现场审核应对规范的16个要素及覆盖的各部门（岗位）有重点地进行，每次必审的要素应包括《施工现场安全生产保证体系》DGJ 08-903中的3.2.2、3.2.3、3.2.4、3.3.1、3.3.6、3.3.7、3.4.1和3.4.2，并在此基础上根据需要适当增加其他要素。

(4) 认证机构根据认证资格的批准和保持、认证资格的暂停和撤销的有关规定，监督审核后，对获证的工程项目经理部作出认证资格的保持、暂停、撤销等决定。

(5) 认证机构在接到各级安监站的“建议”后，及时指派审核组对“建议”工程项目经理部实施监督审核检查，并将监审检查的情况或结果向相应的安监站通报，同时报送上海市施工现场安全生产保证体系管委会办公室。

(6) 认证机构与各级安监站对工程项目经理部的施工现场安全生产保证体系存在的问题有异议时，服从上海市施工现场安全生产保证体系管委会办公室的裁定。

（二）认证审核补充程序

对于达不到基本实施程序申请条件的工程项目经理部，即：施工面积 3000m^2 以下（不含 3000m^2）或建安工作量 1000 万元以下（不含 1000 万元），且工期在 90 天以下（不含 90 天）的工程项目，申请认证审核的其他条件都符合基本程序中申请条件的其他条件，这时可适当简化审核的程序，具体按以下规定实施认证审核和跟踪验证：

（1）认证审核工作环节应与基本程序相一致。但根据工程项目的特殊情况，在完成体系文件审核，经修改达到要求后，可不进行初访，直接进入现场实施认证审核。

（2）对实施认证审核的工程项目经理部，审核组人员不得少于 2 人（不包括实习审核员），审核组长由认证审核机构任命指派。

（3）审核过程中应做好首、末次会议的相关记录。

（4）审核的基本方法仍以全数与抽样相结合为主，但要覆盖全部要素和岗位。

（5）现场实施抽样检查时，必须重点检查：项目经理及管理人员的安全贯标职责是否落实；对危险源和不利环境因素的识别与控制策划及措施的落实；安全设施及机械设备的验收、检查、使用的控制；安全用品采购与分包方的控制；管理人员和操作人员的安全环保培训教育；事故隐患的处置和纠正、预防措施的实施等。

（6）不合格项报告封闭的形式，由审核组长根据不合格项报告的性质自行决定，但必须形成认证审核环节的封闭。

（7）审核组应在跟踪验证完成后的一周内编写审核报告，报送认证机构进行审定。

（三）施工现场安保体系认证程序

施工现场安全生产保证体系的审核，无论是内部审核，还是外部审核，其审核组的审核工作程序大致相同，具体实施上稍有区别，内部审核较外部审核工作程序简化。本节主要介绍初次外部审核工作程序，监督审核工作程序与之大致相同。

1. 组成审核组

审核组由认证机构确定，一般审核组审核人员，不包括实习审核员，不能少于 2 人。

（1）由审核组长和审核员组成，其中至少有一名主任审核员。必要时可聘请技术专家作为顾问。

（2）审核组长。通常是注册主任审核员，主导审核全过程，对审核工作质量起关键作用，其职责为：

1）负责文件审查（在接受申请时进行），以及文件修改的验证（在现场审核前进行），需要时负责进行初访，提交初访报告和问题清单；

2）协助认证机构选择审核组成员；

3）制订审核计划，对审核组进行任务分配；

4）指导编制审核检查表，进行审核过程控制，负责对施工现场安全生产保证体系符合性、有效性的评价及作出结论；

5）及时与受审核方负责人沟通；

6）组织纠正措施的跟踪验证；

7）提交审核报告。

（3）审核组组员。至少为注册实习审核员，其中注册审核员或主任审核员的职责为：

1）在审核组长指导下编制分工范围的审核检查表；

2）独立完成分工范围的现场审核任务，包括收集证据，开列不合格项报告，进行审核组内容交流，报告审核结果，参与对安全生产保证体系符合性和有效性的评价；

3）配合支持审核组长和其他审核员的工作；

4）验证受审方所采取的纠正措施的有效性。

2. 文件审查

所谓文件审查，是指认证机构受理审核后对受审核项目施工现场安全生产保证体系文件的初步审查。文件审查主要是评价施工现场安全生产保证体系的所有过程与活动是否被确定？过程与活动程序是否被恰当地形成文件？而现场审核则是评价过程与活动是否被充分展开并按文件要求贯彻实施，并评价过程是否有效。因此，文件审查是初访和现场审核的基础和先行步骤。如果文件审查表明项目经理部描述的施工现场安全生产保证体系不能充分满足要求，可停止后续工作，如初访、现场审核等，待问题解决后再进行。

（1）文件审查的目的

文件审查的主要对象是项目经理部提供的施工现场安全生产保证计划及其有关的体系文件。其目的是：

1）了解受审核方的施工现场安全生产保证体系文件（主要是施工现场安全生产保证计划）是否满足申请认证的《施工现场安全生产保证体系》规范要求的，即"规范要求的，文件是否写到"，从而确定能否进行初访、现场审核；

2）了解受审核方的施工现场安全生产保证计划的特点、运行情况，以便为初访、现场审核准备。

（2）文件审查的要求

1）文件审查一般由审核组长负责，或由审核组长指定专人审查。

2）文件审查以施工现场安全生产保证计划为主，并涉及与其他相关体系文件的关联性和一致性。

3）文件审查应按规范要素条款，逐项写出文件审核报告或文件审核检查表。

4）文件审查中发现的问题点或需修改之处，应加以记录，交项目经理部澄清或补充。只有通过文件审查后，才能开始初访、现场审核工作。

5）文件审查并修改后，还应在后续的初访、初次审核、监督审核过程中，对文件的符合性、充分性、针对性、可操作性进行评价，必要时提出问题清单，与不合格项报告一起，提交项目经理部进行整改。

（3）文件审查的内容

1）文件结构及控制

①施工现场安全生产保证计划中有无安全方针、安全目标和管理方案、组织机构及职责，是否对16个要素分别进行了描述。

②文件是否按规定权限进行审核审批。

③文件有无版本号，更改是否受控并有记录。

④有无相关支持性文件的查询途径。

2）施工现场安全生产保证计划的内容

①安全目标是否与施工现场的特点相适应，是否反映相关方的要求，是否体现对遵守法律法规、事故预防以及持续改进的承诺，是否反映全员参与，目标是否合理，是否量化

并具有可操作性。

②项目经理部的机构设置、职责和权限的分配是否明确。体系要素规定的各项活动是否明确了责任部门（岗位）、相关部门（岗位），部门（岗位）之间的接口是否协调得当。

③是否覆盖了规范的全部要求，要素描述是否满足其实质性基本要求。

④是否提供了危险源、不利环境因素及重大危险源、重大不利环境因素清单，并按其优先顺序制定了相应的控制措施或控制文件。

⑤是否有适用的法律法规、标准规范和其他所要求的清单，并进行了符合性评价。

⑥是否有需要建立的安全记录（管理资料）清单。

3）施工现场安全生产保证体系其他文件的内容。

①一般放在现场审核时审查。

②特别重要的过程运行程序、作业指导书，可在文件审查时调阅，以备现场审核时有所准备。

（4）文件审查的结果和结论

文件审查的结果和结论可利用文件审查检查表进行记录。文件审查结果应对规范要素和条款列出相应的问题点。文件审查结论一般可分为三种情况：

1）合格。可以进行后续的初访与现场审核。

2）基本合格。文件部分不符合施工现场安全生产保证体系规范，标明需修改或澄清之处，要求在规定期限内完成修改，待复查通过后，再进行后续的初访与现场审核。

3）不合格。文件存在严重不符合施工现场安全生产保证体系规范要求的缺陷，退受审核的项目经理部，经修改后重新提交进行文件审查。

3. 初访

初访是审核组与受审核方正式接触，面对面相互了解和沟通的第一次机会，双方均应加强合作，交流信息，以便为现场审核作好准备。

（1）初访的目的和内容

1）为现场审核的可行性收集必要的信息

初步了解施工现场安全生产保证体系的运行情况，确定是否具备了进行正式审核的条件：施工现场安全生产保证体系是否按体系文件运行，并能提供3个月以上的证实性材料；是否按规定开展了内部审核与安全评估，可信度与有效性如何。重点是确定是否已建立了一个自我发现、自我纠正、自我完善的机制。

2）对现场重大危险源与重大不利环境因素、安全目标、施工过程控制、应急救援、安全业绩的监督检查等要素策划的一致性进行评价。

3）有关法律法规、标准规范和相应要求的充分性，符合性。

4）施工现场安全生产受控状况，有无重大隐患，有无业主、社会、员工投诉和安监站、安全监管与环保部门的处罚。

5）为制订现场审核计划收集资料。了解项目经理部的组织机构和工程项目的规模、特点、施工工艺和流程、形象进度、保密要求、交通条件等情况，以便确定工作量与人员配备。

6）如具备现场审核条件，初步商定现场审核的日期和计划。

（2）初访的组织

一般由审核组长进行，必要时可增加 1～2 名组员参加。在程序上与现场审核相比，可适当简化，通过巡视现场，与项目经理部领导、主要管理部门（岗位）人员交换意见、查阅有关文件与记录等方法，从大的方面了解施工现场安全生产保证体系的总体情况。

（3）初访结论

审核组在完成初访后，应对以下两个方面给予评价：

1）施工现场安全生产保证体系是否符合审核准则。主要从以下 4 个方面进行综合考虑。

①文件是否完整覆盖规范的全部要求；

②项目经理部的组织机构和职责分配是否合理、明确；

③项目经理部的安全目标是否明确、恰当；

④专项安全施工方案是否充分、具体。

2）施工现场安全生产保证体系是否具备进入现场审核的条件。主要从以下 3 个方面综合考虑：

①危险源和不利环境因素的识别是否全面、充分，并具有针对性；

②重大危险源和重大不利环境因素的评价是否清楚、合理，并且准确无误；

③针对重大危险源和重大不利环境因素制定的控制措施及方案是否确定。

（4）初访报告

初访结束后，应由初访人员编制初访报告，分别送受审核项目经理部和认证机构。其内容主要有：

1）施工现场安全生产保证体系概述：

①文件审查修改情况复查结论；

②体系建立与运行时间及基本情况；

③危险源和不利环境因素识别、评价和基本控制情况；

④适用法律法规、规程规范和相关要求获取和遵守情况；

⑤安全目标、指标和控制方案的合理性；

⑥组织机构设置与职责分工合理性；

⑦内审和安全评估的可信度与有效性。

2）存在的主要问题，可附"问题清单"，以及整改要求及验证安排。

3）初访结论。是否具备现场审核的条件。

4）具备现场审核条件时，现场审核的侧重点和初步日期。

四、编制审核计划

审核计划是指审核组现场审核人员的时间安排和审核路线的确定。一般应至少提前 10 日发给受审核项目经理部。如受审方有异议，可以通过双方协商调整。

（一）审核计划的内容

一个完整的审核计划除受审核方的名称、地址、联系人、电话、传真外，主要应包括下述内容：

1. 审核目的

验证施工现场安全生产保证体系实施的符合性与有效性，并确定能否通过认证，获准注册。

2. 审核范围

即界定施工现场安全生产保证体系所覆盖的活动、工程、部门（岗位）及场所的范围。

3. 审核依据

主要是《施工现场安全生产保证体系》规范、受审核方的体系文件和适用的法律法规、规程规范和相关要求。

4. 审核组成员

其中包括审核组长和组员名单及分工，需要时列出聘请的技术专家名单。

5. 审核日期

即现场审核的起止日期。

6. 审核日程

即审核时间安排，一般以小时或上下午为单位安排审核日程。

7. 保密承诺

审核组所有成员应表明保密承诺，包括企业的经营、技术、管理及审核信息，在没有征得受审核方同意的情况下不得透露给无关的第三方。

8. 其他有关需要说明的问题

审核人·日数按现场规模、工程复杂程度、施工方案难易程度、形象进度等核定。

（二）审核计划的编制要求

审核计划一般由审核组长制定，送认证机构审核批准后通知受核方。

五、编制检查表

（一）检查表的作用

审核检查表实际是审核员的工作文件、审核提纲或审核工作指导。其作用是：

1. 保持审核目标的清晰和明确

审核员可以依据检查表的内容进行审核，使审核不至于偏离目标和审核主题，检查表实际起到提示作用。

2. 保持审核内容的周密和完整

审核过程是为达到审核目的而事先经过周密设计的全数和抽样相结合的过程，其中包括全数检查的对象和抽样方法及抽样数量的确定。因此，检查表是审核员的工作提纲，使审核内容周密和完整，不至于遗漏。

3. 保持审核工作的节奏和连续性

审核过程实际是一次紧张而有节奏的活动，检查表中详细地写明了审核计划和审核程序，用以指导审核员有目的、有针对性地实施审核，保持工作有节奏和连续性。

4. 树立审核员的职业形象

作为一个审核员，特别是一名新参加工作的年轻审核员，审核工作中如有一份经过周密设计编制的检查表，有针对性的提出问题，全数检查无遗漏；抽样有代表性，严格按审核程序办事，会给受审核方树立一个熟练、经过专业训练的审核员的职业形象。

5. 作为审核记录存档

审核结束，检查表与审核记录、音像资料、审核计划与审核报告均作为审核记录存入档案备查。审核机构也可以利用若干相关的检查表建立数据库，以备今后为同类型的审核编制检查表作参考。

（二）检查表的内容

检查表的主要内容有两个方面：

1. 查什么

列出审核项目的审核要点，确保审核覆盖面的完整性，即覆盖到审核范围的所有方面，包括外场与内场、硬件与软件，不要遗漏。

2. 怎么查

确定该审核项目的审核步骤和方法，对该审核项目的全数检查对象和抽样方法及抽样量的设计。

（三）检查表设计中的几个问题

1. 以施工现场安全生产保证体系规范及项目经理部安全生产保证体系文件为依据。

2. 审核项目可以以部门（岗位）审核为主进行审核，以部门（岗位）审核为主审核时，应列出该部门（岗位）所涉及的主要要素（并非所有要素）的审核内容、步骤和方法。也可以要素为主进行审核，以要素为主审核时，应列出到哪些部门（岗位）去查，如何查。

3. 注意逻辑顺序，明确审核步骤。

4. 抓住重点，全数检查应无遗漏、抽样应有代表性。

在初次进行施工现场安全生产保证体系审核时，多采用以部门（岗位）为主的方式编制审核检查表，其特点是工作量比较少，而且覆盖面比较宽。对中小型工程也可采用以要素为主编制审核检查表。

（四）检查表使用中的问题

检查表是审核员的工作文件，不能披露给受审核方，更不能事前通报给受审核方，以免其有针对性的作好准备。

1. 检查表最好由审核员默记，并以巧妙的方式进行提问，检查表仅起备忘录的作用，切忌在受审核方面前照本宣科，生硬提问，这样作的结果，容易使受审核方感到紧张，影响取证的效果。

2. 检查表对审核员来说，仅起备忘录和提示的作用，使审核员在审核过程中不至于偏离目标和主题，但在审核过程中可能会有新的情况和新的发展，这时审核员可以在不偏离审核目标和主题的前提下，对查什么和怎么查可以适时、巧妙的调整，不要过于拘泥，但也不能抛开检查表进行随机应变式的审核。

六、现场审核

（一）现场审核的目的

现场审核的目的就是查证施工现场安全生产保证体系规范和安全生产保证体系文件实施的情况。主要查证：

1. 施工现场安全生产保证体系文件是否符合施工现场安全生产保证体系规范的规定和要求；

2. 施工现场安全生产保证体系是否有效地实施；

3. 施工现场安全生产保证体系实施后的有效性和改进的领域。

依据上述几点进行判断，并据此对受审核项目经理部建立的施工现场安全生产保证体系作出结论。施工现场安全生产保证体系审核实际是一种符合性审核，用以证实受审核方在双方确定的审核范围内，是否实施并保持了一个有效的施工现场安全生产保证体系。

（二）现场审核的内容

现场审核的内容主要包括：

1. 初次审核要覆盖施工现场安全生产保证体系的全部要素。审核中不论采用以要素为主进行审核，还是采用以部门（岗位）为主进行审核，都要覆盖规范中全部要素，不可遗漏。

2. 安全目标、指标及控制方案应重点加以审核。安全目标是否结合工程项目特点，目标是否明确、具体，指标是否量化，控制方案中的技术方案及技术措施是否有设计书与计算书，是否可行，实施经费是否落实到位，是否确定了责任部门和责任人，是否制订了相应实施计划。

3. 对识别出的危险源和不利环境因素，特别是评价出的重大危险源和重大不利环境因素是否加强了控制：对缺少程序或文件指导可能导致偏离安全方针、安全目标的安全生产和环境保护控制点，是否编制了运行程序、作业指导书或操作规程；这些安全生产和环境保护控制点是否落实了责任人。对其中可能产生意外事故、造成重大风险和影响的安全生产和环境保护关键控制点，是否制定了应急救援预案与相应的控制程序或作业指导书。

4. 结合工程的特点及识别和评价出的重大危险源和重大不利环境因素，是否已收集到了国家及地方相关法律法规、标准规范及其他要求的文件并列出清单；项目经理部管理人员是否熟悉法律法规、标准规范等适用于本项目施工现场的具体要求；是否对施工现场相关从业人员进行了法律法规、标准规范及其他要求的宣传教育。

5. 重点查阅体系运行后规定的安全生产和环境保护日常监测记录，是否发生过事故，项目经理部采取了什么对策。

6. 实施现场观察。现场观察是现场审核中重要的一环，目的是验证施工现场安全生产保证体系活动是否对施工过程的安全生产和环境保护活动起到控制作用，通过观察还可以发现体系及体系运行中存在的问题。主要观察内容为：是否有遗留的未识别出的危险源和不利环境因素，特别是重大危险源和重大不利环境因素；确定的安全生产和环境保护控制点，特别是关键安全生产和环境保护控制点，是否按相应的控制程序、作业指导书或操作规程执行；现场管理人员及操作人员是否明确自己的职责，是否经过培训，熟悉本岗位的专业技术及安全生产和环境保护知识；对可能产生事故造成重大风险和影响的人员是否掌握应急救援措施；对某些特殊岗位是否实施了上岗制度。

观察重点是施工和管理活动过程中的施工现场，如施工作业面、搅拌站、配电室、木工间、有毒有害或化学危险品仓库及其他有关危险源和不利环境因素的现场。安全方面主要观察现场内安全生产设施（如脚手架、“三宝四口”、作业防护设施、施工用电设施、机械维护、现场通道等）、员工作业条件及防护设施（噪声源、粉尘排放、用电操作、辐射作业、警示标识、易燃易爆与有毒物品控制、生活设施、应急救援设施、劳防用品配置等）。环境方面主要观察场内外施工环境、施工作业活动、垃圾处理、污水排放、粉尘控制、噪声防治、照明设备、生活区域、有毒有害物质使用、应急救援设施等。

7. 看项目经理部内部审核及安全评估记录，了解对现行的施工现场安全生产保证体系的评价，对内审发现的不合格事实是否采取了纠正措施，安全评估是否体现了持续改进的思想，是否已建立了自我约束，自我调节、自我完善的运行机制。

（三）现场审核的程序

现场审核除实施现场查证外，还包含了一系列会议。主要程序包括以下5个环节：

1. 首次会议；

2. 现场查证；

3. 审核组内部会议；

4. 审核组与受审核方信息沟通会议；

5. 末次会议。

（四）首次会议

1. 首次会议的目的

（1）向受审核方领导介绍审核组成员；

（2）重申并确认审核的范围和目的；

（3）简要介绍审核组实施审核的审核计划、审核方法和审核程序；

（4）确定审核组和受审核方之间的联系；

（5）确认审核组所需资源和设施，如复印机、电话、办公室等已齐备；

（6）确定审核组和受审核方之间信息沟通会议和末次会议的时间及会议的主题；

（7）确认审核工作中其他有关问题。

2. 首次会议的程序（一般由审核组长主持）

（1）参加会议者签到。

（2）人员介绍。审核组长介绍审核组成员，出示能识别其身份的证明，并适当介绍所属认证机构的情况，以表明其权威性、公正性。受审核方介绍与会管理人员，包括各部门（岗位）负责人或其代表。

（3）重申审核目的和审核范围。说明为什么要进行审核，审核要涉及哪些部门（岗位）、工程范围、场所。

（4）审核计划。介绍审核组分组情况、审核日程安排及审核路线，并得到受审核方的确认。

（5）审核方法介绍。审核的基本方法是全数检查与抽样检查相结合，审核结果有一定的局限性。

（6）审核程序。确认审核组内部交流，审核组与受审核方信息沟通的安排，说明不合格项的记录与确认方法。

（7）审核说明。重点应说明如何正确对待审核中发现的不合格项。

（8）审核结论的报告方式。审核结论的种类，并说明审核组仅提供推荐结论，最后由认证机构决定并发布正式结论。

（9）重申审核的客观性和独立性。审核的关键是客观、独立的审核，以客观事实为依据，以规范及体系文件为准绳，不道听途说、不提供咨询，不受任何外界干扰，独立进行。

(10) 确定联络及陪同人员。在首次会议上应确定陪同人员，陪同人员的主要任务是联络、向导和见证，同时协助审核组落实办公、交通及食宿安排。

(11) 重申保密承诺。审核组长重申审核人员的保密守则，保守受审核方的技术秘密、管理秘密及审核信息。

(12) 确认限制条件。根据受核方工程项目的类型和特点，共同确认某些区域的约束条件和要求，受审核方应给审核组创造必要的审核条件。如上述区域不是双方共同界定的审核范围，审核组成员则不应进入该区域。

(13) 澄清疑问。

(14) 确定末次会议时间及参加人员。

(15) 确认有关问题已全部明确或澄清，表示谢意，结束会议。

(五) 现场查证

这是现场审核主要实施阶段。审核组依据审核计划的规定，分组按规定的审核路线、审核方法去各部门（岗位）及施工现场进行现场查证，目的是收集审核证据。

1. 现场查证实施

查证的基本方法是全数与抽样相结合，但是如何确定全数与抽样对象、查证记录、发现问题和获取审核证据则必须掌握一定的技巧和方法。

(1) 审核方式

1) 顺向审核

顺向审核就是按施工现场安全生产保证体系运行的顺序进行审核，可以有两种含义：

——从体系文件审查追踪到体系运行；

——按施工生产活动过程的流程，从过程开始直到过程最终（并不是逐个过程查证，而是全数与抽样相结合），从产生安全风险的危险源和产生不利环境影响的不利环境因素查到安全生产和环境保护的控制，直到安全风险和不利环境影响是否得到有效的改善。

2) 逆向审核

逆向审核就是从施工现场安全生产保证体系运行的现场开始，即从体系实施情况查到文件，从施工生产活动过程中的最后工序查证到过程的最初工序，也就是从安全风险和不利环境影响的改善查证到危险源和不利环境因素的控制。

3) 部门（岗位）

审核就是以部门或岗位为中心进行审核。项目经理部的一个部门或岗位往往在施工现场安全生产保证体系运行中承担若干要素的职能，因此，在审核时应以该部门或岗位主管要素（即主要业务内容）为主线进行审核，兼顾其他相关要素，但也不可能把该部门或岗位所有相关要素都查到。

4) 要素审核

要素审核就是以要素为中心进行审核。施工现场安全生产保证体系中的一个要素往往涉及两个以上的部门或岗位，因此一个要素的审核，除审核该要素的主要部门或岗位，还需去审核要素所涉及到的相关部门或岗位才能达到该要素审核的要求。

(2) 审核方法

现场查证时常用的方法就是通过现场观察、查阅文件和记录、提问和交谈、实际测定等方法来取证。不论采用什么方法，都要注意：

1）注意倾听

审核员要认真听取谈话对象的回答，不要随意打断和插话，并做出适当的反应。

2）善于提问

审核员在与受审核方交谈时主要的依据是事先设计的检查表。

3）仔细观察

审核员在现场检查时要仔细的观察现场环境、设备、工程、标记和有关记录。当发现问题时要进行深入检查以核实、收集审核证据。审核证据是指通过观察、测量、试验或其他手段所获事实的基础上，证明是真实的信息，有时也称为“客观证据”。

4）作好记录

审核员在现场调查时必须“口问手写”、“眼到手写”，对查到看到的事实作好记录，不仅是书面记录，还应有必要的摄影、摄像记录。

5）切记审核是去正面地发现“符合”而不是“不符合”，但在寻找“符合”的过程中可能会遇到“不符合”现象。审核的目标应去验证“符合”的程度，不应是去验证“不符合”的程度。

6）分析比较

审核员在获取一定的信息后，对不同来源所获取的同一问题若有矛盾的信息，要进一步查证、分析和比较，以判断体系运行的状况。

7）追踪验证

审核员应善于根据现场检查中发现的疑点，跟踪查证记录与文件、文件现状的符合情况，追踪同一问题的信息差异的来龙去脉，取得证据，进行判断，以便得出正确的结论，不要轻信口头答复。

（3）不合格项和不合格项报告

现场查证主要是依据施工现场安全生产保证体系文件，施工现场安全生产保证体系运行现状，对照体系文件、规范条款和相应法律法规的要求，查证其符合性和有效性，发现不合格项，并开具不合格项报告。

1）什么是不合格项

不合格项就是某一客观事实不满足规范规定的要求（这里所指的规范就是施工现场安全生产保证体系规范）和所规定的要素的基本要求。通常不合格项的判定有以下几种情况：

①施工现场安全生产保证体系文件的内容不满足规范的要求。规范要求的但未写到或写到了但内容不符合规范条款的要求，即符合性不合格。

②施工现场安全生产保证体系文件的内容符合规范条款的要求，但在实施过程中未按施工现场安全生产保证体系文件实施。文件写到了，但未做到，即实施性不合格。未达到法律法规、标准规范与其他要求的规定也属于这种情况。

③施工现场安全生产保证体系文件完全符合规范条款要求，也按体系文件实施了，但实施后未达到预定的目标。文件实施了但无效，即效果性不合格。

2）不合格项的分类

不合格项性质分类的原则是依据不合格项情节的严重程度以及不纠正可能造成的后果，不合格项是系统性、全局性的过失，还是个别的或局部的问题进行。一般按严重程度分成两类：

①严重不合格项

出现下述情况中任一种都视为严重不合格：

——体系运行出现系统性的失效。如某一要素的要求，在多个关键过程重复出现失效的现象。例如，在多个部门（岗位）或多个活动现场上均发现有不同版本的文件同时使用，这说明文件管理失控，而且在体系实施过程中也未加纠正。

——体系运行出现区域性失效。如某一部门（岗位）或活动现场，有运行程序、管理制度或作业指导书，但运行过程未按规定要求实施，以至于多次出现安全生产和环境事故，而未能加以纠正。

——体系运行是按规定要求实施，但仍多次出现安全生产和环境事故，未查明原因，也未采用有效的措施。

②一般不合格项

出现下述情况中任一种可视为一般不合格：

——审核中的发现对满足施工现场安全生产保证体系要素、体系文件要求或体系实施有效性而言，是个别的、偶然的、独立的问题。如缺少一次培训记录等。

——对保证所审核区域的体系有效实施是次要的问题。

（六）审核组内部会议

随着受审核方施工工艺复杂程度和规模增大，审核组的现场查证往往是分小组实施，无论是按部门（岗位）为主进行审核还是按要素为主进行审核，均有局限性和不连续性。

为了使审核工作具有完整性，举行审核组内部会议，交流信息，协调任务则十分必要。

审核组内部会议主要研究：

1. 各审核小组完成审核计划的情况，出现什么问题，有什么新情况和好的经验。

2. 无论以部门（岗位）为主的审核，还是以要素为主的审核，为了节约时间，提高审核效率，往往对相关部门（岗位）和一些综合性要素，可以委托其他审核小组协助去查证，但必须由负责该部门（岗位）或该要素的审核小组或审核员提出查证提纲，在内部会议上沟通汇总。

3. 审核中发现的不合格项事实的评价，特别是较难确认的事实的评价，以便集思广益，统一标准。

4. 对受审核方的施工现场安全生产保证体系进行总体评价。施工现场安全生产保证体系审核的任务不是为了发现一些不合格项，更重要的是收集施工现场安全生产保证体系实施的客观证据，根据所获取的查证记录和客观证据，包括符合要求的证据，不合格项的数量、性质和分布的统计分析，部门或岗位安全活动中的优缺点等，从正反两个方面对施工现场安全生产保证体系的符合性和有效性作出总体评价。

（1）符合性评价的主要内容：

1）施工现场安全生产保证体系文件对照规范的符合程度；

2）施工现场安全生产保证体系文件实施的符合程度。

（2）有效性评价的主要内容：

1）施工现场安全生产保证体系能否保证安全方针和安全目标的实施；

2）对评价出的重大危险源和重大不利环境因素能否实施有效控制；

3）通过检查和改进活动等各监督保证要素的实施，施工现场是否形成了一套自我改进、自我完善的机制；

4）全体从业人员通过体系的建立和实施是否提高了安全环保意识，并能自觉遵守与本岗位有关的程序和作业指导书等文件的规定；

5）在改进安全业绩，预防和控制工伤事故、职业病、环境污染，降低和消除安全风险和不利环境影响方面是否取得实际成果；

6）在周围社区安全和环境的改善、其他相关方的反映等方面是否取得实际成效。

5. 提出审核结论

一般有三种可能：

(1) 推荐通过认证。体系运行正常有效，审核中未发现严重不合格项、重大安全事故和严重投诉，发现的若干一般不合格项在系统、区域中分布均匀。但需对所有不合格项采取纠正措施，并验证有效。

(2) 暂缓推荐通过认证。体系运行不正常，审核中发现若干一般不合格项和1～2个严重不合格项，或重大安全隐患，但能在短时间内纠正，尚未造成严重影响。需在规定期限内采取有效的纠正措施，并由审核组进行现场复查审核，再决定推荐通过认证与否。

(3) 不推荐通过认证。体系运行失效，发现3个及以上的严重不合格项，或重大安全事故和隐患，并在短期内难以采取有效的纠正措施。

（七）审核组与受审核方信息沟通会议

为了有效地实施现场审核，审核过程中审核组长与受审核方的项目经理等主要责任人加强相互间的信息沟通，特别是当审核组在现场查证中发现不合格项时，除审核组内部认真核清客观事实，对照规范检验外，在开不合格项报告之前，还应得到受审核方的确认、签字，以避免在末次会议上，审核组在宣布审核结论时双方发生分歧。这个工作是个深入、细致，同时也是个比较困难的工作。

（八）末次会议

末次会议是现场审核的结论性会议，是审核组报告审核结果和审核结论的会议，末次会议仍由审核组长主持。

1. 末次会议的目的

(1) 审核组向受审核方说明审核情况，以使他们能够清楚地理解审核结果；

(2) 宣布审核结果和审核结论；

(3) 提出纠出措施的追踪和证后监督审核要求（第一种审核结论时），或复查审核安排（第二种审核结论时）；

(4) 宣布结束现场审核。

2. 末次会议的内容

(1) 参加会议者签到。

(2) 审核组长致辞感谢。对现场审核过程中得到受审核方的领导及员工配合和支持，使审核工作顺利完成表示谢意。

(3) 重申审核目的和审核范围。尽管在首次会议上已经申明了审核目的和审核范围，但是参加末次会议的人员未必都参加过首次会议。此外，末次会议是总结性会议，要宣布审核总体评价结果，因此重申审核目的和审核范围是有必要的。

(4) 宣布审核结果，包括宣布现场审核中的不合格项报告。可以由审核组成员分别介绍后，再由组长总结，也可以由审核组长集中宣布。宣布过程中，如果受审核方有异议。可待不合格报告宣读完毕后再提问题，以使受审核方与参加会议的所有人员对项目经理部的不合格项有个全貌认识。

(5) 宣布审核结论。依据审核证据，特别是不合格项报告的内容、严重程度、及按部门（岗位）分布、按要素分布的统计和分析，对受审核方的施工现场安全生产保证体系的有效性作出基本评价，同时应指明施工现场安全生产保证体系运行中的薄弱环节和重点问题。在此基础上提出审核组的审核结论。

(6) 提出纠正措施要求。对推荐通过认证或暂缓推荐通过认证的项目经理部，审核组应对所发现的不合格项，特别是施工现场安全生产保证体系运行中的薄弱环节和重点问题，对受审核方提出纠正措施要求，说明抽样的局限性，要求举一反三进行整改，包括改进的时间、追踪验证和监督审核的要求。只有审核组对不合格项的整改情况实施跟踪验证，确认其采取了纠正计划与纠正措施，并有实施有效后，才能向认证机构正式提交审核报告。

(7) 再次重申保密承诺。

(8) 欢迎对审核组工作提出改进意见。

(9) 受审核方领导表态。这点非常重要，表明了对此次审核双方是否达成共识，其关键就是在末次会议之前要开好审核方与受审核方的沟通会，使审核工作、审核结果和审核结论能充分达成共识。

(10) 宣布末次会议结束。

七、纠正措施及追踪验证

审核员在现场审核中所发现不合格项，审核组对每个不合格项均应在不合格报告中明：

明确提出纠正计划和纠正措施要求，报告规定需要纠正计划的，应制定具体的处置措施，规定需要采取纠正措施的，要认真确定不合格原因，原因有几条，纠正措施必须对应有几条具体措施，对不合格的原因分析，应从“是否有相应的规定”和“是否执行了规定”这两个方面确定。由受审核方制定出纠正措施计划并加以实施，审核组应对纠正措施的实施情况进行跟踪检查。

(一) 纠正措施及追踪验证的重要性

提出纠正措施的要求以及跟踪其落实情况，对施工现场安全生产保证体系的正常运行和不断完善有重大意义，具体表现在：

1. 受审核方通过对发现的不合格项进行原因分析，彻底根治已发现的不合格项或尚未在审核中查出的不合格项，防止这种不合格项给从业人员和环境带来的影响。

2. 通过实施纠正措施，可以使这类不合格项今后不再发生。

3. 强化受审核方的“预防为主”的意识，避免在某一部门或岗位出现的不合格项在其他部门或岗位中出现，从而有效地防止潜在的安全事故的发生。

(二) 双方职责

1. 审核组的责任

（1）确认不合格项并提出纠正措施要求。

（2）审查受审核方提出的纠正措施计划。

（3）纠正措施的追踪评价。

2. 受审核方的责任

（1）分析不合格项产生的原因；

（2）制订纠正措施计划，包括纠正计划和纠正措施；

（3）实施纠正措施计划，并形成实施记录；

（4）接受审核组的追踪验证。

（三）追踪验证的方式

根据不合格项的性质和严重程度，可采用以下三种不同的纠正措施计划追踪验证方式：

（1）现场验证。对受审核方的不合格项所涉及的某些要素或部门（岗位）组织一次现场审核。这一般是针对严重不合格项或只有到现场才能验证的一般不合格项。

（2）异地验证。受审核方按要求提供纠正措施计划的实施记录（包括书面和音像资料）。审核员根据实施记录验证其是否已有效完成纠正措施计划。这一般适用于一般不合格项，并且不需要去现场跟踪验证的情况。

（3）在监督审核时再予跟踪验证。这适用于短期内无法完成的一般不合格项。但是已在整改过程中采取了必要的防范措施，经过安全论证是有效的。

（四）纠正措施期限

（1）性质非常轻微而且便于纠正的一般不合格项可在现场审核期间由受审核方立即完成纠正和纠正措施，审核员可以及时进行纠正和纠正措施跟踪。

（2）一般不合格项通常规定要1周内完成。

（3）严重不合格项通常规定在1个月内完成。根据纠正措施完成情况，审核组再派审核人员去进行现场复查审核。

（五）纠正措施计划追踪验证的要求

1. 纠正措施计划的审查

审核组在对纠正措施计划进行审查时，应评价措施是否针对以下三个方面制定：

（1）纠正已发现的不合格项；

（2）消除产生不合格项的原因；

（3）举一反三地找出并且纠正其他类似的不合格项。

只有满足以上三项要求时，并且具体明确、可操作时，纠正措施计划才能通过。否则，应要求调整后再审查。

2. 纠正措施计划实施验证

审核组在跟踪验证时，应逐一核查并证实：

（1）已采取的措施与拟定的纠正措施计划是一致的；

（2）纠正措施已消除了事故隐患和产生不合格项的相应原因；

（3）纠正措施充分有效，并可防止同类不合格项的产生。

只有满足以上三项要求时，并且封闭证明资料与纠正措施计划、原因分析一一对应时，不合格项才能封闭。否则，应要求继续整改后，再次进行验证。

八、编制审核报告

在不合格项纠正措施计划的充分性、有效性跟踪验证通过后，审核组长负责组织编写审核报告，对其准确性与完整性负责。一般在一周之内送交认证机构评审，通过后正式分发到受审核方。审核报告属机密文件，审核组成员和收到审核报告的各方应为受审核方保守秘密。

（一）审核报告的主要内容

1. 受审核方基本情况

主要包括受审核方名称、地址、工程概况等。

2. 受审核方的施工现场安全生产保证体系概述。

包括体系建立和运行的时间，文件的结构和整体情况。

3. 审核概况

包括审核组成员、审核准则、审核日期、文件审查概述、审核发现。

4. 审核综述：

（1）施工现场安全生产保证体系符合规范的情况；

（2）施工现场危险源和不利环境因素识别、评价的适宜性；

（3）适用法律法规、标准规范和其他要求识别和登记的充分性和遵守情况；

（4）施工现场安全生产保证体系是否正确实施和保持的情况，包括安全目标的实现情况，控制措施和各种文件的执行情况；

（5）内审和安全评估是否按规定执行，能否实现自我发现、自我纠正、自我完善的运行机制；

（6）施工现场安全生产保证体系实施的持续适宜性和有效性，包括重大危险源和重大不利环境因素控制、持续改进的安全绩效；

（7）发现的不合格项概述以及纠正措施有效性验证情况。

5. 对受审核方施工现场安全生产保证体系的总体评价结果，主要存在问题和方向性改进建议。

6. 审核组结论

（二）审核报告的附件

1. 文件审查表与复查记录；

2. 初访报告、问题清单和整改验证记录；

3. 现场审核计划；

4. 现场审核检查表与审核记录（包括音像记录）；

5. 不合格项报告及纠正措施证明材料和验证记录（包括音像记录）；

6. 不合格项分布表；

7. 首、末次会议签到表。

九、技术委员会工作管理

（一）技术委员会工作职责、工作程序

为使技术委员会按安全保证体系标准的要求，对推荐审定、证书发放、暂停和撤消进行审议，及有效地控制涉及认证结果，有异议时的投诉处理，并对审核员的专业能力进行评定，特制定本程序。

1. 技术委员会职责

(1) 对企业申报，由审核组现场审核后推荐，并经管理部预审的施工现场安保体系认证进行核准发证的审议。

(2) 根据管理部提出的“认证证书暂停或撤消呈报表”，对施工现场安保体系认证的暂停或撤消进行审议。

(3) 对各级审核员的专业能力进行评定，并提出资格晋升或暂停、撤销的意见。

(4) 对涉及认证结果有异议的投诉，根据办公室的意见，进行审议。

2. 工作程序

技术委员会成员由三方代表构成：一是企业代表；二是上级主管部门；三是审核机构代表，技术委员会共设3～5名委员。

(二) 技术委员会成员基本条件

1. 具有10年以上专业管理经验的工程师或5年以上专业管理经验的高级工程师。

2. 熟悉本专业业务并坚持科学、公正、客观的原则；

3. 了解掌握DGJ 08-903-2003《施工现场安全生产保证体系》安保体系规范和安全管理具体要求；

4. 具有较强综合判断能力和组织协调能力，愿意为审核机构服务。

(三) 技术委员会对核准发证的审议

1. 管理室为技术委员会审议提供下列资料：

推荐审定工程项目的基本情况、审核资料、审核报告及同意推荐意见的情况介绍。

2. 技术委员会对审议过程中提出的需要受审方改进的问题，以及受审项目暂缓或不予批准注册，由管理室向受审方及时通报，并说明理由。

(四) 技术委员会对撤销证书的审议

根据认证机构管理室提出的“认证证书暂停撤销呈报表”由技术委员会主任组织会审，作出是否同意认证证书暂停撤销的决定，并作好会审记录。

(五) 技术委员会对审核员的专业能力的评定

1. 认证机构管理室向技术委员会介绍审核员的专业能力等方面考核意见；

2. 技术委员会在听取考核意见基础上，根据审核员管理办法审议，作出是否同意审核员专业能力的评定；

3. 经技术委员会审议通过的审核员专业能力评定纪要，由主任签字。

管理室对每次审议会议作好记录，由技术委员会主任审定签阅。

第十七章 租赁单位安全管理

第一节 概　　述

建筑施工机械租赁企业，是指专门从事建筑施工机械租赁业务的企业以及自有建筑施工机械并对社会开展租赁业务的建筑业企业的分支机构，如机械分公司等。前者多由社会资金组建有限责任公司购入建筑施工机械投入租赁市场，以租金形式获取投资回报。这类租赁单位数量众多，除少数具有外资或国企背景的大型租赁公司外，大部分为中小型企业。规模小、人员少、素质低、管理能力薄弱是这类租赁公司的特点，也是行业安全管理的重点。上述市场主体加上相继成立的机械检测机构，以及建筑机械维修和技术培训机构等服务企业组成了建筑施工机械租赁市场。

第二节 租赁单位的行业管理

一、租赁单位行业管理的目标和任务

租赁单位，即各种类型的建筑施工机械租赁公司，以出租建筑施工机械的使用权而获取收益的方式赢利。但建筑机械租赁的行业特点，机械的操作工人往往也由出租方派出。因而在机械准确使用、工人操作维护管理、安全教育和安全措施的落实上都有其独特性。

为使租赁公司在机械维护、员工操作、租后服务上体现行业水准，要求建筑机械租赁公司，特别是建筑起重机械租赁公司在可供租赁机械数量、持证操作员工和维修工人的素养应达到与出租机械所承担的任务相适应。

建筑施工机械租赁企业为建筑施工服务的行业属性，决定了租赁行业服务质量的优劣高下成为行业管理所追求的目标和任务。建筑施工机械租赁行业管理的目标是通过规范租赁行为建立一个由各方市场主体参与，有序竞争，能提供满足建筑施工所需要的各类建筑施工机械和提供优良租赁服务的建筑施工机械租赁市场。

为实现建筑施工机械租赁行业管理的目标，我们的任务是培育和发展一批建筑施工机械租赁骨干企业，向建筑施工市场提供安全高效的优质租赁服务，安全高效的优质租赁服务体现在以下几个方面：

1. 按租赁合同提供合格的建筑施工机械；

2. 提供合格的安装调试服务；

3. 承担租赁机械操作服务，且全部操作工人和维修人员均应经培训合格持证上岗；

4. 承担急修服务，最大限度缩短因故障停机时间；

5. 员工队伍精神面貌健康良好，忠于岗位职守，遵守岗位纪律。

要提供优质服务，必然要求建筑施工机械租赁公司有较强的管理能力，要有一支技术过硬，作风良好的职工队伍。因而，建筑施工机械租赁行业管理，必须抓住公司经营行为和公司员工队伍建设两个方面，通过规范行为和倡导优良服务过程中树立行业形象。

二、租赁单位行业管理的内容

（一）租赁机械的使用备案

按建设部《建筑起重机械安全监督管理规定》（建设部令第166号）要求，租赁机械在首次出租前，自购建筑起重机械在首次安装使用前，应当向单位所在地县级以上人民政府建设行政主管部门或主管部门指定的机构备案，备案应当提供的资料包括：

1. 建筑起重机械特种设备制造许可证（复印件）；

2. 产品合格证；

3. 制造监督证明。

通过备案，由建设行政部门发给备案号，备案号是建设起重机械的“身份证”号，具有唯一性。

有下列情形的建筑起重机械不得出租、使用。建设行政主管部门不予备案：

1. 属国家明令淘汰或者禁止使用的；

2. 超过安全技术标准或者制造厂家规定使用年限的；

3. 经检验达不到安全技术标准规定的；

4. 没有安全技术标准档案的；

5. 没有齐全有效的安全保护装置的。

有上述1、2、3项情形之一的，出租单位或者产权单位应当予以报废。已经通过备案的，应向备案机构办理注销手续。

（二）建筑起重机械租赁使用中的安装拆卸和验收管理

1. 建筑起重机械的安装拆卸，按相关法律规定必须由具有“起重设备安装工程专业承包企业资质”的企业承担。租赁和使用单位应当与具有上述资质的企业订立安装拆卸合同，实行总承包施工管理的，应当由总承包单位与安装企业订立合同。订立起重机械安装拆卸合同时，应审核安装企业的资质等级。所安装拆卸的起重机械等级应在其资质等级所允许范围内。

2. 建筑起重机械安装完成后，租赁单位或使用单位应委托有资质的专业检测机构对安装后的起重机械作性能检测。检测合格后，由使用单位、租赁单位、监理单位共同验收，并签署验收文件。实行总承包管理的，由总承包组织上述单位共同验收。

在实际工作中，起重机械安装完毕，经检测机械检测合格，发给使用证后即投入使用。检测机构检测代替了验收，虽然减少了工作环节，但检测能否代替验收，以及检测机构既承担检测工作，又承担发证职能，其工作性质和法律职责的承担是否妥当，仍是一个在争议和探索中的问题。

（三）老旧建筑起重机械的报废和延续使用

老旧机械由于使用年代久远，长期使用引起的疲劳损伤、锈蚀、磨损等等原因，导致机械安全性能下降。但如何界定老旧机械的报废标准是一项十分复杂的工作。全国各地有的地方尽管试行了一些报废的标准，但就全国而言尚无具体的统一的报废标准出台。按《塔式起重机设计规范》（GB/T 13752—92）塔式起重机的设计寿命应根据其用途、技术、经济及淘汰更新等因素而定，一般可按15～30年计算的规定，正常使用的塔式起重机其使用年限应当在15～30年间。虽然设计寿命在15年以上，但个别塔机由于使用环境恶劣，使用频率高等因素引起塔身、臂架等早期锈蚀。出租单位和使用单位应建立健全维护保养制度，加强早期维护，避免塔机因使用、维护不当而缩短使用年限。对于使用15年以上的塔机，应当定期对塔机的技术状况作出评估，符合技术标准的方可继续使用，或降级使用。评估应当委托有资质的或行政主管部门认可的机构进行。除塔式起重机外，其他建筑起重机械，如施工升降机也应按一定期限进行安全性能技术评估。老旧起重机械经鉴定或评估认为其主要安全技术性能达不到标准，且难以通过维修恢复达标的，租赁单位或产权单位应当坚决予以报废。报废的建筑起重机械在办理了报废手续，注销使用备案手续后，应当拆解回炉，不得重新流入市场。

（四）自制起重设备的使用管理

所谓自制起重设备是指使用于特定场合，小型、功能单一，国家尚无定型设计制造产品，由使用人根据用途安装条件自行制造的起重设备。如桅杆吊即是其典型代表。桅杆吊具有构造简单，体积小，易于操作的特点。安装在狭隘的位置。如楼层高处、拐角处等，用于辅助起重作业。对于此类起重设备，其设计性能，制造质量、材质等是否符合要求，能否承担特定的作业需要作出评定。按上海市建筑业管理办公室规定，自制起重设备应由三名起重机械专家参与评估。通过评估的，准予使用，此类设备评估的内容为：

1. 自制起重设备的设计构造是否合理；
2. 其起重系统、变幅系统的安全装置是否齐全可靠；
3. 制造工艺是否合理、制造质量有无问题；
4. 其最大起重量是否满足承担起重任务要求；
5. 其安装的位置、安装质量、锚固形式是否合理可靠。

通过评估的，参加评估的每位专家应在评估结论书上签署评估意见。

三、起重机械作业人员的持证上岗制度

建筑起重机械的操作人员必须经过专业培训，考核合格的，发给操作证书。这是长期以来国家安全生产相关法律法规所规定的。租赁单位，使用单位、操作从业人员守法从业；在保障国家企业、员工人身安全、财产安全方面具有重要意义。特别是改革开放建设大潮中，大量农民工进入建筑领域从事包括操作管理作业机械的工作。如何严格培训这些机械操作新手，严格考核制度，是当前建筑起重机械作业安全工作中的一项重要任务。

按相关法律法规规定，建筑起重机械中的塔吊司机（操作工）、信号工（指挥工）、司索工（挂钩工）、施工升降机操作工、塔式起重机械安装拆卸工、建筑高处作业吊篮安装拆卸工由建设行政主管部门认可的培训学校培训，并经考核合格的，由建设行政主管部门发给岗位资格证书。未列入上述工种的其他起重机械操作工如物料提升机（卷扬机）操作工等由行业协会、有条件的大型企业的教育培训部门，按行业工种岗位技术标准培训考核，发给岗位资格证书。行业协会和大型企业在培训考核中，应当注重理论和实际操作相

结合，使培训起到实效。同时应当坚持培训、考核、发证三分开原则，以确保教学质量。所谓“三分开”是指考核单位出考核大纲、实施培训考核，培训单位负责按大纲教学培训，发证单位按考核结果，合格者发给岗位资格证书。

取得岗位资格证书的培训操作人员应每两年进行一次复审考核，考核内容为：

1. 岗位技能继续教育；

2. 年龄、身体健康状况；

3. 操作违章行为记录情况。

对于1、3项内容，上海市建筑业管理办公室和上海市建筑工程安全质量监督总站已建立了大型“外来务工人员信息查询系统”，对上述信息均有记录。对于身体状况已不能适应建筑起重机械的从业人员，和虽经培训考核但操作技能生疏，屡次违章作业或造成事故的从业人员，不予通过复审，以确保起重机械作业队伍的素质。

第三节 建筑施工机械租赁企业的行业确认

一、建筑施工机械租赁企业行业确认是发挥行业协会自律作用、协助政府对建筑施工机械租赁企业的市场行为管理的一种形式

2006年11月建设部办公厅发出通知，转发了由中国建筑业协会发布的《建筑施工机械租赁行业管理办法》。该《管理办法》对已取得工商营业执照的建筑施工机械租赁企业进入租赁市场作了若干规定。主要内容有三个方面：

第一个方面是所有建筑施工机械租赁公司都应当具备中国建筑业协会制定的行业确认条件。这些条件包括：

1. 规模上要求自有可供出租机械不少于30台或机械总功率不低于1200kW；

2. 注册资金或运行资金不少于300万元人民币；

3. 维修保养基地面积不少于4000m^2；

4. 经过培训并取得培训合格证书的技术与管理人员不少于12人，专业技术维修工人不少于9人。

符合上述条件的租赁公司由中国建筑业协会机械管理与租赁分会发给跨省市跨地区使用的行业确认证书；原建设部办公厅在《通知》中指出，施工总承包企业或施工企业在租用施工机械时，应当与通过建筑施工机械租赁行业确认的租赁公司订立租用机械合同。《管理办法》也指出，各省市相关协会可按《管理办法》制订符合本省市实际情况的实施细则，可在低于中国建筑业协会所规定的条件下，制订本省市、本地区的行业确认条件。2007年9月，上海市建设机械行业协会发布了上海地区建筑施工机械租赁行业管理办法。其中规定不具备申请跨省市跨地区行业确认的建筑施工机械租赁企业，如符合上海地区行业确认条件的，可申请上海地区活动范围的行业确认。具体条件是：

1. 自有可供租赁施工机械不少于10台，或机械总功率不少于500kW；

2. 注册资金或运行资金不少于50万元；

3. 维修基地面积不少于2000m^2；

4. 经过培训并取得合格证书的技术业务管理人员、维修报务人员不少于8人。其中具有中级技术专业人员不少于1人，并有经过培训合格的机械管理员和安全管理员。

符合上述条件的可由中国建筑业协会机械管理与租赁分会发给省市地区内使用的行业确认证书。

第二个方面内容是建筑施工机械租赁企业的信用评价。中国建筑业协会机械管理与租赁分会于 2004 年 7 月由全国百余家建筑施工机械租赁公司于大连倡议通过的《建筑施工机械设备租赁行业自律公约》。《自律公约》主要内容是租赁企业按市场规则进行公平有序竞争，不恶意抬高或压低租价；不得出租老旧或不符合安全使用规定的机械设备；注重员工队伍建设、文明服务遵守各项安全生产规章制度等等。通过对承租方的服务质量反馈，对租赁企业作出社会服务信用评价；

第三个方面的内容是推荐使用建筑施工机械租赁合同范本。目前中国建筑业协会机械管理与租赁分会推出的建筑机械租赁合同文本是一个试用本，尚在试用征求意见之中。

二、租赁小企业的品牌服务联合管理

所谓建筑机械租赁小企业是指达不到地区建筑机械租赁行业确认最低条件的企业。

由于小型建筑机械租赁企业虽然取得了营业执照，但这些企业往往管理能力薄弱，机械维护达不到标准，员工队伍素质相对较低，容易造成机械事故。为使小型租赁企业在管理水平上缩小与大企业的差距，达到行业管理标准，以良好企业形象参与建筑施工机械租赁市场竞争，上海市建设机械行业协会推出“小企业实行品牌服务、联合管理的办法”。所谓联合管理，是指二个或以上的小企业，在不改变各自法人地位，不改变各自经营独自对经营成果负责的条件下，组成联合体实行联合管理。对外统一服务标准，使用共同的经营品牌，统一组织对员工进行技术业务能力和职业道德培训考核和定期安全教育，统一接受和处理投诉，各联合体成员单位还建立发生突发事件时的相互救援机制。这样，本来分散的小企业，通过联合管理、整合内部资源，管理能力得以加强和提高。联合体成员单位以联合体的名义共同申办行业确认手续，如达到相应行业确认条件，可以通过行业确认。小企业实行品牌服务联合管理可以增强小企业在市场上的竞争力。提高服务质量，对减少机械和安全事故的发生有重要意义。这项工作已在实践中不断摸索、完善和提高。

第四节 租赁单位的安全技术管理

一、合同订立和机械进场的管理工作

租赁单位的安全管理工作从订立合同的时候就已经开始，特别是建筑起重机械，如果合同条款已经对履行中存在不安全因素留有隐患，则发生机械事故往往难以避免。因此，租赁单位的技术人员、安全管理人员、合同主管人员都应当高度重视合同条款的安全有效，而不仅仅是经济上的平衡。

（一）机械选择

订立合同时应注意建筑物高度要求，选择满足起升高度、最大起重吨位、力矩的机械，不能迁就承租方要求，以小代大勉强凑合，留下违章操作隐患。

（二）踏勘现场

租赁单位应在机械使用现场踏勘现场环境、道路情况。对机械进出场、安装及辅助机

械的工作有何影响，对承租方制订的机械布置方案提出改进意见。这些意见主要是塔机安装位置是否合理；起重臂回转时是否可能与周边建筑物构成障碍；多台起重机作业时，有否互为干扰的情况出现等等。另外，还应了解使用地土地耐力情况，如果土质情况不符合承载力要求，应当对起重机械基座承载地基方案作修正。

（三）制订起重机械进场和安装方案

所租赁的起重机械进场前应检查其规格型号是否与合同约定相符，安全装置是否齐全可靠。安装方案应当详细全面，特别对安装的机械与辅助机械的配合，步骤。实际安装前，还应验看承载地基制作、养护是否符合要求，召开安装人员技术交底会，与承租方配合设立警戒和监护。委托第三方承担安装任务的，还应验看受托方资质证书和安装人员资格证书，防止不合格安装队伍或人员承担安装任务。

租赁机械的拆卸同样应按上述要求进行。

二、机械租赁期间的安全管理工作

机械租赁期间由承租方使用管理，但出租单位应注意安全措施的落实。特别是租赁机械同时又承担机械操作的租赁单位更不能放松安全技术管理。此阶段的管理内容主要是：

1. 全部操作人员和维修服务人员应经过培训，并取得特种作业操作证书或岗位资格证书方能上岗。新工人上岗应由具备一定工作经验的员工带教。租赁单位与承租方配合，组织定期安全生产遵章守纪教育，教育员工遵守劳动纪律，不违章操作。承租方自行操作机械的，应注意了解操作工的持证情况和实际操作能力状况，发现无证操作应及时要求承租方改正。

2. 掌握操作人员实际工作时间和休息情况，改善员工福利，避免超时工作，疲劳作业。

3. 组织操作员工和维修人员按规定做好机械例行保养和维护工作。保养和维护情况应记载于机械安全技术档案。

4. 租赁期满，租赁单位组织租赁机械转场保养。塔式起重机等起重机械拆卸后，应组织技术力量对主要部件进行查验，特别是起重制动系统、回转系统、控制系统、塔身、臂架等应作仔细检查修复。本单位不具备维护条件的，应委托具备维修资质的单位承担维修任务。转场保养应当在维修车间进行，不得在工地现场作转场维护。

5. 切实有效地创建和弘扬健康向上的企业文化。培养忠于职守、精于业务、坚韧耐劳、具有良好职业精神和团队精神的员工队伍。租赁单位应制订员工培训计划，特别是对一线业务人员和操作员工应坚持进单位培训、岗位培训、专题培训等培训教育制度。这些培训应包括员工的社会责任教育和职业道德、文明服务方面的内容。租赁单位应把员工培训作为企业文化建设的主要任务加以落实。

三、机械安全技术档案

机械安全技术档案是机械设备的履历表。对于机械设备特别是建筑起重机械的机械安全管理意义重大。以往一些大型企业和国企都建有机械设备技术档案资料，但对于新建立起来的租赁企业，这方面的工作尚有待加强和改进。2008 年 6 月 1 日起施行的“建筑起重机械安全监督管理规定”（建设部令第 166 号）对建筑起重机械的安全技术档案有了具体的规定。基主要内容如下：

1. 购销合同、制造许可证、产品合格证、制造监督证明、安装使用说明书、备案证明等原始资料；

2. 定期检验报告、定期自行检验记录、定期维护保养记录、运行故障和安全生产事故记录、累计运转记录等资料；

3. 历次安装验收资料。

其中第2、3部分是动态资料。需要按使用情况增加，为便于各租赁单位建立和完善安全技术档案，上海市建设机械行业协会组织部分专家制订了建筑起重机械安全技术档案推荐使用本（见附录）。这个使用本主要内容适用于建筑起重机械操作和维修班组的工人和基层机械管理员现场使用。

第五节 发展中的上海地区建筑机械租赁市场

改革开放三十余年来，上海地区和全国各地一样，城市建设和住宅建造高潮迭起。专业化施工使得机械租赁由最初的调剂余缺演变为建筑市场的一个组成部分。国有企业改制、民营和外资的进入，催生了众多的专业的建筑机械租赁公司。这些租赁公司通过多年的市场运作，有的已颇具规模，积累了较为丰富的内部管理外部配合施工和员工队伍建设的经验。他们出租的大型机械在本市重大工和工地上大显身手，发挥了巨大的作用。中国建筑业协会机械管理与租赁分会最近公布的“2008全国建筑施工机械租赁50强”和“2008建筑施工机械租赁品牌形象”名单中，上海腾发建筑工程有限公司和中核华兴达丰机械工程有限公司分获两项目第一名，上海另有7家租赁公司榜上有名，可见上海地区建筑机械租赁市场的发展成就。

发展中也存在着不容忽视的问题：

1. 市场发展不平衡，租赁机械品牌集中于塔式起重机、施工升降机、井架、汽车式和履带式起重机等建筑起重机品种，市政工程机械如压路机、摊铺机、盾构以及桩工机械仍自购自用为主。

2. 社会资金注入建筑机械租赁市场，推动了租赁市场的发展。但众多小型企业多采用挂靠于现有公司名下，开展租赁业务。这些小公司人员不齐、专业技术力量薄弱、缺乏有效管理，因而出租的机械机况较差，维修水准不高，因而往往是发生机械事故的一大因素。

3. 少部分租赁公司和挂靠者低价购置使用年代已久甚至已经报废了的塔式起重机进入租赁市场，给安全生产带来重大隐患。2007年上海市建设和交通委员会关于老旧机械使用管理规定出台后，此种现象有所收敛。

4. 维修制度不严或执行不力，主要是指部分租赁企业对于转场的塔式起重机没有实行强制等级保养，往往稍加维护甚至不维护直接转场，使机械得不到有效的维护。

5. 在使用上，承租方管理人员往往强行要求操作司机超限起吊，有的甚至不惜拆除保险装置。这种现象多发，也与因为经济利益，在订立租赁合同时，没有按工程最大起重量或起重高度选租机械品种有关。

上述存在问题，需要引起管理部门和各市场主体的重视，按国家和本市以及行业协会出台的各种法律法规、文件、自律行规等，应可以发挥制约的作用。行业的龙头企业应当担当起社会责任，成为规范管理、遵纪守法的模范。在管理部门和市场各主体的努力下，使建筑机械租赁行业健康发展。

附录：《塔机、施工升降机技术档案》参考样本见附录1～附录8。

附录 1

建筑起重机械安全技术档案资料管理一览表

上海市建设机械行业协会

2008 年

资　料　名　称	资料类型	提供方	留存方
一、原始资料			
1. 购销合同	复印件	出租方	项目机管
2. 制造许可证	复印件	出租方	项目机管
3. 产品合格证	复印件	出租方	项目机管
4. 制造监督检验证明	复印件	出租方	项目机管
5. 安装使用说明书	复印件	出租方	项目机管
6. 备案证明（IC卡及铜牌）	原件	—	—
二、运行资料			
1. 定期检验报告（检测机构的检测报告、中间检测报告及合格证）	原件	出租方	项目机管
2. 每班检查保养、累计运转记录	记录表	出租方	驾驶员
3. 定期自行检查记录	记录表	出租方	出租方
4. 定期维护保养记录	记录表	出租方	出租方
5. 维修和技术改造记录	记录表	出租方	出租方
6. 运行故障和生产安全事故记录	记录表	出租方	出租方
三、历次安装验收资料			

建筑起重机械安全技术档案资料留存说明

根据建设部第166号文件要求，安装单位应向建筑施工使用单位（项目部）提供以下资料：

1. 购销合同
2. 制造许可证
3. 产品合格证
4. 制造监督检验证明
5. 安装使用说明书
6. 备案证明（IC卡及铜牌）
7. 定期检验报告（检测机构的检测报告、中间检测报告及合格证）
8. 每班检查保养、累计运转记录
9. 定期自行检查记录

上述资料主要用于提供施工总承包、监理单位及政府主管部门设备资料的检查和审核。施工总承包、监理单位和政府主管部门应根据《建筑起重机械安全监督管理规定》第166号文有关条例认真履行安全检查和监督职责。

附录 2

建筑起重机械安装、拆卸工程档案资料管理一览表

上海市建设机械行业协会

2008 年

建筑起重机械安装、拆卸工程档案

资料名称		资料类型	提供方	留存方
1	安装、拆卸合同及安全协议书	原件/复印件	安装单位	项目部
2	起重机械安装、拆卸工程专项施工方案	原件/复印件	安装单位	项目部
3	安全施工技术交底的有关资料	记录表	安装单位	项目部
4	安装工程验收资料： 1. 安装前零部件检查记录 2. 安装后自检验收记录 3. 中间检测自检验收记录 4. 顶升加节、附墙自检验收记录 5. 拆卸前检查记录 6. 基础隐蔽工程验收单	记录表	安装单位 项目部	项目部
5	起重机械安装、拆卸生产安全事故应急救援预案	原件	安装单位	项目部
6	安装单位资质证书	复印件	安装单位	项目部
7	安全生产许可证	复印件	安装单位	项目部
8	特种作业人员的特种作业操作资格证书	复印件	安装单位	项目部

建筑起重机械安全技术档案资料留存说明

根据建设部第166号文件要求，安装单位应向建筑施工使用单位（项目部）提供以下资料：

1. 安装单位资质证书
2. 安全生产许可证
3. 特种作业人员的特种作业操作资格证书
4. 起重机械安装、拆卸工程专项施工方案
5. 起重机械安装、拆卸生产安全事故应急救援预案
6. 安装工程验收资料：

(1) 安装前零部件检查记录

(2) 安装后自检验收记录

(3) 中间（2次）检测自检验收记录

(4) 顶升加节、附墙自检验收记录

(5) 拆卸前检查记录

(6) 基础隐蔽工程验收单

上述资料主要用于提供施工总承包、监理单位及政府主管部门设备资料的检查和审核。施工总承包、监理单位和政府主管部门应根据《建筑起重机械安全监督管理规定》第166号文有关条例认真履行安全检查和监督职责。

附录 3

塔式起重机安装、拆卸工程验收记录表

设 备 型 号：______________________________

IC 卡 编 号：______________________________

工 程 名 称：______________________________

工 程 地 点：______________________________

施 工 单 位：______________________________

承 租 单 位：______________________________

租 赁 单 位：______________________________

安 装 单 位：______________________________

设备负责人：______________________________

联 系 电 话：______________________________

安 装 日 期：______________________________

塔式起重机安装、拆卸记录表

目 录

塔式起重机安装前零部件检查记录表

名称	序号	检查内容	检查要求	检查结果
金属结构件	1	塔帽	无明显变形、脱焊、开裂和严重锈蚀	
	2	臂架		
	3	平衡臂		
	4	起重臂及平衡臂拉杆		
	5	回转平台		
	6	内、外套架		
	7	标准节		
	8	附墙装置		
	9	底架、基础节、锚脚		
	10	走道平台、爬梯、栏杆、护圈、休息平台、驾驶室钢结构		
连接件	11	螺栓联接	符合使用强度级别、螺牙无严重锈蚀及磨损	
	12	销轴联接	轴向焊接卡板焊缝无开裂，开口销、卡板螺母固定符合出厂要求	
爬升系统	13	平衡阀或液压锁与油缸间连接	应设平衡阀或液压锁且与油缸用硬管联接	
	14	液压泵站	完好，液压油无杂质，油压正常，各种阀工作正常且无泄漏	
吊钩及滑轮	15	防脱钩保险装置	应完整、可靠	
	16	钩体（裂纹、磨损、变形、补焊）	磨损≤10%，开口变形≤15%，无裂纹、补焊	
	17	滑轮及防钢丝绳跳槽装置	滑轮应转动灵活，绳槽无严重磨损及轮缘破损，挡绳间隙小于20%的钢丝绳直径	
起升机构	18	卷筒	表面无可见裂纹，绳槽底部无严重磨损	
	19	制动器	制动摩擦动片无严重磨损，液压制动无泄漏，制动弹簧无严重锈蚀或失去弹簧力	
	20	减速器	齿轮无严重磨损，无异常声响，润滑油符合使用要求，与底座连接可靠	
	21	联轴器	完整可靠，无缺损	
	22	钢丝绳端部固定	有防松和闩紧性能	
	23	钢丝绳完好度	符合GB/T 5972—2006第3.5条	
	24	起升机构固定	螺栓应紧固，有防松措施	
	25	力矩限制器	起升、小车变幅、小车超速力矩限位应分别设置，力矩应有效可靠	
	26	起升高度限位	应装、有效	
	27	起重量限制器	应设、功能完好	

续表

名称	序号	检 查 内 容	检 查 要 求	检查结果
变幅机构	28	卷筒	表面无可见裂纹，绳槽底部无严重磨损	
	29	制动器	制动摩擦动片无严重磨损，液压制动无泄漏，制动弹簧无严重锈蚀或失去弹簧力	
	30	减速器	齿轮无严重磨损，无异常声响，润滑油符合使用要求，与底座连接可靠	
	31	联轴器	完整可靠，无缺损	
	32	钢丝绳端部固定	有防松和闩紧性能	
	33	变幅限位	有效，符合要求	
	34	钢丝绳完好度	符合 GB/T 5972—2006 第 3.5 条	
	35	防变幅绳断绳装置	应设、完好	
	36	小车防坠落保护	应设、完好	
	37	小车行走端部挡架与缓冲	应设、完好	
	38	检修挂篮	连接可靠	
	39	动臂式塔机防吊臂后翻装置	应有	
回转机构	40	制动器	制动摩擦动片无严重磨损，液压制动无泄漏，制动弹簧无严重锈蚀或失去弹簧力	
	41	减速器	齿轮无严重磨损，无异常声响，润滑油符合使用要求，与底座连接可靠	
	42	联轴器	完整可靠，无缺损	
	43	回转齿圈及小齿轮	齿面啮合正常，无严重磨损	
	44	回转限位	无中央集电环时应设置、完好、有效	
行走机构	45	制动器	制动摩擦动片无严重磨损，液压制动无泄漏，制动弹簧无严重锈蚀或失去弹簧力	
	46	减速器	齿轮无严重磨损，无异常声响，润滑油符合使用要求，与台车连接可靠	
	47	联轴器	完整可靠，无缺损	
	48	行走轮	无明显裂纹、踏面无严重磨损	
	49	夹轨器	完好、无缺损	
	50	缓冲防碰撞装置	完好、无缺损	
	51	行走限位	有效，符合要求	
电气及保护	52	紧急断电开关	非自动复位，且便于司机操作	
	53	绝缘电阻	≥0.5MΩ	
	54	报警用电铃	完好	
	55	保护零线	不得作为载流回路	
	56	电源电缆与电缆保护	无破损，老化。与金属接触处有绝缘材料隔离，移动电缆有电缆卷筒或其他防止磨损措施	

续表

名称	序号	检 查 内 容	检 查 要 求	检查结果
电气及保护	57	电控箱	应有防漏雨，各类元器件应完好，电线无老化且排线整齐，门锁齐全	
	58	风速仪	臂架根部铰点高于50m应设	
升降司机室或乘人电梯	59	安全锁止装置	应设，工作可靠	
	60	上限位装置	应设，动作可靠	
	61	下限位装置	应设，工作可靠	
	62	有可能伤人的活动零部件外露部分	设防护罩	
	63	平衡重、压重	安装准确，牢固可靠，重量符合要求	
验收签名	结论： 检查人员签名：________________ 检查日期：________________ 机管员签名：________________ 安装单位公章：			

塔式起重机安装后自检验收记录表

名称	序号	验 收 内 容	验 收 要 求	验收结果
环境与标识	1*	统一编号牌	应设在规定位置	
	2	塔机与周围环境关系	尾部与建筑物及外围设施距离不小于0.6m；两台塔机水平与垂直方向距离不小于2m；与输电线的距离应不小于GB 5144中10.4条的规定	
金属结构件	3*	主要结构件	无明显裂纹、变形、严重磨损与锈蚀	
	4	主要连接螺栓	齐全、紧固	
	5	主要连接销轴	连接可靠	
	6	过道、平台、栏杆、踏板	无严重锈蚀，缺损，栏杆高度符合要求	
	7	梯子、护圈、休息平台	梯子尺寸符合要求，距离≥1.2m应设护圈，超过10m每隔8m设置休息平台	
	8	平衡状态塔身轴线对水平面垂直度误差	≤4/1000	
爬升与回转	9*	平衡阀或液压锁与油缸间连接	应设平衡阀或液压锁且与油缸用硬管联接	
	10	回转限位	无中央集电环时应设置	
吊钩	11	防脱钩保险装置	应完整、可靠	
	12	钩体（裂纹、磨损、变形、补焊）	磨损≤10%，开口变形≤15%，无裂纹、补焊	
	13	滑轮及防钢丝绳跳槽装置	应完整、可靠	

续表

名称	序号	验收内容	验收要求	验收结果
起升系统	14*	力矩限制器	应装、有效	
	15*	起升高度限位	应装、有效	
	16*	钢丝绳完好度	符合GB/T 5972—2006第3.5条	
	17	起重量限制器	应设、功能完好	
	18	在绳筒上最少余留圈数	≥3圈	
	19	滑轮防钢丝绳跳槽装置	应设置并有效	
	20	绳筒两侧边缘的高度	超过外层钢丝绳2倍直径	
	21	钢丝绳端部固定	有防松和闩紧性能	
变幅系统	22*	变幅限位	有效，符合要求	
	23*	钢丝绳完好度	符合GB/T 5972—2006第3.5条	
	24	防变幅绳断绳装置	应设	
	25	钢丝绳端部固定	有防松和闩紧性能	
	26	滑轮防跳绳装置	应有，工作可靠	
	27	小车防坠落保护	应设	
	28	小车行走端部挡架与缓冲	应设	
	29	检修挂篮	连接可靠	
	30	动臂式塔机防吊臂后翻装置	应有	
升降司机室或乘人电梯	31*	安全锁止装置	应设，工作可靠	
	32*	上限位装置	应设，动作可靠	
	33	下限位装置	应设，工作可靠	
电气及保护	34*	紧急断电开关	非自动复位，且便于司机操作	
	35*	绝缘电阻	≥0.5MΩ	
	36	接地电阻	≤4Ω	
	37	塔机专用开关箱	单独设置并有警示标志	
	38	报警用电铃	完好	
	39	保护零线	不得作为载流回路	
	40	电源电缆与电缆保护	无破损，老化。与金属接触处有绝缘材料隔离，移动电缆有电缆卷筒或其他防止磨损措施	
	41	风速仪	臂架根部铰点高于50m应设	
轨道及基础	42*	行走限位	制停后距挡架≥0.5m	
	43	防风夹轨器	应设，有效	
	44	大车轨道端部挡架与缓冲	应设，距轨端≥0.5m	
	45	钢轨接头位置及误差	有支承，不得悬空；两侧错开≥1.5m；间隙≤4mm，高差≤2mm	

续表

名称	序号	验收内容	验收要求	验收结果
轨道及基础	46	轨距误差及轨距拉杆设置	≤1/1000且最大应≤6mm；相邻两根间距≤6m	
其他	47	钢丝绳穿绕方式，润滑与干涉	穿绕正确，润滑良好，无干涉	
	48	制动器	各机构应配备，工作正常	
	49	滑轮	无破损，裂纹，严重磨损	
	50	卷筒	无破损，裂纹，严重磨损	
	51	有可能伤人的活动零部件外露部分	设防护罩	
	52	平衡重、压重	安装准确，牢固可靠，重量符合要求	
验收结果及签名	结论： 检查人员签名：________________　　检查日期：________________ 机管员签名：________________　　安装单位公章：			

塔式起重机二次（中间）检测自检验收记录表

检测自检时高度				
名称	序号	验收内容	验收要求	验收结果
新增金属结构件	1*	主要结构件	无明显裂纹、变形、严重磨损与锈蚀	
	2	主要连接螺栓	螺栓齐全、紧固	
	3	主要连接销轴	连接可靠	
	4	梯子、护圈、休息平台	梯子尺寸符合要求，距离≥1.2m应设护圈，超过10m每隔8m设置休息平台	
	5	平衡状态塔身轴线对支承面垂直度误差	≤4/1000	
安全限位装置	6*	力矩限制器	应装、工作可靠	
	7*	起升高度限位	应装、有效	
	8*	变幅限位	有效，符合要求	
	9*	行走限位	制停后距挡架≥1.0m	
	10*	升降司机室安全锁止装置	应设，工作可靠	
	11*	升降司机室上限位装置	应设，动作灵敏可靠	
	12*	绝缘电阻	≥0.5MΩ	
	13	电源电缆与电缆保护	无破损，老化。与金属接触处有绝缘材料隔离，移动电缆有电缆卷筒或其他防止磨损措施	
	14	接地电阻	≤4Ω	

续表

检测自检时高度				
名称	序号	验收内容	验收要求	验收结果
安全限位装置	15	报警用电铃	完好	
	16	回转限位	无中央集电环时应设置，工作可靠	
	17	风速仪	臂架根部铰点高于50m应设	
	18	防风夹轨器	应设，有效、可靠	
	19	防脱钩保险装置	应完整可靠	
钢丝绳吊钩滑轮轨道	20*	钢丝绳	符合GB/T 5972—2006第3.5条，无干涉，润滑良好	
	21	吊钩钩体（磨损、变形、裂纹、补焊）	磨损≤10%，开口变形≤15%，无裂纹、补焊	
	22	在绳筒上最少余留圈数	≥3圈	
	23	滑轮上防钢丝绳跳槽装置	应设置	
	24	钢轨接头位置及误差	有支承，不得悬空；两侧错开≥1.5m；间隙≤4mm，高差≤2mm	
	25	轨距误差及轨距拉杆设置	≤1/1000且最大应≤6mm；相邻两根间距≤6m	
	26	附墙撑杆	无明显变形，焊缝无裂纹	
	27	附墙装置	结构形式正确，附墙与建筑物连接牢固，附着距离正确	
其他	28	对前次检测整改情况复查	前次整改内容	
验收结果及签名	结论： 检查人员签名：________________　　检查日期：________________ 机管员签名：________________　　安装单位公章：			

注：1. 不附墙，独立高度使用满三个月应自查合格后，申报第二次检测；

2. 使用满三个月，在附墙后应自查合格后，申报第二次检测；

3. 附墙应提供附墙方案，附墙装置应使用原生产厂产品，超过规定的应提供计算书。

4. 表中带*号的项目为保证项目，其他为一般项目。

塔式起重机顶升加节、附墙安装自检验收记录表

<table>
<tr><td colspan="2">顶升前高度</td><td colspan="2">（m）</td><td>顶升后高度</td><td colspan="2">（m）</td></tr>
<tr><td colspan="2">名称</td><td>序号</td><td>检 查 内 容</td><td colspan="2">验 收 要 求</td><td>验收结果</td></tr>
<tr><td rowspan="6">顶升前检查</td><td rowspan="2">液压系统</td><td>1</td><td>液压泵站、油缸、控制阀、油管、压力表</td><td colspan="2">液压泵站、压力表、控制阀工作正常；油缸、油管无泄漏</td><td></td></tr>
<tr><td>2</td><td>标准节顶升爬爪、顶升横梁</td><td colspan="2">焊缝无开裂、严重变形及锈蚀</td><td></td></tr>
<tr><td rowspan="4">钢结构</td><td>3</td><td>标准节、套架、加节平台</td><td colspan="2">结构件应无焊缝可见裂纹、严重锈蚀及变形</td><td></td></tr>
<tr><td>4</td><td>标准节、套架、加节平台螺栓连接</td><td colspan="2">螺栓连接应紧固可靠，有防松措施</td><td></td></tr>
<tr><td>5</td><td>顶升套架导向滚轮及与标准节接触</td><td colspan="2">顶升套架导向滚轮应转动灵活，导向轮与标准节侧向接触间隙符合说明书要求</td><td></td></tr>
<tr><td>6</td><td>顶升套架与回转下平台螺栓连接</td><td colspan="2">顶升套架与回转下平台螺栓连接应紧固、连接可靠</td><td></td></tr>
<tr><td rowspan="9">顶升后检查</td><td rowspan="6">起升系统</td><td>7*</td><td>平衡状态塔身轴线对支承面垂直度误差</td><td colspan="2">≤4/1000</td><td></td></tr>
<tr><td>8</td><td>顶升后起升高度限位调整</td><td colspan="2">顶升后应重新调整、限位有效</td><td></td></tr>
<tr><td>9</td><td>顶升后回转上部供电电缆</td><td colspan="2">无破损、老化；与金属接触处有绝缘材料隔离，顶升后保证不受拉紧力</td><td></td></tr>
<tr><td>10*</td><td>钢丝绳在绳筒上最少余留圈数</td><td colspan="2">≥3 圈</td><td></td></tr>
<tr><td>11</td><td>顶升后悬臂高度</td><td colspan="2">应符合使用说明书要求</td><td></td></tr>
<tr><td>12</td><td>标准节连接</td><td colspan="2">螺栓连接应紧固可靠，有防松措施</td><td></td></tr>
<tr><td rowspan="3">附墙装置</td><td>13</td><td>附墙框架、附墙撑杆</td><td colspan="2">无明显变形，焊缝无可见裂纹；应使用原厂产品</td><td></td></tr>
<tr><td>14</td><td>附墙装置连接</td><td colspan="2">安装形式正确，附墙装置与标准节和建筑物连接应连接牢固。上下、水平间距应正确符合说明书要求</td><td></td></tr>
<tr><td>15</td><td>附墙后塔身悬臂高度</td><td colspan="2">应符合使用说明书要求</td><td></td></tr>
<tr><td>验收结果及签名</td><td colspan="6">结论：

检查人员签名：________________　　　　检查日期：________________
机管员签名：________________　　　　安装单位公章：</td></tr>
</table>

塔式起重机拆卸前检查记录表

名称	序号	检查内容	验收要求	验收结果
液压系统	1	液压泵站、油缸、控制阀、油管、压力表	液压泵站、压力表、控制阀工作正常；油缸、油管无泄漏	
	2	标准节顶升爬爪、顶升横梁	焊缝无开裂、严重变形及锈蚀	
钢结构	3	标准节、套架	结构件应无焊缝可见裂纹、严重锈蚀及变形	
	4	标准节、套架螺栓连接	螺栓连接应紧固可靠，有防松措施	
	5	顶升套架导向滚轮及与标准节接触	顶升套架导向滚轮应转动灵活，导向轮与标准节侧向接触间隙符合说明书要求	
	6	顶升套架与回转下平台螺栓连接	顶升套架与回转下平台螺栓连接应紧固、连接可靠	
附墙装置	7	附墙框架、附墙撑杆	无明显变形，焊缝无可见裂纹；应使用原厂产品	
	8	附墙装置连接	附墙装置与标准节和建筑物连接应连接牢固	
	9	附墙后塔身悬臂高度	应符合使用说明书要求	
验收结果及签名	结论： 检查人员签名：__________ 检查日期：__________ 机管员签名：__________ 安装单位公章：			

附录 4

施工升降机安装、拆卸工程验收记录表

设 备 型 号：________________

IC 卡 编 号：________________

工 程 名 称：________________

工 程 地 点：________________

施 工 单 位：________________

承 租 单 位：________________

租 赁 单 位：________________

安 装 单 位：________________

设备负责人：________________

联 系 电 话：________________

安 装 日 期：________________

施工升降机设备安装、拆卸记录表

目 录

施工升降机安装前零部件验收记录

名称	序号	验收内容	验收要求	检查结果
金属结构件	1	标准节	无明显变形、脱焊、开裂和严重锈蚀	
		对重导轨		
		附墙装置		
		吊笼、进出门、紧急出口翻门盖、笼顶护栏、安全钩		
		底座、围栏、安全门		
连接件	2	螺栓联接	紧固件安装准确、紧固	
	3	销轴联接	销轴联接定位可靠	
传动机构及导向	4	防护装置	转动零部件的外露部分应有防护罩等防护装置	
	5	制动器	制动性能良好，有手动松闸功能，制动片无严重磨损	
		减速器	齿轮无严重磨损，无异常声响，润滑油符合使用要求、无漏油、与底板连接可靠	
	6	导向轮及背轮	连接及润滑应良好、导向灵活、无明显倾侧现象	
	7	传动板	连接可靠、缓冲橡胶垫无老化	
安全装置	8	防坠安全器	只能在有效标定期限内使用（应提供检测合格证）	
	9	防松绳开关	对重设置防松绳开关应有效，开关为非自动复位，开关应固定可靠	
	10	上限位	有效、固定应可靠	
	11	上极限开关	极限开关应为非自动复位型；有效、固定应可靠	
	12	下限位	有效、固定应可靠	
	13	下极限开关	有效、固定应可靠	
电气装置	14*	急停开关	采用非自行复位的急停开关，且有效	
	15	绝缘电阻	电动机及电气元件（电子元器件部分除外）的对地绝缘电阻应≥0.5MΩ；电气线路的对地绝缘电阻应≥1MΩ	
		电控箱	门锁完整	
	16	失压、零位保护	灵敏、正确	
	17	电气线路	排列整齐，接地，零线分开	
	18	相序保护装置	应设置、完好	
	19	通讯联络装置	应设置、完好	
	20	电缆与电缆导向	电缆完好无破损，电缆导向架应完好	
对重、钢丝绳、齿条	21	钢丝绳完好度	应符合 GB/T 5972—2006 中 3.5 条要求	
	22	对重	导向轮应完好，转动灵活	

续表

名称	序号	验收内容	验收要求	检查结果
对重、钢丝绳、齿条	23	钢丝绳端部固结	应固结可靠。绳卡固结时规格应与绳径匹配，其数量不得少于3个，间距不小于绳径的6倍，滑鞍应放在受力一侧	
	24	齿条	齿面无严重磨损、螺栓固定紧固可靠	
验收结果及签名	结论： 检查人员签名：________________ 检查日期：________________ 机管员签名：________________ 安装单位公章：			

施工升降机安装后自检验收记录表

名称	序号	验收项目	验收要求	验收结果
环境与标识	1*	统一编号牌	应设置在规定位置	
	2	警示标志	笼内应有安全操作规程，操纵按钮及其他危险处应有醒目的警示标志，升降机应设限载和楼层标志	
基础和围护设施	3*	围栏门联锁保护	应装机电联锁装置，吊笼位于底部规定位置围栏门才能打开，围栏门开启后吊笼不能启动	
	4	防护围栏	基础上吊笼和对重升降通道周围应设置防护围栏，地面防护围栏高≥1.8m	
	5	安全防护区	当升降机基础下有施工空间或通道时，应设防对重坠落伤人的安全防护区域	
金属结构件	6*	金属结构件外观	无明显变形、脱焊、开裂和严重锈蚀	
	7*	螺栓联接	紧固件安装准确、紧固	
	8*	销轴联接	销轴联接定位可靠	
	9	导轨架垂直度	架设高度 H（m） 垂直度偏差（mm） ≤70 ≤1/1000H >70～100 ≤70 >100～150 ≤90 >150～200 ≤110 >200 ≤130	
吊笼	10	紧急出口活动门	吊笼顶应有紧急出口，装有向外开启活动板门，并配有专用扶梯；活动板门应设有安全开关，当门打开时，吊笼不能启动	
	11	吊笼顶部护栏	笼顶周围应设置，高度≥1.05m	
层门	12	停层层门	各停层点应设置，结构上能由司机开关，层门高度应不低于1.8m，层门的净宽与吊笼净出口宽度之差不得大于120mm；下面间隙不得大于50mm	

续表

名称	序号	验　收　项　目	验　收　要　求	验收结果
传动及导向	13	防护装置	转动零部件的外露部分应有防护罩等防护装置	
	14	制动器	制动性能良好，有手动松闸功能	
	15	导向轮及背轮	连接及润滑应良好、导向灵活、无明显倾侧现象	
附着装置	16	附着装置	应采用配套标准产品	
	17	附着间距	应符合使用说明书要求	
	18	悬臂高度	应符合使用说明书要求	
	19	与构筑物连接	应可靠	
安全装置	20*	防坠安全器	只能在有效标定期限内使用（应提供检测合格证）	
	21*	防松绳开关	对重应设置防松绳开关	
	22*	安全钩	安装位置及结构应能防止吊笼脱离导轨架或安全器输出齿轮脱离齿条	
	23*	上限位	安装位置：提升速度小于 0.8m/s 时留有上部安全距离应≥1.8m，大于或等于 0.8m/s 时应满足 $\geq 1.8+0.1V^2$	
	24*	上极限开关	极限开关应为非自动复位型，动作时能切断总电源，动作后须手动复位才能使吊笼启动	
	25	下限位	安装位置：应在吊笼制停时，距下极限开关一定距离	
	26	越程距离	上限位和上极限开关之间的越程距离应≥0.15m	
	27	下极限开关	在正常工作状态下，吊笼碰到缓冲器之前，下极限开关应首先动作	
电气系统	28*	急停开关	便于操纵处应装置非自行复位的急停开关	
	29*	绝缘电阻	电动机及电气元件（电子元器件部分除外）的对地绝缘电阻应≥0.5MΩ；电气线路的对地绝缘电阻应≥1MΩ	
	30	接地保护	升降机结构、电动机和电气设备金属外壳均应接地，接地电阻应≤4Ω	
	31	失压、零位保护	灵敏、正确	
	32	电气线路	排列整齐，接地，零线分开	
	33	相序保护装置	应设置	
	34	通讯联络装置	应设置	
	35	电缆与电缆导向	电缆完好无破损，电缆导向架按规定设置	
对重和钢丝绳	36*	钢丝绳完好度	应符合 GB/T 5972—2006 中 3.5 条要求	
	37	对重安装	应按说明书要求设置	
	38	对重导轨	接缝应平整，导向良好	
	39	钢丝绳端部固结	应固结可靠。绳卡固结时规格应与绳径匹配，其数量不得少于 3 个，间距不小于绳径的 6 倍，滑鞍应放在受力一侧	
验收结果及签名	结论： 检查人员签名：＿＿＿＿＿＿　　检查日期：＿＿＿＿＿＿ 机管员签名：＿＿＿＿＿＿　　安装单位公章：			

施工升降机二次（中间）检测自检验收记录表

名称	序号	验 收 项 目	验 收 要 求	验收结果
围栏门	1*	围栏门联锁保护	应装机电联锁装置，吊笼位于底部规定位置围栏门才能打开，围栏门开启后吊笼不能启动，安全门钩应完好	
新增金属结构件	2*	主要结构件	无明显变形、脱焊、开裂和严重锈蚀	
	3*	连接件	紧固件安装准确、紧固可靠不得松动	
	4	导轨架垂直度	架设高度 H（m） 垂直度偏差（mm） ≤70 ≤1/1000H >70～100 ≤70 >100～150 ≤90 >150～200 ≤110 >200 ≤130	
新增层门	5	停层层门	各停层点应设置，结构上能由司机开关，层门高度应不低于1.8m，层门的净宽与吊笼净出口宽度之差不得大于120mm；下面间隙不得大于50mm	
传动附着装置	6	制动器	制动可靠，有手动松闸功能	
	7	附着装置	应采用配套标准产品	
	8	附着间距	导轨架的高度超过最大独立高度时应设置附着装置，附着装置间距应符合使用说明书要求	
	9	悬臂高度	应符合使用说明书要求	
	10	与构筑物连接	应可靠	
安全保护	11*	防坠安全器	只能在有效标定期限内使用（应提供检测合格证）	
	12*	防松绳开关	对重应设置防松绳开关	
	13*	上限位	安装位置：提升速度小于0.8m/s时留有上部安全距离应≥1.8m；大于或等于0.8m/s时应满足$\geq 1.8+0.1V^2$	
	14*	上极限开关	极限开关应为非自动复位型，动作时能切断总电源，动作后须手动复位才能使吊笼启动	
	15*	绝缘电阻	电动机及电气元件（电子元器件部分除外）的对地绝缘电阻应≥0.5MΩ；电气线路的对地绝缘电阻应≥1MΩ	
	16*	急停开关	便于操纵处应装置非自行复位的急停开关	
	17	下限位	安装位置：应在吊笼制停时，距下极限开关一定距离	
	18	接地保护	升降机结构、电动机和电气设备金属外壳均应接地，接地电阻应≤4Ω	
	19	越程距离	上限位和上极限开关之间的越程距离应≥0.15m	
对重和钢丝绳	20*	钢丝绳完好度	应符合GB/T 5972—2006中3.5条要求	
	21	对重安装	应按说明书要求设置	
	22	对重导轨	接缝应平整，导向良好	
	23	钢丝绳端部固结	应固结可靠。绳卡固结时规格应与绳径匹配，其数量不得少于3个，间距不小于绳径的6倍，滑鞍应放在受力一侧	

续表

名称	序号	验收项目	验收要求	验收结果
电气系统	24*	急停开关	便于操纵处应装置非自行复位的急停开关	
	25*	绝缘电阻	电动机及电气元件（电子元器件部分除外）的对地绝缘电阻应≥0.5MΩ；电气线路的对地绝缘电阻应≥1MΩ	
	26	接地保护	升降机结构、电动机和电气设备金属外壳均应接地，接地电阻应≤4Ω	
	27	失压、零位保护	灵敏、正确	
	28	电气线路	排列整齐，接地，零线分开	
	29	相序保护装置	应设置	
	30	通讯联络装置	应设置	
	31	电缆与电缆导向	电缆完好无破损，电缆导向架按规定设置	
对重和钢丝绳	32*	钢丝绳完好度	应符合 GB/T 5972—2006 中 3.5 条要求	
	33	对重安装	应按说明书要求设置	
	34	对重导轨	接缝应平整，导向良好	
	35	钢丝绳端部固结	应固结可靠。绳卡固结时规格应与绳径匹配，其数量不得少于3个，间距不小于绳径的6倍，滑鞍应放在受力一侧	
验收结果及签名	结论： 检查人员签名：________　　检查日期：________ 机管员签名：________　　安装单位公章：			

注：1. 使用满3个月，在附墙后应自查合格后，申报第二次检测；

2. 附墙装置应使用原生产厂产品，超过规定的应提供计算书。

3. 表中带＊号的项目为保证项目，其他为一般项目。

施工升降机加节安装自检验收记录

名称	序号	验　收　项　目	验　收　要　求	验收结果
金属结构件	1*	标准节、附墙杆	无明显变形、脱焊、开裂和严重锈蚀	
	2*	连接件	紧固件安装准确、紧固可靠不得松动	
	3	导轨架垂直度	架设高度 H（m）　垂直度偏差（mm） ≤70　≤1/1000H >70～100　≤70 >100～150　≤90 >150～200　≤110 >200　≤130	
	4	标准节悬臂高度	符合使用说明书要求	
	5	附着装置	应采用配套标准产品	
	6	附着间距	导轨架的高度超过最大独立高度时应设置附着装置，附着装置间距应符合使用说明书要求	
	7	悬臂高度	应符合使用说明书要求	
	8	与构筑物连接	应可靠	
层门	9	停层层门	各停层点应设置，结构上能由司机开关，层门高度应不低于1.8m，层门的净宽与吊笼净出口宽度之差不得大于120mm；下面间隙不得大于50mm	
安全保护	10*	防松绳开关	对重应设置防松绳开关；且可靠、有效	
	11*	上限位	安装位置：提升速度小于0.8m/s时留有上部安全距离应≥1.8m；大于或等于0.8m/s时应满足≥$1.8+0.1V^2$	
	12*	上极限开关	极限开关应为非自动复位型，动作时能切断总电源，动作后须手动复位才能使吊笼启动	
	13	下限位	安装位置：应在吊笼制停时，距下极限开关一定距离	
	14	越程距离	上限位和上极限开关之间的越程距离应≥0.15m	
对重和钢丝绳	15*	钢丝绳完好度	应符合GB/T 5972—2006中3.5条要求	
	16	对重安装	应按说明书要求设置	
	17	对重导轨	接缝应平整，导向良好	
	18	钢丝绳端部固结	应固结可靠。绳卡固结时规格应与绳径匹配，其数量不得少于3个，间距不小于绳径的6倍，滑鞍应放在受力一侧	
其他	19	电缆与电缆导向	电缆完好无破损，电缆导向架按规定设置	
验收结果及签名	结论： 检查人员签名：________　检查日期：________ 机管员签名：________　安装单位公章：			

施工升降机拆卸前检查记录表

名称	序号	检 查 内 容	验 收 要 求	验收结果
传动机构	1	制动器	安全可靠	
	2	防坠装置	可靠有效	
		传动板固定	紧固无松动	
		齿轮啮合及齿条靠轮	齿轮啮合符合要求，靠轮转动灵活、与传动板连接固定可靠	
钢结构	3	标准节、吊笼、附墙支撑	结构件应无焊缝可见裂纹、严重锈蚀及变形	
	4	吊笼导向滚轮及与标准节接触	吊笼导向滚轮应转动灵活，导向轮与标准节侧向接触间隙符合说明书要求	
附墙装置	5	附墙框架、附墙撑杆	无明显变形，焊缝无可见裂纹；应使用原厂产品	
	6	附墙装置连接	附墙装置与标准节和建筑物连接应连接牢固	
	7	导轨架悬臂高度	应符合使用说明书要求	
限位保护	8	急停开关	便于操纵处应装置非自行复位的急停开关	
	9	下限位	安装位置：应在吊笼制停时，距下极限开关一定距离	
电气系统	10	接地保护	升降机结构、电动机和电气设备金属外壳均应接地，接地电阻应≤4Ω	
	11	失压、零位保护	灵敏、正确	
	12	电气线路	排列整齐，接地，零线分开	
	13	相序保护装置	应设置	
验收结果及签名	结论： 检查人员签名：____________　　检查日期：____________ 机管员签名：____________　　安装单位公章：			

附录 5

塔式起重机
每班检查保养、累计运转
(附塔机操作规程)
记录表

设 备 型 号：______________________

IC 卡 编 号：______________________

工 程 名 称：______________________

工 程 地 点：______________________

施 工 单 位：______________________

承 租 单 位：______________________

租 赁 单 位：______________________

设备负责人：______________________

联 系 电 话：______________________

起 止 日 期：______________________

一、塔式起重机安全操作规程

（一）作业前的检查和启动

1. 检查轨道应平直、无沉陷，轨道螺栓无松动，排除轨道上的障碍物，松开夹轨器并翻向上固定好。

2. 作业前重点检查：

（1）机械结构的外观清洁，各传动机构应正常；

（2）各齿轮箱、液压油箱的油位应符合标准；

（3）主要部位连接螺栓应无松动；

（4）钢丝绳磨损情况及穿绕滑轮应符合规定；

（5）供电电缆应无破损。

3. 起重机在中波无线电广播发射天线附近施工时，凡与起重机接触的作业人员，均应穿戴绝缘手套和绝缘鞋。

4. 检查电源电压应达到 380V，其变动范围不得超过±20V。送电前启动控制开关应在零位。接通电源，检查金属结构部分无漏电后方可上机。

5. 空载运转，检查行走、回转、起重、变幅等各机构的制动器、安全限位、防护装置等确认正常后，方可作业。

（二）作业中安全注意事项

1. 起重重物时，重物和吊具的总重量不得超过塔机相应幅度下规定的起重量。严禁人为解除或调大重量和力矩保护装置。

2. 严禁利用限位保护代替人工操作控制机构运转动作。

3. 起重重物前应鸣笛，操纵各控制器时应依次逐级操作，严禁越档操作。在变换运转方向时，应将控制器转到零位，待电动机停止转动后，再转向另一方向。操作时力求平稳。严禁急开急停。

4. 吊钩提升接近臂杆顶部、小车行至端点或起重机行走接近轨道端部时，应减速缓行至停止位置。吊钩距臂杆顶部不得小于 1m，起重机距轨道端部不得小于 2m.。

5. 动臂式起重机的起重、回转、行走三种动作可以同时进行，但变幅只能单独进行。每次变幅后应对变幅部位进行检查。允许带载变幅的，当载荷到达额定起重量的 90%时，严禁变幅。

6. 提升重物后，严禁自由下降。重物就位时。可用微动机构或使用制动器使之缓慢下降。

7. 提升的重物平移时，应高出其跨越的障碍物 0.5m 以上。

8. 两台起重机同在一条轨道上或在相近轨道上进行作业时，应保持两机之间任何接近部位（包括吊起的重物）距离不得小于 5m。

9. 对于无中央集电环及起升机构安装在平衡臂上的上旋式起重机，作业时不得顺一个方向连续回转，应由回转限位控制。

10. 装有机械式力矩限制器的起重机、应定期进行作载荷试验。

11. 作业中，当风力大于 6 级风时应停止工作，行走式塔机应锁紧夹轨器。

12. 作业中，当突遇停电或电压下降时，应立即将控制器扳至零位，并切断电源。吊钩上有重物，应通过人工方法将起升机构制动器缓慢、反复松闸使重物放置地面。

（三）作业后安全注意事项

1. 作业后，起重机应停放在轨道中间位置，臂杆应转到顺风方向，并放松回转制动器。小车及平衡重应移到非工作状态位置。吊钩提升接近臂杆顶部、小车行至端点或起重机行走接近轨道端部时，应减速缓行至停止位置。吊钩距臂杆顶部不得小于1m，起重机距轨道端部不得小于2m。

2. 将每个控制开关拨至零位，依次断开各臂开关，关闭操作室门窗，下机后切断电源总开关。打开高空指示灯。

3. 任何人员上塔帽、吊臂、平衡臂的高空部位检查或修理时，必须佩戴安全带。

4. 塔机停止工作后，应将回转锁定装置松开，起重臂架应能自由回转。将臂架位于顺风位置，以防突然大风造成塔机钢结构破坏。

5. 下回转转动臂式行走塔机停止工作后，应位于路轨中央，并及时锁紧夹轨器，防止大风吹跑塔机造成出轨倾覆。风力超过8级应另拉缆风绳与地锚或建筑物固定，将动臂落下并与塔身固定。

6. 上回转水平臂塔机停止工作后，应将小车停于起重臂根部，吊钩升至距起重臂2～3m处。

（四）起重机械操作“十不准”“十不吊”

“十不准”

1. 无证不准操作；

2. 酒后不准操作；

3. 操作时不准闲聊和打瞌睡；

4. 外人不准进入驾驶室；

5. 吊钩不准过人头；

6. 作业时不准上下车；

7. 吊物时不准长时间空中停留；

8. 安全开关不准当开关使用；

9. 升降、变幅、回转不准同时使用；

10. 工作时不准维修、调整机器。

“十不吊”

1. 吊物斜拉不吊；

2. 起重量不明不吊；

3. 散装物装得太满不吊；

4. 指挥信号不明不吊；

5. 吊物边缘锋利无防护措施不吊；

6. 吊臂下站人或放有活动物不吊；

7. 埋压地下的构件情况不明不吊；

8. 安全、限位装置失灵不吊；

9. 光线阴暗看不清吊物不吊；

10. 6级风以上强风影响施工安全不吊。

二、每班检查保养记录表填写要求及注意事项

1. 从设备启用之日起，每班日常检查保养当班塔机驾驶员负责并填写记录表。

2. 设备使用前，塔机驾驶员应认真学习"塔式起重机安全操作规程"的内容。当遇到主管安全部门的安全检查提问时应能应答并提交每班检查保养记录表被检查。

3. 驾驶员应根据记录表每项检查内容和要求每天进行如实、认真填写记录，符合要求打√。不符合要求应及时整改合格后填写整改合格。

4. 对设备存在严重问题，应停机报项目部或通知设备单位，在设备维修合格后才能使用。

5. 对设备出现故障或存在问题应在当日的检查维修记录表内予以详细记录。

6. 驾驶员应每天准确记录当天塔机实际工作小时数，不得随意多记、少记或漏记。

7. 当一个工程结束后，每班检查保养记录表应及时归档保存，作为企业业绩、设备考核的依据。

每班保养维修日期：　　年　　月　　日　　　　驾驶员签名：________

序号	检查项目	检　查　要　求	检查保养结果
1	检查基础及行走轨道的情况	基础螺栓联接应紧固可靠、无积水；巡视行走轨道一周，地基和轨道情况应无异常、清除轨道上的垃圾、或其他障碍物；轨道终端限位器及轨端缓冲装置应完好	
2	检查限位保护及安全装置	起升、变幅、回转、行走机构限位器应灵敏、可靠、完好	
		起重、力矩限制器动作必须、灵敏、可靠、准确、有效；如有失灵应立即排除	
		钢丝绳防脱绳装置、断绳保护装置、吊钩防脱钩保护应完好	
		报警、风速仪、障碍灯应完好	
3	检查各部螺栓	各部连接螺栓均应完整无缺、紧固可靠，否则应予补齐或拧紧	
4	检查钢丝绳	钢丝绳缠绕排列应整齐．检查钢丝绳磨损和断丝情况，并按报废标准处理。钢丝绳两端应固定牢靠，如有松动应立即紧固；钢丝绳如有跳槽应立即复位	
5	检查电气设备	当主令开关接通后，所有控制器。接触器均应操作自如	
6	检查制动器	制动器必须制动灵敏、无严重冲击、阻滞和发热现象，否则应立即排除	
7	工作中检查和察听	各工作机构在运转中有无异响，电动机、制动器和接触器等有无杂音、各轴承、制动电磁铁、电阻片等是否升温过高	
8	清洁工作	工作后清扫驾驶室，保持门窗玻璃干净明亮，清除机身下部、电动机及各传动机构外面的灰尘和油污。雨雪后清除积水和积雪	
9	驾驶室的安全保护装置	检查升降驾驶室的断绳保护装置、过载保护装置、机动锁紧装置、升降限位以及缓冲弹簧等必须齐全，动作可靠	
10	检查驾驶室导轨滑轮	导轨应平直、无变形，滑轮运转灵活，驾驶室升降不得有阻滞现象，否则应及时排除	
11	润滑工作	按润滑规定进行	
每天设备运行小时数		上午　　　　下午　　　　加班	
存在问题		整　改　结　果	
		整改人签名： 机管员签名： 整改日期：	

附录 6

施工升降机
每班检查保养、累计运转
(附升降机操作规程)
记录表

设 备 型 号：____________________

IC 卡 编 号：____________________

工 程 名 称：____________________

工 程 地 点：____________________

施 工 单 位：____________________

承 租 单 位：____________________

租 赁 单 位：____________________

设备负责人：____________________

联 系 电 话：____________________

起 止 日 期：____________________

一、施工升降机安全操作规程

（一）作业前检查和启动

1. 作业前应重点检查：

（1）各部结构应无变形；

（2）连接螺栓无松动；

（3）节点无开焊，装配正确，附壁牢固，站台平整；

（4）各部钢丝绳固定良好；

（5）运行范围内无障碍。

2. 启动前，检查地线、电缆应完整无损控制开关应在零位。电源接通后，检查电压应正常、机件无漏电，试验各限位装置、梯笼门、围护门等处的电器联锁装置良好可靠，电器仪表灵敏有效。经过启动，情况正常，即可进行空车升降试验，测定各传动机构和制动器的效能。

（二）作业中安全注意事项

1. 电梯在每班首次载重运行时，必须从最低层上升。严禁自上而下。当梯笼升离地面 1～2m 时要停车试验制动器的可靠性，如发现制动器不正常，经修复后方可运行。

2. 梯笼内乘人或载物时，应使载荷均匀分布，防止偏重，严禁超载荷运行。

3. 操作人员应与指挥人员密切配合，根据指挥信号操作，作业前必须鸣声示意。在电梯未切断总电源开关前，操作人员不得离开操作岗位。

4. 电梯运行中如发现机械有异常情况，应立即停机检查，排除故障后方可继续运行。

5. 电梯在大雨、大雾和 6 级及以上大风时，应停止运行，并将梯笼降到底层，切断电源。暴风雨后，应对电梯各有关安全装置进行一次检查。

6. 电梯运行到最上层和最下层时，严禁以行程限位开关自动停车来代替正常操纵按钮的使用。

（三）作业后安全注意事项

作业后，将梯笼降到底层，各控制开关拨到零位，切断电源，锁好电闸箱，闭锁梯笼门和围护门。

二、每班检查保养记录表填写要求及注意事项

1. 从设备启用之日起，每班日常检查保养当班塔机驾驶员负责并填写记录表。

2. 设备使用前，塔机驾驶员应认真学习“施工升降机安全操作规程”的内容。当遇到主管安全部门的安全检查提问时应能应答并提交每班检查保养记录表被检查。

3. 驾驶员应根据记录表每项检查内容和要求每天进行如实、认真填写记录，符合要求打√。不符合要求应及时整改合格后填写整改合格。

4. 对设备存在严重问题，应停机报项目部或通知设备单位，在设备维修合格后才能使用。

5. 对设备出现故障或存在问题应在当日的检查维修记录表内予以详细记录。

6. 驾驶员应每天准确记录当天升降机实际工作小时数，不得随意多记、少记或漏记。

7. 当一个工程结束后，每班检查保养记录表应及时归档保存，作为企业业绩、设备考核的依据。

每班保养维修日期：　　　年　　月　　日　　　　驾驶员签名：________

序号	检查项目	检 查 要 求				检查保养结果
1	检查各部连接螺栓	梯笼和底笼等各部连接螺栓应齐全紧固，如有短缺、松动，应予补全、紧固				
2	检查各部钢丝绳	钢丝绳卡应齐全，紧固可靠，平衡钢丝绳和梯笼，平衡重的连接要牢固可靠，不得松动；检查钢丝绳磨损及断丝情况，并按报废标准处理				
3	检查传动机构	启动运行中如有异响或噪声过大，应查找原因并及时排除				
4	检查导向滚轮	运行时各导向滚轮应与导轨架立管抱合，受力均匀，无轴向窜动，导向各滚轮偏心轴定位应牢固可靠。圆弧对正，左右对称，工作位置应符合规定				
5	检查限速器	正常运行时应无异响、噪声和自行制动现象，否则应立即查找原因并及时排除				
6	检查各部行程开关	各部自动控制保护行程开关应完整无损，位置正确、灵敏可靠。发现异常应立即排除				
7	检查电控线路和电缆	清除配电箱内各元件上的灰尘和脏物，检查各接线端子的连接及熔断器的接头，如有松动或脱落，应予紧固或配齐，导线和电缆绝缘应良好，连接牢固				
8	清洁工作	清除各部灰尘、油污和赃物，雨雪后，及时清除积水或积雪，保持机体清洁				
9	润滑工作	按润滑规定进行				
每天设备运行小时数		上午		下午		加班
存在问题		整 改 结 果				整改签名
		整改人签名： 机管员签名： 整改日期：				

附录 7

塔式起重机使用
运行记录表

设 备 型 号：________________________

IC 卡 编 号：________________________

工 程 名 称：________________________

工 程 地 点：________________________

施 工 单 位：________________________

承 租 单 位：________________________

租 赁 单 位：________________________

设备负责人：________________________

联 系 电 话：________________________

起 止 日 期：________________________

一、设备运行记录表目录

1. 塔式起重机定期自行检查记录表（每周一次）
2. 塔式起重机一级保养记录表（每月一次）
3. 塔式起重机附加一级保养记录表（每月一次）
4. 塔式起重机维修和技术改造记录表
5. 塔式起重机运行故障和生产安全事故记录表

二、设备运行记录表记录及归档要求

1. 设备运行使用过程中，对设备的定期检查和维护保养是确保安全的重要环节，设备租赁或安装单位必须严格、认真做好检查和维护保养工作。

2. 设备运行记录表的内容应对照认真检查和记录。

3. 设备运行记录表应妥善保管，一个工程结束后应及时归档。

塔式起重机定期自行检查记录表（每周一次）

名称	序号	自检内容	检查要求	检查结果
金属结构件	1	主要结构件	无明显裂纹、变形、严重磨损与锈蚀	
	2	主要连接螺栓	齐全、紧固	
	3	主要连接销轴	连接可靠	
吊钩与钢丝绳及防跳装置	4	防脱钩保险装置	应完整、可靠	
	5	钩体（裂纹、磨损、变形、补焊）	磨损≤10%，开口变形≤15%，无裂纹、补焊	
	6	钢丝绳防跳槽装置	完好、可靠	
	7	钢丝绳完好度	符合GB/T 5972—2006第3.5条	
	8	钢丝绳端部固定	有防松和闩紧性能	
起升系统	9	力矩限制器	完好、有效	
	10	起升高度限位	完好、有效	
	11	起重量限制器	功能完好、有效	
变幅系统	12	变幅限位	有效，符合要求	
	13	防变幅绳断绳装置	完好、有效	
	14	小车防坠落保护	完好、可靠	
	15	小车行走端部挡架与缓冲	完好、有效	
回转	16	回转限位	完好、有效	
	17	回转轴承固定	螺栓联接应紧固无松动	
电气及保护	18	紧急断电开关	非自动复位，完好、有效	
	19	绝缘电阻	≥0.5MΩ	
	20	接地电阻	≤4Ω	
	21	报警用电铃	完好	
	22	风速仪	完好	

续表

名称	序号	自检内容	检查要求	检查结果
轨道及基础	23	行走限位	可靠、有效	
	24	防风夹轨器	完整、可靠	
	25	大车轨道端部挡架与缓冲	完整、可靠	
	26	轨道拉杆	完整、可靠	
升降司机室或乘人电梯	27	安全防坠装置	有效、可靠	
	28	上限位装置	有效、可靠	
	29	下限位装置	有效、可靠	
其他	30	钢丝绳润滑与干涉	润滑良好，无干涉	
	31	制动器	制动可靠、制动摩擦片无严重磨损	
	32	滑轮	无破损，裂纹，严重磨损	
	33	卷筒	无破损，裂纹，严重磨损	
检查结果	结论： 检查人员签名：________ 机管员签名：________ 检查日期：________			

塔式起重机一级保养记录表（每月一次）

序号	检查项目	保养要求	保养结果
1	检查每班保养的全部内容	见“每班保养”	
2	检查地基和轨道	地基应坚实平整，排水通畅，轨道应符合《建筑机械使用安全技术规程》的要求。螺栓、夹板、垫板，道钉应无松脱或短缺，根据需要及时拧紧并添配齐全。检查接地装置连接紧固情况，测试接地电阻不得超过4Ω	
3	检查钢结构	检查连接螺栓和销轴有无松动和短缺；及时拧紧和配齐连接件；检查底座、(回转平台)、塔身、塔帽、起重臂、(平臂）等结构部件组成的杆件有无扭曲、变形或焊缝开裂等情况，必要时予以修复；变幅小车的滚轮应活动自如，与臂架下弦均匀接触。牵引时无卡阻或三条腿现象，否则应予调整或修复	
4	检查各工作机构减速器的油量	检查起升、回转、变幅和行走的减速器的油量，不足时添加。如有渗漏应予排除。按规定要求换油	
5	检查回转机构	检查回转齿圈回转与固定部位的连接螺栓紧固；刷洗开式齿轮，检查齿轮啮合情况，重新涂抹新油脂；检查齿轮箱中极限力矩联轴节的工作情况．必要时调整其松紧程度；检查弹簧（橡胶）缓冲器，如有弹性不足或破损，应予调整或更换；检查液力联轴节的油量，不足时添加，如有渗漏现象应予排除	

续表

序号	检查项目	保养要求	保养结果
6	检查行走机构	主动行走轮与齿轮的连接螺栓不得松动。洗刷开式齿轮，重涂适量的油脂；检查行走轮及其轮缘有无裂纹和啃轨的现象，如有应及时处理；检查液力联轴器的油量，不足时添加，如有渗漏现象应予排除	
7	检查制动器	制动器的弹簧、拉杆、销轴和开口销等均应完好无缺。磁铁的活动衔铁不应与线圈铁芯相摩擦；制动瓦的摩擦片如有过度磨损和接触不均匀的现象，应修整或更换；调整拉杆行程和制动器间隙（0.3～0.5mm）。检查液压推杆制动器的油量，不足时添加	
8	检查电气设备	检查集电器，清除炭刷与滑环上的灰尘和赃物，如炭刷磨损过甚或接触面积过小时应与修整或更换；检查控制器、接触器，清除黑灰和铜屑。烧蚀或磨损的接触子或接触片（触头）应修整或更换，使之接触可靠，压力均匀，间隙合适，手轮动作灵活可靠，消除衔铁上的尘土及污垢；检查线圈绝缘，紧固接线端子；检查电阻器，清除电阻片上的灰尘和赃物，更换已破损的电阻片和绝缘垫，紧固各部螺栓；检查各工作机构的限位开关，修磨触头，使之闭合可靠，调整撞杆及碰轮的位置，紧固固定螺栓；警铃、指示灯、照明灯均应完好齐全。否则应与修复或更换	
9	润滑工作	按照润滑规定进行	
保养结果	结论： 保养人员签名：__________ 保养日期：__________ 技术负责人签名：__________ 单位盖章：		

塔式起重机附加一级保养记录表（每月一次）

序号		检查项目	保养要求	保养签名
下回转	1	检查驾驶室的安全保护装置	升降驾驶室的断绳保护装置、升降限位和缓冲器应齐全、动作可靠	
	2	检查驾驶室升降机构	检查联轴节和保护罩的固定情况，如有松动应予紧固或补全，检查减速器油量，不足时添加	
上回转	3	检查塔顶架与连接架的连接螺栓	连接螺栓必须齐全、完好和紧固，否则应进行处理	
	4	检查回转支承装置	小齿轮与内齿圈的啮合应良好，支承滚轮与塔帽支承圈的连接应均匀。否则应进行调整	
自升式	5	紧固塔身标准节及回转支承的连接螺栓	标准节连接螺栓应在塔身的某一侧受压时检查松紧度（可采用回转起重臂的方法使其造成受压状态），回转支承装置与上下支承座间的连接螺栓必须齐全完好和紧固	
	6	检查联动台	揭开封盖，清除内部积尘，接线端子及各部触头如有氧化和烧蚀以及弧坑时应及时清除磨光	
	7	检查变档减速器油量	不足时添加	
	8	检查脚制动器	检查制动摩擦片与制动轮的接触情况，应达到接触均匀，间隙适当，制动作用良好的要求，如有缺陷，应予排除．检查制动总泵的油量，不足时添加	

续表

<table>
<tr><th colspan="2">序 号</th><th>检查项目</th><th>保 养 要 求</th><th>保养签名</th></tr>
<tr><td>自升式</td><td>9</td><td>地基、附着装置使用时的检查：
（1）检查地基、轨道或钢筋混凝土基础的高差
（2）检查附着装置</td><td>（1）地基和轨道的基础要求与塔式起重机一级保养序号2相同。固定式塔式起重机的钢筋混凝土基座上四块承重钢板度相对高差应小于等于2mm，否则应予调整
（2）附着杆要保持在一个水平面上，如有倾斜应及时进行调整，附着框与塔身顶丝不得松动，附墙铰座应牢固可靠不得晃动，连接销轴，螺栓均应完好齐全</td><td></td></tr>
<tr><td>保养结果</td><td colspan="4">结论：

保养人员签名：________ 保养日期：________
技术负责人签名：________ 单位盖章：</td></tr>
</table>

塔式起重机维修和技术改造记录表

<table>
<tr><td>设备型号</td><td></td><td>IC卡编号</td><td></td></tr>
<tr><td>设备生产厂</td><td></td><td>出厂编号</td><td></td></tr>
<tr><td>出厂年月</td><td></td><td></td><td></td></tr>
<tr><td>维修日期：</td><td></td><td>维修单位</td><td></td></tr>
<tr><td colspan="4">维修原因：

更换零部件名称：

维修结果：

维修人员签名：________ 维修日期：________

技术负责人签名：________ 单位盖章：</td></tr>
<tr><td>技术改造日期</td><td></td><td>技术改造单位</td><td></td></tr>
<tr><td colspan="4">技术改造原因：

技术改造内容：

技术改造结果：

维修人员签名：________ 维修日期：________

技术负责人签名：________ 单位盖章：</td></tr>
</table>

注：对设备进行维修及技术改造应按表内内容要求如实填写及签名盖章。

塔式起重机运行故障和生产安全事故记录表

<table>
<tr><td>运行故障日期</td><td></td></tr>
<tr><td colspan="2">运行故障原因：

运行故障排除结果：

机管员签名：________ 日期：________

技术负责人签名：________ 单位盖章：</td></tr>
<tr><td>事故发生日期</td><td></td></tr>
<tr><td colspan="2">事故发生原因：

事故处理结果：

机管员签名：________ 日期：________

技术负责人签名：________ 单位盖章：</td></tr>
</table>

注：对设备发生故障或事故应按表内内容要求如实填写及签名盖章。

附录 8

施工升降机使用运行记录表

设 备 型 号：______________________

IC 卡 编 号：______________________

工 程 名 称：______________________

工 程 地 点：______________________

施 工 单 位：______________________

承 租 单 位：______________________

租 赁 单 位：______________________

设备负责人：______________________

联 系 电 话：______________________

起 止 日 期：______________________

一、设备运行记录表目录

1. 施工升降机定期自行检查记录表（每周一次）
2. 施工升降机一级保养记录表（每月一次）
3. 施工升降机维修和技术改造记录表
4. 施工升降机运行故障和生产安全事故记录表

二、设备运行记录表记录及归档要求

1. 设备运行使用过程中，对设备的定期检查和维护保养是确保安全的重要环节，设备租赁或安装单位必须严格、认真做好检查和维护保养工作。

2. 设备运行记录表的内容应对照认真检查和记录；

3. 设备运行记录表应妥善保管，一个工程结束后应及时归档。

施工升降机定期自行检查记录表（每周一次）

名称	序号	自检内容	自检要求	检查结果
基础和围护设施	1	围栏门联锁保护	应装机电联锁装置，吊笼位于底部规定位置围栏门才能打开，围栏门开启后吊笼不能启动	
	2	防护围栏	完好、无损坏	
	3	安全防护区	当升降机基础下有施工空间或通道时，应设防对重坠落伤人的安全防护区域	
金属结构件及连接固定	4	金属结构件外观	无明显变形、脱焊、开裂和严重锈蚀	
	5	螺栓联接	紧固件安装准确、紧固	
	6	销轴联接	销轴联接定位可靠	
	7	齿条啮合及固定	啮合正常、无严重磨损；固定应可靠	
	8	天滑轮固定	固定应可靠	
吊笼	9	紧急出口活动门	活动板门应设有安全开关，当门打开时，吊笼不能启动	
	10	吊笼顶部护栏	应固定可靠、无缺损	
层门	11	停层层门	各停层点应设置，结构上能由司机开关，层门完好	
传动及导向轮	12	制动器、防护装置	制动性能良好，有手动松闸功能；转动零部件的外露部分应有防护罩等防护装置	
	13	传动机构	无异常噪声、无漏雨；传动扳固定可靠；缓冲橡胶垫无老化现象	
	14	导向轮及背轮	连接及润滑应良好、导向灵活、无明显倾侧现象	
附着装置	15	附着装置	应采用配套标准产品	
	16	附着间距	应符合使用说明书要求	
	17	悬臂高度	应符合使用说明书要求	
	18	与构筑物连接	应可靠	

续表

名称	序号	自检内容	自检要求	检查结果
安全装置	19	防坠安全器	只能在有效标定期限内使用（应提供检测合格证）	
	20	防松绳开关	对重防松绳开关应可靠、有效	
	21	安全钩	完好、应能防止吊笼脱离导轨架或安全器输出齿轮脱离齿条	
	22	上限位	安装位置：提升速度小于0.8m/s时留有上部安全距离应≥1.8m，大于或等于0.8m/s时应满足≥$1.8+0.1V^2$；应完好、有效	
	23	上极限开关	极限开关应为非自动复位型，动作时能切断总电源，动作后须手动复位才能使吊笼启动	
	24	下限位	安装位置：应在吊笼制停时，距下极限开关一定距离；完好、有效	
	25	越程距离	上限位和上极限开关之间的越程距离应≥0.15m	
	26	下极限开关	在正常工作状态下，吊笼碰到缓冲器之前，下极限开关应首先动作；完好、有效	
电气系统	27	急停开关	操纵处的非自行复位的急停开关；应完好、有效	
	28	绝缘电阻	电动机及电气元件（电子元器件部分除外）的对地绝缘电阻应≥0.5MΩ；电气线路的对地绝缘电阻应≥1MΩ	
	29	接地保护	升降机结构、电动机和电气设备金属外壳均应接地，接地电阻应≤4Ω	
	30	失压、零位保护	灵敏、正确	
	31	电气线路	排列整齐，接地，零线分开	
	32	相序保护装置	应设置	
	33	通信联络装置	应设置	
	34	电缆与电缆导向	电缆完好无破损，电缆导向架按规定设置	
对重和钢丝绳	35	钢丝绳完好度	应符合GB/T 5972—2006中3.5条要求	
	36	对重安装	应按说明书要求设置	
	37	对重导轨	接缝应平整，导向良好	
	38	钢丝绳端部固结	应固结可靠。绳卡固结时规格应与绳径匹配，其数量不得少于3个，间距不小于绳径的6倍，滑鞍应放在受力一侧	
检查结果	结论： 检查人员签名：________ 机管员签名：________ 检查日期：________			

施工升降机一级保养记录表（每月一次）

序号	检查项目	保 养 要 求	保养结果
1	进行每班保养的全部工作	见“每班保养”	
2	检查梯笼和底笼	梯笼和底笼各受力杆件及转角节点应完整无变形，各总成或连接螺栓和地脚螺栓均应牢固可靠，如发现开焊、裂缝或变形杆件，应及时检修。凡易松动的螺栓，应配齐止退件并加以紧固	
3	检查导轨架	用2台经纬仪在2个互相垂直的方向测试导轨架在全高上的垂直偏差不超过1/1000，否则，应进行校正；在靠近导轨架顶部、下部和中部三个区段内，按螺栓总数的10%进行均布抽查各节导轨架的连接螺栓。抽查中如发现有松动螺栓时，必须对全部螺栓进行检查和紧固。各节导轨架上压装齿条的六角螺栓，也需按上述方法进行检查和紧固	
4	检查附壁支撑系统	检查各层的附壁撑、导柱、稳固撑，过桥梁等构件之间的压板。螺栓、口环、顶丝的紧固情况，如有松动变位，应予校正紧固，尤其在暴风雨以后，更应认真仔细检查	
5	检查传动机构	检查齿轮齿条啮合情况，如间隙过大，应予调整或更换。联轴节弹性胶圈应完好无缺，否则应予换新或补齐。检查减速器内的油量，不足时添加。检查蜗杆蜗轮啮合间隙和蜗杆轴向窜动情况，如超过规定应予调整	
6	检查限速器	限速器的转动应正常有效，齿条靠轮及定位块应符合要求，限速器输出轴小齿轮与齿条啮合间隙不得大于0.3mm，限速器螺栓如有松动、短缺，应予紧固、补齐	
7	检查电气设备	检查接触器、熔断器、锁开关以及频繁动作的触头有无脱落，如发现烧损和接触不良情况应予修理和更换。检查电缆的完好情况和电缆控制杆运动部分和磨损情况，必要时予以修理，测试接地电阻和电气线路，发现缺陷应予排除	
8	润滑工作	按润滑规定进行	
保养结果	结论： 保养人员签名：________　　保养日期：________ 技术负责人签名：________　　单位盖章：		

施工升降机维修和技术改造记录表

<table>
<tr><td>设备型号</td><td colspan="2"></td><td>IC 卡编号</td><td colspan="2"></td></tr>
<tr><td>设备生产厂</td><td colspan="2"></td><td>出厂编号</td><td colspan="2"></td></tr>
<tr><td>出厂年月</td><td colspan="2"></td><td></td><td colspan="2"></td></tr>
<tr><td>维修日期</td><td colspan="2"></td><td>维修单位</td><td colspan="2"></td></tr>
<tr><td colspan="6">维修原因：

更换零部件名称：

维修结果：

维修人员签名：__________　　维修日期：__________
技术负责人签名：__________　　单位盖章：</td></tr>
<tr><td>技术改造日期</td><td></td><td>技术改造单位</td><td colspan="3"></td></tr>
<tr><td colspan="6">技术改造原因：

技术改造内容：

技术改造结果：

维修人员签名：__________　　维修日期：__________

技术负责人签名：__________　　单位盖章：</td></tr>
</table>

注：对设备进行维修及技术改造应按表内内容要求如实填写及签名盖章。

施工升降机运行故障和生产安全事故记录表

<table>
<tr><td>运行故障日期</td><td></td></tr>
<tr><td colspan="2">运行故障原因：

运行故障排除结果：

机管员签名：__________ 日期：__________

技术负责人签名：__________ 单位盖章：</td></tr>
<tr><td>事故发生日期</td><td></td></tr>
<tr><td colspan="2">事故发生原因：

事故处理结果：

机管员签名：__________ 日期：__________

技术负责人签名：__________ 单位盖章：</td></tr>
</table>

注：对设备发生故障或事故应按表内内容要求如实填写及签名盖章。

第三篇
施工现场安全管理

第十八章 施工现场安全生产保证体系

第一节 施工现场安全生产保证体系概述

施工现场安全生产保证体系是施工企业和施工现场整个管理体系的一个组成部分，包括为制定、实施、审核和保持“安全第一、预防为主”方针和安全管理目标所需的组织结构、计划活动、职责、程序、过程和资源。

施工现场安全生产保证体系的建立不仅是为了满足工程项目部自身安全生产的要求，同时也是为了满足相关方（政府、社会、投资者、业主、银行、保险公司、雇主、分包方等）对施工现场安全生产保证体系的持续改善和安全生产保证能力的信任，并以资料和数据形式提供关于体系和现状的客观证据。

工程项目部建立安全生产保证体系，在市场竞争中可提高企业的形象和信誉；提高满足相关方要求的能力，提高工程项目部自身素质；扩大商机；显示一种社会责任感。

一、施工现场安全生产保证体系规范的由来

为了使施工现场的安全管理更加规范化、科学化、标准化，进一步提高安全生产的水平，以期获得更好的环境效益、社会效益和经济效益，上海市依据《中华人民共和国建筑法》、《上海市建筑市场管理条例》、国际劳工组织第 167 号国际劳工公约《施工安全与卫生公约》及有关的法律、法规、规章和标准，在学习、总结国内和上海市建筑施工安全管理经验的基础上，上海市建设委员会颁发了《施工现场安全生产保证体系》(DBJ 08—903—98)标准（98 标准在 2003 年经修改后改成 DGJ 08—903—2003 版规范）。本章以该规范为基础介绍施工现场安全生产保证体系的基本要求、建立运行、审核认证的知识。

二、施工现场安全生产保证体系规范的基本结构和思想

（一）规范的文本结构

规范与标准一样共分正文三章、附录一个、条文说明三章。

1. 正文

(1) 第一章为总则

对规范的目的，适用范围，与适用法律法规、环境与职业健康安全管理国家标准的关

系，项目经理部与建筑企业贯标的关系，工程项目总包单位与分包单位的关系做了说明。与标准相比，内容上做了重新安排和补充。

（2）第二章为术语

共给出了危险源、环境因素、事故、险肇事故、隐患、风险、安全生产、项目经理部、施工现场安全生产保证体系、安全策划、施工现场安全生产保证计划、审核、不合格、相关方、业绩等 15 个常用术语的定义。与标准的 10 个术语相比，保留了 5 个，新增了 10 个。

（3）第三章为施工现场安全生产保证体系要求（习惯上称为“要素”）

除第 1 节为总要求外，提出了 16 个要素，分布在 3 节中，每个要素单列为一条，每条又有若干款。本规范共有 71 款，其中有 12 款为强制性条文，用黑体字印刷，分布在 8 条（要素）中，它们规范和统一了施工现场安全管理的基本要求，体现了从传统管理方法向现代管理方法发展的特点，是规范正文的主要内容。要求的范围从狭义的安全生产拓展到包括场容场貌、生活卫生和环境污染预防等文明施工在内的广义安全生产。与标准的 11 个要素相比调整为 16 个要素，内容上做了较大的深化、完善和补充。

2. 附录

对本规范用词的说明，包括规范条文执行严格程度的用词与执行其他有关标准规范要求的用词规定。

3. 条文说明

条文说明的章节条款编号与规范正文完全对应，是对正文内容做进一步的说明，以防止对正文的错误理解，但不是规范正文条文的组成部分，施工现场安全生产保证体系的建立、实施和审核，只能以正文部分为依据。

（二）安保体系要素的运行结构

规范规定的安全生产保证体系要求，提供了一个系统化的管理过程。它是通过对成功的施工现场安全生产、文明施工各项管理活动的内在联系和运行规律的总结提炼，归纳出一系列体系要素，并将离散无序的活动置于一个统一有序的整体中来考虑，使得安保体系更便于操作和评价。

16 个安保体系要素描述了施工现场安全生产保证体系建立、实施并保持的过程，即通过合理的资源配置、职责分工以及对各个体系要素有计划、不间断地检查审核、评估和持续改进，有序地、协调一致地处理施工现场的安全和环境事务，从而螺旋上升循环，保持体系不断完善提高的过程。

该规范规定的体系要素是建立在一个由“策划、实施、检查、改进”诸环节构成的 PDCA 动态循环过程的基础上。上述各环节，以危险源和不利环境因素为核心，连同对体系运行起主导作用的安全目标，是安全生产保证体系运行体制和机制的基本模式，而每一个环节又涉及若干个要素。

1. 安全目标。表达了施工现场安全和环境管理上的总体目标和意向，是安全生产保证体系运行的主导。

2. 安全策划。项目经理部根据行业和现场实际，在识别、评价危险源和不利环境因素、识别适用法律法规和标准规范要求的前提下，制定项目安全目标和建立本项目文件化的安全生产保证体系，包括对其安全管理活动的规划与编制安全生产保证计划等工作。

3. 实施与运行。是施工现场的安全生产保证计划付诸实施并予以实现的过程，其中包括一系列为开展安全和环境管理活动所需的资源、支持、控制、应急措施。

4. 检查和改进。项目经理部在实施安全生产保证体系文件的过程中，须经常地对其体系的运行情况和安全状况进行检查、审核、评估，以确定体系是否得到了正确有效的实施，安全目标和法律法规的要求是否得到了满足，安全职责的落实程度，重大危险源和重大不利环境因素的受控状态，如发现不合格，应考虑采取适当的纠正措施和预防措施予以改进。

应当说明的是，安全生产保证体系不是一系列功能模块的顺序搭接，体系的运行也不是简单地对各个要素的依次运作。安全和环境管理是一种复杂的活动，所涉及的因素性质各异，彼此错综关联。16个要素虽然大致上具有逻辑上的先后关系，但并不意味着它们在体系运行中一定是环环相扣、上下承接的。事实上，体系一旦启动，各个要素都进入运行，经常同时涉及多个环节，或是重复涉及其中的某些环节。另一方面，这些要素也并不截然分开的，它们之间往往存在互相重叠（甚至完全覆盖）的情况，例如安全生产保证计划存在于多个有关要素的运作中，有关安全的职责也存在于体系运行的各项活动之中。施工现场安全生产保证体系规范是建筑企业内部实施施工现场全过程安全管理的规范，也是作为对技术标准中有关安全技术要求的补充，与技术标准相比，它集中体现以下四个基本管理思想。

（1）职责分明、各负其责

安全和环保是一种和进度、质量同等重要的管理职责。安全生产责任制是安全管理工作的保证，早在上世纪50年代国务院即提出建立安全生产责任制的规定，之后又提出了安全生产责任“横向到边、纵向到底”的要求，但这些要求往往比较原则，常常得不到落实。因此规范明确项目经理为施工现场安全生产的第一责任人，并在项目安全管理活动中起领导作用，要求对从事与安全有关的管理、执行和检查验证人员，都要明确规定其具体职责、权限和相互关系，以使所有有关人员能够按照其规定的职责、权限开展工作和及时有效地采取纠正措施和预防措施，以消除事故隐患和防止事故的发生。

（2）建立体系、依法办事

建立体系的重点是建立一个文件化的体系，凡事都要以文件为支持，规定做什么和谁来做；何时、何地、如何做；应使用什么材料、设备和文件；如何对活动进行控制和记录等，以便合理有序地予以推行。要求项目经理部具备有关的国家、行业、地方的法律法规、有关要求以及各类安全环境标准规范，做到照章办事，依法办事，有章必循，克服工作的随意性。并且通过定期的审核和评估，以保证持续有效地满足要求。

（3）预防为主、把握重点

所有的事故都是可以预防的，预防不仅仅是改善，而且意味着比补救更节省。规范充分体现了“预防为主”的思想，强调所有过程的事前、事中和事后全过程的控制，包括安全设施所需的材料、设备及防护用品和分包方的控制以及施工过程的安全控制。防止不合格的材料、设备用于工程；防止素质低下、未经教育的分包队伍和人员进入现场冒险作业，从而对物的不安全状态和人的不安全行为两个方面实施全过程的控制。特别要求项目经理部应针对项目的规模、结构、环境、承包性质等实施安全策划，识别工程项目建设中涉及的危险源和不利环境因素，评价确定重大危险源和重大不利环境因素以及其涉及的活动、设施、设备、部位和过程，制定并采取与之相适应的安全技术和管理措施，使这些危险源和不利环境因素，特别是重大危险源和不利环境因素能得到有效的控制。体系各岗位的主要职责也强调全面贯彻体系文件要求，从源头抓起，防止隐患的产生和发展，以保证体系的正常运行，防患于未然。

（4）封闭管理、持续改进

安全生产保证体系运行的有效性，在于能及时地发现并消除与适用法律法规、标准规范、安全目标和安全生产保证体系文件规定的偏差和隐患，不断改进管理，提高业绩。

坚持开展检查、验收和体系审核、评估活动，对发现的偏差、隐患和不合格，都要根据“立项、整改、复查、消项”的原则，实施封闭管理，即发现了问题，要进行处理和处置后的验证，做到不合格的设施不使用，不合格的过程不通过，不安全的行为不放过。对重复或重大的偏差、隐患和不合格，还要调查不合格的原因，制定消除不合格原因的纠正措施或预防措施，并实施控制，确保纠正措施和预防措施的执行及其有效性。

三、贯彻施工现场安全生产保证体系规范的主要步骤

贯彻安全生产保证体系标准的主要运行环节和模式概括为：工程项目部贯标→施工企业内审→审核机构认证→安监站对获得认证证书的施工现场进行监督检查。

（一）工程项目部贯标

施工现场安全生产保证体系必须由总承包或总包单位负责，分包应结合分包工程的特点，制定相应的安全保证计划，并纳入总包安全生产保证体系管理。如施工现场未实行总包的，则各承包单位按承包工程的规模、特点，建立相应的安全生产保证体系。

（二）施工企业内审

施工现场的上级部门，即建筑施工企业，对现场安全生产保证体系标准的贯彻实施，应加强指导和帮助，并进行阶段性的认可。通过检查和内部审核进行评价、验证，使体系不断完善、不断改进。

（三）审核机构认证

审核机构是指独立于施工现场及上级部门和顾客方的从事认证的中介机构，审核认证机构体系进行认证。施工现场申请及接受审核认证机构审核的过程，本身也是促进施工现场安全体系不断健全和改进的过程。

（四）安全监督站监督检查

施工现场安全生产保证体系的建立和实施要接受各级安全监督站的检查，安全监督站对通过审核认证的施工现场进行不定期的抽查，一方面检查施工现场安全体系的有效性，同时也是对审核认证机构认证行为有效性的检查和考核。

第二节　施工现场安全生产保证体系要求

每项安全体系要求都是构成施工现场安全生产保证体系的基本单元，对应一个逻辑上独立的安全活动过程，存在于职能中，又跨越职能，也就是安全体系要求既是独立存在，又是相互关联的，因此在应用时，要做好要求间的相互协调。本章仅对与体系要求直接相关的内容作出重点阐述，即逐一介绍体系要求的条文理解与实施要点、审核要点。用黑体

字表示的规范条款为强制性条文。

一、施工现场安全生产保证体系的总要求

（一）规范条文

3.1 总要求

（1）项目经理部应建立和实施施工现场安全生产保证体系，并不断改进其有效性。本章叙述了对施工现场安全生产保证体系的要求。

（2）施工现场安全生产保证体系应围绕实现项目安全目标和持续改进安全管理活动及其业绩，按照策划（P）、实施（D）、检查（C）、改进（A）的循环模式运行。

（二）理解要点

1. 建立和保持施工现场安全生产保证体系的总体性要求

项目经理建立和实施施工现场安全生产保证体系是指规范的所有要求在施工现场都能得到实施，各要素相互依存、相互支撑、相互作用、相互补充，有机结合成一个完整的管理体系，贯穿于工程项目施工全过程，并体现危险源和不利环境因素、安全目标、施工现场安全生产保证计划、施工过程控制的一致性。

建立和实施符合规范要求且具有工程项目各自特点的施工现场安全生产保证体系，改善安全业绩，预防安全事故，最终实现项目安全目标是项目经理部贯标的基本任务。

规范的16个要素是通用的，不是专为某一建设工程的安全管理而制定的，它只是提出了相关要求，而不是具体措施和做法，因此项目经理部施工现场安全生产保证体系的策划和实施应与各个建设工程项目的特定情况相适应，确定如何满足这些要求的方法和途径，使其具有针对性，防止盲目照搬照套、流于形式。按规范建立施工现场安全生产保证体系并不意味着对建筑企业传统的项目安全管理组织机构、制度、手段等的否定，而是将两者结合起来，对传统的项目安全管理组织机构、制度、手段进行规范化、系统化、文件化的优化改进，使其更加科学有效、更加充分适宜。

2. 施工现场安全生产保证体系运行模式的总体性要求

施工现场安全生产保证体系是一套科学的长效管理机制，其运行模式体现了目标导向、预知预控、突出重点、点面结合、动态控制和持续改进的现代管理思想，概括起来就是目标管理与PDCA循环的思想。

P—策划：根据社会、员工的要求和企业的安全方针，为预防和减小安全风险和不利的环境影响，最大限度地防止和减少安全事故的发生，建立项目经理部的安全目标和实现安全目标所需的施工现场安全生产体系的各项管理过程。

D—实施：围绕实现项目安全目标，实施施工现场安全生产保证体系的各项管理过程。

C—检查：根据安全方针、安全目标和法律法规、标准规范及其他要求，以及施工现场安全保证体系的要求，对施工现场安全生产保证体系的各项管理过程和业绩进行监督检查，并报告结果。

A—改进：根据监督检查的结果，找出改进方向，采取针对性措施，以持续改进施工现场安全生产保证体系的业绩。

安全生产保证体系一旦建立，就应持续地按PDCA循环的模式不间断地运行，只有

这样才能：

（1）有助于项目经理部不断寻求改进其安全业绩；

（2）施工现场安全生产保证体系得到有效实施和保持。

二、施工现场安全生产保证体系的具体要求

（一）安全目标

1. 规范条文

3.2　策划

3.2.1　安全目标

（1）项目经理部必须制定安全目标，并形成文件。安全目标应有：

1）与所在建筑企业的安全方针、安全目标协调一致；

2）包括安全指标、管理达标的要求；

3）可测量考核。

（2）项目经理部在制定安全目标时，应综合考虑下述各因素：

1）项目自身的危险源与不利环境因素识别和评价结果（见规范 3.2.2）；

2）适用法律法规、标准规范和其他要求识别结果（见规范 3.2.3）；

3）可供选择的技术方案；

4）经营和管理的要求；

5）相关方的要求和意见。

2. 理解与实施要点

（1）安全目标的作用

安全目标是项目经理部建立的施工现场安全生产保证体系所要达到的各具体指标，是安全管理的努力方向，是衡量项目经理部安全生产管理业绩的重要依据。它体现了项目经理部持续改进施工现场安全生产保证体系的承诺。

（2）安全目标的建立

安全目标是“安全第一、预防为主”安全方针的具体体现，也是项目经理部目标的重要组成部分，并与企业的总目标相一致，因此在建立项目安全目标时应注意：

1）安全目标应由项目经理组织制定、形成文件、批准发布和实施跟踪。

2）安全目标应可测量考核。项目经理部建立的安全目标不是泛泛的空谈，而是针对具体问题制定，并体现在各项措施上。为了确保项目经理部和上级机构可以评价和监视安全目标的实施和完成情况，目标应具体、明确，并尽可能量化，指标是目标任务的分解，一定要量化，这样才具有可比性和可测量性，如消除或降低安全事故的频次、噪声降低到多少分贝等。

3）安全目标应合理。目标是否合理和现实，直接关系到项目经理部是否通过自身的努力可实现这些目标，是否有能力监视这些目标实施进展情况，为了使安全目标合理并符合实际需要，项目经理部在建立目标时，需特别充分考虑那些来自内部和外部的最可能影响到安全目标的信息和资料。

①上级机构的整体方针和目标；

②危险源识别、评价和控制策划的结果；

③适用法律法规、标准规范和其他要求；

④可以选择的施工技术方案；

⑤财务、运行和经营上的要求；

⑥员工和相关方的意见；

⑦安全评估的结果。

4）为了确保安全目标的成功实施，项目经理部还需为实现每个目标确定合理的和可实现的时间表。

5）安全目标应自上而下层层分解，明确到各部门、各岗位，确保使施工现场每个员工正确理解并明确目标要求，自觉关心安全生产、文明施工，并做好本部门、本岗位工作，以确保项目经理部安全目标落到实处。

（3）安全目标的内容

通常包括：

1）项目经理部总的安全目标，通常应包括，但不限于：

①杜绝重大伤亡、设备、管线、火灾和环境污染事故；

②一般事故频率控制目标；

③安全标准化工地创建目标；

④文明工地创建目标；

⑤遵循安全生产和文明施工方面有关法律法规和标准规范以及对员工和社会要求的承诺；

⑥其他应满足的总体目标。

2）针对已识别和评价出的每个重大危险源和重大不利环境因素，项目经理部经过策划所确定的具体目标和指标。

3. 审核要点

（1）安全目标的内容是否符合工程项目的实际情况，是否考虑了重大危险源和重大不利环境因素。

（2）安全目标是否具体合理，可测量相应的指标是否量化。

（3）安全目标和指标是否进行分解，是否明确了责任部门或岗位，是否规定了实现的时间。

（二）危险源与不利环境因素识别、评价和控制策划

1. 规范条文

3.2.2 危险源与不利环境因素识别、评价和控制策划

（1）项目经理部必须根据工程对象的特点和条件，充分识别各个施工阶段、部位和场地所需控制的危险源与不利环境因素。它们涉及到：

1）正常的、周期性和临时性的、紧急情况下的活动；

2）进入施工现场所有人员的活动；

3）施工现场内所有的物料、设施、设备。

（2）项目经理部必须采用适当的方法，评价已识别的全部危险源和不利环境因素对施工现场场界内外的影响，从中确定重大危险源与重大不利环境因素。对其中风险较大或专业性较强的施工阶段或部位的活动，还应进行安全论证。评价和论证的结果应形成文件，

包括危险源与不利环境因素识别、评价结果和清单。

（3）为实现安全目标，项目经理部必须根据评价结果和法律法规、标准规范要求，对需控制的危险源和不利环境因素的控制方式进行策划并形成文件。其中重大危险源与重大不利环境因素的控制方式应包括一定的施工组织设计、专项施工方案或专项安全措施。

（4）项目经理部应及时评审和更新关于危险源与不利环境因素识别、评价和控制策划的结果。

2. 理解与实施要点

（1）危险源和不利环境因素识别、评价和控制策划是建立和有效运行施工现场安全生产保证体系的基础，其目的是：

1）为项目经理部建立和保持施工现场安全生产保证体系提供各项决策的基础；

2）为持续改进项目经理都安全业绩提供衡量基准。

（2）应规定有效开展危险源和不利环境因素识别、评价和控制策划的活动程序，实施中应注意：

1）识别和评价的方面应充分。必须覆盖到项目经理部常规和非常规（如设备设施的临时性搭拆、检修、维护，特殊气候、突发事故的施工管理等）活动，必须覆盖到所有进入施工现场的人员和活动（包括分包方和访问者），必须覆盖到施工现场内的所有物料、设施和设备。同时全面考虑危险源和不利环境因素过去、现在和将来可能带来的各类安全风险和不利环境影响。

2）识别和评价方法应合理。要与项目经理部的实际运行经验和控制能力相适应，具有主动性和预防性，能提供安全风险和不利环境影响的分级，并为具体控制措施和方法的决策、监测各类控制活动提供必要的信息。

3）控制策划应体现标本兼治、治本为主的原则。注意按如下的优先顺序选择、制定实施预防和保护措施，以达到最大限度地保护员工的健康、安全和减少对环境的不利影响。

①消除危险源和不利环境因素；

②通过工程技术措施或组织管理措施从源头控制安全风险和不利环境影响；

③制定安全与环保管理制度和作业指导书，包括制定管理性的控制措施来减弱安全风险和不利环境影响；

④当上述措施仍然难以完全控制安全风险和不利环境影响时，应积极采用个体防护措施和污染屏蔽措施。

4）危险源和不利环境因素的识别、评价和控制策划结果应以适当的形式形成文件，并作为施工现场安全生产保证计划的重要组成部分。

5）项目经理部应在内外条件变化或内审与安全评估时，对危险源和不利环境因素识别、评价和控制策划结果的持续充分性、有效性和适宜性进行评审，必要时及时更新。内外条件变化包括：

①施工方案变更；

②发生安全事故；

③适用法律法规、标准规范或其他要求修订。

关于本要素进一步的深入讨论，见第五章。

3. 审核要点

(1) 危险源和不利环境因素识别、评价和控制策划的程序是否明确、具体、可操作。

(2) 危险源和不利环境因素的识别是否充分，是否考虑了正常、异常和紧急三种状态，过去、现在和将来三种时态，以及施工现场和周边的特殊要求，是否涉及施工现场的所有活动、人员、物料、设施、设备，是否编制了清单。

(3) 重大危险源和重大不利环境因素的评价和确定是否合理，是否编制了清单。

(4) 危险源和不利环境因素控制策划是否充分、适宜、可操作，并形成文件。

(三) 适用法律法规、标准规范和其他要求

1. 规范条文

3.2.3 适用法律法规、标准规范和其他要求

(1) 项目经理部必须建立有效渠道，以识别并获取适用于施工现场安全生产的法律法规、标准规范和其他应遵循的要求。

(2) 项目经理都应编制适用法律法规、标准规范和其他要求的清单，及时更新，并将有关信息传达给有关人员和相关方。

2. 理解与实施要点

(1) 适用法律法规、标准规范和其他要求是评价项目经理部重大安全风险和重大不利环境影响的主要依据之一，也是项目经理都应承诺遵守的内容和管理工作的重点。项目经理部应主动理解和掌握法律法规、标准规范和其他要求，以约束自己的安全行为，做到有法可依，杜绝违法违规、违反工程建设强制性标准的现象。

1) 法律法规主要包括国家、地方政府或相关部门颁布的与施工现场安全生产、文明施工相关的法律、法规、条例、规章等。

2) 标准规范主要包括国家、地方政府、行业和企业颁布的与施工现场安全生产、文明施工标准。

3) 其他要求是指项目经理部应遵循的要求，主要包括：非官方的行业协会、民间机构制定的各种规范和实施指南，集团公司和所在建筑企业的规定，建筑企业和项目经理部签署的有关计划、协议，相关方的要求等。

(2) 本要素的基本要求主要包括：

1) 明确规定法律法规、标准规范和其他要求的范围和信息收集的具体渠道，识别和获取适用法律法规、标准规范和其他应遵循的要求，并形成相应的清单，包括现行有效版本的名称、发布实施日期、编号等信息。

需注意的是，本要素不要求项目经理部建立一个庞大的资料库，而只需容纳法律法规、标准规范和其他要求中涉及项目经理部的条款与内容就可以了。

2) 跟踪最新的信息，及时调整更新适用的法律法规、标准规范和其他应遵循的要求的清单。

3) 关于适用法律法规、标准规范和应遵循的要求及其变化的有关信息，应在项目经理部、建设单位、监理单位、分包单位等相关人员间进行充分的传达和交流，以确保有关的要求对现场所有人员、活动和场所的运行要求都得到持续有效遵守。具体的传达和交流形式包括合同、协议、交底、会议等。

关于本要素进一步的深入讨论，见第六章。

3. 审核要点

（1）是否具体规定了适用的法律法规、标准规范和其他应遵循要求的范围和信息收集渠道。

（2）是否建立并及时更新适用法律法规、标准规范和其他应遵循的要求的清单，清单是否完整、准确，相应的文件是否配备到位。

（3）是否将适用法律法规、标准规范及应遵循的要求及时、充分地传达到项目经理部和相关单位的人员。

（四）施工现场安全生产保证计划

1. 规范条文

3.2.4 施工现场安全生产保证计划

（1）项目经理部在施工前必须策划并编制施工现场安全生产保证计划。

（2）施工现场安全生产保证计划应针对工程项目的类型和特点，依据危险源、不利环境因素识别、评价和控制策划结果，以及适用的法律法规、标准规范和其他要求，确定安全目标，并以实现安全目标为目的，描述本规范各项要求以及适用法律法规、标准规范和其他要求在施工现场具体应用实施的途径，一般包括：

1）项目安全目标及为实现安全目标规定的相关部门、岗位的职责和权限；

2）危险源与不利环境因素识别、评价、论证的结果和相应的控制方式；

3）适用法律法规、标准规范和其他要求的识别结果；

4）实施阶段有关各项要求的具体控制活动和方法；

5）检查、审核、评估和改进活动的安排，以及相应的运行程序和准则；

6）实施、控制和改进施工现场安全生产保证体系所需的资源与提供方式；

7）施工现场安全生产保证体系文件清单，包括施工现场安全生产保证计划及计划所引用所在建筑企业与项目经理部的通用或专用的安全程序、规章制度、施工组织设计、专项施工方案、专项安全措施、作业指导书等支持性文件；

8）提供证据所需的安全记录清单，包括直接采用或自行设计的记录表式。

（3）施工现场安全生产保证计划应与施工组织设计同步策划，形式上，可单独编制，也可在施工组织设计中体现，实施前应经上级机构审核确认，并形成记录，以确保：

1）安全生产职责、权限和相互关系明确、适宜；

2）覆盖本规范的全部要求，与重大危险源和重大不利环境因素有关活动的安全程序、规章制度、施工组织设计、专项施工方案、专项安全措施、作业指导书切实可行；

3）与施工现场安全生产保证计划不一致的问题得到解决。

4）项目经理部有能力满足要求；

5）查询相关文件的途径清楚。

（4）应针对工程设计、施工条件的变化，对施工现场安全生产保证计划及时进行评审，必要时进行修订，送上级机构备案。

2. 理解与实施要点

（1）施工现场安全生产保证体系文件

1）项目经理部按规范建立的施工现场安全生产保证体系必须是一个文件化的管理体系。安全管理是在安全生产保证体系中运作的，为了使体系成为有形的系统，具有较强的操作性和检查性，规范要求施工现场的安全生产保证体系要形成文件，并加以保持。

文件化的安全生产保证体系是安全体系的具体体现，是安全体系运行的法规性依据，通过对安全活动和方法作出规定，使所有与安全生产有关的活动都能做到有章可循、有据可依。安全体系文件化要求的实质是工作有标准、检查有依据、运行有记录，达到责任明确、岗位落实、管理到位的状态。文件数量及其内容取决于工作的复杂程度、所用方法的难易程度，以及从事活动的人员所需的技能和培训情况，绝不是越多越好，越细越好。

施工现场安全生产保证体系文件通常包括：

①施工现场安全生产保证计划；

②项目经理部应实施的所在建筑企业的通用或专用安全程序、规章制度；

③项目经理部编制的通用与专用安全程序、规章制度、施工组织设计、专项施工方案、专项安全措施、作业指导书；

④项目经理部使用的安全记录，包括表格、报表和台账等，也可看作一种特殊的施工现场安全生产保证体系文件。这类文件的发生量最大，作为两种管理手段，它是一种执行性文件，作为一种证实方法，也是安全生产保证体系运行的见证资料，也是安全生产保证体系审核和评估的依据。

2）建立安全生产保证体系文件应结合建筑企业和工程项目施工生产管理现状及特点，并适合规范要求。在建立安全生产保证体系文件时，应考虑以下因素：

①工程项目规模的大小。根据工程规模来确定组织结构形式。大工程管理机构应齐全，分工可细化；小工程管理机构宜简洁，可一人多岗。

②工程项目的复杂程度。根据工程复杂程度来确定体系文件的繁简。对工程复杂、技术含量高、危险性大的工程项目，在制定文件化体系时，应要求有详尽的以独立形式体现的安全生产保证计划，必要时还要制定有针对性的作业指导书等；而工程简单、技术含量低，危险性小的工程项目，其安全生产保证计划可在施工组织设计中完整体现即可。

③工程项目工期的长短。工程工期的长短一般与工程的规模大小和复杂程度相对应，在这种情况下，根据工程工期长短来考虑管理机构的繁简、体系文件的繁简。当工程的工期长短与工程规模大小和复杂程度不对应，如工期短且工程复杂、危险性又大时，则应在策划安全生产保证体系时考虑及时增加资源的投入，如在安全生产保证计划中着重考虑增加控制施工现场安全生产的人力、物力，合理确定内审周期等。

（2）施工现场安全生产保证计划

1）施工现场安全生产保证计划的概念

施工现场安全生产保证计划是指依据施工现场安全生产保证体系规范要求和安全策划的结果，规定项目经理部的安全目标、控制措施、资源和活动顺序的文件，用以描述工程项目施工现场安全生产保证体系各个要素及其相互作用，以文件形式使施工现场安全生产得到充分展示，并提供查询相关文件的途径，是规范项目经理部安全管理活动的指导性文件和具体行动计划。策划并编制施工现场安全生产保证计划有利于提高项目经理部安全管理活动规范化和系统化的水平，有利于施工现场安全生产保证体系得到充分理解并有效运行。

2）施工现场安全生产保证计划必须在施工前策划并编制

导致施工现场安全生产事故的因素涉及诸多相互联系和相互制约的具体问题，主要是人的不安全行为、物的不安全状态、管理上的缺陷和环境上的缺陷等。为了确保施工现场安全生产保证计划的针对性、充分性和可操作性，项目经理部应根据工程项目的规模、结构、环境、承包性质、技术特点，以施工现场危险源、不利环境因数识别、评价和控制策划的结果，以及适用法律法规、标准规范和其他要求识别的结果为主线，就如何遵纪守法，具体满足规范的各项要求，有效控制重大危险源和重大不利环境因素等问题，在施工前进中深入的分析和研究，并以计划形式反映策划的结果，才能发挥计划对施工生产的指导和约束的作用。

3）施工现场安全生产保证计划应具有针对性和可操作性

施工现场安全生产保证计划应体现项目的施工特点，与项目经理部的管理能力相适应，并覆盖规范和适用法律法规、标准规范和其他要求的所有要求，具体说明规范的各项要求、各相关的通用与专用安全程序、施工组织设计、专项施工方案、专项安全措施、作业指导书等，如何运用到本工程项目施工现场的安全管理活动中来，包括对它们的直接引用。计划要突出重点内容，具有可操作性。不要求对规范的各个要求都独立编制形成文件的程序和规定，可以通过施工现场安全生产保证计划，或在计划中引用支持性文件等形式对规范各个要求的具体实施程序作出规定。各个要求的具体内容见规范各条文与条文说明。

4）施工现场安全生产保证计划的管理要求

①施工现场安全生产保证计划是施工组织设计的一个有机组成部分，为防止总体与局部的脱节，要求两者同步策划，一起按规定程序在实施前经上级机构审核确认，并形成书面记录，以保证相互协调。内容上也可互相引用，形式上可分可合，除小型工程外，一般宜单独编制。

②工程设计或施工条件发生变化时，往往会引起施工现场危险源和不利环境因素的变化，为了确保施工现场安全生产保证计划的持续适宜性，始终发挥计划在工程项目施工全过程的指导作用，要对涉及的危险源和不利环境因素的变化进行补充识别、评价，并根据新的结果，对原计划是否需要修订作出评审。如果进行修订，应在实施前进行审核审批，并送上级机构备案。

关于施工现场安全生产保证计划编制方法可参见第七章相关内容和附录3的示例。

3. 审核要点

（1）施工现场安全生产保证计划是否与安全策划的结果相一致，体现项目的特点。

（2）施工现场安全生产保证计划的内容是否覆盖了规范的所有要求，职责是否明确，并以重大危险和重大不利环境因素为主线展开，预防和控制措施是否有效、可行。

（3）施工现场安全生产保证计划与体系其他文件的接口是否清楚、协调一致。

（4）施工现场安全生产保证计划的审核、审批、修改是否符合文件控制的要求。

（五）组织机构与职责权限

1. 规范条文

3.3　实施

3.3.1　组织机构与职责权限

（1）项目经理为施工现场安全生产的第一责任人，并在项目安全管理活动中起领导作用。

(2) 必须确定项目经理与安全风险和不利环境影响有关的管理、执行和验证人员的作用、职责、权限和相互关系，形成文件并予以传达沟通，以确保施工现场安全生产保证体系各项要求的正确实施。

(3) 为了建立、实施和改进施工现场安全生产保证体系，项目经理部必须有计划地及时配备必要的资源。

①称职的技术、管理人员和操作人员，包括专职安全生产管理人员；

②适用于工程施工特点的专项技能和技术；

③应当具备的安全设施、检验设备和防护用品；

④安全生产所需的资金。

2. 理解与实施要点

(1) 健全的组织机构、合理的职责分工和权限、适当的资源是施工现场安全生产保证体系有效实施、安全目标如期实现的前提和关键环节。项目经理部的组织机构应符合安全生产保证体系及上级单位和相关法律法规的要求，并适合工程项目的实际情况。特别是安全员和安全部门的岗位和人数必须满足要求，有条件的可设置安全工程师岗位。

如对房屋建筑工程施工总承包工程项目经理部，上海市规定施工现场从业人员超过50人时，应具备专职安全管理人员；1～5万 m^2 的建筑工程施工现场应配2名专职安全管理人员；5万 m^2 以上的大型建筑工程施工现场应设置专职安全管理机构，并配备专业人员，负责现场安全管理。

(2) 由于安全生产在施工现场处于特殊的重要地位，安全与生产矛盾的处理难度大，施工现场安全生产的第一责任人必须是项目经理，只有这样才能把安全与生产从组织领导上统一起来，使施工现场安全生产保证体系得到顺利实施。项目经理作为施工现场安全生产的第一责任人，除提高全体从业人员的安全意识外，其领导作用体现在：

1) 确定项目安全目标和管理职责；

2) 组织施工现场安全生产保证体系的策划和实施；

3) 确保施工现场安全生产保证体系所需资源的提供；

4) 定期组织内部审核和安全评估。

贯彻施工现场安全生产保证体系规范，加强施工现场安全管理方面，项目经理必须对贯标活动全面负责，通过其具有的领导权力，充分发挥领导作用，这是安全生产保证体系能否建立和有效运行的前提和关键。项目经理在贯标工作中的主要职责为：

1) 根据企业总体安全方针和安全目标，结合项目的特点和危险源、不利环境因素识别、评价、控制策划的结果，制定并保持本项目施工现场的安全目标，通过增强管理人员和作业人员的安全意识、积极性和参与程度，在整个项目施工现场内促进安全目标的实现。

2) 负责对本项目施工现场设施、部位、过程和活动中危险源和不利环境因素的识别、评价、控制策划和项目安全生产保证体系的策划与设计，组织编制覆盖规范要求、具有指导作用的项目施工现场安全生产保证计划，制定针对性的可操作的安全技术措施和管理措施、作业指导书等。

3) 确定项目经理部的组织结构和岗位设置。按合理分工、加强协作的原则，明确安全生产保证体系各要素的主管和相关部门（岗位）的具体职责和权限，健全安全生产责任制。

4）组织实施和保持项目安全生产保证体系充分、有效运行，以实现本项目安全目标。

①确保安全生产所需的必要资源（人力、技术、设施、设备、资金等）提供到位，组织安全设施所需材料、设备及防护用品的采购和分包方评价、选择和监控；

②根据施工现场有关人员各自的安全职责范围，组织开展安全意识、纪律、知识和技能培训教育，杜绝违章指挥和违章作业；

③严格执行安全交底、安全验收等制度，组织落实各项安全技术措施和管理措施，加强施工过程的安全控制；

④组织日常安全检查和专项安全检查，及时发现问题，消除事故隐患，严格安全奖罚，保证安全生产保证体系正常运行；

⑤加强信息管理和组织协调，根据运行信息定期或不定期组织分析研究，对安全生产保证体系运行的符合性、有效性、适用性进行评价，主动寻找改进机会，制定并实施纠正措施和预防措施，必要时修改项目安全生产保证计划，促进安全生产保证体系持续改进。

5）发生重大安全事故时，组织抢救伤员，保护好现场，及时向主管上级报告，配合有关部门调查，认真分析事故原因，制定并实施防止事放重复发生和防止事故危害扩延的整改措施。

（3）安全生产、人人有责，施工现场安全问题多与职责不清、权限不明有关，只有建立健全安全生产责任制，分清职责、严格权限，并使每个有关岗位人员做好本职工作，共同参与施工现场安全生产保证体系的活动，才能真正实现事故预防和环境保护。安全职能是施工现场客观存在的涉及安全生产方面的管理职能，项目经理部各有关职能部门或岗位都直接或间接地参与施工过程中的相应安全活动，为了确保安全目标的实现，要求将规范的16个管理要素有机地分配到部门或岗位，授予足够的权限，使其能按规定履行各自的管理职责。项目经理部与施工现场安全生产保证体系有关的管理、执行和验证人员的作用、职责、权限与相互接口，可在施工现场安全生产保证计划中用矩阵图与文字描述相结合的形式，对其主管职责和相关职责与活动予以界定，并传达到各有关人员，以利于各项工作的正确实施和落实，例如：

1）项目经理

①贯彻执行国家、地方和上级颁布的有关安全生产、文明施工的政策和法规；

②制定项目经理部的安全目标，全面负责安全生产保证体系的建立、实施、保持和改进；

③决定恰当的资源配备，明确项目经理部各部门（岗位）的安全管理职责和职权，授权安全员行使安全管理中的监督、检查、指导和考核职权，并保证其正确行使管理职能而不受干预。

2）项目工程师

①贯彻既定的安全方针，执行国家有关安全技术标准、规范和规程；

②组织制定安全生产保证计划、项目专项安全技术方案、应急预案，督促检查计划、措施的实施；

③决定和解决安全技术课题，下达安全技术指令。

3）项目安全员

①贯彻各项安全技术规范，组织安全设施验收；

②组织参与安全技术交底，严格施工全过程的安全控制，检查、督促操作人员遵守安全操作规程，并做好记录；

③掌握安全动态，发现事故隐患，及时采取纠正及预防措施；

④制止违章作业，严格安全纪律，当安全与生产发生矛盾且危及安全生产时，有权制止冒险作业。

（4）施工现场安全生产保证体系正常运行需要有必要的资源保障，包括人力资源、专项技能和技术、设备用品、财力资源 4 个方面，并强调资源提供的计划性、充分性和及时性。

1）所谓职称是指施工现场的从业人员都必须经过必要的上岗培训，并具有能胜任本职工作的能力。项目经理和技术、管理人员必须按建设行政主管部门要求经培训考核或复训合格后持证上岗，特种作业人员必须经安监部门培训考核或复训合格后持证上岗；一般操作人员也须经过技能培训，取得上岗资格证。应对各岗位人员的工作能力从教育、培训、经历等方面作出规定。

2）专项技能和技术包括先进、可靠的施工作业技能和安全技术。

3）安全设施包括各类安全防护设施和物料、施工用电防触电等安全装置和设施、消防器材和设施、施工机械限位保险、过载保护、避雷等安全装置；检测设备包括用于力矩、厚度、长度、接地电阻、绝缘电阻、噪声等检测的工具和仪器；防护用品包括安全帽、安全带、安全网、绝缘手套、绝缘鞋、防护面罩等劳动保护用品。

4）用于安全生产技术措施的资金和支出要纳入项目经理部的资金成本计划，优先考虑并保证及时到位。

以上各项资源配置都应满足相关的法律法规、标准规范的基本要求。

3. 审核要点

（1）是否明确了项目经理的职责与权限；

（2）与施工现场安全生产保证体系有关部门或岗位的作用、职责、权限和相互关系是否明确、协调一致。

（3）职责权限是否形成文件，并传达到所有部门与岗位。

（4）施工现场安全生产保证体系所需的必要人力、物力、财力资源是否按计划配足配好。

（六）安全教育和培训

1. 规范条文

3.3.2 安全教育和培训

（1）项目经理部应把安全教育和培训贯穿于施工生产的全过程，应有计划地对施工现场的所有从业人员，包括分包单位的从业人员，进行相应的安全教育和培训，确保只有接受过必要的安全生产教育和培训并且合格的从业人员才能上岗。通过安全教育和培训使得：

1）从业人员上岗前都能了解：

①遵章守纪，服从管理，以及落实施工现场安全生产，保证体系要求的重要性；

②本职工作中存在的危险源和不利环境因素，以及违章指挥和违章作业可能产生的不良影响和后果；

③本岗位施工现场安全保证体系中的作用与职责。

2）从业上岗能熟悉和掌握本职工作必需的安全知识和技能（包括与本规范有关的环境保护知识和技能）：

①安全法律法规和规章制度；

②安全操作规程和安全操作技能；

③施工现场针对性的安全防范措施，包括涉及新工艺、新技术、新材料和新设备的特定安全技术特性和规定；

④紧急情况下，预防或减少风险和现场急救的应急措施。

（2）项目经理、专职安全生产管理人员和特种作业人员应按法律法规规定通过有关部门对其安全生产知识、管理能力、安全操作技能的考核或复试，持证上岗。

（3）安全教育和培训应根据从业人员的职责对意识、能力要求分层分类进行。除经常性的安全教育和培训外，上岗前、节假日前后、事故后、工作对象改变时，还应按规定进行针对性的安全教育和培训，包括新进从业人员三级安全教育、分包方从业人员进场安全教育。

（4）项目经理部应建立和保持安全教育和培训记录以及从业人员的劳动保护记录卡。

2. 理解与实施要点

（1）安全教育和培训的重要性

安全生产保证体系的成功实施，有赖于施工现场全体人员的参与，需要他们具有良好的安全意识和安全知识。保证他们得到适当的安全教育和培训，是实现施工现场安全保证体系有效运行，达到项目经理部安全目标的重要环节。因此，项目经理部应在项目施工现场安全生产保证计划中确定对员工进行教育和培训的需求，指定安全教育和培训的责任部门或责任人。

（2）从业人员都要先培训后上岗

安全教育和培训要体现全面、全员、全过程的原则，覆盖施工现场的所有从业人员（包括分包单位人员），贯穿于从施工准备、工程施工到竣工交付的各个阶段和方面，通过动态控制，确保只有经过安全教育的人员才能上岗。

（3）安全教育和培训的目的

使处于每一层次和职能的人员都认识到：

1）遵守“安全第一、预防为主”方针和工作程序，以及符合安全生产保证体系要求的重要性；

2）与他们工作有关的重大安全风险和重大环境影响，包括可能产生的影响，以及个人工作的改进可能带来的安全业绩；

3）他们在执行“安全第一、预防为主”方针和工作程序以及实现安全生产保证体系要求方面的作用与职责，包括在应急准备和救援方面的作用与职责；

4）偏离规定的工作程序可能带来的后果。

（4）安全教育和培训的范围

1）本企业的从业人员；

2）分包单位的从业人员。

（5）安全教育和培训的时间

根据建设部建教［1997］83号文印发的《建筑业企业职工安全培训教育暂行规定》的要求：

1）企业法人代表、项目经理每年不少于30学时；

2）专职管理和技术人员每年不少于40学时；

3）其他管理和技术人员每年不少于20学时；

4）特殊工种每年不少于20学时；

5）其他职工每年不少于15学时；

6）待、转、换等重新上岗前，接受一次不少于20学时的培训；

7）新工人的公司、项目部、班组三级培训教育时间分别不少于15学时和20学时。

（6）安全教育和培训的形式与内容

按等级、层次和工作性质分别进行，管理人员的重点是安全生产意识和安全管理水平，操作人员的重点是遵章守纪、自我保护和提高防范事故的能力。

1）项目经理和安全管理人员的安全生产培训

①定期轮训，提高政策水平，熟悉安全技术、劳动卫生知识，包括：

a. 安全生产的重大意义；

b. 国家有关安全生产的方针、政策、规定；

c. 安全生产法规、条款、标准，包括施工现场安全生产保证体系规范；

d. 安全生产责任制；

e. 施工生产的工艺流程、主要危险源和不利环境影响，以及预防重大伤亡事故和重大环境污染事故的主要措施；

f. 地区、行业事故概况、特点及应吸取的教训；

g. 编制、审查安全生产保证计划、安全技术措施计划及施工组织设计的安全技术措施的基本知识；

h. 企业有关安全生产和环境保护规章制度、安全纪律及保证措施；

i. 发生重大伤亡事故和急性中毒事故等，如何保护现场、逐级上报、调查情况、分析原因、制定防范措施及对事故责任者的处理等。

②专职安全员还应接受安全生产监督管理部门和行业行政主管部门的培训，取得相应的证书，持证上岗，并按规定定期复审。

2）新工人进场安全教育

对新工人或调换工种的工人，必须按规定进行安全、环保教育和技术培训，经考核合格，方准上岗。

①公司（基层）级：

a. 劳动保护和环境保护的意义和任务的一般教育；

b. 安全生产方针、政策、法规、标准、规范、规程和安全知识；

c. 企业安全和环保规章制度等。

②项目体（施工队）级：

a. 建筑工人安全生产技术操作一般规定；

b. 施工现场安全和环保管理规章制度；

c. 安全生产纪律和文明生产要求；

d. 施工工程基本情况，包括现场环境、施工特点，可能存在安全风险和不利环境影响的作业部位及必须遵守的事项。

③班组级：

a. 本人从事施工生产工作的性质，必要的安全和环保知识，机具设备及安全防护设施的性能和作用方面的知识；

b. 本工种安全文明操作规程；

c. 班组安全生产、文明施工基本要求和劳动纪律；

d. 本工种事故案例分析、易发事故部位及劳防用品的使用要求。

3）特定情况下的适时安全教育

①季节性，如冬季、夏季、雨雪天、汛台期施工；

②节假日前后；

③节假日加班或突击赶任务；

④工作对象改变；

⑤工种变换；

⑥新工艺、新材料、新技术、新设备施工；

⑦发现事故隐患或发生事故后；

⑧新进入现场等。

4）特种作业人员培训

除进行一般安全教育外，对操作者本人及他人和周围设施的安全有重大危害因素的作业人员，即特种作业人员，还要执行现行《特种作业人员安全技术考核管理规定》的有关规定，按国家、行业、地方和企业规定进行本工种专业培训、资格考核，取得《特种作业人员操作证》后上岗。

①范围：

a. 电工作业；

b. 锅炉司炉；

c. 压力容器操作；

d. 起重机械作业；

e. 爆破作业；

f. 金属焊接（气割）作业；

g. 煤矿井下瓦斯检验；

h. 企业内机动车辆驾驶；

i. 机动船舶驾驶、轮机操作；

j. 建筑登高架设作业；

k. 其他符合特种作业基本定义的作业。

上海市安监局规定的特种作业人员安全技术培训考核管理规定又增加：

a. 电梯驾驶；

b. 起重吊运指挥挂钩作业；

c. 化学危险物品押运、保管等作业人员。

②培训、考核和发证单位：

a. 安监局和建设行政管理部门；

b. 企业。

③内容：

a. 安全技术理论；

b. 实际操作技能。

④复审：

取得《特种作业人员操作证》者，按工种审证要求，定期由原发证部门进行复审。未按期复审或复审不合格者，其操作证自行失效。

5）经常性安全教育

在做好上述培训和教育工作的同时，还必须把经常性的安全教育贯穿于施工全过程。并根据接受教育对象的不同特点，采取多层次、多渠道和多种方法进行。

①安全生产意识宣传教育；

②普及安全生产知识宣传教育；

③现场定期的（如每周）安全日活动；

④班组每天的三上岗（上岗交底、上岗检查、上岗记录）和讲评（安全讲评）活动。

（7）建立并保存安全教育和培训记录

1）职工劳动保护教育卡；

2）安全教育记录；

3）班组安全活动讲评记录；

4）安全员及特种作业人员名册（包括证书复印件）等；

5）中小型机械作业人员名册（包括证书复印件）等。

3. 审核要点

（1）安全生产保证计划是否明确对现场各类人员的安全教育和培训要求。

（2）安全教育和培训工作的责任部门或责任人是否明确。

（3）有无项目经理部教育和培训计划（或制度），安全意识和专业技能培训的内容是否能满足安全目标需要，计划（或制度）是否实施，是否有记录。

（4）管理人员、操作人员是否全部做到先培训后上岗，是否有记录。

（5）分包队伍进场、新工人入场、经常性、特定情况的针对性教育等教育规定是否落实，是否有记录。

（6）项目经理、安全员、特种作业人员等是否按规定进行培训和资格考试，是否持证上岗。

（7）是否建立职工劳动保护记录卡，做好培训教育记录。

（七）文件控制

1. 规范条文

3.3.3 文件控制

（1）施工现场安全生产保证体系所要求的文件应予控制，包括适用的法律法规、标准规范及其他外来文件、施工现场安全生产保证体系文件。

（2）对文件的控制应做到：

①发布前由授权人员确认适宜性，必要时予以修订，并重新确认；

②文件的收发记录、标识和修订状态清楚，易于查找；

③编制项目经理部所需现行有效文件的清单，并确保与施工现场安全生产保证体系运行有关的重要岗位，都能得到相关文件的现行有效版本；

④及时将失效文件从发放和使用场所撤回，或采取其他措施防止误用。

2. 理解与实施要点

(1) 文件具有传递信息、沟通意图、统一行动的价值。文件作为施工现场安全生产保证体系的重要载体，主要可用于满足法律法规、标准规范和其他要求、进行安全教育和培训、作客观证据、保证评价施工现场安全生产保证体系的有效性和持续适宜性。文件的合理形成和正确执行能使施工现场安全生产保证体系的要求得到有效实施，并产生增值的效果。

(2) 文件控制的对象是施工现场安全生产保证体系所要求的文件，一般可分为适用的法律法规、标准规范和反映其他要求的外来文件，以及施工现场安全保证体系文件两大类。其中施工现场安全生产保证体系文件是一整套的文件体系，一般应包括：

1) 项目经理部安全目标和施工现场安全生产保证计划；

2) 描述本工程项目施工现场重大危险源和重大不利环境因素预防控制措施的施工组织设计、专项施工方案、专项安全措施，包括应急救援预案；

3) 所在建筑企业、集团、直属分支机构的适用的安全程序、规章制度、作业指导书等文件；

4) 涉及本工程项目安全生产的采购与分包合同。

文件的多少及详略程度取决于施工生产活动的复杂程度和相互作用、人员的技能水平和培训等诸多因素，在满足有效性和效率的前提下，应尽量简化，具有可操作性，让使用的人员一看就懂。承载媒体可以是书面形式，也可以是电子形式。

(3) 文件控制的目的是确保施工现场安全保证体系所使用适宜和充分的文件。为方便使用，文件要保管有序，易于查找和获得，并通过撤回或做好作废标识等方式防止误用失效文件，控制方面要注重实效，不要过于繁琐。

3. 审核要点

(1) 施工现场安全生产保证体系所要求的各类必要的文件是否纳入清单予以控制，并便于查找。

(2) 施工现场与安全生产保证体系有关的重要岗位，是否能得到相关的现行文件的有效版本。

(3) 文件的编制、分发、管理是否规范。

(4) 文件的修订和失效管理是否受控。

(八) 安全物资采购和进场验证

1. 规范条文

3.3.4　安全物资采购和进场验证

(1) 项目经理部应对用于施工现场安全生产保证措施的物料、设备及防护用品予以控制，以确保这些安全物资的质量符合规定的要求。

(2) 自行采购或外部租赁：

1) 项目经理部应持有所在建筑企业的形成文件的合格供应商名录、评价与选择安全物资供应商的准则。必须向合格的供应商采购或租赁所需的安全物资。

项目经理部被授权自行实施采购或租赁前，应对不在名录中的供应商提供符合要求的安全物资的能力进行评价，并形成记录。评价内容应包括：

①技术、生产管理和质量保证能力；

②生产许可证和营业执照；

③法律法规要求提供的经营证明文件。

2）采购或租赁计划、协议、合同应：

①注明规格、型号、等级；

②明确适用的生产制造规程和标准；

③规定验收准则和方法；

④由项目经理对其充分性和适宜性审核签认，并按所在建筑企业规定进行审批。

3）项目经理都应对采购、租赁的安全物资实施验证，并形成记录。验证方法包括：

①查验供应商提供的合格证明：包括出厂质量检验和有效期证明文件；

②查验实物质量，包括外观检查和规格检查；

③按规定要求抽样复试。

（3）内部转移或调拨：

应对企业内部转移或调拨的安全物资进行外观、规格检查，必要时可抽样复试，并形成记录。

（4）分包方采购或自带：

分包方采购或自带安全物资时，项目经理部应在分包合同中明确规定并实施下述控制要求：

1）对采购资料或合同进行签认；

2）对进场的安全物质共同验证。

（5）应对进场安全物质的验证状态进行标识和记录，防止误用或错用。严禁未经验收或验收不合格的安全物质投入使用。

2. 理解与实施要点

（1）总则

施工现场安全保证措施所需的材料、设备及防护用品的质量，直接影响到施工从业人员人身安全并涉及建筑产品的质量，有时还会涉及环境污染问题，因此项目经理部对这类物资的采购实施控制是一种有效的预防措施。采购控制活动包括受控物资范围确定、供应商评价与选择、采购文件制定、对采购物资进行适宜的验证等，以确保所采购的安全设施所需物质符合规定要求。已按 ISO 9000 标准建立质量管理体系的企业可共同使用一个采购程序，但在安全生产保证计划中应作出必要的补充规定，重点是明确责任和记录方。

（2）采购控制的范围

采购控制的物资通常包括，但不限于以下几类：

1）劳动防护用品；

2）脚手架及防护设施材料；

3）消防器材；

4）电气安全装置；

5）机械安全保护装置；

6）其他特殊材料、设备和防护用品等。

（3）供应商的评价与选择

为防止假冒、伪劣的安全措施所需的材料、设备及防护用品进入现场，应根据采购物资的重要性，项目在自行采购或外部租赁时，事先应对供应商进行评价和选择。

1）评价的对象

这里的供应商不仅仅指供货商，还包括采购物资的生产企业。即供应商评价的对象应包括厂和商两个方面，不能以评商代替评厂，也不能以评厂代替评商，除非直接向生产企业采购。

2）评价的内容

通常从以下3个方面对供应商的质量保证能力及实物质量进行评价：

①审核供应商的市场信誉、生产经历以及技术、质量相生产、经营管理的能力。

a. 营业执照、资质证书；

b. 产品鉴定报告、检测报告；

c. 产品说明书；

d. 技术、质量、生产管理情况与实地考察验证记录；

e. 生产、营业经历与业绩记录、调查和审核报告等。

②实施生产许可证制度的安全设施所需的材料、设备及防护用品，验证是否取得生产或制造许可证。

③验证企业生产的安全设施所需的材料、设备及防护用品有否进入市场的许可证或行业有关部门的相关证书。

3）规定评价的审核和审批程序

4）对评价合格的供应商

①进行比较排队，从中选定可建立供应关系的单位，列入《合格供应商名录》；

②记录并保存合格供应商的评价资料。

5）根据能否满足质量要求的能力选择合格的供应商

①优先从《合格供应商名录》中确定；

②对名录之外的供应商应先评价合格后再建立供应关系。对一次性购买或购买数量很小的一般产品，也可采用在采购时或使用前对产品进行检验或验证的办法，作出评定与选择。

此外，应建立并保存供应商履约情况的业绩记录，作为对供应商进行动态评定的重要证实材料。

（4）采购或租赁计划、协议、合同

1）采购前，项目经理部应有专人对需采购的物资拟定采购资料（如采购计划清单、协议或合同等），选定合格供应商后可直接采购，也可拟订并签订订货采购合同。

2）采购资料应准确、清楚地规定对采购的安全措施所需的物料、设备及防护用品的有关要求，以利于加工、制造和检验、验收，这些要求包括，但不限于：

①类别、型号、等级或其他标准标识方法。

②产品适用的规范、图样、过程要求，检验规程及有关技术资料的名称或其他明确标

识和适用版本，包括一些特殊的质量要求。

③在有质量保证要求时，应写明适用的质量保证模式标准的名称、编号和版本。

④对采购物资的供货和检验方式做规定。包括产品加工过程中的过程验收、最终验收的场所与方式，如在生产场所、生产过程或施工现场实施等。

3）项目经理部明确采购资料的编制审核、批准、更改的职责和要求，特别要求项目经理部主管领导在采购资料发出或协议、合同签订前，对规定的要求是否适当进行审批，以保证文件的正确、有效。

(5）对采购或租赁安全物资进行验证，确保进场使用的安全物资的质量，并做好记录。验证的方法为书面验证、实物查验和抽样复试等。

(6）对内部转移或调拨的安全物资应进行把关筛选，并进行记录。筛选的方式为外观、规格检查，有疑问时可抽样复试，决定去留。

(7）对分包商自行采购或自带的安全设施所需材料、设备及防护用品实行控制。

控制的方式和程度取决于安全用品类别及使用的安全要求，并在安全生产保证计划中作出相应的规定。如：

1）在分包合同中制定相关的约束条款；

2）对分包商的采购资料或合同共同签认；

3）对分包商采购或自带的安全用品按重要程度共同验证或复核检验等。

3. 审核要点

(1）安全保证计划或有关规定中是否对工程项目部自行采购安全用品按标准要求作出规定，工程项目部对自行采购安全用品的要求是否建立相应的责任制，职责、权限和接口是否明确。

(2）是否按规定对供应商进行评价和选择，建立并保存合格供应商名录及相应的评价记录。

(3）采购资料或合同是否清楚地说明采购产品的要求，并对规定要求说明采购产品的要求，并对规定要求的正确性与完整性进行审核、审批。

(4）是否保存对供应商的供货和检验记录，发现供应商不能满足要求时，有无采取措施，直至取消供应商的资格。

(5）是否对分包方自行采购的安全用品规定控制措施，建立和保存相应的控制实施记录。

(九）分包控制

1. 规范条文

3.3.5 分包控制

(1）项目经理部应对劳务、专业工程、机械租赁与安装拆除分包商予以控制，以确保分包活动符合规定的要求。

(2）项目经理部应持有所在建筑企业的形成文件的合格分包商名录、评价与选择分包商的准则。必须向合格的分包商发包施工或服务业务。

项目经理部被授权实施分包前，应对不在名录内的分包商的资质和安全保证能力进行评价，并形成记录。评价内容应包括：

1）合法的资质，法律法规要求提供的经营许可证明文件；

2）与本企业或其他企业合作的市场信誉和业绩；

3）技术、质量、生产和安全管理能力；

4）承担本项目特殊要求的能力。

（3）分包合同应：

1）明确各自安全职责权限，规定分包商应满足施工现场安全生产保证体系的要求，并附有安全生产、治安、消防、环保、卫生等协议文件；

2）明确对分包商施工或服务方案、过程、程序和设备的批准要求；

3）规定分包商从业人员资格的要求；

4）符合有关法律法规、标准规范和所在建筑企业规定，审核审批与签署手续齐全、有效。

（4）项目经理部必须按分包合同规定对分包商在施工现场内的施工和服务活动实施控制，并形成记录。控制内容和方法包括：

1）审核批准分包商的专项施工组织设计和施工方案，包括安全技术措施；

2）提供或验证必要的安全物资、工具、设施、设备；

3）确认分包商进场从业人员的资格。依据施工现场安全生产保证体系文件，进行针对性的安全教育、培训和施工交底，形成由双方负责人签字认可的记录，并确保在作业前和作业时，由分包商对其从业人员实施必要的安全教育和培训；

4）安排专人对分包商施工和服务全过程的安全生产实施指导、监督、检查和业绩评价，对发现的问题进行处理，并与分包商及时沟通信息。

2. 理解与实施要点

（1）总则

施工现场安全生产保证体系的有效实施，同各分包商的参与和密切配合是分不开的，特别是分包商进入施工现场的分包队伍的素质和履约能力。项目经理部应规定主管部门或岗位、相关部门或岗位的职责，落实专人负责对分包队伍的管理。合同关系未确立之前应对分包商进行评价、选择合格的分包商。合同关系确立之后，应明确有关部门对进场分包队伍施工过程进行控制管理，做好日常管理和考核资料的积累，为以后对分包商的业绩评定提供证实材料。以上这些要求在项目安全生产保证计划内应予明确。

（2）分包商的评价和选择

1）评价方法

①资质条件的验证。审核营业执照中的施工承包范围、注册资金、执照有效期限、企业性质；从经营手册中查阅其承担过的施工项目、施工面积或承担的工作量；企业资质等级证书、施工人员核定数量。

②劳务分包队伍务工人员持证状况的核查。证件的有效性应符合政府和行业主管部门对施工人员及劳务人员的持证规定要求。特种作业人员的持证应一一进行核查。

③对分包商安全生产能力和业绩的确认。应有相关的证明材料，如安全生产许可证、资质证书、政府部门颁发的奖状或荣誉证书等。对以往有无重大伤亡事故也应做必要的调查。

2）分包商的选择

项目经理部选择分包商有两种方式：

①从本企业发布的合格分包商名录中选择；

②对名录外的分包商，按本企业规定的标准和程序评价合格后选择。

3）建立分包商评价档案

通过质量体系认证的单位，对分包商的控制要求可参照质量体系程序进行，但必须包括或增加对分包商的安全管理状况和能力审核认可的记录。

（3）分包合同要求

1）必须严格执行先签合同，后组织进场施工的原则。

2）合同可采用当地“标准文本”。总包与分包的权利、义务应明确。分包应对总包负责，分包必须服从总包的管理。对违反分包合同要求的制约措施不能与总合同的规定相矛盾。

3）在签订分包合同时，应及时签定有关的附件，如安全生产、治安消防、环境卫生等有关协议书，并注意责任权利一致。

4）分包合同中应含安全考核奖罚细则。原则参照项目经理部所制定的奖罚条款执行，如有异议可由双方平等协商制定。

5）分包合同应根据工程量的大小送上级主管部门审批或备案，此要求视企业现行管理标准而定。

（4）合同履约控制

项目经理部一旦同分包商确立合同关系，应积极为分包商创造进场施工的各项条件和提供方便，在施工中注意防止以包代管、以罚代管、放松控制等现象的发生。

1）在分包队伍进场前，对分包商的专项施工组织设计和施工方案，包括安全技术措施，应按企业规定实施审核审批，通过后才能实施。

2）合同规定应由总包提供材料、设备、工具及生活设施，总包必须在分包队伍进场前做好落实工作。合同规定施工过程中应由总包向分包队伍提供机械设备、安全设施和防护用品，双方必须办理书面移交验收手续，签字有效。

3）当分包队伍进入现场时，必须确认其从业人员的资格。正式开始施工前，应由项目经理部施工主要负责人组织有关人员向分包商负责人及分包队伍有关人员进行安全教育和施工交底，交底内容以总分包合同为依据，包括施工技术文件、安全生产保证体系的有关文件、安全生产规章制度和文明施工管理要求等，交底应以书面形式，一式两份，由双方负责人和有关人员签字，并保留交底记录。确保作业前对全体分包从业人员均完成安全教育培训。

4）在合同履约过程中，项目经理部应有部门或专人对分包队伍施工全过程中的安全生产、文明施工情况进行指导检查、监督管理、与分包方沟通信息，及时处理发现的问题，必要时可按合同约定中止合同，做好必要的记录，并为今后对分包商业绩评定提供依据。

3. 审核要点

（1）项目经理部是否在有关文件中明确对分包商的管理职责和控制要求。

（2）项目经理部选用的分包商的资质、经营范围，是否符合国家、行业和地方的有关法规规定。

（3）在签订分包合同的同时，是否签订了安全生产协议书、治安消防协议书、环境卫生协议等有关附件。

(4) 分包队伍进场后是否落实了施工交底，交底内容、手续是否完备有效。

(5) 对分包商的评价、施工过程管理和考核是否符合既定的管理程序要求。

(十) 施工过程控制

1. 规范条文

3.3.6　施工过程控制

(1) 项目经理部必须根据施工现场安全生产保证体系策划的结果和安排，确保与所识危险源和不利环境因素有关的活动、人员、设备、设施在施工过程中处于受控状态，以便从根本上控制和减小安全风险和不利环境因素影响。

(2) 项目经理部对施工过程控制的内容和方式应包括：

1) 针对施工过程中需控制的活动，制定或确认必要的施工组织设计、专项施工方案、专项安全措施、安全程序、规章制度或作业指导书，并组织落实；

2) 将采购和分包活动中需实施控制的有关要求通知供应商和分包商，并按要求对其施工和服务提供过程进行控制；

3) 对从业的管理和操作人员进行针对性的资格能力鉴定、安全教育和培训、安全交底，及时提供必需的劳动防护用品；

4) 对安全物资进行验收、识别、检查和防护；

5) 对施工设施、设备及安全防护设施的搭设和拆除进行交底与过程防护、监控，在使用前进行验收、检测、标识，在使用中进行检查、维护和保养，并及时调整和完善；

6) 对重点防火部位、活动和物资进行标识、防护，配置消防器材和实行动火审批；

7) 保持场容场貌、作业环境和生活设施文明卫生、规范有序，保护道路管线和周边环境，减少并有效处理废水、废气、粉尘、噪声、振动和固体废弃物，组织好施工期间的道路交通；

8) 对与重大危险源和重大不利环境因素有关的重点部位、过程和活动，组织专人监控；

9) 就施工现场危险源、不利环境因素及安全生产的有关信息、与从业人员及相关方进行交流与沟通，对涉及重大危险源和重大不利环境因素的问题及时作出处理，并形成记录和回复；

10) 形成并保存施工过程控制活动的记录。

2. 理解与实施要点

(1) 施工过程控制的目的

根据施工现场安全生产保证体系策划的结果，在施工生产过程中，有效地实施施工现场安全生产保证计划等体系文件的规定和控制措施，使与已识别危险源和不利环境因素(特别是重大危险源和重大不利环境因素) 有关的需要控制的活动、人员、设施、设备等均处于受控状态。

(2) 施工过程控制的内容和方式

规范共列举了 10 个方面。

1) 针对施工过程中需控制的活动，制定或确认必要的施工组织设计，专项施工方案、专项安全措施、安全程序、规章制度或作业指导书，并组织落实。

这方面的工作一部分可在策划阶段予以考虑，可将制定或确定的有关方案和文件在安全生产保证计划中予以明确，并在施工前编制或配置到位。通常对专业性强、危险性较大的部位、过程、活动，如脚手架、模板工程（包括支撑系统的设计计算）、基坑支护与降水、土方开挖、起重吊装作业、物料提升机及其他垂直运输设备的安装与拆除（包括基础和附着的设计）、拆除爆破工程；其他危险性较大的工程等都需单独编制安全专项施工方案。

对所制定或确定的方案和文件应明确责任部门或岗位，具体负责编制、审查、批准、组织交底、实施和检查管理。

2）将采购和分包活动中需实施控制的有关要求通知供应商和分包商，并按要求对其施工和服务提供过程进行控制。

对供应商和分包商在施工和服务过程中涉及的危险源、不利环境因素应予以识别、评价和控制策划，并将与策划结果有关的文件和要求事先通知供应商和分包商，以确保他们能遵守项目经理部安全生产保证体系的相关要求，如对分包商自带的机械设备的安装、验收、使用、维护和操作人员持证上岗的要求，相关安全风险和不利环境影响及控制要求。通知的方式包括合同或协议约定、书面安全技术交底、协调会议等。

要明确责任部门或岗位按照事先确认的要求，在供应商和分包商施工和服务提供的过程中，对涉及危险源和不利环境因素的活动、人员、设施、设备的状况，进行控制管理和监督检查，确保供应商和分包商认真落实各项规定的要求。

3）对从业的管理人员和操作人员进行针对性的资格能力鉴定、安全教育和培训、安全交底，及时提供必需的劳动防护用品。

进入施工现场的管理人员和操作人员，不论是自有的或分包方的人员，上岗前必须按政府有关部门的规定，对其所需的执业资格、上岗资格和任职能力进行检查、核对证书，包括项目经理、项目管理人员；电工、焊工、架子工、塔吊和施工升降机装拆工、整体式提升脚手架操作工等特种作业人员；木工、混凝土工、钢筋工等一般施工人员。只有对应岗位或工种的证书专业相符且有效，才能安排上岗。注意对使用未成年人和女工应符合相关法规的要求。

项目施工负责人按本规范 3.3.2 条款的要求在上岗前和施工中对进入施工现场的自有和分包方从业人员进行安全教育和培训。特别是在上岗前应以最清楚简洁的方式，如作业指导书、安全技术交底文本（附录 4 给出了 76 种常见工序的安全生产交底文本的示例），对从业人员进行安全技术交底，双方签字认可。对操作人员应分不同工种、不同施工对象，或分阶段、分部、分项、分工种进行安全交底，不准整个工程只交一次底，如混凝土浇捣、支模、拆模、钢筋绑扎等，必须实施分层次交底。交底应采用书面形式，内容要有针对性，应告知安全操作规程和违章操作的危害，采用标准交底文本时，必须填写补充交底内容。向施工班组交底，可以集中一次交底，也可向班组长交底，再由班组长向组员交底。项目经理部应按危险源控制策划的结果和有关劳动防护用品发放标准规定，向管理人员和操作人员提供合格的安全帽、安全带、护目镜等劳动防护用具和安全防护服装，严禁佩带不符合劳动防护用品标准的人员进入作业场所。

4）对安全物质进行验收、标识、检查和防护

对安全物质进行验收、标识、检查和防护是防止安全设施所使用的材料、设备和防护

用品非预期使用和不安全因素消除。

对进入现场的安全物资，不论是自行采购、企业内部调拨、外单位借入或是分包方的，都应由项目经理部组织验收，只有经验收符合安全使用要求，确认合格后，方可投入使用，防止假冒伪劣产品进入工地。验收标准应符合采购或租借合同、有关法律法规和安全技术标准要求。验收方法包括查看实物质量、提供质量保证资料、生产许可证明，必要时可进行抽样或全数检验。对验收不合格的安全物质，为防止非预期的使用，一般应立即清退出现场，难以当场清退出场时，应做好记录，并采取隔离、挂牌等形式进行标识和警示。

为了防止安全物资的混用、错用，必要时实行可追溯性，对其品牌、规格、型号和验收状态作出识别标志，如挂牌或进行记录。验收状态一般分为待检（未检）、已检待定、合格或不合格等 4 种。

为防止安全物资的损坏和变质，应采取设库、设池、上架堆放、遮盖、上油等方式进行贮存和防护，并在贮存期间对安全物资的防护和质量情况进行检查。

5）对施工设施、设备及安全防护设施的搭设和拆除进行交底与过程防护、监控，在使用前进行验收、检测、标识，在使用中检查、维护和保养，并及时调整和完善。

①安全防护用品及施工机械设备、机具进场前，必须检验有关证件，如生产许可证、产品合格证等。

②中小型施工机具在使用前，必须对安全保险、传动保护装置及使用性能，由机械管理部门或岗位进行检查、验收，填写验收记录，合格后方可使用。塔吊、施工升降机、井架与龙门架等起重机械设备，组装拆除前应按专项技术方案组织交底、组装拆除过程，应采取防护措施，并进行过程监护，组装搭设完毕后，一般由企业和项目经理部按规定自行验收，检查要点包括基础的隐蔽工程验收、预埋件、平整度、斜撑、剪刀撑、墙体埋件、垂直度、电器、起重机械等专项检查和检验，其中塔吊、施工升降机等危险性较大的起重、升降设备，在企业内部安装调试或验收后，再向行业的机械检测机构申请检测，核发合格证，经安装单位、使用单位、监理单位共同验收合格后投入使用。机械管理部门或岗位人员负责对机械操作人员进行安全操作技术交底，并且落实日常检查，督促机械操作人员做好机械的维修和保养工作。

③施工现场临时用电的变配电装置、架空线路或电缆干线的敷设、分配电箱等用电设备，在组装完毕通电投入使用前，由安全部门或岗位与专业技术人员共同按临时施工用电组织设计的规定检查验收，对不符合要求处须整改，待复查合格后，填写验收记录。使用中由专职电工负责日常的检查、维修与保养。

④普通脚手架按规定要求交底搭设，悬挑钢平台、特种脚手架按施工组织设计中专项方案规定的要求进行交底搭设。普通脚手架搭设到一定高度时，按检查评分标准和验收表规定的要求，由搭设单位与项目经理部分步、分阶段进行检查、验收，合格后做好记录，再投入使用，使用中落实专人负责检查维护。特种类整体爬架由取得专业资质的单位负责组装、提升。验收时，企业专业部门和项目经理部共同参加验收，通过后再向行业检测机构申请检测，合格后方准投入使用，在每次提升或下降以后，还必须进行验收和记录，否则不得投入使用。

⑤对洞口、临边、高处作业所采取的安全防护设施，如通道防护棚、电梯井内隔离

网、楼层周边和预留洞口防护设施、基坑临边防护设施、悬空或攀登作业防护设施，规定专人负责搭设与检查。在施工现场内应落实负责搭拆、维修、保养这些防护设施的班组，该班组应熟悉整个工程需搭拆的安全防护设施情况，以利于保持所搭设施的标准和连续性。搭拆都需要明确专门的部门或人员负责过程监控、检查与验收。

⑥工程施工多数情况为露天作业，而且现场情况多变，又是多工种立体交叉作业，设备、设施在验收合格投入使用后，在施工过程中往往会出现缺陷和问题，人员在作业中往往会发生违章现象，为了及时排除动态过程中物和人的不安全因素，防患于未然，必须对设施、设备在日常运行和使用过程中易发生事故的主要环节、部位进行全过程的动态自查、互查和专项检查维护，以保持设备、设施持续完好有效。

⑦在施工现场入口处、起重设备、临时用电设施、脚手架、出入口通道口、楼梯口、电梯井口、孔洞口、基坑边等危险部位设置明显的安全警示标志。

6）对重点防火部位、活动和物资进行标识、防护，配置消防器材和实行动火审批。

按防火要求对木工间、油漆仓库、氧气与乙炔瓶仓库、电工间等重点防火部位，高层外脚手架上焊接等作业活动，氧气和乙炔瓶、化学溶剂等易燃易爆危险物资的贮存、运输，进行标识、防护，配置相应的灭火机等消防器材和设施，在火灾易发部位作业或者贮存、使用易燃易爆物品时，应当采取相应的防火、防爆措施，落实专人负责管理。对施工中动用明火根据防火等级，建立并实施动火与明火作业分级审批制度，落实监护人员和灭火机等器材。

7）保持场容场貌、作业环境和生活设施文明卫生、规范有序，保护道路管线和周边环境，减少并有效处理废水、废气、粉尘、噪声、振动和固体废弃物，组织好施工期间的道路交通。

①按施工组织设计的施工平面布置方案将生活区与工作区分开设置，并保持安全距离。工作区应做好施工前期围挡、场地、道路、排水设施准备，按规划堆放物料，有专人负责场地清理、道路维护保洁、水沟与沉淀池的疏通和清理，设置安全标志，开展安全宣传，监督施工作业人员，做好班后清理工作以及对作业区域安全防护设施的检查维护。施工现场必须按国际劳工组织和政府建设行政主管部门的标准设置宿舍、食堂、厕所、浴室，具备卫生、安全、健康、文明的有关条件，临时搭设的建筑物应当经过计算或具有产品合格证。施工过程中确保饮用水供应，尤其是夏天高温季节，必须提供防暑降温饮料。

②项目经理部应按建设单位提供的地下管线资料，就工程施工区域及其影响区域内的地下管线、障碍物的详细情况，包括位置、深度、走向、管道直径，是否带电的供电电缆管道、通讯电缆（特别是有些通信设施带有保密性）等，与建设单位有关部门人员交接清楚，必要时应做实地勘察。根据基坑开挖的面积和深度，对施工区域及周围的道路、人行道及其地下障碍物、基础设施及地下管线设施作出专题清理或保护方案。对施工中可能导致损害的毗邻建筑物、构筑物和特殊设施等采取专项保护措施。涉及市政、公用的大型设施、地铁隧道、大口径的排水系统、自来水管道时，必须作出详细周密的施工技术方案，对方案中的安全防护专项技术措施，应经过各有关方面的专家论证确认后，方能具体实施。

③对施工过程中因废水、废气、粉尘、噪声、振动和固体废弃物的排放可能造成的职业危害和不利环境影响，应落实施工现场安全生产保证体系文件关于劳动保护、文明施工

和环境保护的各项措施，使其排放控制在允许范围之内，如围挡封闭施工；施工废水二级沉淀后排放；硬化施工场地；处于中心区域夜间施工时控制施工噪声（除浇捣混凝土必须连续施工外）；减少不必要的夜间施工、建筑垃圾分类集中堆放并及时清运；土方车辆出场全面密闭覆盖并冲洗减少遗洒与污染；现场周围及沿街设置文明；安全和可靠的防护隔离设施等。

④应合理组织施工期间的道路交通，采取措施使占用道路、影响交通的问题降到最小限度，如充分利用时间和空间，错开施工高峰与道路车辆高峰，修筑临时便道，设置交通标志，安排专人疏导人流和车流等。

8）对与重大危险源和重大不利环境因素有关的重点部位、过程和活动，组织专人监控。

①项目经理部应根据已识别的重大危险源和不利环境因素，确定与之相关的需要进行重点监控的重点部位、过程和活动，如深基坑施工、起重机械安装和拆除、悬空作业、整体式提升脚手架升降、大型构件吊装等。

②根据监控对象确定熟悉相应操作过程和操作规程的监控人员，明确其制止违章行为、暂停施工作业的职责权限，并就监控内容、监控方式、监控记录、监控结果反馈等要求进行上岗交底和培训。

③根据规定实施重点监控，特别是对悬空作业、整体或提升脚手架升降必须进行连续的旁站监控，并做好记录。

9）就施工现场危险源、不利环境因素及安全生产有关信息，与从业人员及相关方进行交流与沟通，对涉及重大危险源和重大环境因素的问题及时作出处理，并形成记录和回复。

①交流与沟通的对象：包括项目经理部自有员工、所属企业有关部门与领导、供应商、分包商、社区、政府安全生产和文明施工管理部门等。

②交流与沟通的内容：从外部来讲，包括上级单位和政府建设行政主管部门的要求和检查反馈；供应商、分包商和社区的要求和检查反馈，应急救援联络信息，来自外部的抱怨和投诉，向外界展示项目经理部的安全生产、文明施工承诺等。从内部来讲，包括施工现场安全生产保证体系运行的要求和动态信息，有关事故、隐患的信息等。信息的具体内容涉及到危险源、不利环境因素及安全生产。

③交流与沟通的方式：应对各类信息的具体交流与沟通方式和渠道作出规定，如口头、电话、黑板报、宣传栏、标语、会议、文件、通知等。

④对有关重大危险源和重大不利环境因素的外部或内部信息，如政府建设行政主管部门和上级单位的整改指令、社区居民的严重投诉、媒体的批评曝光、重大事故的查处等，都应规定处理的程序和职责，并建立和保存必要的处理记录和回复记录。

10）形成并保存施工过程控制活动的记录。

规范规定的前述施工过程的控制活动，应根据控制策划结果和体系文件的规定，在需要形成并保存记录控制点和控制活动中，按事先确定的记录格式，及时形成有效的记录。记录管理的具体要求，见本章关于规范 3.4.5 条款的说明。

3. 审核要点

（1）是否制定或确认施工过程必要的控制文件，并明确了管理职责。

（2）是否将采购和分包活动中需实施控制的要求通知供应商和分包商，并实施控制。

（3）是否按规定对管理人员和操作人员的资格能力进行鉴定、安全教育和培训、安全交底，是否按规定提供劳动防护用品。

（4）是否按要求对安全物资进行验收、标识、检查和防护。

（5）是否按规定要求进行施工机械设备、施工设施、安全防护设施的搭设、验收、检验、标识、检查、维护、保养、调整、拆除。

（6）是否按规定要求对重要防火部位、活动，物资进行标识、防护，配置消防器材和实施动火审批。

（7）是否按规定做好文明施工，保护道路管线和周边环境，控制不利环境影响，合理组织道路交通，确保行人、车辆畅通和安全。

（8）是否确定并按规定落实专人实施重点部位、过程和活动的监控。

（9）是否规定了内外信息交流与沟通的渠道，并及时开展活动，认真做好重大问题的处理记录与回复。

（10）是否按规定在施工过程各项控制活动中及时形成相应的记录，并妥善保管。

（十一）事故的应急救援

1. 规范条文

3.3.7 事故的应急救援

（1）项目经理部应针对可能发生的事故制定相应的应急救援预案，准备应急救援物资，并在事故发生时组织实施，防止事故扩大，以减少与之有关的伤害和不利环境影响。应急救援预案应：

1）包括以下内容：

①应急救援组织和人员安排，应急救援器材、设备的配备与维护；

②在作业场所发生事故时，保护现场、组织抢救的安排；

③建立内部和外部联系的方法、渠道，根据事故性质，按规定在相应期限内报告上级、政府主管部门和其他有关部门，通知有关的近邻及消防、救险、医疗等单位；

④作业场所内全体人员的疏散方案。

2）根据实际情况可定期演练应急救援预案。

3）演练后或事故发生后，对应急救援预案的实际效果进行评价，必要时进行修订。

（2）项目经理部应配合事故的调查、分析，并制定和实施纠正措施和预防措施（见3.4.2）。

2. 理解与实施要点

（1）事故的应急救援概念

应急救援是指危险源和不利环境因素控制措施失效情况下，为预防和减少可能随之引发的伤害和其他影响，所采取的补充措施和抢救行动，它是实施安全风险和不利环境影响控制的进一步补充，也是项目经理部实行施工现场主动性安全生产管理的具体要求。

（2）事故应急救援的管理要求

1）项目经理部在危险源和不利环境因素识别、评价和控制策划时，应事先确定可能发生的事故或紧急情况，如火灾、爆炸、触电、高处坠落、物件打击、坍塌、中毒、特殊气候影响等。

2）制定应急救援预案，其内容应包括：

①应急救援组织和人员安排，应急救援器材、设备的配备与维护；

②在作业场所发生事故时，保护现场、组织抢救的安排；

③建立内部和外部联系的方法、渠道，根据事故性质，按规定在相应期限内报告上级、政府主管部门和其他有关部门。通知有关的近邻及消防、救险、医疗等单位；

④作业场所内全体人员的疏散方案。

3）准备充足数量的应急救援物质。

4）如果有条件的话，应定期按应急救援预案进行演练，如火灾、触电事故的应急救援等。

5）演练或事故、紧急情况发生后，应对相应的应急救援预案的适用性和充分性进行评价，找出存在的问题，并进一步修订完善。

6）为了吸取教训，防止事故的重复发生，一旦出现事故，项目经理部除按法律法规要求配合事故调查、分析外，还应按规范 3.4.2 条款的要求主动分析事故原因，制定并实施纠正措施或预防措施。

3. 审核要点

（1）是否识别并确定了需制定应急救援预案的可能发生的事故和紧急情况。

（2）应急救援预案的内容是否全面并切实可行。

（3）应急救援物资和器材的准备情况是否到位。

（4）可行时，是否进行了应急救援预案的演练和修订完善。

（5）事故发生后是否按规定实施应急救援预案，配合事故调查，并主动制定纠正措施和预防措施。

（十二）安全检查

1. 规范条文

3.4　检查和改进

3.4.1　安全检查

（1）项目经理部应建立安全检查制度，对施工现场的安全状况和业绩进行日常的检查，掌握施工现场安全生产管理活动和结果的信息。

（2）安全检查的内容应包括：

1）项目安全目标的实现程度；

2）安全职责的落实情况；

3）遵守适用法律法规、标准规范和其他要求的情况；

4）施工活动符合施工现场安全生产保证体系文件和规定的情况；

5）具有重大安全风险或重大不利环境影响的活动的关键特性、设施和设备的状态、人员的意识和行为；

6）现行建筑施工安全检查标准的达标情况。

（3）项目经理部应：

1）规定检查的人员及其职责权限；

2）规定检查的对象、标准、方法和频次；

3）对安全检查中发现的不符合规定要求和存在隐患的设施、设备、过程、行为，定人、定时间、定措施进行整改处置，并跟踪复查；

4）对安全检查和整改处置活动进行记录，并通过汇总分析，寻找薄弱环节，确定需改进的问题及采取纠正措施或预防措施的要求（见规范 3.4.2）；

5）对用于检查的监测设备进行校正和维护，并保存校正和维护的记录。

2. 理解与实施要点

（1）安全检查的概念

安全检查是指对施工现场安全生产保证体系活动和结果的符合性和有效性进行的常规监视和测量活动，其目的是通过安全检查掌握安全生产动态，发现并纠正施工现场安全生产保证体系活动和结果的偏差，并为确定和采取纠正措施或预防措施提供信息。

（2）安全检查的内容

安全检查可以是综合性定期检查，也可以是有重点的专项检查，可以是例行性检查，也可以是临时性检查，但在一定时期内，应覆盖到以下 6 个方面，不应有所偏废。

1）项目安全目标的实现程度；

2）安全职责的落实情况；

3）遵守适用法律法规、标准规范和其他要求的情况；

4）施工活动符合施工现场安全生产保证体系文件和规定的情况；

5）具有重大安全风险或重大不利环境影响的活动的关键特性、设施和设备的状态、人员的意识和行为；

6）现行建筑施工安全检查标准的达标情况。

对每个方面的检查应都要体现查领导、查思想、查制度、查纪律、查差距、查隐患的要求。

（3）安全检查的实施要求

1）主要是指项目经理部自行组织的日常安全检查，通常是每周一次，结合工程和季节性特点，特殊情况可适当调整或增加。班组每天进行的上岗检查和作业中的监督检查应属于施工过程控制的一种方式。与上级机构或政府建设行政主管部门的检查活动有关的要求也属于施工过程控制中信息管理的一种方式。

2）项目经理部应制定安全检查制度，规定检查的类型和形式、检查的频次和时间间隔、参加人员和职责分工、检查标准和方法、记录要求。

3）制定检查计划和检查表，对安全检查中暴露的问题，包括设施、设备的不安全状态、人们违章作业或违章指挥的不安全行为、文明施工和环境保护中存在的缺陷等情况，连同符合要求的情况，都应做好记录。

4）对安全检查中发现的后果轻微的偏差和问题，可当即口头通知有关部门或人员，对重大的偏差和问题应出具整改通知书，做到定人、定时间、定措施，边检查边整改边复查。

5）对安全检查和整改处置活动应做好记录。记录尽量采用规定格式和内容的检查记录及评分表式，并定期进行汇总分析，寻找管理上和技术上的薄弱环节，确定需要改进的方向，按规范 3.4.2 条款的要求制定并实施纠正措施和预防措施。

6）用于安全检查的监测设备，如用于扣件紧固程度测试的力矩扳手、测定接地电阻的接地电阻测试仪、测定噪声的声级计等都按规定周期进行检定和校准，加强标识和维护，防止损坏或失准，保持设备完好、准确和有效，检定和校准及维护的记录齐全有效。

3. 审核要点

（1）是否制定了安全检查制度、安全检查计划和检查表。

（2）安全检查是否覆盖了规范规定的内容。

（3）安全检查中发现的偏差和问题是否有效组织整改。

（4）是否对安全检查和整改信息进行汇总分析，并实施相应的改进活动。

（5）用于安全检查的监测设备是否有周检计划，周检、校准和维护记录；在用设备是否完好。

（十三）纠正措施和预防措施

1. 规范条文

3.4.2　纠正措施和预防措施

（1）项目经理部应对严重的或经常发生的不合格、事故或险肇事故、建筑企业或政府主管部门提出的问题、隐患及需整改的要求、社会投诉的问题进行调查和原因分析，针对原因制定并实施相应的纠正措施或预防措施，以防止其再次发生。

（2）所有拟定的措施应：

1）在实施前通过安全风险和不利环境影响评价；

2）规定实施职责和进度计划；

3）跟踪确认实施结果和有效性；

4）对措施的制定、实施和跟踪，以及导致施工现场安全生产保证体系文件的修改情况进行记录。

2. 理解与实施要求

（1）纠正和预防措施的概念

1）纠正措施是指对实际的不符合安全生产要求的事故、险肇事故或不合格发生的原因进行调查分析，针对原因采取措施，以防止同类问题再发生的全部活动。预防措施是指通过事故、险肇事故和不合格原因、安全检查结果、相关方信息的综合、分类、统计和分析，确定今后需防止或减少发生的潜在事故或不合格，并针对可能导致其发生的原因所采取的措施，目的是防止潜在问题的发生。

2）纠正措施和预防措施不是就事论事地对事故和事故隐患现象的处理，而是要从根本上消除产生不符合安全生产要求的原因。因此纠正措施和预防措施可能涉及安全生产保证体系的各个方面的活动，没有纠正措施和预防措施，安全生产保证体系就不可能正常运行，更不可能得到持续的改进和完善。

3）纠正措施和预防措施的实施要投入一定的人力、物力、财力等资源，因此采取纠正措施和预防措施的程度应与存在问题的风险和影响程度相适应，安全风险大、影响程度大的事故隐患都应按本要素要求进行原因调查，采取治本措施，而不能简单地处置了事。

（2）纠正措施实施要求。

施工过程发生安全事故（包括没有伤亡或物损的险肇事故）或安全生产检查中发现事故隐患，有关部门和人员应吸取教训，采取纠正措施防止再发生。

1）安全事故的处理与纠正措施

①首先按应急救援预案抢救伤员及国家财产，防止事故进一步扩大，保护好现场。

②根据国家、行业、地方与上级规定确定事故分类及相应的报告程序，按照程序迅速、及时、准确地向上级及有关部门报告，经有关人员来现场验证，发出指令后才可清理现场，恢复施工。

③根据国家、地方、行业和上级规定确定事故处理程序，组织专人调查事故产生的原因，记录调查结果，经过分析找出主要原因，提出针对性的防止同类事故再发生的纠正措施。

④组织实施纠正措施并监督验证其有效性。

2）事故隐患和不合格的处理与纠正措施

①对系统的、普遍的事故隐患和不合格，或可能产生严重后果的事故隐患，或上级及政府行业主管部门指出的事故隐患，项目经理部必须组织有关人员进行调查，查明原因，制定消除隐患的纠正措施；

②实施纠正措施并监督验证其有效性。

3）建立并保持适当的记录。

（3）预防措施实施要求

工程项目开工前的策划阶段或开工后的实施阶段，有关部门和人员应对施工过程中易发生的安全事故和可能的危险源、不利环境因素，采取预防措施，防止事故的发生。

1）收集、利用适当的信息，发现并确认潜在的事故隐患和可能表现，信息来源包括：

①施工环境、施工过程、操作工艺对安全的影响；

②人员的教育和培训状况；

③检查结果；

④审核结果；

⑤业主意见；

⑥社会投诉；

⑦安全记录；

⑧历史教训等。

2）分析潜在事故隐患的引发原因，制定消除引发潜在事故隐患原因的措施，确定所需的处理步骤和程序。

3）明确部门和人员负责预防措施的执行、控制、验证、总结，确保措施的正确实施和措施有效性、可行性的验证活动的落实。

4）将所采取的预防措施及有关信息反馈给项目经理部有关部门和项目经理。

5）建立并保持适当的记录。

此外，纠正措施和预防措施的制定与实施有时可能引起安全生产保证体系文件的更改，对此应按有关规定对更改进行控制与记录。

3. 审核要点

（1）是否明确规定了纠正措施和预防措施的责任部门与岗位职责，以及实施程序。

（2）对现实的事故、事故隐患与不合格是否按规定进行处置，并调查原因，制定实施并监督验证纠正措施。

（3）是否恰当地利用有关信息，结合工程特点，识别潜在的事故隐患和不合格，制定、实施并监督验证预防措施。

(4) 是否将所采取的预防措施及有关信息反馈到相关部门与人员。

(5) 必要时，是否根据纠正措施或预防措施，相应更改安全生产保证体系文件。

(十四) 内部审核

1. 规范条文

3.4.3　内部审核

(1) 项目经理部必须以施工现场安全生产保证体系的业绩为重点，在各主要施工阶段，组织内部审核，以便确定其是否：

1) 符合施工现场安全生产保证体系策划的安排，包括本规范的要求；

2) 得到正确实施和保持；

3) 有效地满足项目安全目标。

(2) 内部审核应：

1) 编制计划，包括审核的范围、方法和审核人员能力；

2) 内部审核应由具有资格的人员进行；

3) 对发现的不合格，有关责任部门或岗位应制定并实施纠正措施；

4) 验证、评价纠正措施的结果和有效性；

5) 编制审核报告；

6) 形成并保存内部审核活动的记录。

2. 理解与实施要点

(1) 安全体系审核的概念

施工现场安全生产保证体系审核是指："为获得项目经理部施工现场安全生产保证体系审核证据并对其进行客观的评价，以确定满足审核准则的程度所进行的系统的、独立的并形成文件的过程"。

可见，施工现场安全生产保证体系审核是确定项目经理部安全活动和有关结果是否符合安全生产保证计划的安排及有关规定的要求，以及这些安排和要求是否有效实施，并能达到预定的安全目标所做的系统的和独立的并形成文件的检查和评价活动，也是对它是否符合施工现场安全生产保证体系的要求进行的验证。

1) 安全体系审核根据审核实施主体可分为两类

①内部安全体系审核(简称"内审")，是建筑施工企业或项目经理部对其施工现场组织的自我审核。也是体系运行中的一个环节。本条款仅指对项目经理部自行组织的内审的要求。

②外部安全体系审核(简称："外审")，是经建设行政主管部门认可、有资质的认证机构对施工现场组织的第三方审核。用于认证、注册及向外界证明等。

2) 内部安全体系审核的作用

①作为一个重要管理手段，及时发现安全管理中的问题，组织力量加以纠正和预防，使安全生产保证体系用作满足有关标准规定、规程和其他约定文件(如合同)的要求，以有效控制施工现场的安全生产。

②建立一个自我改进机制，使安全生产保证体系持续地保持有效性，并能不断改进、不断完善。

施工现场安全生产保证体系在经过试运转(包括项目经理部自我内审)，并通过上级机构对其进行内部安全体系审核后，方能申请外部安全体系审核认证。

3）内部安全体系审核的目的

①评价安全生产保证体系的符合性。

a. 安全生产保证体系文件，如安全生产保证计划等是否符合规范与有关规定的要求；

b. 安全生产保证体系实际运行情况是否符合体系文件的规定。

②评价安全生产保证体系的有效性：

a. 是否适应工程项目特点和安全管理状况。

b. 实际的安全生产保证体系活动是否有效地实施，安全生产保证体系活动是否适合于达到既定的安全目标。

4）内部安全体系审核的准则

①施工现场安全生产保证体系规范；

②施工现场安全生产保证体系文件；

③适用的法律法规、标准规范和其他要求。

（2）内部安全体系审核应有计划、有系统地进行

对一个项目经理部来讲，以下情况都应组织审核：

1）上级机构内审前；

2）申报认证审核前；

3）体系结构有重大变化；

4）施工阶段转换；

5）发生重大事故时等。

审核可分为例行的常规审核和特殊情况下的追加审核两种情况。

（3）内部安全体系审核员应持证上岗

内部安全体系审核的结果，在很大程度上取决于审核人员的技能与技巧。因此内部审核人员应经过培训和资格认可，并由与被审核部门或岗位无直接责任的人员来担任。一般由项目经理部人员组成内审组，当项目经理部内审员数量不足时，可以从所在建筑企业内聘请有内审员资格的人员作为项目经理部内审组成员参加审核。

内审员培训应由经建设行政主管部门认可的培训机构，按大纲、教材、师资、考核、发证“五统一”的要求组织实施。

（4）内部安全体系审核的一般程序

1）确定任务。例行审核按规定进行，特殊审核应明确要求。

2）审核准备：

①由项目经理任命审核组长，组成审核组。其人数视工程规模和进度而定，但至少由2名以上审核员组成。

②编制审核计划。确定审核日程和审核员任务分配，经项目经理审批后执行。

③编制审核检查表。审核员按分工编制检查表，经组长同意后实施。

3）现场审核：

①首次会议。说明审核目的、范围、依据和方法。

②现场检查。以事实为依据，以规范和体系文件规定为准绳，收集客观证据，作出公正判断。如发现不合格，按规定填写不合格项目报告，请受审核部门或岗位负责人签字

认可。

③末次会议。报告审核结果，要求责任部门或岗位制定纠正措施计划，确保每一项不合格都已采取相应的纠正措施，并记录备查。

4）纠正措施的跟踪和验证。审核组对纠正措施计划实施跟踪验证并记录其是否实施并有效。

5）编制审核报告。按规定格式根据审核与验证结果编写报告，报送项目经理、企业分管领导和部门。报告内容至少应包括：

①审核经过。全面概括描述。

②对安全生产保证体系符合性、有效性的全面评价。

③存在的主要问题。即违反安全保证体系文件及施工现场安全生产保证体系规范中的规定、要求的不合格，详细描述。

④针对不合格和存在问题，制定的纠正措施。

⑤对纠正措施的实施和有效性进行跟踪验证情况。

6）保存审核记录

①审核计划；

②审核检查表与审核记录；

③不合格报告及验证记录；

④审核报告。

3. 审核要点

（1）项目经理部是否按安全生产保证计划和有关规定及时组织内审。

（2）是否有详细的审核计划安排和实施记录。

（3）是否对内审发现的每一项不合格问题都进行了分析、找出原因，并采取了纠正措施，是否对纠正措施进行跟踪和验证其有效性，直至解决为止。

（4）内审员是否经过一定层次的正规培训，与被审核部门或岗位无直接责任关系。

（5）内审报告是否报送上级主管部门，内容是否完备。

（十五）安全评估

1. 规范条文

3.4.4　安全评估

（1）项目经理应对各主要施工阶段施工现场安全生产保证体系的适宜性、充分性、有效性及时组织评估，编制阶段性安全评估报告。

（2）安全评估报告的内容应包括：

①安全目标的实现情况和重大危险源与重大不利环境因素的控制状况；

②施工现场安全生产保证体系的自我完善机制的运行情况；

③从业人员遵纪守法和安全意识的提高情况；

④建立、实施和改进施工现场安全生产保证体系的经验和做法；

⑤为确保施工现场安全生产保证体系持续的适宜性、充分性和有效性，需要对安全目标以及施工现场安全生产保证体系进行改进的要求和措施。

2. 理解与实施要求

（1）安全评估的概念

安全评估是指确定施工现场安全生产保证体系实现总体安全业绩的持续适宜性、充分性和有效性所进行的活动，以便不断调整和改善施工现场安全生产保证体系。

持续适宜性：体系持续地适宜于项目经理部的安全方针和安全目标。

持续充分性：体系不断得到完全实施，而且资源充分。

持续有效性：安全方针、安全目标的实现；重大危险源和重大不利环境因素的控制；从业人员安全环保意识和技能的提高；自我完善机制的建立等体系的整体业绩不断改进。

(2) 安全评估的实施要求

1) 安全评估是项目经理的职责，一般在内部审核并实施纠正措施以后进行，但当施工现场安全生产保证体系发生重大变化或发生重大安全事故时，可及时开展安全评估。

2) 安全评估采用会议形式进行，与体系有关的人员参加。会议之前应收集内外部审核的结果、事故与险肇事故调查结果、安全检查结果以及来自内部和外部的其他有关施工现场安全生产保证体系运行状况的信息，包括内部和外部环境的变化，作为输入，以供评估。

3) 安全评估需将重点集中在施工现场安全生产保证体系持续适宜性、充分性和有效性的总体业绩上，而非具体细节问题上。其主要讨论事项和输出为：

①评价施工现场安全生产保证体系的总策略，是否能满足并实现业绩目标；

②评价施工现场安全生产保证体系，是否能满足企业、项目经理部、员工、社会、政府的要求；

③评价是否需要对施工现场安全生产保证体系作出调整，包括对安全目标的调整；

④识别为及时纠正不足应采取的措施，包括对项目经理部组织机构及安全检查方式作出调整；

⑤提供制定持续改进措施的计划的信息和要求，包括各项措施的优先顺序；

⑥评价项目经理部安全目标和纠正措施的进展；

⑦评价前次安全评估所制定的各项措施的有效性。

4) 安全评估应编制报告，报告的内容包括：

①安全目标的实现情况、重大危险源和重大不利环境因素的控制状况；

②施工现场安全生产保证体系自我完善机制的运行情况；

③从业人员遵纪守法和安全意识的提高情况；

④建立、实施和改进施工现场安全生产保证体系的经验和做法；

⑤为确保施工现场安全生产保证体系持续的适宜性、充分性和有效性，需要对安全目标以及施工现场安全生产保证体系进行改进的要求和措施。

(3) 内部审核与安全评估的对比表

见表18-1。

表 18-1

	内部审核	安全评估
目的	确保安保体系满足审核准则的程度	确保安保体系持续的适宜性、充分性和有效性
对象	项目经理部的施工现场安保体系	项目经理部的施工现场安保体系（包括安全目标）

续表

	内部审核	安全评估
评价依据	审核准则（包括 DGJ 08-903-2003）	企业、项目经理部、员工、社会、政府的期望和需求
实施者	审核员	项目经理部和项目管理人员
方　法	系统、独立地获取客观证据，与审核准则对照，形成文件化的审核发现和结论的检查过程	以广泛的输入信息为事实依据，就安全方针、目标以及企业、项目经理、员工、社会、政府的需求，对安保体系持续的适宜性、充分性和有效性进行评价。以会议形式进行
对输出结果的要求	应对安保体系是否符合要求，以及是否有效实施和保持作出结论，并形成记录	应对安保体系的持续的适宜性、充分性、有效性、体系的变更、管理活动的改进、资源的需求，包括安全目标，作出评价，并形成记录

3. 审核要求

(1) 是否按规定时间由项目经理组织安全评估。

(2) 安全评估的输入信息是否充分，评估内容是否符合规范要求，并有记录。

(3) 安全评估报告是否对施工现场安全生产保证体系持续的适宜性、充分性和有效性作评价。

(4) 安全评估如何寻求改进的机会，发现变更的要求，改进和变更要求是否得到落实。

(十六) 安全记录

1. 规范条文

3.4.5　安全记录

项目经理部应及时形成安全记录，包括供应商和分包商的各类安全管理资料，以提供施工现场安全生产保证体系符合要求并有效运行的证据。安全记录应：

(1) 符合国家、行业、地方的法律法规与标准规范和上级的有关规定；

(2) 填写完整、字迹清楚、标识明确，并可追溯相关的活动；

(3) 编目立卷，便于查询；

(4) 妥善保存，避免损坏、变质和遗失，直至工程竣工交付后分类留存或归档。

2. 理解与实施要点

(1) 安全记录的作用

记录是为已完成的活动或达到的结果提供客观证据的文件。安全记录是为证明施工现场满足安全要求的程度或为安全生产保证体系各要素运行的有效性提供客观证据的文件；安全记录还可为有追溯要求的各类检查、验收和采取纠正措施及预防措施等提供依据。

(2) 安全记录的范围

安全记录既包括与安全设施有关的记录，如材料、设备及防护用品的采购、检验、试验、验收记录等；也包括安全生产保证体系运行记录，如工程概况、安全目标、组织机构、安全生产保证体系要素分配与部门岗位职责，内部审核记录，现场施工安全控制记录，检查、检验和标识记录，事故调查处理记录，事故隐患控制记录，各类人员上岗资格和培训教育记录，班组安全活动记录等，其中对分包方的安全管理记录，如安全生产协议书，进场安全交底教育记录等，也是安全生产保证体系运行的必要证实文件，成为安全记录的组成部分。

(3) 安全记录的要求

1) 项目经理部应按国家、行业、地方和上级的有关规定，制定安全记录清单，确定安全记录的具体内容要求及表式和标识的规定。建设行业行政管理部门提供的样本，应按照规定填写和编制，但这仅仅是安全记录的基本部分。项目经理部还应结合本工程项目的特点，在安全策划中根据需要，规定补充记录的内容、表式和标识的规定要求。

2) 项目经理部应在安全策划时，确定安全记录收集、记录、编目、保管、归档和处理的部门和人员的职责。

3) 安全记录可以是文字的（包括表格与非表格形式），也可贮存在磁带、磁盘等或照片、胶片等媒体上。

4) 安全记录应做到字迹清晰、能正确辨认。作为证实文件，记录内容应完整，但是不能随意涂改或更改。

(4) 安全记录的保管要求

1) 安全记录是用以证明安全生产保证体系是否有效运行的证实性资料，因此，需要妥善保存。安全记录一般可由安全部门或指定的专人负责收集、记录、整理、编目、装订。收集人员应对安全记录进行检查，对不符合要求的记录应拒收，并责令整改。安全记录应分类装订成册、目录齐全、标识清楚。安全记录的保存要注意防潮、防火、防虫蛀及鼠害，保管方法便于存取和检索。

2) 各类安全记录应做到及时完整。安全记录应记到工程项目竣工为止，安全记录分类装订保存，以便上级和建设行政主管部门的检查或认证机构的审核，退场时按档案管理规定分类进行处理，不得擅自销毁。处理的方式包括归档、留存项目经理部。留存项目经理部的安全记录根据保管期要求保管，到期后办理手续后可以销毁。

3. 审核要点

(1) 通过安全策划确立的各类安全记录，是否在安全生产保证计划中落实到部门或专人，各自的职责是否明确。

(2) 必要的安全记录是否齐全。

(3) 安全记录是否按要求及时填写，内容正确完整，字迹清晰，能正确地识别。

(4) 安全记录的标识、收集、整理、编目、装订、保管和处理等是否符合要求。

三、施工现场安全生产保证体系各要素间的关系

施工现场安全生产保证体系规范的各要素的系统性很强。对危险源和不利环境因素的识别、评价和控制是施工现场安全生产保证体系的核心；遵守法律法规、标准规范和其他要求，预防和控制安全风险、不利环境影响，改善安全业绩就是实施施工现场安全生产保证体系的根本目的。而对施工现场安全生产保证体系运行的监视系统是使其动态循环并持续改进的保障，具有检查、纠正、预防、验证、评审的能力，与之有关的要素构成了施工现场安全生产保证体系 PDCA 循环的主体框架并体现其基本功能，包括以下 10 个要素：

（一）危险源、不利环境因素识别、评价和控制策划；

（二）法律法规、标准规范和其他要求；

（三）安全目标；

（四）施工现场安全生产保证计划；

（五）施工过程控制；
（六）事故的应急救援；
（七）安全检查；
（八）纠正措施和预防措施；
（九）内部审核；
（十）安全评估。

为了保证施工现场安全生产保证体系基本功能的正常运行，必须有若干要素对其起支持保证作用等辅助功能，包括以下6个要素：

1. 组织机构与职责权限；
2. 安全教育和培训；
3. 文件控制；
4. 安全物资采购与进场验证；
5. 分包控制；
6. 安全记录。

施工现场安全生产保证体系各要素间的逻辑关系可用图18-1帮助理解。

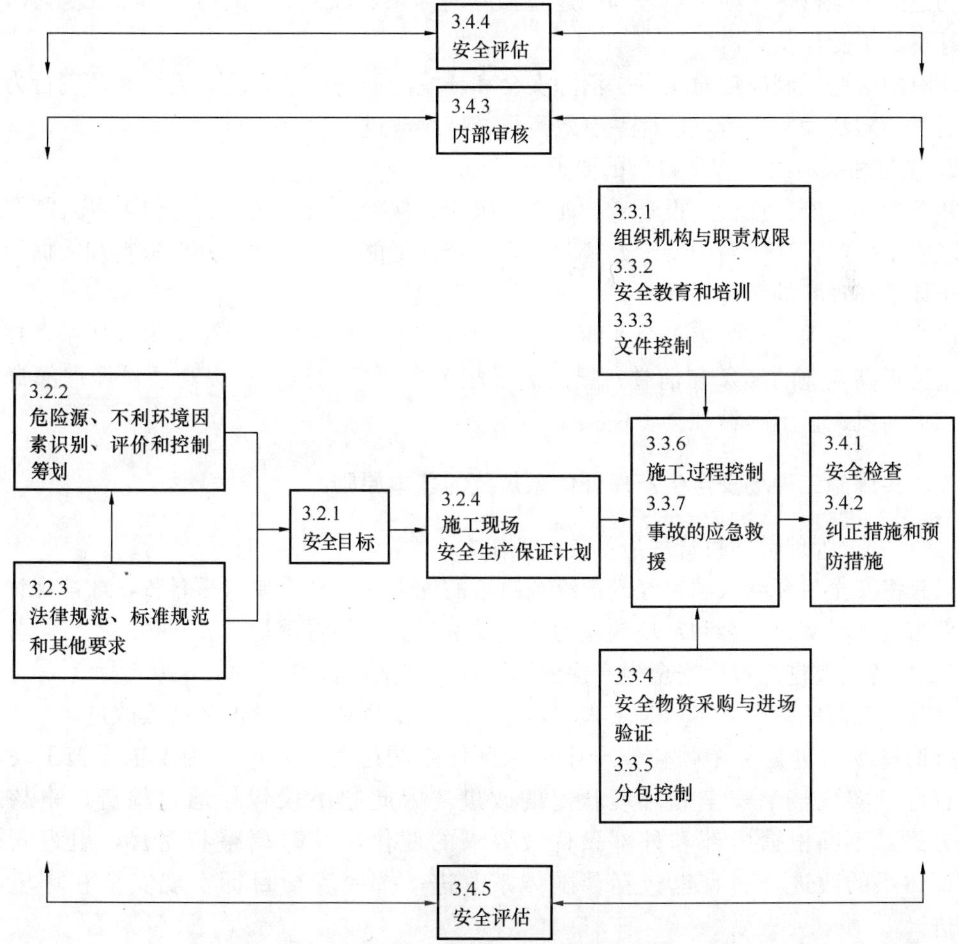

图18-1 施工现场安全生产保证体系各要素间的逻辑关系

第三节 施工现场安全生产保证体系的建立

系统建立、有效实施并不断完善施工现场安全生产保证体系，是项目经理部强化安全管理的核心，是贯彻施工现场安全生产保证体系规范的关键，也是控制与危险源和不利环境因素有关的状态和行为，消除和减小施工现场的安全风险和不利环境影响，实现安全目标的需要。

一、概述

（一）施工现场安全生产保证体系的概念

施工现场安全生产保证体系是施工企业和项目经理部整个管理体系的一个组成部分，包括制定、实施、实现、审核和保持"安全第一、预防为主"方针和安全目标所需的组织结构、策划活动、职责、程序、过程和资源，详细阐述参见第一章。

（二）建立施工现场安全生产保证体系的目的和作用

1. 满足项目经理部自身的要求

为达到安全目标，项目经理部应建立相应的体系，以使影响施工安全的技术、管理、人及环境处于受控状态。

所有的这些控制应针对减少、消除安全和环境隐患与缺陷，改善安全和环境行为，特别是通过预防活动来进行，使体系有效运行、持续改进。

2. 满足相关方对工程项目部的要求

相关方（政府、社会、投资者、业主、银行、保险公司、雇员、分包方等）需要对施工现场安全生产保证体系的持续改善和安全生产保证能力的信任，并以资料和数据形式提供关于体系和现状的客观证据。

应当以工程项目作为施工企业的窗口，通过施工现场建立安全生产保证体系，在市场竞争中可提高企业的形象和信誉；提高满足相关方要求的能力；提高项目经理部自身素质；扩大商机；显示一种社会责任感。

二、实施施工现场安全生产保证体系规范的基本原则

（一）安全管理是项目管理最重要的工作之一

只有将安全目标纳入项目经理部综合决策的优先序列和重要议事日程，才能保证项目经理部为实现经济、社会和环境效益的统一采取强有力的管理行为。

（二）持续改进是贯彻安全生产保证体系规范的基本目的

贯穿于规范的一个基本点是工程项目施工现场安全和环境状况的持续改进。

所谓持续改进是一个强化安全生产保证体系的过程，目的是为了根据施工现场的安全目标，实现整个安全和环境状况的改进。因此它不仅包括通过检查、审核、评估等方式，不断根据内部和外部条件及要求的变化，及时调整和完善，组织安全生产保证体系的改进，而且也包括伴随体系改进，按照安全目标实现安全和环境状况的改进。

在通过安全生产保证体系改进实现安全状况改进的过程中，一个基本的要求是保持改

进的持续性和不间断性，即建立自我约束、自我改进的安全生产保证体系动态循环机制。

（三）事故预防是贯彻安全生产保证体系规范的根本要求

事故预防是指为防止、减少或控制安全和环境隐患，对各种行为、过程、设施进行动态管理。从事故的发生源头去预防事故的活动。

事故预防并不排除对事故的应急救援和处理，作为降低安全事故最后有效手段的必要性，但它更强调避免事故发生的经济上、社会上和环境上的影响比事故发生后的处理更为可取。

（四）项目的施工周期是贯彻安全生产保证体系规范的基本周期

应对施工准备、基础、结构和装饰各个施工阶段，土建、安装、装饰各个施工专业，直至竣工交付各个环节的危险源和不利环境因素进行分析，对项目施工周期进行安全生产保证体系的全面规划、控制和评价。

（五）施工现场贯彻安全生产保证体系规范应从实际出发

施工现场安全生产保证体系的建立必须符合规范的全部要求，并能结合企业和施工现场的具体条件和实际需要，与其他管理体系兼容与协同运作，包括质量管理体系、职业健康安全管理体系和环境管理体系。这并不意味着将现有体系一律推倒重建，而是一个改造、更新、完善和整合现有体系的过程，当然这对每个施工现场未必都是轻而易举的，其难易程度完全取决于现有体系的完善程度。

（六）立足于全员意识和全员参与是安全生产保证体系成功实施的重要基础

施工现场的全体员工，特别是项目经理部负责人，都要以高度的责任感对安全生产保证活动自觉地作出应有贡献。根据规范规定的安全保证体系要求，安全管理的职责不应仅限于项目经理部负责人，更要渗透到施工现场内所有层次与职能，它既强调纵向的层次，又强调横向的职能，任何部门或人员，只要其工作可能直接或间接对安全生产和环境保证产生影响，就应具备适当的安全和环保意识，并承担相应的责任。

三、建立施工现场安全生产保证体系的程序

建立安全生产保证体系是项目经理部的基本任务。建立和实施体系是一个规范的有计划的系统性工作工程，一般程序可分为以下3个阶段。

（一）前期与策划阶段

1. 教育培训，统一认识

安全生产保证体系的建立和完善的过程，是始于教育，终于教育的过程，也是提高认识和统一认识的过程。教育培训要分层次、循序渐进地进行。

（1）管理层

全面接受施工现场安全生产保证体系规范有关内容的培训，方法上可以采取讲解与研讨结合，理论与实际结合。

（2）操作层

本岗位安全活动有关内容，包括在施工作业中应承担的安全和环保任务和权限，以及造成安全和环保过失应承担的责任等。

2. 组织落实，拟定计划

（1）领导小组

由项目经理部负责人任组长，负责安全生产保证体系建立过程中重大课题的决策和组织协调，如体系建设的总体规划，制定安全目标，提供人、财、物的支持等。

（2）工作小组

由项目经理部主要部门（项目工程师、施工员、材料员、设备、综合办等）人员组成，应具有开展相关工作的知识和技能。在领导小组指导下，开展安全生产保证体系建立过程中涉及施工现场范围内的具体工作，如组织宣传教育，体系策划、体系文件的编制汇总等。

（二）文件化阶段

按照相关的法律法规、标准规范和其他要求编制安全生产保证体系文件。

1. 体系文件编制的范围

（1）制定安全目标；

（2）准备本企业制定的各类安全和环境管理标准，贯彻 ISO 9000 族标准、ISO 14000 系列标准或 GB/T 28000 系列标准的项目，可以在作出必要实施说明后，直接执行部分适用的质量、环境或职业健康安全体系程序文件，如采购、分包、培训、过程控制、检查考核、内审程序文件及其支持性文件等；

（3）准备国家、行业、地方的各类有关安全的法律法规和标准规范；

（4）编制项目经理部安全生产保证计划及相应的专项计划、专门方案、作业指导书等支持性文件；

（5）准备各类安全记录、报表和台账。

2. 体系文件编制的过程

（1）由工作小组结合工程项目的实际和特点，在施工准备阶段对需要建立的安全生产保证体系搜集信息并提供依据，主要内容包括：

1）识别与确定本项目适用的法律法规，标准规范和其他要求；

2）识别、评价和确定本项目施工现场各类活动、产品、设施设备、场所所涉及的危险源和不利环境因素，特别是重大危险源和重大不利环境因素；

3）审查与施工现场有关的安全和环境管理的运行程序、规章制度和作业指导书，评价其有效性。

这些工作做得好，才能在建立和实施安全生产保证体系的过程中抓住重点和关键，有的放矢，使安全生产保证体系能全面有效地运行。

（2）根据上述调查分析结果，对本项目的安全生产保证体系进行总体设计，主要包括：

1）制定安全目标和指标。根据我国“安全第一、预防为主”的安全方针，针对已识别的重大危险源和重大不利环境因素，制定具体的安全目标，可能时还需分解为可测量或量化的指标。

2）确定组织机构和职能分配。对本项目管理职能进行分析，按合理分工、加强协作和赋予权限的原则，设置项目经理部部门（岗位），确定组织结构关系，并把施工现场安全生产保证体系规范中 16 个要素所涉及的职能逐一分配到部门（岗位）。

3）确定对本项目已识别的危险源和不利环境因素的控制方法。

4）编制管理方案。针对已识别和评价出的重大危险源和不利环境因素，以及相应的目标和指标要求及技术措施，编制相应的专项管理方案或安全措施计划。

5）编制施工现场安全生产保证计划。对本项目如何具体贯彻施工现场安全生产保证体系的各个要素的要求作出相应描述。

3. 体系文件编制的要求

（1）安全目标应与企业的安全总目标、已识别的重大危险源和重大环境因素协调一致；

（2）安全生产保证计划应围绕安全目标，将要素用矩阵图的形式，按职能部门（岗位）进行安全职能各项活动的展开和分解，依据安全生产策划的要求和结果，对各要素在本现场的实施提出具体方案。关键是讲究实效，不走形式，既要从总体上和原则上满足规范和有关要求，又要在方法上和具体做法上符合本单位、本项目的实际，突出本项目的重点和关键环节，在能够实现控制的前提下，做到简练、明确、易懂、可操作。宜单独编制，对工艺简单的小型工程也可在项目施工组织设计中完整地体现。

（3）体系文件应经过自上而下，自下而上的多次反复讨论与协调，以提高编制工作的质量，并对安全生产责任制、安全生产保证计划的完整性和可行性、项目经理部满足安全生产和环境保护的保证能力等进行确认，建立并保存确认记录；

（4）体系文件需要在体系运行过程中定期、不定期地评审和修改，以确保其完善和持续有效。

（三）运行阶段

1. 发布施工现场安全生产体系文件，有针对性地多层次开展宣传教育活动，使现场每个员工都能明确本部门（岗位）在实施中应做些什么工作，使用什么文件，如何依据文件要求开展这些工作，以及如何建立相应的安全记录等。

2. 配备必要的资源和人员。首先应保证适应工作需要的人力资源，适宜而充分的设施、设备，以及综合考虑成本、效益和风险的财务预算。

3. 加强信息管理、日常安全监控和组织协调。通过全面、准确、及时地掌握安全管理信息，对安全和环保活动过程及结果进行连续的监视、测量和验证，以及对涉及体系的问题与矛盾进行协调，促进安全生产保证体系的正常运行和不断完善，是形成体系良性循环运行机制的必要条件。

4. 经过一段时间的试运行，由项目经理部和企业按规定对施工现场安全生产保证体系运行进行内部审核，验证和确认安全生产保证体系的符合性、有效性和适宜性，重点是体系文件的完整性、符合性与一致性，以及体系功能的适用性和有效性。

通过内审暴露问题，组织制定并实施纠正措施，达到不断改进的目的。

5. 在内审的基础上，项目经理部应收集来自外部与内部各方面的信息，对运行阶段进行安全评估，即对体系整体状态作出全面的评判，对体系的适宜性和有效性作出评价。根据安全评估的结论，决定对体系是否需调整、修改，适当时可作出是否提出上级机构内审或认证申请。

第四节　施工现场安全生产体系的审核

一、施工现场安全生产保证体系审核的一般概念

1. 审核

为获得审核证据，并对其进行客观的评价，以确定满足审核准则的程度所进行的系统

的、独立的并形成文件的过程。

审核的系统性体现在审核是一种正式和有序的活动。“正式”主要指外部审核是按合同进行的，内部审核是由企业和项目经理部的负责人授权的。“有序”则是指有组织、有计划并按规定的程序和规则进行，包括审核前应准备好审核文件，审核后应提出审核报告，并进行纠正措施的跟踪。

审核的独立性是指保持审核的独立和公正。包括审核应由与受审核区域无直接经济利害关系或行政隶属关系的审核员独立地进行，审核员在审核中应尊重客观事实，在外部审核的情况下，不得对受审核方既提供咨询又进行审核等。

审核过程以文件化的方式加以记录，审核结果可真实反映受审核方的安全生产状况，并具有可再现性。

2. 审核准则

用作依据的一组方针、程序或要求。

对施工现场安全生产保证体系进行审核的审核准则至少应包括：

(1)《施工现场安全生产保证体系规范》(DGJ 08-903-2003)；

(2) 项目的施工现场安全生产保证体系文件；

(3) 适用于项目经理部相关的安全环保法律法规、标准规范和其他要求。

3. 审核证据

核准有关的并且能够证实的记录、事实陈述或其他信息。也称为“客观证据”。

审核证据通常来自对审核范围内所进行的面谈、文件审阅、记录审阅、对活动与情况的观察、测量与试验结果或其他方法的取得，包括在文件、记录审阅以及现场观察中发现的有形的客观事实，也包括能够证实的受审核方人员对口陈述。审核证据可以是定性的，也可以是定量的。审核证据的记录形式可以是书面形式，也可以是音像形式。

4. 审核发现

将收集到的审核证据对照审核准则进行评审的结果。

审核发现能表明是否符合审核准则，也能指出改进的机会。

5. 审核结论

审核组考虑了审核目标和所有审核发现后得出的最终审核结果。

审核结论是在审核发现的基础上作出的，是对施工现场安全生产保证体系审核的结论性意见。

6. 审核委托方

要求审核的组织或人员。

在施工现场安全生产保证体系外部审核时，审核委托方是指受审核项目经理部所属的建筑施工企业，当它们不在同一个地区时，也可是该建筑施工企业授权的该地区的分支机构。内部审核时，则为授权内审组进行审核的施工企业、施工企业的分支机构或项目部的负责人。

7. 受审核方

被审核的组织。

在施工现场安全生产保证体系审核时，指相应的项目经理部。

8. 施工现场安全生产保证体系审核

为获得项目经理部施工现场安全生产保证体系审核证据并对其进行客观的评价，以确定满足审核准则的程度所进行的系统的、独立的并形成文件的过程。

施工现场安全生产保证体系审核就是对项目经理部的施工现场安全生产保证体系进行系统评价的过程，通过评价以确定：

1）项目经理部的安全生产活动及相关结果是否符合审核准则；

2）施工现场安全生产保证体系是否得到有效实施；

3）施工现场安全生产保证体系是否适合于完成项目经理部的安全目标。

由以上定义可以看到：

1）施工现场安全生产保证体系审核的对象是项目经理部的施工现场安全生产保证体系。

2）施工现场安全生产保证体系审核的目的是：

①评价施工现场安全生产保证体系的符合性和有效性；

②寻找施工现场安全生产保证体系的不足之处，从而完善体系，实现持续改进。

二、施工现场安全生产保证体系审核的类型

施工现场安全生产保证体系审核按审核方与受审核方的关系，可分为内部审核和外部审核两种类型。

（一）内部审核

是以项目经理部、所属建筑施工企业或其授权分支机构的名义对施工现场安全生产保证体系进行的审核。这种审核是一种自我检查、自我完善的持续改进活动，可为有效的安全评估和纠正、预防或持续改进措施提供信息。其目的是：

1. 保障体系的正常运行和持续改进

项目经理部在建立了文件化的施工现场安全生产保证体系，并进入正常运作之后，对运作过程中，文件化的体系能否正确实施，实施效果如何，是否能达到安全目标的要求，就需要项目经理部和所属上级机构建立一个自我发现问题、自我完善和自我改进的机制。

事实证明，一个缺少监督检查机制的管理体系，不能保证持续有效运行，也不能持续改进提高。因此，有效的内部审核是克服项目经理部内部的惰性、促进体系良性运作的动力。

2. 为外部审核做准备

在外部审核前，项目经理和所属上级机构安排进行内部审核，可及早发现不合格项并进行整改，以便为顺利通过外部审核扫清障碍，也可减少不必要的经济损失。

3. 作为一种管理手段

内部审核通过对项目经理部施工现场安全生产保证体系的运行情况进行评定，找出项目经理部施工现场安全生产保证体系存在的问题，进而找出改进的途径，可为项目经理部完善其施工现场安全生产保证体系提供依据，因而内部审核为项目经理部的安全管理提供了有落有效的评价和检查手段。

（二）外部审核

是由独立于项目经理部及所属上级机构、且不受其经济利益制约或不存在行政隶属关系的由政府建设行政主管部门认可的中介机构，依据审核准则，按规定的程序和方法对项

目经理部施工现场安全生产保证体系进行的审核，又称为认证审核，简称认证，其审核的权威性、公正性、客观性以及审核结论的可信度一般要高于内部审核。其目的是：

1. 外界展示项目经理部的施工现场安全生产保证体系是符合要求的。

通过外部审核注册，为项目经理部提供符合性的客观证明和书面保证，向所有相关方证明项目经理部的施工现场安全生产保证体系是符合规范要求的，这样可为项目经理部在社会上树立良好的形象，增强市场竞争力。

2. 实施、保持和改进项目经理部的施工现场安全生产保证体系。

通过外部审核和监督审核，促使项目经理部坚持按照规范要求，保持管理体系的有效运行，并借助外部审核组专家的经验和专长，进一步改进和完善项目经理部的施工现场安全生产保证体系。

3. 满足相关方的要求

在项目经理部申报标准化管理工地和文明工地评审时，获得有效的施工现场安全生产保证体系认证注册证书是必要的前提。

三、施工现场安全生产保证体系审核的特点

1. 被审核的施工现场安全生产保证体系必须是文件化的。

只有文件化以后，才能使施工现场安全生产保证体系规范运作，才有比较和评价的可能性，这是审核的必要条件。

2. 施工现场安全生产保证体系审核必须是一种正式、有序的活动。

无论是外部审核还是内部审核，主要体现在：

（1）需经过授权或批准，或由合同要求才能进行。

（2）从审核的策划和准备到审核的实施，纠正措施的跟踪验证都有规范的程序和方法。

（3）必须由经过培训且经资格认可的人员进行。

（4）审核计划、检查表、审核记录、问题清单、不合格项报告、审核报告等都要形成书面文件。

3. 施工现场安全生产保证体系审核必须遵循客观性、独立性和系统性三个核心原则。

（1）客观性是指审核员要以充分确凿的证据为基础，公正、客观地评价审核对象，不能带有偏见或主观地给出审核结论。

（2）独立性是指审核员要与被审核的区域无直接责任关系。在外部审核时，审核员应与受审核方无任何利益关系，在内部审核时，一般来说审核员不能审本岗位。

（3）系统性是指审核员要按规定的程序，全面地审核和评价与审核对象有关的各项活动和结果。

第十九章 施工现场安全管理

第一节 概 述

一、施工现场安全管理的特点

建筑施工现场是一个露天、受到不同气候影响、多工种立体交叉作业、临时设施多、作业面变化多、人员集中的生产场所。由于“产品”固定，作业环境多变，人机流动性大，因此，存在着不安全因素多，属事故易发性的作业现场。

（一）复杂性

由于建设工程规模较大，生产工艺复杂、工序多，在建造过程中流动作业多，高处作业多，交叉作业多，作业位置多变，遇到的不确定因素多，受不同外部环境的影响因素多，安全管理工作涉及范围大，控制面广。所以使安全管理很复杂，稍有考虑不周就会出问题。

（二）动态性

由于建设工程项目的单件性，使得每项工程所处的条件不同，所面临的危险因素和防范措施也会有所改变，员工在转移工地后，熟悉一个新的工作环境要一定的时间，有些工作制度和安全技术措施也会有所调整，员工同样有个熟悉的过程。

建设工程项目施工的分散性。因为现场施工是分散于施工现场的各个部位，尽管有各种规章制度和安全技术交底的环节，但是面对具体的生产环境时，仍然需要自己的判断和处理，有经验的人员还必须适应不断变化的情况。

（三）交叉性和协调性

1. 交叉性：建设工程项目是开放部门，受自然环境和社会环境影响较大，安全控制需要把工程部门和环境部门及社会部门结合。

2. 协调性：建筑产品不能像其他许多工业产品一样可以分解为若干部分同时生产，而必须在同一固定场地按严格程序连续生产，上一道程序不完成，下一道程序不能进行（如基础——主体——屋顶），上一道工序生产的结果往往会被下一道工序所覆盖，而且每一道程序由不同的人员和单位来完成。因此要求各单位和各专业人员横向配合和协调，共同注意产品生产过程接口部分的安全管理的协调性。

二、加强施工现场安全管理的重要性

1. 施工现场是企业安全部门管理的基础。公司级安全管理主要是属于规划、指导、检查、决策。施工现场安全管理是属于组织实施，保证生产处于最佳安全状态。

2. 安全动态变化较大。在施工中由于多单位、多工种集中在一个场地，而且人员、作业位置流动性较大。因此，对施工现场的人、机环境部门的可靠性必须进行经常性的检查、分析、判断和及时处理，防患于未然，就必须强化施工现场安全动态管理。

3. 社会经济变革，安全管理是否及时适应配套跟上，在施工现场首先敏感地表现出来。如，随着经济体制的改革，建筑市场的开放，乡镇建筑队伍发展很快，这些队伍由于没有很好地经过安全培训，职工队伍安全素质低，自我保护能力差，施工现场安全管理混乱，致使乡镇建筑队伍重大伤亡事故频频发生。

三、施工现场安全管理组织体系

1. 施工现场（工地）的负责人（或项目经理）为安全生产的第一责任者，应视工程大小设置专（兼）职安全人员和相应的安全机构。

2. 成立以工地负责人（项目经理）为主的，有施工员、安全员、班组长等参加的安全生产管理小组，并成立安全管理网络。

3. 要建立由工地领导参加的包括施工员、安全员在内的轮流值班制度，检查监督施工现场及班组安全制度贯彻执行，并做好安全值日记录。

4. 工地要建立健全各类人员的安全生产责任制、安全技术交底、安全宣传教育、安全检查、安全设施验收和事故报告等管理制度。

5. 班组新调人到工地时，应将班组安全员名单报告工地安全生产管理小组。属特种作业人员班组还应报告本班组持有操作证情况。同时，工地安全生产管理小组要向班组进行安全教育和安全交底。

6. 总、分包工程或多单位联合施工工程，根据管生产必须管安全的原则，总包单位应统一领导和管理安全工作，并成立以总包单位为主，分包单位（或参建施工单位）参加的联合安全生产领导小组、管理组织机构，统筹、协调、管理施工现场的安全生产管理工作。

四、施工现场安全管理的基本要求

（一）一般工程的施工现场的基本要求

1. 平面布置

开工前，在施工组织设计（或施工方案）中，必须有详细的施工平面布置图。运输道路、临时用水用电线路布置、各种管道、仓库、加工车间（作业场所）、主要机械设备位置及工地办公、生活设施等临时工程的安排，均要符合安全要求。

工地四周应有与外界隔离的围护设施，入口处一般应有（特殊工程工地除外）工程名称、施工单位名称牌，并设置施工现场平面布置图、施工概况表（或称“施工公告”）、安全纪律（或“施工现场安全管理规定”）。使进入该工地的人，能对该工程的概况有一个基本了解和注意安全忠告。

工地排水设施应全面规划，排水沟的截面及坡度应进行计算，其设置不得妨碍交通和工地周围环境。排水沟还应经常清理疏浚，保持畅通。

2. 道路运输

工地的人行道、车行道应坚实平坦，保持畅通。主要道路应与主要临时建筑物的道路连通。场内运输道路应尽量减少弯道和交叉点。交通频繁的交叉处，必须设有明显的警示标志，或设临时交通指挥（指挥人员或指挥信号）。

工地通道不得任意挖掘或截断。如因工程需要，必须开挖时，有关部门应事先协调、统一规划。同时将通过道路的沟渠，搭设安全牢固的桥板。

3. 材料堆放

一切建筑器材（包括建筑材料、预制构件、施工设施构件等）都应该按施工平面布置图规定的地点分类堆放整齐稳固。各类材料的堆放不得超过规定高度，严禁靠近场地围护栅栏及其他建筑物墙壁堆置，且其间距应在50cm以上，两头空间应予封闭，防止有人入内，发生意外伤亡事故。

作业中使用剩余器材及现场拆下来的模板、脚手架杆件和余料、废料等都应随时清理回收，并且将钉子拔掉或打弯再分类集中堆放。

油漆及其稀释剂和其他对职工健康有害物质，应该存放在通风良好、严禁烟火的专用仓库。沥青应存放在干燥、通风的场所。

4. 施工现场的安全设施

施工现场的安全设施，如安全网、洞口盖板、护栏、防护罩、各种限制保护装置必须齐全有效，并且不得擅自拆除或移动，因施工确实需要移动时，必须经工地施工管理负责人同意，并需要采取相应的临时安全设施，在完工后立即复原。

5. 安全标牌

施工现场除应设置安全宣传标语牌外，危险部位还必须悬挂按照《安全色》（GB 2893—82）和《安全标志》（GB 2894—82）规定的标牌。夜间有人经过的坑洞等处还应设红灯示警。

（二）特殊工程施工现场的基本要求

特殊工程是指：工程本身的特殊性或工程所在区域的特殊性或采用的施工工艺、方法有特殊要求的工程。有的是整体工程属于特殊工程施工现场。特殊工程施工现场安全管理，除一般工程的基本要求外，还应根据特殊工程的性质、施工特点、要求等制定针对性的安全管理和安全技术措施，基本要求是：

1. 编制特殊工程施工现场安全管理制度并向参加施工的全体职工进行安全教育和交底。

2. 特殊工程施工现场周围要设置围护，要有出入制度并设门卫（值班人员）。

3. 强化安全监督检查制度，并认真做好安全日记。

4. 对于从事危险作业的人员在进入作业区时要进行安全检测，作业时应设监护。

5. 施工现场应设医务室或医务人员。

6. 要备有救灭火、防爆等防灾害的器材和物资。

（三）防火

“预防为主，防消结合”，这是我国消防工作的方针。建筑工地与一般厂、矿企业的火灾危险性有所不同。因此，必须采取针对性的消防措施，切不可疏忽和掉以轻心。防火的基本要求：

1. 在编制施工组织设计（或方案）时，应有消防要求。如：施工现场平面布置、暂设工程（临时建筑）搭建位置、用火用电和易燃易爆物品的安全管理、工地消防设施和消防责任制等都应按消防要求周密考虑和落实。

2. 施工现场要明确划分用火作业区、易燃、易爆材料堆放场、仓库处、易燃废品集中点和生活区等。各区域之间的间距要符合防火规定。

3. 工棚或临时宿舍的搭建及间距要符合防火规定。临时宿舍尽可能搭建在离开在建建筑物 20m 以外，并不得搭在高压架空电线下面，应和高压架空线路保持安全距离；工棚内顶高度一般不低于 2.4m；每幢宿舍居住人数不宜超过 100 人，每 25 人要有一个可直接出入的门，门宽不少于 1.2m，同时门必须外开；一切架空线路均须用固定瓷瓶绝缘，电线穿过墙壁时，必须从瓷管、硬塑料管内通过；施工现场明火作业必须经有关部门批准后，才可动火；施工现场仓库、木工棚及易燃易爆物堆（存）放处等，应张贴（悬挂）醒目的防火标志；施工现场必须配备足够数量的防火、灭火设施和器材，如：防火工具（消防桶、消防梯、铁锹、安全钩等）、砂箱（池）、消防水池（缸）、消火栓和灭火器；要建立安全防火责任制并划分防火责任区。

（四）防爆

爆炸事故不仅会造成巨大的经济损失，人员伤亡，而且还会造成不良的社会影响。爆炸是指物质由一种状态迅速地转变为另一种状态，并在瞬间以机械功的形式释放出大量能量。在瞬间所完成的化学反应叫化学性爆炸；锅炉、空压机、水压机等的爆炸则为物理性爆炸。

爆炸的发生必须具备一定的条件。例如，可燃气体、可燃液体、蒸汽或可燃性粉尘（在达到一定的浓度或压力范围与空气混合，遇到火源等就会造成爆炸）。

建筑施工现场做好防爆工作的主要内容是：对于爆破及引爆物品的储存、保管、领用都必须严格按规定执行；各种气瓶的运输、存放、使用，必须按有关规定执行；各种可燃性液体、油漆涂料等在运输、保存、使用中，除按规定外，并根据其性能特点采取相应的防爆措施；要向操作者及其有关人员，做好安全交底。

第二节 施工现场安全质量标准化

一、建筑施工安全质量标准化概述

（一）概念和由来

《建筑施工安全检查评分标准》（JGJ 59—88）以及 1999 年 5 月修订公布的《建筑施工安全检查标准》（JGJ 59—99），就已经开始在施工现场安全检查、安全管理、安全防护、施工机具设备的标准化方面提出了明确要求。

近年来，我国安全生产形势严峻，随着我国经济规模的不断扩大，事故总量也在逐年上升之中，在这种背景下，2004 年国务院下发的《国务院关于进一步加强安全生产工作的决定》中提出了在全国所有工矿、商贸、交通运输、建筑施工等企业普遍开展安全工作质量进一步标准化活动的要求，该文件很快得到各部委的实施，之后建设部于2005年年底发布了《建设部关于开展建筑施工安全质量标准化工作的指导意见》是建设系统安全标准化工作的进一步深化。之后，各地区结合当地建筑业情况，逐步深入开展了这项活动，并成为当地建设系统的主要工作之一。

安全质量标准化就是企业各个生产岗位、生产环节的安全生产工作质量必须符合法律、法规、规章、规程等规定，达到和保持一定的标准，使企业生产始终处于良好的安全运行状态，以适应企业发展需要，满足职工群众安全、文明生产的愿望。对建筑企业来说，安全质量标准化就是以职业健康安全管理体系为基础，充分考虑国家对安全生产工作的法律、法规、规章、制度和标准的具体要求，建立一套完整的、系统的、文件化的安全管理体系，确保施工的各个环节的安全质量。

因此，安全质量标准化工作是直接关系到人民群众生命财产安全的大事，企业落实安全质量标准化就能保障企业的生产安全，就能使员工安心工作，提高企业的经济效益。

（二）目标和要求

1. 总体目标

到2007年，建立起较为完善的安全生产监管体系，全国安全生产状况稳定好转，矿山、危险化学品、建筑等重点行业和领域事故多发状况得到扭转，工矿企业事故死亡人数、煤矿百万吨死亡率、道路交通运输万车死亡率等指标均有一定幅度的下降。

到2010年，初步形成规范完善的安全生产法治秩序，全国安全生产状况明显好转，重特大事故得到有效遏制，各类生产安全事故和死亡人数有较大幅度的下降。

力争到2020年，我国安全生产状况实现根本性好转，亿元国内生产总值死亡率、十万人死亡率等指标达到或者接近世界中等发达国家水平。

2. 具体目标

2008年底，建筑施工企业的安全生产工作要全部达到基本合格，特、一级企业的合格率应达到100%；二级企业的合格率应达到70%以上；三级企业及其他施工企业的合格率应达到50%以上。2010年底，建筑施工企业的合格率应达到100%。

2008年底，建筑施工企业的施工现场要全部达到合格，特级企业施工现场的优良率应达到90%；一级企业施工现场的优良率应达到70%；二级企业施工现场的优良率应达到50%；三级企业及其他各类企业施工现场的优良率应达到30%。2010年底，特级、一级企业施工现场的优良率应达到100%；二级企业施工现场的优良率应达到80%；三级企业及其他施工企业施工现场的优良率应达到60%。

3. 要求

(1) 提高认识，加强领导，积极开展建筑施工安全质量标准化工作。

建筑施工安全质量标准化工作是加强建筑施工安全生产工作的一项基础性、长期性的工作，是新形势下安全生产工作方式方法的创新和发展。各地建设行政主管部门要在借鉴以往开展创建文明工地和安全达标活动经验的基础上，督促施工企业在各环节、各岗位建立严格的安全生产责任制，依法规范施工企业市场行为，使安全生产各项法律法规和强制性标准真正落到实处，提升建筑施工企业安全水平。各地要从落实科学发展观和构建和谐社会的高度，充分认识开展建筑施工安全质量标准化工作的重要性，加强组织领导，认真做好安全质量标准化工作的舆论宣传及先进经验的总结和推广等工作，积极推动安全质量标准化工作的开展。

(2) 采取有效措施，确保安全质量标准化工作取得实效。

各地建设行政主管部门要抓紧制定符合本地区建筑安全生产实际情况的安全质量标准化实施办法，进一步细化工作目标，建立包括有关建设行政主管部门、协会、企业及相关媒体参加的工作指导小组，指导建筑施工企业及其施工现场开展安全质量标准化工作。要改进监管方式，从注重工程实体安全防护的检查，向加强对企业安全保证体系建立和运转情况的检查拓展和深化，促进企业不断查找管理缺陷，堵塞管理漏洞，形成“执行——检查——改进——提高”的封闭循环链，形成制度不断完善、工作不断细化、程序不断优化的持续改进机制，提高施工企业自我防范意识和防范能力，实现建筑施工安全规范化、标准化。

(3) 建立激励机制，进一步提高施工企业开展安全质量标准化工作的积极性和主动性。

各地建设行政主管部门要建立激励机制，加强监督检查，定期对本地区施工企业开展安全质量标准化工作情况进行通报，对成绩突出的施工企业和施工现场给予表彰，树立一批安全质量标准化“示范工程”，充分发挥典型示范引路的作用，以点带面，带动本地区安全质量标准化工作的全面开展。

建设部将定期对各地开展安全质量标准化的情况进行综合评价，评价结果将作为评价各地安全生产管理状况的重要参考。同时，建设部将定期对各地安全质量标准化“示范工程”进行复查，对安全质量标准化工作业绩突出的地区予以表彰。

(4) 坚持“四个结合”，使安全质量标准化工作与安全生产各项工作同步实施、整体推进。

一是要与深入贯彻建筑安全法律法规相结合。要通过开展安全质量标准化工作，全面落实《建筑法》、《安全生产法》、《建设工程安全生产管理条例》等法律法规。要建立健全安全生产责任制，健全完善各项规章制度和操作规程，将建筑施工企业的安全质量行为纳入法制化、制度化、标准化管理的轨道。

二是要与改善农民工作业、生活环境相结合。牢固树立“以人为本”的理念，将安全质量标准化工作转化为企业和项目管理人员的管理方式和管理行为，逐步改善农民工的生产作业、生活环境，不断增强农民工的安全生产意识。

三是要与加大对安全科技创新和安全技术改造的投入相结合，把安全生产真正建立在依靠科技进步的基础之上。要积极推广应用先进的安全科学技术，在施工中积极采用新技术、新设备、新工艺和新材料，逐步淘汰落后的、危及安全的设施、设备和施工技术。

四是要与提高农民工职业技能素质相结合。引导企业加强对农民工的安全技术知识培训，提高建筑业从业人员的整体素质，加强对作业人员特别是班组长等业务骨干的培训，通过知识讲座、技术比武、岗位练兵等多种形式，把对从业人员的职业技能、职业素养、行为规范等要求贯穿于标准化的全过程，促使农民工向现代产业工人过渡。

(三) 标准和依据

1. 建质［2005］232 号《建设部关于开展建筑施工安全质量标准化工作的指导意见》

2. 沪建建管（2006）第 025 号《关于印发〈上海市建筑施工安全质量标准化工作的

实施办法〉的通知》

3.《工作场所有害因素职业接触限值》(GBZ 2—2002)

4.《工作场所职业病危害警示标识》(GBZ 158—2003)

5.《生产过程安全卫生要求总则》(GB 12801—1991)

6.《职业健康安全管理体系规范》(GB/T 28001—2001)

7.《卓越绩效评价准则》(GB/T 19580—2004)

8.《施工企业安全生产评价标准》(JGJ/T 77—2003)

9.《施工现场安全生产保证体系》(DGJ 08—903—2003)

10.《建筑施工安全检查标准》(JGJ 59—99)

11.《建筑施工高处作业安全技术规范》(JGJ 80—91)

12.《建筑施工门式钢管脚手架安全技术规范》(JGJ 128—2000)

13.《建筑施工扣件式钢管脚手架安全技术规范》(JGJ 130—2001)

14.《建筑施工现场环境与卫生标准》(JGJ 146—2004)

15.《建筑施工附着脚手架管理暂行规定》建建[2000]230号

16.《高处作业吊篮安全规则》(JGJ 5027—92)

17.《施工现场临时用电安全技术规范》(JGJ 46—2005)

18.《龙门架及井架物料提升机安全技术规范》(JGJ 88—92)

19.《建筑机械使用安全技术规程》(JGJ 33—2001)

20.《塔式起重机安全规程》(GB5 144—2006)

21.《塔式起重机操作使用规程》(JG/T 100—99)

22.《施工升降机安全规程》(GB 10055—2007)

23.《施工升降机》(GB/T 10054—2005)

24.《建筑施工模板安全技术规范》(JGJ 162—2008)

二、施工现场安全设施标准化

(一)脚手架工程和模板工程安全质量标准化

1. 定义

(1)脚手架：是指为建筑施工而搭设的上料、堆料与施工作业用的临时结构架。

(2)模板支承系统：是指用于支承新浇混凝土模板而组成的受力系统，包括支承、连接杆件、连接零配件等。

2. 引用标准

《建筑施工门式钢管脚手架安全技术规范》(JGJ 128—2000)

《建筑施工扣件式钢管脚手架安全技术规范》(JGJ 130—2001)

《建筑施工模板安全技术规范》(JGJ 162—2008)

《建筑施工木脚手架安全技术规范》(JGJ 164—2008)

3. 脚手架分类

(1)按搭设形式分：落地式脚手架、悬挑式脚手架、悬挂式脚手架、提升式脚手架、移动式脚手架、特殊类脚手架。

(2)按使用材料分：钢管扣件式脚手架、门式钢管脚手架、碗扣式脚手架、竹脚手架、木脚手架。

(3) 按使用部位分：外脚手架、内脚手架、满堂脚手架、特殊部位脚手架。

4. 搭设程序

施工前策划——编制搭设方案——选择搭设队伍——材料进场验收——搭设——分步验收使用——定期检查及维修——使用完申请拆除——编制拆除方案——拆除——材料清点退场。

5. 实施要点

(1) 施工方案

1) 脚手架与模板工程搭设之前，应根据项目环境和施工工艺确定搭设方案。脚手架施工方案内容应包括：脚手架类型、所用材料类型、基础处理、搭设要求、杆件间距及连墙件设置、抛撑设置、剪刀撑设置、门洞设置、登高设置、隔离设置、防雷接地设置并绘制立面图、平面图、连墙件剖面图、预埋件剖面图、防雷件设置图及施工详图。模板工程施工方案还应包括载荷分布。

2) 脚手架与模板工程的搭设前要进行设计计算，计算应包括：

①纵向、横向水平杆等受弯构件的强度和连接扣件的抗滑承载力计算；

②立杆的稳定性计算；

③连墙件的强度稳定性和连接强度的计算；

④立杆地基承载力计算；

⑤当采用型钢悬挑脚手架时还应进行以下验算：

A. 抗弯构件应验算抗弯强度、抗剪强度、挠度和稳定性；

B. 抗压构件应验算抗压强度、局部承压强度和稳定性；

C. 抗拉构件应验算抗拉强度；

D. 当立杆纵距与型钢支撑架纵向间距不相等时，应在型钢支承架间设置纵向钢梁，同时计算纵向钢梁的挠度和强度；

E. 型钢支承架采用焊接或螺栓连接时，应计算焊缝或螺栓的连接强度；

F. 预埋件的抗拉、抗压、抗剪强度；

G. 型钢支承架对主体结构相关位置的承载能力验算。

3) 钢管扣件式落地脚手架搭设高度小于50m，扣件、底座承载力符合表19-1规定且尺寸符合表19-2规定时，相应杆件可不再进行设计计算。但连墙件及立杆地基承载力等仍应根据实际荷载进行设计计算并绘制施工图。

扣件、底座的承载力设计值（kN） **表19-1**

项　目	承载力设计值	项　目	承载力设计值
对接扣件（抗滑）	3.20	底座（抗压）	40.00
直角扣件、旋转扣件（抗滑）	8.00		

4) 当搭设高度在24～50m时，应对脚手架整体稳定性从构造上进行加强。如纵向剪刀撑必须连续设置，增加横向剪刀撑，连墙件的强度相应提高，间距缩小，以及在多风地区对搭设高度超过40m的脚手架，考虑风涡流的上翻力，应在设置水平连墙件的同时，还应有抗上升翻流作用的连墙措施等，以确保脚手架的使用安全。

5）对脚手架进行的设计计算必须符合脚手架规范的有关规定，并经企业技术负责人审批。

常用敞开式双排脚手架的设计尺寸（m）　　表 19-2

连墙件设置	立杆横距 l_b	步距 h	下列载荷时的立杆纵距 l_a（m）				脚手架允许搭设高度 [H]
			2+4×0.35 (kN/m²)	2+2+4×0.35 (kN/m²)	3+4×0.35 (kN/m²)	3+2+4×0.35 (kN/m²)	
二步三跨	1.05	1.20～1.35	2.0	1.8	1.5	1.5	50
		1.80	2.0	1.8	1.5	1.5	50
	1.30	1.20～1.35	1.8	1.5	1.5	1.5	50
		1.80	1.8	1.5	1.5	1.2	50
	1.55	1.50～1.35	1.8	1.5	1.5	1.5	50
		1.80	1.8	1.5	1.5	1.2	37
三步三跨	1.05	1.20～1.35	2.0	1.8	1.5	1.5	50
		1.80	2.0	1.5	1.5	1.5	34
	1.30	1.20～1.35	1.8	1.5	1.5	1.5	50
		1.80	1.8	1.5	1.5	1.2	30

6）脚手架的施工方案应与施工现场搭设的脚手架类型相符，当现场因故改变脚手架类型、位置、高度、连墙方法、载荷时，必须重新修改脚手架方案并经原方案审批人审批通过后，方可施工。

7）根据建设部《危险性较大工程安全专项施工方案编制及专家论证审查办法》建质[2004] 213 号文要求，下列脚手架工程需要单独编制安全专项施工方案：

①高度超过 24m 的落地式钢管脚手架；

②附着式升降脚手架，包括整体提升与分片式提升；

③悬挑脚手架；

④门型脚手架；

⑤悬挂脚手架；

⑥吊篮脚手架；

⑦卸料平台。

8）若在施工中还涉及 30m 及以上高空作业的，专项施工方案还应经过不少于 5 位的专家评审组评审，当地政府有另行规定的按当地政府规定执行。

9）在对模板做载荷计算时还应考虑施工中的振动和冲击。

（2）立杆基础

1）脚手架立杆基础应符合方案要求。

2）搭设高度在 24m 以下时，可素土夯实找平，上面铺厚度不小于 5cm，宽度不小于 20cm，长度不小于 2 跨的厚木板或槽钢，长度为 2m 时垂直于墙面放置；长度大于 3m 时平行于墙面放置。

3）搭设高度 24～50m 时，应根据现场地耐力情况设计基础做法或采用回填土分层夯实达到要求时，可用枕木支垫，或在地基上加铺 20cm 厚道碴，其上铺设混凝土板，再仰铺 12～16 号槽钢。

4）搭设高度超过 50m 时，应进行计算并根据地耐力设计基础做法，或于地面下 1m 深处采用灰土地基，或浇筑 50mm 厚混凝土基础，其上采用枕木支垫。

5）模板立杆底部应由可靠支承面以增加承载力面积。

6）当立杆不埋设时，离地面 20cm 处，设置纵向及横向扫地杆。设置扫地杆的做法与大、小横杆相同，其作用以固定立杆底部，约束立杆水平位移及沉陷。

7）木脚手架立杆埋设时，可不设置扫地杆。埋设深度 30～50cm，坑底应夯实垫碎砖，坑内回填土应分层夯实。

8）脚手架基础地势较低时，应考虑周围设有排水措施，木脚手架立杆埋设回填土后应留有高出地面的土墩，防止下部积水。

9）脚手架与模板基础严禁开挖，基础周边开挖应保持有效安全距离，否则必须采取有效的加固措施。

10）脚手架与模板基础应单独验收，验收通过后方能进行下道步骤。

（3）悬挑梁

1）当采用型钢悬挑脚手架时，型钢支承架必须用预埋件或预埋环箍，固定在建（构）筑物的主体结构上。与主体混凝土结构的固定可采用预埋件焊接固定、预埋螺栓固定等方法。

2）型钢支承架间应设置保证水平向稳定的构造措施。

3）悬挑式脚手架搭设时，连墙件、型钢支承架对应的主体结构混凝土必须达到设计计算要求的强度，上部的脚手架搭设时型钢支承架对应的混凝土强度不得小于 C15。

4）上部脚手架立杆均应能有效立在悬挑梁上，且应由可靠技术措施防止立杆滑动。

5）禁止使用钢丝绳等柔性材料作为悬挑结构的受拉杆件。

6）悬挑脚手架底部应做封闭处理，防止人或物坠落伤人。

（4）架体与建筑结构拉结

1）脚手架高度在 7m 以下时，可采用设置抛撑方法以保持脚手架的稳定，当搭设高度超过 7m 不便设置抛撑时，应与建筑物进行连接。

2）脚手架与建筑物连接不但可以防止因风荷载而发生的向内或向外倾翻事故，同时可以作为架体的中间约束，减小立杆的计算长度，提高承载能力，保证脚手架的整体稳定性。

3）连墙件的间距，一般应按上述表 19-2 中规定距离设置。当脚手架搭设高度较高需要缩小连墙件间距时，减少垂直间距比，缩小水平间距更为有效，从脚手架荷载载试验中看，连墙件按二步三跨设置比三步二跨设置时，承载能力提高了 7%。

4）连墙件应靠近主节点并从底层第一步主杆与大横杆处开始设置，其距主节点不应大于 300mm。

5）连墙件必须与建筑结构部位连接，以确保承载能力。

6）连墙件位置应在施工方案中确定，并绘制做法详图，不得在作业中随意设置。严禁在脚手架使用期间拆除连墙件。

7）落地脚手架高度低于 24m 时连墙件与建筑物连接做法可做成柔性连接或刚性连接。柔性连接可用双股由 2 根 4mm 钢丝拧成一股的钢丝或直径不小于 6mm 的钢筋连接，与架体拉结的同时增加支顶措施。当脚手架搭设高度超过 24m 时，不准采用柔性连接。

8）在搭设脚手架时，连墙件应与其他杆件同步搭设；在拆除脚手架时，应在其他杆件拆到连墙件高度时，最后拆除连墙件。最后一道连墙件拆除前，应先设置抛撑后，再拆连墙件，以确保脚手架拆除过程中的稳定性。

9）脚手架应有合适的登高设施。

10）作业层应在脚手架外立杆里侧底部设置高度不小于 18cm 的踢脚板。

（5）杆件间距与剪刀撑

1）立杆、大横杆、小横杆等杆件间距应符合规范规定和施工方案要求。当遇门口等处需加大间距时，应按规范规定进行加固。

2）脚手架必须设置剪刀撑，每组剪刀撑跨越立杆数为 5～7 根（＞6m），斜杆与地面夹角在 45°～60°之间。高度在 24m 以下的脚手架，均必须在外侧立面的两端各设置一组剪刀撑，由底部至顶部随脚手架的搭设连续设置；中间部分可间断设置，各组剪刀撑间距不大于 15m；高度在 24m 以上的双排脚手架，在外侧立面必须沿长度和高度连续设置。剪刀撑斜杆应与立杆或伸出的小横杆进行连接，底部斜杆的下端应置于垫板上。

3）剪刀撑斜杆的接长，均采用搭接，搭接长度不小于 1.0m，设置不少于 2 个旋转扣件。

4）横向剪刀撑。脚手架搭设高度超过 24m 时，为增强脚手架横向平面的刚度，可在脚手架拐角处及中间沿纵向每隔 6 跨，在横向平面内加设斜杆，使之成为“之”字形或“十”字形。遇操作层时可临时拆除，转入其他层时应及时补设。

（6）脚手板与防护栏杆

1）脚手架是施工人员的作业平台，必须按照脚手架的宽度满铺；采用竹笆板满铺时应先在小横杆上增设不少于 2 根的横杆，然后按主竹筋垂直于大横杆方向铺设，且采用对接平铺，四角应用 $\phi1.2$mm 镀锌钢丝固定在大横杆上。

2）脚手板可采用竹、木、钢脚手板，其材质应符合规范要求。竹脚手板应采用由毛竹或楠竹制作的竹串片板、竹笆板。竹板必须是穿钉牢固，无残缺竹片；木脚手板应是 5cm 厚，非脆性木材（如桦木等）无腐朽、劈裂板；钢脚手板用 2mm 厚板材冲压制成，如有锈蚀、裂纹者不能使用。

3）凡脚手板伸出小横杆以外大于 20cm 的称为探头板。由于目前铺设脚手板大多不与脚手架绑扎牢固，若遇探头板有可能造成坠落事故，必须严禁探头板的出现。当操作层不需沿脚手架长度满铺脚手板时，可在端部采用护栏及立网作业面限定，把探头板封闭在作业面以外。

4）脚手架的外侧面按规定设置密目安全网，安全网设置在外立杆的里侧。密目网必须用合乎要求的细绳将网周边每隔 45cm（每个环扣间隔）系牢在脚手管上。

5）遇作业层时，还要在脚手架外侧大横杆与脚手板之间，按临边防护的要求设置防护栏杆和挡脚板，防止作业人员坠落和脚手板上物料滚落。

6）对脚手架检查验收按规范规定进行，凡不符合规定的应立即进行整改，对检查结果及整改情况，应按实测数据进行记录，并由施工承包单位、使用单位验收人员签字挂牌使用。

（7）小横杆设置

1）规范规定应该在立杆与大横杆的交点处设置小横杆，小横杆应紧靠立杆，用扣件与大横杆扣牢。设置小横杆的作用有三点：一是承受脚手板传来的荷载；二是增强脚手架横向平面的刚度；三是约束双排脚手架里外两排立杆的侧向变形，与大横杆组成一个刚性平面，缩小立杆的长细比，提高立杆的承载能力。

2）当使用木脚手板作为脚手板的，遇作业层时，应在两立杆中间再增加一道小横杆，以缩小脚手板的跨度，当作业层转入其他层时，中间处小横杆可以随脚手板一同拆除，但交点处小横杆不应拆除。

3）双排脚手架搭设的小横杆，必须在小横杆的两端与里外排大横杆扣牢，否则双排脚手架将变成两片脚手架，不能共同工作，失去脚手架的整体性；当使用竹笆脚手板时，双排脚手架的小横杆两端应固定在立杆上，大横杆搁置在小横杆上固定，大横杆间距≤40cm。

4）单排脚手架小横杆的设置位置，与双排脚手架相同。不能设在半砖墙、18cm 墙、轻质墙、土坯墙等稳定性差的墙体上。小横杆在墙上的搁置长度不应小于 18cm，小横杆入墙过小一是影响支点强度，另外单排脚手架产生变形时，小横杆容易拔出。

（8）杆件搭接

脚手架及模板的立杆及大横杆的接长应采用对接方法。立杆若采用搭接，当受力时，因扣件的销轴受剪，降低承载能力，试验表明：对接扣件的承载能力比搭接大 2 倍以上；大横杆采用对接可使小横杆在同一水平面上，利于脚手架搭设；剪刀撑由于受拉（压），所以接长时应采用搭接，搭接长度不小于 100cm，接头处设置扣件不少于 2 个。考虑脚手架的各杆件接头处传力性能差，所以接头应交错排列不得设置在一个平面内。

（9）架体内封闭

1）脚手架铺设脚手板一般应至少两层，上层为作业层，下层为防护层。当作业层脚手板发生问题而落人落物时，下层有一层起防护作用。当作业层的脚手板下无防护层时，应尽量靠近作业层处挂一层平网作防护层，平网不应离作业层过远，应防止坠落时平网与作业层之间小横杆的伤害。

2）当作业层脚手板与建筑物之间缝隙（≥15cm）已构成人、物坠落危险时，也应采取防护措施，防止落物对作业层以下人员发生伤害。

3）高度高于 6m 的模板支承系统应每隔 4m 设一道隔离措施。

（10）交底与验收

1）脚手架及模板搭设前，施工负责人应按照施工方案要求，结合施工现场作业条件和队伍情况，做详细的交底，并有记录。

2）搭设完毕后，应由施工负责人组织项目技术负责人、安全员等有关人员参加，按照施工方案和规范分段进行逐项检查验收，确认符合要求后，方可投入使用。

3）高层建筑物脚手架验收应逐层进行，验收合格后逐层投入使用。

4）验收标准应按照相应规范要求进行且按照施工方案搭设。

（11）其他

1）严禁脚手架与模板支承系统混用或连接。

2）严禁两种不同类型的脚手架相互连接。

3）严禁使用两种不同规格的材料混搭。

4）严禁更改脚手架或模板支承系统的使用性质。

（二）“三宝”“四口”防护安全质量标准化

1. 定义

（1）“三宝”是指建筑施工活动中常用的安全帽、安全带、安全网。

（2）“四口”是指施工过程中的楼梯口、电梯井口、预留洞口、通道口。

2. 引用标准：

（1）《高处作业分级》（GB/T 3608—93）

（2）《建筑施工高处作业安全技术规范》（JGJ 80—91）

3. 实施要点

（1）采购、发放与回收

1）项目应统一采购合格的安全帽、安全带、安全网等劳动防护用品，并建立相应台账。

2）劳动防护用品采购进场前应经过验收，验收应按相应规范进行。

3）项目应建立劳动防护用品发放记录，严禁以发放货币等代替劳动防护用品。

4）项目应登记好劳动防护用品发放记录，及时替换及销毁过期的劳动防护用品。

5）可循环使用的劳动防护用品要注意及时回收，并做好记录。

（2）使用及作业

1）进入施工现场必须戴好安全帽，并系好帽扣。

2）凡在坠落高度2m以上的高处作业时，操作人员必须系好安全带。

3）安全带应正确佩戴，高挂低用。

4）高处作业应安排两人以上同时施工，严禁安排单独一人作业。

5）攀登和悬空高处作业人员以及搭设高处作业安全设施的人员，必须经过专业技术培训及专业考试合格，持证上岗；并必须定期进行体格检查。

6）六级以上强风、浓雾、雨雪等天气禁止室外高处作业。

7）严禁立体交叉施工。

（3）洞口、临边防护

1）凡短边尺寸大于25cm的洞口必须有防护措施，洞口的防护应根据实际情况采取防护栏杆、加盖件、张挂安全网或装栅门等措施：

2）当洞口短边长为25～50cm时应采用盖板覆盖，盖板应采用木、竹、钢板等牢固材料制造，并有固定其位置的措施。

3）当洞口短边长为50～150cm时应采用以扣件扣接钢管而成的40cm网格，或采取间距不大于20cm的贯穿于混凝土板内钢筋构成的防护网片，并在上面满铺竹笆或夹板严密覆盖。

4）当洞口短边长大于150cm时，四周应设防护栏杆，洞口下方张设安全平网。

5）阳台、楼面、屋面等临边必须防护严密，设高度不小于1.2m的二道防护栏杆或挂安全网封闭。

6）楼梯踏步及平台必须设牢固的临时防护栏杆，电梯井口必须设置高度不低于1.2m的安全防护栅或采用定型化电梯井口全封闭围护。

7）楼层、脚手架等通道口均应搭设宽大于通道的防护棚，棚顶铺脚手板，24m以上高层建筑通道口防护棚顶须设双层脚手片、板（交错搭设）。

8）严禁随意拆除栏杆、盖板等安全防护设施，如因施工需要拆除时应事先向项目部进行申请，施工完毕或施工暂停时应立即恢复临时设置的安全防护设施。

9）施工通道、作业面上方的临边除需要设置高度不低于1.2m的两道栏杆还应在栏杆底部增设高度不低于18cm的踢脚板。

10）现场高处材料堆放应离临边保持1m以上安全距离，小件材料堆放高度不得高于1m，以防止部分材料散落。

（三）基坑支护安全质量标准化

1. 引用标准

(1)《建筑基坑支护规程》(JGJ 120—1999)

(2)《上海市深基坑工程管理规定》沪建交［2006］105号文

2. 施工方案

(1) 基坑开挖之前，要按照土质情况、基坑深度以及周边环境确定支护方案，其内容应包括：放坡要求、支护结构设计、机械选择、开挖时间、开挖顺序、分层开挖深度、坡道位置、车辆进出道路、降水措施及监测要求等。

(2) 施工方案的制定必须针对施工工艺结合作业条件，对施工过程中可能造成坍塌因素和作业人员的安全以及防止周边建筑、道路等产生不均匀沉降，设计制定具体可行措施，并在施工中付诸实施。

(3) 高层建筑的箱形基础，实际上形成了建筑的地下室，随上层建筑荷载的加大，常要求在地面以下设置3层或4层地下室，因而基坑的深度常超过5～6m，且面积较大，给基础工程施工带来很大困难和危险，必须认真制定安全措施防止发生事故。如：

1）工程场地狭窄，邻近建筑物多，大面积基坑的开挖，常使这些旧建筑物发生裂缝或不均匀沉降；

2）基坑的深度不同，主楼较深，裙房较浅，因而需仔细进行施工程序安排，有时先挖一部分浅坑，再加支撑或采用悬臂板桩；

3）合理采用降水措施，以减少板桩上的土压力；

4）当采用钢板桩时，合理解决位移和弯曲；

5）除降低地下水位外，基坑内还需设置明沟和集水井，以排除暴雨突然而来的明水；

6）大面积基坑应考虑配两路电源，当一路电源发生故障时，可以及时采取另一路电源，防止停止降水而发生事故。

(4) 支护设计与土方开挖方案的合理与否，不但直接影响施工的工期、造价，更主要还对施工过程中的安全与否有直接关系，所以必须经公司技术负责人审批。基坑开挖深度超过5m（含5m）或者地下室3层以上（含3层），或者深度虽未达到5m，但地质条件和周围环境较复杂及工程影响重大时，该施工方案必须委托经认可的专家评审委员会评审，当地政府有另行规定的按当地政府规定执行。

(5) 项目在制定施工方案的同时应考虑到可能出现的紧急状况，并制定相应的应急救援措施，配备相应的应急救援物资。

3. 临边保护

(1) 当基坑施工深度达到2m时，对坑边作业已构成危险，按照高处作业和临边作业的规定，应搭设临边防护设施。

(2) 基坑周边搭的防护栏杆，从选材、搭设方式及牢固程度都应符合《建筑施工高处作业安全技术规范》的规定。

4. 坑壁支护

不同深度的基坑和作业条件，所采取的支护方式也不同。

1) 原状土放坡

一般基坑深度小于3m时，可采用一次性放坡。当深度达到4～5m时，也可采用分级放坡。明挖放坡必须保证边坡的稳定，根据土的类别进行稳定计算确定安全系数。原状土放坡适用于较浅的基坑，对于深基坑可采用打桩、土钉墙或地下连续墙方法来确保边坡的稳定。

2) 排桩（护坡桩）

当周边无条件放坡时，可设计成挡土墙结构。可以采用预制桩或灌注桩，预制桁有钢筋混凝土杭和钢桩，当采用间隔排桩时，将桩与桩之间的土体固化形成成桩墙挡土结构。

土体的固化方法可采用高压旋喷或深层搅拌法进行。固化后的土体不但具有整体性好，同时可以阻止地下水渗入基坑形成隔渗结构。桩墙结构实际上利用桩的入土深度形成悬臂结构，当基础较深时，可采用坑外拉锚或坑内支撑来保持护桩的稳定。

3) 坑外拉锚与坑内支撑

①坑外拉锚

用锚具将锚杆固定在桩的悬臂部分，将锚杆的另一端伸向基坑边坡土层内锚固，以增加桩的稳定。土锚杆由锚头、自由段和锚固段三部分组成，锚杆必须有足够长度，锚固段不能设置在土层的滑动面之内。锚杆应经设计并通过现场试验确定抗拔力。锚杆可以设计成一层或多层，采用坑外拉锚较采用坑内支撑法能有较好的机械开挖环境。

②坑内支撑

为提高桩的稳定性，也可采用在坑内加设支撑的方法。坑内支撑可采用单层平面或多层支撑，支撑材料可采用型钢或钢筋混凝土，设计支撑的结构形式和节点做法，必须注意支撑安装及拆除顺序，尤其对多层支撑要加强管理，混凝土支撑必须在上道支撑强度达设计值80％时才可挖下层；严禁在负荷状态下对钢支撑焊接。

4) 地下连续墙

地下连续墙就是在深层地下浇筑一道钢筋混凝土墙，既可起挡土护壁又可起隔渗作用，还可以成为工程主体结构的一部分，也可以代替地下室墙的外模板。

地下连续墙也可简称地连墙，地连墙施工是利用成槽机械，按照建筑平面挖出一条长槽，用膨润土泥浆护壁，在槽内放入钢筋笼，然后浇筑混凝土。施工时，可以分成若干单元（5～8m一段），最后将各段进行接头连接，形成一道地下连续墙。

5) 逆作法施工

逆作法的施工工艺和一般正常施工相反，一般基础施工先挖至设计深度，然后自下向上施工到正负零标高，然后再继续施工上部主体。逆作法是先施工地下一层（离地面最近的一层），在打完第一层楼板时，进行养护，在养护期间可以向上部施工主体，当第一层楼板达到强度时，可继续施工地下二层（同时向上方施工），此时的地下主体结构梁板体系，就作为挡土结构的支撑体系，地下室外的墙体又是基坑的护壁。这时梁板的施工只需插入土中，作为柱子钢筋，梁板施工完毕再挖土方施工柱子。第一层楼板以下部分由于楼板的封闭，只能采用人工挖土，可利用电梯间用垂直运输通道。逆作法不但节省工料，上下同时施工缩短工期，还由于利用工程梁板结构做内支撑，可以避免由于装拆临时支撑造成的土体变形。

5. 排水措施

(1) 基坑施工常遇地下水，尤其深度施工处理不好不但影响基坑施工，还会给周边建筑造成沉降不均的危险。对地下水的控制方法一般有：排水、降水、隔渗。

(2) 开挖深度较浅时，可采用明排。沿槽底挖出两道水沟，每隔 30～40m 设置一集水井，用抽水设备将水抽走。有时深基坑施工，为排除雨季的暴雨突然而来的明水，也采用明排。

(3) 开挖深度大于 3m 时，可采用井点降水。在基坑外设置降水管，管壁有孔并有过滤网，可以防止在抽水过程中将土粒带走，保持土体结构不被破坏。

(4) 井点降水每级可降低水位 4.5m，再深时，可采用多级降水，水量大时，也可采用深井降水。

(5) 当降水可能造成周围建筑物不均匀沉降时，应在降水的同时采取回灌措施。回灌井是一个较长的穿孔井管，和井点的过滤管一样，井外填以适当级配的滤料，井口用黏土封口，防止空气进入。回灌与降水同时进行，并随时观测地下水位的变化，以保持原有的地下水位不变。

(6) 基坑隔渗是用高压旋喷、深层搅拌形成的水泥土墙和底板而形成的止水帷幕，阻止地下水渗入基坑内。隔渗的抽水井可设在坑内，也可设在坑外。

(7) 坑内抽水：不会造成周边建筑物、道路等沉降问题，可以在坑外高水位坑内低水位干燥条件下作业。但最后封井技术上应注意防漏，止水帷幕采用落底式，向下延伸到不透水层以内对坑内封闭。

(8) 坑外抽水：含水层较厚，帷幕悬吊在透水层中。由于采用了坑外抽水，从而减轻了挡土桩的侧压力，但坑外抽水对周边建筑物有不利的沉降影响。

6. 坑边荷载

(1) 坑边堆置土方和材料包括沿挖土方向边缘移动运输工具和机械不应离槽边过近，堆置土方距坑槽上部边缘不小于 1.2m，弃土堆置高度不超过 1.5m。

(2) 大中型施工机具距坑槽边距离，应根据设备重量、基坑支护情况、土质情况经计算确定。规范规定“基坑周边严禁超堆荷载”。土方开挖如有超载和不可避免的边坡堆载，包括挖土机平台位置等，应在施工方案中进行设计计算确认。

(3) 当周边有条件时，可采用坑外降水，以减少墙体后面的水压力。

7. 上下通道

(1) 基坑施工作业人员上下必须设置专用通道，不准攀爬模板、脚手架以确保安全。

(2) 人员专用通道应在施工组织设计中确定，其攀登设施可视条件采用梯子或专门搭设，应符合高处作业规范中攀登作业的要求。

8. 土方开挖

(1) 所有施工机械应按规定进场，经过有关部门组织验收确认合格，并有记录。

(2) 机械挖土与人工挖土进行配合操作时，人员不得进入挖土机作业半径内，必须进入时，待挖土机作业停止后，人员方可进行坑底清理、边坡找平等作业。

(3) 挖土作业位置的土质及支护条件，必须满足机械作业的荷载要求，机械应保持水平位置和足够的工作面。

(4) 挖土机司机属特种作业人员，应经专门培训考试合格持有操作证。

(5) 挖土机不能超标高挖土，以免造成土体结构破坏。坑底最后留一步土方由人工完成，并且人工挖土应在打垫层之前进行，以减少亮槽时间（减少土侧压力）。

9. 基坑支护变形监测

(1) 基坑开挖之前应作出系统的监测方案。包括：监测方法、精度要求、监测点布置、观测周期、工序管理、记录制度、信息反馈等。

(2) 基坑开挖过程中特别注意监测：

1) 支护体系变形情况；

2) 基坑外地面沉降或隆起变形；

3) 临近建筑物动态。

(3) 监测支护结构的开裂、位移。重点监测桩位、护壁墙面、主要支撑杆、连接点以及渗漏情况。

10. 作业环境

(1) 人员作业必须有安全立足点，脚手架搭设，临边防护必须符合规范规定。

(2) 交叉作业、多层作业上下设置隔离层。垂直运输作业及设备也必须按照相应的规范进行检查。

(3) 深基坑施工的照明问题，电箱的设置及周围环境以及各种电气设备的架设使用均应符合电气规范规定。

三、施工现场机电设备标准化

（一）施工用电安全质量标准化

1. 定义

(1) 临时用电：临时用电是指因建筑施工活动而需要的，并在供电部门立户表计之外的非永久性用电。

(2) TN-S 接零保护供电系统：是指把工作零线（N）和专用保护线（PE）在供电电源处严格分开的供电系统，也称三相五线制。它的优点是专用保护线上无电流，此线专门承接故障电流，确保其保护装置动作。应该特别指出，PE 线不许断线或加设熔断器、开关等电器设备。在供电首端、中间端、末端以及用电设备集中场所均应将 PE 线做重复接地。

2. 引用标准

(1)《施工现场临时用电安全技术规范》(JGJ 46—2005)

(2)《特低电压（ELV）限值》(GB/T 3805—2008)

(3)《漏电保护器安装和运行》(GB 13955—92)

3. 实施要点

(1) 系统要求

施工现场临时用电工程专用的电源中性点直接接地的 220/380V 三相四线制低压电力

系统必须采用 TN-S 接零保护系统，必须符合三级配电、二级漏电保护要求。

（2）临时用电组织设计

1）施工现场临时用电组织设计应包括下列内容：

①现场勘测；

②确定电源进线、变电所或配电室、配电装置、用电设备位置及线路走向；

③进行负荷计算；

④选择变压器；

⑤设计配电系统：

A. 设计配电线路，选择导线或电缆；

B. 设计配电装置，选择电器；

C. 设计接地装置；

D. 绘制临时用电工程图纸，主要包括用电工程总平面图、配电装置布置图、配电系统接线图、接地装置设计图；

⑥设计防雷装置；

⑦确定防护措施；

⑧制定安全用电措施和电气防火措施。

2）临时用电组织设计及变更时，必须履行“编制、审核、批准”程序，由电气工程技术人员组织编制，经相关部门审核及企业的技术负责人批准后实施。变更用电组织设计时应补充有关图纸资料。

3）临时用电工程必须经编制、审核、批准部门和使用单位共同验收，合格后方可投入使用。

4）项目分包单位的临时用电工程的审核、批准和验收必须有项目总包单位参加。

（3）漏电保护

1）施工现场的总配电箱和开关箱应至少设置两级漏电保护器，而且两级漏电保护器的额定漏电动作电流和额定漏电动作时间应作合理配置，使之具有分级保护的功能。

2）开关箱中必须设置漏电保护器，施工现场所有用电设备，除做保护接零外，必须在设备负荷线的首端处安装漏电保护器。

3）漏电保护器应装设在配电箱电源隔离开关的负荷侧和开关箱电源隔离开关的负荷侧。

4）漏电保护器的选择应符合国标 GB 6829—86《漏电电流动作保护器（剩余电流动作保护器）》的要求，开关箱内的漏电保护器其额定漏电动作电流应不大于 30mA，额定漏电动作时间应小于 0.1s。潮湿和有腐蚀介质场所使用的漏电保护器应采用防溅型产品。其额定漏电动作电流应不大于 15mA，额定漏电动作时间应小于 0.1s。

（4）安全电压

安全电压指不戴任何防护设备，接触时对人体各部位不造成任何损害的电压。我国国家标准 GB/T 3805—2008《特低电压（ELV）限值》中规定，安全电压值的等级有 42、36、24、12、6V 五种。同时还规定：当电气设备采用了超过 24V 时，必须采取防直接接触带电体的保护措施。

对下列特殊场所应使用安全电压照明器：

1）隧道、人防工程、高温、有导电灰尘、比较潮湿或灯具离地面高度低于2.5m等场所的照明，电源电压应不大于36V。如高度低于2.5m的楼梯间、无通风设施的地下室、生活区厕所、食堂、轻质铝合金加工场所等。

2）在潮湿和易触及带电体场所的照明电源电压不得大于24V。

3）在特别潮湿的场所，导电良好的地面、锅炉或金属容器内工作的照明电源电压不得大于12V。

（5）电气设备的设置应符合下列要求

1）配电系统应设置室内总配电屏和室外分配电箱或设置室外总配电箱和分配电箱，实行分级配电。

2）动力配电箱与照明配电箱宜分别设置，如合置在同一配电箱内，动力和照明线路应分路设置，照明线路接线宜接在动力开关的上侧。

3）开关箱应由末级分配电箱配电。开关箱应“一机、一闸、一漏、一箱”，每台用电设备应有专用的开关箱，严禁用一个开关电器直接控制两台及以上的用电设备。

4）总配电箱应设在靠近电源的地方，分配电箱应装设在用电设备或负荷相对集中的地区。分配电箱与开关箱的距离不得超过30m，开关箱与其控制的固定式用电设备的水平距离不宜超过3m。

5）配电箱、开关箱应装设在干燥、通风及常温场所，不得装设在有严重损伤作用的瓦斯、烟气、蒸汽、液体及其他有害介质中，也不得装设在易受外来固体物撞击、强烈振动、液体浸溅及热源烘烤的场所。配电箱、开关箱周围应有足够两人同时工作的空间，其周围不得堆放任何有碍操作、维修的物品。

6）配电箱、开关箱安装要端正、牢固，移动式的箱体应装设在坚固的支架上。固定式配电箱、开关箱的中心点与地面的垂直距离应为1.4～1.6m。移动式分配电箱、开关箱的中心点与地面的垂直距离为0.8～1.6m。配电箱、开关箱采用钢板或优质绝缘材料制作，钢板的厚度应大于1.5mm。

7）配电箱、开关箱中导线的进线口和出线口应设在箱体下底面，严禁设在箱体的上顶面、侧面、后面或箱门处。

（6）电气设备的安装

1）配电箱内的电器应首先安装在金属或非木质的绝缘电器安装板上，然后整体紧固在配电箱箱体内，金属板与配电箱体应做电气连接。

2）配电箱、开关箱内的各种电器应按规定的位置紧固在安装板上，不得歪斜和松动。并且电器设备之间、设备与板四周的距离应符合有关工艺标准的要求。

3）配电箱、开关箱内的工作零线应通过接线端子板连接，并应与保护零线接线端子板分设。

4）配电箱、开关箱内的连接线应采用绝缘导线，导线的型号及截面应严格执行临电图纸的标示截面。各种仪表之间的连接线应使用截面不小于2.5mm^{2}的绝缘铜芯导线，导线接头不得松动，不得有外露带电部分。

5）各种箱体的金属构架、金属箱体、金属电器安装板以及箱内电器的正常不带电的金属底座、外壳等必须做保护接零，保护零线应经过接线端子板连接。

6）配电箱后面的排线需排列整齐，绑扎成束，并用卡钉固定在盘板上，盘后引出及引入的导线应留出适当余度，以便检修。

7）导线剥削处不应伤线芯过长，导线压头应牢固可靠，多股导线不应盘圈压接，应加装压线端子（有压线孔者除外）。如必须穿孔用顶丝压接时，多股线应刷锡后再压接，不得减少导线股数。

（7）电气设备的防护

1）在建工程不得在高、低压线路下方施工，高低压线路下方，不得搭设作业棚、建造生活设施，或堆放构件、架具、材料及其他杂物。

2）施工时各种架具的外侧边缘与外电架空线路的边线之间、起重机的任何部位或被吊物边缘在最大偏斜时与架空路线之间、车道与架空线之间必须保持最小安全距离见表19-3。

最小安全距离 **表 19-3**

电压（kV）/ 安全距离（m）	<1	10	35	110	220	330	500
架具外侧边缘最小距离	4.0	6.0	8.0	8.0	10	15	15
起重机与架空线最小垂直距离	1.5	3.0	4.0	5.0	6.0	7.0	8.5
起重机与架空线最小水平距离	1.5	2.0	3.5	4.0	6.0	7.0	8.5
车道距离	6.0	7.0	7.0	7.0	7.0	7.0	7.0

3）施工现场的机动车道与外电架空线路交叉时，架空线路的最低点与路面的最小垂直距离应符合以下要求：外电线路电压为1kV以下时，最小垂直距离为6m；外电线路电压为l～35kV时，最小垂直距离为7m。

4）对于达不到最小安全距离时，施工现场必须采取保护措施，可以增设屏障、遮栏、围栏或保护网，并要悬挂醒目的警告标志牌。在架设防护设施时应有电气工程技术人员或专职安全人员负责监护。

5）对于既不能达到最小安全距离，又无法搭设防护措施的施工现场，施工单位必须与有关部门协商，采取停电、迁移外电线或改变工程位置等措施，否则不得施工。

（8）电气设备的操作与维修人员必须符合以下要求

1）施工现场内临时用电的施工和维修必须由经过培训后取得上岗证书的专业电工完成，电工的等级应同工程的难易程度和技术复杂性相适应，初级电工不允许进行中、高级电工的作业。

2）各类用电人员应做到：

①掌握安全用电基本知识和所用设备的性能；

②使用设备前必须按规定穿戴和配备好相应的劳动防护用品，并检查电气装置和保护设施是否完好，严禁设备带“病”运转；

③停用的设备必须拉闸断电，锁好开关箱；

④负责保护所用设备的负荷线、保护零线和开关箱。发现问题，及时报告解决；

⑤搬迁或移动用电设备，必须经电工切断电源并做妥善处理后进行。

3）电工安装、巡检、维修或拆除临时用电设备和线路必须有人监护。

（9）电气设备的使用与维护

1）施工现场的所有配电箱、开关箱应每月进行一次检查和维修。检查、维修人员必须是专业电工。工作时必须穿戴好绝缘用品，必须使用电工绝缘工具。

2）检查、维修配电箱、开关箱时，必须将其前一级相应的电源开关分闸断电，并悬挂停电标志牌，严禁带电作业。

3）配电箱内盘面上应标明各回路的名称、用途、同时要作出分路标记。

4）总、分配电箱门应配锁，配电箱和开关箱应指定专人负责。施工现场停止作业1h以上时，应将动力开关箱上锁。

5）各种电气箱内不允许放置任何杂物，并应保持清洁。箱内不得挂接其他临时用电设备。

6）熔断器的熔体更换时，严禁用不符合原规格的熔体代替。

（10）施工现场的配电线路

1）现场中所有架空线路的导线必须采用绝缘铜线或绝缘铝线。导线架设在专用电线杆上。

2）架空线的导线截面最低不得小于下列截面：当架空线用铜芯绝缘线时，其导线截面不小于$10mm^2$；当用铝芯绝缘线时，其截面不小于$16mm^2$ 跨越铁路、公路、河流、电力线路档距内的架空绝缘铝线最小截面不小于$35mm^2$，绝缘铜线截面不小于$16mm^2$。

3）架空线路的导线接头：在一个档距内每一层架空线的接头数不得超过该层导线条数的50%，且一根导线只允许有一个接头；线路在跨越铁路、公路、河流、电力线路档距内不得有接头。

4）架空线路相序的排列：

①TT系统供电时，其相序排列：面向负荷从左向右为L1、N、L2、L3；

②TN-S系统或TN-C-S系统供电时，工作零线和保护零线在同一横担架设时的相序排列：面向负荷从左至右为L1、N、L2、L3、PE；

③TN-S系统或TN-C-S系统供电时，动力线、照明线同杆架设上、下两层横担，相序排列方法：上层横担，面向负荷从左至右为L1、L2、13；下层横担，面向负荷从左至右为L1、(L2、L3)、N、PE。当照明线在两个横担上架设时，最下层横担面向负荷，最右边的导线为保护零线PE。

5）架空线路的档距一般为30m，最大不得大于35m；线间距离应大于0.3m。

6）施工现场内导线最大弧垂与地面距离不小于4m，跨越机动车道时为6m。

7）架空线路所使用的电杆应为专用混凝土杆或木杆。当使用木杆时，木杆不得腐朽，其梢径应不小于130mm。

8）架空线路所使用的横担、角钢及杆上的其他配件应视导线截面、杆的类型具体选用杆的埋设、拉线的设置均应符合有关施工规范。

（11）施工现场的电缆线路

1）电缆线路应采用埋地或沿墙、电杆架空敷设，严禁沿地面明设。

2）电缆在室外直接埋地敷设的深度应不小于0.7m，并应在电缆上下左右各均匀铺设不小于50mm厚的细砂，然后覆盖砖等硬质保护层。

3）橡皮电缆沿墙或电杆敷设时应用绝缘子固定，严禁使用金属裸线做绑扎。固定点间的距离应保证橡皮电缆能承受自重所带的荷重，橡皮电缆的最大弧垂距地应符合架空线路要求。

4）电缆的接头应牢固可靠，绝缘包扎后的接头不能降低原来的绝缘强度，并不得承受张力。

5）在有高层建筑的施工现场，临时电缆必须采用埋地引入。电缆垂直敷设的位置应充分利用在建工程的竖井、垂直孔洞等，同时应靠近负荷中心，固定点每楼层不得少于一处。电缆水平敷设沿墙固定，最大弧垂距地不得小于2m。

（12）室内导线的敷设及照明装置

1）室内配线必须采用绝缘铜线或绝缘铝线，采用瓷瓶、瓷夹或塑料夹敷设，距地面高度不得小于2.5m。

2）进户线在室外处要用绝缘子固定，进户线过墙应穿套管，距地面应大于2.5m，室外要做防水弯头。

3）室内配线所用导线截面应按图纸要求施工，但铝线截面最小不得小于$2.5mm^2$，铜线截面不得小于$1.5mm^2$。

4）金属外壳的灯具外壳必须与PE线做金属连接，所用配件均应使用镀锌件。

5）室外灯具距地面不得小于3m，室内灯具不得低于2.5m。插座接线时应符合规范要求。

6）螺口灯头及接线应符合下列要求：

①相线接在与中心触头相连的一端，零线接在与螺纹口相连的一端。

②灯头的绝缘外壳不得有损伤和漏电。

7）各种用电设备、灯具的相线必须经开关控制，不得将相线直接引入灯具。

8）暂设室内的照明灯具应优先选用拉线开关，拉线开关距地面高度为2～3m，与出入口的水平距离为0.15～0.2m，拉线出口向下。

9）严禁将插座与扳把开关靠近装设；严禁在床上设开关。

（二）施工升降机安全质量标准化

1. 定义

（1）施工升降机：用吊笼载人、载物沿导轨做上下运输的施工机械。

（2）货用施工升降机：用于运载货物，禁止使用运载人员的施工升降机。

（3）人货两用施工升降机：用于运载人员及货物的施工升降机。

2. 引用标准

（1）《施工升降机》（GB/T 10054—2005）

（2）《施工升降机安全规则》（GB 10055—2007）

（3）《建筑卷扬机》（GB/T 1955—2002）

（4）《龙门架及井架物料提升机安全技术规范》（JGJ 88—92）

（5）《建筑机械使用安全技术规程》（JGJ 33—2001）

3. 分类

（1）按用途不同分为货用施工升降机和人货两用施工升降机。

（2）按类型不同分为齿轮齿条式施工升降机、钢丝绳式施工升降机和混合式施工升降机。

4. 设计安装要求：

（1）无特殊设计的，在顶部风速大于20m/s的情况下禁止使用施工升降机，在风速大于13m/s的情况下禁止进行架设、接高和拆卸导轨架作业。

（2）施工升降机设计计算应符合《起重机设计规范》（GB/T 3811—2008）中的有关要求，对于人货两用的整机工作级别为A5-A6；对于货用的整机工作级别为A4-A5。

（3）施工升降机应随机携带以下文件和物件：

1）产品合格证书；

2）产品使用说明书；

3）装箱单；

4）其他附属设备和工具。

（4）施工升降机底部（防护围栏）易于观察的位置应有固定标牌，标牌内容应包括以下内容：

1）升降机名称和型号；

2）升降机主要性能参数；

3）升降机出厂编号；

4）升降机制造日期；

5）升降机制造商名称和地址。

（5）货用施工升降机应有不许载人的明显标志。

（6）对于垂直安装的齿轮齿条式施工升降机，导轨架轴心线对底座水平基准面的安装垂直度偏差应符合表19-4的规定。对倾斜式或曲线式导轨架的齿轮齿条式施工升降机，其导轨架正面的垂直偏差应符合表19-4的规定。

垂 直 偏 差 **表19-4**

导轨架架设高度（h）/m	$h\leqslant70$	$70<h\leqslant100$	$100<h\leqslant150$	$150<h\leqslant200$	$h>200$
垂直度偏差/mm	不大于导轨架架设高度的1/100	≤70	≤90	≤110	≤130

（7）施工升降机的附墙杆件的材质应与架体材质相同，杆件与架体、与建筑物之间均应采用刚性连接，并形成稳定结构，不得连接在脚手架上。附墙撑杆平面与附着面的法向夹角不应大于8°。

（8）施工升降机基础应能承受最不利工作条件下的全部载荷，并有排水设施，防止基础浸泡。

5. 围栏与层门

（1）施工升降机的吊笼和对重升降通道周围应设置高度不低于1.8m的防护围栏（钢丝绳式货用升降机，其地面防护围栏高度不应低于1.5m），防护围栏可采用实体板、冲孔板、焊接或编织网等制作，防护围栏的强度应满足任一2500mm²的方形或圆形面积上均能承受350N的水平力而不产生永久变形这一条件，网孔的孔眼或开口应符合表19-5的规定。

网孔的孔眼或开口尺寸（mm） **表19-5**

与相近运动部件的间隙（a）	孔眼或开口的尺寸（b）	与相近运动部件的间隙（a）	孔眼或开口的尺寸（b）
$a\leqslant22$	$b\leqslant10$	$50<a\leqslant100$	$b\leqslant25$
$22<a\leqslant50$	$b\leqslant13$		

注：若孔眼或开口是长方形，则其宽度不应大于表内所列最大数值，其长度可大于表内最大数值。

（2）围栏登机门应装有机械锁止装置和电气安全开关，使吊笼只有位于底部规定位置时，围栏登机门才能开启，且在门开启后吊笼不能启动。

（3）施工升降机的地面进料口上方应设置双层防护棚宽度不小于升降机最外部尺寸，30m以下升降机长度不小于3m，30m以上升降机长度不小于5m，强度能承受10kPa的均布静载荷的安全防护棚。防护材料也可采用50mm厚木板架设或采用间距不小于600mm的双层竹笆搭设。

（4）施工升降机各停层处应设置不突出到吊笼的升降通道上的层门，层门应尽量采用全高度层门，高度降低的门高度不得低于1.1m，网孔门的孔眼或开口应符合表19-5的规定。

（5）层门净宽度与吊笼进出口宽度之差不得大于120mm，门的底部间隙不应大于50mm，采用高度降低的层门时，层门与正常工作的吊笼运动部件的安全距离不应小于0.85m，如果施工升降机额定提升速度不大于0.7m/s时，此安全距离可为0.5m。

（6）人货两用施工升降机机械传动层门的开、关过程应由吊笼内乘员操作，不得受吊笼运动的直接控制。

（7）层门应与吊笼电气或机械联锁。只有在吊笼底板离某一登机平台的垂直距离±0.25m以内时，该平台的层门方可打开。

6. 吊笼

（1）载人吊笼应封顶，且在吊笼底板与顶板之间应全高度有立面（含门）围护。立面的强度应符合《施工升降机》(GB/T 10054—2005）中5.2.3.4.3的要求，网孔立面的孔眼或开口还应符合表19-5的规定。载人吊笼门框的净高度至少为2.0m，净宽度至少为0.6m。门应能完全遮蔽开口，其开启高度不应低于1.8m。

（2）货用施工升降机的吊笼也应设置顶棚，侧面维护高度不应小于1.5m。

（3）吊笼不允许当对重使用。

（4）封闭式吊笼顶部应有紧急出口，并配有专用扶梯。出口面积不应小于0.4m×0.6m，出口应装有向外开启的活板门，并设有电气安全开关，当门打开时，吊笼不能启动。

（5）吊笼门应装有机械锁止装置和电气安全开关，只有当门完全关闭后，吊笼才能启动。

（6）应有防止吊笼驶出导轨的设施。该设施不仅在正常工作时起作用，在安装、拆卸、维修时也应起作用。

（7）吊笼应具有有效的装置，使吊笼在导向装置失效时仍能保持在导轨上。有对重的施工升降机，当对重质量大于吊笼质量时，应有双向防坠安全器或对重防坠安全装置。

7. 对重及其导轨

（1）施工升降机设计使用对重的，对重不得拆除。

（2）当施工升降机有一施工空间或通道在对重下方时，则应设有防止对重坠落的安全防护措施。

（3）对重应根据有关规定的要求涂成警告色。

（4）采用卷扬机驱动的钢丝绳式施工升降机吊笼不应使用对重。

（5）为了防止对重从导轨上脱出，除了对重导轮或滑靴外，还应设有防脱轨保护装置。

(6) 安装、加节时应留出对重在导轨架顶部越程余量，当吊笼的额定提升速度大于1.0m/s时，对重越程不应小于2.0m。

(7) 对重导轨可以是导轨架的一部分，柔性物体（如链条、钢丝绳）不能用作对重导轨。

8. 钢丝绳、滑轮

(1) 钢丝绳的选用应符合《钢丝绳》(GB/T 8918—1996) 的规定。钢丝绳的安装、维护、检验和报废应符合《起重机械用钢丝绳检验和报废实用规范》(GB/T 5972—2006) 的规定。

(2) 各部位钢丝绳的选用及安全系数应符合《施工升降机安全规则》(GB 10055—1996) 的规定。

(3) 钢丝绳式货用提升机提升高度在30m以下的，滑轮直径与钢丝绳直径比值不应小于25；提升高度超过30m的，滑轮直径与钢丝绳直径比值不应小于30。

(4) 其他各部位滑轮的名义直径与钢丝绳直径之比应符合《施工升降机安全规程》(GB 10055—2007) 的规定。

(5) 钢丝绳进出滑轮的允许偏角 α：有排绳器时 $\alpha \leqslant 4°$；自然排绳时 $\alpha \leqslant 2°$。

(6) 提升钢丝绳不得接长使用。人货两用施工升降机钢丝绳在驱动卷筒上的绳端应采用楔型装置固定，货用施工升降机钢丝绳在驱动卷筒上的绳端可采用压板固定，当吊笼停止在最低位置时，留在卷筒上的钢丝绳不应小于三圈。

(7) 钢丝绳端部的固定当采用绳卡时，绳卡应与绳径匹配，其数量不少于3个，间距不小于钢丝绳直径的6倍。绳卡滑鞍放在受力绳的一侧，不得正反交错设置绳卡。

9. 传动系统

(1) 传动零部件应有防护措施，保护板上网孔及开口尺寸应符合表19-5的规定。

(2) 传动零部件应能防止雨、雪、泥浆、灰尘等有害物质侵入。

(3) 齿轮齿条式传动系统的齿轮和齿条的设计计算和模数、啮合条件应符合《施工升降机》(GB/T 10054—2005) 中5.2.6.3.4～5.2.6.3.8的要求。

(4) 卷扬机传动仅用于钢丝绳式的、无对重的货用施工升降机和吊笼额定提升速度不大于0.63m/s的人货两用施工升降机。

(5) 卷扬机的选用应满足需要，并符合《建筑卷扬机》(GB/T 1955—2008) 的要求。

(6) 人货两用施工升降机采用卷筒驱动时钢丝绳只许绕一层，若使用自动绕绳系统，允许绕两层；货用施工升降机采用卷筒驱动时，允许绕多层，但应有排绳措施。

(7) 卷筒或曳引轮应有钢丝绳防脱装置，该装置与卷筒或曳引轮外缘的间隙不应大于钢丝绳直径的20%，且不大于3mm。

10. 安全装置

(1) 人货两用施工升降机、额定载重量400kg以上或提升高度在30m以上的货用施工升降机，其底架上应设置吊笼和对重用的缓冲器。

(2) 吊笼应具有有效的装置使吊笼在导向装置失效时仍能保持在导轨上。

(3) 有对重的施工升降机，当对重质量大于吊笼质量时，应有双向防坠安全器或对重防坠安全装置，并在施工升降机的接高、和拆卸过程中仍起作用。

(4) 齿轮齿条式施工升降机的吊笼除应设有防坠安全器外还应设有安全钩。

(5) 防坠安全器试验时，吊笼不许载人。

(6) 当吊笼装有两套或多套安全器时，都应采用渐近式安全器。

(7) 防坠安全器只能在有效期内使用，有效标定期限不应超过一年。

(8) 钢丝绳式施工升降机还应装有停层防坠落装置。

(9) 施工升降机应设有限位开关、极限开关和防松绳开关。

(10) 对于额定提升速度大于 0.7m/s 的施工升降机，还应设有吊笼上下运行减速开关，该开关的安装位置应保证在吊笼触发上下行程开关之前动作，使高速运行的吊笼提前减速。

(11) 施工升降机必须设置自动复位型的上、下行程限位开关。

(12) 齿轮齿条式施工升降机和钢丝绳式人货两用升降机必须设置极限开关，吊笼越程超出限位开关后，极限开关须切断总电源使吊笼停车。极限开关为非自动复位型的，其动作后必须手动复位才能使吊笼可重新启动。

(13) 极限开关不应与限位开关共用一个触发元件。

11. 使用与维护

(1) 施工升降机安装、升级和拆除均应由具有起重设备安装拆除资质的专业单位施工。

(2) 施工升降机安装、升级和拆除前应先由施工单位制定专项施工方案，并由总包单位和监理单位审批后方能实施。

(3) 施工升降机安装后，应由主管部门组织按照本规范和设计规定进行检测、检查、验收，确认合格发给使用证后，方可交付使用。使用前和使用中的检查宜包括下列内容：

1) 使用前的检查：

①金属结构有无开焊和明显变形；

②架体各节点连接螺栓是否紧固；

③附墙架、缆风绳、地锚位置和安装情况；

④架体的安装精度是否符合要求；

⑤安全防护装置是否符合要求；

⑥卷扬机的位置是否合理；

⑦电气设备及操作系统的可靠性；

⑧信号及通信装置的使用效果是否良好清晰；

⑨钢丝绳、滑轮组的固接情况；

⑩升降机与输电线路的安全距离及防护情况。

2) 定期检查。定期检查每月进行 1 次，由有关部门和人员参加，检查内容包括：

①金属结构有无开焊、锈蚀、永久变形；

②扣件、螺栓连接的紧固情况；

③提升机构磨损情况及钢丝绳的完好性；

④安全防护装置有无缺少、失灵和损坏；

⑤缆风绳、地锚、附墙架等有无松动；

⑥电气设备的接地（或接零）情况；

⑦断绳保护装置的灵敏度试验。

3）日常检查。日常检查由作业司机在班前进行，在确认升降机正常时，方可投入作业。检查内容包括：

①空载提升吊篮（吊笼）做 1 次上下运行，验证是否正常，并同时碰撞限位器和观察安全门是否灵敏完好；

②在额定荷载下，将吊篮（吊笼）提升至离地面 1～2m 高度停机，检查制动器的可靠性和架体的稳定性；

③安全停靠装置和断绳保护装置的可靠性；

④吊篮（吊笼）运行通道内有无障碍物；

⑤作业司机的视线或通信装置的使用效果是否清晰良好。

（4）使用升降机时应符合下列规定：

1）升降机的操作应由专人进行，并应取得起重机械作业特种作业证与建筑施工特种作业人员资格证。

2）物料在吊篮（吊笼）内应均匀分布，不得超出吊篮（吊笼）。当长料在吊篮（吊笼）中立放时，应采取防滚落措施；散料应装箱或装笼，严禁超载使用；

3）严禁人员攀登、穿越升降机架体和乘货用升降机上下；

4）高架提升作业时，应使用通信装置联系。低架提升机在多工种、多楼层同时使用时，应专设指挥人员，信号不清不得开机。作业中不论任何人发出紧急停车信号，应立即执行；

5）闭合主电源前或作业中突然断电时，应将所有开关扳回零位。在重新恢复作业前，应在确认提升机动作正常后方可继续使用；

6）发现安全装置、通信装置失灵时，应立即停机修复，作业中不得随意使用极限限位装置；

7）使用中要经常检查钢丝绳、滑轮、工作情况，如发现磨损严重，必须按照有关规定及时更换；

8）采用摩擦式卷扬机为动力的货用升降机，吊篮下降时，应在吊篮行至离地面 1～2m 处，控制缓缓落地，不允许吊篮自由落下直接降至地面；

9）装设摇臂把杆的提升机作业时，吊篮与摇臂把杆不得同时使用；

10）作业后，将吊篮吊（吊笼）至地面，各控制开关扳至零位，切断主电源，锁好闸箱。

12. 管理

升降机使用中应进行经常性的维修保养，并符合下列规定：

（1）司机应按使用说明书的有关规定，对提升机各润滑部位，进行注油润滑；

（2）维修保养时，应将所有控制开关板至零位，切断主电源，并在闸箱处挂“禁止合闸”标志，必须时应设专人监护；

（3）升降机处于工作状态时，不得进行保养、维修，排除故障应在停机后进行；

（4）更换零部件时，零部件必须与原部件的材质性能相同，并应符合设计与制造标准；

（5）维修主要结构所用焊条及焊缝质量，均应符合原设计要求；

(6) 维修和保养提升机架体顶部时，应搭设上人平台，并应符合高处作业要求。

(7) 升降机应由设备部门统一管理，钢丝绳式升降机不得对卷扬机和架体分开管理。

(8) 金属结构码放时，应放在垫木上，在室外存放，要有防雨及排水措施。电气、仪表及易损件的存放，应注意防震、防潮。

(9) 运输升降机各部件时，装车应垫平、尽量避免磕碰，同时应注意各提升机的配套件。

(三) 塔式起重机与吊装安全质量标准化

1. 引用标准

(1)《塔式起重机安全规程》(GB 5144—2006)

(2)《起重机械危险部位与标志》(GB 15052—1994)

(3)《起重机械安全规程》(GB 6067—1985)

(4)《起重吊运指挥信号》(GB 5082—1985)

2. 采购和租赁

(1) 出租单位出租的建筑起重机械和使用单位购置、租赁、使用的建筑起重机械应当具有特种设备制造许可证、产品合格证、制造监督检验证明。

(2) 新采购的起重机械在首次安装前，应当持建筑起重机械特种设备制造许可证、产品合格证和制造监督检验证明到本单位工商注册所在地市级以上地方人民政府建设主管部门办理备案。

(3) 施工总承包单位应与起重设备安装单位、使用单位应分别签订安全生产施工协议，明确双方安全责任。

(4) 建筑起重机械安装拆卸工、起重信号工、起重司机、司索工等特种作业人员应当经建设主管部门考核合格，并取得特种作业操作资格证书后，方可上岗作业。

3. 基本要求

(1) 操作人员在作业前必须对工作现场环境、行驶道路、架空电线、建筑物以及构件重量和分布情况进行全面了解。

(2) 现场施工负责人应为起重机作业提供足够的工作场地，清除或避开起重臂起落及回转半径内的障碍物。

(3) 起重吊装的指挥人员必须持证上岗，作业时应与操作人员密切配合，执行规定的指挥信号。操作人员应按照指挥人员的信号进行作业，当信号不清或错误时，操作人员可拒绝执行。

(4) 操纵室远离地面的起重机，在正常指挥发生困难时，地面及作业层（高空）的指挥人员均应采用对讲机等有效的通信联络进行指挥。

(5) 在露天有六级及以上大风或大雨、大雪、大雾等恶劣天气时，应停止起重吊装作业。雨雪过后作业前，应先试吊，确认制动器灵敏可靠后方可进行作业。

(6) 起重机作业时，起重臂和重物下方严禁有人停留、工作或通过。重物吊运时，严禁从人上方通过，严禁用起重机载运人员。

(7) 操作人员应按规定的起重性能作业，不得超载。在特殊情况下需超载使用时，必须经过验算，有保证安全的技术措施，并写出专题报告，经企业技术负责人批准，有专人在现场监护下，方可作业。

(8) 严禁使用起重机进行斜拉、斜吊和起吊地下埋设或凝固在地面上的重物以及其他不明重量的物体。现场浇筑的混凝土构件或模板，必须全部松动后方可起吊。

4. 安全装置及吊装

(1) 起重机应装有音响清晰的喇叭、电铃或汽笛等信号装置。在起重臂、吊钩、平衡重等转动体上应标以鲜明的色彩标志。

(2) 起重机根据类型应安装有变幅指示器、力矩限制器、起重量限制器、行程限位、行走限位、幅度限位、动臂式起重机臂幅限位、起升高度限位、回转限制、小车断绳保护装置、风速仪、夹规器、缓冲器、挡板、滑轮组防护罩等安全保护装置，在使用前应保证这些安全保护装置完好齐全、灵敏可靠，不得随意调整或拆除。严禁利用限制器和限位装置代替操纵机构。

(3) 操作人员进行起重机回转、变幅、行走和吊钩升降等动作前，应发出音响信号示意。

(4) 起吊重物应绑扎平稳、牢固，不得在重物上再堆放或悬挂零星物件。易散落物件应使用吊笼栅栏固定后方可起吊。标有绑扎位置的物件，应按标记绑扎后起吊。吊索与物件的夹角宜采用45°～60°，且不得小于30°，吊索与物件棱角之间应加垫块。

(5) 起吊载荷达到起重机额定起重量的90%及以上时，应先将重物吊离地面200～500mm后，检查起重机的稳定性，制动器的可靠性，重物的平稳性，绑扎的牢固性，确认无误后方可继续起吊。对易晃动的重物应拴好拉绳。

(6) 重物起升和下降速度应平稳、均匀，不得突然制动。左右回转应平稳，当回转未停稳前不得做反向动作。非重力下降式起重机，不得带载自由下降。

(7) 严禁起吊重物长时间悬挂在空中，作业中遇突发故障，应采取措施将重物降落到安全地方，并关闭发动机或切断电源后进行检修。在突然停电时，应立即把所有控制器按到零位，断开电源总开关，并采取措施使重物降到地面。

(8) 起重机不得靠近架空输电线路作业。起重机的任何部位与架空输电导线的安全距离不得小于表19-6的规定。

起重机与架空输电导线的安全距离 **表19-6**

电压（kV） 安全距离（m）	<1	10	35	110	220	330	500
垂直距离	1.5	3.0	4.0	5.0	6.0	7.0	8.5
水平距离	1.5	2.0	3.5	4.0	6.0	7.0	8.5

(9) 施工现场应指定场所作为吊装区域，吊装区域应有围挡措施，在入口处悬挂吊装区域指示牌，及非相关人员禁止入内的禁令牌，相关区域应有明显的警示标示。

(10) 起重吊装时应有专人指挥和监护，并做好相应记录。

5. 钢丝绳与吊钩

1) 起重机使用的钢丝绳，应有钢丝绳制造厂签发的产品技术性能和质量的证明文件。当无证明文件时，必须经过试验合格后方可使用。

2) 起重机使用的钢丝绳，其结构形式、规格及强度应符合该型起重机使用说明书的要求。钢丝绳与卷筒应连接牢固，放出钢丝绳时，卷筒上应至少保留三圈，收放钢丝绳时应防止钢丝绳打环、扭结、弯折和乱绳，不得使用扭结、变形的钢丝绳。使用编结的钢丝绳，其编结部分在运行中不得通过卷筒和滑轮。

3）钢丝绳采用编结固接时，编结部分的长度不得小于钢丝直径的 20 倍，并不应小于 300mm，其编结部分应捆扎细钢丝。当采用绳卡固接时，与钢丝直径匹配的绳卡的规格、数量应符合表 19-7 的规定。最后一个绳卡距绳头的长度不得小于 140mm。绳卡滑鞍（夹板）应在钢丝绳承载时受力的一侧，“U”螺栓应在钢丝绳的尾端，不得正反交错。绳卡初次固定后，应待钢丝绳受力后再度紧固，并宜拧紧到使两绳直径高度压扁 1/4～1/3。作业中应经常检查紧固情况。

与绳径匹配的绳卡数　　表 19-7

钢丝绳直径（mm）	＜10	10～20	21～26	28～36	36～40
最少绳卡数（个）	3	4	5	6	7
绳卡间距（mm）	80	140	160	220	240

4）每班作业前，应检查钢丝绳及钢丝绳的连接部位。当钢丝绳在一个节距内断丝根数达到或超过表 19-8 根数时，应予报废。当钢线绳表面锈蚀或磨损使钢丝绳直径显著减少时，应将表 3 报废标准按表 19-9 折减，并按折减后的断丝数报废。

5）向转动的卷筒上缠绕钢丝绳时，不得用手拉或脚踩来引导钢丝绳。钢丝绳涂抹润滑脂，必须在停止运转后进行。

钢丝绳报废标准（一个节距内的断丝数）　　表 19-8

采用的安全系数	钢丝绳规格					
	6×19＋1		6×37＋1		6×61＋1	
	交互捻	同向捻	交互捻	同向捻	交互捻	同向捻
6 以下	12	6	22	11	36	18
6—7	14	7	26	13	38	19
7 以上	16	8	30	15	40	20

钢丝绳锈蚀或磨损时报废标准的折减系数　　表 19-9

钢丝绳表明锈蚀或磨损量（%）	10	15	20	25	30～40	大于 40
折减系数	85	75	70	60	50	报　废

6）起重机的吊钩和吊环严禁补焊。当出现下列情况之一时应更换：

①表面有裂纹、破口；

②危险断面及钩颈有永久变形；

③开口度比原尺寸增加 15%；

④扭曲变形超过 10°；

⑤挂绳处断面磨损超过高度 10%；

⑥吊钩衬套磨损超过原厚度 50%，应报废衬套；

⑦心轴（销子）磨损超过其直径的 3%～5%，应报废心轴。

7）当起重机制动器的制动鼓表面磨损达 1.5～2.0mm（小直径取小值，大直径取大值）时，应更换制动鼓，同样，当起重机制动器的制动带磨损超过原厚度50%时，应更换制动带。

6. 管理规定

（1）起重机操作人员应经过专业培训，取得起重机械作业特种作业证与建筑施工特种作业人员资格证。

（2）起重机械的安装、升节与拆除必须由具有起重设备安装拆除资质的专业单位施工，安装完应由设备的使用、租赁、安装、监理单位共同验收，并经过相应的检测机构检测通过后方能使用。安装、拆除、升级和使用均应制定施工方案，施工方案应由专业施工单位、总包单位和监理单位三方审批后方可施工。

（3）塔式起重机应建立随机档案，随机档案中应包含以下资料：

1）产品购买（租赁）记录

①建筑起重机械特种设备制造许可证；

②产品合格证书；

③制造监督检验证明；

④当地建设主管部门备案证明（产品IC卡）；

⑤产品购销（租赁）合同；

⑥使用安装说明书；

⑦随机备件随机工具明细表；

⑧易损件图或表；

⑨保修规定包括保修时间条件和手续。

2）产品使用、维修、保养过程记录

①定期检验报告；

②日常保养、检查和试验记录；

③维修和技术改造记录；

④运行故障和安全生产事故记录；

⑤累计运行时间等。

3）产品安装拆除记录

①安装、拆卸合同及安全协议书；

②安装、拆卸工程专项施工方案；

③安全施工技术交底的有关资料；

④安装工程验收资料；

⑤安装、拆卸工程生产安全事故应急救援预案。

（四）施工机具安全质量标准化

1. 机械定义

由若干零部件组合而成其中至少有一个零件是可以运动的并具有适当的机械操作件控制和动力电路等，它们的组合具有一定应用目的，如物料的加工处理搬运或包装等，机械这一术语也包括机器的组合，即将同一应用目的若干台机器安排控制得如同一台完整机器那样发挥它们的功能。

2. 引用标准

(1)《手持电动工具的安全》(GB 3883.3—2007)

(2)《机械安全指示、标志和操作》(GB 18209.3—2002)

(3)《机械安全防止上肢触及危险区的安全距离》(GB 12265.1—1997)

(4)《机械安全防止下肢触及危险区的安全距离》(GB 12265.2—2000)

(5)《机械安全避免人体各部位挤压的最小间距》(GB 12265.3—1997)

(6)《机械安全基本概念与设计通则》(GB/T 15706.1—2007)

(7)《手持电动工具的安全第一部分:通用要求》(GB 3883.1—2005)

(8)《手持式电动工具的管理、使用、检查和维修安全技术规程》(GB/T 3787—2006)

(9)《劳动防护用品选用规则》(GB/T 11651—1989)

(10)《建筑机械使用安全技术规程》(JG J33—2001)

(11)《施工现场临时用电安全技术规范》(JG J46—2005)

3. 分类

(1) 按机械工作方式和用途分为切削机械、冲击机械、钻孔机械、起重机械、电焊机械、运输机械。

(2) 按不同机械的工作环境分为室外机械、室内机械、水中机械。

(3) 按机械功率分为大型施工机械、中小型施工机械、手持施工机械。

(4) 按机械触电保护类别分为Ⅰ类机械、Ⅱ类机械、Ⅲ类机械。

4. 施工现场常用机具安全使用要点

(1) 进场:

1) 施工机具采购应有采购记录,企业应建立施工机具的合格供应商名录,并确保所采购的施工机具在供应商名录内。

2) 自制简易手持机具应符合《手持电动工具的安全》(GB 3883.3—2007) 要求,其他机械应满足《机械安全、指示、标志和操作》、《机械安全防止下肢触及危险区的安全距离》(GB 12265.2—2002)、《机械安全基本概念与设计通则》(GB/T 15706.1—2007) 的要求。

3) 施工现场所有机具应做好登记记录,建立施工机具使用名册。

4) 施工机具进入施工现场使用前应该先由使用人员和项目安全(机管)人员共同验收,验收合格后才能使用,机具验收应包括以下几方面:

①外观验收;

②运转性能验收;

③安全装置验收;

④绝缘电阻测试;

⑤保护接零测试。

5) 机具验收要有验收记录,验收合格的机具应在明显部位悬挂(粘贴)验收合格牌或验收合格色标贴。

6) 机具的使用人员应经过专业培训和教育,并持证上岗。

7) 项目机械加工场地应有围栏隔离,并悬挂警示标志,警示标志的颜色与式样应符合 GB 2984—1996。

(2) 使用要求:

1）任何人不得私自拆除机具设备的安全装置。

2）室外使用的钢筋加工机具应做好防雨、防晒、防击措施。

3）用电机具的开关箱应做到“一机、一闸、一漏、一箱”

4）机械每天使用前应对其进行检查。

5）机械使用单位应根据每种的不同的机械制定机械安全操作规程。

6）机械的安装和维修应由专业人员进行。

7）机械的外露旋转部件、咬合部件、高速运动部件、锋利部件、高温部件、带电部件等需有符合要求的安全防护罩。

8）操作台转、车床等高速旋转设备的工作人员不得佩戴手套，衣裤袖口应扣紧，长发应盘起并带好工作帽。

9）操作金属切削机械、打磨机械等有飞溅可能的机械应戴好防护镜。

10）施工现场应尽量选购Ⅱ类手持电动工具，如需使用Ⅰ类手持电动工具应戴绝缘手套。

11）严禁擅自更改机械的使用方法。

12）施工现场的砂轮机，切割机等设备必须固定，且作业场所不得设置在通道、楼（电）梯口等人员流动场所。

13）机械设备的搬运必须切断电源。

14）机械设备的安全装置应定期检查其完好性，一旦发现有损坏、遗失等情况应立即停止作业，等待修复后方能使用。严禁使用简易替代品来替代安全装置。

15）焊接设备应装有空载降压装置，并在每天上班前检查其完好性。

16）操作焊接设备应戴绝缘手套，焊接、切割等高亮度作业应有遮光面罩。

四、施工现场安全管理标准化

安全管理工作应以人为本，围绕人的行为，规范各项管理措施，采取“多层次、低重心”的管理手段，将工作的中心下移，放在生产一线的班组，开展从管理层到执行层多层次管理，才能全面提高安全生产管理水平。

安全生产中的每一项工作，人都是第一要素，而且是生产要素中最活跃的，必须采取有效手段提高人员素质。结合生产实际需要，通过技术比武、岗位练兵等形式，增强安全意识，激励职工钻研专业技术，提高专业知识水平和技能水平。结合各阶段安全生产特点，加强了对职工的安全知识和技能培训，大大提高了职工的安全意识和技能。

（一）操作规程化

第一部分：地下连续墙施工

1. 导墙施工安全操作规程

（1）在导墙施工前，应先做好排水工作，筑好排、挡水设施，防止地面水进入沟槽，土层渗漏水大时，应在沟槽中央开挖集水井，用泵排水。

（2）导墙施工，应做好硬地坪施工方案，做好明排沟措施，导墙顶应高出施工地面10cm以上，防上地表水倒灌。

（3）导墙施工前必须摸清地下管线的情况，并采取有效措施，给予保护。

（4）导墙的导沟开挖时，配合机械人员作业的人员应在机械回转半径之外工作，如果必须在回转半径内工作时，须停止机械回转并制动后方可作业。

(5) 混凝土养护期间，重型机具和车辆不准在导墙附近停置、作业、行驶，拆模后应立即在墙内加支撑，防止导墙位移。

(6) 导墙开挖后，应有加盖的防护措施，防止人员或工具杂物等坠入。

2. 地下连续墙施工安全操作规程

(1) 成漕所用的挖掘机停放的地坪必须平整坚固，有良好的稳定性，其停放位置应适当、保证导墙和地基的稳定。

(2) 进行地下连续墙施工，确保优质泥浆是关键，配制工人应有一定工作经验和责任心，严格按规定配制，对于由多层土复合地基必须以最容易坍塌层为主来确定泥浆的配合比。

(3) 在挖漕过程中，操作人员必须严格按规程操作，特别在软弱土层，塌方区，回填土或其他不利条件下施工，必须严格按施工组织设计进行。

(4) 在触变泥浆下工作的动力设备，应派专业电工监护，收放电缆，并经常检查，防止破损漏电。

(5) 成槽后，必须及时在槽口加盖或设醒目的安全标志防止人员坠落。

(6) 钢筋笼加工用的电焊机、气焊机、钢筋切断机、钢筋弯曲机等设备，都必须由专业人员操作，严禁无证上岗，操作人员均应严格遵守各自的操作规程，并应注意加工点周围的情况，杜绝因操作不当而引起的不安全事故发生。

(7) 钢筋笼的制作长度不能太长，不能超过起重机的起吊高度，否则应分段制作，分段吊放、焊接。

(8) 吊放钢筋笼时起重机严禁超载，操作人员在起吊前必须对起重机的制动器、吊钩、钢丝绳和安全装置进行检查，起吊前还要检查起吊架的钢索长度，应保证在水平吊起钢筋笼时的垂直高度。

(9) 起吊钢筋笼应采用与钢筋笼等宽度的吊架（用 H 型钢或工字钢制作）起重机钢索必须与吊架牢固连接。

(10) 钢筋笼从加工场地到地下连续墙作业点可用起重机，但应注意搬运路线及周围的环境，防止人员走动和搬运过程中的意外事故发生。

(11) 钢筋笼起吊前为防止起吊后在空中摆动，应在下端系上绳子用人力控制，当起吊到离地面 10～30cm 后，应检查钢筋笼的焊接质量和笼身强度，确认没有问题后，再正式起吊，插入漕中时，必须注意不要因起重机臂摆动或风力而使钢笼横向摆动，造成壁面坍塌。

(12) 当风力大于 6 级时，必须停止起吊工作。

(13) 浇灌混凝土时要做到及时和连续性，一次完成，防止坍塌和浇灌中断，影响槽壁的质量而引发的工程安全。

(14) 施工全过程中要由有效防止噪声污染和泥浆污染的技术措施。

3. 深基坑开挖施工安全操作规程

(1) 基坑开挖前对开挖基坑四周应设置合格可靠的安全栏杆（栏杆高度 1.2m，踢脚杆 0.4m）和备设施工人员登高扶梯并砖砌 15～20cm 高的防水墙，防止地面水流入基坑。

(2) 基坑周围场地内有足够的照明度，尤其是基坑内的照明覆盖应不存在暗角。

(3) 基坑四周的地面，不应堆放杂物散件，确保施工人员行走安全，严防杂物滚落坑内伤害坑内作业人员。

(4) 井点平面布置要综合考虑，精确定位，避免以后与支撑立柱等位置发生冲突，井点施工和降水过程要有专人负责并做全过程的记录工作，及时将记录报告有关人员。

(5) 开挖时，应在地面的适当位置设置沉降点和位移观察点，进行必要而完备的监测，发现异况，应立即报告和进行处理。

(6) 开挖时应事先计算出纵向的坡度和高度，施工中必须严格控制。在放坡纵端不得堆土和放置重物，防止纵向滑坡。

(7) 采用预应力钢支撑时，钢支撑的构件必须有足够的强度，支撑方式及其布局必须严格按施工组织设计要求，支架必须与地下墙中的钢筋预埋铁牢固连接，施加的预应力必须按施工组织设计要求，并做好记录。

(8) 支撑工作应做到及时性和连续性，即按施工组织设计要求，应及时安装钢支撑，切忌基坑大面积开挖后再进行支撑。

(9) 起吊钢支撑件时应严格遵守起重机的安全操作规定，吊臂活动范围内严禁有人，对较深的基坑，布设支撑时应设上、下 2 名指挥。

(10) 当支撑妨碍基坑开挖时，挖掘司机操作要慎重，严格按照指挥人员的指挥进行操作，严禁对支撑进行撞击。

(11) 严禁人员在安装好的支撑上面走动，或悬挂重物及其他作业的受力支点。

(12) 为了方便施工人员行走，如较长的基坑，可以有中间设置钢便桥，钢便桥必须规范搭设和验收，底部满堂铺设两侧用 $\phi48\times3.5$mm 钢管设 1.2m 高的临边栏杆。

(13) 为了及时对井点的观察，在通向井点位置处应设置规范便桥，底部满堂铺设，两侧用 $\phi48\times3.5$mm 钢管设 1.2m 高的临边栏杆（严禁使用钢筋作临边栏杆）。

(14) 在内环线以内施工的基坑栏杆周边应该设置绿色密目网围护。

第二部分：起重机械

1. 履带式起重机安全操作规程

(1) 司机必须持证上岗，指挥人员必须持证指挥，并必须遵守“十不吊”等有关安全规定。

(2) 履带式起重机工作时，必须有平坦坚实的地基，如地面松软，应夯实后用跑板垫于履带下方，起重机行驶或停放时，应与漕渠基坑，保持安全距离，不得停放在斜坡上。

(3) 启动前必须检查各安全装置齐全可靠，钢丝绳及连接部位应符合规定，燃油、润滑油、冷却水等均应充足。

(4) 内燃机启动后应检查各仪表指示值，待运转正常再连接主离合器，进行空载运转，确认正常方可作业。

(5) 起重机变幅应缓慢平稳，严禁在起重臂未停稳前变换挡位，起重机满负荷或接近满负荷时严禁下降臂杆。

(6) 双机抬吊重物，应选用起重性能相似的起重机进行。抬吊时应统一指挥，动作应配合协调，载重应分配合理，不得超过单机允许起重量的 80%。

(7) 起重机作业时，臂杆的最大仰角不得超过出厂说明规定，如无资料可查时，不得超过 78°。

(8) 起重机如必须在负荷下行走时，荷重不得超过允许起重量的 70%，要求行走道路坚实平整，重物应在起重机行走正前方，重物离地面不得超过30cm，并用拉绳拴住，缓慢行驶，严禁长距离带载行走。

（9）行走时转弯不应过急，如转弯半径过小，应分次转弯，下坡时严禁空挡滑行。

（10）起重机转移工地，应用平板拖车运送，特殊情况需自行转移时，应卸去配重，折短臂杆，回转、臂杆、吊钩等必须处于制动位置。

（11）起重机通过桥梁、水坝排水沟等构筑物时，必须先查明其允许荷载后再通过，必要时应加固，通过铁路、地面管线电缆等设施时，应铺设木板保护，不得在上面转弯。

（12）作业完毕时，臂杆应转至顺风方向，并降至40°～60°之间，吊钩升到接进顶端的位置，各部制动器都应加保险固定，操作室和机棚都要关门加锁。

2. 汽车、轮胎式起重机安全操作规程

（1）司机和指挥必须持证上岗，并必须遵守“十不吊”等有关安全规定。

（2）汽车、轮胎式起重机在道路上行驶时，应执行交通管理部门的有关规定。

（3）该起重机行驶和工作的场地应保持平整坚实，保证在吊物时不沉陷，离沟槽、基坑应有必要的安全距离。

（4）启动前重点检查各安全保护装置和指示仪表齐全情况。

（5）作业时应选择适当停车位置，伸出全部支腿，并在撑脚板下垫好方木，调整机体使回转支承面与地面的倾斜度在无负荷时不大于1/1000。支腿定位销必须插上。

（6）作业中严禁扳动支腿操纵阀，如需调支腿，必须将重物放置落地，将臂杆转至正前或正后再进行调整。

（7）起重臂幅应平稳，严禁猛起猛落臂杆。

（8）伸缩式臂杆伸缩时，应按规定程序进行，在伸臂的同时要相应下降吊钩，当限制器发出警报时，应立即停止伸臂。

（9）伸缩式臂杆伸出后，必须经过调整，后节臂应长于前节臂时方可作业。

（10）机械传动的汽车式起重机，起吊重物时，必须用低速挡传动。

（11）作业中发现起重机倾斜，支腿变形等不正常现象时，应立即放下重物。

（12）汽车式起重机作业时，汽车驾驶室不得有人，重物不得超越驾驶室上方。

（13）轮胎式起重机需在负荷下行走时，道路必须平坦坚实负荷，必须符合规定，重物离地不得超过30cm，并用拉绳拴住缓慢行驶，严禁长距离带载行驶。

（14）作业完毕后伸缩式臂杆应将臂杆全部缩回放置在支架上，吊钩挂在保险杠的挂钩上，并将钢丝绳稍拉紧，各部制动器都应加保险固定，然后收回支腿，关门加锁。

3. 起重吊装指挥人员或兼职起重工（挂钩工）安全操作规程

（1）起重吊装指挥人员或专职起重工、挂钩工均须持证上岗。

（2）必须熟悉起吊工器具的基本性能，最大允许负荷，报废标准和工件的捆绑，吊挂要求及指挥信号，严格执行本工种安全技术操作规程，并经考试合格。其他人员不得擅自从事捆绑和挂钩指挥工作。

（3）工作前应认真检查所需要的一切工具、设备是否良好，若发现链条、钢丝绳、麻绳以及工夹吊具已达到报废程度，应严禁使用。并穿戴好防护用品。

（4）起重物体必须根据物件重量体积、形状、种类采用适当的起重方法，多人操作时必须有专人负责指挥。

（5）吊运物时，必须待物件重心平衡。起运大型物件，必须有明显标志，（白天挂红旗，晚上悬红灯）。

（6）使用三脚架应绑扎牢固。杆距相等，杆脚固定牢靠，不可斜吊。

（7）滚杆两端不宜超出工件底面过长，防止压伤手脚，滚动时应设监护人员。人不准在重力倾斜方向一侧操作。钢丝绳穿越通道应挂有明显标志。

（8）吊运重物时尽可能不要离地面太高，在任何情况下，禁止吊运重物从人员上空越过，所有人员不准在重物下停留或行走，不得将重物长时间吊悬在空中。

（9）使用起重机应和司机密切配合，严格执行起重机械“十不吊”规定。

（10）使用起重机不得在架空输电线下面工作。起重机在通过架空输电线时，应将起重臂落下，以免碰撞。在架空输电线路一侧工作时，无论在任何情况下，起重臂、钢丝绳和重物等与架空输电线路的最近水平距离应不小于以下规定。

输放线路电压（kV）	1以下	1～35	60	110	154	220	330	N
允许与输电线路的最近距离（m）	1.5	3	3.1	3.6	4.1	4.7	5.3	0.01×（N－50）＋3

（11）工作时应事先讲清起吊地点及运行通道上的障碍物，招呼逗留人员避让，自己也应选择恰当的上风位置及随物护送的线路。

（12）工作中严禁用手直接校正已被重物张紧的绳子，如钢丝绳、链条等。吊运中发现捆缚索具或吊运工具发生异样、怪声，应立即停车进行检查，绝不可有侥幸心理。

（13）翻转大型物体应事先放好旧轮胎或木板等衬垫物，操作人员应站在重物倾斜方向的对面，严禁面对倾斜方向站立。

（14）选用的钢丝绳或链条长度必须符合要求，钢丝绳等的夹角要适当，最大不能超过120°。

（15）吊运物件如有污垢，应将捆缚处油污擦净，以防滑动。

（16）指挥多台起重机共同起吊一件重物（适用于吨位相同的起重机械）时，应在企业主要技术负责人直接领导下进行。重量不得超过起重机械的额定负荷，并要保证两台起重机械之间有一定相隔距离，不得碰撞。

（17）吊运大型设备或产品，必须由两人操作，并由一人负责指挥，在卸到运输车辆上时，要观察重心是否平衡，确认松绑后不致倾倒时，才可松绑卸物。

（18）在任何情况下，严禁用人身重量来平衡吊运物件或以人力支撑物件吊起，更不允许站在物件上同时吊运。

（19）吊运成批零星物件，必须使用专用吊篮，吊斗等工具、同时吊运两件以上重物，要保持物件平衡，不使相互碰撞。

（20）卸下吊运物件，要垫好衬木，不规则物件要加支撑，保持平稳，不得将物件压在电气线路和管道上面或堵塞通道，物件堆放要整齐平稳。

（21）如有其他人员协同起重挂钩作业时，由起重挂钩工负责安全指挥，挂钩工在任何情况下不得让他人代替起重挂钩重物。

（22）工作结束后，应将所用工具擦净油垢，做好维护保养，加强保管。

4. 起重“十不吊”安全操作规程

（1）指挥信号不明或指挥错误不吊。

（2）吊绳打结捆扎不牢不吊。

（3）安全装置失误不吊。

（4）视线不清（看不见）不吊。

（5）棱角物体没有安全措施不吊。

（6）超过规定最高负荷不吊。

（7）吊钩吊物上面有人不吊。

（8）物体埋在地下情况不明不吊。

（9）斜拉物体不吊。

（10）根据各单位具体情况，有以下几种情况不吊：

1）露天起重机遇到大雨、大雪、大雾、打雷和六级以上大风影响安全的不吊。

2）吊运散装、零星物体过满、重心不正的不吊。

第三部分　钢筋加工机械与电焊机

1. 钢筋调直切断机安全操作规程

（1）机械安装必须坚实稳固，保持水平位置，固定式机械应有可靠基础，必须采用“一机、一闸、一漏、一箱”的规定。

（2）室外作业应设置机棚，应有堆放原材料和半成品的场地，不得任意堆放。

（3）料架料槽应安装平直，对准导向筒、调直筒和下切孔的中心线。

（4）用手板飞轮，检查传动机械结构和工作装置，调整间隙、紧固螺栓，确认无误，然后启动运转，待运转正常后，方可作业。

（5）在调直块未固定，防护罩未盖好前不得穿入钢筋，作业过程中严禁打开各部防护罩及调整间隙。

（6）当钢筋穿入后，手与轮必须保持一定距离，不得接近。

（7）喂料前应将不直的料头切去，导向筒前应装一根 1m 长的钢管，钢筋必须先穿过钢管再送入调直前端的导向孔内。

（8）停机后应松开调直筒的调直块，回到原位置，同时预压弹簧必须回位。

（9）作业后应堆放好成品，清理场地，切断电源，锁好闸箱。

2. 钢筋切断机安全操作规程

（1）机械安装必须坚实稳固，固定在可靠的基础上，保持水平位置，必须采用“一机一闸、一漏一箱”的规定。

（2）机械设备设置在室外一定要搭设机棚，防止操作人员雨淋暴晒。

（3）使用前必须检查刀片有无裂纹，刀架是否紧固，防护罩安装到位，齿轮啮合良好，方能开车启动。

（4）启动空运转后，检查各传动部分运转是否正常，方可作业。

（5）机械未达到正常转速时不得送料切断，切料时必须使用刀刃的中下部位，握紧钢筋对准刀刃迅速送入。

（6）不得剪切直径及强度超过机械性能规定的钢筋和多根钢筋一次切断。

（7）切断短料时，靠近刀片的手和刀片之间的距离应保持 150mm 以上，如手握端小于400mm时，应用套管或夹具将钢筋短头压位或夹牢。

(8) 运转中严禁用手清除刀口附近的断头和杂物。

(9) 发现机械运转不正常有异响或刀片歪斜等情况，应立即停机检修。

(10) 作业后用钢刷清除切刀间的杂物，进行整机擦拭保养时切断电源锁好闸箱。

3. 钢筋弯曲机安全操作规程

(1) 工作台和弯曲机台面保持水平一致，并准备好各种芯轴及工具。

(2) 检查芯轴、挡块、转盘应无损坏和裂纹，防护罩紧固可靠，经空运转后，方能正常作业。

(3) 钢筋弯曲机必须采用按钮开关，严禁采用手柄式倒顺开关和必须采用“一机、一闸、一漏、一箱”的规定。

(4) 作业中严禁更换芯轴、销子等模具工具及调速，不得在运转时清扫杂物。

(5) 弯曲钢筋时严禁超过本机对钢筋直径、根数及机械转速的规定。

(6) 严禁在弯曲钢筋的作业半径内和机身不设固定销的一侧站人，弯曲好的半成品应堆放整齐，弯钩不得朝上。

(7) 转盘换向时，必须在停机后进行。

(8) 作业后必须做好清洁、保养工作，切断电源，锁好闸箱。

4. 交流电焊机安全操作规程

(1) 焊接设备上的电机、电器等应按有关规定执行，并有完整的防护外壳，一、二次接线端子外均有保护罩。

(2) 必须根据《建筑施工安全检查标准》(JGJ59—99) 要求，配装二次空载降压保护器。

(3) 现场使用的电焊机应设有可防雨、防潮、防晒的防护棚，并备有消防器材。

(4) 电焊工必须持证上岗。

(5) 严禁在运行中的压力管道、装有易燃易爆物的容器和受力机件上进行焊接和切割。

(6) 焊接铜、铝、锌、锡、铅等有色金属时，必须在通风良好的地方进行，焊接人员应戴防毒面具或呼吸滤清器。

(7) 在容器内施焊时，必须采用在口外设置的通风设备，容器上必须有进、出风口。容器内的照明电压不得超过12V，焊接时应两人轮流施焊，外面有人监护，严禁在已喷涂过油漆或塑料的容器内焊接。

(8) 焊接预热焊件时应设挡板，隔离预热焊件发出的辐射热。

(9) 高空焊接或切割时，必须挂好安全带，焊件下方和周围应有防护措施和专人监护。

(10) 接地线及手把线都不得搭在易燃、易爆和带有热源的物品上，接地线不得接在管道、机床设备和建筑物金属构架或铁轨上，绝缘应良好，机壳接地电阻不大于4Ω。

(11) 雨天不得露天电焊，在潮湿地带工作时，操作人员应站在铺有绝缘物的地方，并穿好绝缘鞋。

(12) 长期停用的电焊机，使用时，须用兆欧表检查其绝缘电阻不得低于0.5MΩ，接地部分不得有腐蚀和受潮现象。

(13) 焊钳应与手把线连接牢固，不得用胳膊夹持焊钳，清除焊渣时，脸部应避开被清理的焊缝。

(14) 在负荷运行中，焊接人员应经常检查电焊机的温升，如超过A级60℃，B级80℃时必须停止运转使用。

(15) 施焊现场的10m内，不得堆放氧气瓶，乙炔瓶木材等易燃物。

(16) 作业结束后，清理场地，灭绝火种，消除焊件余热后，切断电源，锁好闸箱，方可离开。

5. 直流电焊机安全操作规程

(1) 旋转式电焊机：

1) 新机使用前，应将换向器上的污物擦干净，使换向器与炭刷接触良好。

2) 启动时，应检查转子的旋转方向是否符合焊轨标志的箭头方向。

3) 启动后，应检查炭刷和换向器，如有大量火花时，应停机查明原因，经排除后方可使用。

4) 数台焊机在同一场地作业时，应逐台启动，并使三相负荷平衡。

(2) 硅整流电焊机：

1) 电焊机应根据出厂的说明书要求条件下使用。

2) 使用时须先打开风扇电机，观察电压表指标值应正常，仔细察听应无导声。停机后应清洁硅整流器及其他部件。

3) 严禁用摇表测试电焊机主变压器的次级线圈和控制变压器的次级线圈。

(3) 其他安全操作规程参照交流电焊机内容。

6. 对焊机（碰焊机）安全操作规程

(1) 对焊机应安置在室内或设有机栅，并有可靠的接地，如多台对焊并列安装时，间距不得少于3m，并应分别接在不同相位的电网上，分别有各自的开关箱，导线的截面应不小于下表的规定：

对焊机的额定功率(4kVA)	25	50	75	100	150	200	500
一次电压为220V时的导线截面（mm^2）	10	25	35	45			
一次电压为380V时的导线截面（mm^2）	6	16	25	35	50	70	150

(2) 作业前检查对焊机的压力机构应灵活，夹具应牢固，气、液压系无泄漏，确认正常方可施焊。

(3) 对焊时应根据所焊钢筋截面，调整二次电压，不得焊接超过焊机规定直径的钢筋。

(4) 断路器的接触点，电极应定期光磨，二次电路全部连接螺栓应定期拧紧，冷却水温度不得超过40℃，排水量应根据气温调节。

(5) 对焊较长钢筋时，应设置支架，配合搬运钢筋的操作人员，对焊作业人员须戴防护眼镜和注意防止火花烫伤。

(6) 闪光区应设挡板，焊接时其他人员不得入内。

(7) 各季施工时，室内温度应不低于8℃，作业完毕后，放尽机内冷却水，清扫周边的残渣，切断电源开关。

(8) 对焊工作棚要用防火材料搭设，棚内和周围禁堆放易燃易爆物品，并备有灭火器材。

7. 焊割作业“十不烧”安全操作规程

(1) 不是焊工，不能烧焊；

(2) 重点要害部门及重要场所未经消防安全部门批准，未落实安全措施不能烧焊；

(3) 不了解焊割地点及周围情况（如该处是否能动用明火，有无易燃易爆物品）不能烧焊；

(4) 不了解焊割物品是否存有易燃易爆的危险性不能烧焊；

(5) 盛装过易燃易爆的液体，气体的容器（如钢瓶、油箱、槽车、贮罐等）未经彻底清洗排除危险性之前不能烧焊；

(6) 用可燃材料（如塑料、软木、玻璃钢、谷物草壳、沥青等）作保温层、冷却层、隔音、隔热的部位，或火星能飞溅到的地方，在未经采取切实可靠的安全措施之前不能烧焊；

(7) 有压力或密封的导管、容器等不能烧焊；

(8) 焊割部位附近还有易燃易爆物品，在未做清理或采取有效的安全措施之前不能烧焊；

(9) 在禁火区域内未经消防安全部门批准不能烧焊；

(10) 附近有与明火作业相抵触的工种在作业（如油漆等）不能烧焊；

8. 电焊工安全操作规程

(1) 电焊工必须持证上岗。

(2) 电焊设备和电焊用的导线都要有可靠的绝缘，并要经常进行检查，防止高温和机械损伤，电焊机的电线应用铜线，不得用其他金属线，同时按电流大小配用焊导线，开机前把焊线放开，以免产生涡流。

(3) 电焊机各接线柱必须牢固、固定或移动的外壳及工作台必须有良好的接地，焊钳不得松动，直流焊机的转向必须正确，焊机工作时不得超过额定值。

(4) 电焊机有故障时，应由电气工人修理，禁上电焊工自行修理。

(5) 工作前要穿戴规范的劳动防护用品，禁止裸露皮肤，以防电弧灼伤。

(6) 严格遵守“电焊工十不烧”规定。

(7) 焊接用的导线不得压在工作物之下，并要防止导线被其他东西轧断，以防漏电伤人。

(8) 休息时要将焊机电源断开，工作结束后要清理工作现场，消除火灾隐患，保管好防护用具，焊机应放在棚内，以免雨淋、暴晒。

(9) 严格贯彻动火审批制度，对动火有要求的地方，必须经有关部门审批后方能工作。

(10) 乙炔与氧气的橡皮管必须用轧头轧紧，并经常检查橡皮管和接头处是否漏气，乙炔瓶应设有安全、回火防止器。

(11) 在点燃焊嘴时，应先开乙炔阀，后开氧气阀。

(12) 停止使用时，应先关乙炔阀，后关氧气阀，并把阀门关好。

(13) 如工作中断时间较长，必须除去减压阀压力，氧气阀、乙炔阀关好，情况正常后方能离开。

(14) 氧气瓶的瓶嘴、瓶身严禁沾染油脂。在焊接时，焊嘴发生爆炸声或焊嘴过热时应立即停止使用，并进行冷却后才能操作，禁止焊嘴在地上磨。

(15) 炎热季节，乙炔瓶、氧气瓶不准放在太阳下暴晒，并远离火源和高温物体，工作时两瓶之间的距离必须保持 5m 以上。

第四部分 木工机械

1. 木工带锯机安全操作规程

(1) 作业前检查锯条，如要齿侧的裂纹长度超过和连缺两齿的锯条不得使用，锯条松紧度调整适当后先试运转，如声音正常，方可开锯。

(2) 作业中操作人员应站在锯条两侧，跑车开动后，轨道前后不准站人，严禁在开动中上下跑车。

(3) 对加工的木料要注意裂缝、节疤、木纹，要清除木料上的钉子和水泥之物，进料时不能过猛。

(4) 平台式带锯作业，上下手要配合一致，送料、接料时不得将手送进台面，锯短料时，应用推棍送料，回送木料时，要离开锯条 50mm 以上。

(5) 装设有气力吸尘罩的机械，应经常清理吸尘管中的木屑，保持吸尘性能良好。

(6) 锯机张紧装置的压砣（重锤），应根据锯条的宽度和厚度调节挡位或增减副砣，不得用增加重锤重量的办法克服锯条口松或串条等现象。

2. 木工圆盘锯安全操作规程

(1) 工作前应检查传动部分的防护装置是否牢固，电气接地保护是否安全可靠，保险挡板是否齐全，锯片对正轴心不能松动。无防护罩，护目屏装置不准使用。

(2) 操作人员要戴防护眼镜，站在锯片一侧，禁止站在锯片同一直线上。手臂不得跨越锯片，不准戴手套操作。

(3) 作业时应等候锯片转速正常后再锯料，锯到料头时应放慢推进速度，上锯人员的手离锯齿不得小于 30mm。

(4) 所锯木料厚度不得大于锯盘半径（应保持锯片能露出木料 10cm 以上），长度不足 50cm，不得使用圆盘锯。

(5) 需要回料时木料应离开锯片后再回送，锯下的成品，边料不得乱扔，成材应堆放整齐，上脚边料应集中堆放，及时清理，保持作业点整洁。

(6) 进料必须紧贴靠山，不得晃动或有弧度，进料要慢遇硬节要更慢进，木料锯至末端时要用木棒推进木料，截料木料要用推板推进，锯短料一律使用推棍，不准直接用手推，接料必须用刨钩。

(7) 木料进入锯片内，如锯线走偏，不准猛推猛拉，应立即切断电源，停车调整后再锯，以防锯片破裂伤人。

(8) 锯片必须平整、锋利，连续两齿缺损和有裂纹现象不准使用，工作结束，必须切断电源，清理场地，保持文明、清洁。

3. 木工平刨机安全操作规程

(1) 作业前检查安全防护装置，必须齐全完好有效。

(2) 刨材时应保持人员身体站立稳定，双手操作，刨大面时，手要按在料上面，刨小面时，手指不低于料高的一半。

(3) 刨料刨削量每次一般不得超过 1.5mm，进料速度保持均匀，禁止在刨刃上方回料。

(4) 刨厚度小于 30mm，长度小于 300mm 的木料，必须用压板或推棍，禁止用手直接推送。长度不足 200mm 的木料不准上刨。

(5) 刨旧料时必须将铁钉、泥沙浆等清除干净，禁止手按节疤推料和严禁戴手套操作。

(6) 操作前应先检查电线接头，接地绝缘是否良好，防护设备是否齐全有效，经确认合格后，再空车运转 2～3min 后无异常现象时，才能正式投放刨料。

(7) 拆装刀片或维修保养设备时切断电源才能进行。

(8) 工作完毕后，必须切断电源，清除周边木屑，保持场地清洁文明。

第五部分　钻机机械

1. DHR80A 钻机安全操作规程

(1) 使用 DHR80A 钻机前，必须知晓钻机的构造、性能和操作要求，并由专人负责操作。

(2) 设备的长途驾驶及运输，其进刀组件必须平放在托架上。在运行期间，不允许有人站在钻机上。在操作履带式钻机前，应确保钻机工作范围内无任何人员。当钻机停在斜坡上，应使用垫土，使其停平稳，所有阀都应打在“0”位置。

(3) 开车前应检查柴油机供油系统是否正常，风叶皮带是否脱落，液压系统中操纵阀是否在“0”位，油管节头是否拧紧，管路是否畅通，液压油是否在油位线上。

(4) 行驶操作时，将柴油机预热 5min（1000rpm），然后用风门使马达速度加至 2000rpm，进入司机室将切断阀转换至行驶档，移动带卧式组件的钻机车（柴油机转速 2000rpm），移动带竖式组件的钻机车（1000rpm）。

(5) 驾驶员在离开驾驶室之前，将切断阀设置在“钻进”档，才能保证钻机不会移动。

(6) DHR80A 钻机准备钻进时，用风门将发动机转速调至 2300rpm。

(7) 开始钻孔时，开启供水装置，压力表指示应在 30bar 以上再钻进，开启循环装置与供给阀，钻头一受到阻力，即缓慢地与冲击装置连通，用阀柄调节冲击装置与供给阀直至钻头导进钻孔内。

(8) 钻头导进钻孔后，完全开启冲击装置和供给阀，冲击装置压力最大为 170bar，供给压力最大为 80bar。钻杆一旦达到最大深度，针冲击装置和供给阀分离。用运行中的循环装置与水冲错孔。

(9) 在使用过程中若报警器发声，要检查三角带是否断裂，发动机油压是否过低，空气滤清器是否塞满。

(10) 停车后，要放下把杆，液压系统复原，关闭柴油机，切断电源，把机器停放在安全平整的地方。

2. PAS-120VAR 型三轴机安全操作规程

（1）使用钻机前，应先熟悉钻机构造、性能及操作要求，并由专人负责操作。

（2）安装桩架上部滑轮组，将钢丝绳穿在动力头和桩架滑轮组上。将动力头放置在桩架正面，并安装好动力头上滑轮组。滑轮组销子上要装好开口销，以防动力头落下造成重大事故。

（3）取下吊钩，连接控制箱和动力头间的电缆线及浆管，并将它们从动力头侧整理整齐放入悬挂卷筒，并用销子锁紧，以防悬挂卷筒落下。

（4）使用前先接好接地线，确认电源的容量，变压器容量：200kVA 以上；发电机容量：300kVA 以上。总电源使用 4 芯，$80mm^2$ 以上电缆。

（5）钻杆雌雄头插入后，在销孔内插入定位销，用止头螺栓拧紧，并经常检查，以防脱落后造成重大事故。

（6）运行时，将点动/连动开关切换到点动。用正、反转按钮开，确认回转方向。正常运转用正转；中间轴逆时针，两端顺时针。

（7）钻杆提升时用反转，中间轴顺时针，两端逆时针。从正转到反转（或从反转到正转），先按停止按钮，待钻杆全部停止回转再切换。

（8）钻机运行时避免超出额定电流值，以防缩短电机的寿命。

（9）钻杆从地下拔出的同时，须及时清除附在钻杆上的泥土，以防落下伤人。

（10）钻机施工结束后，钻头必须搁置在坚硬的钢板上。

（11）若钻机的注浆装置发生泄漏仍运行，则浆液会注入减速器内造成故障，此时要停机及时更换“V”形攀根，并调整螺栓的松紧。

（12）施工结束后，将电源开关、漏电开关等电气有关的开关处于“OFF”位置。

3. 水泥土型钢（SMW）工法安全操作、运行规程

（1）深层搅拌桩机（简称：桩机），运行前，应先熟悉该机性能，构造主要功能，做到心中有数，由专人负责。

（2）桩机安装起架、落架，应将机身放置于较平坦的硬地上，同时压好负重，起重垂直位置前应做好必须的安全防范措施，安装好斜撑，防止起架过头倾覆。

（3）桩机在现场安装、调度、运行时，施工沿线场地均需填平土体，调整好枕木，使桩机保持水平运行。

（4）桩机在安装调试，转头和移位过程中要有专人负责统一指挥调度。

（5）在运行过程中，时刻检查机件，观察电流、电压表的读数，防止过载，严格按施工组织设计要求，校正桩机垂直度，控制钻杆下钻、提升速度。

（6）在交接班时，每班要对桩机各主要部位进行检查，如斜撑定位处螺栓、手销、动定滑轮、钢丝绳等是否安全可靠，并做好交接班运行记录、签名，以备查考。

（7）H 型钢的涂刷应按要求除锈，烘干并严格控制减摩剂涂刷厚度，做好堆放及防雨措施。堆放时垫平以防倒塌。

（8）喷浆搅拌施工完成后，移机、吊放 H 型钢时必须正确对位，并保证 H 型钢的垂直度。

（9）插桩时观察振动锤提升的垂直度，防止过度倾斜导致定滑轮钢丝绳脱槽，放 H 型钢进桩帽自重沉桩结束后击桩，时间要及时，根据情况调整击桩进度，防止搅拌机初凝

后击桩不畅。

(10) 做好设备例保工作，做到随时调整、紧固、清洁、润滑、加油工作。

(11) 认真做好施工记录，做到正确、及时、详细、整洁。

4. SD 系列深层搅拌机安全操作规程

(1) 使用 SD 深层搅拌机前，应先熟悉其构造、性能及操作要求，并由专人负责操作。

(2) 利用桩架吊深层搅拌机，装好导向滑块以固定深层搅拌机、连接搅拌杆、输浆管的搅拌头。吊装过程中，应注意保护导向架。

(3) 安装注浆设备和泵送设备时，贮浆桶出口高度应高于灰浆泵进口，拌浆桶高于贮浆桶，要使拌好的水泥浆能全部清入贮浆桶。

(4) 使用前先接好接地线，确认电源的容量。

(5) 钻机开动前，应将钻机平台、机座保持水平，机座须坐落在铺设平稳、牢固的跑板或垫木上面。

(6) 开机前应先进行试运行，各电气部件应正常工作，电流值在正常范围内，灰浆管路应畅通。搅拌头转动方向应为顺时针。

(7) 起重机悬吊深层搅拌机到指定桩位、对中。启动搅拌电机，放松起重机钢丝绳，使搅拌机沿导向架切土搅拌下沉，下沉速度由电机的电流监测表控制。

(8) 深层搅拌机钻到一定深度后开始拌制水泥浆，深层搅拌机下沉到设计深度后，开启灰浆泵浆水泥压入地基中，此后边喷浆边旋转并边严格按施工组织设计确定的提升速度提升深层搅拌机。

(9) 深层搅拌机提升到设计加固深度的顶面标高时，贮浆桶中的水泥浆应正好排空，为使软土和水泥浆搅拌均匀可再次将搅拌机边旋转边沉入土中，至设计加固深度后再提升搅拌出地面，重复上、下搅拌。

(10) 向贮浆桶中注入适量清水，开启灰浆泵，清洗全部管道中残存水泥浆直至基本干净。清洗净搅拌头粘附的泥浆，然后移动，运行下一根桩体施工。

(二) 管理制度化

1. 施工现场考勤制度

(1) 工程现场全体工作人员必须每天准时出勤，指纹打卡。工程开工后，工作时间为 9h。

(2) 工作人员外出执行任务需要向项目经理请示，填写外勤任务单，获准后方可外出。

(3) 项目经理外出须向分管副总汇报。

(4) 病假须出示病假证明书。

2. 施工现场例会制度

(1) 自工程开工之日起至竣工之日止，坚持每天举行一次碰头会。

(2) 每日例会由相关项目经理召集，施工员、养护班长及施工班组负责人参加。资料员记录归档，项目经理可根据具体问题扩大参加例会人员范围。

(3) 施工中发现的问题必须提交例会讨论，报分管负责人批准。例会中作出的决定必须坚决执行。

(4) 各班组间协调问题提交日例会解决，例会中及时传达有关作业要求及最新工程动态。

(5) 每周例会由分管负责人召集，由项目经理、预算员等相关人员参加，资料员记录归档。分管副总可根据具体问题，扩大参加人员范围。

(6) 各生产部门间的协调问题、甲乙双方的协调问题提交周例会解决。例会传达公司最新工程动态、最新公司文件及精神。

3. 施工现场档案管理制度

(1) 资料员应严格执行城建档案管理要求，做好资料档案工作。

(2) 做好施工现场每日例会记录、每周例会记录、临时现场会议记录。

(3) 现场工作人员登记造册。施工班组人员身份证复印件整理归档。

(4) 工程中工程量签证单、工程任务书、设计变更单、施工图纸、工程自检资料的整理归档。

(5) 工程中其他文件、资料、文书往来整理归档。

(6) 各类档案资料分类保管，做好备份，不得遗失。同时建立相关电子文档，便于查阅。

(7) 借阅档案资料需办理借阅手续。填写工程资料借阅表，并及时归还。

4. 施工现场仓库管理制度

(1) 材料入库必须经项目经理验收签字，不合格材料坚决不入库，材料员必须及时办理退货手续。

(2) 保管员对任何材料必须清点后方可入库，登记进账，填写材料入库单，同时录入电子文档备查。

(3) 材料账册必须有日期、入库数、出库数、领用人、存放地点等栏目。

(4) 仓库内材料应分类存入，堆放整齐、有序，并做好标识管理，并留有足够的通道，便于搬运。

(5) 油漆、酒精等易燃易爆有毒物品存入危险品仓库，并配备足够的消防器材，不得使用明火。

(6) 大宗材料、设备不能入库的，要点清数量，做好遮盖工作，防止雨淋日晒，避免造成损失。

(7) 仓库存放的材料必须做好防火、防潮工作，仓库重地严禁闲杂人员入内。

(8) 材料出库必须填写领料单，由项目经理签字批准，领料人签名。

(9) 工具设备借用，建立借用物品账。严格履行借用手续，并及时催收入库。实行谁领用谁保管的原则，如有损坏，及时通知材料员联系维修或更换。

5. 施工现场文明施工管理制度

(1) 施工作业时不准抽烟。

(2) 施工现场大小便必须到临时厕所，临时厕所使用后要随时清洗。

(3) 材料构件等物品分类码放整齐。领用材料、运输土方、沙石等，不沿途遗洒并及时清扫维护。

(4) 施工中产生的垃圾必须整理成堆，及时清运，做到工完料清。

(5) 现场施工人员的着装必须保持整洁，不得穿拖鞋、不得光着肚皮上班。

(6) 工棚必须保持整洁，轮流打扫卫生，生活垃圾、生产废物及时清除。

(7) 团结同志，关心他人，严禁酒后上岗，酗酒闹事，打架斗殴，拉帮结伙，恶语伤人，出工不出力。

(8) 对施工机械等噪声采取严格控制，最大限度减少噪声扰民。

6. 施工现场安全生产管理制度

(1) 新工人入场，接受“安全生产三级教育”。

(2) 进入施工现场人员佩戴好安全帽，必须正确使用个人劳保用品，如安全带等。

(3) 现场施工人员必须正确使用相关机具设备。上岗前必须检查好一切安全设施是否安全可靠。

(4) 特殊工种持证上岗，特殊作业佩戴相应的劳动安全保护用品。

(5) 使用砂轮机时，先检查砂轮有无裂纹是否有危险。切割材料时用力均匀，被切割件要夹牢。

(6) 高空作业时，要系好安全带。严禁在高空中没有扶手的建（构）筑物上随意走动。

(7) 深槽施工保持做到坡度稳定，及时完善护壁加固措施。

(8) 危险部位的边沿，坑口要严加栏护、封盖及设置必要的安全警示灯。

(9) 按规定设置足够的通行道路，马道和安全梯。

(10) 装卸堆放料具、设备及施工车辆，与坑槽保持安全距离。

(11) 大中型施工机械（吊装运输碾压等）指派专职人员指挥。

(12) 小型及电动工具由专职人员操作和使用。注意用电安全。

(13) 施工人员必须遵守安全施工规章制度，有权拒绝违反“安全施工管理制度”的操作方法。

(14) 施工现场地需挂贴安全施工标牌。

(15) 严禁违章指挥和违章操作。

7. 施工现场临时用电管理制度

(1) 工地所有临时用电由专业电工（持证上岗）负责，其他人员禁止接触电源。

(2) 施工现场每个层面必须配备具有安全性的各式配电箱。

(3) 临时用电，执行三相五线制和三级漏电保护，由专职电工进行检查和维护。

(4) 所有临时线路必须使用护套线或海底线，必须架设牢固，一般要架空，不得绑在管道或金属物上。

(5) 严禁用花线、铜芯线乱拉乱接，违者将被严厉处罚。

(6) 所有插头及插座应保持完好，电气开关不能一擎多用。

(7) 所有施工机械和电气设备不得带“病”运转和超负荷使用。

(8) 施工机械和电气设备及施工用金属平台必须要有可靠接地。

(9) 接触电源应先切断电源。若带电作业，必须采取防护措施，并有三级以上电工在场监护才能工作。

8. 施工现场保卫管理制度

(1) 保卫人员必须忠于职守、坚守岗位、昼夜巡视，保护施工现场财产不受损失。

(2) 项目经理应根据现场的实际情况，设置符合标准的档栏，围栏等，尽可能实行封闭施工。

(3) 项目经理应对露天的原材料、成品半成品进行安全检查，必要时增设安全防护设施或派专人看守。

(4) 所有施工人员必须佩戴工号牌，外来人员无项目经理许可，不得进入施工现场。

(5) 夜间值勤的保卫人员，必须巡视整个施工区域，不得睡觉。

(6) 保卫人员现场巡视时，密切注意原材料、成品半成品、机具设备等，发现异常情况及时向公司汇报。

9. 施工现场消防管理制度

(1) 施工现场的每个层面必须配备足够的灭火消防器材。

(2) 保卫人员每天必须检查消防器材的完好性，如有损耗应及时补充。

(3) 消防器材安放处必须有明显的标记。

(4) 消防器材的设置地点以方便使用为原则，不得随意变更消防器材的放置。

(5) 工作人员必须熟悉消防器材的使用方法。

(6) 漆类等易燃品存放在危险品仓库，油漆工施工时要避开火源、热源。

(7) 施工现场所有使用明火的地方，必须保证有专人值守，做到人走火灭。

(8) 保持消防道路通畅，一旦发生火警应立刻组织人员扑灭，必要时向消防部门报告。

(9) 临时工棚等设施支搭符合防盗防火要求。定期进行防盗防火教育，经常进行检查，及时消除隐患。

五、班组建设标准化

1. 目标和工作要求

(1) 班组安全生产总目标：以围绕企业、项目的安全生产、文明施工的总体目标，遵章守纪、结合各班组实际情况，实施有效的班组管理，突出重点，标本兼治，杜绝和减少各类事故的发生，消除和降低职业危害。

(2) 班组安全生产工作要求：建立健全班组安全生产岗位责任制、安全检查、安全操作规程、安全教育培训和安全奖惩制度等管理制度和措施，明确责任人及其职责。运用多种形式和方法，开展对员工的安全知识和技能培训教育，强化安全生产责任意识，提高班组成员的安全防范意识和自我保护能力，提高班组成员的文明道德素质。

2. 术语

(1) 班组 class set

指以完成一定工作任务，由若干人组成的团队，接受建筑企业、项目经理部领导和管理，在班组长的领导下，依靠集体的智慧和能力，实现企业安全质量、文明施工等管理目标，是企业内部最基层的劳动和管理组织。

(2) 危险源 hazard

可能导致死亡、伤害、职业病、财产损失、工作环境破坏或这些情况组合的根源或状态，包括人的不安全行为、物的不安全状态、管理上的缺陷和环境上的缺陷等。

(3) 环境因素 environmental aspect

生产活动中能与环境发生相互作用的因素。根据对环境造成的影响是否有利，可分为不利环境因素和有利环境因素。本规范不利环境因素仅指施工过程中产生的废水、废气、粉尘、噪声、振动和固体废弃物的排放。

(4) 危险因素 hazardous factors

能对人造成伤亡或对物造成突发性损坏的因素。

(5) 事故 accident

造成死亡、伤害、职业病、财产损失、工作环境破坏或超出规定要求的不利环境影响的意外情况。

(6) 隐患 hidden peril

未被事先识别或未采取必要防护措施的可能导致事故的危险源和不利环境因素。

(7) 风险 risk

某一特定危险情况发生的可能性和后果的结合。

(8) 安全生产 safety production

为了预防生产过程中发生事故而采取的各种措施和活动。

(9) 项目经理部 construction project management team

由项目经理在建筑企业支持下组建并领导，负责承建项目管理的组织机构。

(10) 不安全行为 unsafe behavior

作业人员在施工活动过程中，违章指挥、违反劳动纪律、违反操作规程和方法等具有危险性的做法。

(11) 违章指挥 command against rules

强迫施工作业人员违反国家法律、法规、规章制度或操作规程进行作业的行为。

(12) 违章操作 operation against rules

作业人员不遵守规章制度或操作规程，冒险进行操作的行为。

(13) 保护措施 protection measures

为避免作业人员在施工过程中误入危险区域而采取的隔离、屏蔽、安全距离、个人防护等措施或手段。

(14) 个人防护用品 personal protective devices

为使作业人员在施工活动过程中免遭或防止事故带来的伤害而提供的个人穿戴的劳动防护用品。

(15) 特种作业 special work

由国家认定的，对操作者本人及其周围人员和设施的安全有重大危险因素的作业。

3. 基本要求

(1) 班组职责

1) 班组必须严格执行国家有关安全生产的法律法规、标准规范和有关要求，认真贯彻落实“安全第一、预防为主”的方针，服从建筑企业、项目经理部的安全管理，自觉遵守安全生产规章制度，履行班组安全职责，保障班组施工作业安全。

2) 围绕建筑企业、项目经理部安全管理目标，应当明确班组安全生产管理要求，落实班组安全负责人，并明确分工，按各自职责范围和要求开展工作。

3) 班组可将施工作业的活动范围分成若干安全生产责任区，将安全责任分解包干，责任落实到人，使班组施工作业全过程始终处于有序运作、安全控制之内。

4) 针对本班组施工任务的特点，每天班前进行安全技术交底，班后进行安全讲评，开展无事故竞赛活动，并做好记录。

5）加强班组之间沟通与交流，主动给予安全生产的配合和支持，做好上下工序的安全衔接和交底，共同对安全生产进行相互督促、检查和管理。

6）班组应加强对从事高空作业人员的身体健康状况、女职工保护进行管理，不得违规安排和操作。

7）班组对作业人员的安全职责的落实与履行、文明施工和遵章守纪情况，可根据建筑企业、项目经理部的考核管理要求，进行定期或不定期的内部讲评和考核，形成长效安全管理和激励机制。

（2）班组长职责

1）班组长应具备的基本任职条件：

①经过政府主管部门或建筑企业内部的安全培训，经安全知识和能力考核合格后持证上岗；

②具有一定的组织和管理、辨识危险和控制事故能力，敢抓敢管，又能关心、团结班组人员，注重调动班组人员的积极性；

③要有较强的责任心、能任劳任怨，吃苦在先，能起到模范遵守各项规章制度、以身作则的带头作用；

④具有一定的文化知识、掌握一定的安全技术、实际操作技能和水平；

⑤有认真负责的工作态度和强烈的安全意识，既抓好班组的安全教育，又抓好班组的安全管理工作，在实际工作中，做到处事公平合理，具有一定的群众基础和威信。

2）班组长职责

班组长是班组安全生产工作的第一责任人，对班组安全生产工作负主要责任，其职责是：

①认真贯彻国家有关安全生产的法律法规、标准规范和相关要求，严格执行建筑企业、项目经理部安全生产规章制度，服从领导、听从指挥，拒绝违章指挥，杜绝违章作业，合理安排班组人员的工作，对本班组在施工作业的安全、文明、健康负责；

②加强对班组安全工作的领导，经常组织班组人员学习安全技术操作规程，增强班组人员的安全意识，提升安全自我防范能力；

③开展班前安全活动，落实作业前的安全技术交底，监督班组人员正确使用安全防护用品；

④经常检查班组作业现场的安全生产状况，发现问题及时解决，消除安全隐患；

⑤督促班组安全负责人组织做好新进人员安全教育，根据施工任务、作业环境和工人的身体、情绪、思想状况进行布置安全工作和危险源告知，做到班前布置、班中控制和班后检查；

⑥发生伤亡事故应立即报告项目负责人，并积极组织抢救，除防止事故扩大采取必要的措施外，应保护好现场。组织班组对伤亡事故进行分析，吸取教训，举一反三，抓好整改。

3）班组长权限

①具有指挥管理权——有权对本班组的劳动力进行调配，实行劳动力优化组合，在一定范围内有权安排顶班和休息。

②具有抵制违章权——有权拒绝违章指挥，制止违章操作和违反劳动纪律。

③具有维护权益权——有权维护班组人员的合法权益，使正当合法权益不受侵犯。

④具有奖惩建议权——有权对先进人员提出奖励的建议，或对违章操作和违反劳动纪律的人员提出处理意见。

⑤具有参与项目管理权——有权对项目经理部的安全管理提出建议和意见，体现项目管理的民主性。

（3）班组人员管理

1）日常管理

①加强班组人员日常管理是项目经理部管理的重要内容，也是班组管理的重点。必须对班组的人员安排、组织管理明确要求，使班组人员管理在源头上、使用上得到有效控制。

②用人单位应当按照国家有关劳动合同管理要求，遵循合法、公平、平等自愿、协商一致、诚实信用的原则，必须与从业人员签订书面的劳动合同，建立劳动关系。

③用人单位与从业人员应当订立劳动合同，并载明有关保障从业人员劳动安全、防止职业危害、工资待遇等事项，并依法为从业人员办理工伤社会保险。

④作业人员必须与用人单位办妥相关用工等手续后，方可进入施工作业班组，未办理用工手续的人员不准进入班组进行施工作业。

⑤项目部与施工班组应当按照实名制管理要求，建立作业人员花名册，建立作业人员进出台账，加强从业人员的动态管理。

2）班组新进人员管理

①新进人员进入班组，必须是符合用工手续并经项目经理部确认的人员；

②新进人员应当接受规定的安全教育，经安全知识考试合格后持证上岗；

③新进人员进入班组，在3～6个月期间，不准单独施工作业，必须在有人带领或看护下进行操作，防止出现作业不当引起的安全事故；

④对新进人员不安全的行为，应当立即制止，不能放任自由，必须严格管理，加强教育和引导，促使新进人员增强安全意识和规范操作。

3）班组作业人员持证上岗要求

①班组作业人员除符合用工手续外，应当经政府主管部门和建筑企业规定的安全培训，掌握本工种安全生产知识和操作技能，并持有效上岗证进行作业；

②特种作业人员必须经过与本工作相适应的、专门的安全技术理论学习和实际操作训练，经特种作业人员主管部门组织的考核合格后，持有效IC卡《特种作业人员操作证》后方可上岗作业；并按规定要求，进行知识更新教育和复审，不得无证或持无效证从事特种作业。

4）班组人员考勤管理

①班组长应落实安排专人负责对人员进出进行登记管理，认真做好班组人员考勤工作，掌握班组人员的出勤情况；

②提倡项目经理部利用现代管理手段和实用方法，便于对班组人员出勤、分布、流动等进行掌控，有助于劳动力的合理使用。班组按照项目经理部人员登统管理要求，在规定的时间将班组人员考勤情况进行汇总上报。

(4) 教育

班组教育是搞好班组安全管理的基础，应结合人员年龄、文化程度、项目规模、重大危险源、施工难度、作业环境等综合因素，统筹考虑、适时安排，讲究教育的针对性、实效性，防止搞形式和走过场。

1) 班组教育形式

①班组可运用形式多样的安全教育，把班组安全教育与项目经理部安全技术培训相结合，与班组安全活动相结合，以提高班组人员的群体保护和自我保护意识，做到警钟长鸣，防患于未然。

②对班组人员进行安全教育，要贯穿于施工的全过程，应根据施工的不同阶段开展针对的安全教育，使班组人员能熟练掌握本岗位的标准化程序和安全技术规程，了解作业区域的危险源，运用安全技术措施控制危险源，保障自身在施工作业中不发生人身和机械设备事故。

2) 班组教育内容

①本班组的概况和工作范围，本班组作业区域内的危险因素及安全控制措施；

②本岗位（工种）的施工生产程序及工作特点和安全注意事项；

③本岗位（工种）安全操作规程和有关的安全生产制度；

④本岗位（工种）设备、工具的性能和安全装置、安全设施、安全监测、监控仪器的作用、防护用品的使用和保管方法；

⑤发现紧急情况时的急救措施及报告方法。

(5) 权益保护

1) 权益保护原则

①班组应本着“保障合法权益、维护正当权利、履行安全义务”的原则，尽班组维权责任，切实做到班组人员的合法权益不受侵犯，并督促班组人员履行安全义务，尽岗位安全责任。

②班组作业人员享有五项权利：

a. 获得安全保障、工伤社会保险和民事赔偿的权利；

b. 得知危险因素、防范措施和事故应急措施的权利；

c. 对本企业、项目经理部安全生产的批评、检举和控告的权利；

d. 拒绝违章指挥和强令冒险作业的权利；

e. 紧急情况下的停止作业和紧急撤离的权利。

③班组作业人员应履行四项义务：

a. 遵章守纪、服从管理的义务；

b. 正确佩戴和使用劳动保护用品的义务；

c. 接受安全培训，掌握安全生产技能的义务；

d. 紧急情况下的停止作业和紧急撤离的权利。

2) 权益保护要求

①根据国家和行业的管理规定，必须为班组作业人员办理综合保险、组织体检、配备劳动防护用品、安排高温季节作息和控制加班等，保障基本的生活和福利。

②对班组作业人员提出改善生活或设施的合理要求和建议，建筑企业、项目经理部及

工会组织应予以支持和采纳，想尽办法给以妥善解决，由于受条件限制或其他原因，不能解决时，应向班组作业人员说明情况，避免引起矛盾和冲突，共同为构筑和谐的施工环境尽一份责任。

（6）班组机具管理

1）机具管理要求

①班组使用的机具应落实“谁使用、谁维护、谁保管”的职能，建立班组机具台账。

②班组使用的机具定期或不定期地进行自检，确保其安全可靠和完好率，保证正常使用和运行。

2）机具使用维护

①应按照使用、保养、维护的要求管理班组使用的机具，保持本岗位的机具完整。严格遵守机具操作、使用和维护规程，做到使用前认真准备，使用中认真检查，使用后妥善维护和保管。

②操作人员发现机具有不异常情况，应立即检查原因，及时反映，在紧急情况下，应按有关规程，采取果断措施，或立即停机，并上报和通知班组长或项目经理部设备管理负责人，不弄清原因，不排除故障不得盲目使用机具。

③班组要协助项目设备管理人员，做好大型机械设备的日常维护保养和检修工作，并向管理人员提供运行情况和意见。对设备的安全附件及防护装置要正确使用，精心保养，充分发挥设施的安全防护作用，确保机械设备的安全运行。

④严格交接班制度。交接班人员必须把大型机械设备运转情况、安全等情况交接清楚，做到交班不清楚、不接班，防止因交接班不清楚而危及生产安全。

（7）安全管理

围绕班前、班中、班后施工三个阶段，提出班组各阶段的基本安全管理要求，使施工作业过程的安全得到受控。

1）班前安全管理

①作业前安全要求

a. 班组长做好班组作业前的人员点名，保证作业人员准时到岗；

b. 班组作业人员做好个人劳动防护用品的相互检查，确保正确佩戴和使用；

c. 班组长讲评班组安全状况，提醒作业人员应注意的安全事项和安全防范措施；

d. 机械设备作业人员做好试运行检查，保证机械各系统运转正常和安全可靠。

②作业前安全交底

a. 作业人员在上岗前必须接受安全技术交底，明确分部分项分工种的操作安全要求；

b. 安全技术交底以书面交底为主，采取现场交底与会议交底相结合的形式，交底项目必须齐全，交底人、被交底人必须分别签字，交底手续完整有效。

2）班中安全管理

①作业人员操作安全

a. 作业人员必须严格执行规定的操作规程，按照安全技术交底的要求进行上岗作业，不得擅自违规操作或冒险作业；

b. 对机械设备的操作人员，必须实行“管用结合、人机固定”的原则，执行定人、定机、定岗位责任的“三定”制度，多班作业时，必须履行交接手续。

②作业人员遵章守纪

a. 作业人员必须服从班组长的工作安排，自觉遵守劳动纪律，严格执行建筑企业、项目经理部的安全管理制度，自我约束不安全行为，做到不伤害自己、不伤害他人、不被他人所伤害；

b. 充分履行岗位安全责任，执行作业操作规程，在确保安全的前提下，按时完成本岗位的施工作业任务。

③作业过程相互监督

a. 施工作业安全是一个动态管理的过程，对作业中的危险点、危险源的控制显得尤为重要，作业人员在操作过程中，必须相互监督、互相提醒安全，使作业安全处于受控状态，可采用各种技术手段从根本上避免危险点的产生，对一些无法消除的危险点，可设置现场警告牌、加装围栏或隔离挡板，从空间上将危险点隔离开来，达到超前控制和预防事故的目的；

b. 凡进行动火作业、危险性较大的分部分项工程作业时，班组必须指派现场安全监控人员，对作业全过程进行监督管理，消除安全隐患，确保施工安全；

c. 施工临时用电应按《施工现场临时用电安全技术规范》（JGJ46—2005）执行，严禁发生不安全用电或违规操作等行为；

d. 班组长、安全负责人对作业区域的安全进行巡查，发现人的不安全行为、物的不安全状态、不利环境因素时，及时制止并落实纠正，及早消除安全隐患。

④作业过程不安全隐患的处理

a. 作业人员在施工过程中，发现险情必须立即停止作业，及时上报项目负责人，并协助排除险情，不留安全隐患；

b. 作业过程发现不安全隐患，班组人员应采取果断措施，及时予以消除，在班组无法处置的情况下，应及时上报项目经理部进行处理，确保施工作业处于安全可靠的环境中。

⑤班组应急自救

a. 当发生事故时，班组应立即向上级报告事故，根据安全事故应急预案的要求，积极响应并组织防范自救，首先确保人身安全，减少人员伤亡和财产损失，及时抢救受伤人员，保护事故现场；

b. 当发生火灾时，应及时报告消防部门，请求支援灭火；同时，班组应立即组织人员投入灭火自救，正确使用灭火器具，控制火势、有效灭火、降低火灾损失和减少人员伤亡；

c. 协助事故调查组进行事故调查，分析事故原因，举一反三，吸取事故教训，从源头上控制事故的发生。

3）班后安全管理

①作业人员班后的安全检查

a. 作业人员每天工作结束时，应当对作业区域的安全进行认真检查，做好切断电源、收好工具、清理作业场地等工作，不留下安全隐患；

b. 班组长、安全负责人应对班组作业区域的安全进行复查，善于发现安全问题，及时处置安全隐患，要求做到安全隐患消除，不过夜。

②作业危险部位的安全防护的维护

a. 作业人员对施工范围内的安全防护设施应当加以维护，发现存在防护缺陷时，必须及时加固和完善，保证设施的安全可靠；

b. 由于施工的需要，要拆除安全防护设施才能进行作业时，必须进行拆除审批，经项目经理部施工负责人批准同意后分可拆除，作业人员不得擅自拆除安全防护设施，不得人为造成危险因素；

c. 经批准拆除的安全防护设施，作业人员对施工作业点的安全可采取相应措施予以防范，对一时无法完成的施工作业点，应当设置临时安全防护设施和警示牌，不得留下安全陷阱和隐患。

③班后安全综合治理

a. 班组长应关心班组人员的业余生活，组织开展文体娱乐活动，不断提高文化和文明素质；

b. 班组人员应增强自我管理、自我约束的意识，不得进行违法乱纪、触犯法律的活动。

(8) 文明卫生管理

1) 班组文明管理

①作业场地

按照文明施工的要求，作业人员应保持场容场貌的整洁，爱护公共财产和安全设施；作业中不得随意抛扔物品，做到工完料尽场地清，杜绝野蛮施工和不文明行为。

②物料堆放

作业人员应将物料按指定地点进行分类堆放，做到堆放整齐划一，不得随意乱堆乱放，侵占现场道路，防止堵塞交通影响施工。

③建筑垃圾清理

作业人员应将建筑垃圾及时清理，集中存放，统一处理，防治扬尘污染，禁止高空抛掷、扬撒，防止作业区域建筑垃圾堆积影响施工或造成人员伤害。

2) 班组卫生管理

①宿舍管理

a. 宿舍根据房间的大小，合理安排人员住宿，严禁使用通铺或在未竣工的建筑屋搭设床铺安排人员住宿；

b. 每间宿舍指定一名宿舍长，负责宿舍的管理，督促和检查安全卫生，制止不安全和不文明的行为；

c. 宿舍应安排人员进行卫生值日打扫，保持室内干净卫生、床铺整洁、生活用品摆放整齐、窗明地净，自觉抵制乱堆物品、乱晾晒衣服等不文明行为；

d. 住宿人员应自觉遵守宿舍管理规定，讲究文明卫生，不讲不文明的话，不做不卫生的事，共同创建和谐的住宿氛围，维护良好文明卫生环境。

②就餐管理

a. 班组人员应自觉遵守就餐卫生规定，做到排队就餐，文明用餐，注意饮食卫生，不吃不洁食物，不在工作时间酗酒；

b. 班组人员应对食具、茶具进行消毒，养成良好的个人卫生习惯，不得将剩菜剩饭随意泼洒影响环境卫生。

③职业健康（包括个人卫生、体检等）

a. 班组人员应根据建筑企业的安排，参加定期的体检，对体检不合格的人员，班组应及时与项目经理部联系，给予调离岗位或另行安排，对不适宜登高作业的人员，不得强行安排高空作业；

b. 班组根据人员的工作安排，由项目经理部配备合格的个人劳动防护用品，班组应对作业人员正确佩带劳动防护用品进行监督检查，确保劳动防护用品的有效使用；

c. 班组人员患病应及时就医，如发生法定传染病、食物中毒等，应迅速上报，并积极配合有关部门做好消毒和应急处理工作；

d. 班组长应关心班组人员的工作和生活等，了解人员健康状况，掌握思想变化，善于化解内部矛盾，充分调动班组人员的积极性，依靠群体的智慧和力量，搞好班组安全工作，实现项目经理部安全管理目标。

（9）检查与记录

1）班组检查

班组应根据项目经理部对安全工作管理的要求，结合施工项目的技术特点，以及班组作业的难点，围绕重大危险源控制的重点，实施班组安全检查，一般检查形式如下：

a. “一班三检”日常安全检查

指班前、班中、班后的安全检查，班前检查，消除作业环境中的不安全因素；班中检查，制止或纠正违章作业，及时消除事故隐患；班后安全检查，清理作业现场，不给下道工序留下安全隐患。

b. 定期安全检查

根据项目经理部周、月、季的安全检查安排，班组应做好安全自查，对自查发现的安全问题，制定相应的措施落实整改，使班组的安全生产符合上级的管理要求。

c. 专项安全检查

针对大型机械设备、临时用电、防高处坠落等进行的检查，检查机械系统、安全附件、安全装置、防护设施的安全性、稳定性和可靠性。

d. 节假日和季节性安全检查

根据上级的指示、项目经理部的安排进行的安全检查，检查人员安排、安全防护设施、防高温、防台防汛和防冻保暖措施的落实情况。

2）班组安全检查的内容

①检查班组人员安全意识，自我安全防范，遵守劳动纪律，掌握安全操作技能和自觉遵守安全技术操作规程以及执行安全生产制度情况；

②检查班组人员正确穿戴和合理使用个人防护用品、用具，安全文明贯穿施工全过程的情况；

③检查班组施工现场人的不安全行为和不安全的操作控制情况；

④检查班组物的不安全状态和不利环境因素的控制情况。

3）班组记录

①班组安全记录由专人负责，可采用表式和文字相结合的形式，力求真实有效，不搞

形式主义和“二张皮”；

②班组安全记录应与施工作业进度同步，记录清晰、准确、真实、有效，记录内容与施工现场实际相一致，记录可追溯性；

③班组应按施工现场安全保证体系（DGJ 08—903—2033）标准资料管理要求，专人负责记录、资料的收集、整理、编目、成册，建立班组安全活动台账。

第三节　施工现场文明施工

一、施工现场文明施工概述

施工现场文明施工是安全生产的重要组成部分，文明施工是避免或减少建筑施工企业生产安全事故发生的有效措施之一。安全生产与文明施工是相辅相成的，建筑施工安全生产不但要保证职工的生命财产安全，同时要加强现场管理，保证施工井然有序，改变过去施工现场脏乱差的面貌，对提高投资效益和保证工程质量也具有深远意义。

建筑施工企业应按《建筑施工安全检查标准》（JGJ59—99）和《建筑施工现场环境与卫生标准》（JGJ146—2004）规定，对施工现场的现场围挡、封闭管理、施工场地、材料堆放、现场住宿、现场防火、治安综合治理、施工现场标牌、生活设施、保健急救和社区服务等方面进行有效的控制。

二、施工现场布局管理

施工现场的平面布局是施工组织设计的重要组成部分，必须科学合理的规划，绘制出施工现场平面布置图，在施工实施阶段按照施工总平面图要求，设置道路、组织排水、搭建临时设施、堆放物料和设置机械设备等。

施工平面布置原则：

1. 满足施工要求，场内道路畅通，运输方便，各种材料能按计划分期分批进场，充分利用场地；

2. 材料尽量靠近使用地点，减少二次搬运；

3. 现场布置紧凑，减少施工用地；

4. 在保证施工顺利进行的条件下，尽可能减少临时设施搭设，尽可能利用施工现场附近的原有建筑物作为施工临时设施；

5. 临时设施的布置，应便于工人生产和生活，办公用房靠近施工现场，福利设施应在生活区范围之内；

6. 平面图布置应符合安全、消防、环境保护的要求。

施工现场按照功能可划分为施工作业区、辅助作业区、材料堆放区和办公生活区。施工现场的办公生活区应当与作业区分开设置，并保持安全距离。办公生活区应当设置于在建建筑物坠落半径之外，与作业区之间设置防护措施，进行明显的划分隔离，以免人员误入危险区域；如果设置在建建筑物坠落半径之内时，必须采取可靠的防砸措施。功能区的规划设置时还应考虑交通、水电、消防和卫生、环保等因素。

三、施工现场标识、标牌

施工现场的进口处应有整齐明显的“五牌一图”，在办公区、生活区设置“两栏一报”。

1. 五牌指：①工程概况牌；②管理人员名单及监督电话牌；③治安保卫牌；④安全生产六大纪律牌；⑤文明施工牌。一图指：施工现场总平面图。

2. 五牌具体内容可结合本地区、本企业及本工程特点设置。工程概况牌内容一般应写明工程名称、面积、层数、建设单位、设计单位、施工单位、监理单位、开竣工日期、项目经理以及联系电话。

3. 标牌是施工现场重要标志的一项内容，所以不但内容应有针对性，同时标牌制作、挂设也应规范整齐、美观，字体工整。

4. 为进一步对职工做好安全宣传工作，要求施工现场在明显处，应有必要的安全内容的标语。

5. 在办公生活区应该设置“两栏一报”，即读报栏、宣传栏和黑板报，丰富学习内容，表扬好人好事。

施工现场应合理悬挂安全生产宣传和警示牌，标牌悬挂牢固可靠，特别是主要施工部位、作业点和危险区域以及主要通道口都必须有针对性地悬挂醒目的安全警示牌。

四、施工现场临时设施

施工现场的临时设施较多，主要指施工期间临时搭建、租赁的各种房屋临时设施。临时设施必须合理选址、正确用材，确保使用功能和安全、卫生、环保、消防要求。

临时设施的种类：

1. 办公设施，包括办公室、会议室、保卫传达室；

2. 生活设施，包括宿舍、食堂、厕所、淋浴室、阅览娱乐室、卫生保健室；

3. 生产设施，包括材料仓库、防护棚、加工棚、操作棚；

4. 辅助设施，包括道路、现场排水设施、围墙、大门、供水处、吸烟处。

（1）办公室

施工现场应设置办公室，办公室内布局应合理，文件资料宜归类存放，并应保持室内清洁卫生。

（2）施工宿舍

1）宿舍应当选择在通风、干燥的位置，防止雨水、污染流入。

2）不得在尚未竣工建筑物内设置员工技术宿舍。

3）宿舍必须设置可开启式窗户，设置外开门。

4）宿舍内应保证有必要的生活空间，室内净高不得小于2.4m，通道宽度不得小于0.9m，每间宿舍居住人员不应超过16人；

5）宿舍内的单人铺不得超过2层，严禁使用通铺，床铺应高于地面0.3m，人均床铺面积不得小于1.9m×0.9m，床铺间不得小于0.3m；

6）宿舍内应设置生活用品专柜，有条件的宿舍宜设置生活用品储藏室；宿舍内严禁存放施工材料、施工机具和其他杂物；

7）宿舍周围应当搞好环境卫生。应设置垃圾桶、鞋柜或鞋架，生活区内应为作业人员提供晾晒衣物的场地，房屋外应道路平整，晚间有充足的照明；

8）应当制定宿舍管理使用责任制，轮流负责卫生和使用管理或安排专人管理。

（3）食堂

1）食堂应当选择在通风、干燥的位置，防止雨水、污水流入，应当保持环境卫生，远离厕所、垃圾站、有毒有害场所等污染源的地方，装修材料必须符合环保、消防要求；

2）食堂应设置独立的制作间、储藏间；

3）食堂应配备必要的排风设施和冷藏设施，安装纱门纱窗，室内不得有蚊蝇，门下方应设不低于0.2m的防鼠挡板；

4）食堂制作间灶台及其周边应贴瓷砖，瓷砖的高度不宜小于1.5m；地面应做硬化和防滑处理，按规定设置污水排放设施；

5）食堂制作间的刀、盆、案板等炊具必须生熟分开，食品必须有遮盖，遮盖物品应有正反面标识，炊具宜存放在封闭的橱柜里；

6）食堂应有存放各种佐料和副食的密闭器皿，并应有标识，粮食存放台距墙和地面应大于0.2m；

7）食堂外应设置密闭式泔水桶，并应及时清运，保持清洁；

8）应当制定并在食堂张挂食堂卫生责任制，责任落实到人，加强管理。

（4）厕所

1）厕所大小应根据施工现场作业人员的数量设置；

2）高层建筑施工超过8层以后，每隔4层宜设置临时厕所；

3）施工现场应设置水冲式或移动式厕所，厕所地面应硬化，门窗齐全。蹲坑间宜设置隔板，隔板高度不得低于0.9m。

4）厕所应设专人负责，定时进行清扫、冲厕、消毒，防止蚊蝇滋生，化粪池应及时清掏。

（5）防护棚

施工现场的防护棚较多，如加工站厂棚、机械操作棚、通道防护棚等。小型防护棚一般钢管扣件脚手架搭设，应当严格按照《建筑施工扣件式钢管脚手架安全技术规范》要求搭设。

防护棚顶应满足承重、防雨要求，在施工坠落半径之内的，棚顶应当具有抗砸能力，可采用多层结构。最上层材料强度应能承受10kPa的均布静荷载，也可采用50mm厚木板架设或采用两层竹笆，上下竹笆间距应不小于600mm。

（6）仓库

1）仓库的面积应通过计算确定，根据各个施工阶段的需要先后进行布置；

2）水泥仓库应当选择地势较高、排水方便、靠近搅拌机的地方；

3）易燃易爆物品仓库的布置应当符合防火、防爆安全距离要求；

4）仓库内各种工具器件物品应分类集中放置，设置标牌，标明规格型号；

5）易燃、易爆和剧毒物品不得与其他物品混放，并建立严格的进出库制度，由专人管理。

五、施工现场环境保护标准化

根据国家关于保护和改善环境，防治污染的法律、法规《环境保护法》、《大气污染防治法》、《固体废物污染环境防治法》、《环境噪声污染防治法》等，施工企业应在大气污染、水污染、噪声污染、照明污染、固体废弃物污染等方面采取相应的措施。

（一）防治大气污染

1. 施工现场宜采取硬化措施，其中主要道路、料场、生活办公区域必须进行硬化处理，土方应集中堆放。裸露的场地和集中堆放的土方应采取覆盖、固化和绿化等措施；

2. 使用密目式安全网对在建建筑物、构筑物进行封闭，防止施工过程扬尘；拆除旧建筑物时，应采用隔离、洒水等措施防止扬尘，并应在规定期限内将废弃物清理完毕；

不得在施工现场熔融沥青，严禁在施工现场焚烧含有毒、有害化学成分的装饰废料、油毡、油漆、垃圾等各类废弃物。

3. 从事土方、渣土和施工垃圾运输应采用密闭式运输车辆或采取覆盖措施；

4. 施工现场出入口处应采取保证车辆清洁的措施；

5. 施工现场应根据风力和大气湿度的具体情况，进行土方回填、转运作业；

6. 水泥和其他易飞扬的细颗粒建筑材料应密闭存放，砂石等散料应采取覆盖措施；

7. 施工现场混凝土搅拌场所应采取封闭、降尘措施；

8. 建筑物内施工垃圾的清运，应采用专用封闭式容器吊运或传送，严禁凌空抛撒；

9. 施工现场应设置密闭式垃圾站，施工垃圾、生活垃圾应分类存放，并及时清运出场。

（二）防治水污染

1. 施工现场应设置排水沟及沉淀池，现场废水不得直接排入市政污水管网和河流；

2. 现场存放的油料、化学溶剂等应设有专门的库房，地面应进行防渗漏处理；

3. 食堂应设置隔油池，并应及时清理；

4. 厕所的化粪池，并应及时清理；

5. 食堂、盥洗室、淋浴间的下水管线应设置隔离网，并应与市政污水管线连接，保证排水通畅。

（三）防治施工噪声污染

1. 施工现场应按照现行国家标准《建筑施工场界噪声限值》（GB 12523—90）及《建筑施工场界噪声测量方法》（GB 12524—90）制定降噪措施，并应对施工现场的噪声值进行监测和记录；

2. 施工现场的强噪声设备宜设置在远离居民区的一侧；

3. 对因生产工艺要求或其他特殊需要，确需在 22 时至次日 6 时期间进行强噪声施工的，施工前建设单位和施工单位应到有关部门提出申请，经批准后方可进行夜间施工，并公告附近居民；

4. 夜间运输材料的车辆进入施工现场，严禁鸣笛，装卸材料应做到轻拿轻放；

5. 对产生噪声和振动的施工机械、机具的使用，应当采取消声、吸声、隔声等有效措施，控制降低噪声。

（四）防治施工照明污染

夜间施工严格按照建设行政主管部门和有关部门的规定执行，对施工照明器具的种类、灯光亮度加以严格控制，特别是在城市市区居民居住区内，要减少施工照明对城市居民的危害。

（五）防治施工固体废弃物污染

施工车辆运输砂石、土方、渣土和建筑垃圾，采取密封、覆盖措施，避免泄露、遗撒，并按指定地点倾卸，防止固体废物污染环境。

第四节 施工现场分包队伍的管理

一、人员的管理

为了确保企业与分包单位就相关职业健康安全信息进行协商和沟通，企业应建立和保持《劳务分包合格分包商名录》和《专业分包合格分包商名录》，同时定期进行评价、考核，淘汰不符合企业要求的分包单位。

企业规定针对项目工程施工需要规定对分包单位的资质要求，必须在其资质等级许可的范围内从事建筑活动。企业应与分包单位签订专门的安全生产管理协议，或者在承包合同中约定各自的安全生产管理职责。在协议执行过程中，企业安全管理部门应对承包单位的安全生产工作进行统一协调、管理。

分包单位属安全风险频发区域。企业在与分包单位签订承包合同过程中，应要求其分包单位建立和完善安全生产责任制和其他安全管理制度，并严格实施；分包单位管理人员、特殊工种作业人员和其他从业人员应经安全培训合格。不具备相应的安全生产知识和管理能力的从业人员不得上岗作业。企业在与分包单位签订承包合同后，应向分包单位收取所有从业人员的安全生产考核合格证书。

劳务分包企业建设工程项目施工人员 50 人以下的，应当设置 1 名专职安全生产管理人员；50～200 人的，应设 2 名专职安全生产管理人员；200 人以上的，应根据所承担的分部分项工程施工危险实际情况增配。

在施工过程中，建筑施工企业必须对分包单位的安全生产管理情况进行定期和不定期的监督检查，发现问题及时提出整改意见，并督促分包单位进行整改，防止发生安全事故。

二、外来设备的管理

针对分包单位自带设备，企业建立设备安全管理制度，如机械设备使用验收制度、巡回检查制度、租赁管理制度、修理制度、安全操作和事故处理制度、报废和处理制度等，编制设备设施安全检查表，定期对设备和设施进行安全检查。

在大型机械设备进场前，做好大型机械设备进场前的各项准备工作，包括设备进场所需的道路、场地、设备基础施工图、预留预埋等；委托具有相应资质的单位或人员负责现场大型机械设备的进场组织、安装调试、拆卸退场及日常检查、维修、保养工作，负责向当地设备监督、检验部门进行报检、报验，未经当地设备监督、检验部门许可和验收合格的大型机械设备不得投入使用；在大型起重设备的装拆过程中，建筑施工企业设备管理部门必须安排专人监督其施工队伍，按照经批准的专项装拆方案进行施工。未制定方案或方案未获得批准时，禁止进行大型起重设备的装拆作业。

同时，为加强施工现场机械设备的管理，执行机械设备技术规范，对进入现场设备进行使用前检查验收，特做如下规定：

1. 进入现场作业的设备不得使用国家和企业明令淘汰，禁止使用和危及生产安全的设备。

2. 进入现场作业的设备，必须符合产品安全技术标准，持国家规定生产许可证的产品，进口设备必须通过商检，并持有相关证明。

3. 进入现场的设备，应做好作业前的检查和保养，以确保设备的安全运行。

4. 大型设备使用前验收应具备安装方案，及审批同意的记录，基础强度，隐蔽工程验收等相关资料。

5. 新机及大修出厂的设备，在投入使用前应按规定进行技术试验，试验合格后方可再验收使用。

6. 起重设备，除安装验收外，还必须经企业有关部门检查验收，合格后方能使用，塔机、施工升降机、移动式起重机、门式起重机等设备使用前，必须通过特定检测机构的检测。

7. 中小型设备验收应由设备单位、机械管理人员与相关人员共同进行。

8. 验收工作应针对各类设备验收项目逐一针对性检查，做到一机一单，定性定量标注，准确反映验收数据，对不合格项及不符合标准，须整改合格后再使用。

9. 验收人员应认真做好验收工作，并在验收单上加以确认，验收人员不得利用职权降低标准。

10. 验收工作由设备安装单位或产权所属单位负责，使用单位、总包和发包单位对验收工作予以确认。

11. 验收合格应在设备明显处挂验收合格牌，特种设备应同时挂特种设备检测合格证(复印件)。

在施工机具的安全管理中，做好施工机具入场验收记录，并履行签字手续；作业人员应按规定加强对施工机具的维护保养，做到“管、用、养、修”；同时，各种机具做到“定岗、定人”，每天上班前必须自查正常后方可运转作业。

三、制度化管理

为了加强分包队伍安全管理，企业建立和完善包括班组安全生产岗位责任制在内的一系列安全管理制度，明确工作职责，实施有效的班组管理，项目加强监督、控制，达到加强施工班组安全生产意识，提高班组成员安全生产技能，增强其自我保护能力，提升文明道德素质的要求，杜绝各类生产安全事故，消除职业危害，保障健康安全。

企业将分包单位项目负责人、分包单位安全员、班长、班组安全员安全生产责任制统一纳入项目管理，建立相应的一些制度，如班组建设安全检查制度、班组建设安全教育和培训制度等。

（一）班组建设安全检查制度

为及时、有效地发现事故隐患，落实整改措施，消除不安全因素，必须依靠施工现场全员，包括施工一线班组参与安全生产检查；对存在的不安全因素进行预测、预报、预防，以达到降低、控制生产安全事故频率和经济损失率；不断改善施工现场生产条件和作业环境的目标。

1. 安全检查形式与内容

(1) 经常性的检查

施工班组坚持日常上岗安全检查制度，班员在班长的督促下做班前自查，查安全意识、自身安全风纪，查接受的施工任务对应的安全用具是否完好、齐全，查操作岗位安全设施的完好，查是否正确佩带合适的防护用品上岗；班中检查，班员互相提醒、互相督促，制止和纠正违章指挥、违章作业，及时排除事故隐患；班后检查，班长全面负责，在班组安全员的配合下，督促班员全面清理作业现场，做好“落手清”工作，对本班组使用的安全设施、机电设备、电动工具、防护用具、操作场所、作业环境进行检查，发现问题立即采取整改措施，及时消除事故隐患，按时填写安全上岗记录。

公司、分公司、项目部安全、设备、防火管理部门、岗位人员经常巡查，指导、督促施工班组落实上岗安全检查工作。

(2) 定期检查

项目部组织定期安全检查。除经常性的安全检查外，由项目主要负责人每旬定期组织一次项目相关岗位有关人员及分包队伍安全员参加的安全方面活动的全面、全方位的检查，帮助解决问题并及时落实自查和上级检查提出的整改要求。项目部由项目负责人或项目负责人指定专人（如项目综合管理员等）组织安全、设备等岗位管理人员会同施工班组宿舍室长定期对生活区宿舍、食堂等区域进行安全检查，制止和纠正违章现象，消除事故隐患。

公司、分公司按照公司安全检查制度，开展好对应的检查和抽查，并将对项目的检查情况作为项目考核施工班组的依据。

(3) 专业检查、季节检查、节假日前后及抽查相结合

根据季节、气候特点，施工班组由班长负责，在班组安全员的配合下，组织班员配合项目部做好季节或专业性检查和整改工作。如：台风、汛期、雨季、寒冬、高温季节的来临，对电气、起重机械、受压容器、易燃易爆物品管理、临时生活设施等专业性的安全检查和整改；针对节假日前后有的职工思想不集中的情况，进行预防性检查，针对性地正确加以教育和培训。春节前后，针对施工人员流动频繁，分包单位项目负责人应尽量保证本单位施工班组人员的稳定，并负责对施工人员进出情况等进行排摸、检查、登记，规范用工行为，并如实上报项目部。

2. 设置隐患登记台账

对安全检查中查出的隐患，不能立即整改的，项目部应建立登记、整改、复查、销项台账。制定整改计划，定人、定措施、定经费、定完成日期。在隐患没有消除前，必须采取可靠的防护措施，如危及人身安全的紧急险情，应立即停止作业并向上级领导汇报。

3. 检查评分与考核

结合检查情况，由项目部牵头，开展班组安全、文明工作讲评、竞赛活动，适时进行表彰奖励。

（二）班组建设安全教育与培训制度

安全生产教育与培训工作是搞好安全生产工作的思想基础，认真抓好安全生产教育与培训工作，有利于提高每个职工搞好安全生产工作的责任感和自觉性，使其能自觉贯彻安全生产方针和各项安全政策法令，遵守企业各项安全规章制度；有利于职工掌握安全生产知识和安全技能，增强自我保护能力，做到“三不伤害”，避免或减少生产安全事故的发生。

1. 班组安全生产教育内容

安全生产教育的内容分为：安全责任意识；安全方针、劳动保护方针政策教育；安全技术知识教育；事故案例分析。

2. 班组安全生产教育形式和对象

项目在利用原有的安全生产宣传教育室的基础上，建立“农民工学校”，拟订本项目培训计划，将对项目分包的培训要求纳入培训计划，并认真组织实施。

（1）全员安全生产教育

1）在每年春节、五月劳动节、十月国庆节后开展全公司全员安全教育。

2）每位员工每年至少接受一次全员安全操作规程教育。

（2）成建制的外分包队伍人员的三级安全教育

人员进场分别由项目部项目负责人与分包队伍负责人共同组织，由项目部对进场人员进行安全教育和总交底，由项目安全员会同外分包队伍进行工种岗位安全教育，教育内容要求可参见公司三级安全教育。

（3）岗前教育

从业人员参加《建筑施工人员基本常识》的培训，主要内容有：劳动和建筑业方面法律法规；公民道德建设的基本常识；社会治安综合治理的知识；城市生活的基本常识；建筑业农民工权益保障的基本知识；作业人员现场安全生产基本要求。并经过有关部门考核，获得“安全考核合格证”后方准从事施工作业。

（4）“四新”教育

在采用新的生产、施工技术，新的生产、施工工艺，增添新的机械设备、设施，制造新的产品或使用新的材料时，必须由技术、动力、材料等部门对施工人员进行新安全操作及使用方法的安全教育。时间一般不得少于8课时。

（5）经常性教育

经常性安全生产教育形式可采用：安全活动日、班前班后会、安全会议、安全技术交底、广播、黑板报、参观劳动保护教育室、播放录像等，结合公司生产、施工任务进行安全生产经常性教育。

（6）季节性教育

结合季节特征，节假日前后，职工容易疏忽而放松安全生产的规律，抓住主要环节，进行安全教育。凡是自然条件变化，大风、大雪、暴雨、冰冻或雷雨季节，应抓住气候变化的特点，进行安全教育。

（7）特种作业操作人员和机械操作工的专门教育

特种作业操作人员和机械操作工，应按公司《特种作业和机械操作人员安全技术培训考证管理暂行规定》按期培训、考核。

第二十章 施工现场安全监理

第一节 项目监理机构安全监理组织和安全监理人员设置

一、项目监理机构安全监理组织网络

项目监理机构安全监理组织网络见图20-1所示。

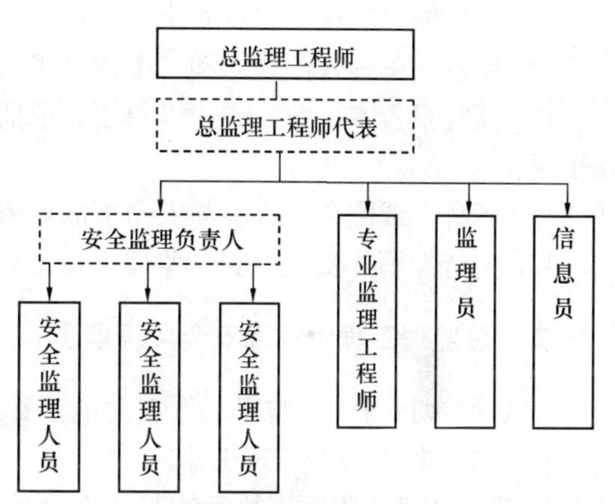

图20-1 项目监理机构安全监理组织网络

二、项目监理机构安全监理人员设置

1. 每个项目监理机构应设置专职或兼职安全监理人员，安全监理人员应持有地方有关部门颁发的《安全监理从业人员岗位证书》。安全监理人员人数达3名及其以上的应设置安全监理负责人。

2. 《建设工程委托监理合同》有安全监理人员人数要求时，项目监理机构的安全监理人员人数应按照《建设工程委托监理合同》要求设置。

3. 地方有关部门对部分工程项目（如市政工程项目）有安全监理人员要求时，项目监理机构的安全监理人员人数应满足地方有关部门规定。

4. 达到一定规模的工程项目，项目监理机构应设置2名以上（包括2名）安全监理人员，具体人数以切实履行安全监理职责，满足安全监理工作需要为准。

第二节 项目监理机构监理人员安全监理职责

一、总监理工程师安全监理职责

1. 贯彻执行与安全监理工作有关的法律、法规和规范、标准，全面负责项目监理机

构的安全监理工作。

2. 制定项目监理机构安全监理管理制度，确定项目监理机构全体监理人员安全监理职责，有效考核全体监理人员安全监理管理制度实施情况和安全监理职责落实情况。

3. 确定并配置开展安全监理工作所需要的资源。

4. 督促并检查各级监理人员的安全监理工作，定期召开内部会议，对存在问题提出改进意见。

5. 主持编写安全监理方案，审批安全监理实施细则并组织实施。

6. 组织审查施工组织设计（方案）。

7. 主持审查施工企业资格和安全生产许可证以及三类人员安全生产考核合格证书。

8. 组织审核安全防护、文明施工措施费用使用计划，并组织检查安全防护措施费用使用情况。

9. 组织核查大型起重机械和自升式架设设施的验收手续。

10. 组织核准施工总包单位安全质量标准化达标工地考核评分以及施工分包单位网上增报，对施工分包单位评分，对总包单位申报的重大危险源进行网上初审。

11. 督促或参加施工现场安全生产检查。

12. 签发《工程暂停令》和《工程复工报审表》，并及时报告建设单位。

13. 及时报告本企业、或建设单位、或监督管理部门施工现场安全现状和安全监理工作情况。

14. 了解、或配合、或参与安全事故调查和处理。

15. 主持编写并签发《安全监理工作月报》、安全监理专题报告和安全监理工作总结。

二、总监理工程师代表安全监理职责

1. 贯彻执行与安全监理工作有关的法律、法规和规范、标准，协助总监理工程师负责项目监理机构的安全监理工作。

2. 当总监理工程师因故无法行使安全监理职责时，代理总监理工程师负责项目监理机构的安全监理工作，但不得代理下列安全监理职责：

（1）制定项目监理机构安全监理管理制度，确定项目监理机构全体监理人员安全监理责任，有效考核全体监理人员安全监理管理制度实施情况和安全监理职责落实情况。

（2）确定并配置开展安全监理工作所需要的资源。

（3）主持编写安全监理方案，审批安全监理实施细则。

（4）组织审查施工组织设计（方案）。

（5）签发《工程暂停令》和《工程复工报审表》。

（6）主持编写并签发《安全监理工作月报》、安全监理专题报告和安全监理工作总结。

三、安全监理负责人（安全监理人员）安全监理职责

1. 在总监理工程师领导下负责项目监理机构日常安全监理工作的实施和安全监理资料的管理。

2. 参与编写安全监理方案和安全监理实施细则并实施。

3. 检查施工企业工程项目部安全生产规章制度、安全管理机构的建立情况。督促施

工总包企业检查各施工分包企业的安全生产规章制度的建立和落实。

4. 参与审查施工组织设计（方案）。

5. 审查施工企业资格和安全生产许可证以及三类人员安全生产考核合格证书，审查工程项目部项目经理资格证书和特种作业人员操作资格证书。

6. 督促检查施工企业的安全交底工作。

7. 审查施工总包单位上报的《危险性较大工程确认报审表》、《大型起重机械和自升式架设设施确认报审表》，核查大型起重机械和自升式架设设施的验收手续。

8. 协助审查安全防护、文明施工措施费用使用计划，检查施工现场各种安全标志、安全防护措施和安全防护措施费用使用情况。

9. 督促或参加施工总包单位安全自查工作，抽查施工总包单位安全自查情况。参加建设单位组织的安全生产专项检查。

10. 巡视检查施工现场安全现状，参与检查危险性较大工程的作业情况。发现安全隐患及时阻止，并签发书面指令督促施工企业限期整改并复查整改结果。重大安全隐患及时报告总监理工程师。

11. 核准施工总包单位安全质量标准化达标工地考核评分以及施工分包单位网上增报，对施工分包单位评分，对总包单位申报重大危险源进行网上初审。

12. 按月上报监理管理部危险性较大工程月度计划。

13. 协助总监理工程师了解、或配合、或参与安全事故调查和处理。

14. 填写《监理日记》中的安全监理工作记录和其他各类记录，汇总安全监理检查信息，参与编制安全监理工作月报。

四、专业监理工程师安全监理职责

1. 在总监理工程师领导下参与项目监理机构的日常安全监理工作并管理与本专业有关的安全监理资料。

2. 参与编写安全监理方案，编写与本专业有关的安全监理实施细则并实施，负责就安全监理实施细则对相关监理人员进行交底。

3. 审查与本专业有关的施工组织设计（方案）。

4. 参与审查与本专业有关的特种作业人员操作资格证书。

5. 协助督促检查与本专业有关的施工企业的安全交底工作。

6. 巡视检查施工现场安全现状，定期检查与本专业有关的危险性较大工程的作业情况。发现安全隐患及时阻止，并签发书面指令督促施工单位限期整改并复查整改结果。重大安全隐患及时报告总监理工程师。

7. 参与核准施工总包单位安全质量标准化达标工地考核评分以及施工分包企业网上增报，参与对施工分包单位评分，对总包单位申报重大危险源进行网上初审。

8. 填写《监理日记》中的安全监理工作记录和其他各类记录。

五、监理员安全监理职责

1. 在总监理工程师领导下参与项目监理机构的日常安全监理工作。

2. 参与审查与本专业有关的特种作业人员操作资格证书。

3. 协助督促检查与本专业有关的施工单位的安全交底工作。

4. 巡视检查施工现场安全现状，参与检查与本专业有关的危险性较大工程的作业情况。发现安全隐患及时阻止，并告知本专业监理工程师或安全监理人员，由本专业监理工程师或安全监理人员签发书面指令督促施工单位限期整改并复查整改结果。重大安全隐患及时报告总监理工程师。

5. 填写《监理日记》中的安全监理工作记录和其他各类记录。

六、信息员安全监理职责

1. 在总监理工程师领导下负责项目监理机构安全监理资料台账和信息管理工作。

2. 建立安全监理资料台账，具体负责安全监理资料的收发、整理、保管、移交等工作。

3. 参加项目监理机构主持的工地例会和安全生产专题会议，记录、起草、行文并发送会议纪要。

4. 汇总整理并及时传递安全监理工作的相关信息。

第三节 安全监理策划

一、安全监理方案

1. 安全监理方案是《监理规划》的重要组成部分，由总监理工程师主持编制，专业监理工程师和安全监理人员参与编写，并与《监理规划》同时编制完成，随同《监理规划》经总工程师批准后方可实施。

2. 安全监理方案应在工程项目开工前编制并审批，在第一次工地会议前随同《监理规划》报送建设单位备案。当工程实际情况影响安全监理方案编制时，可采取分阶段编制或编制后动态调整方式进行。当工程情况发生较大变化时，安全监理方案应及时调整。

3. 安全监理方案应根据国家和地方现行法规和标准、《建设工程委托监理合同》(《建设工程安全监理合同》)要求、设计文件和其他相关文件以及工程实际情况编制。安全监理方案应明确安全监理工作依据、安全监理工作目标、安全监理范围和内容、安全监理工作程序、安全监理工作制度和措施、安全监理人员配备和职责分工，以及初步认定的危险性较大工程一览表和安全监理实施细则编写计划、初步认定的需办理验收手续的大型起重机械和自升式架设设施一览表等内容，并具有针对性和指导性。

二、安全监理实施细则

1. 安全监理实施细则由专业监理工程师负责编制，安全监理人员参与，编制完成后经总监理工程师批准后方可实施。

2. 对中型及以上工程项目，应编制安全监理实施细则。危险性较大工程应按照每一项危险性较大工程单独编制安全监理实施细则。

3. 安全监理实施细则宜在施工组织设计（方案）报批的基础上编制，应在相应工程开工前编制并审批。施工现场施工情况发生变化时，安全监理实施细则应根据工程实际情况进行修改、补充和完善。

4. 安全监理实施细则应根据国家和地方现行法规和标准、已批准的安全监理方案、施工组织设计（方案）、设计文件和其他相关文件以及工程实际情况编制。安全监理实施细则应包括相应工程概况、相关工程建设强制性标准要求、安全监理控制要点、安全监理检查方法和频率、安全监理措施、监理人员安排及分工等主要内容，并具有预防性和可操作性。

第四节 安全监理管理制度实施

一、安全监理管理制度实施策划

1. 总监理工程师应根据企业安全监理管理制度制定项目监理机构安全监理管理制度。

2. 总监理工程师应根据项目监理机构安全监理管理制度组织制定各项工作流程，确保每个环节接口到位。

3. 总监理工程师应确定实施项目监理机构安全监理管理制度所需要的各级监理人员设置（包括安全监理人员）和分工，确定实施项目监理机构安全监理管理制度的工作要求。

二、安全监理管理制度实施

1. 按时参加企业组织的安全监理外部培训和内部培训，按时参加并传达企业召开的各种安全监理工作会议，收集与安全监理有关的法规、标准和相关资料，加强项目监理机构的组内学习和自学，努力提高项目监理机构各级监理人员实施项目监理机构安全监理管理制度的工作能力。

2. 项目监理机构各级监理人员应严格按照项目监理机构安全监理管理制度做好项目监理机构安全监理管理制度规定的安全监理工作。

3. 定期召开项目监理机构组内安全监理工作会议，总结近阶段项目监理机构安全监理管理制度实施情况，探讨实施过程中的成效和不足，提出下一阶段的打算和重点。

4. 总监理工程师应督促、检查、考核项目监理机构各级监理人员的项目监理机构安全监理管理制度的实施情况。

5. 对各级监理人员的项目监理机构安全监理管理制度的实施情况的督促、检查、考核可采用以下方式：

（1）口头询问各级监理人员对项目监理机构安全监理管理制度的实施情况。

（2）每天审阅各级监理人员在《监理日记》的相关栏目中对项目监理机构安全监理管理制度的实施记录。

（3）抽查各级监理人员对施工企业报送的安全生产管理资料的审查核验、检查验收和备案情况，抽查各级监理人员编制、填写安全监理内业资料情况，抽查安全监理资料台帐的建立和整理情况。

(4) 口头征询建设单位对各级监理人员的项目监理机构安全监理管理制度实施质量的建议和意见。

(5) 收集监督管理部门对项目监理机构安全监理管理制度实施的检查信息。

(6) 对各级监理人员实行两个月一次的综合考评。

6. 对督促、检查、考核中发现项目监理机构安全监理管理制度的实施存在缺陷或不足，总监理工程师应提出改进意见。

7. 对项目监理机构安全监理管理制度实施过程中未履行安全监理职责的监理人员，按照有关安全监理责任行为奖惩办法实施处罚。

第五节 主要安全监理工作实施

一、安全许可动态监控的实施

1. 项目监理机构信息员应采用网上查询方式查询施工总包企业安全生产许可证和三类人员安全生产考核合格证书的有效情况，查询次数每季度不少于一次。

2. 项目监理机构无法进行网上查询时，提请监理管理部代为网上查询。

3. 网上查询结果应形成记录。

4. 经网上查询，施工总包企业未正常持有安全生产许可证时，应及时向建设单位报告。三类人员未正常持有安全生产考核合格证书时应签发《监理工程师通知单》指令，施工总包企业限期整改，并跟踪整改结果。

5. 督促施工总包企业网上查询施工分包企业安全生产许可证和三类人员安全生产考核合格证书的有效情况，查询次数每季度不少于一次，网上查询情况书面报送项目监理机构备案。

6. 经网上查询，施工分包企业未正常持有安全生产许可证时，督促施工总包企业立即指令其停止施工。三类人员未正常持有安全生产许可证时，督促施工总包企业立即指令其进行人员调整。施工总包企业未采取措施时，应签发《监理工程师通知单》指令施工总包企业采取有效措施，并跟踪实施结果。

二、安全质量标准化核准的实施

1. 对建筑面积 3000m^2 及其以上工程，工作量大于 100 万元的装饰工程，其他工程造价大于 500 万元或工期超过 90 天的工程以及工作量大于 500 万元的市政、公路建设工程，工作量大于 100 万元或工期超过 90 天的燃气工程及市政、公路养护工程应督促施工总包企业在工程开工后 10 天内网上申报《建设工程安全质量标准化达标工地考核开工申报表》。

2. 督促施工总包单位每周进行自检，每月进行月度自查评分和实施对施工分包单位评分，并网上填报《建设工程安全质量标准化达标工地考核评分表》。施工总包企业与施工分包企业签订分包合同后，督促施工总包企业网上填报《建设工程安全质量标准化达标工地考核分包企业增报表》。督促施工总包单位在危险性较大工程开工前网上填报《建设工程安全质量标准化达标工地重大危险源》。

3. 工程分包项目竣工后，督促施工总包企业及时对施工分包单位的安全质量标准化工作考核评定。工程项目竣工后，督促施工总包企业及时网上填报《建设工程安全质量标准化达标工地考核评审表》。

4. 施工总包企业网上申报后，由信息员联系监理管理部查询本工程项目自动生成的工地用户名及密码。

5. 按照《建筑施工安全检查标准》（JGJ 59—99），参考企业编制的经分解和细化的考核评分表实施对施工现场安全质量标准化达标工作的动态监控，并及时填写《施工现场安全质量标准化达标工地考核评分核准记录》，作为周检查、月度核准依据。

6. 每月10日至20日间，总监理工程师应组织各级监理人员对施工总包单位当月网上填报的《建设工程安全质量标准化达标工地考核评分表》、《建设工程安全质量标准化达标工地考核分包企业增报表》、《建设工程安全质量标准化达标工地重大危险源》等内容逐一核准，由安全监理人员汇总后提交信息员网上填报月度核准结果。核准中发现的存在问题及时告知施工总包单位。

7. 工程分包项目竣工后，及时对施工总包业对施工分包单位的安全质量标准化工作考核评定进行核准。工程项目竣工后，自施工总包企业网上点击确认竣工后的10天内，由总监理工程师和安全监理人员核准后，提交信息员，网上填写《建设工程安全质量标准化达标工地考核评审表》中监理企业意见。

8. 信息员借用施工企业设备网上填报核准结果时，应严防自动生成的工地用户名及密码泄密。填写核准结果后，按“保存”键前应仔细核对相关数据和文字，避免操作差错。

三、危险性较大工程监控的实施

1. 建立危险性较大工程监控小组。小组成员由总监理工程师、有关专业监理工程师、安全监理人员组成，在总监理工程师主持下开展工作。

2. 熟悉设计文件（施工图）、施工组织设计（方案），收集施工现场地质条件和周围环境调查资料，初步识别危险性较大工程。

3. 督促施工总包单位填报《危险性较大工程确认报审表》和《大型起重机械和自升式架设设施确认报审表》，最终确认危险性较大工程并在施工过程中进行动态调整。

4. 危险性较大工程施工前，督促施工总包单位网上填报《建设工程安全质量标准化达标工地重大危险源》。

5. 审查施工总包单位报审的专项施工方案，按规定程序审批同意后方可进行施工作业。

6. 危险性较大工程由施工分包单位施工作业的，应审查施工总包单位报审的《施工分包企业资格报审表》，审批同意后方可进入施工现场施工作业。

7. 危险性较大工程中的大型起重机械和自升式架设设施涉及租赁单位的，施工总包单位的各项手续应齐全。

8. 危险性较大工程由特种作业人员施工作业的，应审查特种作业操作证和特种作业人员持证上岗情况以及人数满足工程需要情况。

9. 施工作业前，督促施工总包单位制定针对危险性较大工程的公示制度、策划制度、交底制度、监控制度、检查制度、验收制度等各项管理制度，建立安全生产管理体系及实施计划。

10. 施工作业前，督促施工单位将危险性较大工程的内容以书面形式予以公告，使每个施工人员及时了解。

11. 施工作业前，督促施工总包单位专业技术人员将安全专项施工方案的主要内容和操作要求向施工作业班组、施工人员进行安全技术交底，并形成书面记录，书面记录中应有每位被交底人员亲笔签名。并抽查施工总包单位的安全技术交底记录。

12. 危险性较大工程施工作业前有其他具体要求的，督促并检查各相关施工单位的各项准备工作，符合要求后方可施工作业。

13. 施工作业时，检查施工总包单位对危险性较大工程监管情况，检查危险性较大工程作业情况，检查施工单位按照安全专项施工方案组织施工情况。

14. 抽查施工总包单位每周安全生产检查时，对危险性较大工程的管理状态和现场现状的检查记录。

15. 危险性较大工程施工进度影响工程安全性要求时，督促施工总包单位应及时采取相应措施。

16. 督促施工总包单位做好季节性管理工作。

17. 危险性较大工程凡应进行验收的，督促施工企业按规定验收合格后方可下一道工序（节点）施工或使用，督促专项施工方案编制人员应参加首次验收。验收时有规定应形成施工小结、需专家共同验收时，施工企业应按专家对下一工序条件提出评估意见的督促严格执行。抽查施工企业验收结果与专项施工方案和现场实物的相符性。

18. 属于设备、设施的危险性较大工程中的设备、设施应督促并检查其正确使用情况，使用过程中检查施工总包单位定期检查和定期保养、维修工作。

四、文明施工监控的实施

1. 确定文明施工监理的工作内容，一般情况下文明施工包括现场围挡、封闭管理、施工场地场容场貌、材料堆放、垃圾清运、现场办公生活设施、现场防火、治安综合管理、企业标志、施工现场标牌（包括安全警示标志牌）、保健急救、社区服务、民工维权等内容。

2. 督促施工总包单位制定文明施工方案并报送项目监理机构审查。

3. 督促施工总包单位编制《安全防护、文明施工措施费用使用计划》，并报送项目监理机构审查。

4. 安全监理人员每日巡视检查时，应将施工现场文明施工情况作为巡视检查内容之一。

5. 对巡视检查中发现的不符合文明施工要求的情况，应通知施工总包单位及时改正，存在安全隐患的按照“督促整改制度”处理。

6. 对巡视检查中发现未按照《安全防护、文明施工措施费用使用计划》实施文明施工措施的，不得签发安全防护、文明施工措施费用支付申请。

五、安全事故监控的实施

1. 安全事故确定和安全事故等级确定以“安全事故监控”中相关规定为准。

2. 严格执行“安全事故监控”中相关规定，做好安全事故报告工作和动态监控工作。

3. 施工现场发生安全事故，督促施工总包单位按有关规定上报安全事故并及时报告建设单位。

4. 施工现场发生安全事故，应立即签发《工程暂停令》指令施工现场暂时停止施工，并实施应急救援预案。督促施工总包单位按照应急措施组织人力、物资、设备、器材，全力以赴，协助施工总包单位努力抑制安全事故的进一步发展，把安全事故造成的人员伤亡、经济损失以及对社会和环境影响降低到最低程度。

5. 督促施工总包单位妥善保护事故现场以及相关证据，不得破坏事故现场、毁灭相关证据。因抢救人员、防止安全事故扩大以及疏散交通等原因需要移动事故现场物件的，应督促施工总包单位作出标志、绘制简图，作出书面记录，并妥善保存现场重要痕迹和物证。

6. 督促施工总包单位及时、准确地查明安全事故经过、安全事故原因和损失，查明安全事故性质，认定安全事故责任，总结安全事故教训，提出整改措施，并对安全事故责任人实施处罚。

7. 了解、或配合、或参与安全事故的调查处理工作，如实提供安全监理工作资料，不得阻碍和干涉对安全事故的调查，不得作伪证或指使有关单位和个人作伪证。总监理工程师在安全事故调查期间应当随时接受安全事故调查组的询问，不得外出。

8. 认真吸取安全事故教训，查找安全监理工作中的缺陷或不足，落实整改措施，举一反三，防止类似安全事故的再次发生。

9. 收集《安全事故调查报告》、《安全事故调查处理报告书》和《安全事故调查处理报告书批复》，并提交监理管理部备案。

六、应急管理监控的实施

1. 督促施工总包单位编制应急救援预案，并经总监理工程师、安全监理人员审批同意。

2. 对施工总包单位的应急救援预案所规定的应急救援人员和应急救援物资配置由安全监理人员定期抽查其配置是否到位。

3. 施工过程中由安全监理人员督促施工总包单位定期实施应急救援演练，以观察和评价应急救援预案的效果，对存在问题提出改进意见，以便不断完善。

4. 施工总包单位夜间施工，总监理工程师应安排监理人员值班。危险性较大工程的重要工序施工时，应按照安全监理职责和人员分工安排监理人员值班。

5. 项目监理机构各级监理人员在巡视、检查过程中应高度重视隐含、潜在的安全隐患。

6. 当发现事故预兆或事故险情时，应立即签发《监理工程师通知单》，指令施工总包单位在最短时间内采取切实有效措施进行加固或整改，抑制事态扩大，防止安全事故发生，同时指令施工总包单位准备启动应急救援预案。当施工总包单位拒不采取措施时，应及时报告建设单位和监理管理部。当施工总包单位拒不采取措施可能危及人员安全或周边环境或社会公众利益、有可能发展为安全事故时，除报告建设单位和监理管理部外，并报告监督管理部门。

7. 施工现场发生安全事故，按照“安全事故监控的实施”中相关规定处理。

8. 抢险过程中，应督促施工总包单位保护现场，并按相关程序、按单位隶属条线及时向有关部门报告。项目监理人员应留存第一手资料（包括实物证据、影像资料等），以利对安全突发事件的调查和分析。

9. 对可能危及监理文件的安全突发事件应立即将监理文件转移到安全处。

10. 了解、或配合、或参与安全突发事件的调查和处理。

11. 协助建设单位或施工总包单位做好善后工作。涉及周边环境和社会公众利益的安全突发事件应督促施工总包单位做好接待、安抚工作，积极缩小事态及影响，尽可能避免社会投拆，避免重大投诉。

12. 根据“四不放过”原则，督促施工总包单位举一反三，防止类似安全突发事件再次发生。同时，总结安全监理工作中的薄弱环节，提出纠正措施。

第六节 安全监理方案案例

一、工程项目概况

1. 工程项目名称：（说明：应按设计文件上的工程项目名称填写工程项目全称。）
2. 建设地址：（说明：应填写详细地址，如上海市南汇区＊＊＊＊＊。）
3. 建设单位：（说明：应填写建设单位全称。）
4. 设计单位：（说明：应填写设计单位全称。）
5. 施工总包单位：（说明：应填写施工总包单位全称，施工总包单位指与建设单位签订合同的施工总包企业。）
6. 工程项目一览表见表 20-1。

工程项目一览表 **表 20-1**

单位工程名称	单位工程建筑面积	地下部分				地上部分			
		结构形式	层数	层高	建筑面积	结构形式	层数	层高	建筑面积

二、安全监理工作依据

1. 《建设工程安全生产管理条例》（国务院令第 393 号）
2. 《关于落实建设工程安全生产监理责任的若干意见》（建市［2006］248 号）

3.《上海市安全生产条例》(上海市人大常委会公告第 46 号)

4.《建设工程施工安全监理规程》(DG/TJ 08—2035)

5.《建筑施工安全检查标准》(JGJ 59—99)

6.《施工现场临时用电安全技术规范》(JGJ 46—2005)

7.《建筑施工高处作业安全技术规范》(JGJ 80—91)

8.《建筑施工扣件式钢管脚手架安全技术规范》(JGJ 130—2001)

9.《建筑机械使用安全技术规程》(JGJ 33—2001)

10.《龙门架及井架物料提升机安全技术规范》(JGJ 88—92) 等

11. 委托监理合同、施工承包合同等合同文件。

12. 设计文件、施工组织设计（施工方案）等工程技术文件。

13. 国家和地方现行其他有关安全生产的法律、法规、规章和技术标准以及工程项目其他有关安全生产的文件和资料。

（说明：上述依据仅为常用法规、标准和文件，具体可根据工程项目实际进行补充或者删减，如无井架物料提升机应删除第 10 条。）

三、安全监理工作目标

1. 工程项目不发生较大事故、重大事故和特别重大事故以及社会影响大的事件。

2. 工程项目无安全监理责任事故。

3. 推进施工总包单位创建市文明工地。（说明：本条应根据委托监理合同或者施工承包合同要求填写。）

四、安全监理范围和内容

（一）安全监理范围

施工及保修阶段工程安全生产、文明施工、环境保护监理。（说明：本条应根据委托监理合同中的监理范围进行填写。）

（二）安全监理主要工作内容

1. 审查施工总包单位的资质证书和安全生产许可证的合法有效性；审查施工总包单位三类人员的安全生产考核合格证书及专职安全生产管理人员配置与到位数量的符合性；审查特种作业人员操作证的合法有效性。

2. 检查施工总包单位在工程项目上的安全生产规章制度和安全监管机构的建立情况，督促施工总包企业检查施工分包单位的安全生产规章制度的建立情况。

3. 审查施工总包单位编制的施工组织设计中的安全技术措施和专项施工方案，其应符合工程建设强制性标准要求。

4. 审核施工总包单位安全防护、文明施工措施费用使用计划和应急救援预案。

5. 审查需经项目监理机构核验的大型起重机械和自升式架设设施清单，核查施工总包单位和专业分包对大型起重机械、整体提升脚手架、模板等自升式架设设施和安全设施的验收手续。

6. 审查施工总包单位上报的危险性较大工程清单，定期巡视检查施工总包单位对危险性较大工程的监管和作业情况。

7. 检查施工现场各种安全标志和安全防护措施，其应符合工程建设强制性标准要求，并对照安全防护措施费用计划检查施工总包单位使用情况。

8. 审核并核准施工总包单位施工现场安全质量标准化达标工地的考核评分。

9. 监督施工总包单位按照施工组织设计中的安全技术措施和专项施工方案组织施工，采用监理手段及时制止违规施工作业。

10. 督促施工总包单位进行安全自查工作，并对施工总包单位自查情况进行抽查，参加建设单位组织的安全生产专项检查。

说明：上述内容为《建设工程施工安全监理规程》规定的主要工作内容，除工程项目无某一条款内容可以删除外，不应擅自删减。当委托监理合同要求多于《规程》规定的应补充完善。

五、安全监理工作程序

1. 工程项目开工前，项目监理机构应编制监理规范中的安全监理方案和安全监理实施细则。

2. 各项危险性较大工程开工前，项目监理机构应编制单独的安全监理实施细则。

3. 项目监理机构应在施工准备阶段审查核验施工总包单位提交的有关安全生产管理文件和资料，并由项目监理机构有关监理人员在报审表上签署意见，审查核验未通过的，安全技术措施或者专项施工方案不得实施，工程项目或者相关工程不得施工。

4. 项目监理机构应在施工阶段对施工现场安全生产情况进行巡视检查。发现严重违规施工或者发现安全事故隐患应书面通知施工总包单位并督促其限期整改；情况严重的应下达《工程暂停令》指令施工总包单位停工整改，并同时报告建设单位；施工总包单位整改后，项目监理机构应检查整改结果，签署复查或复工意见。施工总包单位拒不整改或者不停工整改的，项目监理机构应当及时报告工程项目的监督管理部门，以电话形式报告的应有通话记录，并及时补充书面报告。检查、整改、复查、报告等情况应保留相关书面记录。

5. 项目监理机构应在大型起重机械和自升式架设设施搭设前、加节或者升降前、拆除前对施工总包单位提交的相关文件进行检查，检查未通过的，不得进行装拆作业。大型起重机械和自升式架设设施安装后，项目监理机构应核查其验收手续，核查未通过的，不得投入使用。(说明：施工现场无大型起重机械或者自升式架设设施的，本条可取消。)

6. 工程项目竣工后，项目监理机构应将有关安全监理资料立卷归档。

六、安全监理岗位设置和职责分工

1. 岗位配置和人员分工见表 20-2。

岗位配置和人员分工 **表 20-2**

序　号	姓　名	监理岗位	分工内容

2. 监理人员安全监理职责。见项目监理机构监理人员安全监理职责（略）。

七、安全监理工作制度

（一）审查核验制度

1. 职责

（1）总监理工程师负责项目监理机构全体监理人员的安全监理工作分工。

（2）项目监理机构各级监理人员按照安全监理职责和总监理工程师分工负责对施工总包单位报送的安全生产管理资料进行审查核验。

2. 审查核验应包括以下主要内容：

（1）审查施工组织设计（方案）包括审查施工组织设计中的安全技术措施、危险较大工程专项施工方案和应急救援预案，其程序性、符合性、针对性、可操作性应符合国家和地方现行法规、标准和工程实际要求。当施工组织设计（方案）涉及工艺复杂、技术难度大的内容时，由总监理工程师报请总工程师和专家组给予支持。

（2）审查施工总包单位资格以及三类人员资格，包括审查施工总包单位资质证书和安全生产许可证的合法有效性，以及施工总包单位主要负责人、项目经理和专职安全生产管理人员的安全生产考核合格证书、项目经理的资格证书、专职安全生产管理人员的人数配置的符合性。

（3）审查施工总包单位特种作业人员的特种作业资格证书，包括审查特种作业操作资格证书的有效期和特种作业人员人数的符合性。

（4）审核施工总包单位安全防护、文明施工措施费用使用计划，包括审查与施工组织设计（方案）的相符性以及单项数量、单项单价的合理性。

（5）审查施工总包单位上报的《危险性较大工程确认报审表》以及《大型起重机械和自升式架设设施确认报审表》，包括施工总包单位确认的准确性、内容的齐全性以及与施工组织设计（方案）的相符性。

3. 施工组织设计（方案），安全防护、文明施工措施费用使用计划的审查期限为 2～5 天。施工总包单位资格以及三类人员资格，特种作业操作资格证书，《危险性较大工程确认报审表》，《大型起重机械和自升式架设设施确认报审表》的审查期限为 1～2 天。

4. 督促施工总包单位及时报送安全生产管理资料并填写相关报审核验表，项目监理机构各级监理人员应在规定期限内进行审查核验，无论同意与否均应在施工总包单位填报的报审核验表上签署监理意见，一份自留，一份及时发送施工总包单位。对施工总包单位报送的安全生产管理资料存在问题的应提出具体意见，并督促施工总包单位限期整改。

5. 施工总包单位未及时报送安全生产管理资料或未限期整改的按照“督促整改制度”或“请示报告制度”处理。

（二）检查验收制度

1. 职责：

（1）总监理工程师负责项目监理机构全体监理人员的安全监理工作分工。

（2）项目监理机构各级监理人员按照安全监理职责和总监理工程师分工负责施工现场安全条件和安全设备、设施的检查验收。

2. 检查验收应包括以下主要内容：

（1）检查施工总包单位工程项目部的安全生产规章制度和安全管理机构的建立、健全以及专职安全生产管理人员到岗情况，抽查施工总包企业检查各施工分包企业的安全生产规章制度建立情况。

（2）检查施工总包单位的安全自查工作，抽查施工总包单位安全自查情况。

（3）抽查施工现场特种作业人员执证上岗和人证相符情况。

（4）检查施工总包单位对危险性较大工程监管情况和危险性较大工程作业情况，检查施工总包单位按照施工组织设计（方案）组织施工情况。

（5）核查大型起重机械和自升式架设设施的验收手续，检查专业分包单位自验结果与施工组织设计（方案）以及和施工现场实物的相符性。

（6）检查施工现场各种安全标志和安全防护措施设置以及安全生产费用的使用情况。

（7）核准施工现场安全质量标准化达标工地考核评分（包括施工分包企业网上增报，对施工分包企业评分，重大危险源网上填报）。

（8）检查施工现场安全隐患整改情况，复查整改结果。

（9）检查工程暂停的实施情况。

3. 对施工现场日常的巡视检查原则上每日一次，对危险性较大工程作业情况的巡视检查每日不少于一次，当施工现场存在较大安全隐患或遇特殊情况时应加大巡视检查频率。项目监理机构组织的定期检查可每月一次，专项检查可视具体情况而定。

4. 对检查验收中发现的安全问题按照“督促整改制度”处理。施工总包单位拒不整改或不停止施工的按照“请示报告制度”处理。

5. 施工现场日常的巡视检查应根据检查内容记录《安全监理巡视检查记录》或《监理日记》，危险性较大工程作业巡视检查应记录《危险性较大工程巡视检查记录》，大型起重机械和自升式架设设施安装、加节（升降）、拆除检查验收应记录《大型起重机械和自升式架设设施检查记录》，施工现场安全质量标准化达标工地考核评分检查应记录《施工现场安全质量标准化达标工地考核评分检查记录》，施工总包单位填报专项用表的检查验收后应在施工总包单位专项用表上签认或记录，其他检查验收情况记录在《监理日记》的相关栏目中。所有记录中的检查验收人员应签名，并签署检查验收日期。

（三）督促整改制度

1. 职责：

项目监理机构各级监理人员负责对施工现场存在的安全问题督促施工总包单位整改并复查整改结果。

2. 发现施工总包单位有下列安全问题（不限于下列安全问题）之一且后果轻微的应签发《监理工程师通知单》：

（1）未按规定程序开展安全活动；

（2）未办理相关手续擅自施工；

（3）未按照施工组织设计（方案）组织施工；

（4）施工现场存在安全隐患。

3.《监理工程师通知单》原则上由发现安全问题的专业监理工程师或安全监理人员签发。

4. 发现施工总包单位有下列安全问题（不限于下列安全问题）之一且情节严重的应

签发《工程暂停令》：

（1）未按规定程序开展安全活动；

（2）未办理相关手续擅自施工；

（3）未按照施工组织设计中（方案）组织施工；

（4）施工现场存在安全隐患；

（5）对《监理工程师通知单》中指令的内容整改不力的；

（6）施工现场发生险肇事故或安全事故的。

5.《工程暂停令》可根据安全问题状态指令局部暂停或全面暂停，《工程暂停令》应由总监理工程师签发，签发后应及时报告建设单位。

6.《监理工程师通知单》或《工程暂停令》中指令内容应描述准确，措词得当（即问题性质的轻重程度），要用依据和数据说明存在的安全问题。当发现重复发生的安全问题时，应指令施工总包单位从安全生产管理制度（包括岗位责任制）的建立和落实上查找原因。

7.《监理工程师通知单》或《工程暂停令》一般只发送施工总包企业并报送建设单位，涉及施工分包企业的由施工总包企业转发。

8. 督促施工总包单位按《监理工程师通知单》或《工程暂停令》指令的内容限期整改（处理），并填报《监理工程师通知回复单》或《工程复工报审表》报项目监理机构复查。

9. 项目监理机构收到《监理工程师通知回复单》或《工程复工报审表》后，原则上由签发人员先复查其回复内容与指令内容的一致性和按指令内容逐条回复的完整性，再复查施工总包单位整改（处理）效果。符合要求时，由复查人员在《监理工程师通知回复单》或《工程复工报审表》的复查意见栏中签署同意的依据。当施工总包单位的整改（处理）效果不符合指令的内容时，复查人员应在《监理工程师通知回复单》或《工程复工报审表》的复查意见栏中提出具体意见，施工总包单位完成后应再次填报《监理工程师通知回复单》或《工程复工报审表》，签发人员再次进行复查。

10. 有下列情况（不限于下列情况）之一的可召开安全生产专题会议：

（1）施工总包单位安全生产管理混乱、或施工现场存在较大（较多）安全问题、或发现重复发生的安全问题屡改屡犯则要求施工总包单位加大管理力度。

（2）施工现场发生重大险肇事故或安全事故，要求施工总包单位进行事故调查、原因分析和处理。

11. 安全生产专题会议由总监理工程师主持。参加人员为项目监理机构相关监理人员和施工总包单位的项目经理、专职安全生产管理人员、施工班组长等，也可邀请建设单位参加。安全生产专题会议应经与会人员签到。信息员负责记录会议内容，形成会议纪要后发送与会单位。

（四）工地例会制度

1. 职责：

（1）工地例会原则上由总监理工程师主持，当总监理工程师因故不能主持时，可由总监理工程师代表代理主持。

（2）信息员负责工地例会纪要的记录、起草、成文和发送。

2. 建设单位要求单独召开安全监理工地例会时，应根据建设单位要求定时、定人、定会议内容。当建设单位无此要求时，可在工地例会中增加安全监理工作内容。

3. 工地例会应定期召开，宜为每周一次，首次工地例会应确定参加工地例会的主要人员及主要议题。

4. 工地例会应包括以下安全监理工作内容：

(1) 上次工地例会中议定的安全生产事项的落实情况，未完事项原因。

(2) 施工总包单位安全生产管理和施工现场安全现状。

(3) 施工现场存在的安全问题，安全问题的分析和改进措施的研究。

(4) 下阶段安全生产要求和安全监理工作打算。

5. 工地例会应形成会议纪要，经与会各方代表会签后发送与会各单位。

(五) 请示报告制度

1. 职责：

(1) 项目监理机构各级监理人员在安全监理工作中需要请示或报告的，应请示或报告总监理工程师。

(2) 项目监理机构在安全监理工作中需要请示或报告建设单位、监督管理部门、本企业职能部门的，应由总监理工程师负责请示或报告。情况紧急时，可由各级监理人员直接请示或报告。

2. 项目监理机构各级监理人员向总监理工程师请示、报告：

(1) 各级监理人员在安全监理工作中需要总监理工程师指导、协调、解决的事项应及时请示。

(2) 各级监理人员应经常和及时报告日常安全监理工作情况。

3. 总监理工程师向建设单位请示、报告：

(1) 遇需要建设单位协调或处理的疑难事项应及时请示。

(2) 施工总包单位安全生产管理和施工现场安全现状，监理措施，监理组织的安全生产检查和安全生产专题会议等应经常和及时报告。

(3) 对施工现场的安全隐患施工总包单位拒不整改或不停止施工的应立即报告。

(4) 签发《工程暂停令》后应立即报告。

(5) 对施工现场的安全事故或安全突发事件根据“安全事故监控”或“应急管理监控”中规定的要求进行报告。

4. 总监理工程师向监督管理部门请示、报告：

(1) 对国家和地方现行法规、标准产生疑义或与施工总包单位的理解不一致时，可请示咨询。

(2) 对施工现场的安全隐患施工总包单位拒不整改或不停止施工的应及时报告。

(3) 当施工现场发现事故预兆或事故险情等安全突发事件，施工总包单位拒不采取措施时应立即报告。

5. 总监理工程师向本企业职能部门请示、报告：

(1) 对国家和地方现行法规、标准以及对企业的文件不理解或产生疑义时，可请示咨询本企业职能部门。

(2) 监督管理部门检查安全监理工作质量时，应及时报告监理管理部。

（3）施工现场发生安全事故或安全突发事件时，应根据“安全事故监控”或“应急管理监控”中规定的要求报告监理管理部。

（4）企业规定的内容（如企业召开的安全监理工作会议精神的传达贯彻情况）应按时、按要求报告企业职能部门。

6. 项目监理机构向本企业领导请示、报告：

施工现场情况紧急时，可由总监理工程师或项目监理机构各级监理人员直接立即请示或报告。

7. 请示时限和请示回复时仅限以不影响安全监理工作的开展为准。对本制度中要求“及时”报告的其报告时限不得超过 24 小时，要求“立即”报告的其报告时限不得超过 2 小时。

8. 一般事项的请示或报告可采用口头形式（包括电话形式），重大事项和本企业规定事项的请示或报告应采用书面形式；情况紧急时，可先采用口头形式（包括电话形式），再补办书面报告。

9. 项目监理机构采用口头报告（包括电话报告）的应在《监理日记》的相关栏目中记录报告人、报告时间、报告内容、被告知人姓名和电话；采用书面报告的（如监理工程师通知单、工程暂停令、安全监理工作月报、安全生产专题报告等）应有收件人签收手续。

（六）资料管理制度

1. 职责：

（1）总监理工程师是项目监理机构安全监理资料的总负责人，并指定专人管理安全监理资料台账。

（2）项目监理机构各级监理人员按照安全监理职责和总监理工程师分工负责处理和编制、填写与本安全监理工作有关的安全监理资料，并对安全监理资料的及时性、完整性和真实有效性负责。

（3）由总监理工程师指定的安全监理资料管理人员（即信息员）具体负责日常安全监理资料的收发、整理、保管、移交等工作，并对安全监理资料的可追溯性负责。

2. 安全监理工作表式以地方现行法规、标准中规定的表式为主要格式，根据管理需要，监理企业可补充部分表式。

3. 安全监理资料应做到外业与内业同步。各级监理人员应督促施工总包单位及时报送安全生产管理资料并按规定时限进行审查核验、检查验收或备案，提示建设单位及时向项目监理机构提供与工程施工安全有关的资料，及时编制、填写安全监理内业资料。

4. 各级监理人员处理和编制、填写相关安全监理资料时应做到严肃认真、实事求是，确保真实性、准确性、完整性。签认手续、签认日期应齐全，并及时送交信息员。

5. 项目监理机构应建立安全监理资料台账，并进行分类和编号。每项分类资料应存放于文件夹（袋）内，同一分类资料首页为卷内目录，每份资料的右上角应有唯一性编号。凡与质量、进度、投资控制相同的资料可在卷内目录的备注栏中注明该资料存放处。

6. 安全监理资料编号采用三段式，段与段之间用短划线“—”隔开。第一段为资料的大类，第二段为资料的分类，第三段为同一分类资料的顺序号。

7. 资料分类目录和编号：

（1）法规、标准、文件类

A1—1 法律、法规、部门规章和政府文件

A1—2 标准、规范

A1—3 企业文件

（2）监理资料

A2—1 委托监理合同

A2—2 安全监理方案

A2—3 安全监理实施细则（说明：不包括危险性较大工程）

A2—4 总监理工程师任命书、安全监理人员证书

A2—5 监督管理部门检查记录

A2—6 参与工程的各方往来文件

（3）监理资料

A3—1 告知（说明：不包括危险性较大工程）

A3—2 指令及回复（说明：不包括危险性较大工程）

A3—3 会议纪要（说明：不包括危险性较大工程专题会议）

A3—4 书面报告（说明：不包括危险性较大工程）

A3—5 安全监理巡视检查记录

A3—6 监理日记

A3—7 安全监理工作月报

（4）报审、核验、备案资料

A4—1 施工总包单位安全生产规章制度

A4—2 施工总包企业资质、安全生产许可证、三类人员报审表及附件

A4—3 施工总包企业与建设单位、与施工分包企业的安全生产协议书

A4—4 施工总包单位特种作业人员报审表及附件

A4—5 施工组织设计（方案）报审表及附件

A4—6 危险性较大工程报审清单、大型起重机械和自升式架设设施报审清单

A4—7 安全防护、文明施工措施费用使用计划和签证

A4—8 安全质量标准化达标工地考核评分核准记录

A4—9 安全事故处理记录、资料

（5）危险性较大工程资料（说明：接每一项危险性较大工程为单独一册）

A5—1 安全监理实施细则

A5—2 专项施工方案报审表及附件

A5—3 施工总包单位报审的危险性较大工程安全管理资料

A5—4 危险性较大工程巡视检查记录

A5—5 危险性较大工程告知、指令及回复、复查记录

（6）工程项目竣工后一个月内，项目监理机构应将安全监理工作中的经验或教训方面的资料提交监理管理部。

（七）教育培训制度

1. 职责：

（1）总监理工程师负责安排并落实项目监理机构各级监理人员参加企业组织的安全监理外部培训和内部培训。

（2）项目监理机构各级监理人员应按时参加企业组织的各项培训。

2. 新进监理人员应认真学习《员工手册》中的安全知识。

3. 总监理工程师应确保各级监理人员的培训时间，并妥善安排该人员培训期间补岗人员，各级监理人员应按时参加企业组织的安全监理外部培训和内部培训。对无故不参加安全监理培训的监理人员按企业有关规定予以处罚。

4. 参加企业安全监理内部培训的监理人员负责将培训内容在项目监理机构内部进行传达，培训教材应作为项目监理机构的共享文件。

（八）考核奖惩制度

1. 职责：

总监理工程师负责项目监理机构全体监理人员的安全监理工作质量的检查和考核，并实施项目监理机构内部奖惩。

2. 总监理工程师对项目监理机构全体监理人员的安全监理工作质量的检查和考核可采用以下方式：

（1）口头询问各级监理人员对安全监理工作的实施情况。

（2）每天审阅各级监理人员在《监理日记》的相关栏目中对安全监理工作的实施记录。

（3）抽查各级监理人员对施工总包单位报送的安全生产管理资料的审查核验、检查验收和备案情况，抽查各级监理人员编制、填写安全监理内业资料情况，抽查安全监理资料台账的建立和整理情况。

（4）口头征询建设单位对各级监理人员的安全监理工作实施质量的建议和意见。

（5）收集监督管理部门对安全监理工作实施的检查信息。

（6）对各级监理人员实行两个月一次的综合考评。

3. 总监理工程师对项目监理机构全体监理人员的安全监理工作质量的检查和考核中发现问题的应及时与该监理人员进行沟通，并提出改进要求。

4. 对屡教不改或者严重违规的监理人员，总监理工程师应实施项目监理机构内部处罚，并在项目监理机构内部予以通报，必要时上报企业职能部门。

八、安全监理主要措施

（一）告知

1. 工程项目开工前，总监理工程师宜将国家和地方现行法律、法规中有关建设单位的安全责任告知建设单位。工程项目施工过程中，总监理工程师宜将项目监理机构所需要的由建设单位提供的与工程施工安全有关的文件和资料以及需要建设单位协调和处理的事项告知建设单位。

2. 项目监理机构各级监理人员宜将对施工总包企业的安全监理工作要求、对施工总包企业安全生产管理的提示、建议以及相关事项告知施工总包企业。

3. 对建设单位的告知和对施工总包企业的告知、提示、建议等宜采用《监理工作联系单》形式，《监理工作联系单》中内容应避免模棱两可或含糊不清的文字，要用依据和数据明确表达项目监理机构的意向和目的。

（二）指令

1. 施工现场发现的安全问题，应根据安全问题的性质和后果签发《监理工程师通知单》或者《工程暂停令》，指令施工总包单位限期整改。

2. 签发、督促整改、复查等具体要求见“督促整改制度”。

（三）会议

1. 项目监理机构应主持召开每周的工地例会，工地例会中应包括安全监理工作内容。

2. 工地例会的具体要求见“工地例会制度”。

3. 出现施工总包单位安全管理混乱，要求施工总包单位加大管理力度等情况时，项目监理机构可召开安全生产专题会议。

4. 安全生产专题会议的具体要求见“督促整改制度”。

（四）报告

1. 施工现场安全现状、签发《工程暂停令》等情况项目监理机构应及时报告建设单位。

2. 施工现场存在安全事故隐患，施工总包单位拒不整改或不停工整改的以及施工现场存在重大险情的，施工总包单位拒不采取措施的应及时报告监督管理部门。

3. 报告单位、报告内容、报告时限等具体要求见“请示报告制度”。

九、初步认定的危险性较大工程一览表和安全监理实施细则编写计划

初步认定的危险性较大工程一览表和安全监理实施细则编写计划见表 20-3。

初步认定的危险性较大工程一览表和安全监理实施细则编写计划　　表 20-3

危险性较大工程名称	安全监理实施细则编制计划		
	编制日期	编制人	审批人

十、初步认定的需办理验收手续的大型起重机械和自升式架设设施一览表

初步认定的需办理验收手续的大型起重机械和自升式架设设施一览表见表 20-4。

初步认定的需办理验收手续的大型起重机械和自升式架设设施一览表　　表 20-4

大型起重机械或自升式架设设施名称	规格/型号	使用部位	施工时间

第七节　危险性较大工程安全监理实施细则案例

一、深基坑工程安全监理实施细则

1. 工程概况

（略）

2. 安全监理主要依据

（1）《建设工程安全生产管理条例》国务院令第 393 号

（2）《关于落实建设工程安全生产监理责任的若干意见》建市［2006］248 号

（3）《关于实施建设工程安全监理的指导意见》沪建建管［2003］第 170 号

（4）《危险性较大工程安全专项施工方案编制及专家论证审查办法》建质［2004］第 213 号

（5）《关于加强危险性较大的分部分项工程安全管理的意见》沪建建管［2004］第 113 号

（6）《建筑工程预防坍塌事故若干规定》建质［2003］第 82 号

（7）《上海市深基坑工程管理规定》沪建交［2006］105 号

（8）《建设工程施工安全监理规程》（DG/TJ 08—2035—2008）

（9）《建筑地基基础工程施工质量验收规范》（GB 50202—2002）

（10）《建筑边坡工程技术规范》（GB 50330—2002）

（11）《供水管井技术规范》（GB 50296—99）

（12）《工程测量规范》（GB 50026—93）

（13）《建筑基坑支护技术规程》（JGJ 120—99）

（14）《建筑地基处理技术规范》（JGJ 79—2002）

（15）《建筑施工高处作业安全技术规范》（JGJ 80—91）

（16）《建筑机械使用安全技术规程》（JGJ 33—2001）

（17）《建筑与市政降水工程技术规范》（JGJ/T 111—98）

（18）《建筑施工安全检查标准》（JGJ 59—99）

（19）《地基处理技术规范》（DBJ 08—40—94）

（20）《基坑工程施工监测规程》（DG/TJ 08—2001—2006）

（21）经审批的设计方案和深基坑工程专项施工方案等文件

3. 安全监理工作流程

深基坑工程安全监理工作流程见图 20-2 所示。

4. 安全监理监控要点

深基坑工程安全监理控制要点、检查方法和频率、人员安排及措施见表 20-5。

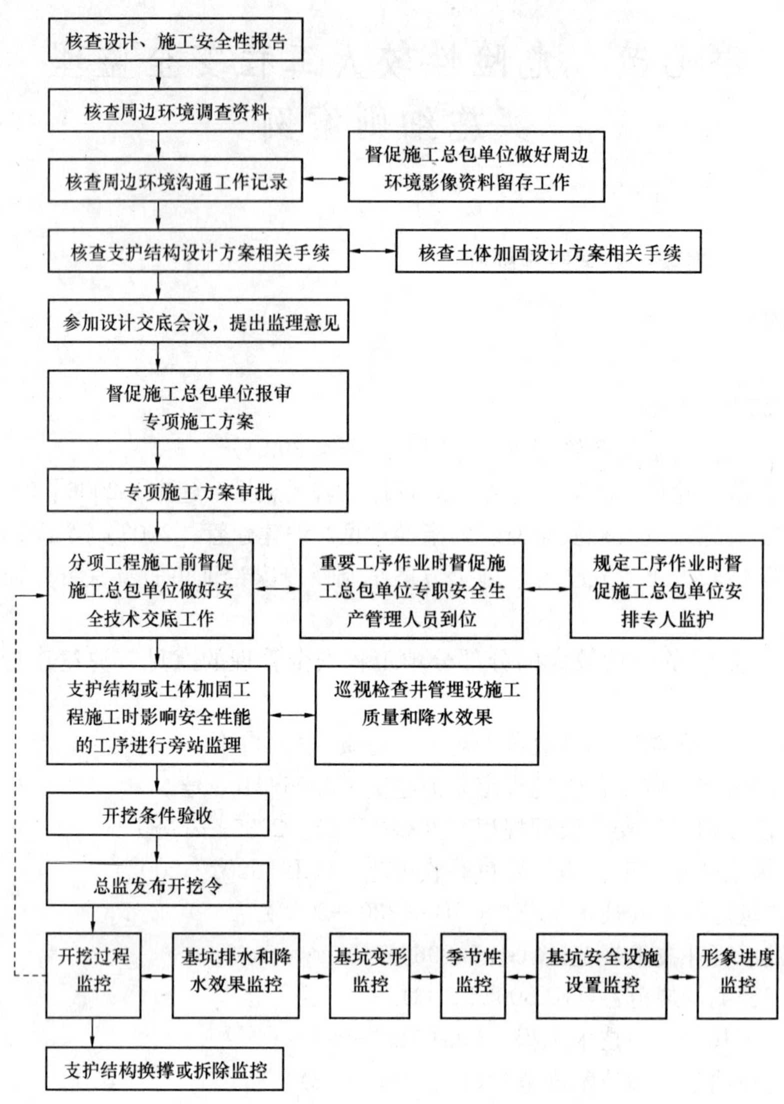

图 20-2 深基坑工程安全监理工作流程

深基坑工程安全监理控制要点、检查方法和频率、人员安排及措施 **表 20-5**

监理项目	监理控制要点	监理内容	检查方法和频率	人员安排	措施
施工准备	(1) 设计、施工安全性报告	初步设计阶段建设单位或施工总包单位是否制定深基坑设计、施工安全性报告。安全性报告是否通过专家评审	核查文件(按文件份数每份核查)	总监、总监代表、安全监理人员	①征询建设单位意见，确定实施的单位 ②当由建设单位负责而未实施时，予以书面提示，并做好协助工作 ③当由施工总包单位负责而未实施时，予以书面督促。无效时，指令施工总包单位限期完成
	(2) 周边环境调查	勘察前建设单位或施工总包单位是否对深基坑周边范围内的已有和拟建工程进行调查，并形成调查文件			
	(3) 隧道、地铁等有特殊要求的工程的保护调查	建设单位或施工总包单位是否走访隧道、地铁等有特殊要求的工程的管理部门，征询管理部门的具体要求并形成文件；是否密切关注有特殊要求的工程进展情况及投入使用时间			

续表

监理项目	监理控制要点	监理内容	检查方法和频率	人员安排	措施
施工准备	（4）周边环境沟通	深基坑工程制定设计方案前，建设单位或施工总包单位是否邀请建设、施工、监理、监测及条线管理部门介绍设计、施工安全性报告内容，介绍深基坑周边范围内已有和拟建工程以及隧道、地铁等有特殊要求的工程的管理部门的要求	核查文件（按文件份数每份核查）	总监、总监代表、安全监理人员	①做好提示、协助或督促工作 ②监理应考虑相邻项目施工时对本工程产生的不良影响 ③监理应考虑本工程施工时对周边环境产生的不良影响 ④提出监理意见
	（5）周边环境影像资料	对可能受影响或可能发生争议的周边已有工程，施工总包单位是否留存影像资料或布设记号，以便追溯	口头督促	土建监理师	当施工总包单位未实施时，书面督促
支护结构和土体加固设计方案	（6）设计方案有效性	1）建设单位或施工总包单位是否委托设计单位编制支护结构或土体加固设计方案，方案是否包括支护结构、土体加固、挖土、降水、控制变形、监测等内容，并提出和降低对周边环境影响的技术要求和措施	核查文件（按文件份数每份核查）	总监、土建监理师、安全监理人员	①做好提示、协助或督促工作 ②项目监理人员应熟悉深基坑支护设计方案 ③对方案中不明确处或不妥之处形成书面文件，提交建设单位，并在设计交底会议中提出监理意见 ④设计交底会议纪要未经到会各方签认的视为无效文件，不进行专项施工方案审批
		2）深基坑支护结构或土体加固设计方案是否通过专家评审和隧道、地铁等有特殊要求的工程的管理部门审查			
		3）当深基坑支护结构或土体加固设计方案有修改时，是否按原程序再次办理评审手续			
	（7）设计交底会议	施工总包单位是否安排专人对设计交底会议进行记录并整理，并让到会各方签认			

续表

监理项目	监理控制要点	监理内容	检查方法和频率	人员安排	措施
专项施工方案	（8）方案报审的及时性	深基坑工程施工前施工总包单位是否已编制专项施工方案并报审	审查方案（按报审次数每次审查）	总监、土建监理师、安全监理人员	①专项施工方案未经监理审批同意擅自开工的或专项施工方案进行调整未重新报审的由总监下达工程暂停令 ②对编审手续不全、违反工程建设强制性标准、缺少针对性和可操作性的专项施工方案应在施工总包单位填报的《施工组织设计（方案）报审表》的审查/审核意见栏中提出意见，一份留底，一份退回施工总包单位，并督促施工总包单位完善后重新报审 ③当专项施工方案涉及工艺复杂、技术难度大的内容时，由本企业总工程师室和专家组共同会审
	（9）方案的程序性	1）由总包/分包企业编制的专项施工方案，方案的编制、各级职能部门审核、企业技术负责人审批等施工总包单位内部编审手续是否齐全；分包企业编制是否经过总包企业审批			
		2）专项施工方案是否经专家组论证并附具经过专家组最终确认的论证审查报告			
		3）当专项施工方案须在施工过程中进行调整时，施工总包单位是否按原程序再次/重新办理编审和报审手续			
	（10）方案的符合性	专项施工方案中的安全技术措施和监控措施（包括环境保护）、应急救援预案、安全验算结果是否齐全，是否符合工程建设强制性标准，是否满足隧道、地铁等有特殊要求的工程的管理部门的具体要求			
	（11）方案的可操作性	专项施工方案中的安全技术措施、监控措施、应急救援预案是否有针对性和可操作性，是否便于操作人员按方案作业，是否便于监理按方案进行监控			
安全技术交底	（12）交底的有效性	1）分项工程开工前是否对每位作业人员进行安全技术交底并形成书面记录	督促和抽查资料（每一分项工程抽查1次）	安全监理人员	①未对作业人员进行安全技术交底不得施工 ②非被交底人亲笔签名的该作业人员不得上岗作业 ③指令施工总包单位补办安全技术交底手续并形成记录
		2）安全技术交底记录中是否由每位被交底人亲笔签名			

续表

监理项目	监理控制要点	监理内容	检查方法和频率	人员安排	措　施
支护结构和土体加固施工	(13) 支护结构和土体加固工程施工安全质量	地下连续墙、SMW工法、钢或混凝土支撑等基坑支护结构和土体加固施工中涉及安全性能的重要工序的施工质量是否满足法规标准和设计要求	旁站	桩基监理师、土建监理师	施工质量不符合相关验收标准的指令施工总包单位限期整改
降水	(14) 井管埋设和降水效果	1) 井管的平面布置、数量、直径、成孔、沉放、填料、封口、洗井等是否符合专项施工方案 2) 降水设备经试运转是否正常 3) 每日抽水量、各观测井的地下水位变化是否记录，是否绘制降水总量与地下水位下降曲线图 4) 地下水位（含潜水和承压水）是否控制在开挖面以下，并符合设计方案；对承压水是否适量抽取	巡视（每日1次）核查资料（每日1次）	桩基监理师、土建监理师	①发现井管埋设不符合专项施工方案或地下水位变化未保留相关记录，指令施工总包单位限期整改 ②降水效果不佳时督促施工总包单位采取辅助降水措施 ③当降水引起地面下沉，指令施工总包单位立即停止局部抽水，必要时考虑回灌措施 ④当降水引起支护结构变形，发现有明显渗漏、位移时，指令施工总包单位暂时停止抽水，处理后再继续降水
开挖条件	(15) 开挖条件验收	建设单位是否组织勘察、设计、施工、监理、监测单位对基坑开挖条件进行验收	核查相关文件（按开挖段每段核查）	总监、安全监理人员	①建设单位未组织时，予以书面提示，并做好协助工作 ②开挖条件经验收通过，总监下达开挖令 ③施工总包单位擅自开挖的，总监下达工程暂停令
开挖过程	(16) 开挖原则	1) 挖土机械的合格证明书和进入现场的验收记录表是否齐全有效	核查资料（每台机械1次）	安全监理人员	①挖土机械未经验收合格不得使用
		2) 挖土机械是否进行日常的检查、保养、维修，是否保留相关记录	抽查资料（10日1次）		②未见检查、保养、维修记录的，督促施工总包单位整改
		3) 挖土机械、土方运输车等施工机械的作业位置是否符合专项施工方案 4) 降水是否已降到安全位置 5) 支护结构或土体加固强度是否满足设计要求 6) 土方开挖的位置、方法和顺序是否同专项施工方案一致，是否遵循“分层开挖、严禁超挖”原则，当设计支护结构或土体加固时是否遵循“先撑后挖，先加固后挖”原则 7) 开挖过程中是否碰撞井点井管、支护结构，被碰撞的井点井管、支护结构有否损坏情况	巡视（每日2次，重要部位适当增加次数）	土建监理人员、安全监理人员	①发现不符合法规标准或专项施工方案的，指令施工总包单位限期整改，监理复查整改效果 ②当发现重复发生的安全隐患时，指令施工总包单位从安全管理制度和实施方面分析原因，并制定纠正措施

续表

监理项目	监理控制要点	监理内容	检查方法和频率	人员安排	措施
开挖过程	（17）基坑排水	1）基坑四周是否设置排水沟和集水井，大型基坑中间是否按专项施工方案规定设置盲沟	巡视（每日2次）	土建监理人员、安全监理人员	①发现不符合法规标准或专项施工方案的，指令施工总包单位限期整改，监理复查整改效果 ②当发现重复发生的安全隐患时，指令施工总包单位从安全管理制度和实施方面分析原因，并制定纠正措施
		2）排水是否畅通，基坑内有否积水			
监管监护	（18）安全管理人员监管	作业时，施工总包单位专职安全生产管理人员是否在现场进行管理	巡视（每日2次）	土建监理师、安全监理人员	①发现不符合法规标准或专项施工方案的，指令施工总包单位限期整改，监理复查整改效果 ②当发现重复发生的安全隐患时，指令施工总包单位从安全管理制度和实施方面分析原因，并制定纠正措施
	（19）专人监护	作业时，施工总包单位是否安排专人进行监护			
安全设施	（20）临边防护	基坑四周、操作平台等临边处是否设置防护栏杆，是否牢固可靠	巡视（每日2次）	土建监理人员、安全监理人员	①发现不符合法规标准或专项施工方案的，指令施工总包单位限期整改，监理复查整改效果 ②当发现重复发生的安全隐患时，指令施工总包单位从安全管理制度和实施方面分析原因，并制定纠正措施
	（21）上下通道	是否设置斜道等上下通道			
	（22）立体交叉作业	1）当采用土代模浇筑混凝土支撑，支撑下土方开挖后，施工总包单位是否及时清除支撑下粘结的土石	巡视检查（每日2次）旁站监理（出现险情时）		发现支撑下粘结的土石未清除干净、未设置有效隔离措施，而下方有人作业时由总监下达工程暂停令，限期整改并符合要求后方可复工
		2）上下层立体交叉作业时，是否设置隔离设施			
变形监控	（23）位移和沉降监控	1）施工总包单位是否做好对监测单位的管理工作	抽查资料（共2～3次）	土建监理师、安全监理负责人	①测量数据异常时，指令施工总包单位/监测单位加大监测频率，以及时掌握事态发展现状 ②发现报警数值时，督促施工总包单位组织相关单位商讨处理方法
		2）施工总包单位是否做好基坑位移和沉降数据的统计、分析工作	核查资料（3日1次）		
		3）施工总包单位是否按时提交基坑位移和沉降数据	核查资料（按监测次数每次核查）		
		4）监测单位是否按监测方案中的测试项目、测点布置、监测频率、监测报警值进行操作			

续表

监理项目	监理控制要点	监理内容	检查方法和频率	人员安排	措　施
变形监控	(24)周边荷载监控	基坑周边堆物荷载和施工机械施工是否符合专项施工方案，有否超堆荷载和施工机械施工不合理现象	巡视（每日2次）	土建监理师、安全监理人	①违反专项施工方案时；指令施工总包单位限时整改 ②周边地面开裂、沉降时督促施工总包单位组织相关单位分析原因，并制定措施
	(25)周边地面监控	基坑周边地面有否开裂、沉降现象			
进度控制	(26)当施工进度影响基坑、周边环境的安全性时	1）施工总包单位报送的进度计划是否满足基坑安全性要求或隧道、地铁等有特殊要求的工程的安全性要求	检查进度（按监理指令每日检查1次，直至符合要求）	总监、总监代表、进度监理师	进度计划影响基坑安全性或影响隧道、地铁等有特殊要求的工程安全性的指令施工总包单位调整进度计划
		2）实际施工进度是否滞后。情况有异时，施工进度是否满足基坑安全性要求和隧道、地铁等有特殊要求的工程的安全性要求			①基坑开挖后暴露时间过长的分析滞后原因，并指令施工总包单位采取有效措施 ②发生险情时，督促施工总包单位组织人力、物力加快施工进度进行抢险 ③施工总包单位对监理要求执行不力时，及时报告建设单位
季节性监控	(27)雨天监控	1）施工总包单位是否每天收听气象预报并保留记录	抽查资料（10天1次）	土建监理人员、安全监理人员	①发现不符合法规标准或专项施工方案的，指令施工总包单位限期整改，监理复查整改效果 ②当发现重复发生的安全隐患时，指令施工总包单位从安全管理制度和实施方面分析原因，并制定纠正措施
		2）下雨前，施工总包单位是否安排好备用抽水人员和备用抽水泵；排水系统是否畅通	询问和抽查（每次雨前）		
		3）雨天时，抽水机械是否满足排水需要；是否有专人管理；基坑内有否大量积水	巡视（雨天时，每2小时1次）		
		4）雨后，基坑内是否积水；淤堵的排水沟、盲沟、集水井是否及时疏浚	巡视（每次雨后）		
	(28)冰雪天监控	1）冰雪天如遇土方开挖时，挖土机械是否缓慢行驶；是否有急刹车现象，以防在边坡附近使用或移动时滑入基坑内	巡视（下雪后至冰雪融化期间每日1次		
		2）冰雪天如有模板支撑系统需支撑在土体上时，是否坐落在冻土层上			

续表

监理项目	监理控制要点	监理内容	检查方法和频率	人员安排	措施
支撑拆除	（29）型钢换撑	板内预埋暗墩的位置和厚度是否符合专项施工方案，是否先换撑后拆除原有支撑	巡视（每日2次）	土建监理人员、安全监理人员	发现不符合专项施工方案或未征得隧道、地铁等有特殊要求的工程的管理部门同意时，由总监下达工程暂停令
	（30）混凝土支撑拆除	采用镐头机拆除时是否影响周边环境；是否征得隧道、地铁等有特殊要求的工程的管理部门同意；采用人工拆除时是否野蛮施工	核查资料（每发生1次核查1次） 巡视（每日2次）		
	（31）混凝土支撑爆破	采用爆破拆除时，是否影响周边环境；是否征得隧道、地铁等有特殊要求的工程的管理部门同意；是否设立警戒区域；是否已有交警临时封路；周边居民是否已撤离或疏散	核查资料，巡视检查，做好协助工作		

二、水平混凝土构件模板支撑工程安全监理实施细则

1. 工程概况

（略）

2. 安全监理主要依据

（1）《建设工程安全生产管理条例》国务院令第393号

（2）《关于落实建设工程安全生产监理责任的若干意见》建市［2006］248号

（3）《关于实施建设工程安全监理的指导意见》沪建建管［2003］第170号

（4）《危险性较大工程安全专项施工方案编制及专家论证审查办法》建质［2004］第213号

（5）《关于加强危险性较大的分部分项工程安全管理的意见》沪建建管［2004］第113号

（6）《建设工程施工安全监理规程》（DG/TJ 08—2035—2008）

（7）《混凝土结构工程施工质量验收规范》（GB 50204—2002）

（8）《建筑施工扣件式钢管脚手架安全技术规范》JGJ130－2001（2002年版）

（9）《建筑施工高处作业安全技术规范》（JGJ 80—91）

（10）《建筑施工安全检查标准》（JGJ 59—99）

（11）《钢管扣件水平模板的支撑系统安全技术规程》（DG/TJ 08—016—2004）

（12）经审批的模板工程专项施工方案

3. 安全监理工作流程

水平混凝土构件模板支撑工程安全监理工作流程见图20-3所示。

4. 安全监理控制要点

水平混凝土构件模板支撑工程安全监理控制要点、检查方法和频率、人员安排及措施

见表 20-6。

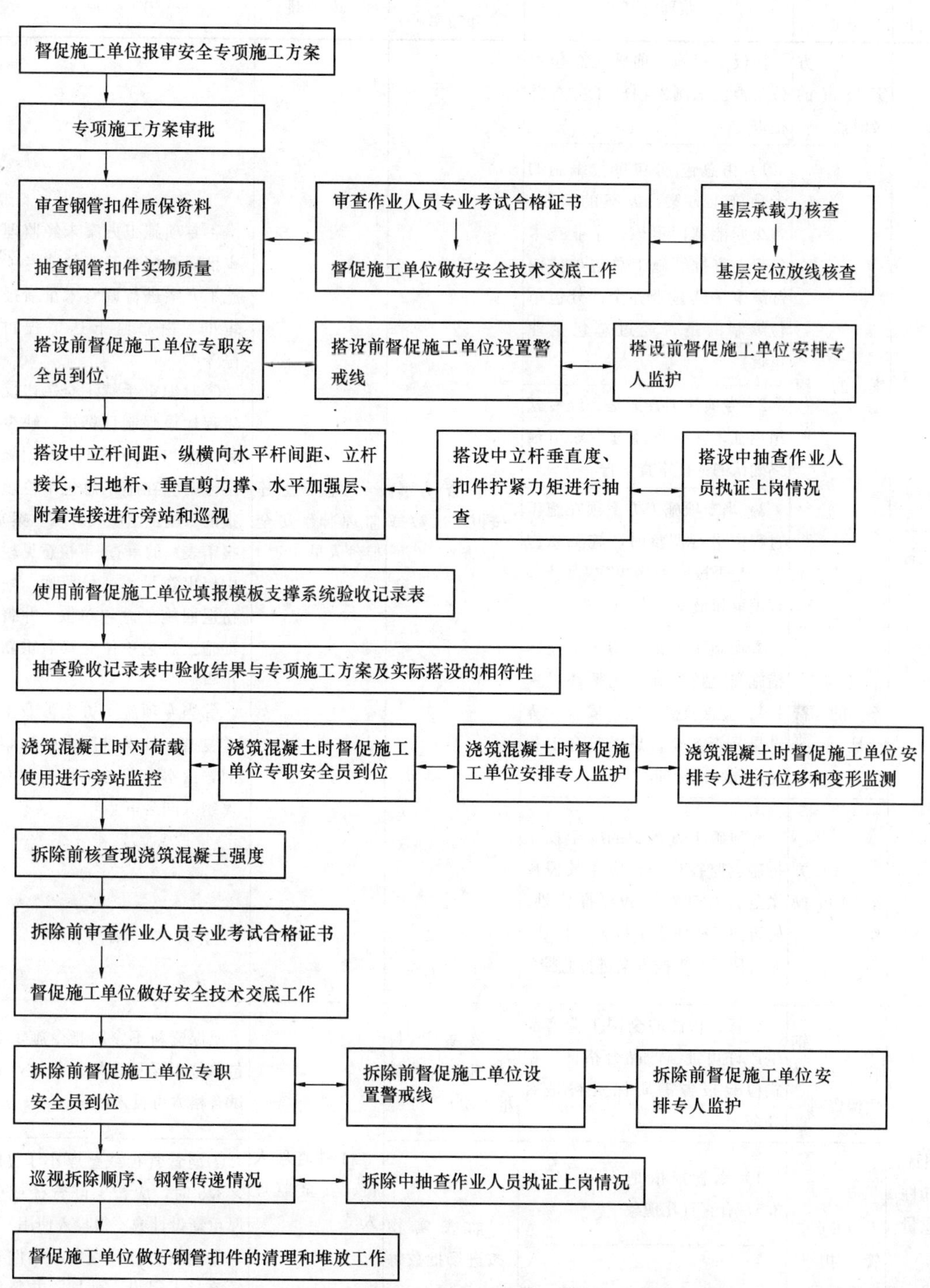

图 20-3　水平混凝土构件模板支撑工程安全监理工作流程

水平混凝土构件模板支撑工程安全监理控制要点、检查方法和频率、人员安排及措施 **表 20-6**

<table>
<tr><th>监理项目</th><th>监理控制要点</th><th>监理内容</th><th>检查方法和频率</th><th>人员安排</th><th>措　施</th></tr>
<tr><td rowspan="6">专项施工方案</td><td>（1）方案报审的及时性</td><td>模板工程施工前施工总包单位是否已编制专项施工方案并报审</td><td rowspan="6">审查方案（按报审次数每次审查）</td><td rowspan="6">总监、土建监理师、安全监理人员</td><td rowspan="6">①专项施工方案未经监理审批同意擅自开工的或专项施工方案进行调整未重新报审的，由总监下达工程暂停令
②对编审手续不全、违反工程建设强制性标准、缺少针对性和可操作性的专项施工方案应在施工总包单位填报的《施工组织设计（方案）报审表》的审查/审核意见栏中提出意见，一份留底，一份退回施工总包单位，并督促施工总包单位完善后重新报审
③当专项施工方案涉及工艺复杂、技术难度大的内容时，由本企业总工程师和专家组共同会审</td></tr>
<tr><td rowspan="3">（2）方案的程序性</td><td>1）由总包/分包单位编制的专项施工方案，方案的编制、各级职能部门审核、企业技术负责人审批等施工总包单位内部编审手续是否齐全；分包单位编制的是否经过总包企业审批</td></tr>
<tr><td>2）专项施工方案是否经专家组论证，并附具经过专家组最终确认的论证审查报告</td></tr>
<tr><td>3）当专项施工方案须在施工过程中进行调整时，施工总包单位是否按原程序再次/重新办理编审和报审手续</td></tr>
<tr><td>（3）方案的符合性</td><td>专项施工方案中的安全技术措施和监控措施（包括环境保护）、应急救援预案、安全验算结果是否齐全，是否符合工程建设强制性标准</td></tr>
<tr><td>（4）方案的可操作性</td><td>专项施工方案中的安全技术措施、监控措施、应急救援预案是否有针对性和可操作性；是否便于操作人员按方案作业；是否便于监理按方案进行监控</td></tr>
<tr><td rowspan="3">钢管、扣件质量</td><td>（5）钢管、扣件质保资料</td><td>钢管、扣件的全国工业产品生产许可证、产品合格证、型式检验报告等质保资料是否齐全</td><td>核查资料（按进场批数每批1次）</td><td rowspan="3">材料监理人员、安全监理人员</td><td>质保资料不全时指令施工总包单位现场见证取样复试，复试合格方可投入使用</td></tr>
<tr><td rowspan="2">（6）钢管、扣件实物质量</td><td>1）钢管规格是否为 $\phi48\times3.5$，有否打孔现象</td><td rowspan="2">抽查实物（按进场批数每批1次）</td><td rowspan="2">①钢管管径或壁厚小于 $\phi48\times3.5$ 时，应按实际管径或壁厚重新设计或不得投入使用
②钢管有打孔现象，扣件有缺陷时不得投入使用，并督促施工总包单位进行标识并隔离，防止误用</td></tr>
<tr><td>2）扣件有否裂缝、砂眼、螺栓滑丝等缺陷</td></tr>
</table>

续表

监理项目	监理控制要点	监理内容	检查方法和频率	人员安排	措　施
执证上岗	（7）审核作业人员专业考试合格证书	1）作业人员是否经过专业技术培训，并获得专业考试合格证书	审查资料（全数审查）	安全监理人员	专业考试合格证未报审时督促施工总包单位及时报审
		2）作业人员作业时是否持证上岗，是否与报审资料相符	现场抽查（20人以下累计抽查50%人数）		
安全技术交底	（8）安全技术交底有效性	1）搭设或拆除前是否已对作业人员进行安全技术交底并形成书面记录	督促和抽查资料（每阶段搭拆前）	安全监理人员	①未对作业人员进行安全交底不得施工 ②非被交底人亲笔签名的该作业人员不得上岗 ③指令施工总包单位补办安全技术交底并形成记录
		2）安全技术交底记录中是否由每位被交底人亲笔签名			
监管监护和安全防护	（9）安全管理人员监管	作业时，施工总包单位专职安全管理人员是否在现场进行管理	巡视（每日2次）	安全监理人员	①发现不符合法规标准或专项施工方案的，指令施工总包单位限时整改，监理复查整改效果 ②当发现重复发生的安全隐患时，指令施工总包单位从安全管理制度和实施方面分析原因，并制定纠正措施
	（10）专人监护	作业时，施工总包单位在搭设或拆除区域是否安排专人监护			
	（11）警戒线设置	作业时，施工总包单位在搭设或拆除区域是否设置警戒线			
	（12）安全防护	作业人员高处作业时有否防止高处坠落的安全措施			
搭设	（13）基层承载力	搭设前基层承载力是否已满足设计要求	核查资料（每层1次）	土建监理人员	基层承载力不满足设计要求时，由总监下达工程暂停令，指令施工总包单位立即停止施工，整改后方可搭设施工
	（14）定位放线	大梁下部的基层面是否已定位放线确定立杆位置	巡视（全部）		督促施工总包单位改正
	（15）承力垫板	立杆底部是否设置槽钢或枕木作为承力垫板	立杆开始搭设时旁站监理，之后巡视纵横向水平杆间距（巡视每日1次）	土建监理人员安全监理人员	①发现不符合法规标准或专项施工方案的，指令施工总包单位限时整改，监理复查整改效果。 ②当发现重复发生的安全隐患时，指令施工总包单位从安全监理制度和实话方面分析原因，并制定纠正措施
	（16）楼板下立杆间距和纵横向水平杆间距	楼板下立杆间距、纵横向水平杆间距是否符合专项施工方案，水平杆是否按层搭设			
	（17）大梁下立杆间距和纵横向水平杆间距	大梁下立杆间距、纵横向水平杆间距是否符合专项施工方案			
	（18）立杆接长	1）同一断面接长数量是否超过总数量1/3，接长点是否在层距端部的1/3距离范围内；相邻两根立杆接长是否在同一断面			
		2）距离楼板和大梁底部处的立杆接长高度是否≤800mm，杆件的搭接长度是否符合专项施工方案，是否采用2个扣件固定，端部扣件至杆端距离是否≥100mm			

续表

监理项目	监理控制要点	监理内容	检查方法和频率	人员安排	措施
搭设	(19)立杆垂直度	立杆垂直度是否≤3‰	现场抽查(每层2次)	土建监理人员、安全监理人员	①发现不符合法规标准或专项施工方案的，指令施工总包单位限时整改，监理复查整改效果。 ②当发现重复发生的安全隐患时，指令施工总包单位从安全监理制度和实话方面分析原因，并制定纠正措施
	(20)扣件拧紧力矩	扣件拧紧力矩是否达到40～65N·m			
	(21)扫地杆	是否设置纵横向扫地杆，扫地杆离基层面是否在200mm内	巡视(每层2次)	土建监理人员、安全监理人员	
	(22)垂直剪刀撑	沿四周是否设置剪刀撑，中间是否按专项施工方案设置剪刀撑			
	(23)水平加强层	是否按专项施工方案在纵横向水平杆间加设水平剪力撑			
验收	(24)验收要点	施工总包单位的模板支撑系统验收记录表中的验收结果与专项施工方案及实际搭设是否相符	核查资料和抽查(按报审次数每次检查)	土建监理人员、监理安全人员	①督促施工总包单位报审模板支撑系统验收记录表 ②抽查结果不符合专项施工方案时，指令施工总包单位限期改正。未整改合格不得进行混凝土浇筑 ③施工总包单位拒不整改下达工程暂停令的报告建设单位和建设主管部门
使用	(25)施工荷载	1)有否施工荷载超载或局部堆荷不均匀现象	旁站	土建监理人员、安全监理人员	①发现不符合法规标准或专项施工方案的，指令施工总包单位限时整改，监理复查整改效果 ②当发现重复发生的安全隐患时，指令施工总包单位从安全监理制度和实施方面分析原因，并制定纠正措施
		2)混凝土浇筑时，施工总包单位专职安全管理人员是否在现场进行管理			
		3)混凝土浇筑时施工总包单位是否安排专人监护			
	(26)监测	混凝土浇筑时施工总包单位是否安排专人进行位移和变形监测	督促(每日2次)	土建监理人员	

续表

监理项目	监理控制要点	监理内容	检查方法和频率	人员安排	措　施
拆除	（27）混凝土强度	拆除前，混凝土强度是否已达到设计强度（以试件试压报告为准）	核查资料（每次拆除前）	土建监理人员	未能提供强度试压报告的，指令施工总包单位立即停止拆模并重新加固支撑
	（28）拆除顺序	是否自上而下拆除，拆除高差是否小于2层	巡视（每日2次）	安全监理人员	发现不按照法规标准拆除或野蛮施工时，指令施工总包单位立即改正
	（29）拆除后的钢管传递	有否高空抛物现象			

三、悬挑式脚手架工程安全监理实施细则

1. 工程概况

（略）

2. 安全监理主要依据

（1）《建设工程安全生产管理条例》国务院令第393号

（2）《关于落实建设工程安全生产监理责任的若干意见》建市［2006］248号

（3）《关于实施建设工程安全监理的指导意见》沪建建管［2003］第170号

（4）《危险性较大工程安全专项施工方案编制及专家论证审查办法》建质［2004］第213号

（5）《关于加强危险性较大的分部分项工程安全管理的意见》沪建建管［2004］第113号

（6）《建设工程施工安全监理规程》（DG/TJ 08—2035—2008）

（7）《钢结构工程施工质量验收规范》（GB 50205—2001）

（8）《建筑钢结构焊接技术规程》（JGJ 81—2002）

（9）《建筑施工扣件式钢管脚手架安全技术规范》（JGJ 130—2001）（2002年版）

（10）《建筑施工高处作业安全技术规范》（JGJ 80—91）

（11）《建筑施工安全检查标准》（JGJ 59—99）

（12）《悬挑式脚手架安全技术规程》（DG/TJ 08—2002—2006）

（13）经审批的悬挑式钢管脚手架工程专项施工方案

3. 安全监理工作流程

悬挑式脚手架工程安全监理工作流程见图20-4所示。

4. 安全监理监控要点

悬挑式脚手架工程安全监理控制要点、检查方法和频率、人员安排及措施见表20-7。

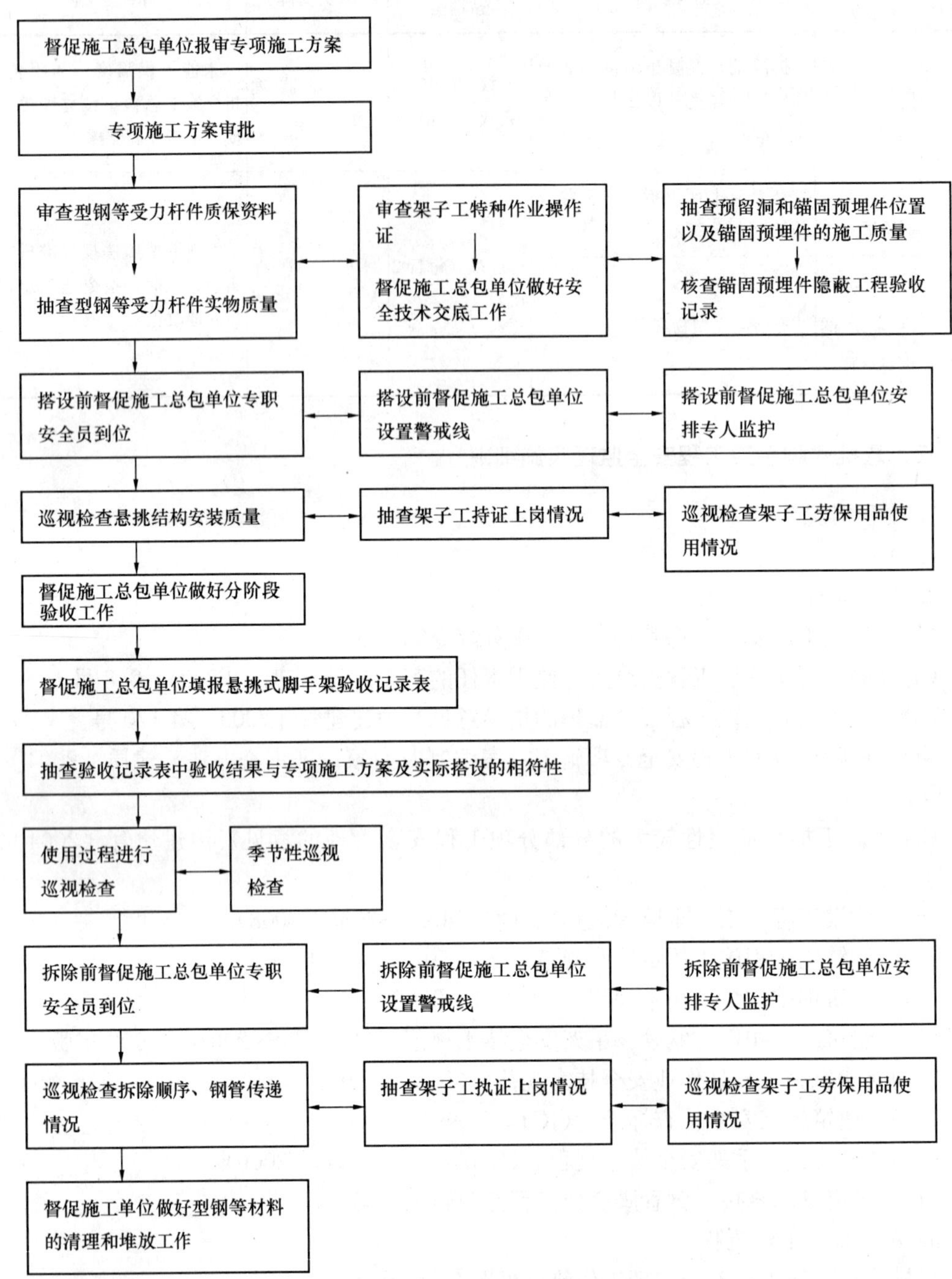

图 20-4 悬挑式脚手架工程安全监理工作流程

悬挑式脚手架工程安全监理控制要点、检查方法和频率、人员安排及措施　表 20-7

监理项目	监理控制要点	监理内容	检查方法和频率	人员安排	措　施
专项施工方案	(1)方案报审的及时性	脚手架工程施工前施工总包单位是否已编制专项施工方案并报审	审查方案(按报审次数每次审查)	总监土建监理师、安全监理人员	①专项施工方案未经监理审批同意擅自开工的或专项施工方案进行调整未重新报审的由总监下达工程暂停令 ②对编审手续不全、违反工程建设强制性标准、缺少针对性和可操作性的专项施工方案应在施工总包单位填报的《施工组织设计(方案)报审表》的审查/审核意见栏中提出意见,一份留底,一份退回施工总包单位,并督促施工总包单位完善后重新报审 ③当专项施工方案涉及工艺复杂、技术难度大的内容时,由本企业总工程师室和专家组共同会审
	(2)方案的程序性	1)由总包/分包单位编制的专项施工方案,方案的编制、各级职能部门审核、企业技术负责人审批等施工总包单位内部编审手续是否齐全;分包单位编制是否经过总包企业审批			
		2)当专项施工方案须在施工过程中进行调整时,施工总包单位是否按原程序再次/重新办理编审和报审手续			
	(3)方案的符合性	专项施工方案中的安全技术措施和监控措施(包括环境保护)、应急救援预案、安全验算结果是否齐全;是否符合工程建设强制性标准			
	(4)方案的可操作性	专项施工方案中的安全技术措施、监控措施、应急救援预案是否有针对性和可操作性;是否便于操作人员按方案作业,是否便于监理按方案进行监控			
悬挑结构的架体材料	(5)质保资料	型钢、焊条、锚固圆钢等材料有否产品合格证(出厂合格证)、材质检验报告等资料	核查资料(按进场批数每批1次)	材料监理人员、安全监理人员	①督促施工总包单位提供相关材料质保资料 ②施工总包单位不能提供相关材料质保资料时,指令施工总包单位现场见证取样复试,复试合格后方可投入使用
	(6)实物质量	1)型钢质量是否符合GB 707中Q235标准;有否严重锈蚀、弯曲变形、裂纹缺损、废料拼接等缺陷	实物抽查(按拟使用材料每批1次)		发现不符合质量要求的材料,书面指令施工总包单位不得使用,并督促施工总包单位进行标识并隔离,防止误用
		2)焊条是否采用E43型,直径是否在ϕ3.2~4mm。有否焊条受潮现象			
		3)锚固用圆钢是否符合GB 1499.1中HPB235标准;有否严重锈蚀、裂纹缺损、废料拼接等缺陷			
		4)密目网或安全网的质量是否符合GBJ 16909标准;锦纶安全网的质量是否符合GB 5725标准			

续表

监理项目	监理控制要点	监理内容	检查方法和频率	人员安排	措施
持证上岗	(7)审核作业人员特种作业操作证	1)架子工和焊工是否持有特种作业操作证，操作证是否在有效期限内	审查资料(全数审查)	安全监理人员	①施工总包单位未报审时，督促施工总包单位及时报审 ②对操作证过期的作业人员，督促施工总包单位限期办理 ③发现无证人员(包括操作证过期人员)上岗，指令施工总包单位立即改正
		2)架子工和焊工作业时是否持证上岗，是否与报审资料相符	现场抽查(20人以下累计抽查50%人数)		
安全技术交底	(8)安全技术交底有效性	1)搭设或拆除前是否已对作业人员进行安全技术交底并形成书面记录	督促和抽查资料(每阶段搭拆前)	安全监理人员	①未对作业人员进行安全交底不得施工 ②非被交底人亲笔签名的该作业人员不得上岗 ③指令施工总包单位补办安全技术交底并形成记录
		2)安全技术交底记录中是否由每位被交底人亲笔签名			
监管监护和安全防护	(9)安全管理人员监管	作业时，施工总包单位专职安全管理人员是否在现场进行管理	巡视(每日2次)	安全监理人员	①发现不符合法规标准或专项施工方案的，指令施工总包单位限时整改，监理复查整改效果 ②当发现重复发生的安全隐患时，指令施工总包单位从安全管理制度和实施方面分析原因，并制定纠正措施
	(10)专人监护	作业时，施工总包单位在搭设或拆除区域是否安排专人监护			
	(11)警戒线设置	作业时，施工总包单位在搭设或拆除区域是否设置警戒线			
	(12)安全防护	作业人员高处作业时有否防止高处坠落的安全措施			
悬挑结构安装	(13)锚固预埋件等定位放线	1)模板上是否已定位放线，确定锚固预埋件位置	巡视(全部)	土建监理人员	督促施工总包单位在绑扎钢筋前改正
		2)当主体结构为剪力墙时，模板上是否已定位放线，确定墙板预留洞位置			
	(14)锚固预埋件质量	1)钢板预埋件的制作是否符合专项施工方案，焊接质量是否符合标准要求	核查实物(每批抽查20%)	土建监理人员	不符合专项施工方案的锚固预埋件，指令施工总包单位不得使用，并督促施工总包单位进行标识并隔离，防止误用
		2)U型或Ω型预埋件的制作是否符合专项施工方案			
		3)用于预埋件的焊条是否采用E43，直径是否采用ϕ3.2～4mm，是否已烘干			
		4)用于预埋件的圆钢规格是否符合专项施工方案，是否违章使用螺纹钢			

续表

监理项目	监理控制要点	监理内容	检查方法和频率	人员安排	措　施
悬挑结构安装	（15）锚固预埋件安放	应安放锚固预埋件的部位有否遗漏	抽查（按安放数的20%）核查隐蔽资料和核查实物，每阶段1次	土建监理人员	①抽查时发现遗漏督促施工总包单位在浇筑混凝土前补放 ②核查实物时发现遗漏，指令施工总包单位采取补救措施
	（16）悬挑型钢和斜撑安放	悬挑型钢和斜撑的规格、尺寸、设置部位和固定方法等是否符合专项施工方案	巡视（每日2次）	土建监理人员	不符合专项施工方案的，指令施工总包单位限期整改
验收	（17）验收要点	1）悬挑结构搭设后，施工总包单位是否组织验收；有否书面验收记录 2）施工总包单位的自行验收记录与专项施工方案及实际搭设是否相符；阳台、转角、采光井、架体开口处等特殊部位是否按专项施工方案节点详图搭设	核查资料和抽查（每阶段1次）	安全监理人员	①施工总包单位未自验合格，或经监理抽查不符合专项施工方案的，指令施工总包单位限期整改，未整改前不得进行上部脚手架施工 ②施工总包单位拒不整改，下达工程暂停令，并报告建设单位和建设主管部门
使用	（18）悬挑构件的固定	悬挑结构的固定有否松动、位移等缺陷	巡视（每日1次）	安全监理人员	督促施工总包单位限期整改

四、塔式起重机安装拆除工程安全监理实施细则

1. 工程概况

（略）

2. 安全监理主要依据

(1)《建设工程安全生产管理条例》国务院令第393号

(2)《关于落实建设工程安全生产监理责任的若干意见》建市［2006］248号

(3)《关于实施建设工程安全监理的指导意见》沪建建管［2003］第170号

(4)《危险性较大工程安全专项施工方案编制及专家论证审查办法》建质［2004］第213号

(5)《关于加强危险性较大的分部分项工程安全管理的意见》沪建建管［2004］第113号

(6)《特种设备安全监察条例》国务院令第373号

(7)《特种设备质量监督与安全监察规定》国家质量技术监督局令第13号

(8)《关于进一步加强塔式起重机管理预防重大事故的通知》建建［2002］176号

(9)《塔式起重机拆装管理暂行规范》建建［1997］86号

(10)《建筑起重机械安全监督管理规定》建设部令第166号

(11)《上海市建设工程起重机械装拆及检测工作程序（试行）》沪建建管［2007］第007号

(12)《关于进一步加强建设工程起重机械监督管理的通知》沪建建管［2007］第045号

(13)《建设工程施工安全监理规程》(DG/TJ 08—2035—2008)

(14)《建筑机械使用安全技术规程》(JGJ 33—2001)

(15)《塔式起重机安全规程》(GB 5144—2006)

(16)《起重机械安全规程》(GB 6067—85)

(17)《塔式起重机操作使用规程》(JG/T 100—99)

续表

监理项目	监理控制要点	监理内容	检查方法和频率	人员安排	措施
持证上岗	(7)审核作业人员特种作业操作证	1)作业人员是否持有特种作业操作证;操作证是否在有效期限内	审查资料(全数审查)	安全监理人员	①施工总包单位未报审时,督促施工总包单位及时报审 ②对操作证过期的作业人员督促施工总包单位限期办理 ③发现无证人员(包括操作证过期人员)上岗,指令施工总包单位立即改正
		2)作业人员安装、升降、拆除时是否持证上岗;是否与报审资料相符	现场抽查(20人以下累计抽查50%人数)		
安全技术交底	(8)安全技术交底有效性	1)安装、顶升、拆除前是否已对作业人员进行安全技术交底并形成书面记录	督促和抽查资料(每阶段作业前)	安全监理人员	①未对作业人员进行安全交底不得施工 ②非被交底人亲笔签名的该作业人员不得上岗 ③指令施工分包单位补办安全技术交底并形成记录
		2)安全技术交底记录中是否由每位被交底人亲笔签名			
监管监护和安全防护	(9)安全管理人员监管	安装、顶升、拆除作业时,施工分包单位专职安全管理人员是否在现场进行管理	巡视(每日2次)	安全监理人员	①发现不符合法规标准或专项施工方案的,指令施工总包单位限时整改,监理复查整改效果 ②当发现重复发生的安全隐患时,指令施工分包单位从安全管理制度和实施方面分析原因,并制定纠正措施
	(10)专人监护	安装、顶升、拆除作业时,施工总包单位在搭设或拆除区域是否安排专人监护			
	(11)警戒线设置	安装、顶升、拆除作业时,施工总包单位在搭设或拆除区域是否设置警戒线			
	(12)安全防护	作业人员高处作业时有否防止高处坠落的安全措施			
塔吊进场条件	(13)使用文件和机械型号	1)拟安装的塔式起重机有否特种设备制造许可证、制造监督检验证明、备案证明等文件,有否设备监管卡(即设备IC卡)和建设机械编号牌(即硬牌)	核查文件(按文件份数每份核查)	安全监理人员	使用文件不齐全或塔式起重机型号不符合专项施工方案的不得进场
		2)拟进场的塔式起重机的型号是否符合专项施工方案			

续表

监理项目	监理控制要点	监理内容	检查方法和频率	人员安排	措施
设备基础	（14）轨道式设备基础	1）轨道式设备基础地基承载力是否符合专项施工方案	巡视和检查（使用阶段每月1次及连续大雨后）	土建监理人员、安全监理人员	①使用阶段巡视检查时发现不符合法规要求的，指令施工总包单位限期整改 ②可能造成安全事故的，指令施工总包单位暂停使用，待整改后方可使用
		2）轨道间每隔6m是否设置轨距拉杆；轨距允许偏差是否小于公称值的1/1000，且不超过±3mm			
		3）纵横向方向上轨道顶面的倾斜度是否不大于1/1000			
		4）轨道接头间隙是否不大于4mm，并与另一侧轨道接头错开，错开距离不小于1.5m；接头处是否架在轨枕上；两轨顶面高差是否不大于2mm			
		5）距轨道终端1m处有否缓冲止挡器；其高度是否不小于行走轮的半径；在距轨道终端2m处有否限位开关碰块			
		6）鱼尾板连接螺栓是否紧固，垫板是否固定牢靠			
	（15）固定式设备基础	1）混凝土设备基础埋置深度、截面尺寸、配筋、强度等级等以及桩基、格构柱等是否符合专项施工方案	核查资料和抽查（每台1次）	土建监理人员	不符合专项施工方案的或未见隐蔽工程验收记录的指令施工分包单位整改
		2）混凝土基础表面平整度允许偏差是否小于1/1000			
		3）预埋件的位置、标高和安装工艺是否符合专项施工方案			
安装和拆卸	（16）准备工作	1）指挥信号是否明确并畅通	口头询问（安装、拆除前）	安全监理人员	①未见施工分包单位自行验收记录，督促施工分包单位补办 ②不具备安装、拆除条件的，指令施工分包单位不得进行安装或拆除
		2）各部位、各部件是否进行检查，是否完好	核查资料（安装、拆除前）		
		3）配备的吊装运输等辅助机械性能是否良好			
		4）电源电压、作业场地等是否已具备作业条件和拆装条件	巡视（安装、拆除前）		

续表

监理项目	监理控制要点	监理内容	检查方法和频率	人员安排	措施
安装和拆卸	(17)天气条件	装拆作业是否在白天进行，当遇大风、浓雾和雨雪等恶劣天气时是否停止作业	巡视（每2小时1次）	土建监理人员、安全监理人员	①发现不符合法规标准或专项施工方案的，指令施工分包单位立即整改，监理复查整改效果 ②当发现重复发生的安全隐患时，指令施工分包单位从安全管理制度和实施方面分析原因，并制定纠正措施 ③可能造成安全事故的，指令施工分包单位停止作业或采取措施
	(18)意外情况	当遇天气突变、突然停电、机械故障等意外情况短时间不能继续作业时，是否使已装拆的部位达到稳定状态并固定牢靠后再停止作业			
	(19)专用设备	1）装拆流程和装拆工艺是否符合专项施工方案；有否保证塔吊平衡的措施			发现操作人员违章作业可能造成安全事故的，指令施工分包单位立即整改
		2）装拆时发现异常情况或疑难问题时，是否及时向施工总包单位技术负责人反映，采取相应措施			
		3）安装时是否分阶段进行技术检验			
升降作业	(20)顶升和下降	1）有否专人照看电源、操作液压系统、拆装螺栓	巡视（每小时1次）	土建监理人员、安全监理人员	①发现不符合法规标准或专项施工方案的，指令施工分包单位立即整改，监理复查整改效果 ②当发现重复发生的安全隐患时，指令施工分包单位从安全管理制度和实施方面分析原因，并制定纠正措施 ③可能造成安全事故的，指令施工分包单位停止作业或采取措施
		2）操纵室内是否单人操作，无其他人员进入			
		3）遇特殊情况需夜间作业时有否充足的照明			
		4）4级及以上大风时是否停止作业			
		5）顶升前是否先放松电缆，下降时是否适时收紧电缆			
		6）是否调整好顶升套架滚轮与塔身标准节的间隙，并使用起重臂和平衡臂处于平衡状态，将回转机构制动住后再进行升降			
		7）顶升撑脚（爬爪）就位后是否插上安全销再继续下一动作			
		8）升降完毕后各连接螺栓是否按规定扭力紧固，液压操纵杆是否回到中间位置并切断液压升降机构电源			

续表

监理项目	监理控制要点	监理内容	检查方法和频率	人员安排	措　施
升降作业	(21) 内爬升	1）是否加强机上和机下之间的联系以及上部楼层与下部楼层之间的联系	巡视（每小时1次）	土建监理人员、安全监理人员	①发现不符合法规标准或专项施工方案的，指令施工总包单位立即整改，监理复查整改效果 ②当发现重复发生的安全隐患时，指令施工总包单位从安全管理制度和实施方面分析原因，并制定纠正措施 ③可能造成安全事故的，指令施工总包单位停止作业或采取措施
		2）爬升过程中有否进行起重机的起升、回转、变幅等违章			
		3）爬升到指定楼层后是否立即拔出塔身底座的支梁（支腿），通过内爬升框架固定在楼板上，并顶紧导向装置或用楔块塞紧			
		4）对固定内爬升框架的楼层楼板和搁置起重机底座支承梁的楼层下方两层楼板是否设置临时加固			
		5）内爬升后施工总包单位是否检查内爬升框架的固定、底座支承梁的紧固以及楼板临时支承的稳固等，确认可靠后再行吊装作业			
锚固	(22) 附着件设置和拆除	1）附着的建筑物其锚固点的受力强度，附着杆系的布置方式、相互间距和附着距离等是否符合专项施工方案要求	巡视（每日1次）	土建监理人员、安全监理人员	①发现不符合法规标准或专项施工方案的，指令施工分包单位立即整改，监理复查整改效果 ②当发现重复发生的安全隐患时，指令施工分包单位从安全管理制度和实施方面分析原因，并制定纠正措施 ③可能造成安全事故的，指令施工分包单位停止作业或采取措施
		2）是否及时进行附着杆安装；附着杆倾斜角是否小于10°			
		3）附着杆有否松动或异常情况			
		4）拆除附着杆时是否随降落塔身的进程拆卸相应的附着杆			
安全保护装置	(23) 安全保护装置完好性	变幅限位器、力矩限制器、起重量限制器以及各种行程限位开关等安全保护装置是否完好齐全，灵敏可靠；有否随意调整或拆除以及利用限位器和限位装置代替操纵机构等违章	核查资料（每月1次）	安全监理人员	

续表

<table>
<tr><th>监理项目</th><th>监理控制要点</th><th>监理内容</th><th>检查方法和频率</th><th>人员安排</th><th>措施</th></tr>
<tr><td rowspan="3">验收</td><td rowspan="2">(24)安装验收</td><td>1)施工总包单位是否填报大型起重机械和自升式架设设施验收核查表，并附具建设工程施工现场机械安装验收合格证和建筑机械安装质量检测报告</td><td rowspan="2">核查资料(每台架体1次)</td><td rowspan="3">土建监理人员、安全监理人员</td><td rowspan="3">①督促施工总包单位报审大型起重机械和自升式架设设施验收核查表
②抽查结果不符合专项施工方案时，指令施工总包单位限期整改
③施工分包单位拒不整改下达工程暂停令，并报告建设单位和建设主管部门</td></tr>
<tr><td>2)建筑机械安装质量检验报告中的不合格项是否已整改，并有书面复验文件</td></tr>
<tr><td>(25)升降验收</td><td>施工总包单位的塔式起重机(升、降)验收记录与实际情况是否相符</td><td>核查资料(每次升降后)</td></tr>
<tr><td rowspan="8">使用</td><td rowspan="2">(26)防护措施</td><td>1)塔式起重机的任何部位与架空输电导线间是否保持安全距离</td><td rowspan="2">巡视(每日1次，发现隐患加大巡视频率)</td><td rowspan="2">安全监理人员</td><td rowspan="2">未按专项施工方案采取安全措施的，指令施工分包单位暂停作业，待安全措施落实后方可使用该塔式起重机</td></tr>
<tr><td>2)两台以上塔式起重机作业时，两机之间任何接近部位(包括吊重物)距离是否不小于2m</td></tr>
<tr><td rowspan="5">(27)安全要求</td><td>1)塔式起重机作业时，起重臂和重物下方是否有人停留、工作或通过等违章；重物吊运时，有否从人上方通过等违章</td><td rowspan="5">巡视(每日1次)</td><td rowspan="5">土建监理人员、安全监理人员</td><td rowspan="5">①发现不符合法规标准或专项施工方案的，指令施工总包单位立即整改，监理复查整改效果
②当发现重复发生的安全隐患时，指令施工总包单位从安全管理制度和实施方面分析原因，并制定纠正措施
③可能造成安全事故的，指令施工总包单位停止作业或采取措施</td></tr>
<tr><td>2)有否用塔式起重机运载人员等违章</td></tr>
<tr><td>3)起吊物件时有否无证人员进行司索指挥或无司索指挥等违章</td></tr>
<tr><td>4)有否使用塔式起重机进行斜拉、斜吊和起吊地下埋设或凝固在地面上的重物以及其他不明重量的物体等违章</td></tr>
<tr><td>5)有否起吊重物未绑扎牢固就起吊或将起吊重物长时间悬挂在空中等违章</td></tr>
<tr><td>(28)保养维修</td><td>施工总/分包单位是否定期进行检查、保养、维修</td><td>检查资料(每月1次)</td><td>安全监理人员</td><td>发现施工总/分包单位未实施时，督促施工总/分包单位整改</td></tr>
</table>

第八节　专项施工方案审查案例

一、深基坑工程专项施工方案审查要点

（一）深基坑支护

1. 强制性标准

(1)《建筑地基基础工程施工质量验收规范》(GB 50202—2002)

(2)《混凝土结构工程施工质量验收规范》(GB 50204—2002)

(3)《建筑地基基础设计规范》(DBJ15—31—2003)

(4)《建筑桩基技术规范》(JGJ 94—2008)

(5)《建筑地基处理技术规范》(DBJ 15—38—2005)

(6)《建筑基坑支护技术规程》(JGJ 120—99)

(7)《钢筋焊接及验收规程》JGJ 18—2003

2. 审查提要

提示：地下连续墙、钻孔灌注桩、深层搅拌桩、SMW 工法、钢或混凝土支撑等基坑支护工程和土体加固工程，其设计方案和工程施工质量直接影响基坑及周边环境的安全性。

(1) 工程概况——地层特性

(2) 编制依据

(3) 支护结构形式选定

(4) 支护结构设计——支护结构主要技术参数

(5) 支护结构施工流程（包括工序搭接）

(6) 支护结构施工工艺——质量保证措施——质量检验方法

(7) 安全生产措施

(8) 设计计算书

(9) 应急救援预案

(10) 附图：支护结构平面布置图——支护结构剖面图——细部（节点）详图

（二）深基坑降水

1. 强制性标准

(1)《建筑地基基础工程施工质量验收规范》(GB 50202—2002)

(2)《供水管井技术规范》(GB 50296—99)

2. 审查提要

提示：专项施工方案应明确降水目标和效果以及对地下水位的控制方法，防止地下承压水抽取过少导致基坑开挖后产生管涌，抽取过多时造成周边地面下沉。

(1) 工程概况——地层特性——水文地质

(2) 编制依据

(3) 降水目标和效果——抽水量估算——底板稳定性验算

(4) 降水井及观测井布置和数量——降水井结构——降水井工作结果分析（包括降水

时间计算）

（5）抽水方法——降水试运行方法——正式降水前成井的临时维护方法——正式降水运行方法——水位监测方法

（6）降水注意事项和安全措施

（7）降水所需的施工机具（如工程钻具）配置——主要材料（如井管）配置——临时用电、用水配置

（8）设计计算书

（9）应急救援预案

（10）附图：成井阶段平面布置图——阶段降水平面布置图——降水井剖面图——阶段降水剖面图——临时用电、用水平面布置图

（三）深基坑土方开挖

1. 强制性标准

（1）《建筑地基基础工程施工质量验收规范》（GB 50202—2002）

（2）《建筑边坡工程技术规范》（GB 50330—2002）

（3）《建筑基坑支护技术规程》（JGJ 120—99）

（4）《建筑机械使用安全技术规程》（JGJ 33—2001）

（5）《建筑施工高处作业安全技术规范》（JGJ 80—91）

2. 审查提要

提示：专项施工方案应明确分层、分段开挖和支撑形式等工艺和流程，以及时间节点等，确保基坑支护结构稳定性和周边环境安全性。

（1）工程概况——地层特性——周边环境

（2）编制依据

（3）土方开挖阶段平面布置及行车路线——施工道路设计（包括支撑部位的道路设计）

（4）挖土机械和运输车辆选择（包括机型、载重量和最大重量等）

（5）挖土机械和运输车辆配置——卸土位置

（6）土方开挖工艺流程——土方开挖形式（如抽槽、分区开挖等）——分层、分阶段土方量统计——阶段性工期安排

（7）地下管线和周边环境保护措施

（8）基坑周边荷载控制措施

（9）支护结构防渗漏措施

（10）安全技术措施（如临边、防护、上下立体交叉作业、夜间施工等）

（11）施工进度保证措施

（12）应急救援预案

（13）附图：施工现场平面布置图——土方开挖道路挖机位置及行车路线图——开挖平面分区图

（四）深基坑施工监测

1. 强制性条文

《工程测量规范》（GB 50026—93）

2. 审查提要

提示：专项施工方案应明确监测内容、方法及报警值确定、变形预测，通过合理的观测方案，及时发现、分析、解决问题，避免不必要的安全事故。

（1）工程概况——周边环境

（2）编制依据

（3）监测范围——监测内容——监测点布置

（4）观测仪器——观测方法——观测精度——观测频率——监测资料反馈频率和时间

（5）警戒值的确定——报警值的确定——变形预测方法

（6）监测技术保证措施

（7）应急救援预案

（8）附图：监测点位示意图（布置图）

二、水平混凝土构件模板支撑工程专项施工方案审查要点

1. 强制性标准

（1）《混凝土结构工程施工质量验收规范》（GB 50204—2002）

（2）《建筑施工扣件式钢管脚手架安全技术规范》（JGJ 130—2001）（2002 年版）

（3）《建筑施工高处作业安全技术规范》（JGJ 80—91）

（4）《建筑施工模板安全技术规范》（JGJ 162—2008）

（5）《钢管扣件水平模板的支撑系统安全技术规程》（DG/TJ 08—016—2004）

2. 审查提要

提示：专项施工方案应明确施工荷载、模板支撑系统承重结构和构造形式，确保模板支撑系统有足够的承载能力、刚度和稳定性。

（1）工程概况

（2）编制依据

（3）搭设材料的选用（包括立杆底部垫板、立杆、扫地杆、纵横向水平杆、垂直剪刀撑、水平剪刀撑、扣件、梁板底支撑方木等）

（4）搭设尺寸（包括立杆底部垫板长度、立杆间距、纵横向水平杆步距、垂直剪刀撑或水平剪刀撑的设置位置等）

（5）搭设要求（包括立杆垂直度、杆件接长方式、杆件接长位置、采用搭接方式时的搭接长度、杆件连接方式等）

（6）扣件拧紧力矩

（7）梁、板等荷载计算（包括施工荷载）——地基承载力计算——立杆稳定性计算——纵横向水平杆受力计算（包括抗弯、挠度等）——扣件抗滑移计算——方木受力计算（包括抗弯、抗剪、挠度等）——深梁对拉螺栓受力计算（包括强度等）

（8）柱箍受力计算（包括抗弯、抗剪、挠度等）

（9）拆模时的混凝土强度——混凝土强度值的确定方法

（10）安全技术措施（如高处作业等）

（11）设计计算书

（12）应急救援预案

（13）附图：模板支撑系统平面布置图——模板支撑系统剖面图

三、悬挑式脚手架工程专项施工方案审查要点

1. 强制性标准

（1）《钢结构设计规范》（GB 50017—2003）

（2）《钢结构工程施工质量验收规范》（GB 50205—2001）

（3）《建筑钢结构焊接技术规程》（JGJ 81—2002）

（4）《建筑施工扣件式钢管脚手架安全技术规范》（JGJ 130—2001）（2002 年版）

（5）《悬挑式脚手架安全技术规程》（DGJT 08—2002—2006）

2. 审查提要

提要：专项施工方案应明确悬挑结构构造形式、材料选用、锚固方法，确保悬挑式脚手架架体安全和操作人员安全。

（1）工程概况

（2）编制依据

（3）悬挑方式的选定——上部脚手架搭设高度选定

（4）悬挑构件尺寸的选定（包括型钢规格、型钢悬挑长度和锚固长度、悬挑构件布置间距等）

（5）悬挑构件锚固方法选定

（6）搭设要求（锚固预埋件安放、对混凝土的强度要求、悬挑构件焊接和锚固）

（7）搭设顺序

（8）搭设质量保证措施

（9）搭设、拆除和使用时的安全技术措施

（10）设计计算书

（11）应急救援预案

（12）附图：悬挑脚手架平面布置图——悬挑脚手架立面图——细部（节点）详图（如锚固方法详图）

四、塔式起重机安装拆除工程专项施工方案审查要点

1. 强制性标准

（1）《建筑机械使用安全技术规程》（JGJ 33—2001）

（2）《塔式起重机安全规程》（GB 5144—2006）

2. 审查提要

提示：专项施工方案应明确塔式起重机的型号和安装、升（降）节、拆卸及附着工艺，防止塔式起重机在安装、升（降）节、拆卸过程中的倾覆事故。

（1）工程概况

（2）编制说明

（3）塔式起重机型号、数量、设置位置选定

（4）基础设计计算

（5）安装准备工作——安装流程和安装工艺（包括底架、基础节或标准节、标准节、

爬升架、回转机构和平台、塔帽、平衡臂、第一次平衡重、驾驶室、组装吊臂和吊臂拉杆、吊臂、第二次平衡重、接线、钢丝绳等）

（6）顶升前注意事项——顶升流程和顶升工艺（包括标准节引进至规定位置、顶升横梁进入规定位置、开动液压系统、再次开动液压系统、标准节就位、标准节连接）——顶升中注意事项——顶升后注意事项

（7）附着设计计算——附着方法——附着拆除工艺和注意事项

（8）拆卸准备工作——拆卸流程和拆卸工艺

（9）安全技术措施（如与架空输电导线的安全距离和防护措施、多台塔吊使用时的安全距离和防撞措施等）

（10）设计计算书

（11）应急救援预案

（12）附图：塔式起重机平面布置图——基础平面布置图——基础详图——附着节点详图

尊敬的读者：

感谢您选购我社图书！建工版图书按图书销售分类在卖场上架，共设22个一级分类及43个二级分类，根据图书销售分类选购建筑类图书会节省您的大量时间。现将建工版图书销售分类及与我社联系方式介绍给您，欢迎随时与我们联系。

★建工版图书销售分类表（详见下表）。

★欢迎登陆中国建筑工业出版社网站www.cabp.com.cn，本网站为您提供建工版图书信息查询，网上留言、购书服务，并邀请您加入网上读者俱乐部。

★中国建筑工业出版社总编室　电　话：010—58934845

传　真：010—68321361

★中国建筑工业出版社发行部　电　话：010—58933865

传　真：010—68325420

E-mail：hbw@cabp.com.cn

建工版图书销售分类表

一级分类名称（代码）	二级分类名称（代码）	一级分类名称（代码）	二级分类名称（代码）
建筑学（A）	建筑历史与理论（A10）	园林景观（G）	园林史与园林景观理论（G10）
	建筑设计（A20）		园林景观规划与设计（G20）
	建筑技术（A30）		环境艺术设计（G30）
	建筑表现・建筑制图（A40）		园林景观施工（G40）
	建筑艺术（A50）		园林植物与应用（G50）
建筑设备・建筑材料（F）	暖通空调（F10）	城乡建设・市政工程・环境工程（B）	城镇与乡（村）建设（B10）
	建筑给水排水（F20）		道路桥梁工程（B20）
	建筑电气与建筑智能化技术（F30）		市政给水排水工程（B30）
	建筑节能・建筑防火（F40）		市政供热、供燃气工程（B40）
	建筑材料（F50）		环境工程（B50）
城市规划・城市设计（P）	城市史与城市规划理论（P10）	建筑结构与岩土工程（S）	建筑结构（S10）
	城市规划与城市设计（P20）		岩土工程（S20）
室内设计・装饰装修（D）	室内设计与表现（D10）	建筑施工・设备安装技术（C）	施工技术（C10）
	家具与装饰（D20）		设备安装技术（C20）
	装修材料与施工（D30）		工程质量与安全（C30）
建筑工程经济与管理（M）	施工管理（M10）	房地产开发管理（E）	房地产开发与经营（E10）
	工程管理（M20）		物业管理（E20）
	工程监理（M30）	辞典・连续出版物（Z）	辞典（Z10）
	工程经济与造价（M40）		连续出版物（Z20）
艺术・设计（K）	艺术（K10）	旅游・其他（Q）	旅游（Q10）
	工业设计（K20）		其他（Q20）
	平面设计（K30）	土木建筑计算机应用系列（J）	
执业资格考试用书（R）		法律法规与标准规范单行本（T）	
高校教材（V）		法律法规与标准规范汇编/大全（U）	
高职高专教材（X）		培训教材（Y）	
中职中专教材（W）		电子出版物（H）	

注：建工版图书销售分类已标注于图书封底。